Cartela Pedagógica Colorida

Mecânica e Termodinâmica

Vetores deslocamento e posição	→ (preto)
Componente de vetores deslocamento e posição	→ (cinza)
Vetores velocidade linear ($\vec{v}$) e angular ($\vec{\omega}$)	→ (vermelho)
Componente de vetores velocidade	→ (laranja claro)
Vetores força ($\vec{F}$)	→ (azul)
Componente de vetores força	→ (azul claro)
Vetores aceleração ($\vec{a}$)	→ (roxo)
Componente de vetores aceleração	→ (roxo claro)
Setas de transferência de energia	W_{maq}, Q_f, Q_q
Seta de processo	→ (azul claro largo)

Vetores momento linear ($\vec{p}$) e angular ($\vec{L}$)	→ (verde)
Componente de vetores momento linear e angular	→ (verde claro)
Vetores torque $\vec{\tau}$	→ (amarelo)
Componente de vetores torque	→ (amarelo claro)
Direção esquemática de movimento linear ou rotacional	(setas curvas cinza)
Seta dimensional de rotação	(seta circular)
Seta de alargamento	(seta curva)
Molas	∼∼∼∼∼
Polias	(imagem de polias)

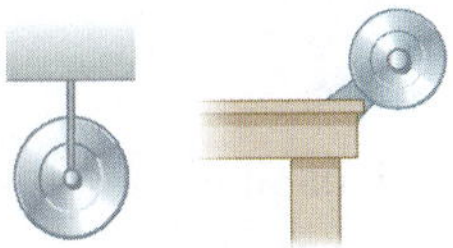

Eletricidade e Magnetismo

Campos elétricos	→ (laranja)
Vetores campo elétrico	→ (laranja)
Componentes de vetores campo elétrico	→ (laranja claro)
Campos magnéticos	→ (verde)
Vetores campo magnético	→ (verde)
Componentes de vetores campo magnético	→ (verde claro)
Cargas positivas	⊕
Cargas negativas	⊖
Resistores	─/\/\/─
Baterias e outras fontes de alimentação DC	─┤├─
Interruptores	─o/ o─

Capacitores	─┤├─
Indutores (bobinas)	─∽∽∽─
Voltímetros	─(V)─
Amperímetros	─(A)─
Fontes AC	─(∼)─
Lâmpadas	(lâmpada)
Símbolo de terra	⏚
Corrente	→

Luz e Óptica

Raio de luz	→ (azul)
Raio de luz focado	→ (verde)
Raio de luz central	→ (vermelho)
Lente convexa	(lente convexa)
Lente côncava	(lente côncava)

Espelho	═══
Espelho curvo	⌣
Corpos	↑ (cinza)
Imagens	↑ (laranja)

Algumas constantes físicas

Quantidade	Símbolo	Valor[a]
Unidade de massa atômica	u	$1{,}660538782(83) \times 10^{-27}$ kg $931{,}494028(23)$ MeV/c^2
Número de Avogadro	N_A	$6{,}02214179(30) \times 10^{23}$ partículas/mol
Magneton de Bohr	$\mu_B = \dfrac{e\hbar}{2m_e}$	$9{,}27400915(23) \times 10^{-24}$ J/T
Raio de Bohr	$a_0 = \dfrac{\hbar^2}{m_e e^2 k_e}$	$5{,}2917720859(36) \times 10^{-11}$ m
Constante de Boltzmann	$k_B = \dfrac{R}{N_A}$	$1{,}3806504(24) \times 10^{-23}$ J/K
Comprimento de onda Compton	$\lambda_C = \dfrac{h}{m_e c}$	$2{,}4263102175(33) \times 10^{-12}$ m
Constante de Coulomb	$k_e = \dfrac{1}{4\pi\epsilon_0}$	$8{,}987551788\ldots \times 10^9$ N $\times$ m²/C² (exato)
Massa do dêuteron	m_d	$3{,}34358320(17) \times 10^{-27}$ kg $2{,}013553212724(78)$ u
Massa do elétron	m_e	$9{,}10938215(45) \times 10^{-31}$ kg $5{,}4857990943(23) \times 10^{-4}$ u $0{,}510998910(13)$ MeV/c^2
Elétron-volt	eV	$1{,}602176487(40) \times 10^{-19}$ J
Carga elementar	e	$1{,}602176487(40) \times 10^{-19}$ C
Constante dos gases perfeitos	R	$8{,}314472(15)$ J/mol $\times$ K
Constante gravitacional	G	$6{,}67428(67) \times 10^{-11}$ N $\times$ m²/kg²
Massa do nêutron	m_n	$1{,}674927211(84) \times 10^{-27}$ kg $1{,}00866491597(43)$ u $939{,}565346(23)$ MeV/c^2
Magneton nuclear	$\mu_n = \dfrac{e\hbar}{2m_p}$	$5{,}05078324(13) \times 10^{-27}$ J/T
Permeabilidade do espaço livre	μ_0	$4\pi \times 10^{-7}$ T $\times$ m/A (exato)
Permissividade do espaço livre	$\epsilon_e = \dfrac{1}{\mu_0 c^2}$	$8{,}854187817\ldots \times 10^{-12}$ C²/N $\times$ m² (exato)
Constante de Planck	h	$6{,}62606896(33) \times 10^{-34}$ J $\times$ s
	$\hbar = \dfrac{h}{2\pi}$	$1{,}054571628(53) \times 10^{-34}$ J $\times$ s
Massa do próton	m_p	$1{,}672621637(83) \times 10^{-27}$ kg $1{,}00727646677(10)$ u $938{,}272013(23)$ MeV/c^2
Constante de Rydberg	R_H	$1{,}0973731568527(73) \times 10^7$ m^{-1}
Velocidade da luz no vácuo	c	$2{,}99792458 \times 10^8$ m/s (exato)

Observação: Essas constantes são os valores recomendados em 2006 pela CODATA com base em um ajuste dos dados de diferentes medições pelo método de mínimos quadrados. Para uma lista mais completa, consulte P. J. Mohr, B. N. Taylor e D. B. Newell, CODATA Recommended Values of the Fundamental Physical Constants: 2006. *Rev. Mod. Fís.* **80**:2, 633-730, 2008.

[a] Os números entre parênteses nesta coluna representam incertezas nos últimos dois dígitos.

Dados do Sistema Solar

Corpo	Massa (kg)	Raio médio (m)	Período (s)	Distância média a partir do Sol (m)
Mercúrio	$3,30 \times 10^{23}$	$2,44 \times 10^{6}$	$7,60 \times 10^{6}$	$5,79 \times 10^{10}$
Vênus	$4,87 \times 10^{24}$	$6,05 \times 10^{6}$	$1,94 \times 10^{7}$	$1,08 \times 10^{11}$
Terra	$5,97 \times 10^{24}$	$6,37 \times 10^{6}$	$3,156 \times 10^{7}$	$1,496 \times 10^{11}$
Marte	$6,42 \times 10^{23}$	$3,39 \times 10^{6}$	$5,94 \times 10^{7}$	$2,28 \times 10^{11}$
Júpiter	$1,90 \times 10^{27}$	$6,99 \times 10^{7}$	$3,74 \times 10^{8}$	$7,78 \times 10^{11}$
Saturno	$5,68 \times 10^{26}$	$5,82 \times 10^{7}$	$9,29 \times 10^{8}$	$1,43 \times 10^{12}$
Urano	$8,68 \times 10^{25}$	$2,54 \times 10^{7}$	$2,65 \times 10^{9}$	$2,87 \times 10^{12}$
Netuno	$1,02 \times 10^{26}$	$2,46 \times 10^{7}$	$5,18 \times 10^{9}$	$4,50 \times 10^{12}$
Plutão[a]	$1,25 \times 10^{22}$	$1,20 \times 10^{6}$	$7,82 \times 10^{9}$	$5,91 \times 10^{12}$
Lua	$7,35 \times 10^{22}$	$1,74 \times 10^{6}$	—	—
Sol	$1,989 \times 10^{30}$	$6,96 \times 10^{8}$	—	—

[a] Em agosto de 2006, a União Astronômica Internacional adotou uma definição de planeta que separa Plutão dos outros oito planetas. Plutão agora é definido como um "planeta anão" (a exemplo do asteroide Ceres).

Dados físicos frequentemente utilizados

Distância média entre a Terra e a Lua	$3,84 \times 10^{8}$ m
Distância média entre a Terra e o Sol	$1,496 \times 10^{11}$ m
Raio médio da Terra	$6,37 \times 10^{6}$ m
Densidade do ar (20 °C e 1 atm)	$1,20$ kg/m³
Densidade do ar (0 °C e 1 atm)	$1,29$ kg/m³
Densidade da água (20 °C e 1 atm)	$1,00 \times 10^{3}$ kg/m³
Aceleração da gravidade	$9,80$ m/s²
Massa da Terra	$5,97 \times 10^{24}$ kg
Massa da Lua	$7,35 \times 10^{22}$ kg
Massa do Sol	$1,99 \times 10^{30}$ kg
Pressão atmosférica padrão	$1,013 \times 10^{5}$ Pa

Observação: Esses valores são os mesmos utilizados no texto.

Alguns prefixos para potências de dez

Potência	Prefixo	Abreviação	Potência	Prefixo	Abreviação
10^{-24}	iocto	y	10^{1}	deca	da
10^{-21}	zepto	z	10^{2}	hecto	h
10^{-18}	ato	a	10^{3}	quilo	k
10^{-15}	fento	f	10^{6}	mega	M
10^{-12}	pico	p	10^{9}	giga	G
10^{-9}	nano	n	10^{12}	tera	T
10^{-6}	micro	μ	10^{15}	peta	P
10^{-3}	mili	m	10^{18}	exa	E
10^{-2}	centi	c	10^{21}	zeta	Z
10^{-1}	deci	d	10^{24}	iota	Y

Abreviações e símbolos padrão para unidades

Símbolo	Unidade	Símbolo	Unidade
A	ampère	K	kelvin
u	unidade de massa atômica	kg	quilograma
atm	atmosfera	kmol	quilomol
Btu	unidade térmica britânica	L ou l	litro
C	coulomb	Lb	libra
°C	grau Celsius	Ly	ano-luz
cal	caloria	m	metro
d	dia	min	minuto
eV	elétron-volt	mol	mol
°F	grau Fahrenheit	N	newton
F	faraday	Pa	pascal
pé	pé	rad	radiano
G	gauss	rev	revolução
g	grama	s	segundo
H	henry	T	tesla
h	hora	V	volt
hp	cavalo de força	W	watt
Hz	hertz	Wb	weber
pol.	polegada	yr	ano
J	joule	Ω	ohm

Símbolos matemáticos usados no texto e seus significados

Símbolo	Significado
$=$	igual a
$\equiv$	definido como
$\neq$	não é igual a
$\propto$	proporcional a
$\sim$	da ordem de
$>$	maior que
$<$	menor que
$>>(<<)$	muito maior (menor) que
$\approx$	aproximadamente igual a
Δx	variação em x
$\sum_{i=1}^{N} x_i$	soma de todas as quantidades x_i de $i=1$ para $i=N$
$\lvert x \rvert$	valor absoluto de x (sempre uma quantidade não negativa)
$\Delta x \to 0$	Δx se aproxima de zero
$\dfrac{dx}{dt}$	derivada x em relação a t
$\dfrac{\partial x}{\partial t}$	derivada parcial de x em relação a t
$\int$	integral

Física
para cientistas e engenheiros
Volume 2 ▪ Oscilações, ondas e termodinâmica

Dados Internacionais de Catalogação na Publicação (CIP)

J59f Jewett Jr., John W.
         Física para cientistas e engenheiros : volume
      2 : oscilações, ondas e termodinâmica / John W.
      Jewett Jr., Raymond A. Serway ; tradução: Solange
      Aparecida Visconte ; revisão técnica: Carlos
      Roberto Grandini. - São Paulo, SP : Cengage
      Learning, 2017.
         288 p. : il. ; 28 cm.

         Inclui índice e apêndice.
         Tradução de: Physics for scientists and
      engineers (9. ed.).
         ISBN 978-85-221-2708-5

         1. Física. 2. Termodinâmica. 3. Ondas (Física).
      4. Mecânica (Oscilações). I. Serway, Raymond A.
      II. Grandini, Carlos Roberto. III. Título.

                                               CDU 53
                                               CDD 530

Índice para catálogo sistemático:
1. Física 53
(Bibliotecária responsável: Sabrina Leal Araujo - CRB 10/1507)

Física

para cientistas e engenheiros
Volume 2 ▪ Oscilações, ondas e termodinâmica

Tradução da 9ª edição norte-americana

Raymond A. Serway
Professor Emérito, James Madison University

John W. Jewett, Jr.
Professor Emérito, California State Polytechnic University, Pomona

Com contribuições de Vahé Peroomian, *University of California, Los Angeles*

Tradução: Solange Aparecida Visconte

Revisão técnica: Carlos Roberto Grandini, FBSE
Professor Titular do Departamento de Física da UNESP, câmpus de Bauru

Austrália ▪ Brasil ▪ México ▪ Cingapura ▪ Reino Unido ▪ Estados Unidos

Física para cientistas e engenheiros
Volume 2 – Oscilações, ondas e termodinâmica
Tradução da 9ª edição norte-americana
Raymond A. Serway; John W. Jewett, Jr.
2ª edição brasileira

Gerente editorial: Noelma Brocanelli

Editora de desenvolvimento: Gisela Carnicelli

Supervisora de produção gráfica: Fabiana Alencar Albuquerque

Editora de aquisições: Guacira Simonelli

Especialista em direitos autorais: Jenis Oh

Título original: *Physics for Scientists and Engineers* Vol. 2 (ISBN 13: 978-1-285-07043-8)

Tradução da 8ª edição norte-americana: EZ2 Translate

Tradução da 9ª edição norte-americana: Solange Aparecida Visconte

Revisão técnica: Carlos Roberto Grandini

Revisão: Fábio Gonçalves e Luicy Caetano de Oliveira

Indexação: Casa Editorial Maluhy

Diagramação: PC Editorial Ltda.

Pesquisa Iconográfica: Tempo Composto

Imagem da capa: Dmitriy Rybin/Shutterstock

Capa: BuonoDisegno

© 2014, 2010 por Raymond A. Serway
© 2018 Cengage Learning Edições Ltda.

Todos os direitos reservados. Nenhuma parte deste livro poderá ser reproduzida, sejam quais forem os meios empregados, sem a permissão, por escrito, da Editora. Aos infratores aplicam-se as sanções previstas nos artigos 102, 104, 106 e 107 da Lei nº 9.610, de 19 de fevereiro de 1998.

Esta editora empenhou-se em contatar os responsáveis pelos direitos autorais de todas as imagens e de outros materiais utilizados neste livro. Se porventura for constatada a omissão involuntária na identificação de algum deles, dispomo-nos a efetuar, futuramente, os possíveis acertos.

A Editora não se responsabiliza pelo funcionamento dos sites contidos neste livro que possam estar suspensos.

> Para informações sobre nossos produtos, entre em contato pelo telefone **0800 11 19 39**
>
> Para permissão de uso de material desta obra, envie seu pedido para
> **direitosautorais@cengage.com**

© 2018 Cengage Learning. Todos os direitos reservados.

ISBN-13 978-85-221-2708-5
ISBN-10 85-221-2708-5

Cengage Learning
Condomínio E-Business Park
Rua Werner Siemens, 111 – Prédio 11 – Torre A – cj. 12
Lapa de Baixo – CEP 05069-900 – São Paulo – SP
Tel.: (11) 3665-9900 – Fax: (11) 3665-9901
SAC: 0800 11 19 39

Para suas soluções de curso e aprendizado, visite
www.cengage.com.br

Impresso no Brasil.
Printed in Brazil.
1ª impressão – 2017

*Dedicamos este livro a nossas esposas, Elizabeth e Lisa,
e todos os nossos filhos e netos pela compreensão
quando estávamos escrevendo este livro em vez de estarmos com eles.*

Sumário

Parte 1
Osciloções e ondas mecânicas   1

1   Movimento oscilatório   2
1.1   Movimento de um corpo preso a uma mola   2
1.2   Modelo de análise: partícula em movimento harmônico simples   4
1.3   Energia do oscilador harmônico simples   10
1.4   Comparação entre movimento harmônico simples e movimento circular uniforme   13
1.5   O pêndulo   15
1.6   Oscilações amortecidas   19
1.7   Oscilações forçadas   20

2   Movimento ondulatório   34
2.1   Propagação de uma perturbação   35
2.2   Modelo de análise: ondas progressivas   38
2.3   A velocidade de ondas transversais em cordas   42
2.4   Reflexão e transmissão   45
2.5   Taxa de transferência de energia por ondas senoidais em cordas   46
2.6   A equação de onda linear   48

3   Ondas sonoras   57
3.1   Variações de pressão em ondas sonoras   58
3.2   Velocidade escalar de ondas sonoras   60
3.3   Intensidade das ondas sonoras periódicas   61
3.4   O efeito Doppler   66

4   Superposição e ondas estacionárias   80
4.1   Modelo de análise: ondas em interferência   81
4.2   Ondas estacionárias   85
4.3   Modelo de análise: ondas sob condições limite   87
4.4   Ressonância   92
4.5   Ondas estacionárias em colunas de ar   92
4.6   Ondas estacionárias em barras e membranas   95
4.7   Batimentos: interferência no tempo   96
4.8   Padrões de onda não senoidal   98

Parte 2
Termodinâmica   111

5   Temperatura   112
5.1   Temperatura e a Lei Zero da Termodinâmica   112
5.2   Termômetros e a escala Celsius de temperatura   114
5.3   O termômetro de gás a volume constante e a escala de temperatura absoluta   114
5.4   Expansão térmica dos sólidos e líquidos   116
5.5   Descrição macroscópica de um gás ideal   121

6   A Primeira Lei da Termodinâmica   132
6.1   Calor e energia interna   133
6.2   Calor específico e calorimetria   135
6.3   Calor latente   139
6.4   Trabalho e calor em processos termodinâmicos   142
6.5   A Primeira Lei da Termodinâmica   145

6.6 Algumas aplicações da Primeira Lei da Termodinâmica 145
6.7 Mecanismos de transferência de energia em processos térmicos 149

7 A Teoria Cinética dos Gases 165

7.1 Modelo molecular de um gás ideal 166
7.2 Calor específico molar de um gás ideal 170
7.3 A equipartição da energia 173
7.4 Processos adiabáticos para um gás ideal 175
7.5 Distribuição de velocidades moleculares 177

8 Máquinas térmicas, entropia e a Segunda Lei da Termodinâmica 190

8.1 Máquinas térmicas e a Segunda Lei da Termodinâmica 191
8.2 Bombas de calor e refrigeradores 193
8.3 Processos reversíveis e irreversíveis 195
8.4 A máquina de Carnot 196
8.5 Motores a gasolina e a diesel 200
8.6 Entropia 202
8.7 Variações na entropia de sistemas termodinâmicos 206
8.8 Entropia e a Segunda Lei 210

Apêndices

A Tabelas A1
B Revisão matemática A4
C Unidades do SI A21
D Tabela periódica dos elementos A22

Respostas aos testes rápidos e problemas ímpares R1

Índice Remissivo I1

Sobre os autores

Raymond A. Serway recebeu o grau de doutor no Illinois Institute of Technology, e é Professor Emérito na James Madison University. Em 2011, ele foi premiado com o grau de doutor *honoris causa*, concedido pela Utica College. Em 1990, recebeu o prêmio Madison Scholar na James Madison University, onde lecionou por 17 anos. Dr. Serway começou sua carreira de professor na Clarkson University, onde realizou pesquisas e lecionou de 1967 a 1980. Recebeu o prêmio Distinguished Teaching na Clarkson University em 1977, e o Alumni Achievement da Utica College, em 1985. Como cientista convidado no IBM Research Laboratory em Zurique, Suíça, trabalhou com K. Alex Müller, que recebeu o Prêmio Nobel em 1987. Dr. Serway também foi pesquisador visitante no Argonne National Laboratory, onde colaborou com seu mentor e amigo, o falecido Dr. Sam Marshall. É é coautor de *College Physics*, 9ª edição; *Principles of Physics*, 5ª edição; *Essentials of College Physics*; *Modern Physics*, 3ª edição, e do livro didático para o ensino médio: *Physics*, publicado por Holt McDougal. Além disso, publicou mais de 40 trabalhos de pesquisa na área de Física da Matéria Condensada e ministrou mais de 60 palestras em encontros profissionais. Dr. Serway e sua esposa, Elizabeth, gostam de viajar, jogar golfe, pescar, cuidar do jardim, cantar no coro da igreja e, especialmente, passar um tempo precioso com seus quatro filhos e dez netos. E, recentemente, um bisneto.

John W. Jewett, Jr. concluiu a graduação em Física na Drexel University e o doutorado na Ohio State University, especializando-se nas propriedades ópticas e magnéticas da matéria condensada. Dr. Jewett começou sua carreira acadêmica na Richard Stockton College, de Nova Jersey, onde lecionou de 1974 a 1984. Atualmente, é Professor Emérito de Física da California State Polytechnic University, em Pomona. Durante sua carreira de professor, tem atuado na promoção de um ensino efetivo de física. Além de receber quatro subvenções da National Science Foundation, ajudou no ensino da física, a fundar e dirigir o Southern California Area Modern Physics Institute (SCAMPI) e o Science IMPACT (Institute for Modern Pedagogy and Creative Teaching). Os títulos honoríficos do Dr. Jewett incluem Stockton Merit Award, na Richard Stockton College, em 1980, quando foi selecionado como Outstanding Professor na California State Polytechnic University em 1991/1992; e, ainda, recebeu o Excellence in Undergraduate Physics Teaching Award, da American Association of Physics Teachers (AAPT) em 1998. Em 2010, recebeu um prêmio Alumni Lifetime Achievement Award da Dresel University em reconhecimento de suas contribuições no ensino da física. Já apresentou mais de 100 palestras, tanto no país como no exterior, incluindo múltiplas apresentações nos encontros nacionais da AAPT. É autor de *The World of Physics: Mysteries, Magic, and Myth*, que apresenta muitas conexões entre a Física e várias experiências do dia a dia. É coautor de *Física para Cientistas e Engenheiros*, de *Principles of Physics*, 5ª edição, bem como de *Global Issues*, um conjunto de quatro volumes de manuais de instrução em ciência integrada para o ensino médio. Dr. Jewett gosta de tocar teclado com sua banda formada somente por físicos, gosta de viagens, fotografia subaquática, aprender línguas estrangeiras e de colecionar aparelhos médicos antigos que possam ser utilizados como instrumentos em suas aulas. E, o mais importante, ele adora passar o tempo com sua esposa, Lisa, e seus filhos e netos.

Prefácio

Ao escrever esta 9ª edição de *Física para Cientistas e Engenheiros*, continuamos nossos esforços progressivos para melhorar a clareza da apresentação e incluir novos recursos pedagógicos que ajudem nos processos de ensino e aprendizagem. Utilizando as opiniões dos usuários da 8ª edição, dados coletados, tanto entre os professores como entre os alunos, além das sugestões dos revisores, aprimoramos o texto para melhor atender às necessidades dos estudantes e professores.

Este livro destina-se a um curso introdutório de Física para estudantes universitários de Ciências ou Engenharia. Todo o conteúdo poderá ser abordado em um curso de três semestres, mas é possível utilizar o material em sequências menores, com a omissão de alguns capítulos e algumas seções. O ideal seria que o estudante tivesse como pré-requisito um semestre de cálculo. Se isso não for possível, deve-se entrar simultaneamente em um curso introdutório de cálculo.

Conteúdo

O material desta coleção aborda tópicos fundamentais na física clássica e apresenta uma introdução à física moderna. Esta coleção está dividida em quatro volumes. O Volume 1 compreende os Capítulos 1 a 14 e trata dos fundamentos da mecânica Newtoniana e da física dos fluidos; o Volume 2 aborda as oscilações, ondas mecânicas e o som, além do calor e da termodinâmica. O Volume 3 aborda temas relacionados à eletricidade e ao magnetismo. O Volume 4 trata de temas relacionados à luz e à óptica, além da relatividade e da física moderna.

Objetivos

A coleção Física para Cientistas e Engenheiros tem os seguintes objetivos: fornecer ao estudante uma apresentação clara e lógica dos conceitos e princípios básicos da Física (para fortalecer a compreensão de conceitos e princípios por meio de uma vasta gama de aplicações interessantes no mundo real) e desenvolver fortes habilidades de resolução de problemas por meio de uma abordagem bem organizada. Para atingir estes objetivos, enfatizamos argumentos físicos organizados e focamos na resolução de problemas. Ao mesmo tempo, tentamos motivar o estudante por meio de exemplos práticos que demonstram o papel da Física em outras disciplinas, entre elas, Engenharia, Química e Medicina.

Alterações nesta edição

Uma grande quantidade de alterações e melhorias foi realizada nesta edição. Algumas das novas características baseiam-se em nossas experiências e em tendências atuais do ensino científico. Outras mudanças foram incorporadas em resposta a comentários e sugestões oferecidas pelos leitores da oitava edição e pelos revisores. Os aspectos aqui relacionados representam as principais alterações:

Integração Aprimorada da Abordagem do Modelo de Análises para a Resolução de Problemas. Os estudantes são desafiados com centenas de problemas durante seus cursos de Física. Um número relativamente pequeno de princípios fundamentais forma a base desses problemas. Quando desafiado com um novo problema, um físico forma um *modelo* do problema que pode ser resolvido de uma maneira simples, identificando o princípio fundamental que é aplicável ao problema. Por exemplo, muitos problemas envolvem a conservação de energia, a Segunda Lei de Newton, ou equações de cinemática. Como os físicos estudam extensivamente estes princípios e suas aplicações, eles podem aplicar este conhecimento como modelo para a resolução de um novo problema. Embora fosse ideal que os estudantes seguissem este mesmo processo, a maioria deles têm dificuldade em se familiarizar com todo o conjunto de princípios fundamentais que estão disponíveis. É mais fácil para os estudantes identificar uma *situação*, em vez de um princípio fundamental.

A *abordagem do Modelo de Análise* estabelece um conjunto padrão de situações que aparecem na maioria dos problemas de Física. Tais situações têm como base uma entidade em um de quatro modelos de simplificação: partícula, sistema, corpo rígido e onda. Uma vez que o modelo de simplificação é identificado, o estudante pensa sobre o que a entidade está fazendo ou como ela interage com seu ambiente. Isto leva o estudante a identificar um Modelo de Análise específico para o problema. Por exemplo, se um objeto estiver caindo, ele é reconhecido como uma partícula experimentando uma aceleração devida à gravidade, que é constante. O estudante aprendeu que o Modelo de Análise de uma *partícula sob aceleração constante* descreve esta situação. Além do mais, este modelo tem um pequeno número de equações associadas a ele para uso nos problemas iniciais – as equações de cinemática apresentadas no Capítulo 2 do Volume 1. Portanto, um entendimento da situação levou a um Modelo de Análise, que, então, identifica um número muito pequeno de equações para iniciar o problema, em vez de uma infinidade de equações que os estudantes veem no livro. Dessa maneira, o uso de Modelo de Análise leva o estudante a identificar o princípio fundamental. À medida que ele ganhar mais experiência, dependerá menos da abordagem do Modelo de Análise e começará a identificar princípios fundamentais diretamente.

Para melhor integrar a abordagem do Modelo de Análise para esta edição, **caixas descritivas de Modelo de Análise** foram acrescentadas no final de qualquer seção que introduza um novo Modelo de Análise. Este recurso recapitula o Modelo de Análise introduzido na seção e fornece exemplos dos tipos de problema que um estudante poderá resolver utilizando o Modelo de Análise. Estas caixas funcionam como um "lembrete" antes que os estudantes vejam os Modelos de Análise em uso nos exemplos trabalhados para determinada seção.

Os exemplos trabalhados no livro que utilizam Modelo de Análise são identificados com um ícone MA para facilitar a referência. As soluções desses exemplos integram a abordagem do Modelo de Análise para resolução de problemas. A abordagem é ainda mais reforçada no resumo do final de capítulo, com o título *Modelo de Análise para Resolução de Problemas*.

Analysis Model Tutorial, ou Tutoriais de Modelo de Análise (Disponível no Enhanced WebAssign).[1] John Jewett desenvolveu 165 tutoriais (indicados no conjunto de problemas de cada capítulo com o ícone AMT) que fortalecem as habilidades de resolução de problemas dos estudantes orientando-os através das etapas neste processo de resolução. As primeiras etapas importantes incluem fazer previsões e focar em conceitos de Física antes de resolver o problema quantitativamente. O componente crucial desses tutoriais é a seleção de um Modelo de Análise apropriado para descrever o que acontece no problema. Esta etapa permite que os alunos façam um link importante entre a situação no problema e a representação matemática da situação. Os tutoriais incluem um *feedback* significativo em cada etapa para ajudar os estudantes a praticar o processo de resolução de problemas e melhorar suas habilidades. Além disso, o *feedback* soluciona equívocos dos alunos e os ajuda a identificar erros algébricos e outros erros matemáticos. As soluções são desenvolvidas simbolicamente pelo maior tempo possível, com valores numéricos substituídos no final. Este recurso ajuda os estudantes a compreenderem os efeitos de mudar os valores de cada variável no problema, evita a substituição repetitiva desnecessária dos mesmos números e elimina erros de arredondamento. O *feedback* no final do tutorial encoraja os alunos a compararem a resposta final com suas previsões originais.

Novos itens Master It foram adicionados ao Enhanced WebAssign. Aproximadamente 50 novos itens Master It do Enhanced WebAssign foram acrescentados nesta edição, nos conjuntos de problemas de fim de capítulo.

Destaques desta edição

A lista a seguir destaca algumas das principais alterações para esta edição.

Capítulo 1

- Uma caixa descritiva Modelo de Análise foi incluída na Seção 1.2.
- Várias seções textuais foram revisadas para tornar mais explícitas as referências aos Modelos de Análise.

---

[1] O Enhanced WebAssign está disponível em inglês e o ingresso à ferramenta ocorre por meio de cartão de acesso. Para mais informações sobre o cartão e sua aquisição, contate vendas.brasil@cengage.com.

Capítulo 2
- Uma nova caixa descritiva de Modelo de Análise foi adicionada na Seção 2.2.
- A Seção 2.3, sobre a derivação da velocidade de uma onda em uma corda, foi completamente reescrita para aprimorar o desenvolvimento lógico.

Capítulo 4
- Duas caixas descritivas de Modelo de Análise foram adicionadas nas Seções 4.1 e 4.3.

Capítulo 5
- Diversos exemplos foram modificados, de modo que valores numéricos fossem colocados somente no final da solução.

Capítulo 6
- A Seção 6.3 foi revisada para enfatizar o foco em *sistemas*.

Capítulo 7
- Uma nova introdução para a Seção 7.1 estabelece a noção de *modelos estruturais* a serem utilizados neste capítulo e em capítulos futuros para descrever sistemas que são grandes demais ou pequenos demais para serem observados diretamente.
- Quinze novas equações foram enumeradas, e todas as equações no capítulo foram renumeradas. Este novo programa de numeração de equações permite uma referência mais fácil e eficiente às equações, no desenvolvimento da teoria cinética.
- A ordem das Seções 7.3 e 7.4 foi invertida para proporcionar uma discussão mais contínua sobre calores específicos de gases.

Capítulo 8
- Na Seção 8.4, a discussão sobre o teorema de Carnot foi reescrita e expandida, e foi acrescentada uma nova figura, que está ligada à comprovação do teorema.
- O material nas Seções 8.6, 8.7 e 8.8 foi completamente reorganizado, reordenado e reescrito. A noção de entropia como uma medida de desordem foi removida em favor de ideias mais contemporâneas na literatura sobre o ensino da Física referente à entropia e sua relação com noções tais como incerteza, ausência de informações e dissipação de energia.
- Dois novos itens Prevenção de Armadilhas foram acrescentados na Seção 8.6 para ajudar os estudantes a entender a entropia.
- Existe um argumento recentemente acrescentado para a equivalência do enunciado sobre entropia, da segunda lei, e os enunciados de Clausius e Kelvin–Planck, na Seção 8.8.
- Dois novos cartões de resumo para consulta rápida foram adicionados, referentes à discussão sobre entropia revisada.

Características do texto

A maioria dos professores acredita que o livro didático selecionado para um curso deve ser o guia principal do estudante para a compreensão e aprendizagem do tema. Além disso, o livro didático deve ser facilmente acessível e escrito num estilo que facilite o ensino e a aprendizagem. Com esses pontos em mente, incluímos muitos recursos pedagógicos, relacionados a seguir, que visam melhorar sua utilidade tanto para estudantes quanto para professores.

Resolução de Problemas e Compreensão Conceitual

Estratégia Geral de Resolução de Problemas. Descrita no final do Capítulo 2 do Volume 1, oferece aos estudantes um processo estruturado para a resolução de problemas. Em todos os outros capítulos, a estratégia é empregada em cada exemplo, de maneira que os estudantes possam aprender como é aplicada. Os estudantes são encorajados a seguir esta estratégia ao trabalhar os problemas de final de capítulo.

Exemplos Trabalhados. Apresentados em um formato de duas colunas para reforçar os conceitos da Física, a coluna da esquerda mostra informações textuais que descrevem os passos para a resolução do problema; a da direita, as manipulações matemáticas e os resultados destes passos. Este esquema facilita a correspondência do conceito com sua execução matemática e ajuda os estudantes a organizarem seu trabalho. Os exemplos seguem estritamente a Estratégia Geral de Resolução de Problemas apresentada no Capítulo 2 do Volume 1 para reforçar hábitos eficazes de resolução de problemas. Todos os exemplos trabalhados no texto podem ser passados como tarefa de casa no Enhanced WebAssign.

São dois os exemplos. O primeiro (e o mais comum) apresenta um problema e uma resposta numérica. O segundo é de natureza conceitual. Para enfatizar a compreensão dos conceitos da Física, os muitos exemplos conceituais são assim marcados e elaborados para ajudar os estudantes a se concentrar na situação física do problema. Os exemplos trabalhados no livro que utilizam Modelos de Análise agora são marcados com um ícone MA para facilitar a referência, e as soluções desses exemplos estão completamente integradas à abordagem do Modelo de Análise para a Resolução de Problemas.

Com base no *feedback* de um revisor da oitava edição, fizemos revisões cuidadosas dos exemplos trabalhados, de modo que as soluções são apresentadas simbolicamente tanto quanto possível, com valores numéricos substituídos no final. Esta abordagem ajudará os estudantes a pensar simbolicamente quando resolverem problemas, em vez de desnecessariamente inserir números em equações intermediárias.

E se? Aproximadamente um terço dos exemplos trabalhados no texto contêm o recurso **E se?**. Como uma complementação à solução do exemplo, esta pergunta oferece uma variação da situação apresentada no texto do exemplo. Esse recurso encoraja os estudantes a pensarem sobre os resultados e também ajuda na compreensão conceitual dos princípios, além de prepará-los para encontrar novos problemas que podem ser incluídos nas provas. Alguns dos problemas do final de capítulo também incluem este recurso.

Testes Rápidos. Os estudantes têm a oportunidade de testar sua compreensão dos conceitos da Física apresentados por meio destes testes. As perguntas pedem que eles tomem decisões com base no raciocínio sólido, e algumas foram elaboradas para ajudá-los a superar conceitos errôneos. Os Testes Rápidos foram moldados num formato objetivo, incluindo testes de múltipla escolha, falso e verdadeiro e de classificação. As respostas de todos os testes rápidos encontram-se no final do livro. Muitos professores preferem utilizar tais perguntas em um estilo de *peer instruction* (interação com colega) ou com a utilização do sistema de respostas pessoais por meio de *clickers*, mas elas podem ser usadas também em um sistema padrão de teste. Um exemplo de Teste Rápido é apresentado a seguir.

Teste Rápido **7.5** Um dardo é inserido em uma arma movida a mola e empurra a mola a uma distância x. Na próxima carga, a mola é comprimida a uma distância $2x$. Com que velocidade escalar o segundo dardo deixa a arma em comparação ao primeiro? **(a)** quatro vezes mais rápido **(b)** duas vezes mais rápido **(c)** a mesma **(d)** metade da velocidade **(e)** um quarto da velocidade.

Prevenções de Armadilhas. Mais de duzentas Prevenções de Armadilhas são fornecidas para ajudar os estudantes a evitar erros e equívocos comuns. Esses recursos, que são colocados nas margens do texto, tratam tanto dos conceitos errôneos mais comuns dos estudantes quanto de situações nas quais eles frequentemente seguem caminhos que não são produtivos.

Resumos. Cada capítulo contém um resumo que revisa os conceitos e equações importantes nele vistos, dividido em três seções: Definições, Conceitos e Princípios, e Modelos de Análise para Resolução de Problemas. Em cada seção, caixas chamativas focam cada definição, conceito, princípio ou modelo de análise.

Perguntas e Conjuntos de Problemas. Para esta edição, os autores revisaram cada pergunta e problema e incorporaram revisões elaboradas para melhorar a legibilidade e a facilidade de atribuição. Mais de 10% dos problemas são novos nesta edição.

Perguntas. A seção de Perguntas está dividida em duas: *Perguntas Objetivas* e *Perguntas Conceituais*. O professor pode selecionar itens para deixar como tarefa de casa ou utilizar em sala de aula, possivelmente fazendo uso do método de interação com um colega ou dos sistemas de respostas pessoais. Muitas Perguntas Objetivas e Conceituais foram incluídas nesta edição.

> **Prevenção de Armadilhas 1.1**
> **Valores sensatos**
> Intuir sobre valores normais de quantidades ao resolver problemas é importante porque se deve pensar no resultado final e determinar se ele parece sensato. Por exemplo, se ao calcular a massa de uma mosca chega-se a 100 kg, esta resposta é *insensata* e há um erro em algum lugar.

Exemplo 3.2 — Uma viagem de férias

Um carro percorre 20,0 km rumo ao norte e depois 35,0 km em uma direção 60,0° a noroeste como mostra a Figura 3.11a. Encontre o módulo e a direção do deslocamento resultante do carro.

> Cada solução foi escrita para seguir estritamente a Estratégia Geral de Resolução de Problemas, conforme descrita no Capítulo 2 do Volume 1, a fim de reforçar os bons hábitos na resolução de problemas.

SOLUÇÃO

Conceitualização Os vetores $\vec{A}$ e $\vec{B}$ desenhados na Figura 3.11a nos ajudam a conceitualizar o problema.
O vetor resultante $\vec{R}$ também foi desenhado. Esperamos que sua grandeza seja de algumas dezenas de quilômetros. Espera-se que o ângulo β que o vetor resultante faz com o eixo y seja menor do que 60°, o ângulo que o vetor $\vec{B}$ faz com o eixo y.

Categorização Podemos categorizar este exemplo como um problema de análise simples de adição de vetores. O deslocamento $\vec{R}$ é resultante da adição de dois deslocamentos individuais $\vec{A}$ e $\vec{B}$. Podemos ainda categorizá-lo como um problema de análise de triângulos. Assim, apelamos para nossa experiência em geometria e trigonometria.

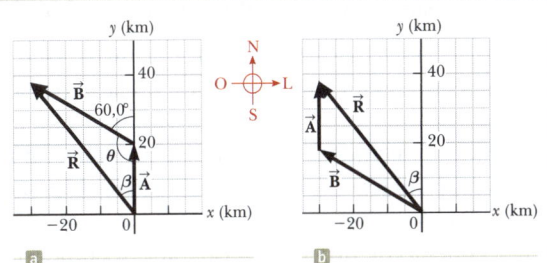

Figura 3.11 (Exemplo 3.2) (a) Método gráfico para encontrar o vetor deslocamento resultante $\vec{R} = \vec{A} + \vec{B}$. (b) Adicionando os vetores na ordem reversa $(\vec{B} + \vec{A})$ fornece o mesmo resultado para $\vec{R}$.

Análise Neste exemplo, mostramos duas maneiras de analisar o problema para encontrar a resultante de dois vetores. A primeira é resolvê-lo geometricamente com a utilização de papel milimetrado e um transferidor para medir o módulo de $\vec{R}$ e sua direção na Figura 3.11a. Na verdade, mesmo quando sabemos que vamos efetuar um cálculo, deveríamos esboçar os vetores para verificar os resultados. Com régua comum e transferidor, um diagrama grande normalmente fornece respostas com dois, mas não com três dígitos de precisão. Tente utilizar essas ferramentas em $\vec{R}$ na Figura 3.11a e compare com a análise trigonométrica a seguir.
A segunda maneira de resolver o problema é analisá-lo utilizando álgebra e trigonometria. O módulo de $\vec{R}$ pode ser obtido por meio da lei dos cossenos aplicada ao triângulo na Figura 3.11a (ver Apêndice B.4).

> Cada passo da solução é detalhado em um formato de duas colunas. A coluna da esquerda fornece uma explicação para cada passo da matemática contida na coluna da direita para reforçar mais os conceitos da Física.

Use $R^2 = A^2 + B^2 - 2AB \cos \theta$ da lei dos cossenos para encontrar R:
$$R = \sqrt{A^2 + B^2 - 2AB \cos \theta}$$

Substitua os valores numéricos, observando que $\theta = 180° - 60° = 120°$:
$$R = \sqrt{(20{,}0 \text{ km})^2 + (35{,}0 \text{ km})^2 - 2(20{,}0 \text{ km})(35{,}0 \text{ km}) \cos 120°}$$
$$= \boxed{48{,}2 \text{ km}}$$

Utilize a lei dos senos (Apêndice B.4) para encontrar a direção de $\vec{R}$ a partir da direção norte:
$$\frac{\operatorname{sen}\beta}{B} = \frac{\operatorname{sen}\theta}{R}$$
$$\operatorname{sen}\beta = \frac{B}{R}\operatorname{sen}\theta = \frac{35{,}0 \text{ km}}{48{,}2 \text{ km}} \operatorname{sen} 120° = 0{,}629$$
$$\beta = \boxed{38{,}9°}$$

O deslocamento resultante do carro é 48,2 km em uma direção 38,9° a noroeste.

Finalização O ângulo β que calculamos está de acordo com a estimativa feita a partir da observação da Figura 3.11a, ou com um ângulo real medido no diagrama com a utilização do método gráfico? É aceitável que o módulo de $\vec{R}$ seja maior que ambos os de $\vec{A}$ e $\vec{B}$? As unidades de $\vec{R}$ estão corretas?
Embora o método da triangulação para adicionar vetores funcione corretamente, ele tem duas desvantagens. A primeira é que algumas pessoas acham inconveniente utilizar as leis dos senos e cossenos. A segunda é que um triângulo só funciona quando se adicionam dois vetores. Se adicionarmos três ou mais, a forma geométrica resultante geralmente não é um triângulo. Na Seção 3.4, exploraremos um novo método de adição de vetores que tratará de ambas essas desvantagens.

E SE? Suponha que a viagem fosse feita com os dois vetores na ordem inversa: 35,0 km a 60,0° a oeste em relação ao norte primeiramente, e depois 20,0 km em direção ao norte. Qual seria a mudança no módulo e na direção do vetor resultante?

Resposta Elas não mudariam. A lei comutativa da adição de vetores diz que a ordem dos vetores em uma soma é irrelevante. Graficamente, a Figura 3.11b mostra que a adição dos vetores na ordem inversa nos fornece o mesmo vetor resultante.

> As perguntas "E se?" aparecem em cerca de 1/3 dos exemplos trabalhados e oferecem uma variação na situação apresentada no texto do exemplo. Por exemplo, este recurso pode explorar os efeitos da mudança das condições da situação, determinar o que acontece quando uma quantidade é tomada em um valor limite em particular, ou perguntar se mais informações podem ser determinadas sobre a situação do problema. Este recurso encoraja os estudantes a pensarem sobre os resultados do exemplo, ajudando na compreensão conceitual dos princípios.

As Perguntas *Objetivas*. São de múltipla escolha, verdadeiro/falso, classificação, ou outros tipos de múltiplas suposições. Algumas requerem cálculos elaborados para facilitar a familiaridade dos estudantes com as equações, as variáveis utilizadas, os conceitos que as variáveis representam e as relações entre os conceitos. Outras são de natureza mais conceitual, elaboradas para encorajar o pensamento conceitual. As perguntas objetivas também são escritas tendo em mente as respostas pessoais dos usuários do sistema, e muitas das perguntas poderiam ser facilmente utilizadas nesses sistemas.

As Perguntas *Conceituais*. São mais tradicionais, com respostas curtas, do tipo dissertativas, requerendo que os estudantes pensem conceitualmente sobre uma situação física.

Problemas. Um conjunto extenso de problemas foi incluído no final de cada capítulo. As respostas dos problemas de número ímpar são fornecidas no final do livro. Eles são organizados por seções em cada capítulo (aproximadamente dois terços dos problemas são conectados a seções específicas do capítulo). Em cada seção, os problemas levam os estudantes a um pensamento de ordem superior, apresentando primeiro todos os problemas simples da seção, seguidos pelos problemas intermediários.

PD Os *Problemas Dirigidos* ajudam os estudantes a dividir os problemas em etapas. Tipicamente, um problema de Física pede uma quantidade física em determinado contexto. Entretanto, com frequência, diversos conceitos devem ser utilizados e vários cálculos são necessários para obter a resposta final. Muitos estudantes não estão acostumados a esse nível de complexidade e, muitas vezes, não sabem por onde começar. Estes Problemas Dirigidos dividem um problema-padrão em passos menores, permitindo que os estudantes apreendam todos os conceitos e estratégias necessários para chegar à solução correta. Diferente dos problemas de Física padrão, a orientação é, em geral, incorporada no enunciado do problema. Os Problemas Dirigidos são exemplos de como um estudante pode interagir com o professor em sala de aula. Esses problemas ajudam a treinar os estudantes a decompor problemas complexos em uma série de problemas mais simples, uma habilidade essencial para a resolução de problemas. Segue aqui um exemplo de Problema Dirigido:

38. **PD** Uma viga uniforme apoiada sobre dois pivôs tem comprimento $L = 6{,}00$ m e massa $M = 90{,}0$ kg. O pivô sob a extremidade esquerda exerce uma força normal n_1 sobre a viga, e o segundo, localizado a uma distância $\ell = 4{,}00$ m desta extremidade, exerce uma força normal n_2. Uma mulher de massa $m = 55{,}0$ kg sobe na extremidade esquerda da viga e começa a caminhar para a direita, como mostra a Figura P12.38. O objetivo é encontrar a posição da mulher quando a viga começa a inclinar. (a) Qual é o modelo de análise apropriado para a viga antes que ela comece a inclinar? (b) Esboce um diagrama de forças para a viga, indicando as forças gravitacional e normal que agem sobre ela e que coloca a mulher a uma distância x à direita do primeiro pivô, que é a origem. (c) Onde está a mulher quando a força normal n_1 é a maior? (d) Qual é o valor de n_1 quando a viga está na iminência de inclinar? (e) Use a Equação 12.1 para encontrar o valor de n_2 quando a viga está na iminência de inclinar. (f) Utilizando o resultado da parte (d) e a Equação 12.2, com torques calculados em torno do segundo pivô, encontre a posição da mulher, x, quando a viga está na iminência de inclinar. (g) Verifique a resposta da parte (e) calculando torques em torno do ponto do primeiro pivô.

O problema é identificado com um ícone **PD**.

O objetivo do problema é identificado.

A análise começa com a identificação do modelo de análise apropriado.

São fornecidas sugestões de passos para resolver o problema.

O cálculo associado ao objetivo é solicitado.

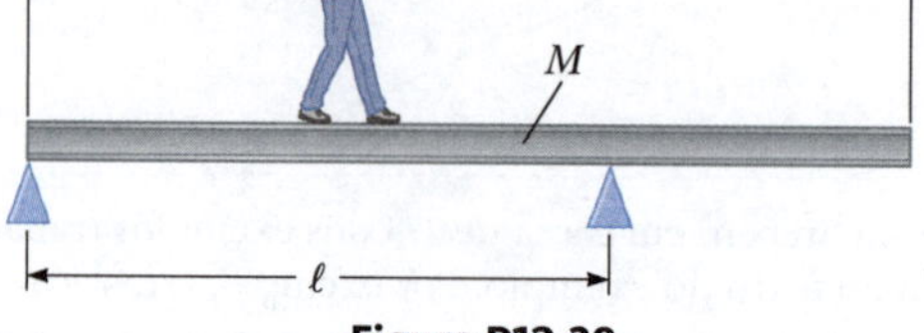

Figura P12.38

Problemas de impossibilidade. A pesquisa em ensino de Física enfatiza pesadamente as habilidades dos estudantes para a resolução de problemas. Embora a maioria dos problemas deste livro esteja estruturada de maneira a fornecer dados e pedir um resultado de cálculo, em média, dois em cada capítulo são estruturados como problemas de impossibilidade. Eles começam com a frase *Por que a seguinte situação é impossível?*, seguida pela descrição da situação. O aspecto impactante desses problemas é que não é feita nenhuma pergunta aos estudantes, a não ser o que está em itálico inicial. O estudante deve determinar quais perguntas devem ser feitas e quais cálculos devem ser efetuados. Com base nos resultados desses cálculos, o estudante deve determinar por que a situação descrita não é possível. Esta determinação pode requerer informações de experiência pessoal, senso comum, pesquisa na Internet ou em material impresso, medição, habilidades matemáticas, conhecimento das normas humanas ou pensamento científico. Esses problemas podem ser aplicados para criar habilidades de pensamento crítico nos estudantes. Eles também são divertidos, pelo seu aspecto de "mistérios da Física" para serem resolvidos pelos estudantes individualmente ou em grupos. Um exemplo de problema de impossibilidade aparece aqui:

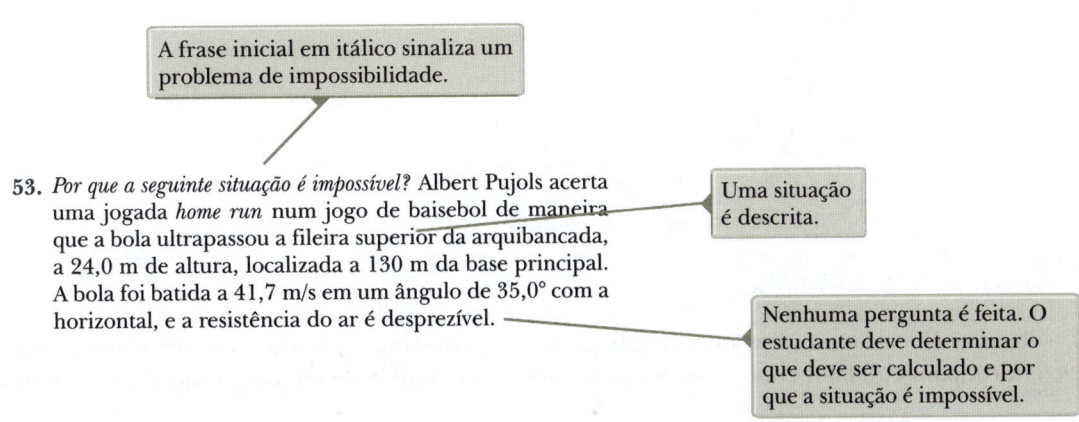

Problemas de Revisão. Muitos capítulos incluem a revisão de problemas que requerem que o estudante combine conceitos abordados no capítulo com aqueles discutidos em capítulos anteriores. Estes problemas (marcados com a identificação: **Revisão**) refletem a natureza coesa dos princípios no livro e verificam que a Física não é um conjunto disperso de ideias. Ao nos depararmos com problemas do mundo real, como o aquecimento global ou a questão das armas nucleares, pode ser necessário recorrer a ideias referentes à Física de várias partes de um livro como este.

Problemas "de Fermi". Na maioria dos capítulos, um ou mais problemas pedem que o estudante raciocine em termos de ordem de grandeza.

Problemas de Design. Diversos capítulos contêm problemas que solicitam que o estudante determine parâmetros de design para um dispositivo prático, de modo que este funcione conforme requerido.

Problemas Baseados em Cálculos. Cada capítulo contém pelo menos um problema que aplica ideias e métodos de cálculo diferencial e um problema que utiliza cálculo integral.

Integração com o Enhanced WebAssign. A integração estreita deste livro com o conteúdo do Enhanced WebAssign (em inglês) propicia um ambiente de aprendizagem on-line que ajuda os estudantes a melhorar suas habilidades de resolução de problemas, oferecendo uma variedade de ferramentas para satisfazer seus estilos individuais de aprendizagem. Extensivos dados obtidos dos usuários, coletados por meio do WebAssign, foram utilizados para assegurar que problemas mais frequentemente designados foram mantidos nesta nova edição. Novos Tutoriais de Modelo de Análise acrescentados nesta edição já foram discutidos. Os Tutoriais *Master It* ajudam os estudantes a resolver problemas por meio de uma solução desenvolvida passo a passo. Ajudam os estudantes a resolver problemas, fazendo-os trabalhar por meio de uma solução por etapas. Problemas com estes tutoriais são identificados em cada capítulo por um ícone **M**. Além disso, vídeos *Watch It* são indicados no conjunto de problemas de cada capítulo com um ícone **W** e explicam estratégias fundamentais para a resolução de problemas a fim de ajudar os estudantes a solucioná-los.

Ilustrações. As ilustração estão em estilo moderno, ajudando a expressar os princípios da Física de maneira clara e precisa.

Indicadores de foco estão incluídos em muitas figuras no livro; mostram aspectos importantes de uma figura ou guiam os estudantes por um processo ilustrado – desenho ou foto. Este formato ajuda os estudantes, que aprendem mais facilmente utilizando o sentido visual. Um exemplo de uma figura com um indicador de foco aparece a seguir.

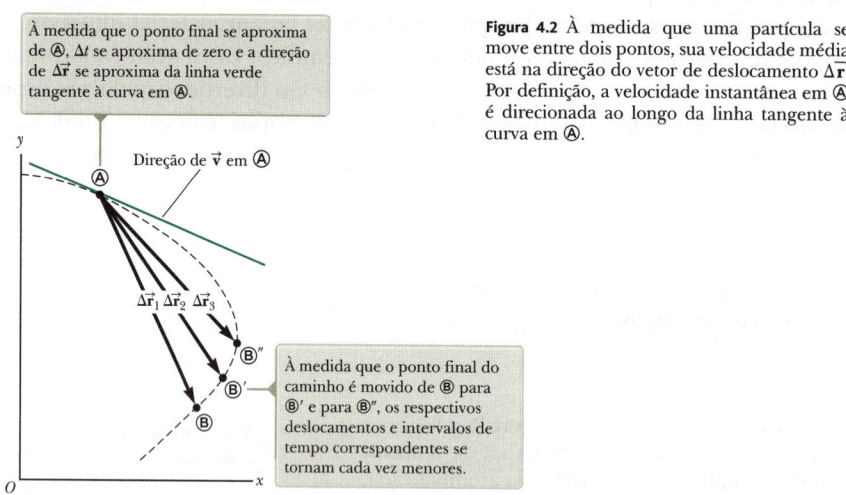

Figura 4.2 À medida que uma partícula se move entre dois pontos, sua velocidade média está na direção do vetor de deslocamento $\Delta \vec{r}$. Por definição, a velocidade instantânea em Ⓐ é direcionada ao longo da linha tangente à curva em Ⓐ.

Apêndice B – Revisão Matemática. Ferramenta valiosa para os estudantes, mostra os recursos matemáticos em um contexto físico. Ideal para estudantes que necessitam de uma revisão rápida de tópicos, como álgebra, trigonometria e cálculo.

Aspectos Úteis

Estilo. Para facilitar a rápida compreensão, escrevemos o livro em um estilo claro, lógico e atrativo. Escolhemos um estilo de escrita que é um pouco informal e descontraído, e os estudantes encontrarão textos atraentes e agradáveis de ler. Os termos novos são cuidadosamente definidos, evitando a utilização de jargões.

Definições e equações importantes. A maioria das definições é colocada em negrito ou destacada para dar mais ênfase e facilitar a revisão, assim como são também destacadas as equações importantes para facilitar a localização.

Notas de margem. Comentários e notas que aparecem na margem com o ícone ▶ podem ser utilizados para localizar afirmações, equações e conceitos importantes no texto.

Uso pedagógico da cor. Os leitores devem consultar a **cartela pedagógica colorida** para uma lista dos símbolos de código de cores utilizados nos diagramas do texto. O sistema é seguido consistentemente em todo o texto.

Nível matemático. Introduzimos cálculo gradualmente, lembrando que os estudantes, em geral, fazem cursos introdutórios de Cálculo e Física ao mesmo tempo. A maioria dos passos é mostrada quando equações básicas são desenvolvidas, e frequentemente se faz referência aos anexos de Matemática do final do livro. Embora os vetores sejam abordados em detalhe no Capítulo 3 deste volume, produtos de vetores são apresentados mais adiante no texto, onde são necessários para aplicações da Física. O produto escalar é apresentado no Capítulo 7 deste volume, que trata da energia de um sistema; o produto vetorial é apresentado no Capítulo 11 deste volume, que aborda o momento angular.

Algarismos significativos. Tanto nos exemplos trabalhados quanto nos problemas do final de capítulo, os algarismos significativos foram manipulados com cuidado. A maioria dos exemplos numéricos é trabalhada com dois ou três algarismos significativos, dependendo da precisão dos dados fornecidos. Os problemas do final de capítulo regularmente exprimem dados e respostas com três dígitos de precisão. Ao realizar cálculos estimados, normalmente trabalharemos com um único algarismo significativo. Mais discussão sobre algarismos significativos encontra-se no Capítulo 1.

Unidades. O sistema internacional de unidades (SI) é utilizado em todo o texto. O sistema comum de unidades nos Estados Unidos só é utilizado em quantidade limitada nos capítulos de Mecânica e Termodinâmica.

Anexos. Diversos anexos são fornecidos no começo e no final do livro. A maior parte do material anexo representa uma revisão dos conceitos de matemática e técnicas utilizadas no texto, incluindo notação científica, álgebra, geometria, trigonometria, cálculos diferencial e integral. A referência a esses anexos é feita em todo o texto. A maioria das seções de revisão de Matemática nos anexos inclui exemplos trabalhados e exercícios com respostas. Além das revisões de Matemática, os anexos contêm tabela de dados físicos, fatores de conversão e unidades no SI de quantidades físicas, além de uma tabela periódica dos elementos. Outras informações úteis – dados físicos e constantes fundamentais, uma lista de prefixos padrão, símbolos matemáticos, o alfabeto grego e abreviações padrão de unidades de medida – também estão disponíveis.

Soluções de curso que se ajustam às suas metas de ensino e às necessidades de aprendizagem dos estudantes

Avanços recentes na tecnologia educacional transformaram os sistemas de gestão de tarefas para casa em ferramentas poderosas e acessíveis que vão ajudá-lo a incrementar seu curso, não importando se você oferece um curso mais tradicional com base em texto, se está interessado em utilizar ou se atualmente utiliza um sistema de gestão de tarefas para casa, tal como o Enhanced WebAssign.

Sistemas de gestão de tarefas para casa

Enhanced WebAssign. O Enhanced WebAssign oferece um programa on-line destinado à Física para encorajar a prática que é tão importante para o domínio de conceitos. A pedagogia e os exercícios meticulosamente trabalhados em nossos textos comprovadamente se tornam ainda mais eficazes ao se utilizar a ferramenta. Enhanced WebAssign inclui Cengage YouBook, um e-Book interativo altamente personalizável, assim como:

- **Problemas selecionados aprimorados, com *feedback* direcionado.** Eis um exemplo de *feedback* preciso:

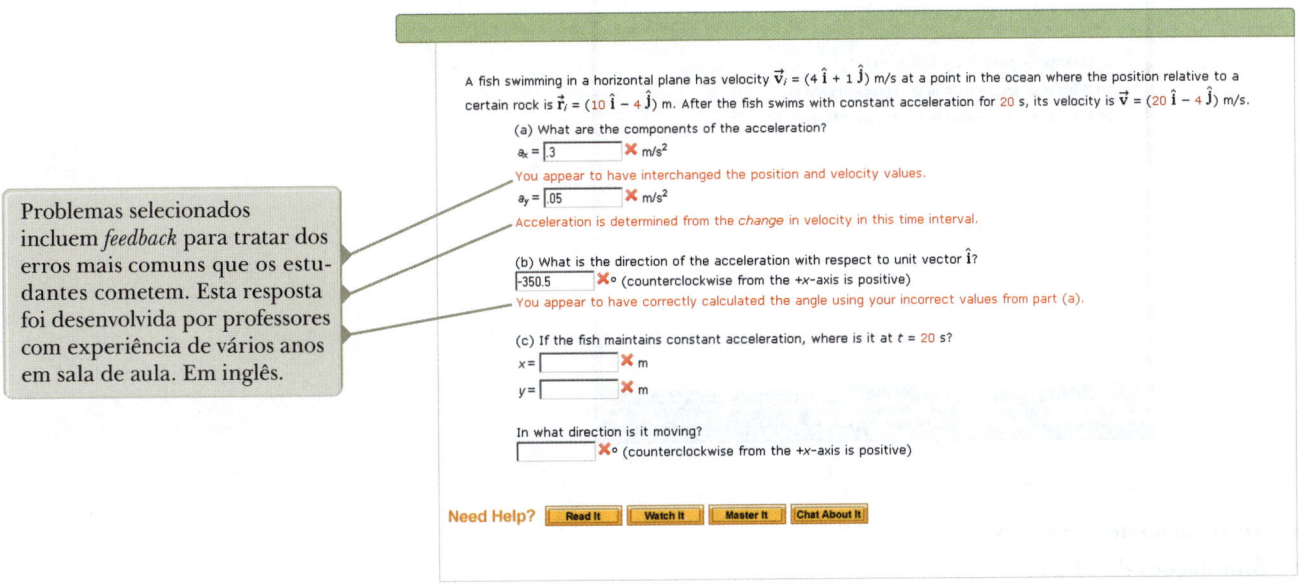

Problemas selecionados incluem *feedback* para tratar dos erros mais comuns que os estudantes cometem. Esta resposta foi desenvolvida por professores com experiência de vários anos em sala de aula. Em inglês.

- **Tutoriais Master It** (indicados no livro por um ícone M) para ajudar os estudantes a trabalhar no problema um passo de cada vez. Um exemplo de tutorial Master It:

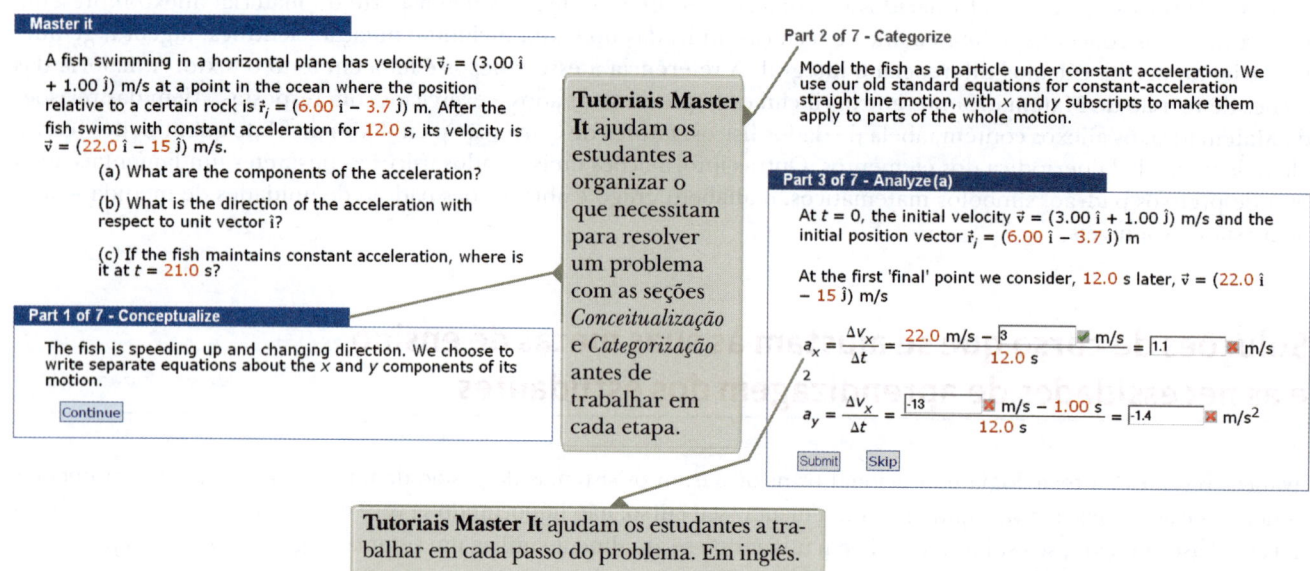

Tutoriais **Master It** ajudam os estudantes a organizar o que necessitam para resolver um problema com as seções *Conceitualização* e *Categorização* antes de trabalhar em cada etapa.

Tutoriais **Master It** ajudam os estudantes a trabalhar em cada passo do problema. Em inglês.

- **Vídeos de resolução Watch It** (indicados no livro por um ícone W), que explicam estratégias fundamentais de resolução de problemas para ajudar os alunos a passarem por todas as suas etapas. Além disso, os professores podem optar por incluir sugestões de estratégias de resolução de problemas. Uma tela de uma resolução Watch It aparece a seguir:

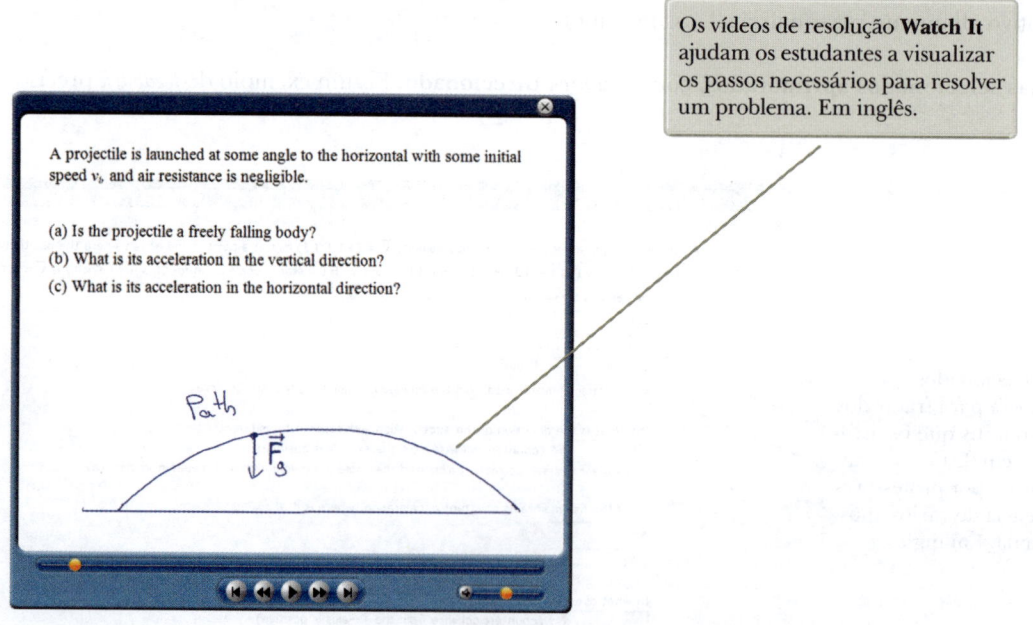

Os vídeos de resolução **Watch It** ajudam os estudantes a visualizar os passos necessários para resolver um problema. Em inglês.

- **Verificação de Conceitos**.
- **Simulações de PhET**.
- **A maioria dos exemplos trabalhados**, aperfeiçoados com dicas e *feedback*, para ajudar a fortalecer as habilidades dos estudantes para a resolução de problemas.
- **Todos os testes rápidos**, proporcionando aos estudantes uma ampla oportunidade de testar seu entendimento conceitual.

- **Tutoriais de Modelo de Análises.** John Jewett desenvolveu 165 tutoriais (indicados nos conjuntos de problemas de cada capítulo com um ícone AMT), que fortalece as habilidades dos estudantes para a solução de problemas, orientando-os através das etapas necessárias no processo de resolução de problemas. Primeiras etapas importantes incluem fazer previsões e focar a estratégia sobre conceitos de Física, antes de começar a resolver o problema quantitativamente. Um componente fundamental desses tutoriais é a seleção de um apropriado Modelo de Análises para descrever qual é o propósito do problema. Esta etapa permite aos estudantes fazer o importante link entre a situação no problema e a representação matemática da situação. Tutoriais de Modelo de Análise incluem *feedback* significativo em cada etapa para auxiliar os estudantes na prática do processo de solução de problemas e aprimorar suas habilidades. Além disso, o *feedback* aborda equívocos dos alunos e os ajuda a identificar erros algébricos e outros erros matemáticos. As soluções são desenvolvidas simbolicamente o maior tempo possível, com valores numéricos substituídos no final. Este recurso auxilia os estudantes a entenderem os efeitos de modificar os valores de cada variável no problema, evita a substituição repetitiva desnecessária dos mesmos números, e elimina erros de arrendondamento. O *feedback* no final do tutorial incentiva os estudantes a pensarem sobre como as respostas finais se comparam a suas previsões originais.
- **Plano de estudo personalizado.** Oferece avaliações de capítulos e seções, que mostram aos estudantes que material eles conhecem e quais áreas exigem maior trabalho. Para os itens que forem respondidos incorretamente, os estudantes podem clicar nos links que levam a recursos de estudos relacionados, como vídeos, tutoriais ou materiais de leitura. Indicadores de progresso codificados por cores possibilitam que eles vejam como está seu desempenho em diferentes tópicos. Você decide quais capítulos e seções irá incluir – e se deseja incluir o plano como parte da nota final ou como um guia de estudos, sem nenhuma pontuação envolvida.
- **Cengage YouBook.** WebAssign tem um e-Book personalizável e interativo, o **Cengage YouBook**, que permite a você adaptar o livro para se adequar ao seu curso e se conectar com seus alunos. É possível remover e rearranjar capítulos no sumário e adequar leituras designadas que correspondem exatamente ao seu currículo. Poderosas ferramentas de edição possibilitam fazer as modificações que você quiser – ou mantê-lo como desejar. Você pode destacar as passagens principais ou acrescentar "notas adesivas" a páginas para comentar sobre um conceito durante a leitura e, então, compartilhar qualquer um desses destaques e notas individuais com seus alunos, ou mantê-los para si mesmo. Também é possível editar conteúdo narrativo no livro, adicionando uma caixa de texto ou excluindo texto. Com uma útil ferramenta de link, você pode adicionar um ícone em qualquer ponto no e-Book, que permitirá vincular a suas próprias notas para dar aulas, resumos em áudio, aulas em vídeo, ou outros arquivos em um site pessoal ou em qualquer parte na Web. Um simples dispositivo no YouTube permite facilmente encontrar e inserir vídeos do YouTube diretamente nas páginas do e-Book. O Cengage YouBook ajuda os estudantes a ir além de simplesmente ler o livro, pois eles podem também destacar o texto, adicionar suas próprias anotações e marcadores de texto. Animações são reproduzidas na página, no ponto exato de aprendizagem, de modo que não sejam empecilhos à leitura, mas verdadeiras melhorias.
- Oferecido exclusivamente no WebAssign, a **Quick Prep (Preparação Rápida)** para a Física é a retificação matemática da álgebra e da trigonometria no âmbito das aplicações e princípios da Física. A Quick Prep ajuda os estudantes a obter sucesso utilizando narrativas ilustradas completas, com exemplos em vídeo. Os problemas do Master It tutorial permitem aos estudantes avaliar e redefinir sua compreensão do material. Os problemas práticos que acompanham cada tutorial possibilitam alunos e instrutores a testarem a compreensão obtida do material.

A Quick Prep inclui os seguintes recursos: 67 tutoriais interativos, 67 problemas práticos adicionais e visão geral completa de cada tópico, incluindo exemplos em vídeo. Pode ser realizada antes do início do semestre ou durante as primeiras semanas do curso, além de poder ser designada ao longo de cada capítulo para uma remediação "just in time". Os tópicos incluem unidades, notação científica e figuras significativas; o movimento dos objetos ao longo de uma linha; funções; aproximação e representação gráfica; probabilidade e erro; vetores, deslocamento e velocidade; esferas; força e projeções de vetores.

Opções de Ensino

Os tópicos nesta coleção são apresentados na seguinte sequência: mecânica clássica, oscilações e ondas mecânicas, calor e termodinâmica, seguidos por eletricidade e magnetismo, ondas eletromagnéticas, óptica, relatividade e Física Moderna. Esta apresentação representa uma sequência tradicional com o assunto de ondas mecânicas sendo apresentado antes de eletricidade e magnetismo. Alguns professores podem preferir discutir tanto mecânica como ondas eletromagnéticas após a conclusão de eletricidade e magnetismo. Neste caso, os Capítulos 2 a 4 do Volume 2 poderiam ser abordados com o Capítulo 12 do Volume 3. O capítulo sobre relatividade é colocado perto do final do livro, pois este tópico é frequentemente tratado como uma introdução à era da "Física Moderna". Se houver tempo, os professores podem escolher abordar o Capítulo 5 do Volume 4 após completar o Capítulo 13 do Volume 1 como conclusão ao material sobre mecânica newtoniana. Para os professores que trabalham numa sequência de dois semestres, algumas seções e capítulos poderiam ser excluídos sem qualquer perda de continuidade.

Agradecimentos

Esta coleção foi preparada com a orientação e assistência de muitos professores, que revisaram seleções do manuscrito, o texto de pré-revisão, ou ambos. Queremos agradecer aos seguintes professores e expressar nossa gratidão por suas sugestões, críticas e incentivo:

Benjamin C. Bromley, University of Utah; Elena Flitsiyan, University of Central Florida; Yuankun Lin, University of North Texas; Allen Mincer, New York University; Yibin Pan, University of Wisconsin-Madison; N. M. Ravindra, New Jersey Institute of Technology; Masao Sako, University of Pennsylvania; Charles Stone, Colorado School of Mines; Robert Weidman, Michigan Technological University; Michael Winokur, University of Wisconsin-Madison.

Antes do nosso trabalho nesta revisão, realizamos um levantamento entre professores. Suas opiniões e sugestões ajudaram a compor a revisão das perguntas e problemas e, portanto, gostaríamos de agradecer aos que participaram do levantamento:

Elise Adamson, Wayland Baptist University; Saul Adelman, The Citadel; Yiyan Bai, Houston Community College; Philip Blanco, Grossmont College; Ken Bolland, Ohio State University; Michael Butros, Victor Valley College; Brian Carter, Grossmont College; Jennifer Cash, South Carolina State University; Soumitra Chattopadhyay, Georgia Highlands College; John Cooper, Brazosport College; Gregory Dolise, Harrisburg Area Community College; Mike Durren, Lake Michigan College; Tim Farris, Volunteer State Community College; Mirela Fetea, University of Richmond; Susan Foreman, Danville Area Community College; Richard Gottfried, Frederick Community College; Christopher Gould, University of Southern California; Benjamin Grinstein, University of California, San Diego; Wayne Guinn, Lon Morris College; Joshua Guttman, Bergen Community College; Carlos Handy, Texas Southern University; David Heskett, University of Rhode Island; Ed Hungerford, University of Houston; Matthew Hyre, Northwestern College; Charles Johnson, South Georgia College; Lynne Lawson, Providence College; Byron Leles, Northeast Alabama Community College; Rizwan Mahmood, Slippery Rock University; Virginia Makepeace, Kankakee Community College; David Marasco, Foothill College; Richard McCorkle, University of Rhode Island; Brian Moudry, Davis & Elkins College; Charles Nickles, University of Massachusetts Dartmouth; Terrence O'Neill, Riverside Community College; Grant O'Rielly, University of Massachusetts Dartmouth; Michael Ottinger, Missouri Western State University; Michael Panunto, Butte College; Eugenia Peterson, Richard J. Daley College; Robert Pompi, Binghamton University, State University of New York; Ralph Popp, Mercer County Community College; Craig Rabatin, West Virginia University at Parkersburg; Marilyn Rands, Lawrence Technological University; Christina Reeves-Shull, Cedar Valley College; John Rollino, Rutgers University, Newark; Rich Schelp, Erskine College; Mark Semon, Bates College; Walther Spjeldvik, Weber State University; Mark Spraker, North Georgia College and State University; Julie Talbot, University of West Georgia; James Tressel, Massasoit Community College; Bruce Unger, Wenatchee Valley College; Joan Vogtman, Potomac State College.

A precisão deste livro foi cuidadosamente verificada por Grant Hart, Brigham Young University; James E. Rutledge, University of California at Irvine; *Riverside;* e Som Tyagi, *Drexel University.* Agradecemo-lhes por seus esforços sob a pressão do cronograma.

Belal Abas, Zinoviy Akkerman, Eric Boyd, Hal Falk, Melanie Martin, Steve McCauley e Glenn Stracher fizeram correções nos problemas obtidos nas edições anteriores. Harvey Leff forneceu inestimável orientação para a reestruturação da discussão sobre entropia, no Capítulo 8 do Volume 2. Somos gratos aos autores John R. Gordon e Vahé Peroomian, a Vahé Peroomian, Susan English e Linnea Cookson.

Agradecimentos especiais e reconhecimento à equipe profissional da Brooks/Cole – em particular, Charles Hartford, Ed Dodd, Stephanie VanCamp, Rebecca Berardy Schwartz, Tom Ziolkowski, Alison Eigel Zade, Cate Barr e Brendan Killion (que se responsabilizaram pelo programa auxiliar) – por seu excelente trabalho durante o desenvolvimento, a produção e a promoção deste livro. Reconhecemos o habilidoso serviço de produção e o ótimo trabalho de arte, proporcionados pela equipe da Lachina Publishing Services, e os dedicados esforços de pesquisa de fotografias feitos por Christopher Arena, no Bill Smith Group.

Finalmente, estamos profundamente em débito com nossas esposas, filhos e netos por seu amor, apoio e sacrifícios de longo prazo.

Raymond A. Serway
St. Petersburg, Flórida

John W. Jewett, Jr.
Anaheim, Califórnia

Materiais de apoio para professores

Estão disponíveis para download na página deste livro no site da Cengage os seguintes materiais para professores:

- Banco de testes;
- Manual do instrutor;
- Slides em ppt.

Todos os materiais estão disponíveis em inglês.

Ao Estudante

É apropriado oferecer algumas palavras de conselho que sejam úteis para você, estudante. Antes de fazê-lo, supomos que tenha lido o Prefácio, que descreve as várias características deste livro e dos materiais de apoio que o ajudarão durante o curso.

Como Estudar

Com frequência, os estudantes perguntam aos professores: "Como eu deveria estudar Física e me preparar para as provas?". Não há resposta simples para esta pergunta, mas podemos oferecer algumas sugestões com base em nossas experiências de ensino e aprendizagem durante anos.

Primeiro, mantenha uma atitude positiva em relação ao tema, tendo em mente que a Física é a mais fundamental das ciências naturais. Outros cursos de ciência no futuro utilizarão os mesmos princípios físicos, portanto, é importante entender e ser capaz de aplicar os vários conceitos e teorias discutidos neste livro.

Conceitos e Princípios

É essencial entender os conceitos e princípios básicos antes de tentar resolver os problemas. Você poderá alcançar esta meta com a leitura cuidadosa do capítulo do livro antes de assistir à aula sobre o assunto em questão. Ao ler o texto, anote os pontos que não lhe estão claros. Certifique-se, também, de tentar responder às perguntas dos Testes Rápidos durante a leitura. Trabalhamos muito para preparar perguntas que possam ajudá-lo a avaliar sua compreensão do material. Estude cuidadosamente os recursos **"E se?"** que aparecem em muitos dos exemplos trabalhados. Eles ajudarão a estender sua compreensão além do simples ato de chegar a um resultado numérico. As Prevenções de Armadilhas também ajudarão a mantê-lo longe dos erros mais comuns na Física. Durante a aula, tome nota atentamente e faça perguntas sobre as ideias que não entender com clareza. Tenha em mente que poucas pessoas são capazes de absorver todo o significado de um material científico após uma única leitura; várias leituras do texto, com suas anotações, podem ser necessárias. As aulas e o trabalho em laboratório suplementam o livro, e devem esclarecer as partes mais difíceis do assunto. Evite a simples memorização, porque, mesmo que bem-sucedida em relação às passagens do texto, equações e derivações, não indica necessariamente que você entendeu o assunto. Esta compreensão se dará melhor por meio de uma combinação de hábitos de estudo eficientes, discussões com outros estudantes e com professores, e sua capacidade de resolver os problemas apresentados no livro-texto. Faça perguntas sempre que acreditar que o esclarecimento de um conceito é necessário.

Horário de Estudo

É importante definir um horário regular de estudo, de preferência diariamente. Leia o programa do curso e cumpra o cronograma estabelecido pelo professor. As aulas farão muito mais sentido se você ler o material correspondente à aula *antes* de assisti-la. Como regra geral, seria bom dedicar duas horas de estudo para cada hora de aula. Caso tenha algum problema com o curso, peça a ajuda do professor ou de outros estudantes que fizeram o curso. Se achar necessário, você também pode recorrer à orientação de estudantes mais experientes. Com muita frequência, os professores oferecem aulas de revisão além dos períodos de aula regulares. Evite a prática de deixar o estudo para um dia ou dois antes da prova. Muito frequentemente esta prática tem resultados desastrosos. Em vez de empreender uma noite toda de estudo antes de uma prova, revise brevemente os conceitos e equações básicos, e tenha uma boa noite de descanso.

Use os Recursos

Faça uso dos vários recursos do livro discutidos no Prefácio. Por exemplo, as notas de margem são úteis para localizar e descrever equações e conceitos importantes, e o **negrito** indica definições importantes. Muitas tabelas úteis estão contidas nos anexos, mas a maioria é incorporada ao texto, onde são mencionadas com mais frequência. O Apêndice B é uma revisão conveniente das ferramentas matemáticas utilizadas no texto.

O sumarinho, no começo de cada capítulo, fornece uma visão geral de todo o texto, e o índice remissivo permite localizar um material específico rapidamente. Notas de rodapé são muitas vezes utilizadas para complementar o texto ou para citar outras referências sobre o assunto discutido.

Depois de ler um capítulo, você deve ser capaz de definir quaisquer quantidades novas apresentadas neste capítulo e discutir os princípios e suposições que foram utilizados para chegar a certas relações-chave. Você deve ser capaz de associar a cada quantidade física o símbolo correto utilizado para representar a quantidade e a unidade na qual ela é especificada. Além disso, deve ser capaz de expressar cada equação importante de maneira concisa e precisa.

Resolução de Problemas

R. P. Feynman, prêmio Nobel de Física, uma vez disse: "Você não sabe nada até que tenha praticado". Concordando com esta afirmação, aconselhamos que você desenvolva as habilidades necessárias para resolver uma vasta gama de problemas. Sua capacidade de resolver problemas será um dos principais testes de seus conhecimentos sobre Física; portanto, tente resolver tantos problemas quanto possível. É essencial entender os conceitos e princípios básicos antes de tentar resolvê-los. Uma boa prática consiste em tentar encontrar soluções alternativas para o mesmo problema. Por exemplo, podem-se resolver problemas de mecânica com a utilização das leis de Newton, mas frequentemente um método alternativo que se inspira nas considerações de energia é mais direto. Você não deve se enganar pensando que entende um problema meramente porque acompanhou sua resolução na aula. Mas, sim, ser capaz de resolver o problema e outros problemas similares sozinho.

A abordagem para resolver problemas deve ser cuidadosamente planejada. Um plano sistemático é especialmente importante quando um problema envolve vários conceitos. Primeiro, leia o problema várias vezes até que esteja confiante de que entendeu o que se está perguntando. Procure quaisquer palavras-chave que ajudarão a interpretar o problema e talvez permitir que sejam feitas algumas suposições. Sua capacidade de interpretar uma pergunta adequadamente é parte integrante da resolução do problema. Segundo, adquira o hábito de anotar as informações fornecidas em um problema e as quantidades que precisam ser encontradas; por exemplo, pode-se construir uma tabela listando as quantidades fornecidas e as quantidades a serem encontradas. Este procedimento é às vezes utilizado nos exemplos trabalhados do livro. Finalmente, depois que decidiu o método que acredita ser apropriado para determinado problema, prossiga com sua solução. A Estratégia Geral de Resolução de Problemas o orientará nos problemas complexos. Se seguir os passos deste procedimento (*conceitualização, categorização, análise, finalização*), você facilmente chegará a uma solução e terá mais proveito de seus esforços. Essa estratégia, localizada no final do Capítulo 2 do Volume 1, é utilizada em todos os exemplos trabalhados nos capítulos restantes, de maneira que você poderá aprender a aplicá-la. Estratégias específicas de resolução de problemas para certos tipos de situações estão incluídas no livro e aparecem com um título especial. Essas estratégias específicas seguem a essência da Estratégia Geral de Resolução de Problemas.

Frequentemente, os estudantes não reconhecem as limitações de certas equações ou leis físicas em uma situação específica. É muito importante entender e lembrar as suposições que fundamentam uma teoria ou formalismo em particular. Por exemplo, certas equações da cinemática aplicam-se apenas a uma partícula que se move com aceleração constante. Essas equações não são válidas para descrever o movimento cuja aceleração não é constante, tal como o de um objeto conectado a uma mola ou o de um objeto através de um fluido. Estude cuidadosamente o Modelo de Análise para Resolução de Problemas nos resumos do capítulo para saber como cada modelo pode ser aplicado a uma situação específica. Os modelos de análise fornecem uma estrutura lógica para resolver problemas e ajudam a desenvolver suas habilidades de pensar para que fiquem mais parecidas com as de um físico. Utilize a abordagem de modelo de análise para economizar tempo buscando a equação correta e resolva o problema com maior rapidez e eficiência.

Experimentos

Física é uma ciência baseada em observações experimentais. Portanto, recomendamos que você tente suplementar o texto realizando vários tipos de experiências práticas, seja em casa ou no laboratório. Tais experimentos podem ser utilizados para testar as ideias e modelos discutidos em aula ou no livro-texto. Por exemplo, a tradicional mola de brinquedo é excelente para estudar as ondas progressivas; uma bola balançando no final de uma longa corda pode ser utilizada para investigar o movimento de pêndulo; várias massas presas no final de uma mola vertical ou elástico podem ser utilizadas para determinar sua natureza elástica; um velho par de óculos de sol polarizado, algumas lentes descartadas e uma lente de aumento são componentes de várias experiências de óptica; e uma medida aproximada da aceleração da gravidade pode ser determinada simplesmente pela medição, com um cronômetro, do intervalo de tempo necessário para uma bola cair de uma altura conhecida. A lista dessas experiências é infinita. Quando modelos físicos não estão disponíveis, seja criativo e tente desenvolver seus próprios modelos.

Novos meios

Se disponível, incentivamos muito a utilização do **Enhanced WebAssign**, que é disponibilizado em inglês. É bem mais fácil entender Física se você a vê em ação, e os materiais disponíveis no Enhanced WebAssign permitirão que você se torne parte desta ação. Para mais informações sobre como adquirir o cartão de acesso à ferramenta, contate vendas.brasil@cengage.com.

Esperamos sinceramente que você considere a Física uma experiência excitante e agradável, e que se beneficie dessa experiência independentemente da profissão escolhida. Bem-vindo ao excitante mundo da Física!

O cientista não estuda a natureza porque é útil; ele a estuda porque se realiza fazendo isso e tem prazer porque ela é bela. Se a natureza não fosse bela, não seria suficientemente conhecida, e se não fosse suficientemente conhecida, a vida não valeria a pena.

—**Henri Poincaré**

Oscilações e ondas mecânicas

parte 1

Gotas de água causam a oscilação da superfície da água. Essas oscilações são associadas às ondas circulares se movendo para longe do ponto onde as gotas caem. Neste volume, vamos explorar os princípios relacionados a oscilações e ondas.
(© EpicStockMedia/Shutterstock)

Começamos este volume estudando um tipo especial de movimento, chamado *periódico* – o movimento repetido de um corpo no qual ele continua a retornar a uma posição após um intervalo de tempo fixo. Os movimentos repetitivos de tal corpo são chamados *oscilações*. Vamos focar um caso especial de movimento periódico, chamado *movimento harmônico simples*. Todos os movimentos periódicos podem ser modelados como combinações de movimentos harmônicos simples.

O movimento harmônico simples também forma a base de nossa compreensão de *ondas mecânicas*. Ondas sonoras, sísmicas, em cordões esticados e na água são todas produzidas por alguma fonte de oscilação. Conforme uma onda sonora viaja pelo ar, elementos do ar oscilam para a frente e para trás; conforme uma onda na água viaja por um lago, elementos da água oscilam para cima e para baixo, para trás e para a frente. O movimento dos elementos do meio tem forte semelhança com o movimento periódico de um pêndulo oscilatório ou de um corpo preso a uma mola.

Para explicar muitos outros fenômenos naturais, precisamos entender os conceitos de oscilações e ondas. Por exemplo, embora arranha-céus e pontes pareçam ser rígidos, eles oscilam, algo que os arquitetos e engenheiros que os planejam e constroem devem levar em consideração. Para entender como funcionam o rádio e a televisão, devemos compreender a origem e natureza das ondas eletromagnéticas, e como elas se propagam pelo espaço. Finalmente, muito do que os cientistas aprenderam sobre estrutura atômica vem de informações carregadas por ondas. Portanto, devemos primeiro estudar oscilações e ondas para compreender os conceitos e teorias da Física Atômica. ∎

capítulo 1

Movimento oscilatório

1.1 Movimento de um corpo preso a uma mola
1.2 Modelo de análise: partícula em movimento harmônico simples
1.3 Energia do oscilador harmônico simples
1.4 Comparação entre movimento harmônico simples e movimento circular uniforme
1.5 O pêndulo
1.6 Oscilações amortecidas
1.7 Oscilações forçadas

***Movimento periódico* é o movimento de um corpo que retorna regularmente** para uma posição após um intervalo de tempo fixo. Pensando um pouco, podemos identificar vários tipos de movimento periódico em nossa vida. Seu carro volta para a garagem todas as noites, assim como você sempre retorna para a mesa de jantar. Um candelabro balança para a frente e para trás depois de levar uma batida, retornando à mesma posição com ritmo regular. A Terra retorna para a mesma posição em sua órbita ao redor do sol a cada ano, resultando na variação das quatro estações.

Um tipo especial de movimento periódico ocorre em sistemas mecânicos quando a força atuando sobre um corpo é proporcional à posição do corpo em relação a alguma posição de equilíbrio. Se essa força é sempre direcionada na direção da posição de equilíbrio, o movimento é chamado *movimento harmônico simples*, que é o foco primário deste capítulo.

1.1 Movimento de um corpo preso a uma mola

Como um modelo de movimento harmônico simples, considere um bloco de massa *m* preso à ponta de uma mola, com o bloco livre para se mover sobre uma superfície horizontal, sem atrito (Figura 1.1). Quando a mola não está

A Ponte do Milênio de Londres sobre o Rio Tamisa, em Londres. No dia da abertura da ponte, os pedestres observaram um movimento oscilante da ponte, levando a ser chamada de "Ponte Trêmula". A ponte foi fechada após dois dias e permaneceu fechada por dois anos. Mais de 50 amortecedores foram adicionados à ponte: pares massa-mola localizados sobre os apoios da estrutura (seta). Estudaremos ambas, as oscilações e o amortecimento das oscilações neste capítulo. (*Monkey Business Images/Shutterstock.com*).

nem esticada nem comprimida, o bloco está em repouso na posição chamada **posição de equilíbrio** do sistema, que identificamos como $x = 0$ (Figura 1.1b). Sabemos que tal sistema oscila para a frente e para trás se tirado de sua posição de equilíbrio.

Podemos compreender o movimento oscilatório do bloco na Figura 1.1 de maneira qualitativa, se lembrarmos que quando o bloco é deslocado para uma posição x, a mola exerce uma força sobre ele proporcional à posição, dada pela **Lei de Hooke** (ver Seção 7.4 do Volume 1 desta coleção):

$$F_M = -kx \tag{1.1}$$

Chamamos F_M **força restauradora**, porque ela sempre é direcionada para a posição de equilíbrio e, portanto, *oposta* ao deslocamento do bloco a partir do equilíbrio. Ou seja, quando o bloco é deslocado para a direita de $x = 0$ na Figura 1.1a, a posição é positiva e a força restauradora é direcionada para a esquerda. Quando o bloco é deslocado para a esquerda de $x = 0$ como na Figura 1.1c, a posição é negativa e a força restauradora é direcionada para a direita.

Quando o bloco é deslocado do ponto de equilíbrio e liberado, ele é uma partícula sob ação de uma força resultante e, consequentemente, sofre uma aceleração. Aplicando o modelo da partícula sob ação de uma força resultante ao movimento do bloco, com a Equação 1.1 fornecendo a força resultante na direção x, obtemos:

$$\sum F_x = ma_x \rightarrow -kx = ma_x$$

$$a_x = -\frac{k}{m}x \tag{1.2}$$

Isto é, a aceleração do bloco é proporcional a sua posição, e a direção da aceleração é oposta à do deslocamento do bloco a partir do equilíbrio. Sistemas que se comportam dessa maneira exibem **movimento harmônico simples**. Um corpo move-se com movimento harmônico simples sempre que sua aceleração for proporcional a sua posição e tiver direção oposta àquela do deslocamento a partir do equilíbrio.

Se o bloco na Figura 1.1 é deslocado para uma posição $x = A$ e liberado do repouso, sua aceleração *inicial* é $-kA/m$. Quando o bloco passa pela posição de equilíbrio $x = 0$, sua aceleração é zero. Nesse instante, sua velocidade é máxima, porque a aceleração muda de sinal. O bloco então continua a se mover para a esquerda do equilíbrio com aceleração positiva, e finalmente chega a $x = -A$, quando sua aceleração é $+kA/m$ e sua velocidade é zero novamente, conforme discutimos nas seções 7.4 e 7.9 do Volume 1 desta coleção. O bloco completa um ciclo completo de seu movimento retornando a sua posição original, passando novamente por $x = 0$ com velocidade máxima. Portanto, o bloco oscila entre os pontos de retorno $x = \pm A$. Na ausência de atrito, esse movimento idealizado continuará para sempre, porque a força exercida pela mola é conservativa. Sistemas reais são geralmente sujeitos a atrito, então, não oscilam para sempre. Exploraremos os detalhes da situação com atrito na Seção 1.6.

> **Prevenção de Armadilhas 1.1**
> **A orientação da mola**
> A Figura 1.1 mostra uma mola *horizontal* com um bloco preso deslizando sobre uma superfície sem atrito. Outra possibilidade é um bloco pendurado de uma mola *vertical*. Todos os resultados discutidos para a mola horizontal são os mesmos para a vertical, com uma exceção: quando o bloco é colocado na mola vertical, seu peso faz que a mola se estenda. Se a posição de repouso do bloco for definida como $x = 0$, os resultados deste capítulo também se aplicam a este sistema vertical.

Teste Rápido 1.1 Um bloco na extremidade de uma mola é puxado para a posição $x = A$ e liberado do repouso. Em um ciclo inteiro de seu movimento, por qual distância total o bloco viaja? (**a**) $A/2$ (**b**) A (**c**) $2A$ (**d**) $4A$.

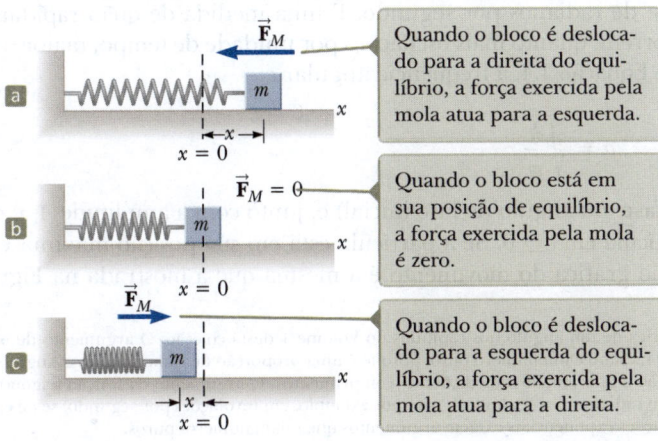

Figura 1.1 Um bloco preso a uma mola se movendo sobre uma superfície sem atrito.

1.2 Modelo de análise: partícula em movimento harmônico simples

O movimento descrito na seção anterior ocorre tão frequentemente, que identificamos o modelo da **partícula em movimento harmônico simples** para representar tais situações. Para desenvolver uma representação matemática para esse modelo, em geral escolhemos x como o eixo ao longo do qual a oscilação ocorre; então, vamos deixar a notação do subscrito x de lado nesta discussão. Lembre-se de que, por definição, $a = dv/dt = d^2x/dt^2$; então podemos expressar a Equação 1.2 por:

$$\frac{d^2x}{dt^2} = -\frac{k}{m}x \tag{1.3}$$

> **Prevenção de Armadilhas 1.2**
> **Aceleração não constante**
> A aceleração de uma partícula em movimento harmônico simples não é constante. A Equação 1.3 mostra que sua aceleração varia com a posição x. Então, *não podemos* aplicar as equações cinemáticas do Capítulo 2, do Volume 1 desta coleção a essa situação.

Se representarmos a proporção k/m com o símbolo ω^2 (escolhemos ω^2 em vez de ω de modo a tornar a solução desenvolvida mais simples em forma), então:

$$\omega^2 = \frac{k}{m} \tag{1.4}$$

e a Equação 1.3 pode ser representada na forma de:

$$\frac{d^2x}{dt^2} = -\omega^2 x \tag{1.5}$$

Vamos encontrar uma solução matemática para a Equação 1.5, ou seja, uma função $x(t)$ que satisfaça essa equação diferencial de segunda ordem e que seja a representação matemática da posição da partícula como uma função de tempo. Procuramos uma função cuja segunda derivada seja a mesma que a função original com um sinal negativo e multiplicada por ω^2. As funções trigonométricas seno e cosseno exibem esse comportamento, então, podemos criar uma solução ao redor de uma delas, ou das duas. A função cosseno a seguir é uma solução para a equação diferencial:

▶ **Posição *versus* tempo para uma partícula em movimento harmônico simples**

$$x(t) = A\cos(\omega t + \phi) \tag{1.6}$$

onde A, ω e ϕ são constantes. Para mostrar explicitamente que essa solução satisfaz à Equação 1.5, veja que:

$$\frac{dx}{dt} = A\frac{d}{dt}\cos(\omega t + \phi) = -\omega A \,\text{sen}(\omega t + \phi) \tag{1.7}$$

$$\frac{d^2x}{dt^2} = -\omega A\frac{d}{dt}\text{sen}(\omega t + \phi) = -\omega^2 A\cos(\omega t + \phi) \tag{1.8}$$

> **Prevenção de Armadilhas 1.3**
> **Onde está o triângulo?**
> A Equação 1.6 inclui uma função trigonométrica, *função matemática* que pode ser usada quando se refere a um triângulo ou não. Neste caso, uma função cosseno tem o comportamento correto para representar a posição de uma partícula em movimento harmônico simples.

Comparando as equações 1.6 e 1.8, vemos que $d^2x/dt^2 = -\omega^2 x$, e a Equação 1.5 é satisfeita.

Os parâmetros A, ω e ϕ são constantes do movimento. Para dar significado a essas constantes, é conveniente formar uma representação gráfica do movimento plotando x como uma função de t, como na Figura 1.2a. Primeiro, A, chamado **amplitude** do movimento, é simplesmente o valor máximo da posição da partícula na direção x positiva ou negativa. A constante ω é chamada **frequência angular**, e tem unidades[1] de radianos por segundo. É uma medida de quão rapidamente as oscilações ocorrem; quanto mais oscilações por unidade de tempo, maior o valor de ω. A partir da Equação 1.4, a frequência angular é:

$$\omega = \sqrt{\frac{k}{m}} \tag{1.9}$$

O ângulo constante ϕ é chamado **constante de fase** (ou ângulo de fase inicial) e, junto com a amplitude A, é determinado unicamente pela posição e velocidade da partícula em $t = 0$. Se a partícula está em sua posição máxima $x = A$ em $t = 0$, a constante de fase é $\phi = 0$, e a representação gráfica do movimento é a mesma que a mostrada na Figura 1.2b.

---
[1] Vimos muitos exemplos nos quais avaliamos a função trigonométrica de um ângulo nos capítulos do Volume 1 desta coleção. O argumento de uma função trigonométrica, como seno ou cosseno, deve ser um número puro. O radiano é um número puro, porque é uma proporção de comprimentos. Ângulos em graus são números puros, porque o grau é uma "unidade" artificial; ele não é relacionado a medições de comprimentos. O argumento da função trigonométrica na Equação 1.6 deve ser um número puro. Então, ω deve ser expresso em radianos por segundo (e não, por exemplo, em revoluções por segundo) se t é expresso em segundos. Além disso, outros tipos de funções como logaritmos e funções exponenciais exigem argumentos que sejam números puros.

A quantidade $(\omega t + \phi)$ é chamada **fase** do movimento. Veja que a função $x(t)$ é periódica, e seu valor é o mesmo cada vez que ωt aumenta em 2π radianos.

As equações 1.1, 1.5 e 1.6 formam a base da representação matemática do modelo da partícula em movimento harmônico simples. Se você estiver analisando uma situação e descobrir que a força sobre um corpo modelado como uma partícula tem a forma matemática da Equação 1.1, saberá que o movimento é aquele de um oscilador harmônico simples, e que a posição da partícula é descrita pela Equação 1.6. Se analisar um sistema e descobrir que ele é descrito por uma equação diferencial na forma da Equação 1.5, o movimento é aquele de um oscilador harmônico simples. Se analisar uma situação e descobrir que a posição da partícula é descrita pela Equação 1.6, você saberá que a partícula tem movimento harmônico simples.

> *Teste Rápido* **1.2** Considere uma representação gráfica (Figura 1.3) de movimento harmônico simples conforme descrita matematicamente pela Equação 1.6. Quando a partícula está no ponto Ⓐ em um gráfico, o que pode ser dito sobre sua posição e velocidade? **(a)** Ambas, posição e velocidade, são positivas. **(b)** A posição e a velocidade são ambas negativas. **(c)** A posição é positiva, e a velocidade é zero. **(d)** A posição é negativa, e a velocidade é zero. **(e)** A posição é positiva, e a velocidade é negativa. **(f)** A posição é negativa, e a velocidade é positiva.

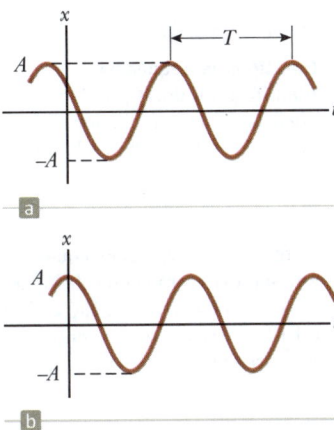

Figura 1.2 (a) Um gráfico $x - t$ para uma partícula submetida a movimento harmônico simples. A amplitude do movimento é A, e o período (definido na Equação 1.10) é T. (b) O gráfico $x - t$ para o caso especial no qual $x = A$ em $t = 0$ e, portanto, $\phi = 0$.

> *Teste Rápido* **1.3** A Figura 1.4 mostra duas curvas representando partículas submetidas a movimento harmônico simples. A descrição correta desses dois movimentos é que o movimento harmônico simples da partícula B é:
> **(a)** de maior frequência angular e maior amplitude que o da partícula A,
> **(b)** de maior frequência angular e menor amplitude que o da partícula A,
> **(c)** de menor frequência angular e maior amplitude que o da partícula A, ou
> **(d)** de menor frequência angular e menor amplitude que o da partícula A.

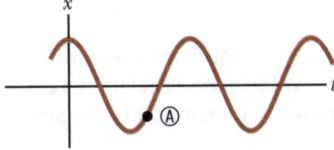

Figura 1.3 (Teste Rápido 1.2) Um gráfico $x - t$ para uma partícula submetida a movimento harmônico simples. Em um instante específico, a posição da partícula é indicada por Ⓐ no gráfico.

Vamos investigar a descrição matemática do movimento harmônico simples mais detalhadamente. O **período** T do movimento é o intervalo de tempo necessário para a partícula completar um ciclo inteiro de seu movimento (Figura 1.2a). Isto é, os valores de x e v para um instante específico t são iguais aos valores de x e v no instante $t + T$. Como a fase aumenta em 2π radianos em um intervalo de tempo de T:

$$[\omega(t + T) + \phi] - (\omega t + \phi) = 2\pi$$

Simplificando essa expressão, temos $\omega T = 2\pi$, ou:

$$T = \frac{2\pi}{\omega} \quad (1.10)$$

O inverso do período é chamado **frequência** f do movimento. Enquanto o período é o intervalo de tempo por oscilação, a frequência representa o número de oscilações que a partícula sofre por unidade de tempo:

$$f = \frac{1}{T} = \frac{\omega}{2\pi} \quad (1.11)$$

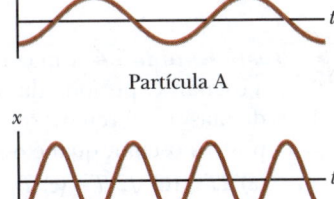

Partícula A

Partícula B

Figura 1.4 (Teste Rápido 1.3) Dois gráficos $x - t$ para partículas submetidas a movimento harmônico simples. As amplitudes e frequências são diferentes para as duas partículas.

As unidades de f são ciclos por segundo, ou **hertz** (Hz). Rearranjando a Equação 1.11, temos:

$$\omega = 2\pi f = \frac{2\pi}{T} \quad (1.12)$$

As equações 1.9 até 1.11 podem ser usadas para expressar o período e a frequência do movimento para uma partícula em movimento harmônico simples em termos das características m e k do sistema como:

Prevenção de Armadilhas 1.4
Dois tipos de frequência
Identificamos dois tipos de frequência para um oscilador harmônico simples: f, chamada simplesmente *frequência*, é medida em hertz, e ω, a *frequência angular*, é medida em radianos por segundo. Saiba com certeza qual frequência está sendo discutida ou solicitada em um problema. As equações 1.11 e 1.12 mostram a relação entre as duas frequências.

Período ▶
$$T = \frac{2\pi}{\omega} = 2\pi\sqrt{\frac{m}{k}} \quad (1.13)$$

Frequência ▶
$$f = \frac{1}{T} = \frac{1}{2\pi}\sqrt{\frac{k}{m}} \quad (1.14)$$

Isto é, o período e a frequência dependem *somente* da massa da partícula e da constante de força da mola, e *não* de parâmetros do movimento, tais como A ou ϕ. Como poderíamos esperar, a frequência é maior para uma mola mais rígida (maior valor de k), e diminui com o aumento da massa da partícula.

Podemos obter a velocidade e a aceleração[2] de uma partícula submetida a movimento harmônico simples a partir das equações 1.7 e 1.8:

Velocidade de uma partícula em ▶
movimento harmônico simples
$$v = \frac{dx}{dt} = -\omega A \operatorname{sen}(\omega t + \phi) \quad (1.15)$$

Aceleração de uma partícula em ▶
movimento harmônico simples
$$a = \frac{d^2x}{dt^2} = -\omega^2 A \cos(\omega t + \phi) \quad (1.16)$$

A partir da Equação 1.15, vemos que, como as funções seno e cosseno oscilam entre ± 1, os valores extremos da velocidade v são $\pm \omega A$. Do mesmo modo, a Equação 1.16 mostra que os valores extremos da aceleração a são $\pm \omega^2 A$. Portanto, os valores *máximos* dos módulos da velocidade e aceleração são:

Módulos máximos de ▶
velocidade e aceleração em
movimento harmônico simples
$$v_{\text{máx}} = \omega A = \sqrt{\frac{k}{m}} A \quad (1.17)$$

$$a_{\text{máx}} = \omega^2 A = \frac{k}{m} A \quad (1.18)$$

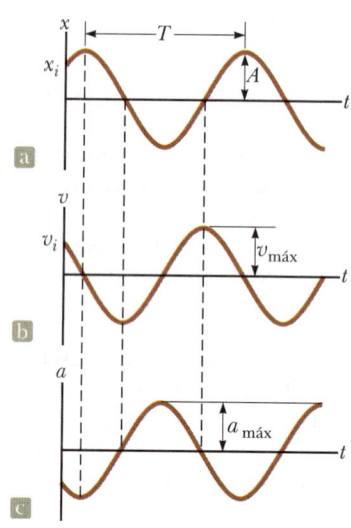

A Figura 1.5a plota a posição *versus* tempo para um valor arbitrário da constante de fase. As curvas de velocidade-tempo e aceleração-tempo associadas são ilustradas nas figuras 1.5b e 1.5c, respectivamente. Elas mostram que a fase da velocidade difere da fase de posição por $\pi/2$ rad, ou 90°. Ou seja, quando x é um máximo ou um mínimo, a velocidade é zero. Do mesmo modo, quando x é zero, a velocidade é máxima. Além disso, perceba que a fase de aceleração difere da posição por π radianos, ou 180°. Por exemplo, quando x é máximo, a tem módulo máximo na direção oposta.

Figura 1.5 Representação gráfica do movimento harmônico simples. (a) Posição *versus* tempo. (b) Velocidade *versus* tempo. (c) Aceleração *versus* tempo. Note que em qualquer instante especificado a velocidade está 90° fora de fase com a posição, e a aceleração está 180° fora de fase com a posição.

Teste Rápido **1.4** Um corpo de massa m é pendurado de uma mola e posto a oscilar. O período da oscilação é medido e registrado como T. O corpo de massa m é removido e substituído por outro de massa $2m$. Quando este é posto a oscilar, qual é o período do movimento?
(a) $2T$ (b) $\sqrt{2}\,T$ (c) T (d) $T/\sqrt{2}$ (e) $T/2$

A Equação 1.6 descreve o movimento harmônico simples de uma partícula em geral. Vejamos agora como avaliar as constantes do movimento. A frequência angular ω é avaliada usando a Equação 1.9. As constantes A e ϕ são avaliadas a partir das condições iniciais, isto é, o estado do oscilador em $t = 0$.

Suponha que um bloco seja posto em movimento puxando-o do equilíbrio por uma distância A e liberando-o do repouso em $t = 0$, como na Figura 1.6. Necessitamos então que as soluções para $x(t)$ e $v(t)$ (equações 1.6 e 1.15) obedeçam às condições iniciais de $x(0) = A$ e $v(0) = 0$:

$$x(0) = A \cos \phi = A$$
$$v(0) = -\omega A \operatorname{sen} \phi = 0$$

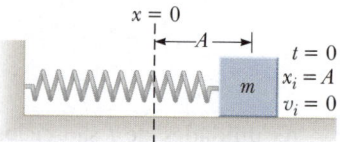

Figura 1.6 Um sistema bloco-mola que inicia seu movimento a partir do repouso com o bloco em $x = A$ em $t = 0$.

---
[2] Como o movimento de um oscilador harmônico simples ocorre em uma dimensão, denotamos a velocidade como v e a aceleração como a, com a direção indicada por um sinal positivo ou negativo, como no Capítulo 2 do Volume 1 desta coleção.

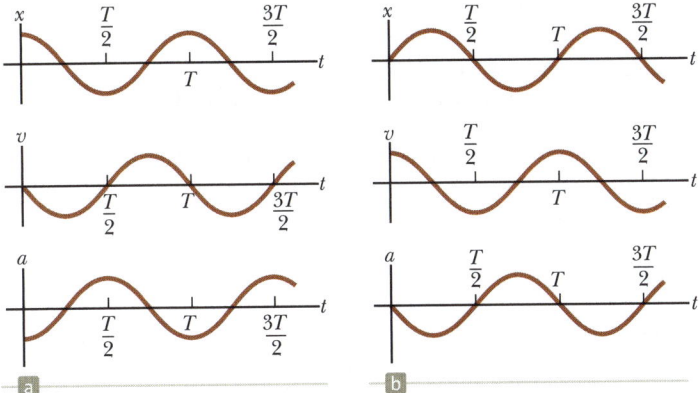

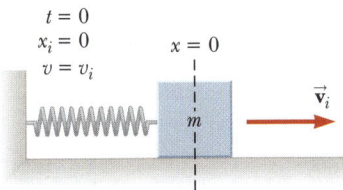

Figura 1.7 (a) Posição, velocidade e aceleração *versus* tempo para o bloco na Figura 1.6 sob as condições iniciais $t = 0$, $x(0) = A$, e $v(0) = 0$. (b) Posição, velocidade e aceleração *versus* tempo para o bloco na Figura 1.8 sob condições iniciais $t = 0$, $x(0) = 0$, e $v(0) = v_i$.

Figura 1.8 O sistema bloco-mola sofre oscilação, e $t = 0$ é definido em um instante quando ele passa pela posição de equilíbrio $x = 0$ e se move para a direita com velocidade v_i.

Essas condições são satisfeitas se $\phi = 0$, dando $x = A \cos \omega t$ como nossa solução. Para verificá-la, perceba que ela satisfaz a condição de que $x(0) = A$ porque $\cos 0 = 1$.

Posição, velocidade e aceleração do bloco *versus* tempo são traçadas na Figura 1.7a para esse caso especial. A aceleração atinge valores extremos de $\mp \omega^2 A$ quando a posição tem valores extremos de $\pm A$. Além disso, a velocidade tem valores extremos de $\mp \omega A$, ambos ocorrendo em $x = 0$. Então, a solução quantitativa está de acordo com nossa descrição qualitativa desse sistema.

Consideremos outra possibilidade. Suponha que o sistema esteja oscilando e que definimos $t = 0$ como o instante em que o bloco passa pela posição de repouso da mola enquanto se move para a direita (Figura. 1.8). Nesse caso, nossas soluções para $x(t)$ e $v(t)$ devem obedecer às condições iniciais de $x(0) = 0$ e $v(0) = v_i$:

$$x(0) = A \cos \phi = 0$$

$$v(0) = -\omega A \operatorname{sen} \phi = v_i$$

A primeira dessas condições informa que $\phi = \mp \pi/2$. Com essas opções para ϕ, a segunda condição informa que $A = \mp v_i/\omega$. Como a velocidade inicial é positiva e a amplitude deve ser positiva, devemos ter $\phi = -\pi/2$. Então, a solução é:

$$x = \frac{v_i}{\omega} \cos\left(\omega t - \frac{\pi}{2}\right)$$

Os gráficos de posição, velocidade e aceleração *versus* tempo para essa escolha de $t = 0$ são mostrados na Figura 1.7b. Observe que essas curvas são as mesmas que aquelas na Figura 1.7a, mas movidas para a direita por um quarto de ciclo. Esse movimento é descrito matematicamente pela constante de fase $\phi = -\pi/2$, que é um quarto de um ciclo inteiro de 2π.

Modelo de Análise · Partícula em movimento harmônico simples

Imagine um corpo que está sujeito a uma força que é proporcional ao negativo da posição do objeto, $F = -kx$. A equação desta força é conhecida como a Lei de Hooke, e descreve a força aplicada a um corpo conectado a uma mola ideal. O parâmetro k na lei de Hooke é chamado *constante de mola* ou *constante de força*. A posição de um corpo sobre o qual atua uma força descrita pela lei de Hooke é dada por

$$x(t) = A \cos(\omega t + \phi) \tag{1.6}$$

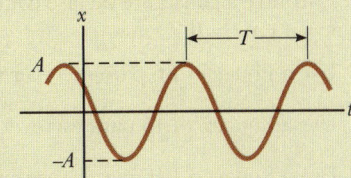

em que A é a **amplitude** do movimento, ω é a **frequência angular**, e ϕ é a **fase constante**. Os valores de A e ϕ dependem da posição inicial e da velocidade inicial da partícula.

O **período** da oscilação da partícula é

$$T = \frac{2\pi}{\omega} = 2\pi\sqrt{\frac{m}{k}} \tag{1.13}$$

e o inverso do período é a **frequência.**

continua

Exemplos:
- uma pessoa salta de *bungee jump*, fica pendurada e oscila para cima e para baixo
- a corda de uma guitarra vibra para a frente e para trás em uma onda estacionária, e cada elemento da corda se move em um movimento harmônico simples (Capítulo 4 do Volume 2)
- um pistão em um motor a gasolina oscila para cima e para baixo dentro do cilindro do motor (Capítulo 8 do Volume 2)
- um átomo em uma molécula diatômica vibra para a frente e para trás como se estivesse conectado por uma mola a outro átomo na molécula (Capítulo 9 do Volume 4)

Exemplo 1.1 — Um sistema bloco-mola MA

Um bloco de 200 g conectado a uma mola leve, para a qual a constante de força é 5,00 N/m, é livre para oscilar em uma superfície horizontal, sem atrito. O bloco é deslocado 5,00 cm do equilíbrio e liberado do repouso, como na Figura 1.6.

(A) Encontre o período de seu movimento.

SOLUÇÃO

Conceitualização Estude a Figura 1.6 e imagine o bloco movendo-se para a frente e para trás em movimento harmônico simples depois de liberado. Monte um modelo experimental na direção vertical pendurando um corpo pesado, como um grampeador, em um elástico de borracha.

Categorização O bloco é modelado como uma *partícula em movimento harmônico simples*.

Análise Use a Equação 1.9 para encontrar a frequência angular do sistema bloco-mola:

$$\omega = \sqrt{\frac{k}{m}} = \sqrt{\frac{5,00\,\text{N/m}}{200 \times 10^{-3}\,\text{kg}}} = 5,00\,\text{rad/s}$$

Use a Equação 1.13 para encontrar o período do sistema:

$$T = \frac{2\pi}{\omega} = \frac{2\pi}{5,00\,\text{rad/s}} = \boxed{1,26\,\text{s}}$$

(B) Determine a velocidade máxima do bloco.

SOLUÇÃO

Use a Equação 1.17 para encontrar $v_{\text{máx}}$:

$$v_{\text{máx}} = \omega A = (5,00\,\text{rad/s})(5,00 \times 10^{-2}\,\text{m}) = \boxed{0,250\,\text{m/s}}$$

(C) Qual é a aceleração máxima do bloco?

SOLUÇÃO

Use a Equação 1.18 para encontrar $a_{\text{máx}}$:

$$a_{\text{máx}} = \omega^2 A = (5,00\,\text{rad/s})^2(5,00 \times 10^{-2}\,\text{m}) = \boxed{1,25\,\text{m/s}^2}$$

(D) Expresse posição, velocidade e aceleração como funções do tempo em unidades do Sistema Internacional (SI).

SOLUÇÃO

Encontre a constante de fase com a condição inicial de $x = A$ em $t = 0$:

$$x(0) = A\cos\phi = A \quad \rightarrow \quad \phi = 0$$

Use a Equação 1.6 para escrever uma expressão para $x(t)$:

$$x = A\cos(\omega t + \phi) = \boxed{0,0500\cos 5,00t}$$

Use a Equação 1.15 para escrever uma expressão para $v(t)$:

$$v = -\omega A\,\text{sen}(\omega t + \phi) = \boxed{-0,250\,\text{sen}\,5,00t}$$

Use a Equação 1.16 para escrever uma expressão para $a(t)$:

$$a = -\omega^2 A\cos(\omega t + \phi) = \boxed{-1,25\cos 5,00t}$$

Finalização Considere a parte (a) da Figura 1.7, que mostra as representações gráficas do movimento do bloco neste problema. Certifique-se de que as representações matemáticas encontradas anteriormente na parte (D) são consistentes com essas representações gráficas.

E SE? E se o bloco fosse liberado da mesma posição inicial, $x_i = 5,00$ cm, mas com velocidade inicial de $v_i = -0,100$ m/s? Que partes da solução mudam, e quais são as novas respostas para estas que mudam?

Respostas A parte (A) não muda porque o período é independente de como o oscilador é posto em movimento. As partes (B), (C) e (D) mudam.

1.1 cont.

Escreva expressões de posição e velocidade para tais condições iniciais:

(1) $x(0) = A \cos \phi = x_i$
(2) $v(0) = -\omega A \sen \phi = v_i$

Divida a Equação (2) pela Equação (1) para encontrar a constante de fase:

$$\frac{-\omega A \sen \phi}{A \cos \phi} = \frac{v_i}{x_i}$$

$$\tg \phi = -\frac{v_i}{\omega x_i} = -\frac{-0,100 \text{ m/s}}{(5,00 \text{ rad/s})(0,0500 \text{m})} = 0,400$$

$$\phi = \tg^{-1}(0,400) = 0,121\pi$$

Use a Equação (1) para encontrar A:

$$A = \frac{x_i}{\cos \phi} = \frac{0,0500 \text{ m}}{\cos(0,121\pi)} = 0,0539 \text{ m}$$

Encontre a nova velocidade máxima:

$$v_{\text{máx}} = \omega A = (5,00 \text{ rad/s})(5,39 \times 10^{-2} \text{ m}) = 0,269 \text{ m/s}$$

Encontre a novo módulo da aceleração máxima:

$$a_{\text{máx}} = \omega^2 A = (5,00 \text{ rad/s})^2(5,39 \times 10^{-2} \text{ m}) = 1,35 \text{ m/s}^2$$

Encontre novas expressões para a posição, velocidade e aceleração em unidades SI:

$$x = 0,0539 \cos(5,00t + 0,121\pi)$$
$$v = -0,269 \sen(5,00t + 0,121\pi)$$
$$a = -1,35 \cos(5,00t + 0,121\pi)$$

Como vimos nos Capítulos 7 e 8 do Volume 1 desta coleção, muitos problemas são mais fáceis de resolver usando uma abordagem de energia, em vez de uma baseada em variáveis de movimento. Este **E se?** específico é mais fácil de resolver com uma abordagem de energia. Portanto, investigaremos a energia do oscilador harmônico simples na próxima seção.

Exemplo 1.2 | Cuidado com os buracos! MA

Um carro com massa de 1.300 kg é construído, de modo que sua estrutura seja suportada por quatro molas. Cada mola tem constante de força de 20.000 N/m. Duas pessoas no carro têm massa combinada de 160 kg. Encontre a frequência de vibração do carro depois que ele passa sobre um buraco na estrada.

SOLUÇÃO

Conceitualização Pense em suas experiências com automóveis. Quando você se senta em um carro, ele se move uma pequena distância para baixo porque seu peso comprime as molas mais um pouco. Se você empurrar o para-choque frontal e soltá-lo, a frente do carro oscila algumas vezes.

Categorização Imaginamos o carro como sendo suportado por uma única mola, e o modelamos como uma *partícula em movimento harmônico simples*.

Análise Primeiro, determinamos a constante de mola efetiva das quatro molas combinadas. Para certa extensão x das molas, uma força combinada sobre o carro é a soma das forças das molas individuais.

Encontre uma expressão para a força total sobre o carro:

$$F_{\text{total}} = \sum(-kx) = -\left(\sum k\right)x$$

Nessa expressão, x foi fatorado de uma soma, porque é o mesmo para todas as quatro molas. A constante da mola efetiva para as molas combinadas é a soma das constantes de mola individuais.

Avalie a constante da mola efetiva:

$$k_{\text{ef}} = \sum k = 4 \times 20.000 \text{ N/m} = 80.000 \text{ N/m}$$

Use a Equação 1.14 para encontrar a frequência de vibração:

$$f = \frac{1}{2\pi}\sqrt{\frac{k_{\text{ef}}}{m}} = \frac{1}{2\pi}\sqrt{\frac{80.000 \text{ N/m}}{1.460 \text{ kg}}} = \boxed{1,18 \text{ Hz}}$$

Finalização A massa que usamos aqui é aquela do carro mais as pessoas, porque é a massa total que está oscilando. Perceba também que exploramos somente o movimento do carro para cima e para baixo. Se uma oscilação é estabelecida na qual o carro balança para a frente e para trás, de modo que sua frente suba quando a traseira desce, a frequência será diferente.

continua

1.2 cont.

E SE? Suponha que o carro pare no acostamento e as duas pessoas saiam. Uma delas empurra o carro para baixo e o solta, de modo que ele oscile verticalmente. A frequência da oscilação é a mesma que o valor que acabamos de calcular?

Resposta O sistema de suspensão do carro é o mesmo, mas a massa que está oscilando é menor; ela não inclui a massa das duas pessoas. Portanto, a frequência deveria ser mais alta. Vamos calcular a nova frequência, considerando uma massa de 1.300 kg:

$$f = \frac{1}{2\pi}\sqrt{\frac{k_{ef}}{m}} = \frac{1}{2\pi}\sqrt{\frac{80.000\,\text{N/m}}{1.300\,\text{kg}}} = 1{,}25\,\text{Hz}$$

Como esperado, a nova frequência é um pouco mais alta.

1.3 Energia do oscilador harmônico simples

Como fizemos anteriormente, depois de estudar o movimento de um corpo modelado como uma partícula em uma nova situação e de investigar as forças envolvidas influenciando esse movimento, voltamos nossa atenção para a *energia*. Examinemos a energia mecânica de um sistema no qual uma partícula sofre movimento harmônico simples, tal como o sistema bloco-mola ilustrado na Figura 1.1. Como a superfície não tem atrito, o sistema é isolado e esperamos que a energia mecânica total do sistema seja constante. Supondo que a mola não tenha massa, então a energia cinética do sistema corresponde somente àquela do bloco. Podemos usar a Equação 1.15 para expressar a energia cinética do bloco por:

Energia cinética de um oscilador harmônico simples ▶

$$K = \tfrac{1}{2}mv^2 = \tfrac{1}{2}m\omega^2 A^2 \text{sen}^2(\omega t + \phi) \tag{1.19}$$

A energia potencial elástica armazenada na mola para qualquer alongamento x é dada por $\tfrac{1}{2}kx^2$ (ver Equação 7.22 do Volume 1 desta coleção). Usando a Equação 1.6, temos:

Energia potencial de um oscilador harmônico simples ▶

$$U = \tfrac{1}{2}kx^2 = \tfrac{1}{2}kA^2\cos^2(\omega t + \phi) \tag{1.20}$$

Vemos que K e U são *sempre* quantidades positivas ou zero. Como $\omega^2 = k/m$, podemos expressar a energia mecânica total do oscilador harmônico simples por:

$$E = K + U = \tfrac{1}{2}kA^2[\text{sen}^2(\omega t + \phi) + \cos^2(\omega t + \phi)]$$

A partir da identidade $\text{sen}^2\theta + \cos^2\theta = 1$, vemos que a quantidade em colchetes é unidade. Então, essa equação é reduzida para:

Energia total de um oscilador harmônico simples ▶

$$E = \tfrac{1}{2}kA^2 \tag{1.21}$$

Isto é, a energia mecânica total de um oscilador harmônico simples é uma constante do movimento, e proporcional ao quadrado da amplitude. A energia mecânica total é igual à energia potencial máxima armazenada na mola quando

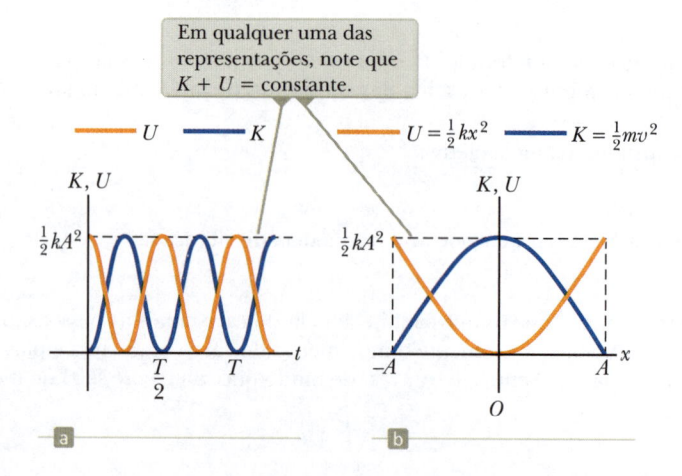

Figura 1.9 (a) Energia cinética e energia potencial *versus* tempo para um oscilador harmônico simples com $\phi = 0$. (b) Energia cinética e energia potencial *versus* posição para um oscilador harmônico simples.

Movimento oscilatório 11

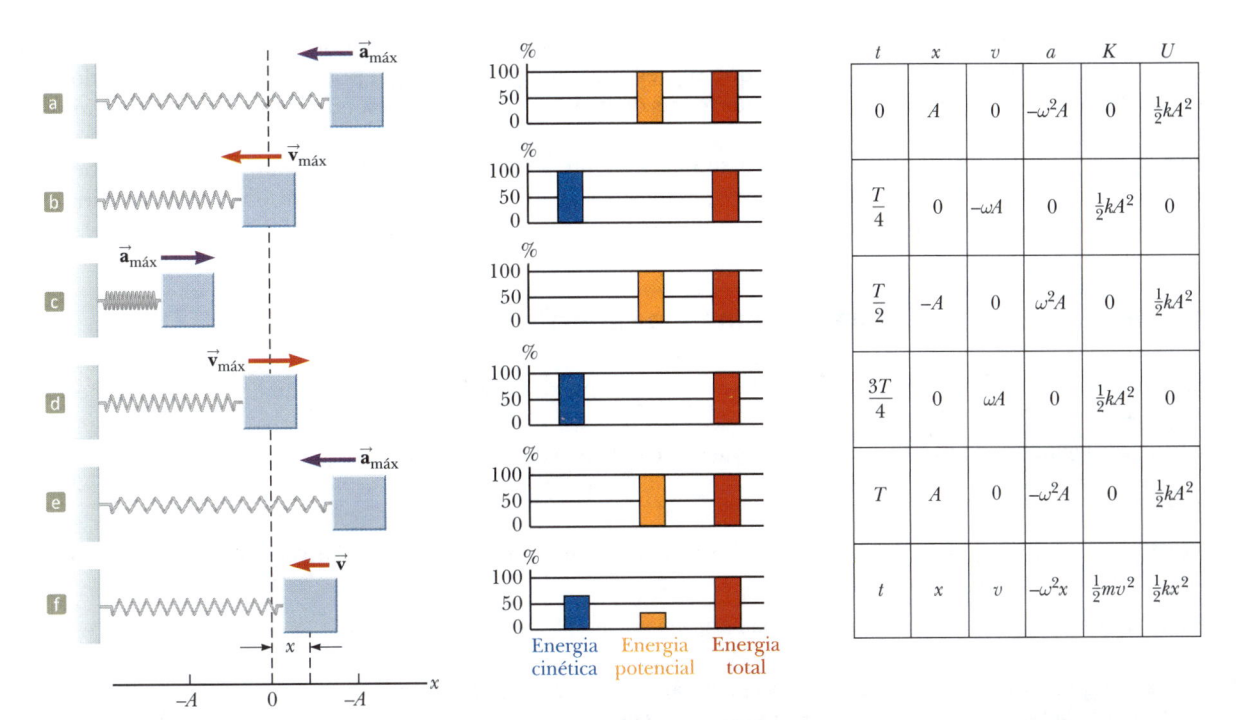

t	x	v	a	K	U
0	A	0	$-\omega^2 A$	0	$\tfrac{1}{2}kA^2$
$\tfrac{T}{4}$	0	$-\omega A$	0	$\tfrac{1}{2}kA^2$	0
$\tfrac{T}{2}$	$-A$	0	$\omega^2 A$	0	$\tfrac{1}{2}kA^2$
$\tfrac{3T}{4}$	0	ωA	0	$\tfrac{1}{2}kA^2$	0
T	A	0	$-\omega^2 A$	0	$\tfrac{1}{2}kA^2$
t	x	v	$-\omega^2 x$	$\tfrac{1}{2}mv^2$	$\tfrac{1}{2}kx^2$

Figura 1.10 De (a) até (e): Vários instantes no movimento harmônico simples para um sistema bloco-mola. Gráficos de barra de energia mostram a distribuição da energia do sistema em cada instante. Os parâmetros na tabela à direita se referem ao sistema bloco-mola, supondo que em $t = 0$, $x = A$; então, $x = A \cos \omega t$. Para esses cinco instantes especiais, um dos tipos de energia é zero. (f) Um ponto arbitrário no movimento do oscilador. O sistema possui tanto energia cinética quanto potencial nesse instante, como mostrado no gráfico de barra.

$x = \pm A$, porque $v = 0$ nestes pontos, e não há energia cinética. Na posição de equilíbrio, onde $U = 0$ porque $x = 0$, a energia total, toda sob a forma de energia cinética, é novamente $\tfrac{1}{2}kA^2$.

Representações das energias cinética e potencial *versus* tempo aparecem na Figura 1.9a, em que consideramos $\phi = 0$. Em todos os instantes, a soma das energias cinética e potencial é uma constante igual a $\tfrac{1}{2}kA^2$, a energia total do sistema.

As variações de K e U com a posição x do bloco são traçadas na Figura 1.9b. A energia é continuamente transformada da potencial armazenada na mola na cinética do bloco.

A Figura 1.10 ilustra a posição, velocidade, aceleração, energia cinética e a energia potencial do sistema bloco-mola para um período inteiro do movimento. A maioria das ideias discutidas até agora estão incorporadas nessa importante figura. Estude-a cuidadosamente.

Finalmente, podemos obter a velocidade do bloco em uma posição arbitrária expressando a energia total do sistema em alguma posição arbitrária x como:

$$E = K + U = \tfrac{1}{2}mv^2 + \tfrac{1}{2}kx^2 = \tfrac{1}{2}kA^2$$

$$v = \pm\sqrt{\frac{k}{m}(A^2 - x^2)} = \pm\omega\sqrt{A^2 - x^2} \quad (1.22)$$

◀ **Velocidade como uma função da posição para um oscilador harmônico simples**

Quando a Equação 1.22 é verificada para a concordância com casos conhecidos, vê-se que a velocidade é máxima em $x = 0$, e zero nos pontos de retorno $x = \pm A$.

Você pode se perguntar por que estamos dedicando tanto tempo ao estudo de osciladores harmônicos simples. Fazemos isso porque são bons modelos de uma grande variedade de fenômenos físicos. Por exemplo, lembre-se do potencial de Lennard-Jones discutido no Exemplo 7.9 do Volume 1. Essa função complicada descreve as forças que mantêm átomos juntos.

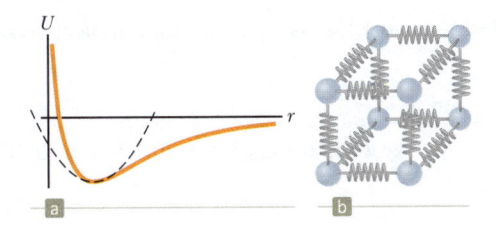

Figura 1.11 (a) Se os átomos em uma molécula não se movem muito longe de suas posições de equilíbrio, um gráfico de energia potencial *versus* distância de separação entre átomos é semelhante ao de energia potencial *versus* posição para um oscilador harmônico simples (curva preta pontilhada). (b) As forças entre átomos em um sólido podem ser modeladas imaginando-se molas entre átomos vizinhos.

A Figura 1.11a mostra que, para pequenos deslocamentos a partir da posição de equilíbrio, a curva de energia potencial para essa função aproxima-se de uma parábola, que representa a função de energia potencial para um oscilador harmônico simples. Podemos então modelar as complexas forças de ligação atômica como sendo em razão de molas minúsculas, como representado na Figura 1.11b.

As ideias apresentadas neste capítulo aplicam-se não somente a sistemas bloco-mola e átomos, mas também a uma grande variedade de situações que incluem *bungee jumping*, tocar um instrumento musical e ver a luz emitida por um laser. Você verá mais exemplos de osciladores harmônicos simples conforme trabalha este livro.

Exemplo 1.3 — Oscilações em uma superfície horizontal MA

Um carrinho de 0,500 kg conectado a uma mola leve com constante de força 20,0 N/m oscila em um trilho de ar horizontal, sem atrito.

(A) Calcule a velocidade máxima do carrinho se a amplitude do movimento é de 3,00 cm.

SOLUÇÃO

Conceitualização O sistema oscila exatamente da mesma maneira que o bloco na Figura 1.10; então, use essa figura em sua mentalização da imagem do movimento.

Categorização O carrinho é modelado como uma *partícula em movimento harmônico simples*.

Análise Use a Equação 1.21 para expressar a energia total do sistema do oscilador e iguale a energia à energia cinética do sistema quando o carrinho está em $x = 0$:

$$E = \tfrac{1}{2}kA^2 = \tfrac{1}{2}mv_{máx}^2$$

Resolva para a velocidade máxima e substitua os valores numéricos:

$$v_{máx} = \sqrt{\frac{k}{m}}A = \sqrt{\frac{20{,}0\,\text{N/m}}{0{,}500\,\text{kg}}}(0{,}0300\,\text{m}) = \boxed{0{,}190\,\text{m/s}}$$

(B) Qual é a velocidade do carrinho quando a posição é 2,00 cm?

SOLUÇÃO

Use a Equação 1.22 para avaliar a velocidade:

$$v = \pm\sqrt{\frac{k}{m}(A^2 - x^2)}$$

$$= \sqrt{\frac{20{,}0\,\text{N/m}}{0{,}500\,\text{kg}}[(0{,}0300\,\text{m})^2 - (0{,}0200\,\text{m})^2]}$$

$$= \boxed{\pm 0{,}141\,\text{m/s}}$$

Os sinais positivo e negativo indicam que o carrinho poderia estar se movendo para a direita ou para a esquerda neste instante.

(C) Compute as energias cinéticas e potenciais do sistema quando a posição do carrinho é 2,00 cm.

SOLUÇÃO

Use o resultado da parte (B) para avaliar a energia cinética em $x = 0{,}0200$ m:

$$K = \tfrac{1}{2}mv^2 = \tfrac{1}{2}(0{,}500\,\text{kg})(0{,}141\,\text{m/s})^2 = \boxed{5{,}00 \times 10^{-3}\,\text{J}}$$

Avalie a energia potencial elástica em $x = 0{,}0200$ m:

$$U = \tfrac{1}{2}kx^2 = \tfrac{1}{2}(20{,}0\,\text{N/m})(0{,}0200\,\text{m})^2 = \boxed{4{,}00 \times 10^{-3}\,\text{J}}$$

Finalização A soma das energias cinética e potencial na parte (C) é igual à energia total, que pode ser encontrada a partir da Equação 1.21. Isso deve ser verdadeiro para *qualquer* posição do carrinho.

E SE? O carrinho, neste exemplo, poderia ter sido posto em movimento liberando-o do repouso em $x = 3{,}00$ cm. E se o carrinho fosse liberado da mesma posição, mas com velocidade inicial de $v = -0{,}100$ m/s? Quais seriam as novas amplitude e velocidade máxima do carrinho?

Resposta Esta questão é do mesmo tipo da que perguntamos ao final do Exemplo 1.1, mas aqui aplicamos uma abordagem de energia.

Primeiro calcule a energia total do sistema em $t = 0$:

$$E = \tfrac{1}{2}mv^2 + \tfrac{1}{2}kx^2$$

$$= \tfrac{1}{2}(0{,}500\,\text{kg})(-0{,}100\,\text{m/s})^2 + \tfrac{1}{2}(20{,}0\,\text{N/m})(0{,}0300\,\text{m})^2$$

$$= 1{,}15 \times 10^{-2}\,\text{J}$$

1.3 cont.

Equipare esta energia total à energia potencial do sistema quando o carrinho está no ponto final do movimento:

$$E = \tfrac{1}{2}kA^2$$

Resolva para a amplitude A:

$$A = \sqrt{\frac{2E}{k}} = \sqrt{\frac{2(1{,}15 \times 10^{-2}\,\text{J})}{20{,}0\,\text{N/m}}} = 0{,}0339\,\text{m}$$

Equipare a energia total à energia cinética do sistema quando o carrinho está na posição de equilíbrio:

$$E = \tfrac{1}{2}mv_{\text{máx}}^2$$

Resolva para a velocidade máxima:

$$v_{\text{máx}} = \sqrt{\frac{2E}{m}} = \sqrt{\frac{2(1{,}15 \times 10^{-2}\,\text{J})}{0{,}500\,\text{kg}}} = 0{,}214\,\text{m/s}$$

A amplitude e a velocidade máxima são maiores que os valores anteriores porque o carrinho recebeu velocidade inicial em $t = 0$.

1.4 Comparação entre movimento harmônico simples e movimento circular uniforme

Alguns equipamentos comuns em nossa vida exibem um relacionamento entre movimentos oscilatório e circular. Por exemplo, considere o mecanismo de acionamento de uma máquina de costura não elétrica na Figura 1.12. O operador da máquina coloca seus pés sobre o pedal e os balança para a frente e para trás. Esse movimento oscilatório faz que uma grande roda à direita tenha movimento circular. A correia vermelha apresentada na fotografia transfere esse movimento circular para o mecanismo da máquina de costura (acima da foto) e, eventualmente, resulta em um movimento oscilatório da agulha de costura. Nesta seção, exploraremos o relacionamento interessante entre esses dois tipos de movimento.

A Figura 1.13 é a visão de uma configuração experimental que mostra esse relacionamento. Uma bola é presa à borda de uma plataforma giratória de raio A, que é iluminada de cima por uma lâmpada. A bola lança uma sombra sobre a tela. Conforme a plataforma giratória roda com velocidade angular constante, a sombra da bola move-se para a frente e para trás em movimento harmônico simples.

Considere uma partícula situada no ponto P na circunferência de um círculo de raio A, como na Figura 1.14a, com a linha OP formando um ângulo ϕ com o eixo x em $t = 0$. Nós o chamaremos *círculo de referência* para comparar o movimento harmônico simples com o circular uniforme, escolhendo P em $t = 0$ como nossa posição de referência. Se a partícula se move ao longo do círculo com velocidade angular constante ω até que OP forme um ângulo θ com o eixo x, como na Figura 1.14b, em algum instante $t > 0$ o ângulo entre OP e o eixo x é $\theta = \omega t + \phi$. Como a partícula se move ao longo do círculo, a projeção de P sobre o eixo x, chamada ponto Q, move-se para a frente e para trás ao longo do eixo x entre os limites $x = \pm A$.

Note que os pontos P e Q sempre têm a mesma coordenada x. Do triângulo retângulo OPQ, vemos que essa coordenada x é:

$$x(t) = A \cos(\omega t + \phi) \tag{1.23}$$

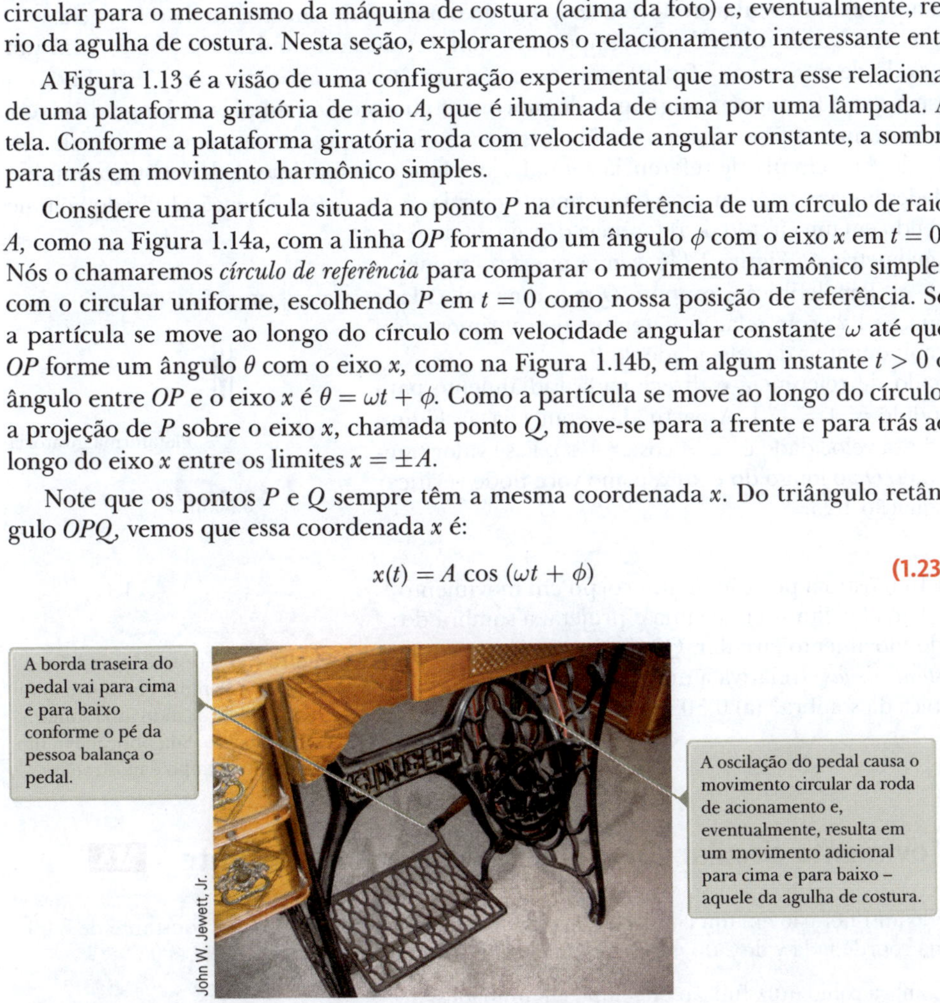

Figura 1.12 A base de uma máquina de costura movida a pedal do início do século XX. O pedal é a parte plana com o metal trabalhado.

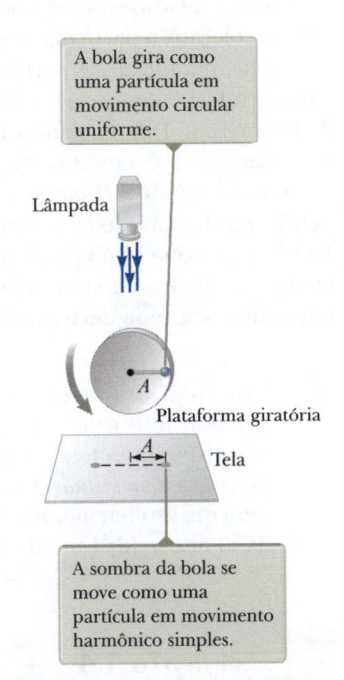

Figura 1.13 Uma configuração experimental para demonstrar a conexão entre uma partícula em um movimentos harmônico simples e uma partícula correspondente em movimento circular uniforme.

14 Física para cientistas e engenheiros

Uma partícula está no ponto P em $t = 0$.

Em um instante t mais tarde, as coordenadas x dos pontos P e Q são iguais e dadas pela Equação 1.23.

A componente x da velocidade de P é igual à velocidade de Q.

A componente x da aceleração de P é igual à aceleração de Q.

a

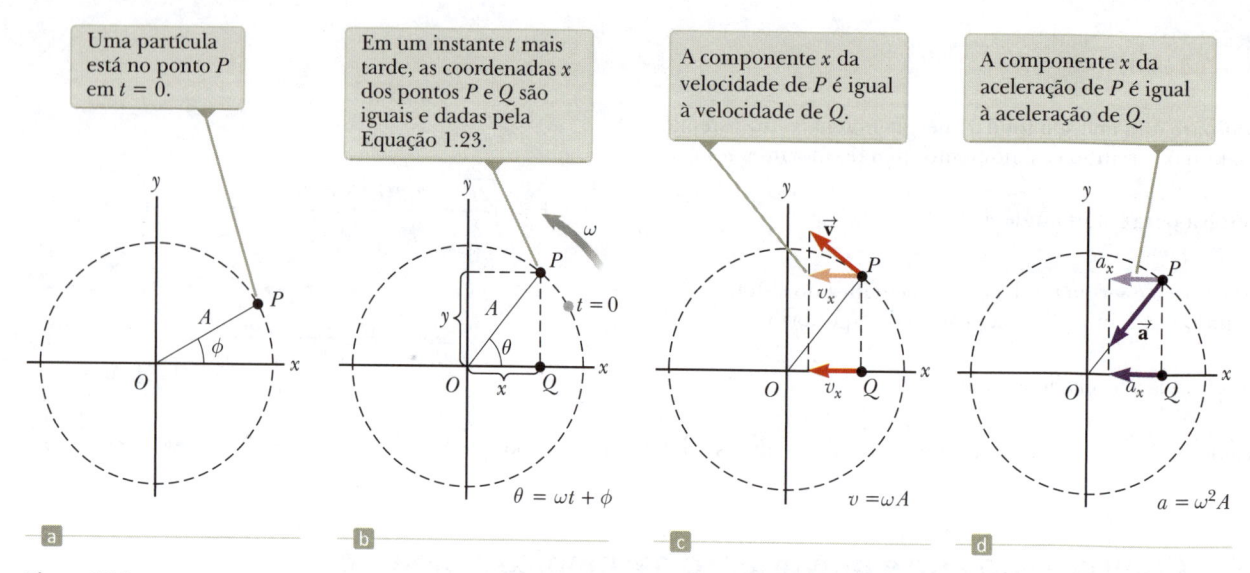

b $\theta = \omega t + \phi$

c $v = \omega A$

d $a = \omega^2 A$

Figura 1.14 Relação entre os movimentos circular uniforme de um ponto P e harmônico simples de um ponto Q. Uma partícula em P se move em um círculo de raio A com velocidade angular constante ω.

Essa expressão é a mesma que a Equação 1.6 e mostra que o ponto Q se move com movimento harmônico simples ao longo do eixo x. Portanto, o movimento de um corpo descrito pelo modelo de análise de uma partícula em um movimento harmônico simples ao longo de uma linha reta pode ser representado pela projeção de um corpo que pode ser modelado como uma partícula em movimento circular uniforme ao longo do diâmetro de um círculo de referência.

Essa interpretação geométrica mostra que o intervalo de tempo para uma revolução completa do ponto P em um círculo de referência é igual ao período de movimento T para o movimento harmônico simples entre $x = \pm A$. Então, a velocidade angular ω de P é a mesma que a frequência angular ω do movimento harmônico simples ao longo do eixo x (pois usamos o mesmo símbolo). A constante de fase ϕ para o movimento harmônico simples corresponde ao ângulo inicial que OP forma com o eixo x. O raio A do círculo de referência é igual à amplitude do movimento harmônico simples.

Como a relação entre as velocidades linear e angular para o movimento circular é $v = r\omega$ (ver Equação 10.10 do Volume 1 desta coleção), a partícula se movendo em um círculo de referência de raio A tem velocidade de módulo ωA. A partir da geometria na Figura 1.14c, vemos que a componente x dessa velocidade é $-\omega A \operatorname{sen}(\omega t + \phi)$. Por definição, o ponto Q tem uma velocidade dada por dx/dt. Diferenciando a Equação 1.23 com relação ao tempo, descobrimos que a velocidade de Q é a mesma que a componente x da velocidade de P.

A aceleração de P em um círculo de referência é direcionada radialmente para dentro na direção de O, e tem módulo $v^2/A = \omega^2 A$. A partir da geometria na Figura 1.14d, vemos que a componente x dessa velocidade é $-\omega^2 A \cos(\omega t + \phi)$. Esse valor também é a aceleração do ponto projetado Q ao longo do eixo x, como você pode verificar tomando a segunda derivada da Equação 1.23.

> **Teste Rápido 1.5** A Figura 1.15 mostra a posição de um corpo em movimento circular uniforme em $t = 0$. Uma luz ilumina de cima e projeta a sombra do corpo em uma tela abaixo do movimento circular. Quais são os valores corretos para a *amplitude* e a *constante de fase* (relativa a um eixo x para a direita) do movimento harmônico simples da sombra? **(a)** 0,50 m e 0, **(b)** 1,00 m e 0, **(c)** 0,50 m e π, **(d)** 1,00 m e π.

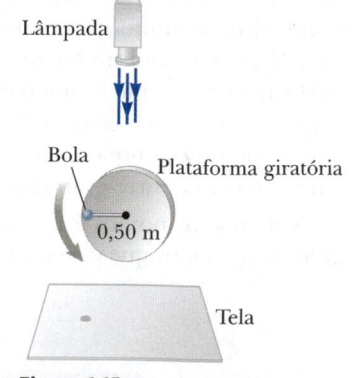

Figura 1.15 (Teste Rápido 1.5) Um corpo se move em movimento circular, provocando uma sombra na tela abaixo. Sua posição em um instante de tempo é mostrada.

Exemplo 1.4 Movimento circular com velocidade angular constante MA

A bola na Figura 1.13 gira em sentido anti-horário em um círculo de raio 3,00 m com velocidade angular constante de 8,00 rad/s. Em $t = 0$, sua sombra tem uma coordenada x de 2,00 m e está se movendo para a direita.

(A) Determine a coordenada x da sombra como uma função de tempo em unidades SI.

Movimento oscilatório 15

1.4 cont.

SOLUÇÃO

Conceitualização Certifique-se de que você entende a relação entre os movimentos circular da bola e o harmônico simples de sua sombra, conforme descrito na Figura 1.13. Note que a sombra *não está* na posição máxima em $t = 0$.

Categorização A bola na plataforma giratória é uma *partícula em movimento circular uniforme*. A sombra é modelada como uma *partícula em movimento harmônico simples*.

Análise Use a Equação 1.23 para escrever uma expressão para a coordenada x da bola em rotação:

$$x = A \cos(\omega t + \phi)$$

Resolva para a constante de fase:

$$\phi = \cos^{-1}\left(\frac{x}{A}\right) - \omega t$$

Substitua os valores numéricos para as condições iniciais:

$$\phi = \cos^{-1}\left(\frac{2,00\,\text{m}}{3,00\,\text{m}}\right) - 0 = \pm 48,2° = \pm 0,841\,\text{rad}$$

Se considerássemos $\phi = +0,841$ rad como nossa resposta, a sombra se moveria para a esquerda em $t = 0$. Como ela está se movendo para a direita em $t = 0$, devemos escolher $\phi = -0,841$ rad.

Escreva a coordenada x como uma função de tempo:

$$x = \boxed{3,00 \cos(8,00t - 0,841)}$$

(B) Encontre os componentes x da velocidade e aceleração da sombra em qualquer instante t.

SOLUÇÃO

Diferencie a coordenada x com relação ao tempo para encontrar a velocidade em qualquer instante em m/s:

$$v_x = \frac{dx}{dt} = (-3,00\,\text{m})(8,00\,\text{rad/s})\,\text{sen}(8,00t - 0,841)$$
$$= \boxed{-24,0\,\text{sen}(8,00t - 0,841)}$$

Diferencie a velocidade com relação ao tempo para encontrar a aceleração em qualquer instante em m/s²:

$$a_x = \frac{dv_x}{dt} = (-24,0\,\text{m/s})(8,00\,\text{rad/s})\cos(8,00t - 0,841)$$
$$= \boxed{-192 \cos(8,00t - 0,841)}$$

Finalização Esses resultados são igualmente válidos para a bola movendo-se em movimento circular uniforme e a sombra em movimento harmônico simples. Note que o valor da constante de fase coloca a bola no quarto quadrante do sistema de coordenadas xy da Figura 1.14, o que é consistente com a sombra ter um valor positivo para x e se mover na direção da direita.

1.5 O pêndulo

Pêndulo simples é outro sistema mecânico que exibe movimento periódico. Ele consiste em um peso semelhante a uma partícula de massa m, suspenso por um cordão leve de comprimento L fixado à extremidade superior, como mostrado na Figura 1.16. O movimento ocorre em um plano vertical e é movido pela força gravitacional. Mostraremos que, desde que o ângulo θ seja pequeno (menor que aproximadamente 10°), o movimento é muito próximo daquele do oscilador harmônico simples.

As forças atuando sobre a massa são a $\vec{T}$ exercida pelo cordão e a gravitacional $m\vec{g}$. A componente tangencial $mg\,\text{sen}\,\theta$ da força gravitacional atua sempre na direção de $\theta = 0$, oposta ao deslocamento da massa a partir da posição mais baixa. Portanto, a componente tangencial é a força restauradora, e podemos aplicar a Segunda Lei de Newton para movimento na direção tangencial:

$$F_t = ma_t \rightarrow -mg\,\text{sen}\,\theta = m\frac{d^2s}{dt^2}$$

> Quando θ é pequeno, o movimento de um pêndulo simples pode ser modelado como movimento harmônico simples pela posição de equilíbrio $\theta = 0$.

onde o sinal negativo indica que a força tangencial atua na direção da posição de equilíbrio (vertical), e s é a posição da massa medida ao longo do arco. Expressamos a aceleração tangencial como a segunda derivada da posição s. Como $s = L\theta$ (Equação 10.1a do Volume 1 desta coleção, com $r = L$) e L é constante, essa equação é reduzida para:

$$\frac{d^2\theta}{dt^2} = -\frac{g}{L}\,\text{sen}\,\theta$$

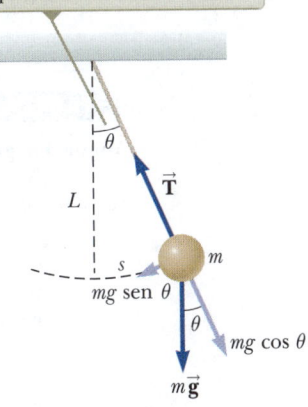

Figura 1.16 Um pêndulo simples.

> **Prevenção de Armadilhas 1.5**
> **Movimento harmônico simples não verdadeiro**
> O pêndulo *não* exibe movimento harmônico simples verdadeiro para *nenhum* ângulo. Se o ângulo é menor que 10°, o movimento é próximo e pode ser *modelado* como harmônico simples.

Considerando θ como a posição, vamos comparar essa equação com a 1.3. Ela tem a mesma forma matemática? Não! O lado direito é proporcional a sen θ, em vez de θ; então, não esperamos movimento harmônico simples, porque essa expressão não tem a mesma forma matemática que a Equação 1.3. Se supusermos que θ é *pequeno* (menor que 10° ou 0,2 rad), no entanto, podemos usar a **aproximação do ângulo pequeno**, na qual sen $\theta \approx \theta$, onde θ é medido em radianos. A Tabela 1.1 mostra ângulos em graus e radianos e os senos desses ângulos. Desde que θ seja menor que aproximadamente 10°, o ângulo em radianos e seu seno possuem o mesmo valor até uma precisão de menos de 1,0%.

Então, para ângulos pequenos, a equação de movimento torna-se:

$$\frac{d^2\theta}{dt^2} = -\frac{g}{L}\theta \quad \text{(para valores pequenos de } \theta\text{)} \tag{1.24}$$

A Equação 1.24 tem a mesma forma matemática que a 1.3, então, concluímos que o movimento para pequenas amplitudes de oscilação pode ser modelado como movimento harmônico simples. Portanto, a solução da Equação 1.24 é modelada após a Equação 1.6 e é dada por $\theta = \theta_{\text{máx}} \cos(\omega t + \phi)$, onde $\theta_{\text{máx}}$ é a *posição angular máxima* e a frequência angular ω é:

Frequência angular para um pêndulo simples ▶

$$\omega = \sqrt{\frac{g}{L}} \tag{1.25}$$

O período do movimento é:

Período de um pêndulo simples ▶

$$T = \frac{2\pi}{w} = 2\pi\sqrt{\frac{L}{g}} \tag{1.26}$$

Em outras palavras, o período e a frequência de um pêndulo simples dependem somente do comprimento do cordão e da aceleração devido à gravidade. Como o período é independente da massa, concluímos que todos os pêndulos simples que sejam de igual comprimento e estejam na mesma localização (de modo que g seja constante) oscilam com o mesmo período.

O pêndulo simples pode ser usado como um marcador de tempo, porque seu período depende somente de seu comprimento e do valor local de g. Também é um aparelho conveniente para fazer medições precisas da aceleração da gravidade. Tais medições são importante porque variações nos valores locais g podem oferecer informações sobre a localização de óleo e outros recursos subterrâneos valiosos.

Teste Rápido **1.6** Um relógio de pêndulo depende de seu período para manter a hora certa. **(i)** Suponha que esse relógio esteja calibrado corretamente e, então, uma criança levada desliza a massa do pêndulo para baixo na haste oscilatória. O relógio então funciona **(a)** devagar, **(b)** rápido ou **(c)** corretamente? **(ii)** Suponha que esse mesmo relógio seja calibrado corretamente no nível do mar e depois levado para o topo de uma montanha muito alta. O relógio então funciona **(a)** devagar, **(b)** rápido ou **(c)** corretamente?

TABELA 1.1 *Ângulos e senos de ângulos*

Ângulo em graus	Ângulo em radianos	Seno de ângulo	Percentual de diferença
0°	0,0000	0,0000	0,0%
1°	0,0175	0,0175	0,0%
2°	0,0349	0,0349	0,0%
3°	0,0524	0,0523	0,0%
5°	0,0873	0,0872	0,1%
10°	0,1745	0,1736	0,5%
15°	0,2618	0,2588	1,2%
20°	0,3491	0,3420	2,1%
30°	0,5236	0,5000	4,7%

Exemplo 1.5 Conexão entre comprimento e tempo

Christian Huygens (1629-1695), o maior construtor de relógios da história, sugeriu que uma unidade internacional de comprimento poderia ser definida como o comprimento de um pêndulo simples com o período de exatamente 1 s. Quão mais curta seria nossa unidade de comprimento se a sugestão dele tivesse sido aceita?

SOLUÇÃO

Conceitualização Imagine um pêndulo que balança para a frente e para trás em exatamente 1 segundo. Com base em sua experiência na observação de corpos balançantes, você pode estimar o comprimento necessário? Pendure um pequeno corpo de um barbante e simule o pêndulo de 1 s.

Categorização Este exemplo envolve um pêndulo simples, então categorizamos o pêndulo como um problema de substituição que se aplica aos conceitos apresentados nesta seção.

Resolva a Equação 1.26 para o comprimento e substitua os valores conhecidos:

$$L = \frac{T^2 g}{4\pi^2} = \frac{(1,00\,\text{s})^2 (9,80\,\text{m/s}^2)}{4\pi^2} = \boxed{0,248\,\text{m}}$$

O comprimento do metro seria menos de um quarto de seu comprimento atual. O número de algarismos significativos também depende somente de quão precisamente conhecemos g, porque o tempo foi definido como sendo de exatamente 1 s.

E SE? E se Huygens tivesse nascido em outro planeta? Qual seria o valor para g naquele planeta para que o metro baseado em seu pêndulo tivesse o mesmo valor que nosso metro?

Resposta Resolva a Equação 1.26 para g:

$$g = \frac{4\pi^2 L}{T^2} = \frac{4\pi^2 (1,00\,\text{m})}{(1,00\,\text{s})^2} = 4\pi^2\,\text{m/s}^2 = 39,5\,\text{m/s}^2$$

Nenhum planeta em nosso sistema solar tem aceleração de gravidade tão grande.

O pêndulo físico

Suponha que você equilibre um cabide de arame, de modo que o gancho seja suportado por seu dedo indicador esticado. Quando dá ao cabide um pequeno deslocamento angular com sua outra mão e depois solta, ele oscila. Se um corpo pendurado oscila em um eixo fixo que não passa por seu centro de massa e o corpo não pode ser aproximado como um ponto de massa, não podemos tratar o sistema como um pêndulo simples. Nesse caso, o sistema é chamado **pêndulo físico**.

Considere um corpo rígido centrado em um ponto O a uma distância d do centro de massa (Figura 1.17). A força gravitacional proporciona um torque por um eixo através de O, e o módulo desse torque é $mgd\,\text{sen}\,\theta$, onde θ é como mostrado na Figura 1.17. Aplicamos módulos de análise do corpo rígido sob um torque resultante ao corpo e usamos a forma rotacional da Segunda Lei de Newton, $\Sigma\tau_{\text{ext}} = I\alpha$, onde I é o momento de inércia do corpo em relação ao eixo que passa através de O. O resultado é:

$$-mgd\,\text{sen}\,\theta = I\frac{d^2\theta}{dt^2}$$

O sinal negativo indica que o torque em relação a O tende a diminuir θ. Isto é, a força gravitacional produz um torque restaurador. Se supusermos que θ é pequeno, a aproximação $\text{sen}\,\theta \approx \theta$ é válida e a equação de movimento é reduzida para:

$$\frac{d^2\theta}{dt^2} = -\left(\frac{mgd}{I}\right)\theta = -\omega^2\theta \qquad (1.27)$$

Como essa equação tem a mesma forma matemática que a 1.3, sua solução é modelada com base no oscilador harmônico simples. Ou seja, a solução da Equação 1.27 é dada por $\theta = \theta_{\text{máx}}\cos(\omega t + \phi)$, onde $\theta_{\text{máx}}$ é a posição angular máxima e:

$$\omega = \sqrt{\frac{mgd}{I}}$$

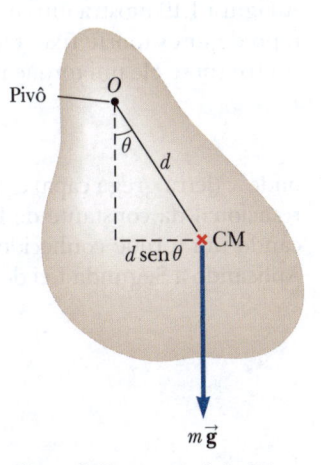

Figura 1.17 Um pêndulo físico centrado em O.

O período é:

Período de um pêndulo físico ▶

$$T = \frac{2\pi}{w} = 2\pi\sqrt{\frac{I}{mgd}}$$

(1.28)

Esse resultado pode ser usado para medir o momento de inércia de um corpo rígido e plano. Se a localização do centro de massa – e, portanto, o valor de d – é conhecido, o momento de inércia pode ser obtido pela medição do período. Finalmente, note que a Equação 1.28 é reduzida para o período de um pêndulo simples (Equação 1.26) quando $I = md^2$, isto é, quando toda a massa está concentrada no centro de massa.

Exemplo 1.6 — Uma barra balançando

Uma barra uniforme de massa M e comprimento L é centrada em uma extremidade e oscila em um plano vertical (Figura 1.18). Encontre o período da oscilação se a amplitude do movimento é pequena.

SOLUÇÃO

Conceitualização Imagine uma barra balançando para a frente e para trás quando centrada em uma extremidade. Tente fazer isso com uma régua de um metro ou um pedaço de madeira.

Categorização Como a barra não é uma partícula pontual, a categorizamos como um pêndulo físico.

Figura 1.18 (Exemplo 1.6) Uma barra rígida oscilando sobre um pivô localizado em uma extremidade é um pêndulo físico com $d = L/2$.

Análise No Capítulo 10 do Volume 1 desta coleção, vimos que o momento de inércia de uma barra uniforme em relação a um eixo que passa em uma extremidade é $\frac{1}{3}ML^2$. A distância d do pivô até o centro de massa da barra é $L/2$.

Substitua essas quantidades na Equação 1.28:

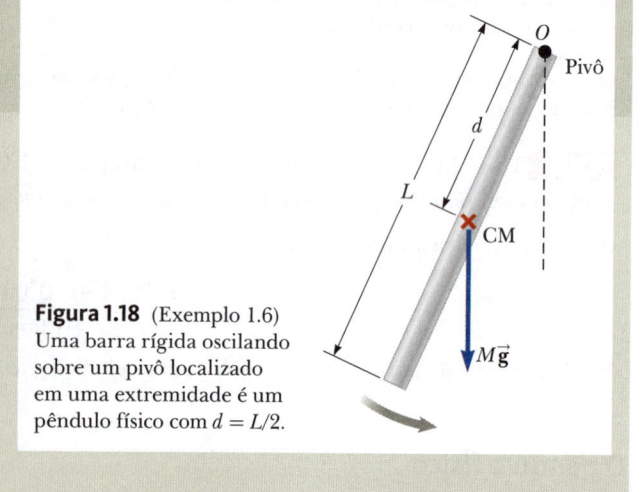

$$T = 2\pi\sqrt{\frac{\frac{1}{3}ML^2}{Mg(L/2)}} = 2\pi\sqrt{\frac{2L}{3g}}$$

Finalização Em um dos pousos na Lua, um astronauta andando na superfície tinha um cinto pendurado em sua roupa espacial que oscilava como um pêndulo físico. Um cientista na Terra observou esse movimento na televisão e o usou para estimar a aceleração da gravidade na Lua. Como o cientista fez esse cálculo?

O pêndulo de torção

A Figura 1.19 mostra um corpo rígido, como um disco, suspenso por um arame preso ao topo de um suporte fixo. Quando o corpo é torcido por um ângulo θ, o arame torcido exerce sobre ele um torque restaurador que é proporcional à posição angular. Isto é:

$$\tau = -\kappa\theta$$

onde κ (letra grega capa) é chamada *módulo de rigidez* do arame de suporte, um análogo rotacional da constante de força k para uma mola. O valor de κ pode ser obtido aplicando um torque conhecido para torcer o arame através de um ângulo mensurável θ. Aplicando a Segunda Lei de Newton para o movimento rotacional, descobrimos que:

$$\sum \tau = I\alpha \rightarrow -\kappa\theta = I\frac{d^2\theta}{dt^2}$$

$$\frac{d^2\theta}{dt^2} = -\frac{\kappa}{I}\theta$$

(1.29)

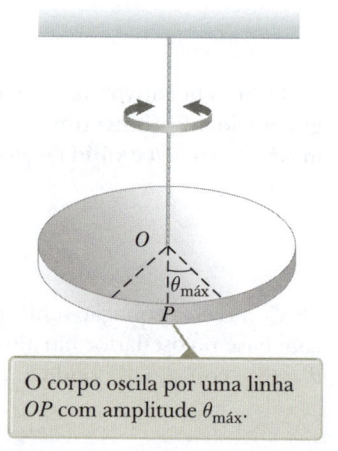

O corpo oscila por uma linha OP com amplitude $\theta_{máx}$.

Figura 1.19 Um pêndulo de torção.

Novamente, esse resultado é a equação de movimento para um oscilador harmônico simples, com $\omega = \sqrt{\kappa/I}$ e um período:

$$T = 2\pi\sqrt{\frac{I}{\kappa}} \quad (1.30)$$

◀ **Período de um pêndulo de torção**

Esse sistema é chamado *pêndulo de torção*. Não há restrição de pequeno ângulo nessa situação, desde que o limite elástico do arame não seja excedido.

1.6 Oscilações amortecidas

Os movimentos oscilatórios que consideramos até agora foram para sistemas ideais, ou seja, sistemas que oscilam indefinidamente sob a ação de uma única força restauradora linear. Em muitos sistemas reais, forças não conservativas – como o atrito ou a resistência do ar – também atuam e retardam o movimento do sistema. Consequentemente, a energia mecânica do sistema diminui com o tempo, e o movimento é chamado *amortecido*. A energia mecânica do sistema é transformada em energia interna no corpo e no meio retardador. A Figura 1.20 representa um desses sistemas: um corpo preso a uma mola e submerso em um líquido viscoso. Outro exemplo é um pêndulo simples oscilando no ar. Depois de ser colocado em movimento, o pêndulo eventualmente para devido à resistência do ar. A fotografia de abertura deste capítulo mostra, na prática, oscilações amortecidas. Os aparelhos com mola montados embaixo da ponte são amortecedores que transformam a energia mecânica da esfera oscilatória em energia interna.

Um tipo comum de força de retardo é aquele discutido na Seção 6.4 do Volume 1 desta coleção, onde a força é proporcional à velocidade do corpo em movimento e atua na direção oposta à velocidade do corpo com relação ao meio. Essa força de retardo é observada frequentemente quando um corpo se move pelo ar, por exemplo. Como a força de retardo pode ser expressa por $\vec{R} = -b\vec{v}$ (onde b é uma constante chamada *coeficiente de amortecimento*) e a força restauradora do sistema é $-kx$, podemos escrever a Segunda Lei de Newton como:

$$\sum F_x = -kx - bv_x = ma_x$$
$$-kx - b\frac{dx}{dt} = m\frac{d^2x}{dt^2} \quad (1.31)$$

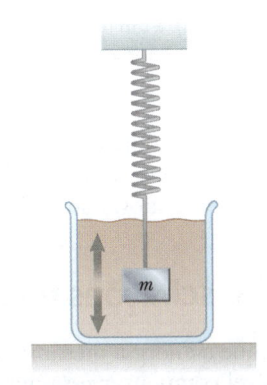

Figura 1.20 Exemplo de um oscilador amortecido é um corpo preso a uma mola e submerso em um líquido viscoso.

A solução para essa equação requer matemática que pode não lhe ser familiar; vamos afirmá-la aqui sem provas. Quando a força de retardo é pequena comparada à força restauradora máxima – isto é, quando o coeficiente de amortecimento b é pequeno –, a solução para a Equação 1.31 é:

$$x = Ae^{-(b/2m)t}\cos(\omega t + \phi) \quad (1.32)$$

onde a frequência angular de oscilação é:

$$\omega = \sqrt{\frac{k}{m} - \left(\frac{b}{2m}\right)^2} \quad (1.33)$$

Esse resultado pode ser verificado substituindo a Equação 1.32 na 1.31. É conveniente expressar a frequência angular de um oscilador amortecido na forma:

$$\omega = \sqrt{\omega_0^2 - \left(\frac{b}{2m}\right)^2}$$

onde $\omega_0 = \sqrt{k/m}$ representa a frequência angular na ausência de uma força de retardo (o oscilador não amortecido), chamada **frequência natural** do sistema.

A Figura 1.21 mostra a posição como uma função do tempo para um corpo oscilando na presença de uma força de retardo. Quando essa força é pequena, o caráter oscilatório do movimento é preservado, mas a amplitude diminui exponencialmente, fazendo que o movimento se torne indetectável no final. Qualquer sistema que se

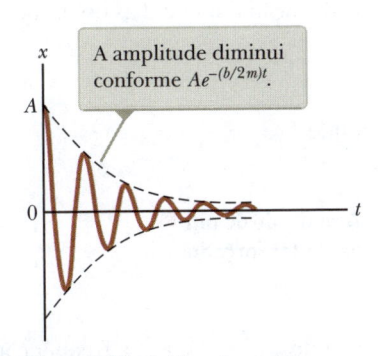

Figura 1.21 Gráfico de posição *versus* tempo para um oscilador amortecido.

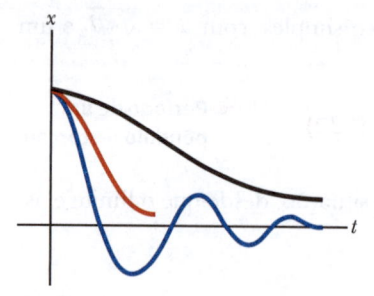

Figura 1.22 Gráficos de posição *versus* tempo para um oscilador subamortecido (curva azul), outro criticamente amortecido (curva vermelha), e um terceiro superamortecido (curva preta).

comporta dessa maneira é conhecido como **oscilador amortecido**. As linhas pretas pontilhadas na Figura 1.21, que definem a *envoltória* da curva oscilatória, representam o fator exponencial na Equação 1.32. Essa envoltória mostra que a amplitude diminui exponencialmente com o tempo. Para movimentos com certa constante de mola e massa do corpo, as oscilações são mais rapidamente amortecidas para valores maiores da força de retardo.

Quando o módulo da força de retardo é pequeno, de modo que $b/2m < \omega_0$, diz-se que o sistema é **subamortecido**. O movimento resultante é representado pela Figura 1.21 e pela curva azul na Figura 1.22. Com um aumento no valor de b, a amplitude das oscilações diminui mais e mais rapidamente. Quando b alcança um valor crítico b_c, tal que $b_c/2m = \omega_0$, o sistema não oscila e é chamado **criticamente amortecido**. Nesse caso, o sistema, uma vez liberado do repouso em alguma posição de não equilíbrio, aproxima-se, mas não passa pela posição de equilíbrio. O gráfico de posição *versus* tempo para esse caso é a curva vermelha na Figura 1.22.

Se o meio é tão viscoso que a força de retardo é grande comparada à restauradora – isto é, se $b/2m > \omega_0$ –, o sistema é **superamortecido**. Novamente, o sistema deslocado, quando livre para se mover, não oscila, mas simplesmente retorna a sua posição de equilíbrio. Conforme o amortecimento aumenta, o intervalo de tempo necessário para o sistema atingir o equilíbrio também aumenta, conforme indicado pela curva preta na Figura 1.22. Para sistemas criticamente amortecidos e superamortecidos, não há frequência angular ω, e a solução na Equação 1.32 não é válida.

1.7 Oscilações forçadas

Vimos que a energia mecânica de um oscilador amortecido diminui com o tempo como resultado de uma força resistiva. É possível compensar essa diminuição em energia aplicando uma força externa periódica que realiza trabalho positivo sobre o sistema. Em qualquer instante, energia pode ser transferida para o sistema por uma força aplicada que atua na direção do movimento do oscilador. Por exemplo, uma criança em um balanço pode ser mantida em movimento por "empurrões" dados no tempo certo. A amplitude do movimento permanece constante se a entrada de energia por ciclo de movimento é exatamente igual à diminuição de energia mecânica em cada ciclo que resulta de forças de retardamento.

Um exemplo comum de oscilador forçado é do tipo amortecido acionado por uma força externa que varia periodicamente, tal como $F(t) = F_0 \operatorname{sen} \omega t$, onde F_0 é constante e ω é a frequência angular da força propulsora. Em geral, a frequência ω da força propulsora é variável, enquanto a frequência natural ω_0 do oscilador é fixada pelos valores de k e m. Modelando um oscilador com forças motriz e de retardamento como uma partícula sob uma força resultante, a Segunda Lei de Newton resulta em:

$$\sum F_x = ma_x \rightarrow F_0 \operatorname{sen} \omega t - b\frac{dx}{dt} - kx = m\frac{d^2x}{dt^2} \tag{1.34}$$

A solução dessa equação é relativamente longa e não será apresentada. Depois que uma força propulsora começa a atuar sobre um corpo inicialmente estacionário, a amplitude da oscilação aumenta. O sistema do oscilador e o meio circundante formam um sistema não isolado: o trabalho é feito pela força motriz, de modo que a energia vibracional do sistema (energia cinética do corpo, energia potencial elástica na mola) e a energia interna do corpo e do meio aumentam. Depois de um período de tempo suficientemente longo, quando a entrada de energia da força propulsora por ciclo é igual à quantidade de energia mecânica transformada em energia interna para cada ciclo, uma condição de estado estacionário é alcançada, na qual as oscilações prosseguem com amplitude constante. Nessa situação, a solução da Equação 1.34 é:

$$x = A\cos(\omega t + \phi) \tag{1.35}$$

onde:

Amplitude de um oscilador forçado ▶

$$A = \frac{F_0/m}{\sqrt{(\omega^2 - \omega_0^2)^2 + \left(\frac{b\omega}{m}\right)^2}} \tag{1.36}$$

e onde $\omega_0 = \sqrt{k/m}$ é a frequência natural do oscilador não amortecido ($b = 0$).

As equações 1.35 e 1.36 mostram que o oscilador forçado vibra na frequência da força propulsora e que a amplitude do oscilador é constante para certa força propulsora, porque ele está sendo forçado no estado estacionário por uma força externa. Para pouco amortecimento, a amplitude é grande quando a frequência da força propulsora é próxima da frequência natural de oscilação, ou quando $\omega \approx \omega_0$. O aumento dramático de amplitude próximo da frequência natural é chamado **ressonância**, e a frequência natural ω_0 também é chamada **frequência de ressonância** do sistema.

O motivo para oscilações de grande amplitude na frequência de ressonância é que a energia está sendo transferida para o sistema sob as condições mais favoráveis. Podemos melhor compreender esse conceito considerando a primeira derivada de tempo de x na Equação 1.35, que dá uma expressão para a velocidade do oscilador. Descobrimos que v é proporcional a sen$(\omega t + \phi)$, que é a mesma função trigonométrica que aquela descrevendo a força propulsora. Portanto, a força aplicada $\vec{F}$ está em fase com a velocidade. A taxa do trabalho realizado em um oscilador por $\vec{F}$ é igual ao produto escalar $\vec{F} \times \vec{v}$; essa taxa é a potência enviada para um oscilador. Pelo fato de o produto $\vec{F} \times \vec{v}$ ser um máximo quando $\vec{F}$ e $\vec{v}$ estão em fase, concluímos que, na ressonância, a força aplicada está em fase com a velocidade e a potência transferida para o oscilador é máxima.

A Figura 1.23 é um gráfico da amplitude como função da frequência propulsora para um oscilador forçado com e sem amortecimento. Note que a amplitude aumenta com menor amortecimento ($b \to 0$) e a curva de ressonância fica mais larga conforme o amortecimento aumenta. Na ausência de uma força amortecedora ($b = 0$), vemos, a partir da Equação 1.36, que a amplitude de estado estacionário se aproxima do infinito conforme ω se aproxima de ω_0. Em outras palavras, se não há perdas no sistema e continuamos a forçar um oscilador inicialmente sem movimento com uma força periódica que está em fase com a velocidade, a amplitude do movimento aumenta sem limites (veja a curva vermelho-amarronzada na Figura 1.23). Esse aumento sem limite não ocorre na prática porque, na realidade, sempre há algum amortecimento presente.

Esta coleção mostra que a ressonância aparece em outras áreas da Física. Por exemplo, alguns circuitos elétricos têm frequências naturais e podem ser postos em ressonância forte variando a tensão aplicada a certa frequência. Uma ponte tem frequências naturais que podem ser postas em ressonância por uma força propulsora adequada. Um exemplo dramático de tal ressonância ocorreu em 1940, quando a ponte Tacoma Narrows Bridge, no Estado de Washington, foi destruída por vibrações ressonantes. Embora os ventos não fossem particularmente fortes naquela ocasião, o "bater" do vento de um lado para outro da ponte (pense no "bater" de uma bandeira com vento forte) proporcionou uma força propulsora periódica cuja frequência se igualava à da ponte. As oscilações resultantes da ponte levaram a seu colapso (Fig. 1.24) porque o desenho da ponte tinha características de segurança inadequadas.

Muitos outros exemplos de vibrações ressonantes podem ser citados. Uma, que você pode ter experimentado, é o "canto" dos fios telefônicos no vento. Máquinas geralmente quebram se uma parte vibrante está em ressonância com alguma outra em movimento. Soldados atravessando uma ponte com marcha cadenciada criam vibrações ressonantes na estrutura que podem levá-la a entrar em colapso. Sempre que algum sistema físico real é forçado próximo de sua frequência de ressonância, pode-se esperar oscilações de amplitudes muito grandes.

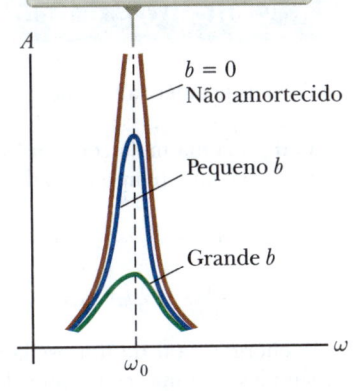

Figura 1.23 Gráfico de amplitude *versus* frequência para um oscilador amortecido quando uma força propulsora periódica está presente. Note que o formato da curva de ressonância depende da intensidade do coeficiente de amortecimento b.

Figura 1.24 (a) Em 1940, ventos turbulentos criaram vibrações de torção na ponte Tacoma Narrows fazendo com que oscilasse a uma frequência próxima a uma das frequências naturais da estrutura da ponte. (b) Uma vez estabelecida, sua condição de ressonância levou ao colapso da ponte (matemáticos e físicos estão, atualmente, discutindo alguns aspectos dessa interpretação).

Resumo

Conceitos e princípios

A energia cinética e a energia potencial para um corpo de massa m oscilando na extremidade de uma mola com constante de força k variam com o tempo e são dados por:

$$K = \tfrac{1}{2}mv^2 = \tfrac{1}{2}m\omega^2 A^2 \text{sen}^2(\omega t + \phi) \qquad (1.19)$$

$$U = \tfrac{1}{2}kx^2 = \tfrac{1}{2}kA^2 \cos^2(\omega t + \phi) \qquad (1.20)$$

A energia total de um oscilador harmônico simples é uma constante do movimento, dada por:

$$E = \tfrac{1}{2}kA^2 \qquad (1.21)$$

Um **pêndulo simples** de comprimento L pode ser modelado para se mover com movimento harmônico simples por pequenos deslocamentos angulares a partir da vertical. Seu período é:

$$T = 2\pi\sqrt{\frac{L}{g}} \qquad (1.26)$$

Pêndulo físico é um corpo rígido que, para pequenos deslocamentos angulares, pode ser modelado com movimento harmônico simples sobre um pivô que não passa pelo centro de massa. O período desse movimento é:

$$T = 2\pi\sqrt{\frac{I}{mgd}} \qquad (1.28)$$

onde I é o momento de inércia do corpo em relação a um eixo que passa pelo pivô, e d é a distância do pivô até o centro de massa do corpo.

Se um oscilador experimenta uma força amortecedora $\vec{R} = -b\vec{v}$, sua posição para um pequeno amortecimento é descrita por:

$$x = Ae^{-(b/2m)t}\cos(\omega t + \phi) \qquad (1.32)$$

onde:

$$\omega = \sqrt{\frac{k}{m} - \left(\frac{b}{2m}\right)^2} \qquad (1.33)$$

Se um oscilador é sujeito a uma força propulsora senoidal descrita por $F(t) = F_0 \,\text{sen}\,\omega t$, ele exibe **ressonância**, em que a amplitude é maior quando a frequência propulsora ω iguala-se à frequência natural $\omega_0 = \sqrt{k/m}$ do oscilador.

Modelo de análise para resolução de problemas

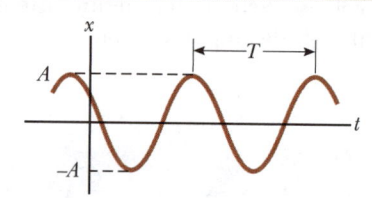

Partícula em movimento harmônico simples Se uma partícula é sujeita a uma força com a forma da Lei de Hooke $F = -kx$, ela exibe **movimento harmônico simples**. Sua posição é descrita por:

$$x(t) = A\cos(\omega t + \phi) \qquad (1.6)$$

onde A é a **amplitude** do movimento; ω, a **frequência angular**, e ϕ, a **constante de fase**. O valor de ϕ depende da posição e velocidade da partícula.

O **período** da oscilação é:

$$T = \frac{2\pi}{\omega} = 2\pi\sqrt{\frac{m}{k}} \qquad (1.13)$$

e o inverso do período é a **frequência**.

Perguntas Objetivas

1. Se um pêndulo simples oscila com pequena amplitude e seu comprimento é dobrado, o que acontece com a frequência de seu movimento? (a) Dobra. (b) Fica $\sqrt{2}$ vezes o tamanho. (c) Fica metade do tamanho. (d) Fica $1/\sqrt{2}$ vezes o tamanho. (e) Permanece a mesma.

2. Você prende um bloco na ponta de baixo de uma mola pendurada verticalmente, e o deixa se mover para baixo lentamente, enquanto vê que ele fica pendurado em repouso com a mola esticada por 15,0 cm. Então, você levanta o bloco de volta para a posição inicial e o libera do repouso com a mola encolhida. Que máxima distância o bloco se move para baixo? (a) 7,5 cm. (b) 15,0 cm. (c) 30,0 cm. (d) 60,0 cm. (e) A distância não pode ser determinada sem saber a massa e a constante da mola.

3. Um sistema bloco-mola vibrando em uma superfície horizontal, sem atrito, com amplitude de 6,0 cm, tem energia de 12 J. Se o bloco é substituído por outro cuja massa é o dobro da do original e a amplitude do movimento é 6,0 cm de novo, qual é a energia do sistema? (a) 12 J. (b) 24 J. (c) 6 J. (d) 48 J. (e) Nenhuma das anteriores.

4. Um sistema corpo-mola movendo-se com movimento harmônico simples tem uma amplitude A. Quando a energia cinética do corpo é igual ao dobro da energia potencial armazenada na mola, qual é a posição x do corpo? (a) A. (b) $\frac{1}{3}A$. (c) $A/\sqrt{3}$. (d) 0. (e) Nenhuma das anteriores.

5. Um corpo de massa 0,40 kg, pendurado de uma mola com constante de 8,0 N/m, é posto em movimento harmônico simples para cima e para baixo. Qual é o módulo da aceleração do corpo quando ele está em seu deslocamento máximo de 0,10 m? (a) Zero. (b) 0,45 m/s². (c) 1,0 m/s². (d) 2,0 m/s². (e) 2,4 m/s².

6. Um vagão de trem, com massa $3,0 \times 10^5$ kg, vai em ponto morto por um trilho nivelado a 2,0 m/s quando colide elasticamente com um para-choque cheio de molas no final do trilho. Se a constante de mola do para-choque é $2,0 \times 10^6$ N/m, qual é a compressão máxima da mola durante a colisão? (a) 0,77 m. (b) 0,58 m. (c) 0,34 m. (d) 1,07 m. (e) 1,24 m.

7. A posição de um corpo se movendo com movimento harmônico simples é dada por $x = 4 \cos(6\pi t)$, onde x é dado em metros e t em segundos. Qual é o período do sistema em oscilação? (a) 4 s. (b) $\frac{1}{6}$ s. (c) $\frac{1}{3}$ s. (d) 6π s. (e) impossível determinar a partir da informação dada.

8. Se um corpo de massa m preso a uma mola leve é substituído por outro de massa $9\,m$, a frequência do sistema vibratório muda por qual fator? (a) $\frac{1}{9}$. (b) $\frac{1}{3}$. (c) 3,0. (d) 9,0. (e) 6,0.

9. Você fica em pé na ponta de um trampolim e se balança para fazê-lo oscilar. A resposta máxima em termos de amplitude de oscilação da ponta do trampolim é quando você se balança com frequência f. Agora, você se move para o meio da prancha do trampolim e repete a experiência. A frequência de ressonância para oscilações forçadas nesse ponto é (a) mais alta, (b) mais baixa ou (c) a mesma que em f?

10. Um sistema massa-mola se move com movimento harmônico simples ao longo do eixo x entre os pontos de retorno em $x_1 = 20$ cm e $x_2 = 60$ cm. Para partes (i) até (iii), escolha a partir das cinco possibilidades a seguir. (i) Em que posição a partícula tem maior módulo de momento? (a) 20 cm. (b) 30 cm. (c) 40 cm. (d) Alguma outra posição. (e) O maior valor ocorre em pontos múltiplos. (ii) Em que posição a partícula tem maior energia cinética? (iii) Em que posição o sistema partícula-mola tem a maior energia total?

11. Um bloco de massa $m = 0,1$ kg oscila com amplitude $A = 0,1$ m na extremidade de uma mola com constante de força $k = 10$ N/m em uma superfície horizontal, sem atrito. Classifique os períodos das seguintes situações, do maior para o menor. Se os períodos forem iguais, mostre essa igualdade em sua classificação. (a) O sistema é como descrito acima. (b) O sistema é como descrito na situação (a), mas a amplitude é 0,2 m. (c) A situação é como descrita na situação (a), mas a massa é 0,2 kg. (d) A situação é como descrita na situação (a), mas a mola tem constante de força 20 N/m. (e) Uma pequena força resistiva torna o movimento subamortecido.

12. Para um oscilador harmônico simples, responda sim ou não para as seguintes questões. (a) As quantidades posição e velocidade podem ter o mesmo sinal? (b) A velocidade e a aceleração podem ter o mesmo sinal? (c) A posição e a aceleração podem ter o mesmo sinal?

13. A extremidade superior da mola é fixa. Um bloco é pendurado na extremidade de baixo, como na Figura PO1.13a, e a frequência f de oscilação do sistema é medida. O bloco, um segundo bloco idêntico e a mola são carregados para cima em uma nave espacial que orbita a Terra. Os dois blocos são presos às extremidades da mola. Ela é comprimida sem que as espirais adjacentes se toquem (Figura PO1.13b), e o sistema é liberado para oscilar enquanto flutua na cabine da nave (Figura PO1.13c). Qual é a frequência de oscilação para esse sistema em termos de f? (a) $f/2$. (b) $f/\sqrt{2}$. (c) f. (d) $\sqrt{2}f$. (e) $2f$.

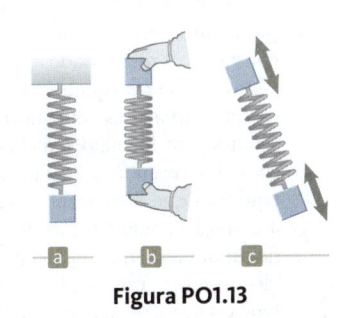

Figura PO1.13

14. Qual das seguintes afirmativas *não é* verdadeira para um sistema massa-mola que se move com movimento harmônico simples na ausência de atrito? (a) A energia total do sistema permanece constante. (b) A energia do sistema é continuamente transformada entre energia cinética e potencial. (c) A energia total do sistema é proporcional ao quadrado da amplitude. (d) A energia potencial armazenada no sistema é maior quando a massa passa pela posição de equilíbrio. (e) A velocidade da massa oscilatória tem seu valor máximo quando a massa passa pela posição de equilíbrio.

15. Um pêndulo simples tem um período de 2,5 s. (i) Qual é seu período se seu comprimento fica quatro vezes maior? (a) 1,25 s. (b) 1,77 s. (c) 2,5 s. (d) 3,54 s. (e) 5 s. (ii) Qual é seu período se o comprimento é mantido constante em seu valor inicial e a massa do peso suspenso é quatro vezes maior? Escolha a partir das mesmas possibilidades.

16. Um pêndulo simples é suspenso do teto de um elevador estacionário, e o período é determinado. (i) Quando o elevador acelera para cima, o período é (a) maior, (b) menor, ou (c) inalterado? (ii) Quando o elevador tem aceleração para baixo, o período é (a) maior, (b) menor ou (c) inalterado? (iii) Quando o elevador se move com velocidade constante para cima, o período do pêndulo é (a) maior, (b) menor ou (c) inalterado?

17. Uma partícula em uma mola se move em movimento harmônico simples ao longo do eixo x entre os pontos de retorno em $x_1 = 100$ cm e $x_2 = 140$ cm. (i) Em qual das seguintes posições a partícula tem velocidade máxima? (a) 100 cm. (b) 110 cm. (c) 120 cm. (d) Em nenhuma dessas posições. (ii) Em que posição ela tem aceleração máxima? Escolha as respostas dentre as da parte (i). (iii) Em que posição a maior força resultante é exercida sobre a partícula? Escolha as respostas dentre as da parte (i).

Perguntas Conceituais

1. Você está olhando para uma árvore pequena e frondosa. Você não nota nenhuma brisa, e a maioria das folhas não se movimenta. No entanto, uma folha tremula loucamente para a frente e para trás. Após algum tempo, esta folha para de se mover e você nota uma folha diferente movendo-se muito mais que todas as outras. Explique o que pode causar o grande movimento dessa folha específica.

2. As equações 2.13 a 2.17, disponíveis no Volume 1 desta coleção, fornecem a posição como função de tempo, velocidade como função de tempo e velocidade como função de posição para um corpo movendo-se em linha reta com aceleração constante. A quantidade v_{xi} aparece em todas as equações. (a) Algumas dessas equações são aplicáveis ao corpo movendo-se em linha reta com movimento harmônico simples? (b) Usando um formato semelhante, faça uma tabela de equações descrevendo o movimento harmônico simples. Inclua equações que fornecem aceleração como função de tempo e aceleração como função de posição. Mencione as equações de tal maneira que sejam igualmente aplicáveis a um sistema bloco-mola, a um pêndulo e a outros sistemas vibratórios. (c) Que quantidade aparece em todas as equações?

3. (a) Se a coordenada de uma partícula varia como $x = -A\cos\omega t$, qual é a constante de fase na Equação 1.6? (b) Em que posição a partícula está em $t = 0$?

4. O peso de um pêndulo é feito de uma esfera cheia com água. O que aconteceria com a frequência de vibração desse pêndulo se houvesse um buraco na esfera, permitindo que a água vazasse lentamente?

5. A Figura PC1.5 mostra gráficos da energia potencial de quatro sistemas diferentes *versus* a posição da partícula em cada sistema. Cada partícula é colocada em movimento com um empurrão em uma localização escolhida arbitrariamente. Descreva seu movimento subsequente em cada caso (a), (b), (c) e (d).

6. Um estudante acha que qualquer vibração real deve ser amortecida. Ele está correto? Se estiver, descreva um raciocínio convincente. Se não, dê um exemplo de uma vibração real que tem amplitude constante para sempre se o sistema é isolado.

7. A energia mecânica de um sistema bloco-mola não amortecido é constante enquanto a energia cinética se transforma em energia potencial elástica e vice-versa. Para comparar, explique o que acontece com a energia de um oscilador amortecido em termos das energias mecânica, potencial e cinética.

8. É possível ter oscilações amortecidas quando um sistema está em ressonância? Explique.

9. Oscilações amortecidas ocorrem para quaisquer valores de b e k? Explique.

10. Se um relógio de pêndulo mantém a hora certa na base de uma montanha, ele também vai mantê-la quando for movido para o topo da montanha? Explique.

11. Uma bola ricocheteando é um exemplo de movimento harmônico simples? O movimento diário de um estudante de casa para a escola e de volta para casa é um movimento harmônico simples? Sim ou não? Por quê?

12. Um pêndulo simples pode ser modelado como exibindo movimento harmônico simples quando θ é pequeno. O movimento é periódico quando θ é grande?

13. Considere o motor simplificado de pistão único na Figura PC1.13. Supondo que o volante gire com velocidade angular constante, explique por que a barra do pistão oscila em movimento harmônico simples.

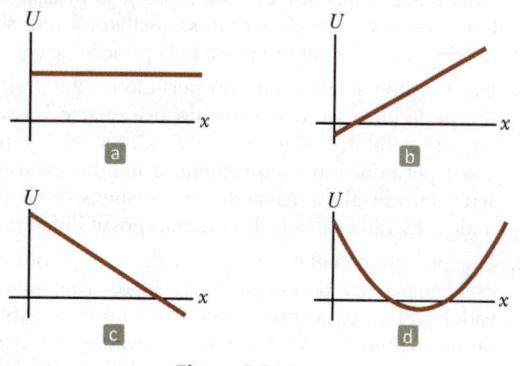

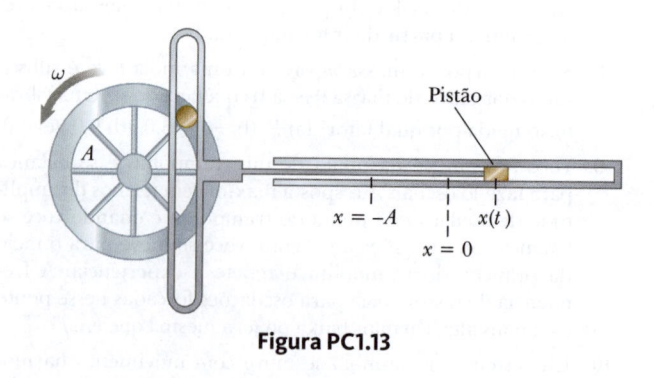

Figura PC1.5

Figura PC1.13

Problemas

> **WebAssign** Os problemas que se encontram neste capítulo podem ser resolvidos *on-line* no Enhanced WebAssign (em inglês)
>
> 1. denota problema simples;
> 2. denota problema intermediário;
> 3. denota problema de desafio;
>
> **AMT** *Analysis Model Tutorial* disponível no Enhanced WebAssign (em inglês);
>
> **M** denota tutorial *Master It* disponível no Enhanced WebAssign (em inglês);
>
> **PD** denota problema dirigido;
>
> **W** solução em vídeo *Watch It* disponível no Enhanced WebAssign (em inglês).

Observação: despreze a massa de todas as molas, exceto nos Problemas 76 e 87.

Seção 1.1 Movimento de um corpo preso a uma mola

Problemas 17, 18, 19, 22 e 59 no Capítulo 7 do Volume 1 desta coleção também podem ser resolvidos com esta seção.

1. Um bloco de 0,60 kg preso a uma mola com constante de força de 130 N/m é livre para se mover em uma superfície horizontal, sem atrito, como na Figura 1.1. O bloco é liberado do repouso quando a mola é esticada 0,13 m. No instante em que o bloco é liberado, encontre (a) a força sobre o bloco e (b) sua aceleração.

2. Quando um corpo de 4,25 kg é colocado no topo de uma mola vertical, ela comprime uma distância de 2,62 cm. Qual é a constante de força da mola?

Seção 1.2 Modelo de análise: partícula em movimento harmônico simples

3. **M** Uma mola vertical estica 3,9 cm quando um corpo de 10 g é pendurado nela. O corpo é substituído por um bloco de massa 25 g que oscila para cima e para baixo em movimento harmônico simples. Calcule o período do movimento.

4. **W** Em um motor, um pistão oscila com movimento harmônico simples de modo que sua posição varia de acordo com a expressão:

$$x = 5,00\cos\left(2t + \frac{\pi}{6}\right)$$

onde x é dado em centímetros e t em segundos. Em $t = 0$, encontre (a) a posição da partícula, (b) sua velocidade e (c) sua aceleração. Encontre (d) o período e (e) a amplitude do movimento.

5. **M** A posição da partícula é dada pela expressão $x = 4,00\cos(3,00\pi t + \pi)$, onde x é dado em metros e t em segundos. Determine (a) a frequência, (b) o período do movimento, (c) a amplitude do movimento, (d) a constante de fase e (e) a posição da partícula em $t = 0,250$ s.

6. Um pistão em um motor a gasolina está em movimento harmônico simples. O motor funciona a uma taxa de 3.600 rev/min. Considerando os extremos de sua posição relativa a seu ponto central ±5,00 cm, encontre os módulos da (a) velocidade máxima e (b) aceleração máxima do pistão.

7. Um corpo de 1,00 kg é preso a uma mola horizontal. Ela é inicialmente esticada por 0,100 m, e o corpo é liberado do repouso ali. Ele prossegue para se mover sem atrito. A próxima vez em que a velocidade do corpo é zero é 0,500 s depois. Qual é a velocidade máxima do corpo?

8. **W** Um oscilador harmônico simples leva 12,0 s para completar cinco vibrações inteiras. Encontre (a) o período de seu movimento, (b) a frequência em hertz e (c) a frequência angular em radianos por segundo.

9. **AMT W** Um corpo de 7,00 kg é pendurado na extremidade de baixo de uma mola vertical presa a uma viga no alto. O corpo é posto em oscilações verticais com período de 2,60 s. Encontre a constante de força da mola.

10. **M** Em uma feira livre, um cacho de bananas, conectado à parte inferior de uma mola vertical de força constante 16,0 N/m é colocado em movimento oscilatório com uma amplitude de 20,0 cm. Observa-se que a velocidade máxima do cacho de bananas é de 40,0 cm/s. Qual é o peso das bananas em newtons?

11. Um sensor de vibrações, utilizado para testar uma máquina de lavar, consiste de um cubo de alumínio de 1,50 cm na borda, montado em uma extremidade de uma tira de aço de mola (como uma lâmina de serra), que repousa em um plano vertical. A massa da tira é pequena em comparação à do cubo, mas seu comprimento é grande em relação ao do cubo. A outra extremidade da tira é fixada à estrutura da máquina de lavar, que não está em operação. Uma força horizontal de 1,43 N aplicada ao cubo é necessária para mantê-la 2,75 cm distante de sua posição de equilíbrio. Se for liberada, qual será sua frequência de vibração?

12. (a) Uma mola pendurada é esticada por 35,0 cm quando um corpo de massa 450 g é pendurado nela em repouso. Nessa situação, definimos sua posição como $x = 0$. O corpo é puxado para baixo mais 18,0 cm e liberado do repouso para oscilar sem atrito. Qual é sua posição x em um instante 84,4 s depois? (b) Encontre a distância percorrida pelo corpo vibratório na parte (a). (c) **E se?** Outra mola pendurada é esticada por 35,5 cm quando um corpo de massa 440 g é pendurado nela em repouso. Definimos essa nova posição como $x = 0$. Esse corpo é puxado para baixo mais 18,0 cm e liberado do repouso para oscilar sem atrito. Encontre sua posição 84,4 s depois. (d) Encontre a distância percorrida pelo corpo na parte (c). (e) Por que as respostas para as partes (a) e (c) são tão diferentes quando os dados iniciais nas partes (a) e (c) são tão parecidos e as respostas para as partes (b) e (d) são relativamente próximas? Essa circunstância revela alguma dificuldade fundamental para calcular o futuro?

13. **Revisão.** Uma partícula move-se ao longo do eixo x. Ela está inicialmente na posição 0,270 m, movendo-se com velocidade 0,140 m/s e aceleração –0,320 m/s². Suponha que ela se mova como uma partícula sob aceleração constante por 4,50 s. Encontre (a) sua posição e (b) sua velocidade ao final deste intervalo de tempo. Depois, suponha que ela se mova como uma partícula em movimento harmônico simples por

4,50 s, e $x = 0$ está em sua posição de equilíbrio. Encontre (c) sua posição e (d) sua velocidade ao final deste intervalo de tempo.

14. Uma bola jogada de uma altura de 4,00 m tem uma colisão elástica com o chão. Supondo que não haja perda de energia mecânica por causa da resistência do ar, (a) mostre que o movimento seguinte é periódico e (b) determine o período do movimento. (c) O movimento é harmônico simples? Explique.

15. Uma partícula se movendo ao longo do eixo x em movimento harmônico simples começa de sua posição de equilíbrio, a origem, em $t = 0$, e se move para a direita. A amplitude de seu movimento é 2,00 cm, e a frequência é 1,50 Hz. (a) Encontre uma expressão para a posição da partícula como função de tempo. Determine (b) a velocidade máxima da partícula e (c) o menor tempo ($t > 0$) no qual a partícula tem esta velocidade. Encontre (d) a aceleração positiva máxima da partícula e (e) o menor tempo ($t > 0$) no qual a partícula tem esta aceleração. (f) Encontre a distância total percorrida pela partícula entre $t = 0$ e $t = 1,00$ s.

16. A posição, a velocidade e a aceleração iniciais de um corpo se movendo em movimento harmônico simples são x_i, v_i e a_i; a frequência angular da oscilação é ω. (a) Mostre que a posição e a velocidade do corpo para todos os momentos podem ser escritas como

$$x(t) = x_i \cos \omega t + \left(\frac{v_i}{\omega}\right) \operatorname{sen} \omega t$$

$$v(t) = -x_i \omega \operatorname{sen} \omega t + v_i \cos \omega t$$

(b) Utilizando A para representar a amplitude do movimento, mostre que

$$v^2 - ax = v_i^2 - a_i x_i = \omega^2 A^2$$

17. Uma partícula se move em movimento harmônico simples com uma frequência de 3,00 Hz e uma amplitude de 5,00 cm. (a) Através de qual distância total a partícula se move durante um ciclo de seu movimento? (b) Qual é sua velocidade máxima? Onde esta velocidade máxima ocorre? (c) Determine a aceleração máxima da partícula. Em que ponto do movimento a aceleração máxima ocorre?

18. **W** Um flutuador de 1,00 kg preso a uma mola com constante de força de 25,0 N/m oscila em um trilho de ar horizontal, sem atrito. Em $t = 0$, o flutuador é liberado do repouso em $x = -3,00$ cm (isto é, a mola é comprimida por 3,00 cm). Encontre (a) o período do movimento do flutuador, (b) os valores máximos de sua velocidade e aceleração e (c) a posição, velocidade e a aceleração como funções de tempo.

19. **M** Um corpo de 0,500 kg preso a uma mola com a constante de força de 8,00 N/m vibra em movimento harmônico simples com amplitude de 10,0 cm. Calcule o valor máximo de sua (a) velocidade, (b) aceleração, (c) a velocidade, (d) a aceleração quando o corpo está 6,00 cm da posição de equilíbrio e (e) o intervalo de tempo necessário para que o corpo se mova de $x = 0$ para $x = 8,00$ cm.

20. Você prende um corpo à parte de baixo de uma mola vertical pendurada. Ele fica pendurado em repouso depois de estender a mola 18,3 cm. Você, então, faz o corpo oscilar. (a) Há informação suficiente para achar o período do corpo? (b) Explique sua resposta e diga o que for possível sobre seu período.

Seção 1.3 Energia do oscilador harmônico simples

21. **AMT** **M** Para testar a resiliência de seu para-choque durante colisões de baixa velocidade, um automóvel de 1.000 kg é batido contra um muro de tijolos. Seu para-choque se comporta como uma mola com constante de força $5,00 \times 10^6$ N/m e comprime 3,16 cm conforme o carro chega ao repouso. Qual era a velocidade do carro antes do impacto, supondo que não houve transferência nem transformação de energia mecânica durante o impacto com o muro?

22. Um bloco de 200 g é preso a uma mola horizontal e executa movimento harmônico simples com um período de 0,250 s. A energia total do sistema é 2,00 J. Encontre (a) a constante de força da mola e (b) a amplitude do movimento.

23. Um bloco de massa desconhecida é conectado a uma mola com uma constante de mola de 6,50 N/m e sofre um movimento harmônico simples com uma amplitude de 10,0 cm. Quando o bloco está a meio caminho entre a posição de equilíbrio e o ponto final, sua velocidade é medida em 30,0 cm/s. Calcule (a) a massa do bloco, (b) o período do movimento, e (c) a aceleração máxima do bloco.

24. Um sistema bloco-mola oscila com uma amplitude de 3,50 cm. A constante de mola é 250 N/m e a massa do bloco é 0,500 kg. Determine (a) a energia mecânica do sistema, (b) a velocidade máxima do bloco, e (c) a aceleração máxima.

25. Uma partícula executa movimento harmônico simples com uma amplitude de 3,00 cm. Em que posição sua velocidade é igual à metade de sua velocidade máxima?

26. A amplitude de um sistema em movimento harmônico simples é duplicada. Determine a variação (a) na energia total, (b) na velocidade máxima, (c) na aceleração máxima, e (d) no período.

27. **W** Um corpo de 50,0 g conectado a uma mola com constante de força de 35,0 N/m oscila com amplitude de 4,00 cm em uma superfície horizontal, sem atrito. Encontre (a) a energia total do sistema e (b) a velocidade do corpo quando sua posição é 1,00 cm. Encontre (c) a energia cinética e (d) a energia potencial quando sua posição é 3,00 cm.

28. Um corpo de 2,00 kg é preso a uma mola e colocado em uma superfície horizontal, sem atrito. Uma força horizontal de 20,0 N é necessária para mantê-lo em repouso quando ele é puxado 0,200 m de sua posição de equilíbrio (a origem do eixo x). O corpo é liberado do repouso a partir dessa posição esticada e, subsequentemente, sofre oscilações harmônicas simples. Encontre (a) a constante de força da mola, (b) a frequência das oscilações e (c) a velocidade máxima do corpo. (d) Onde ocorre essa velocidade máxima? (e) Encontre a aceleração máxima do corpo. (f) Onde ocorre a aceleração máxima? (g) Encontre a energia total do sistema oscilatório. Encontre (h) a velocidade e (i) a aceleração do corpo quando sua posição é igual a um terço do valor máximo.

29. Um oscilador harmônico simples de amplitude A tem energia total E. Determine (a) a energia cinética e (b) a energia potencial quando a posição é um terço da amplitude. (c) Para que valores da posição a energia cinética é igual à metade da potencial? (d) Há valores de posição em que a energia cinética é maior que a potencial máxima? Explique.

30. **PD** Revisão. Um saltador de *bungee jumping* de 65,0 kg pula de uma ponte com uma corda leve amarrada a seu corpo e à ponte. O comprimento da corda enrolada é 11,0 m. O saltador chega ao final de seu movimento 36,0 m abaixo da ponte antes de ricochetear para cima. Queremos saber o intervalo de tempo entre a saída da ponte e a chegada ao final do movimento. O movimento inteiro pode ser separado em uma queda livre de 11,0 m e uma seção

de oscilação harmônica simples de 25,0 m. (a) Para a parte em queda livre, qual é o modelo de análise adequado para descrever o movimento? (b) Por qual intervalo de tempo ele fica em queda livre? (c) Para a parte do salto com oscilação harmônica simples, o sistema do saltador de *bungee jumping*, a mola e a Terra é isolado ou não isolado? (d) A partir de sua resposta para a parte (c), encontre a constante de mola da corda de *bungee jumping*. (e) Qual é a localização do ponto de equilíbrio onde a força da mola equilibra a gravitacional exercida sobre o saltador? (f) Qual é a frequência angular da oscilação? (g) Que intervalo de tempo é necessário para a corda esticar 25,0 m? (h) Qual é o intervalo de tempo total para a queda inteira de 36,0 m?

31. **Revisão.** Um bloco de 0,250 kg repousando em uma superfície horizontal, sem atrito, é preso a uma mola com constante de força 83,8 N/m, como na Figura P1.31. Uma força horizontal $\vec{F}$ faz a mola esticar uma distância de 5,46 cm a partir de sua posição de equilíbrio. (a) Encontre o módulo de $\vec{F}$. (b) Qual é a energia total armazenada no sistema quando a mola é esticada? (c) Encontre o módulo da aceleração do bloco logo após a primeira força aplicada ser removida. (d) Encontre a velocidade do bloco quando ele chega pela primeira vez à posição de equilíbrio. (e) Se a superfície não é sem atrito, mas o bloco ainda alcança a posição de equilíbrio, sua resposta para a parte (d) seria maior ou menor? (f) Que outra informação seria necessária para encontrar a resposta verdadeira para a parte (d) nesse caso? (g) Qual é o maior valor do coeficiente de atrito que permitiria que o bloco alcançasse a posição de equilíbrio?

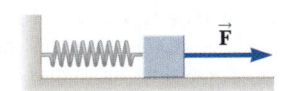

Figura P1.31

32. **AMT** Um corpo de 326 g é preso a uma mola horizontal e executa movimento harmônico simples com um período de 0,250 s. Se a energia total do sistema é 5,83 J, encontre (a) a velocidade máxima do corpo, (b) a constante de força da mola e (c) a amplitude do movimento.

Seção 1.4 Comparação entre movimento harmônico simples e movimento circular uniforme

33. Enquanto dirige atrás de um carro viajando a 3,00 m/s, você nota que um dos pneus do carro tem uma pequena protuberância em sua borda, como mostrado na Figura P1.33. (a) Explique por que a protuberância, de seu ponto de vista atrás do carro, executa movimento harmônico simples. (b) Se os raios dos pneus do carro são 0,300 m, qual é o período de oscilação da protuberância?

Figura P1.33

Seção 1.5 O pêndulo

O Problema 68 no Capítulo 1 do Volume 1 desta coleção também pode ser resolvido com esta seção.

34. "Pêndulo de segundos" é aquele que se move por sua posição de equilíbrio uma vez a cada segundo (o período do pêndulo é precisamente 2 s). Seu comprimento é 0,9927 m em Tóquio, Japão, e 0,9942 m em Cambridge, Inglaterra. Qual é a proporção das acelerações da gravidade nesses dois locais?

35. Um pêndulo simples faz 120 oscilações completas em 3,00 min em um local onde $g = 9,80$ m/s^2. Encontre (a) o período do pêndulo e (b) seu comprimento.

36. Uma partícula de massa m desliza sem atrito dentro de uma tigela hemisférica de raio R. Mostre que, se a partícula começa do repouso com um pequeno deslocamento a partir do equilíbrio, ela se move em movimento harmônico simples com frequência angular igual àquela de um pêndulo simples de comprimento R. Isto é, $\omega = \sqrt{g/R}$.

37. **M** Um pêndulo físico em forma de corpo achatado move-se com movimento harmônico simples com frequência de 0,450 Hz. O pêndulo tem massa de 2,20 kg, e o pivô está localizado a 0,350 m do centro de massa. Determine o momento de inércia do pêndulo sobre o ponto pivotal.

38. Um pêndulo físico em forma de corpo rígido move-se com movimento harmônico simples com frequência f. O pêndulo tem massa m, e o pivô está localizado a uma distância d do centro de massa. Determine o momento de inércia do pêndulo sobre o ponto pivotal.

39. A posição angular de um pêndulo é representada pela equação $\theta = 0{,}0320 \cos \omega t$, onde θ está em radianos e $\omega = 4{,}43$ rad/s. Determine o período e o comprimento do pêndulo.

40. Considere o pêndulo físico da Figura 1.17. (a) Represente seu momento de inércia por um eixo passando pelo seu centro de massa e paralelo ao eixo passando por seu ponto pivotal como I_{CM}. Mostre que seu período é:

$$T = 2\pi \sqrt{\frac{I_{CM} + md^2}{mgd}}$$

onde d é a distância entre o ponto pivotal e o centro de massa. (b) Mostre que o período tem valor mínimo quando d satisfaz $md^2 = I_{CM}$.

41. Um pêndulo simples tem massa de 0,250 kg e comprimento de 1,00 m. Ele é deslocado por um ângulo de 15,0° e depois solto. Usando o modelo de análise de uma partícula em movimento harmônico simples, quais são (a) a velocidade máxima do peso, (b) sua aceleração angular máxima e (c) a força restauradora máxima sobre o peso? (d) **E se?** Resolva as partes (a) até (c) novamente usando modelos de análise apresentados em capítulos do Volume 1 desta coleção. (e) Compare as respostas.

42. Uma barra rígida muito leve de comprimento 0,500 m se estende diretamente da extremidade de uma régua de metro. A combinação é presa em um pivô na extremidade superior da barra, como mostrado na Figura P1.42. A combinação é então puxada por um pequeno ângulo e liberada. (a) Determine o período de oscilação do sistema. (b) Por qual porcentagem o período difere do de um pêndulo simples de comprimento 1,00 m?

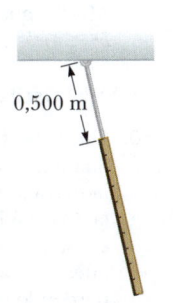

Figura P1.42

43. **W Revisão.** Um pêndulo simples tem comprimento de 5,00 m. Qual é seu período de pequenas oscilações se estiver localizado em um elevador (a) Acelerando para cima a 5,00 m/s^2? (b) E se ele estiver acelerando para baixo a 5,00 m/s^2? (c) Qual é o período desse pêndulo se for colocado em um caminhão que está acelerando horizontalmente a 5,00 m/s^2?

44. Um pequeno corpo é preso à ponta de um barbante para formar um pêndulo simples. O período de seu movi-

mento harmônico é medido para deslocamentos angulares pequenos e três comprimentos. Para comprimentos de 1,000 m, 0,750 m e 0,500 m, os intervalos de tempo totais para 50 oscilações de 99,8 s, 86,6 s e 71,1 s são medidos com um cronômetro. (a) Determine o período do movimento para cada comprimento. (b) Determine o valor médio de g obtido a partir dessas três medições independentes e compare com o valor aceito. (c) Trace T^2 versus L e obtenha um valor para g a partir da inclinação de seu gráfico de melhor ajuste em linha reta. (d) Compare o valor encontrado na parte (c) com aquele obtido para a parte (b).

45. A roda oscilatória de um relógio (Figura P1.45) tem período de oscilação de 0,250 s. Ela é construída de modo que sua massa de 20,0 g é concentrada ao redor de uma borda de raio 0,500 cm. Quais são (a) o momento de inércia da roda e (b) o módulo de rigidez da mola anexa?

Figura P1.45

Seção 1.6 Oscilações amortecidas

46. **W** Um pêndulo com comprimento de 1,00 m é solto de um ângulo inicial de 15,0°. Após 1.000 s, sua amplitude foi reduzida pelo atrito para 5,50°. Qual é o valor de $b/2m$?

47. Um corpo de 10,6 kg oscila na extremidade de uma mola vertical que tem constante de mola de $2,05 \times 10^4$ N/m. O efeito da resistência do ar é representado pelo coeficiente de amortecimento $b = 3,00$ N × s/m. (a) Calcule a frequência da oscilação amortecida. (b) Por qual porcentagem a amplitude da oscilação diminui em cada ciclo? (c) Encontre o intervalo de tempo que decorre enquanto a energia do sistema cai para 5,00% de seu valor inicial.

48. Mostre que a taxa de variação no tempo da energia mecânica para um oscilador amortecido, sem propulsão, é dada por $dE/dt = -bv^2$ e, portanto, é sempre negativa. Para fazer isso, diferencie a expressão para a energia mecânica de um oscilador, $E = \frac{1}{2}mv^2 + \frac{1}{2}kx^2$, e use a Equação 1.31.

49. Mostre que a Equação 1.32 é a solução da 1.31, desde que $b^2 < 4mk$.

Seção 1.7 Oscilações forçadas

50. Um bebê balança para cima e para baixo em seu berço. Sua massa é 12,5 kg, e o colchão do berço pode ser modelado como uma mola leve com constante de força 700 N/m. (a) O bebê logo aprende a balançar com amplitude máxima e esforço mínimo dobrando seus joelhos com que frequência? (b) Se ele usasse o colchão como um trampolim – perdendo contato com o colchão por parte de cada ciclo –, de que amplitude mínima de oscilação precisaria?

51. Ao entrar em um restaurante fino, você nota que trouxe um pequeno temporizador eletrônico, em vez de seu celular. Frustrado, você joga o aparelho em um bolso lateral de seu paletó, sem perceber que ele está funcionando. O braço de sua cadeira aperta o tecido fino de seu paletó contra seu corpo em um ponto. Parte do tecido de seu paletó, com comprimento L, fica pendurada livremente abaixo desse ponto, com o temporizador na parte de baixo. Em um instante durante seu jantar, o temporizador toca um alerta e um vibrador liga e desliga com frequência de 1,50 Hz. Ele faz que a parte pendurada de seu paletó balance para a frente e para trás com amplitude consideravelmente alta, chamando a atenção de todos. Encontre o valor de L.

52. Um bloco pesando 40,0 N é suspenso de uma mola que tem constante de força de 200 N/m. O sistema não é amortecido ($b = 0$) e está sujeito a uma força harmônica propulsora de frequência 10,0 Hz, resultando em movimento forçado de amplitude 2,00 cm. Determine o valor máximo da força propulsora.

53. Um corpo de 2,00 kg preso a uma mola se move sem atrito ($b = 0$) e é impulsionado por uma força externa dada pela expressão $F = 3,00$ sen $(2\pi t)$, onde F é dada em newtons e t em segundos. A constante de força da mola é 20,0 N/m. Encontre (a) a frequência angular de ressonância do sistema, (b) a frequência angular do sistema impulsionado e (c) a amplitude do movimento.

54. Considerando um oscilador forçado, sem amortecimento ($b = 0$), mostre que a Equação 1.35 é a solução da 1.34, com amplitude dada pela 1.36.

55. **M** O amortecimento para um corpo de 0,150 kg pendurado em uma mola leve de 6,30 N/m é desprezível. Uma força senoidal com amplitude de 1,70 N impulsiona o sistema. Com que frequência a força fará o corpo vibrar com amplitude de 0,440 m?

Problemas Adicionais

56. A massa de uma molécula de deutério (D_2) é o dobro daquela de uma molécula de hidrogênio (H_2). Se a frequência vibracional de H_2 é $1,30 \times 10^{14}$ Hz, qual é a de D_2? Suponha que a "constante de mola" de forças de atração seja a mesma para as duas moléculas.

57. Um corpo de massa m se move em movimento harmônico simples com amplitude 12,0 cm em uma mola leve. Sua aceleração máxima é 108 cm/s². Considere m uma variável. (a) Encontre o período T do corpo. (b) Encontre sua frequência f. (c) Encontre sua velocidade máxima $v_{máx}$. (d) Encontre a energia total E do sistema corpo-mola. (e) Encontre a constante de força k da mola. (f) Descreva o padrão de dependência de cada uma das quantidades $T, f, v_{máx}, E$ e k com m.

58. **Revisão.** Este problema amplia o raciocínio do Problema 75 do Capítulo 9 do Volume 1 desta coleção. Dois flutuadores são postos em movimento em uma pista de ar. O flutuador 1 tem massa $m_1 = 0,240$ kg e se move para a direita com velocidade 0,740 m/s. Ele terá uma colisão traseira com o flutuador 2, de massa $m_2 = 0,360$ kg, que inicialmente se move para a direita com velocidade 0,120 m/s. Uma mola leve com constante de força 45,0 N/m é presa à traseira do flutuador 2, como mostrado na Figura P9.75, no Volume 1 desta coleção. Quando o flutuador 1 toca a mola, uma supercola faz que ele adira instantânea e permanentemente à ponta da mola. (a) Encontre a velocidade comum que os dois flutuadores têm quando a mola tem compressão máxima. (b) Encontre a distância máxima de compressão da mola. O movimento depois que os flutuadores ficam ligados consiste de uma combinação de (1) o movimento com velocidade constante do centro de massa do sistema dos dois flutuadores encontrado na parte (a), e (2) movimento harmônico simples dos flutuadores em relação ao centro de massa. (c) Encontre a energia do movimento do centro de massa. (d) Encontre a energia da oscilação.

59. **M** Uma pequena bola de massa M é presa à ponta de uma barra uniforme de massa igual M e comprimento L que é centrada no topo (Figura P1.59). Determine as tensões na

barra (a) no pivô e (b) no ponto P quando o sistema está estacionário. (c) Calcule o período de oscilação para pequenos deslocamentos a partir do equilíbrio e (d) determine esse período para $L = 2,00$ m.

60. **Revisão.** Uma pedra repousa em uma calçada de concreto. Um terremoto ocorre, fazendo o chão se mover verticalmente em movimento harmônico simples com frequência constante de 2,40 Hz e amplitude aumentando gradativamente. (a) Com que amplitude o chão vibra quando a pedra começa a perder contato com a calçada? Outra pedra repousa no fundo de concreto de uma piscina cheia de água. O terremoto só produz movimento vertical; então, a água não se agita de um lado para o outro. (b) Apresente um argumento convincente de que, quando o chão vibra com a amplitude encontrada na parte (a), a pedra submersa quase não perde contato com o fundo da piscina.

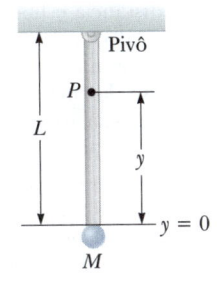

Figura P1.59

61. Quatro pessoas, cada uma delas com massa de 72,4 kg, estão em um carro com massa de 1.130 kg. Ocorre um terremoto. As oscilações verticais da superfície do solo fazem o carro oscilar para cima e para baixo em suas molas de suspensão, mas o motorista consegue sair da estrada e parar. Quando a frequência do tremor é de 1,80 Hz, o carro exibe uma amplitude máxima de vibração. O terremoto termina, e as quatro pessoas saem do carro o mais rápido que conseguem. Quanto a suspensão do carro, que não foi danificada, levanta o carro depois que as pessoas saem dele?

62. Para explicar a velocidade de caminhada de um animal bípede ou quadrúpede, modele uma perna que não esteja em contato com o solo como uma haste uniforme de comprimento ℓ, oscilando como um pêndulo físico ao longo de metade de um ciclo, em ressonância. Digamos que $\theta_{máx}$ representa a sua amplitude. (a) Mostre que a velocidade do animal é dada pela expressão

$$v = \frac{\sqrt{6g\ell}\,\text{sen}\,\theta_{máx}}{\pi}$$

se θmax for suficientemente pequeno para que o movimento seja aproximadamente harmônico simples. Uma relação empírica que tem como base o mesmo modelo e se aplica em uma ampla gama de ângulos é

$$v = \frac{\sqrt{6g\ell\cos(\theta_{máx}/2)}\,\text{sen}\,\theta_{máx}}{\pi}$$

(b) Avalie a velocidade de caminhada de um ser humano com uma perna de comprimento 0,850 m e amplitude de oscilação da perna de 28,0°. (c) Qual comprimento de perna resultaria no dobro da velocidade para a mesma amplitude angular?

63. **M** A aceleração de queda livre em Marte é de 3,7 m/s². (a) Que comprimento de um pêndulo tem um período de 1,0 s na Terra? (b) Qual comprimento do pêndulo teria um período de 1,0 s em Marte? Um objeto é suspenso a partir de uma mola com constante de força 10 N/m. Determine a massa suspensa a partir desta mola que resultaria em um período de 1,0 s (c) na Terra, e (d) em Marte.

64. Um corpo preso a uma mola vibra com movimento harmônico simples como descrito na Figura P1.64. Para esse movimento, encontre (a) a amplitude, (b) o período, (c) a frequência angular, (d) a velocidade máxima (e) a aceleração máxima e (f) uma equação para sua posição x como função de tempo.

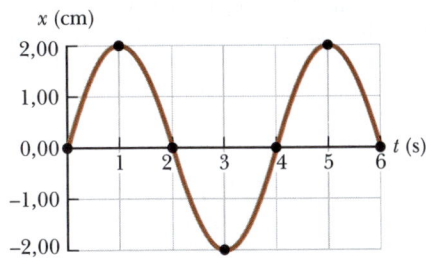

Figura P1.64

65. **Revisão.** Um grande bloco P preso a uma mola leve executa movimento harmônico simples horizontal conforme desliza por uma superfície sem atrito com frequência $f = 1,50$ Hz. O bloco B repousa sobre ele, como mostrado na Figura P1.65, e o coeficiente de atrito estático entre os dois é $\mu_e = 0,600$. Qual é a amplitude de oscilação máxima que o sistema pode ter se o bloco B não cair?

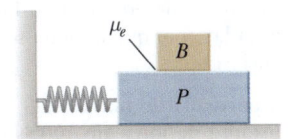

Figura P1.65 Problemas 65 e 66.

66. **Revisão.** Um grande bloco P preso a uma mola leve executa movimento harmônico simples horizontal conforme desliza por uma superfície sem atrito com frequência f. O bloco B repousa sobre ele, como mostrado na Figura P1.65, e o coeficiente de atrito estático entre os dois é μ_e. Qual é a amplitude de oscilação máxima que o sistema pode ter se o bloco B não cair?

67. Um pêndulo de comprimento L e massa M tem uma mola com constante de força k conectada a ele a uma distância h abaixo de seu ponto de suspensão (Figura P1.67). Encontre a frequência de vibração do sistema para pequenos valores de amplitude (pequeno θ). Suponha que a barra de suspensão vertical de comprimento L seja rígida, mas despreze sua massa.

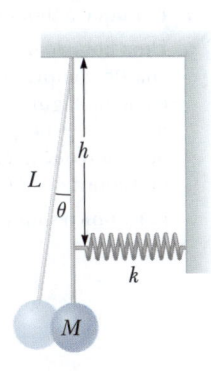

Figura P1.67

68. Um bloco de massa m é conectado a duas molas com constantes de força k_1 e k_2 de duas maneiras, como mostrado na Figura P1.68. Nos dois casos, o bloco se move sobre uma mesa sem atrito depois de ser deslocado do equilíbrio e liberado. Mostre que nos dois casos o bloco exibe movimento harmônico simples com períodos:

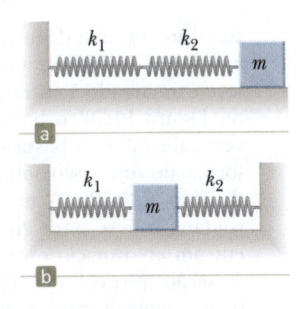

Figura P1.68

(a) $T = 2\pi\sqrt{\dfrac{m(k_1+k_2)}{k_1 k_2}}$ e (b) $T = 2\pi\sqrt{\dfrac{m}{k_1+k_2}}$

69. Uma tábua horizontal de massa de 5,00 kg e comprimento de 2,00 m é presa por um pivô em uma extremidade. Sua outra extremidade é suportada por uma mola com constante de força 100 N/m (Figura P1.69). A tábua é deslocada por um pequeno ângulo θ de sua posição horizontal de equilíbrio e liberada. Encontre a frequência angular com que a tábua se move com movimento harmônico simples.

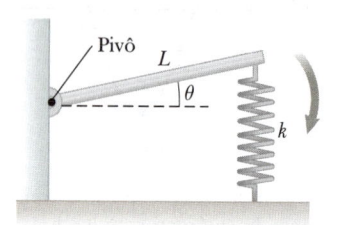

Figura P1.69 Problemas 69 e 70.

70. Uma tábua horizontal de massa m e comprimento L é presa por um pivô em uma extremidade. Sua outra extremidade é suportada por uma mola com constante de força k (Figura P1.69). A tábua é deslocada por um pequeno ângulo θ de sua posição horizontal de equilíbrio e liberada. Encontre a frequência angular com que a tábua se move com movimento harmônico simples.

71. Revisão. Uma partícula de massa 4,00 kg é presa a uma mola com constante de força de 100 N/m. Ela oscila em uma superfície horizontal, sem atrito, com amplitude de 2,00 m. Um corpo de 6,00 kg é solto verticalmente em cima de outro, de 4,00 kg, conforme ele passa por seu ponto de equilíbrio. Os dois corpos ficam juntos. (a) Qual é a nova amplitude do sistema vibratório depois da colisão? (b) Por que fator o período do sistema mudou? (c) Por quanto a energia do sistema muda como resultado da colisão? (d) Explique a mudança em energia.

72. Uma bola de massa m é conectada a dois elásticos de borracha de comprimento L, cada um sob tensão T, como mostrado na Figura P1.72. A bola é deslocada por uma pequena distância y perpendicular ao comprimento dos elásticos. Supondo que a tensão não mude, mostre que (a) a força restauradora é $-(2T/L)y$, e (b) que o sistema exibe movimento harmônico simples com frequência angular $\omega = \sqrt{2T/mL}$.

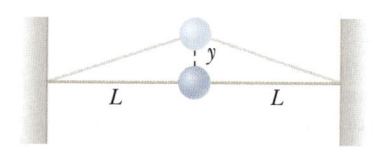

Figura P1.72

73. Revisão. A ponta de uma mola leve com constante de força $k = 100$ N/m é presa a uma parede vertical. Um barbante leve é amarrado à outra ponta horizontal. Como mostrado na Figura P1.73, o barbante muda da horizontal para a vertical conforme passa sobre uma roldana de massa M na forma de um disco sólido de raio $R = 2,00$ cm. A roldana é livre para girar em um eixo macio e fixo. A seção vertical do barbante suporta um corpo de massa $m = 200$ g. O barbante não escorrega em seu contato com a roldana. O corpo é puxado para baixo uma pequena distância e liberado. (a) Qual é a frequência angular ω de oscilação do corpo em termos da massa M? (b) Qual é o valor máximo possível da frequência angular de oscilação do corpo? (c) Qual é o valor máximo possível da frequência angular de oscilação do corpo se o raio da roldana é dobrado para $R = 4,00$ cm?

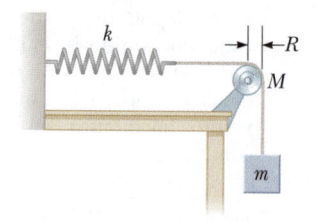

Figura P1.73

74. Pessoas que andam de moto e bicicletas aprendem a ficar atentas a elevações na estrada, especialmente *aquelas como uma tábua de lavar roupas*, condição em que muitos sulcos são feitos na estrada. O que é tão ruim nisto? Uma motocicleta tem várias molas e amortecedores em sua suspensão, mas pode ser modelada com uma única mola suportando um bloco. Você pode estimar a constante de força pensando no quanto uma mola é comprimida quando uma pessoa pesada se senta no assento. Um motociclista viajando com alta velocidade em uma rodovia deve ser especialmente cuidadoso com lombadas que têm certa distância entre elas. Qual é a ordem de grandeza dessa distância de separação?

75. AMT W Um pêndulo simples com comprimento de 2,23 m e massa de 6,74 kg recebe uma velocidade inicial de 2,06 m/s em sua posição de equilíbrio. Suponha que ele seja submetido a movimento harmônico simples. Determine (a) seu período, (b) sua energia total e (c) seu deslocamento angular máximo.

76. Quando um bloco de massa M, conectado à ponta de uma mola de massa $m_M = 7,40$ g e constante de força k, é posto em movimento harmônico simples, o período de seu movimento é:

$$T = 2\pi\sqrt{\frac{M + (m_m/3)}{k}}$$

Um experimento em duas partes é conduzido com o uso de blocos de várias massas suspensos verticalmente da mola, como mostrado na Figura P1.76. (a) Extensões estáticas de 17,0; 29,3; 35,3; 41,3; 47,1 e 49,3 cm são medidas para valores de M de 20,0; 40,0; 50,0; 60,0; 70,0 e 80,0 g, respectivamente. Construa um gráfico de Mg versus x e faça uma regressão linear dos mínimos quadrados para os dados. (b) Da inclinação de seu gráfico, determine um valor para k para essa mola. (c) O sistema é posto em movimento harmônico simples, e períodos são medidos com um cronômetro. Com $M = 80,0$ g, o intervalo de tempo total necessário para dez oscilações é medido como sendo 13,41 s. O experimento é repetido com valores de M de 70,0; 60,0; 50,0; 40,0 e 20,0 g, com intervalos de tempo correspondentes para dez oscilações de 12,52; 11,67; 10,67; 9,62 e 7,03 s. Faça uma tabela com essas massas e esses tempos. (d) Obtenha o valor experimental para T de cada uma dessas medições. (e) Trace um gráfico de T^2 versus M, e (f) determine um valor para k a partir da inclinação da regressão linear dos mínimos quadrados pelos pontos de dados. (g) Compare esse valor de k com aquele obtido na parte (b). (h) Obtenha um valor para m_M de seu gráfico e compare-o com o valor dado de 7,40 g.

Figura P1.76

77. Revisão. Um balão leve cheio com hélio de densidade 0,179 kg/m³ é amarrado a um barbante leve de comprimento $L = 3,00$ m. O barbante é amarrado ao chão formando um pêndulo simples "invertido" (Figura P1.77a). Se o balão for deslocado levemente do equilíbrio, como na Figura P1.77b, e liberado, (a) mostre que o movimento é harmônico simples e (b) determine o período do movimento. Considere a densidade de ar como sendo de 1,20 kg/m³. *Dica*: use uma analogia com o pêndulo simples, e veja o Capítulo 14 do Volume 1 desta coleção. Suponha que o ar aplique uma força de empuxo no balão, mas não afete seu movimento de outras maneiras.

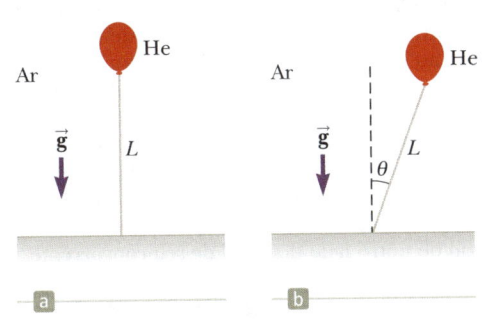

Figura P1.77

78. Considere o oscilador amortecido ilustrado na Figura 1.20. A massa do corpo é 375 g, a constante de mola é 100 N/m e $b = 0,100$ N × s/m. (a) Durante que intervalo de tempo a amplitude cai para a metade de seu valor inicial? (b) **E se?** Durante que intervalo de tempo a energia mecânica cai para metade de seu valor inicial? (c) Mostre que, em geral, a taxa fracional com a qual a amplitude diminui em um oscilador harmônico amortecido é metade da taxa fracional com a qual a energia mecânica diminui.

79. Uma partícula com massa de 0,500 kg é presa a uma mola horizontal com constante de força de 50,0 N/m. No instante $t = 0$, ela tem sua velocidade máxima de 20,0 m/s e está se movendo para a esquerda. (a) Determine a equação de movimento da partícula, especificando sua posição como função do tempo. (b) Onde, no movimento, a energia potencial é três vezes a energia cinética? (c) Encontre o intervalo de tempo mínimo necessário para que a partícula se mova de $x = 0$ até $x = 1,00$ m. (d) Encontre o comprimento de um pêndulo simples com o mesmo período.

80. Seu dedão range contra um prato que você acabou de lavar. Seus tênis rangem no piso do ginásio. Os pneus do carro chiam quando você põe em movimento ou para o carro abruptamente. Você pode fazer uma taça cantar passando o dedo úmido pela borda dela. Quando giz range no quadro-negro, você pode ver que ele faz uma série de traços regularmente espaçados. Como esses exemplos sugerem, a vibração geralmente resulta quando o atrito atua sobre um corpo elástico em movimento. A oscilação não é movimento harmônico simples, mas chamado *adere e desliza*. Esse problema modela o movimento adere e desliza.

Um bloco de massa m é preso a um suporte fixo por uma mola horizontal com constante de força k e massa desprezível (Figura P1.80). A Lei de Hooke descreve a mola tanto em extensão quanto em compressão. O bloco fica em uma placa horizontal longa, com a qual tem o coeficiente de atrito estático μ_e e um coeficiente de atrito cinético menor μ_c. A placa se move para a direita com velocidade constante v. Suponha que o bloco passe a maior parte do tempo grudando na placa e se movendo para a direita com ela; então, a velocidade v é pequena em comparação à velocidade média que o bloco tem conforme desliza de volta para a esquerda. (a) Mostre que a extensão máxima da mola a partir da posição sem tensão é quase corretamente dada por $\mu_e mg/k$. (b) Mostre que o bloco oscila ao redor de uma posição de equilíbrio na qual a mola é esticada por $\mu_c mg/k$. (c) Trace o gráfico de posição *versus* tempo para o bloco. (d) Mostre que a amplitude do movimento do bloco é:

$$A = \frac{(\mu_e - \mu_c)mg}{k}$$

(e) Mostre que o período do movimento do bloco é:

$$T = \frac{2(\mu_e - \mu_c)mg}{vk} + \pi\sqrt{\frac{m}{k}}$$

É o excesso de energia estática sobre o atrito cinético que é importante para a vibração. "A roda que geme ganha a graxa", porque mesmo um fluido viscoso não pode exercer uma força de atrito estática.

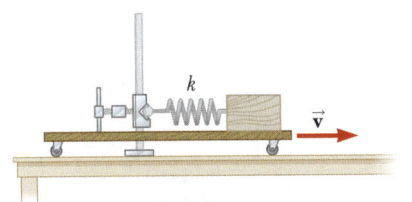

Figura P1.80

81. **Revisão.** A boia de um lagosteiro é um cilindro de madeira sólido de raio r e massa M. Ela tem um peso em uma ponta de modo que flutua ereta na água do mar calmo, com densidade ρ. Um tubarão de passagem puxa a corda folgada que ancora a armadilha de lagostas, puxando a boia para baixo uma distância x de sua posição de equilíbrio e a solta. (a) Mostre que a boia vai executar movimento harmônico simples se as forças resistivas da água forem desprezadas. (b) Determine o período das oscilações.

82. *Por que a seguinte situação é impossível?* Seu trabalho envolve construir osciladores amortecidos muito pequenos. Um de seus projetos envolve um oscilador mola-corpo com uma mola com constante de força $k = 10,0$ N/m e um corpo de massa $m = 1,00$ g. O objetivo de seu projeto é que o oscilador passe por muitas oscilações à medida que sua amplitude caia para 25,0% de seu valor inicial em um certo intervalo de tempo. Medições de seu último projeto mostram que a amplitude cai para 25,0% do valor em 23,1 ms. Esse intervalo de tempo é muito longo para o que é necessário em seu projeto. Para encurtar o intervalo de tempo, você dobra a constante de amortecimento b para o oscilador. Essa duplicação permite que você atinja o objetivo do seu projeto.

83. Duas bolas de aço idênticas, cada uma com massa de 67,4 g, movem-se em direções opostas a 5,00 m/s. Elas colidem de frente e quicam para longe uma da outra elasticamente. Apertando uma das bolas em um torno, enquanto faz medições da quantidade de compressão resultante, você descobre que a Lei de Hooke é um bom modelo do comportamento elástico da bola. Uma força de 16,0 kN exercida por cada garra da morsa reduz o diâmetro em 0,200 mm. Modele o movimento de cada bola, enquanto elas estão em contato, com metade de um ciclo de movimento harmônico simples. Calcule o intervalo de tempo durante o qual as bolas estão em contato (se você resolveu o Problema 57 no Capítulo 7 do Volume 1 desta coleção, compare seus resultados para este problema com seus resultados para aquele).

Problemas de Desafio

84. Um disco menor de raio r e massa m é preso rigidamente a uma face de um segundo disco maior de raio R e massa M, como mostrado na Figura P1.84. O centro do disco pequeno é localizado na borda do grande. O disco grande é montado em seu centro sobre um eixo sem atrito. O conjunto

é girado por um pequeno ângulo θ a partir de sua posição de equilíbrio e liberado. (a) Mostre que a velocidade do centro do pequeno disco à medida que ele passa pela posição de equilíbrio é:

$$v = 2\left[\frac{Rg(1-\cos\theta)}{(M/m) + (r/R)^2 + 2}\right]^{1/2}$$

(b) Mostre que o período do movimento do bloco é:

$$T = 2\pi\left[\frac{(M + 2m)R^2 + mr^2}{2mgR}\right]^{1/2}$$

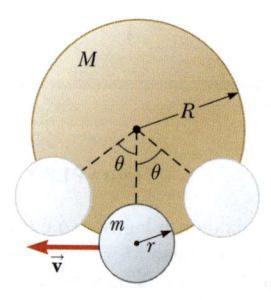

Figura P1.84

85. Um corpo de massa $m_1 = 9{,}00$ kg está em equilíbrio quando conectado a uma mola leve de constante $k = 100$ N/m, que está amarrada a uma parede, como mostrado na Figura P1.85a. Um segundo corpo, $m_2 = 7{,}00$ kg, é empurrado lentamente contra m_1, comprimindo a mola uma quantidade $A = 0{,}200$ m (ver Figura P1.85b). O sistema é, então, liberado, e os dois corpos começam a se mover para a direita na superfície sem atrito. (a) Quando m_1 atinge o ponto de equilíbrio, m_2 perde contato com ele (ver Figura P1.85c) e se move para a direita com velocidade v. Determine o valor de v. (b) A que distância estão os corpos quando a mola é esticada completamente pela primeira vez (a distância D na Figura P1.85d)?

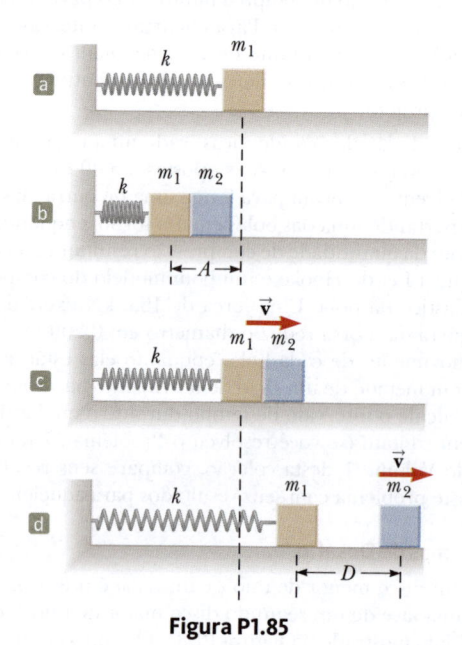

Figura P1.85

86. **Revisão**. *Por que a seguinte situação é impossível?* Você está no negócio de entregas de pacotes em alta velocidade. Seu concorrente no edifício ao lado ganha direito de passagem para construir um túnel evacuado imediatamente acima do solo ao redor de toda a Terra. Lançando pacotes nesse túnel com a velocidade certa, seu concorrente consegue enviar pacotes para orbitar ao redor da Terra, de modo que eles chegam ao lado exatamente oposto em um intervalo de tempo muito curto. Você tem uma ideia competitiva. Calculando que a distância *através* da Terra é mais curta que a *ao redor* da Terra, você obtém permissão para construir um túnel evacuado pelo centro da Terra (Figura P1.86). Jogando pacotes dentro desse túnel, eles caem para baixo e chegam ao outro lado de seu túnel, que é em um edifício bem ao lado do outro lado do túnel de seu concorrente. Como seus pacotes chegam ao outro lado da Terra em um intervalo de tempo mais curto, você ganha a competição e seu negócio prospera. *Observação*: um corpo a uma distância r do centro da Terra é puxado na direção de seu centro somente pela massa dentro da esfera de raio r (a região avermelhada na Figura P1.86). Suponha que a Terra tenha densidade uniforme.

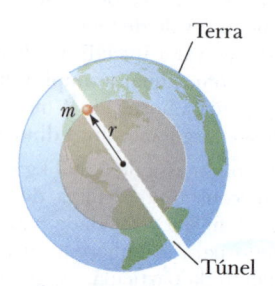

Figura P1.86

87. Um bloco de massa M é conectado a uma mola de massa m e oscila em movimento harmônico simples em uma pista horizontal sem atrito (Figura P1.87). A constante de força da mola é k, e o comprimento de equilíbrio é ℓ. Suponha que todas as porções da mola oscilem em fase e a velocidade do segmento da mola de comprimento dx seja proporcional à distância x a partir da extremidade fixa; isto é, $v_x = (x/\ell)v$. Note também que a massa do segmento da mola é $dm = (m/\ell)dx$. Encontre (a) a energia cinética do sistema quando o bloco tem velocidade v e (b) o período de oscilação.

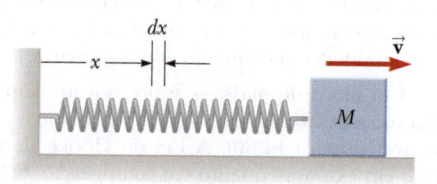

Figura P1.87

88. **Revisão.** Um sistema consiste em uma mola com constante de força $k = 1.250$ N/m, comprimento $L = 1{,}50$ m e um corpo de massa $m = 5{,}00$ kg preso à extremidade (Figura P1.88). O corpo é colocado no nível do ponto de conexão com a mola esticada, na posição $y_i = L$, e depois liberado, de modo que balança como um pêndulo. (a) Encontre a posição y do corpo no ponto mais baixo. (b) O período do pêndulo será maior ou menor que o período de um pêndulo simples com a mesma massa m e comprimento L? Explique.

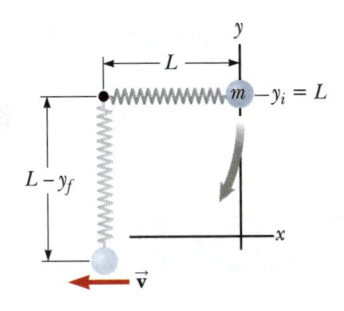

Figura P1.88

89. Um recipiente cúbico, leve, de volume a^3, é inicialmente cheio com um líquido de densidade de massa ρ, como mostrado na Figura P1.89a. O cubo é inicialmente suportado por um barbante leve para formar um pêndulo simples de comprimento L_i, medido do centro de massa de um recipiente cheio, onde $L_i \gg a$. O líquido pode fluir para fora da base do recipiente com taxa constante (dM/dt). Em qualquer instante t, o nível do líquido no recipiente é h, e o comprimento do pêndulo é L (medido com relação ao centro de massa instantâneo), como mostrado na Figura P1.89b. (a) Encontre o período do pêndulo como função do tempo. (b) Qual é o período do pêndulo depois que o líquido sai completamente do recipiente?

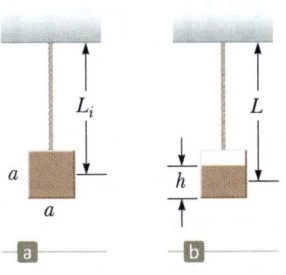

Figura P1.89

capítulo 2

Movimento ondulatório

2.1 Propagação de uma perturbação
2.2 Modelo de análise: ondas progressivas
2.3 A velocidade de ondas transversais em cordas
2.4 Reflexão e transmissão
2.5 Taxa de transferência de energia por ondas senoidais em cordas
2.6 A equação de onda linear

Muitos de nós já tivemos uma experiência com ondas quando crianças, ao derrubarmos uma pedra em um lago. No ponto onde a pedra atinge o lago, ondas circulares são criadas. Estas se movem para fora do ponto da criação em círculos que se expandem até atingir a margem. Se você examinar cuidadosamente o movimento de um pequeno corpo flutuando na água perturbada, verá que ele se move vertical e horizontalmente em relação a sua posição inicial, porém, não tem nenhum deslocamento resultante em relação ao ponto em que a pedra atingiu a água. Os pequenos elementos da água, em contato com o corpo, assim como todos os outros elementos da água na superfície do lago, comportam-se da mesma maneira. Isto é, a *onda* na água se move do ponto de origem até a margem, porém, a água não é carregada com ela.

O mundo é cheio de ondas; seus tipos principais são as *mecânicas* e as *eletromagnéticas*. No caso das primeiras, algum meio físico está sendo perturbado; em nosso exemplo da pedra, elementos da água são perturbados. Ondas eletromagnéticas não necessitam de um meio para se propagar; alguns exemplos são a luz visível, ondas de rádio, sinais de televisão e raios X. Aqui, nesta parte do livro, estudaremos apenas as ondas mecânicas.

Considere novamente um pequeno corpo flutuando sobre a água. Fizemos que o corpo se movesse em um ponto na água pela queda de uma pedra em outro local. O corpo ganhou energia cinética por nossa ação, então, a energia tem de ser transferida de um ponto no qual a pedra cai para a posição do corpo. Essa característica é central no movimento ondular: a *energia* é transferida por uma distância, mas a *matéria* não é.

Salva-vidas em New South Wales, na Austrália, treinam levando seus barcos até grandes ondas, água adentro, que se quebram perto da margem. Uma onda se movendo sobre a superfície da água é um exemplo de onda mecânica. (*Travel Ink/Gallo Images/Getty Images*)

2.1 Propagação de uma perturbação

A introdução a este capítulo fez referência ao movimento ondular: a transferência de energia através do espaço sem o acompanhamento da transferência de matéria. Na lista de mecanismos de transferência de energia no Capítulo 8 do Volume 1 desta coleção, dois mecanismos – ondas mecânicas e radiação eletromagnética – dependem de ondas. Em contraste, no outro, transferência de matéria, a transferência de energia é acompanhada de um movimento da matéria através do espaço com nenhuma onda no processo.

Todas as ondas mecânicas necessitam de (1) alguma fonte de distúrbio, (2) um meio contendo elementos que podem ser perturbados e (3) algum mecanismo físico pelo qual os elementos do meio podem influenciar uns aos outros. Uma forma de demonstrar o movimento ondular é chicotear o final de uma longa corda que está sob tensão e tem sua outra ponta fixada, como mostra a Figura 2.1. Dessa maneira, um único solavanco (chamado *pulso*) é formado e se move ao longo da corda com uma velocidade definida. A Figura 2.1 representa quatro "fotografias" consecutivas da criação e propagação de um pulso se movendo na corda. A mão é a fonte do distúrbio. A corda é o meio pelo qual o pulso se move – elementos individuais da corda são perturbados a partir de suas posições de equilíbrio. Ainda, os elementos da corda estão conectados juntos, de modo a influenciar uns aos outros. O pulso tem uma altura e uma velocidade definidas de propagação ao longo do meio. A forma do pulso muda muito pouco na medida em que se move pela corda.[1]

Devemos priorizar o pulso se movendo através de um meio. Depois de explorarmos o comportamento de um pulso, voltaremos nossa atenção a uma *onda*, que é uma perturbação *periódica* se movendo através de um meio. Criamos um pulso em nossa corda chicoteando uma das suas pontas uma vez, como mostrado na Figura 2.1. Se movermos a ponta da corda para cima e para baixo, repetidamente, criaremos uma onda progressiva, que tem características que um pulso não tem. Exploraremos essas características na Seção 2.2.

À medida que o pulso na Figura 2.1 se move através da corda, cada elemento perturbado nela se move em direção *perpendicular* à direção da propagação. A Figura 2.2 ilustra esse ponto para um elemento específico, marcado como P. Note que nenhuma parte da corda se move na direção da propagação. Uma onda progressiva, ou um pulso, que faz que os elementos do meio perturbado se movam perpendicularmente à direção da propagação é chamada **onda transversal**.

Compare essa onda com outro tipo de pulso, um se movendo para baixo em uma mola longa e esticada, como mostrado na Figura 2.3. A ponta esquerda da mola é empurrada levemente para a direita e, então, levemente empurrada para a esquerda. Esse movimento cria uma compressão súbita de uma região das espirais. A região comprimida se move ao longo da mola (para a direita na Figura 2.3). Note que a direção do deslocamento das espirais é *paralela* à da propagação da região comprimida. Uma onda progressiva, ou um pulso, que faz que os elementos do meio se movam paralelamente à direção da propagação é chamada **onda longitudinal**.

Ondas de som, que discutiremos no Capítulo 3, são outro exemplo de ondas longitudinais. O distúrbio em uma onda de som é uma série de regiões de alta e baixa pressão que se movem através do ar.

Conforme um pulso se move ao longo de uma corda, novos elementos dela são deslocados de suas posições de origem.

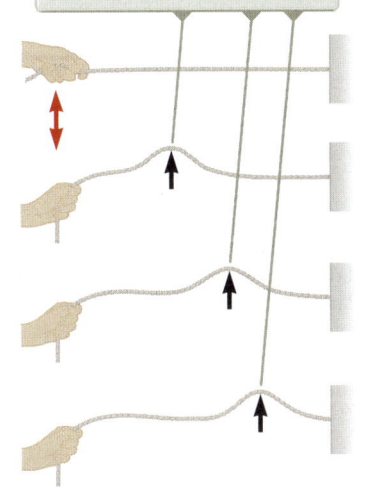

Figura 2.1 Uma mão move o fim de uma corda esticada, uma vez para cima e para baixo (seta vermelha), fazendo que um pulso viaje ao longo da corda.

A direção do deslocamento de qualquer elemento no ponto P na corda é perpendicular à direção de propagação (seta vermelha).

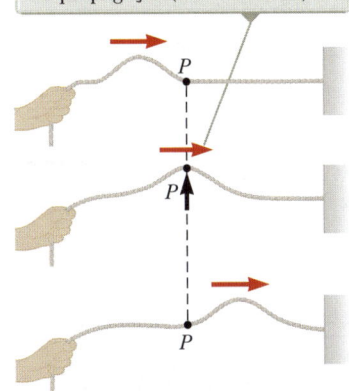

Figura 2.2 O deslocamento de um elemento específico da corda por um pulso transversal viajando ao longo de uma corda esticada.

A mão se move para trás e para a frente uma vez para criar um pulso longitudinal.

À medida que o pulso passa, o deslocamento das espirais é paralelo à direção da propagação.

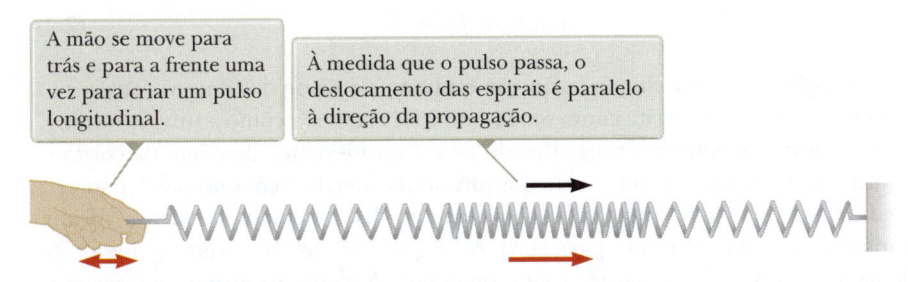

Figura 2.3 Um pulso longitudinal ao longo de uma mola esticada.

---

[1] Na realidade, o pulso muda de forma e se espalha gradualmente durante o movimento. Esse efeito, chamado *dispersão*, é comum a várias ondas mecânicas, assim como às eletromagnéticas. Não consideraremos a dispersão neste capítulo.

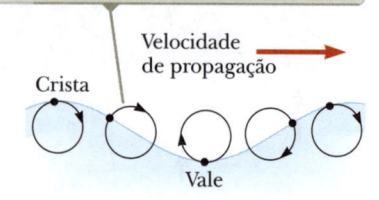

Figura 2.4 O movimento dos elementos da água na superfície de águas profundas nas quais a onda está se propagando é a combinação dos deslocamentos transversais e longitudinais.

Os elementos na superfície se movem em caminhos quase circulares. Cada elemento é deslocado tanto horizontal quanto verticalmente de sua posição de equilíbrio.

Em $t = 0$, a forma do pulso é dada por $y = f(x)$.

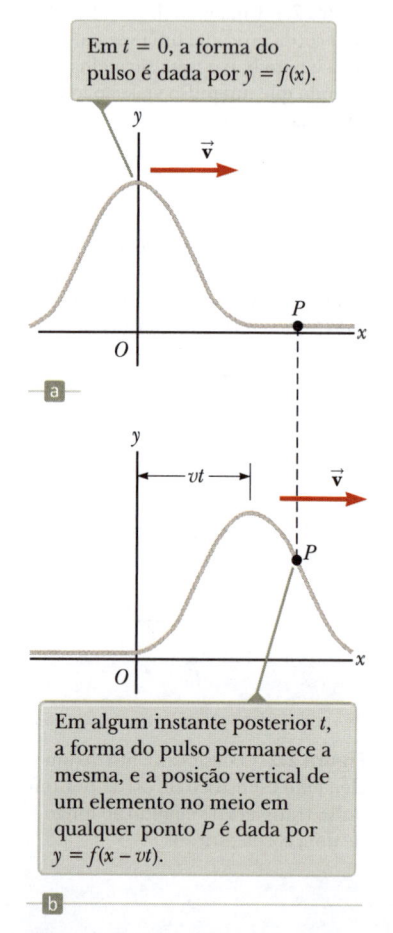

Em algum instante posterior t, a forma do pulso permanece a mesma, e a posição vertical de um elemento no meio em qualquer ponto P é dada por $y = f(x - vt)$.

Figura 2.5 Um pulso unidimensional viajando para a direita em uma corda com velocidade v.

Algumas ondas na natureza exibem uma combinação de deslocamentos longitudinais e transversais. Ondas da superfície da água são bons exemplos. Quando uma onda se move na superfície de águas profundas, elementos da água na superfície se movem em caminhos quase circulares, como mostrado na Figura 2.4. O distúrbio tem tanto componentes transversais quanto longitudinais. Os deslocamentos transversais vistos na Figura 2.4 representam as variações nas posições verticais dos elementos da água. Os deslocamentos longitudinais representam elementos na água se movendo para a frente e para trás na direção horizontal.

As ondas tridimensionais que se movem para fora de um ponto sobre a superfície da Terra, no qual ocorre um terremoto, são dos dois tipos, transversal e longitudinal. As longitudinais são as mais rápidas das duas, se movendo em velocidades na faixa de 7 a 8 km/s próximas à superfície. Elas são chamadas **ondas P**, com "P" significando *primária*, já que se movem mais rapidamente que as ondas transversais e chegam primeiro ao sismógrafo (um aparelho utilizado para detectar ondas causadas por terremotos). As transversais, mais lentas, chamadas **ondas S**, em que "S" significa *secundária*, movem-se através da Terra a 4 a 5 km/s próximas à superfície. Pela gravação do intervalo de tempo entre a chegada dos dois tipos de onda em um sismógrafo, pode-se determinar a distância desse aparelho até o ponto de origem das ondas. A distância é o raio de uma esfera imaginária com centro no sismógrafo. A origem das ondas é localizada em outro local naquela esfera. As esferas imaginárias de três ou mais estações localizadas umas distantes das outras têm a intersecção em um ponto na Terra, e essa região é onde o terremoto ocorreu.

Considere um pulso se movendo para a direita ao longo de uma corda longa, conforme mostrado na Figura 2.5. A Figura 2.5a representa a forma e posição de um pulso no tempo $t = 0$. Nesse momento, a forma do pulso, qualquer que seja, pode ser representada por algumas funções matemáticas que escreveremos como $y(x, 0) = f(x)$. Essa função descreve a posição transversal y do elemento de uma corda localizado em cada valor de x no instante $t = 0$. Como a velocidade do pulso é v, o pulso se moveu para a direita a uma distância vt no instante t (Figura 2.5b). Consideremos que a forma do pulso não muda com o tempo. Portanto, no instante t, a forma do pulso é a mesma que era no momento $t = 0$, segundo a Figura 2.5a. Em consequência, um elemento na corda em x nesse momento tem a mesma posição y que um elemento localizado em $x - vt$ tinha no instante $t = 0$:

$$y(x, t) = y(x - vt, 0)$$

Em geral, podemos representar a posição transversal y para todas as posições e tempos, medidos em uma estrutura estacionária com origem em O, como:

$$y(x, t) = f(x - vt) \qquad (2.1)$$

De forma similar, se o pulso se move para a esquerda, as posições transversais dos elementos na corda são descritas por:

$$y(x, t) = f(x + vt) \qquad (2.2)$$

A função y, às vezes chamada **função ondular**, depende das duas variáveis x e t. Por essa razão, ela é escrita como $y(x, t)$, que é lida como "y como a função de x e t".

É importante entender o significado de y. Considere um elemento na corda no ponto P na Figura 2.5, identificado por um valor específico em sua coordenada x. À medida que o pulso passa por P, a coordenada y desse elemento aumenta, alcança o máximo e, então, diminui para zero. A função ondular $y(x, t)$ representa a coordenada y – a posição transversal – de qualquer elemento localizado na posição x em qualquer instante t. Ainda, se t é fixo (como, em um caso de tirar uma fotografia do pulso), a função ondular $y(x)$, às vezes chamada **forma da onda**, define uma curva representando uma forma geométrica de um pulso naquele momento.

Movimento ondulatório 37

Teste Rápido **2.1** **(i)** Em uma longa fila de pessoas esperando para comprar ingressos, a primeira vai embora, e um pulso do movimento ocorre à medida que as pessoas dão um passo à frente para preencher o espaço. Na medida em que cada pessoa dá um passo à frente, o espaço se move ao longo da fila. A propagação do espaço é **(a)** transversal ou **(b)** longitudinal? **(ii)** Considere "a ola" em um jogo de beisebol: as pessoas se levantam e estendem seus braços quando a onda chega a seus lugares, e o pulso resultante se move ao redor do estádio. Essa onda é **(a)** transversal ou **(b)** longitudinal?

Exemplo **2.1** — **Um pulso se movendo para a direita**

Um pulso se movendo para a direita ao longo do eixo x é representado pela função ondular:

$$y(x,t) = \frac{2}{(x - 3,0t)^2 + 1}$$

onde x e y são medidos em centímetros e t, em segundos. Encontre as expressões para a função ondular em $t = 0$, $t = 1,0$ s e $t = 2,0$ s.

SOLUÇÃO

Conceitualização A Figura 2.6a mostra o pulso representado por sua função ondular em $t = 0$. Imagine esse pulso se movendo a uma velocidade de 3,0 cm/s para a direita e mantendo sua forma, como sugerido pelas figuras 2.6b e 2.6c.

Categorização Categorizamos este exemplo como um problema relativamente simples de análise, no qual interpretamos a representação matemática de um pulso.

Análise A função ondular é da forma $y = f(x - vt)$. A inspeção da expressão para $y(x, t)$ e a comparação com a Equação 2.1 revela que a velocidade da onda é $v = 3,0$ cm/s. Ainda, deixando $x - 3,0t = 0$, encontramos que o valor máximo de y é dado por $A = 2,0$ cm.

Escreva a expressão da função ondular em $t = 0$:

$$y(x,0) = \frac{2}{x^2 + 1}$$

Escreva a expressão da função ondular em $t = 1,0$ s:

$$y(x,1,0) = \frac{2}{(x - 3,0)^2 + 1}$$

Escreva a expressão da função ondular em $t = 2,0$ s:

$$y(x,2,0) = \frac{2}{(x - 6,0)^2 + 1}$$

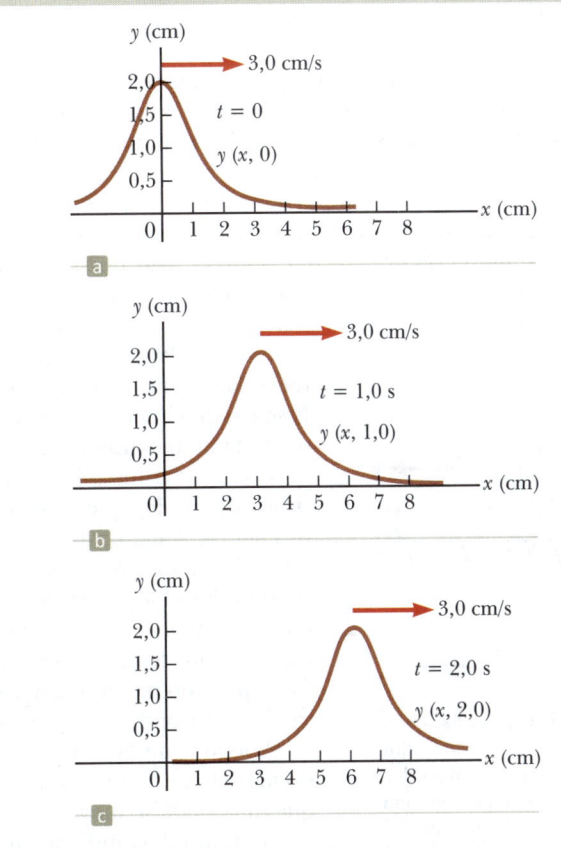

Figura 2.6 (Exemplo 2.1) Gráficos da função $y(x, t) = 2/[(x - 3,0t)^2 + 1]$ em (a) $t = 0$, (b) $t = 1,0$ s e (c) $t = 2,0$ s.

Para cada uma dessas expressões, podemos substituir vários valores de x e plotar uma função ondular. Esse procedimento rende funções ondulares mostradas nas três partes da Figura 2.6.

Finalização Essas fotografias mostram que o pulso se move para a direita sem mudar sua forma, e que ele tem uma velocidade constante de 3,0 cm/s.

E SE? E se a função ondular fosse:

$$y(x,t) = \frac{4}{(x + 3,0t)^2 + 1}$$

continua

2.1 cont.

Como isso mudaria a situação?

Resposta Uma nova característica dessa função é o sinal de positivo no denominador em vez do sinal negativo. A nova expressão representa um pulso com forma similar ao da Figura 2.6, mas se movendo para a esquerda com o passar do tempo. Outra característica nova é o numerador 4 em vez de 2. Portanto, a nova expressão representa um pulso com o dobro da altura daquele na Figura 2.6.

2.2 Modelo de análise: ondas progressivas

Nesta seção, introduziremos uma importante função ondular cuja forma está mostrada na Figura 2.7. A onda representada por essa curva é chamada **onda senoidal**, porque a curva é a mesma daquela da função sen θ plotada contra θ. Esse tipo de onda pode ser estabelecida em uma corda da Figura 2.1 balançando a ponta para cima e para baixo em um movimento harmônico simples.

A onda senoidal é o exemplo mais simples de uma onda periódica contínua e pode ser utilizada para construir ondas mais complexas (ver Seção 4.8). A curva marrom-avermelhada na Figura 2.7 representa uma fotografia de uma onda senoidal se movendo em $t = 0$, e a curva azul representa uma fotografia da onda algum tempo t depois. Imagine os dois tipos de movimento que podem ocorrer. Primeiro, a forma da onda inteira na Figura 2.7 se move para a direita, de maneira que a curva marrom-avermelhada se move para a direita e eventualmente atinge a posição da curva azul. Esse é o movimento da *onda*. Se focarmos um elemento no meio, como o elemento em $x = 0$, veremos que cada elemento se move para cima e para baixo ao longo do eixo y em um movimento harmônico simples. Esse é o movimento dos *elementos do meio*. Ele é importante para diferenciar o movimento da onda do movimento dos elementos do meio.

Com nossa introdução às ondas, podemos desenvolver um novo modelo de simplificação, a **onda**, que nos permitirá explorar mais modelos de análise para resolver os problemas. Uma partícula ideal tem tamanho zero. Podemos construir corpos físicos de tamanhos não zero como combinações de partículas. Portanto, a partícula pode ser considerada um bloco simples de construção. Uma onda ideal tem uma única frequência, e é infinitamente longa; isto é, a onda existe por todo o Universo (uma onda de comprimento finito tem, necessariamente, uma mistura de frequências). Quando esse conceito for explorado na mesma Seção 4.8, veremos que ondas ideais podem ser combinadas para se construir ondas complexas, da mesma forma que combinamos as partículas.

A seguir, desenvolveremos as principais características e representações matemáticas do modelo de análise de uma **onda progressiva**. Esse modelo é utilizado em situações em que uma onda se move através do espaço sem interagir com outras ondas ou partículas.

A Figura 2.8a mostra a fotografia de uma onda se movendo através de um meio. Já a Figura 2.8b mostra um gráfico da posição de um elemento do meio em função do tempo. Um ponto na Figura 2.8a, no qual o deslocamento do elemento de sua posição normal

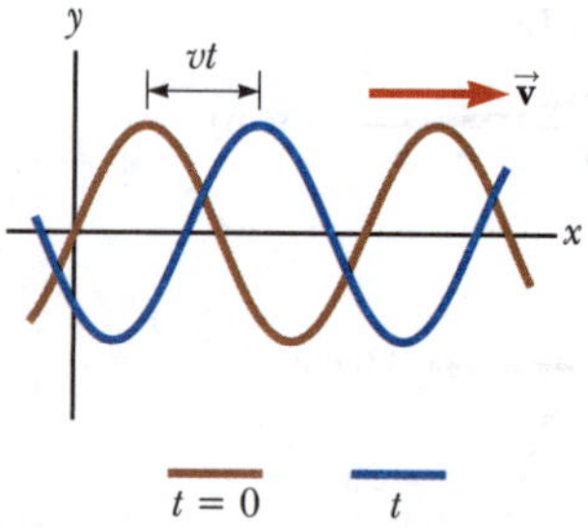

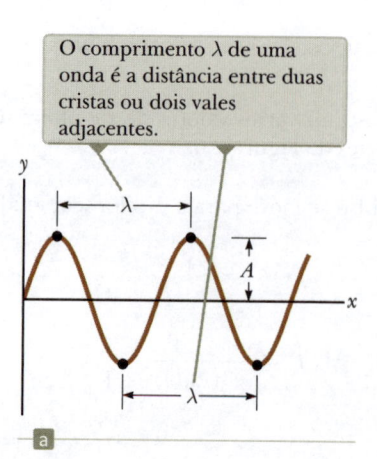

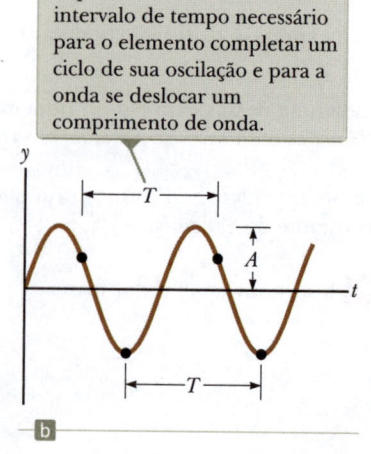

Figura 2.7 Uma onda senoidal unidimensional se movendo para a direita com uma velocidade v. A curva marrom representa a fotografia de uma onda em $t = 0$, e a azul, a fotografia de algum tempo t depois.

Figura 2.8 (a) Fotografia de uma onda senoidal.
(b) A posição de um elemento no meio em função do tempo.

O comprimento λ de uma onda é a distância entre duas cristas ou dois vales adjacentes.

O período T de uma onda é o intervalo de tempo necessário para o elemento completar um ciclo de sua oscilação e para a onda se deslocar um comprimento de onda.

é maior, é chamado **crista** da onda. O ponto mais baixo é chamado **vale**. A distância de um vale para o próximo é chamado **comprimento de onda** λ (a letra grega lambda). De forma geral, o comprimento de onda é a distância mínima entre dois pontos idênticos em ondas adjacentes, como mostrado na Figura 2.8a.

Se você contar o número de segundos entre a chegada de duas cristas adjacentes em dado ponto no espaço, conseguirá medir o **período** T das ondas. Em geral, o período é o intervalo de tempo necessário para dois pontos idênticos de ondas adjacentes passarem por um ponto, como mostrado na Figura 2.8b. O período da onda é o mesmo que o da oscilação periódica harmônica de um elemento no meio.

A mesma informação é mais frequentemente dada pelo inverso do período, que é chamado **frequência** f. Em geral, a frequência de uma onda periódica é o número de cristas (ou vales, ou qualquer outro ponto na curva) que passa em determinado ponto em uma unidade de intervalo de tempo. A frequência de uma onda senoidal é relacionada com o período na expressão:

$$f = \frac{1}{T} \quad (2.3)$$

A frequência da onda é a mesma que a de uma oscilação harmônica simples de um elemento no meio. A unidade mais comum para frequência, como aprendemos no Capítulo 1, é s^{-1}, ou **hertz** (Hz). A unidade corresponde para T é segundos.

A posição máxima de um elemento de um meio em relação a sua posição de equilíbrio é chamada **amplitude** A da onda, como indicado na Figura 2.8.

As ondas se movem com determinada velocidade, e essa velocidade depende das propriedades do meio sendo perturbado. Por exemplo, ondas sonoras se movem através do ar à temperatura ambiente a uma velocidade de aproximadamente 343 m/s (781 mi/h), enquanto se movem através da maioria dos sólidos com velocidade maior que 343 m/s.

Considere a onda senoidal na Figura 2.8a, que mostra a posição da onda em $t = 0$. Como a onda é senoidal, esperamos que a função de onda nesse instante seja expressa como $y(x, 0) = A$ sen ax, onde A é a amplitude e a, a constante a ser determinada. Em $x = 0$, observamos que $y(0, 0) = A$ sen $a(0) = 0$, coerente com a Figura 2.8a. O próximo valor para x para o qual y é zero é $x = \lambda/2$. Portanto:

$$y\left(\frac{\lambda}{2}, 0\right) = A \operatorname{sen}\left(a\frac{\lambda}{2}\right) = 0$$

Para essa expressão ser verdadeira, devemos ter $a\lambda/2 = \pi$ ou $a = 2\pi/\lambda$. Portanto, a função que descreve as posições dos elementos no meio através da qual a onda senoidal está se movendo pode ser escrito como:

$$y(x, 0) = A \operatorname{sen}\left(\frac{2\pi}{\lambda} x\right) \quad (2.4)$$

onde a constante A representa a amplitude da onda, e a constante λ é seu comprimento. Note que a posição vertical de um elemento no meio é a mesma sempre que x é aumentado por um múltiplo inteiro de λ. Com base em nossa discussão da Equação 2.1, se a onda se move para a direita com velocidade v, a função da onda em algum instante posterior t é:

$$y(x, t) = A \operatorname{sen}\left[\frac{2\pi}{\lambda}(x - vt)\right] \quad (2.5)$$

Se a onda estivesse se propagando para a esquerda, a quantidade $x - vt$ seria substituída por $x + vt$, assim como aprendemos quando desenvolvemos as equações 2.1 e 2.2.

Pela definição, a onda se move através do deslocamento Δx igual a um comprimento de onda λ em um intervalo de tempo Δt de um período T. Portanto, a velocidade, o comprimento de onda e o período estão relacionados pela expressão:

$$v = \frac{\Delta x}{\Delta t} = \frac{\lambda}{T} \quad (2.6)$$

Substituindo essa expressão por v na Equação 2.5, teremos que:

$$y = A \operatorname{sen}\left[2\pi\left(\frac{x}{\lambda} - \frac{t}{T}\right)\right] \quad (2.7)$$

> **Prevenção de Armadilhas 2.1**
>
> **Qual é a diferença entre as figuras 2.8a e 2.8b?**
> Note a similaridade visual entre elas. As formas são as mesmas, mas (a) é um gráfico de posição vertical *versus* posição horizontal, enquanto (b) é a posição vertical *versus* o tempo. A Figura 2.8a é uma representação gráfica da onda *para uma série de elementos do meio*; é o que você consegue ver em um instante de tempo. Já a Figura 2.8b é uma representação gráfica da posição de *um elemento do meio* em função do tempo. Ambas as figuras têm a forma idêntica representada na Equação 2.1: a onda é *a mesma* função tanto de x quanto de t.

Essa forma da função da onda mostra a natureza *periódica* de y. Note que utilizaremos frequentemente y em vez de y(x, t) como uma notação mais curta. Em dado instante t, y tem o *mesmo* valor que as posições x, x + λ, x + 2λ, e assim por diante. Ainda, em dada posição x, o valor de y é o mesmo nos tempos t, t + T, t + 2T, e assim por diante.

Podemos expressar a função ondular de forma conveniente, definindo as duas outras quantidades, o **número da onda angular** k (normalmente chamado simplesmente **número da onda**) e a **frequência angular** ω:

Número angular da onda ▶
$$k \equiv \frac{2\pi}{\lambda}$$
(2.8)

Frequência angular ▶
$$\omega \equiv \frac{2\pi}{T} = 2\pi f$$
(2.9)

Utilizando essas definições, a Equação 2.7 pode ser escrita na forma mais compacta:

Função ondular para uma onda senoidal ▶
$$y = A \operatorname{sen} (kx - \omega t)$$
(2.10)

Utilizando as equações 2.3, 2.8 e 2.9, a velocidade da onda v dada originalmente pela Equação 2.6 pode ser expressa pelas seguintes formas alternativas:

$$v = \frac{\omega}{k}$$
(2.11)

Velocidade de uma onda senoidal ▶
$$v = \lambda f$$
(2.12)

A função ondular dada pela Equação 2.10 supõe que a posição vertical y de um elemento no meio é zero em x = 0 e t = 0. Esse não é o caso. Se não é, normalmente expressamos a função ondular na forma de:

Expressão geral para a onda senoidal ▶
$$y = A \operatorname{sen} (kx - \omega t + \phi)$$
(2.13)

onde φ é a **constante de fase**, assim como aprendemos em nosso estudo de movimento periódico no Capítulo 1. Essa constante pode ser determinada a partir das condições iniciais. As equações primárias na representação matemática do modelo de análise da onda progressiva são as equações 2.3, 2.10 e 2.12.

Teste Rápido 2.2 Uma onda senoidal de frequência f está se movendo ao longo de uma corda esticada. A corda é trazida para o repouso, e uma segunda onda, se movendo com frequência 2f, é estabelecida na corda. **(i)** Qual é a velocidade da segunda onda? **(a)** O dobro da primeira. **(b)** Metade da primeira. **(c)** Igual à primeira. **(d)** Impossível de determinar. **(ii)** A partir das mesmas alternativas, descreva o comprimento de onda da segunda onda. **(iii)** A partir das mesmas alternativas, descreva a amplitude da segunda onda.

Exemplo 2.2 | Uma onda senoidal progressiva MA

Uma onda senoidal progressiva em uma direção x positiva tem a amplitude de 15,0 cm, comprimento de onda de 40,0 cm e frequência de 8,00 Hz. A posição vertical do elemento no meio em t = 0 e x = 0 também é de 15,0 cm, como mostra a Figura 2.9.

(A) Encontre o número da onda k, o período T, a frequência angular ω e a velocidade v da onda.

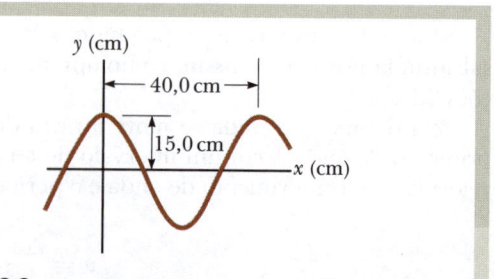

Figura 2.9 (Exemplo 2.2) Uma onda senoidal de comprimento de onda λ = 40,0 cm e amplitude A = 15,0 cm.

SOLUÇÃO

Conceitualização A Figura 2.9 mostra a onda em t = 0. Imagine-a se movendo para a direita e mantendo sua forma.

Categorização A partir da descrição no enunciado do problema, vemos que estamos analisando uma onda mecânica se movendo em um meio, portanto, categorizamos o problema com o modelo de *ondas progressivas*.

2.2 cont.

Análise Calcule o número da onda da Equação 2.8:

$$k = \frac{2\pi}{\lambda} = \frac{2\pi \text{ rad}}{40,0 \text{ cm}} = \boxed{15,7 \text{ rad/m}}$$

Calcule o período da onda na Equação 2.3:

$$T = \frac{1}{f} = \frac{1}{8,00 s^{-1}} = \boxed{0,125 \text{ s}}$$

Calcule a frequência angular da onda na Equação 2.9:

$$\omega = 2\pi f = 2\pi(8,00 \text{ s}^{-1}) = \boxed{50,3 \text{ rad/s}}$$

Calcule a velocidade da onda da Equação 2.12:

$$v = \lambda f = (40,0 \text{ cm})(8,00 \text{ s}^{-1}) = \boxed{3,20 \text{ m/s}}$$

(B) Determine a constante de fase ϕ e escreva uma expressão geral para descrever a função ondular.

SOLUÇÃO

Substitua $A = 15,0$ cm, $y = 15,0$ cm, $x = 0$ e $t = 0$ na Equação 2.13:

$$15,0 = (15,0) \text{sen} \phi \rightarrow \text{sen} \phi = 1 \rightarrow \phi = \frac{\pi}{2} \text{ rad}$$

Escreva a função ondular:

$$y = A \text{sen}\left(kx - \omega t + \frac{\pi}{2}\right) = A \cos(kx - \omega t)$$

Substitua os valores por A, k e ω em unidades do Sistema Internacional (SI) nesta expressão:

$$y = \boxed{0,150 \cos(15,7x - 50,3t)}$$

Finalização Reveja cuidadosamente os resultados e certifique-se de entendê-los. Como o gráfico na Figura 2.9 se modificaria se o ângulo de fase fosse zero? Como o gráfico modificaria se a amplitude fosse 30,0 cm? Como o gráfico se modificaria se o comprimento de onda fosse de 10,0 cm?

Ondas senoidais em cordas

Na Figura 2.1, demonstramos como criar um pulso movendo uma corda tensa para cima e para baixo uma vez. Para criar uma série desses pulsos – uma onda –, vamos substituir a mão por uma lâmina oscilatória e vibrante em movimento harmônico simples. A Figura 2.10 representa fotografias de uma onda criada dessa forma em intervalos de $T/4$. Como a ponta da lâmina oscila em movimento harmônico simples, cada elemento da corda, assim como aquele em P, também oscila verticalmente com movimento harmônico simples. Portanto, cada elemento na corda pode ser tratado como um oscilador harmônico simples vibrando em uma frequência igual à de oscilação da lâmina.[2] Note que, enquanto cada elemento oscila na direção y, a onda se propaga para a direita na direção $+x$ com velocidade v. E, claro, essa é a definição de onda transversal.

Se definirmos $t = 0$ como o instante para o qual a configuração da corda é igual à mostrada na Figura 2.10a, a função ondular pode ser escrita como:

$$y = A \text{ sen}(kx - \omega t)$$

Podemos utilizar essa expressão para descrever o movimento de cada elemento na corda. Um elemento no ponto P (ou qualquer elemento da corda) se move apenas verticalmente e, portanto, sua coordenada x permanece constante. Desse modo, a **velocidade transversal** v_y (que não deve ser confundida com a velocidade da onda v) e a **aceleração transversal** a_y dos elementos da corda são:

$$v_y = \frac{dy}{dt}\bigg]_{x=\text{constante}} = \frac{\partial y}{\partial t} = -\omega A \cos(kx - \omega t) \quad (2.14)$$

$$a_y = \frac{dv_y}{dt}\bigg]_{x=\text{constante}} = \frac{\partial v_y}{\partial t} = -\omega^2 A \text{ sen}(kx - \omega t) \quad (2.15)$$

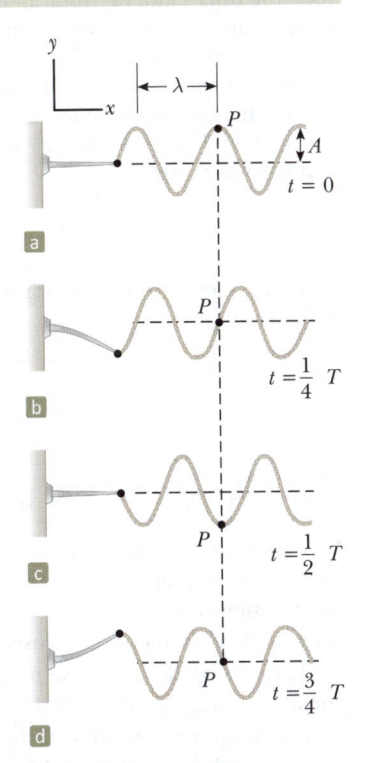

Figura 2.10 Um método para produzir onda senoidal em uma corda. A extremidade esquerda da corda está conectada a uma lâmina posta em oscilação. Todo elemento da corda, como aquele no ponto P, oscila em movimento harmônico simples na direção vertical.

---
[2] Neste arranjo, estamos supondo que um elemento na corda sempre oscila na linha vertical. A tensão na corda variaria se um elemento pudesse se mover para os lados. Tal movimento tornaria a análise muito mais complexa.

> **Prevenção de Armadilhas 2.2**
> **Dois tipos de velocidade escalar/velocidade transversal**
> Não confunda v, a velocidade escalar da onda conforme ela se propaga ao longo da corda, com v_y, a velocidade transversal de um ponto na corda. A velocidade escalar v é constante para um meio uniforme, enquanto v_y tem uma variação senoidal.

Essas expressões incorporam derivações parciais porque y depende de ambos, x e t. Na operação $\partial y/\partial t$, por exemplo, utilizamos a derivada em relação a t enquanto mantemos x constante. Os módulos máximos da velocidade e da aceleração transversais são simplesmente os valores absolutos dos coeficientes das funções cosseno e seno:

$$v_{y,\text{máx}} = \omega A \quad (2.16)$$

$$a_{y,\text{máx}} = \omega^2 A \quad (2.17)$$

A velocidade e a aceleração transversais dos elementos da corda não atingem seus valores máximos simultaneamente. A velocidade transversal atinge seu valor máximo (ωA) quando $y = 0$, enquanto o módulo da aceleração transversal, com valor máximo ($\omega^2 A$), quando $y = \pm A$. Finalmente, as equações 2.16 e 2.17 são idênticas, em sua forma matemática, às correspondentes para movimento harmônico simples, equações 1.17 e 1.18.

Teste Rápido 2.3 A amplitude de uma onda é dobrada, com nenhuma outra mudança nela. Como resultado do ato de dobrar, qual das afirmações a seguir está correta em relação à onda? **(a)** A velocidade muda. **(b)** A frequência se altera. **(c)** A velocidade transversal máxima do elemento no meio se altera. **(d)** Afirmações de (a) até (c) são todas verdadeiras. **(e)** Nenhuma das afirmações de (a) a (c) é verdadeira.

Modelo de Análise: Onda progressiva

Imagine uma fonte de vibração que influencia o meio que está em contato com a fonte. Esta fonte cria uma perturbação que se propaga através do meio. Se a fonte vibra em movimento harmônico simples com período T, ondas senoidais se propagam através do meio a uma velocidade dada por

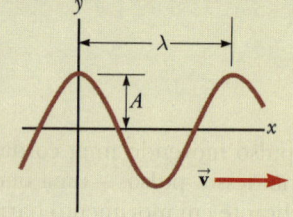

$$v = \frac{\lambda}{T} = \lambda f \quad (2.6, 2.12)$$

onde λ é a **amplitude** da onda, k é seu **número de onda** e f é sua **frequência angular**.

$$y = A\,\text{sen}(kx - \omega t) \quad (2.10)$$

Exemplos:
- uma lâmina vibrante envia uma onda senoidal para baixo ao longo de uma corda conectada à lâmina
- um alto-falante vibra para a frente e para trás, emitindo ondas sonoras no ar (Capítulo 3 do Volume 2)
- o corpo de uma guitarra vibra, emitindo ondas sonoras no ar (Capítulo 4 do Volume 2)
- uma carga elétrica vibratória cria uma onda eletromagnética que se propaga no espaço à velocidade da luz (Capítulo 12 do Volume 3)

2.3 A velocidade de ondas transversais em cordas

Um aspecto do comportamento de ondas mecânicas *lineares* é que a velocidade da onda depende somente das propriedades do meio através do qual a onda se propaga. As ondas para as quais a amplitude A é pequena em relação ao comprimento de onda λ podem ser representadas como ondas lineares (veja a Seção 2.6). Nesta seção, determinamos a velocidade de uma onda transversal se propagando em uma corda esticada.

Vamos utilizar a análise mecânica para derivar a expressão para a velocidade de um pulso se propagando em uma corda esticada sob tensão T. Considere um pulso se movendo para a direita com uma velocidade uniforme v medida em relação a um referencial estacionário (com relação à Terra), como mostrado na Figura 2.11a. As leis de Newton são válidas em qualquer referencial inercial. Portanto, vamos ver este pulso num referencial inercial diferente, que se move ao longo do pulso à mesma velocidade, de modo que o pulso parece estar em repouso, como mostra a Figura 2.11b. Neste referencial, o pulso permanece fixo e cada elemento da corda se move para a esquerda conforme o formato do pulso.

O pequeno elemento da corda de comprimento Δs forma um arco aproximado com o círculo de raio R, como é mostrado na imagem ampliada na Figura 2.11b. Em nosso referencial em movimento, o elemento da corda se move para a esquerda com velocidade v. À medida que percorre o arco, podemos modelar o elemento como uma partícula em movimento circular uniforme. Esse elemento tem uma aceleração centrípeta igual a v^2/R, que é alimentada por componentes da força $\vec{T}$, cujo módulo é a tensão da corda. A força $\vec{T}$ atua em cada lado do elemento, tangente ao arco, como mostrado na Figura 2.11b. As componentes horizontais da força $\vec{T}$ se cancelam, e cada componente vertical $T\,\text{sen}\,\theta$ atua para baixo. Então, a força radial total sobre o elemento é de $2T$ sen θ em direção ao centro do arco. Como o elemento é pequeno, θ é pequeno, e podemos, então, utilizar o seno aproximado de ângulo pequeno sen $\theta \approx \theta$. Portanto, a intensidade da força total radial é de:

$$F_r = 2T \text{ sen } \theta \approx 2T\theta$$

O elemento tem massa $m = \mu \, \Delta s$ onde μ é a massa por unidade de comprimento da corda. Como o elemento forma parte de um círculo, associado a um ângulo 2θ no centro, $\Delta s = R(2\theta)$, e:

$$m = \mu \, \Delta s = 2\mu R\theta$$

O elemento da corda é modelado como uma partícula sob uma força resultante. Portanto, aplicando a Segunda Lei de Newton a esse elemento, na direção radial, temos que:

$$F_r = \frac{mv^2}{R} \rightarrow 2T\theta = \frac{2\mu R\theta v^2}{R} \rightarrow T = \mu v^2$$

Resolvendo para v resulta em

$$v = \sqrt{\frac{T}{\mu}} \quad (2.18) \quad \blacktriangleleft \text{ Velocidade de uma onda numa corda esticada}$$

Note que essa derivação é baseada na suposição de que a altura do pulso é pequena em relação ao comprimento do pulso. Partindo dessa suposição, podemos utilizar a aproximação sen $\theta \approx \theta$. Ainda, o modelo supõe que a tensão T não é afetada pela presença do pulso; portanto, T é o mesmo em todos os pontos do pulso. Finalmente, essa prova *não* supõe qualquer forma particular para o pulso. Portanto, concluímos que o pulso de *qualquer forma* se move ao longo da corda com velocidade $v = \sqrt{T/\mu}$ sem qualquer alteração na forma do pulso.

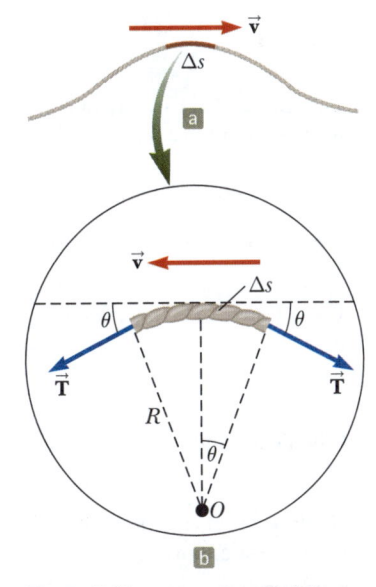

Figura 2.11 (a) No referencial da Terra, um pulso se move para a direita em uma corda com velocidade v. (b) No referencial se movendo para a direita com o pulso, o elemento pequeno de comprimento Δs se move para a esquerda com velocidade v.

Teste Rápido 2.4 Suponha que você crie um pulso movendo a ponta livre de uma corda tensa, balançando para cima e para baixo começando em $t = 0$. A corda está ligada em sua outra extremidade a uma parede distante. O pulso atinge a parede no instante t. Qual das seguintes ações, por si própria, diminui o intervalo de tempo necessário para o pulso atingir a parede? Mais de uma opção pode estar correta. **(a)** Movendo sua mão mais rapidamente, mas ainda somente para cima e para baixo no mesmo número de vezes. **(b)** Movendo sua mão mais vagarosamente, mas ainda somente para cima e para baixo no mesmo número de vezes. **(c)** Movendo sua mão para cima e para baixo em uma distância maior, em um mesmo período de tempo. **(d)** Movendo sua mão para cima e para baixo em uma distância menor, em um mesmo período de tempo. **(e)** Utilizando uma corda mais pesada de mesmo comprimento e sob a mesma tensão. **(f)** Utilizando uma corda mais leve e sob a mesma tensão. **(g)** Utilizando uma corda de mesma densidade de massa linear, mas sob uma tensão menor. **(h)** Utilizando uma corda de mesma densidade de massa linear, mas sob uma tensão maior.

Prevenção de Armadilhas 2.3
Múltiplos *T*s
Não confunda o T na Equação 2.8 com o símbolo de tensão T usado neste capítulo para o período da onda. O contexto da equação deve ajudá-lo a identificar à qual grandeza se está referindo. Simplesmente não há letras suficientes no alfabeto para atribuir uma letra única para cada variável!

Exemplo 2.3 — A velocidade de um pulso em uma corda

Uma corda uniforme tem massa de 0,300 kg e comprimento de 6,00 m (Figura 2.12). A corda passa por uma polia e suporta um corpo de 2,00 kg. Encontre a velocidade do pulso se movendo ao longo dessa corda.

Figura 2.12 (Exemplo 2.3) A tensão T no cabo é mantida pelo corpo suspenso. A velocidade de qualquer onda se movendo ao longo de uma corda é dada por $v = \sqrt{T/\mu}$.

SOLUÇÃO

Conceitualização Na Figura 2.12, o bloco suspenso estabiliza a tensão na corda horizontal. Essa tensão determina a velocidade com que cada onda se move na corda.

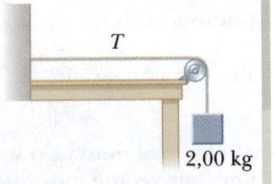

continua

2.3 cont.

Categorização Para encontrar a tensão na corda, modelamos o bloco em suspensão como uma *partícula em equilíbrio*. Então, utilizamos a tensão para avaliar a velocidade ondular na corda utilizando a Equação 2.18.

Análise Aplique o modelo de partícula em equilíbrio ao bloco:

$$\sum F_y = T - m_{bloco}\, g = 0$$

Resolva para a tensão na corda:

$$T = m_{bloco}\, g$$

Use a Equação 2.18 para encontrar a velocidade da onda, utilizando $\mu = m_{corda}/\ell$ para a densidade de massa linear da corda:

$$v = \sqrt{\frac{T}{\mu}} = \sqrt{\frac{m_{bloco}\, g\, \ell}{m_{corda}}}$$

Calcule a velocidade da corda:

$$v = \sqrt{\frac{(2{,}00\,\text{kg})(9{,}80\,\text{m/s}^2)(6{,}00\,\text{m})}{0{,}300\,\text{kg}}} = \boxed{19{,}8\ \text{m/s}}$$

Finalização O cálculo da tensão despreza a pequena massa da corda. Explicitamente falando, a corda nunca pode ser exatamente reta e, portanto, a tensão não é uniforme.

E SE? E se o bloco estivesse balançando para trás e para a frente em relação à vertical como um pêndulo? Como isso afetaria a velocidade ondular na corda?

Resposta O bloco em balanço é categorizado como uma *partícula sob uma força resultante*. O módulo de uma das forças sobre o bloco é a tensão na corda, que determina a velocidade da onda. Com o balanço do bloco, a tensão se altera e, portanto, é alterada também a velocidade da onda.

Quando o bloco está na parte inferior do balanço, a corda é vertical e a tensão é maior que o peso do bloco, porque a força resultante deve ser para cima, para fornecer a aceleração centrípeta do bloco. Portanto, a velocidade da onda deve ser superior a 19,8 m/s.

Quando o bloco está em seu ponto mais alto, no final de um balanço, ele está momentaneamente em repouso; portanto, não há aceleração centrípeta naquele instante. O bloco é uma partícula em equilíbrio na direção radial. A tensão é equilibrada por um componente da força gravitacional sobre o bloco. Portanto, a tensão é menor que o peso, e a velocidade da onda é inferior a 19,8 m/s. Com que frequência a velocidade da onda varia? É a mesma frequência do pêndulo?

Exemplo 2.4 — Resgatando o alpinista **MA**

Depois de uma tempestade, um alpinista de 80,0 kg está preso em uma elevação na montanha. Um helicóptero o resgata pairando acima e baixando um cabo para ele. A massa do cabo é de 8,00 kg, e seu comprimento, 15,0 m. Um suporte de 70,0 kg de massa está ligado à extremidade do cabo. O alpinista se prende ao suporte e, depois, o helicóptero acelera para cima. Aterrorizado por estar suspenso em um cabo no ar, o alpinista tenta sinalizar para o piloto, enviando pulsos transversais pelo cabo. Um pulso leva 0,250 s para percorrer o comprimento do cabo. Qual é a aceleração do helicóptero? Suponha que a tensão no cabo seja uniforme.

SOLUÇÃO

Conceitualização Imagine o efeito da aceleração do helicóptero no cabo. Quanto maior a aceleração para cima, maior é a tensão no cabo. Por sua vez, quanto maior a tensão, maior a velocidade de pulsos no cabo.

Categorização Este problema é uma combinação de um que envolve a velocidade de pulsos em uma corda e outro em que o alpinista e o suporte são modelados como uma *partícula sob uma força resultante*.

Análise Use o intervalo de tempo da propagação do pulso do alpinista ao helicóptero para encontrar a velocidade dos pulsos no cabo:

$$v = \frac{\Delta x}{\Delta t} = \frac{15{,}0\ \text{m}}{0{,}250\ \text{s}} = 60{,}0\ \text{m/s}$$

Resolva a Equação 2.18 para a tensão no cabo:

$$(1)\quad v = \sqrt{\frac{T}{\mu}} \ \rightarrow\ T = \mu v^2$$

Modele o alpinista e o suporte como uma partícula sob uma força resultante, observando que a aceleração da partícula de massa m é a mesma que a do helicóptero:

$$\sum F = ma \ \rightarrow\ T - mg = ma$$

2.4 cont.

Resolva para a aceleração e substitua a tensão da Equação (1):

$$a = \frac{T}{m} - g = \frac{\mu v^2}{m} - g = \frac{m_{cabo} v^2}{\ell_{cabo} m} - g$$

Substitua os valores numéricos:

$$a = \frac{(8,00 \text{ kg})(60,0 \text{ m/s})^2}{(15,0 \text{ m})(150,0 \text{ kg})} - 9,80 \text{ m/s}^2 = \boxed{3,00 \text{ m/s}^2}$$

Finalização Um cabo real tem rigidez, além de tensão. A rigidez tende a fazer um fio voltar a sua forma original reta, mesmo quando não está sob tensão. Por exemplo, uma corda de piano endireita se liberada de uma forma curva; um fio de embrulho, não.

A rigidez representa uma força de restauração, além de tensão, e aumenta a velocidade da onda. Consequentemente, para um cabo real, a velocidade de 60,0 m/s que determinamos está provavelmente associada com a menor aceleração do helicóptero.

2.4 Reflexão e transmissão

O modelo de ondas progressivas descreve ondas que se propagam através de um meio uniforme, sem interagir com nada pelo caminho. Vamos agora considerar como uma onda é afetada quando encontra uma mudança no meio. Por exemplo, considere um pulso se movendo em uma corda que está rigidamente presa a um suporte em uma extremidade, como na Figura 2.13. Quando o pulso atinge o suporte, uma severa mudança ocorre no meio: a corda acaba. Como resultado, o pulso sofre **reflexão**, isto é, o pulso se move para trás ao longo da corda na direção oposta.

Observe que o pulso refletido é *invertido*. Essa inversão pode ser explicada da seguinte maneira: quando o pulso atinge a extremidade fixa da corda, esta produz uma força para cima no suporte. Pela Terceira Lei de Newton, o suporte deve exercer uma força de reação de módulo igual e no sentido oposto (para baixo) na corda. Essa força para baixo faz que o pulso inverta em reflexão.

Agora, considere outro caso. Dessa vez, o pulso chega ao final de uma extremidade livre para se mover na vertical, como na Figura 2.14. A tensão na extremidade livre é mantida porque a corda está ligada a um anel, de massa desprezível, que é livre para deslizar suavemente na vertical em um suporte, sem atrito. Novamente, o pulso é refletido, mas desta vez não é invertido. Quando alcança o suporte, ele exerce uma força sobre a extremidade livre da corda, fazendo que o anel acelere para cima. O anel sobe tão alto quanto o pulso de entrada e, então, o componente descendente da força de tensão puxa o anel de volta para baixo. Esse movimento do anel produz um pulso refletido que não está invertido, e que tem a mesma amplitude que o pulso de entrada.

Finalmente, considere uma situação em que o limite é intermediário entre esses dois extremos. Nesse caso, parte da energia do pulso incidente é refletida, e parte sofre **transmissão**, ou seja, parte da energia passa pela fronteira. Por exemplo, suponha que uma corda leve seja conectada a outra pesada, como na Figura 2.15. Quando um pulso se movendo na corda mais leve atinge a fronteira entre as duas cordas, uma parte do pulso é refletida e invertida e outra é transmitida para a corda mais pesada. O pulso refletido é invertido, pelas mesmas razões descritas anteriormente no caso da corda presa fortemente a um suporte.

O pulso refletido tem uma amplitude menor que a do pulso incidente. Na Seção 2.5, mostraremos que a energia transportada por uma onda está relacionada a sua amplitude. De acordo com o princípio da conservação de energia, quando o pulso se divide em um refletido e um transmitido na fronteira, a soma das energias desses dois deve ser igual à energia do pulso incidente. Como o pulso refletido contém apenas uma parte da energia do incidente, sua amplitude deve ser menor.

Quando um pulso se movendo em uma corda pesada atinge o limite entre a corda pesada e uma mais leve, como na Figura 2.16, novamente parte é refletida e parte é transmitida. Nesse caso, o pulso refletido não é invertido.

Em ambos os casos, as alturas relativas dos pulsos refletido e transmitido dependem da densidade relativa das duas cordas. Se elas forem idênticas, não há nenhuma descontinuidade no limite nem reflexão.

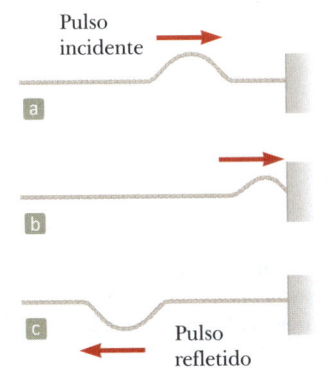

Figura 2.13 A reflexão de um pulso se movendo na extremidade fixa de uma corda esticada. O pulso refletido é invertido, mas sua forma fica inalterada.

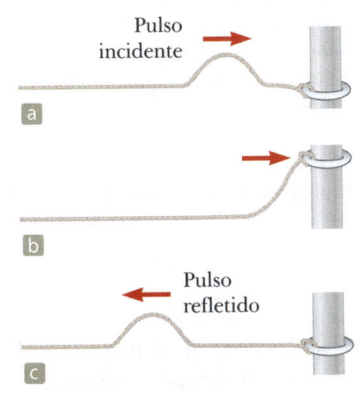

Figura 2.14 A reflexão de um pulso se movendo na extremidade livre de uma corda esticada. O pulso refletido não é invertido.

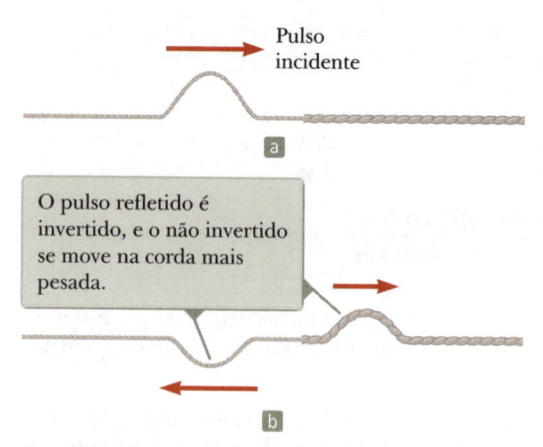

Figura 2.15 (a) Um pulso se movendo para a direita em uma corda leve se aproxima da junção com uma corda mais pesada. (b) A situação após o pulso atingir a junção.

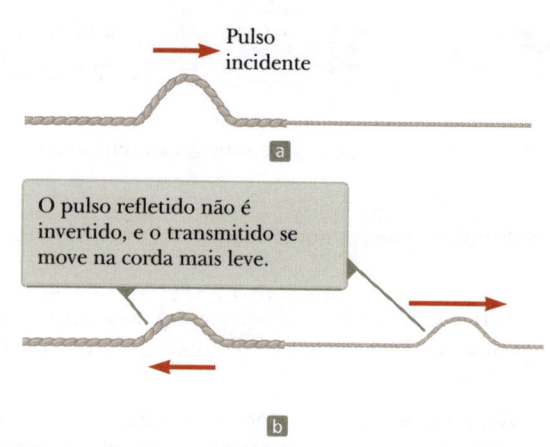

Figura 2.16 (a) Um pulso se movendo para a direita em uma corda pesada se aproxima da junção com uma corda mais leve. (b) A situação após o pulso atingir a junção.

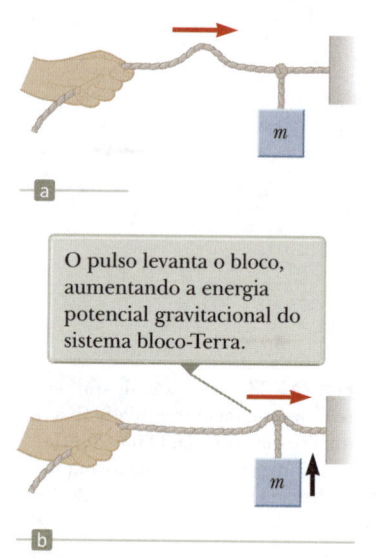

Figura 2.17 (a) Um pulso se move para a direita em uma corda esticada, levando energia com ele. (b) A energia do pulso chega ao bloco pendurado.

Figura 2.18 Uma onda senoidal se propaga ao longo do eixo x em uma corda esticada.

De acordo com a Equação 2.18, a velocidade de uma onda aumenta conforme a massa por unidade de comprimento da corda diminui. Em outras palavras, uma onda se propaga mais rapidamente em uma corda leve que em uma pesada, se ambas estiverem sob a mesma tensão. As seguintes regras gerais se aplicam às ondas refletidas: Quando uma onda, ou pulso, propaga-se do meio A para B e $v_A > v_B$ (isto é, quando B é mais denso que A), ela é invertida na reflexão. Quando uma onda, ou pulso, se propaga do meio A para B e $v_A < v_B$ (isto é, quando A é mais denso que B), ela não é invertida na reflexão.

2.5 Taxa de transferência de energia por ondas senoidais em cordas

Ondas transportam energia através de um meio conforme se propagam. Por exemplo, suponha que um corpo esteja pendurado em uma corda esticada e um pulso seja enviado para a corda, como na Figura 2.17a. Quando o pulso atinge o corpo suspenso, este é momentaneamente deslocado para cima, como na Figura 2.17b. No processo, a energia é transferida para o corpo e aparece como um aumento na energia potencial gravitacional do sistema Terra-corpo. Esta seção examinará a taxa na qual a energia é transportada ao longo de uma corda. Suporemos uma onda senoidal unidimensional para o cálculo da energia transferida.

Considere uma onda senoidal se propagando em uma corda (Figura 2.18). A fonte de energia é algum agente externo na extremidade esquerda da corda. Podemos considerar a corda um sistema não isolado. Conforme o agente externo realiza o trabalho sobre a extremidade da corda, movendo-a para cima e para baixo, a energia entra no sistema da corda e se propaga ao longo de seu comprimento. Vamos concentrar nossa atenção sobre um elemento infinitesimal da corda de comprimento dx e massa dm. Cada elemento oscila verticalmente com sua posição descrita pela Equação 1.6. Portanto, podemos modelar cada elemento da corda como um oscilador harmônico como uma partícula simples, com a oscilação na direção y. Todos os elementos têm mesma frequência angular ω e mesma amplitude A. A energia cinética K associada a uma partícula em movimento é $K = \frac{1}{2}mv^2$. Se aplicarmos essa equação ao elemento infinitesimal, a energia cinética dK associada ao movimento para cima e para baixo desse elemento é:

$$dK = \tfrac{1}{2}(dm)v_y^2$$

onde v_y é a velocidade transversal do elemento. Se μ é a massa por unidade de comprimento da corda, a massa dm do elemento de comprimento dx é igual a $\mu\,dx$. Assim, podemos expressar a energia cinética de um elemento da corda como:

$$dK = \tfrac{1}{2}(\mu\,dx)v_y^2 \tag{2.19}$$

Substituindo a velocidade transversal de um elemento do meio usando a Equação 2.14, obtemos:

$$dK = \tfrac{1}{2}\mu[-\omega A \cos(kx - \omega t)]^2\, dx = \tfrac{1}{2}\mu\omega^2 A^2 \cos^2(kx - \omega t)\, dx$$

Se considerarmos uma fotografia da onda no instante $t = 0$, a energia cinética de determinado elemento é:

$$dK = \tfrac{1}{2}\mu\omega^2 A^2 \cos^2 kx\, dx$$

Integrando essa expressão sobre todos os elementos em uma corda em um comprimento de onda, temos a energia cinética total K_λ em um comprimento de onda:

$$K_\lambda = \int dK \int_0^\lambda \tfrac{1}{2}\mu\omega^2 A^2 \cos^2 kx\, dx = \tfrac{1}{2}\mu\omega^2 A^2 \int_0^\lambda \cos^2 kx\, dx$$

$$= \tfrac{1}{2}\mu\omega^2 A^2 \left[\tfrac{1}{2}x + \tfrac{1}{4k}\mathrm{sen}\, 2kx\right]_0^\lambda = \tfrac{1}{2}\mu\omega^2 A^2 [\tfrac{1}{2}\lambda] = \tfrac{1}{4}\mu\omega^2 A^2 \lambda$$

Além da cinética, há a energia potencial associada a cada elemento da corda, devido a seu deslocamento a partir da posição de equilíbrio e às forças de restauração a partir de elementos vizinhos. Uma análise semelhante àquela citada para energia potencial total U_λ em um comprimento de onda dá exatamente o mesmo resultado:

$$U_\lambda = \tfrac{1}{4}\mu\omega^2 A^2 \lambda$$

A energia total em um comprimento de onda é a soma das energias cinética e potencial:

$$E_\lambda = U_\lambda + K_\lambda = \tfrac{1}{2}\mu\omega^2 A^2 \lambda \tag{2.20}$$

Conforme a onda se move ao longo da corda, essa quantidade de energia passa por determinado ponto da corda durante um intervalo de tempo de um período de oscilação. Portanto, a potência P, ou uma taxa de transferência de energia T_{OM} associada à onda mecânica, é:

$$P = \frac{T_{OM}}{\Delta t} = \frac{E_\lambda}{T} = \frac{\tfrac{1}{2}\mu\omega^2 A^2 \lambda}{T} = \tfrac{1}{2}\mu\omega^2 A^2 \left(\frac{\lambda}{T}\right)$$

$$\boxed{P = \tfrac{1}{2}\mu\omega^2 A^2 v} \tag{2.21}$$

◀ **Potência de uma onda**

A Equação 2.21 mostra que a taxa de transferência de energia por uma onda senoidal em uma corda é proporcional (a) ao quadrado da frequência, (b) ao quadrado da amplitude e (c) à velocidade da onda. De fato, a taxa de transferência de energia em *qualquer* onda senoidal é proporcional ao quadrado da frequência angular e ao quadrado da amplitude.

Teste Rápido **2.5** Qual dos seguintes elementos, considerados por si só, seria mais eficaz em aumentar a taxa na qual a energia é transferida por uma onda que se move ao longo de uma corda? **(a)** A redução da densidade de massa linear da corda pela metade. **(b)** A duplicação do comprimento de onda. **(c)** A duplicação da tensão na corda. **(d)** A duplicação da amplitude da onda.

Exemplo **2.5** — Potência fornecida para uma corda vibrante

Uma corda tensa para a qual $\mu = 5{,}00 \times 10^{-2}$ kg/m está sob uma tensão de 80,0 N. Quanta potência deve ser fornecida para a corda a fim de gerar ondas senoidais na frequência de 60,0 Hz e uma amplitude de 6,00 cm?

SOLUÇÃO

Conceitualização Considere a Figura 2.10 novamente e observe que a lâmina vibratória fornece energia para a corda a determinada taxa. Essa energia, em seguida, propaga-se para a direita ao longo da corda.

Categorização Avaliaremos as grandezas nas equações desenvolvidas neste capítulo e, então, categorizaremos este exemplo como um problema de substituição.

continua

> **2.5** cont.

Use a Equação 2.21 para calcular a potência: $\quad P = \tfrac{1}{2}\mu\omega^2 A^2 v$

Use as equações 2.9 e 2.18 para substituir por ω e v: $\quad P = \tfrac{1}{2}\mu(2\pi f)^2 A^2 \left(\sqrt{\dfrac{T}{\mu}}\right) = 2\pi^2 f^2 A^2 \sqrt{\mu T}$

Substitua os valores numéricos: $\quad P = 2\pi^2 (60{,}0\text{ Hz})^2 (0{,}0600\text{ m})^2 \sqrt{(0{,}0500\text{ kg/m})(80{,}0\text{ N})} = \boxed{512\text{ W}}$

E SE? E se a corda transferir energia a uma taxa de 1.000 W? Qual deve ser a amplitude necessária se todos os outros parâmetros permanecem os mesmos?

Resposta Vamos criar uma relação entre a potência nova e a antiga, refletindo apenas uma mudança na amplitude:

$$\frac{P_{\text{nova}}}{P_{\text{velha}}} = \frac{\tfrac{1}{2}\mu\omega^2 A_{\text{nova}}^2 v}{\tfrac{1}{2}\mu\omega^2 A_{\text{velha}}^2 v} = \frac{A_{\text{nova}}^2}{A_{\text{velha}}^2}$$

Resolvendo para a nova amplitude, temos que:

$$A_{\text{nova}} = A_{\text{velha}} \sqrt{\frac{P_{\text{nova}}}{P_{\text{velha}}}} = (6{,}00\text{ cm})\sqrt{\frac{1.000\text{ W}}{512\text{ W}}} = 8{,}39\text{ cm}$$

2.6 A equação de onda linear

Na Seção 2.1, introduzimos o conceito da função de onda para representar as ondas que se propagam em uma corda. Todas as funções de onda $y(x, t)$ representam as soluções de uma equação chamada *equação de onda linear*, que dá uma descrição completa do movimento das ondas, e a partir da qual se pode derivar uma expressão para a velocidade da onda. Além disso, essa equação é fundamental para muitas formas de movimento de onda. Nesta seção, derivaremos a equação aplicada às ondas em cordas.

Suponha que uma onda progressiva esteja se propagando ao longo de uma corda que está sob uma tensão T. Vamos considerar um pequeno elemento na corda de comprimento Δx (Figura 2.19). As extremidades do elemento fazem pequenos ângulos θ_A e θ_B com o eixo x. Portanto, o elemento é modelado como uma partícula sob uma força resultante. A força resultante agindo sobre o elemento na direção vertical é:

$$\sum F_y = T\,\text{sen}\,\theta_B - T\,\text{sen}\,\theta_A = T(\text{sen}\,\theta_B - \text{sen}\,\theta_A)$$

Como os ângulos são pequenos, podemos usar a aproximação de seno $\theta \approx \text{tg}\,\theta$ para expressar a força resultante como:

$$\sum F_y \approx T(\text{tg}\,\theta_B - \text{tg}\,\theta_A) \tag{2.22}$$

Imagine acontecer um deslocamento infinitesimal para fora da extremidade direita do elemento da corda na Figura 2.19 ao longo da linha azul representando a força $\vec{T}$. Esse deslocamento tem componentes infinitesimais x e y, e podem ser representados pelo vetor $dx\,\hat{\mathbf{i}} + dy\,\hat{\mathbf{j}}$. A tangente do ângulo em relação ao eixo x para esse deslocamento é dy/dx. Como podemos avaliar a tangente em um instante de tempo específico, devemos expressá-la de forma parcial como $\partial y/\partial x$. Substituindo as tangentes na Equação 2.22, temos que:

$$\sum F_y \approx T\left[\left(\frac{\partial y}{\partial x}\right)_B - \left(\frac{\partial y}{\partial x}\right)_A\right] \tag{2.23}$$

Agora, a partir do modelo de partícula sob uma força resultante, vamos aplicar a Segunda Lei de Newton para o elemento, com a massa do elemento dada por $m = \mu\,\Delta x$:

$$\sum F_y = ma_y = \mu\Delta x\left(\frac{\partial^2 y}{\partial t^2}\right) \tag{2.24}$$

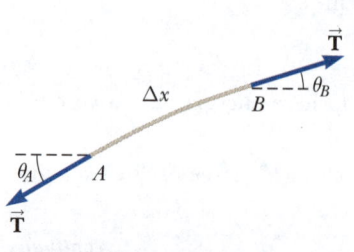

Figura 2.19 Elemento de uma corda sob tensão T.

Combinando a Equação 2.23 com a 2.24, temos que:

$$\mu \Delta x \left(\frac{\partial^2 y}{\partial t^2}\right) = T\left[\left(\frac{\partial y}{\partial x}\right)_B - \left(\frac{\partial y}{\partial x}\right)_A\right]$$

$$\frac{\mu}{T}\frac{\partial^2 y}{\partial t^2} = \frac{(\partial y/\partial x)_B - (\partial y/\partial x)_A}{\Delta x} \qquad (2.25)$$

O lado direito da Equação 2.25 pode ser expresso de uma forma diferente se levarmos em conta que a derivada parcial de qualquer função é definida como:

$$\frac{\partial f}{\partial x} \equiv \lim_{\Delta x \to 0} \frac{f(x + \Delta x) - f(x)}{\Delta x}$$

Associando $f(x + \Delta x)$ com $(\partial y/\partial x)_B$ e $f(x)$ com $(\partial y/\partial x)_A$, vemos que, no limite $\Delta x \to 0$, a Equação 2.25 se torna:

$$\frac{\mu}{T}\frac{\partial^2 y}{\partial t^2} = \frac{\partial^2 y}{\partial x^2} \qquad (2.26) \qquad \blacktriangleleft \textbf{ Equação de onda linear para uma corda}$$

Essa expressão é a equação de onda linear conforme aplicada a ondas em uma corda. Essa equação (2.26) é muitas vezes escrita na forma de:

$$\boxed{\frac{\partial^2 y}{\partial x^2} = \frac{1}{v^2}\frac{\partial^2 y}{\partial t^2}} \qquad (2.27) \qquad \blacktriangleleft \textbf{ Equação de onda linear em geral}$$

A Equação 2.27 se aplica, em geral, aos vários tipos de ondas que se propagam. Para ondas em cordas, y representa a posição vertical dos elementos da corda. Para ondas de som se propagando através de um gás, y corresponde à posição longitudinal dos elementos do gás, do equilíbrio ou de variações de qualquer pressão ou densidade do gás. No caso das ondas eletromagnéticas, y corresponde a componentes do campo elétrico ou magnético.

Já mostramos que a função de onda senoidal (Equação 2.10) é uma solução da equação de onda linear (Equação 2.27). Embora não possamos provar isso aqui, a equação de onda linear é satisfeita por *qualquer* função de onda de forma que $y = f(x \pm vt)$. Além disso, vimos que essa equação é uma consequência direta do modelo de partícula sob uma força líquida aplicada a qualquer elemento de uma corda carregando uma onda progressiva.

Resumo

Definições

Onda senoidal unidimensional é aquela em que as posições dos elementos do meio variam senoidalmente. Uma onda senoidal que se move para a direita pode ser expressa com uma **função de onda**:

$$y(x,t) = A \,\text{sen}\left[\frac{2\pi}{\lambda}(x - vt)\right] \qquad (2.5)$$

onde A é a **amplitude**, λ é o **comprimento** e v é a **velocidade da onda**.

O **número angular da onda** k e a **frequência angular** ω de uma onda são definidos como:

$$k \equiv \frac{2\pi}{\lambda} \qquad (2.8)$$

$$\omega \equiv \frac{2\pi}{T} = 2\pi f \qquad (2.9)$$

onde T é o **período** da onda e f a sua **frequência**.

Onda transversal é aquela em que os elementos do meio se movem em uma direção *perpendicular* à de propagação.

Onda longitudinal é aquela em que os elementos do meio se movem em uma direção *paralela* à de propagação.

Conceitos e Princípios

Qualquer onda unidimensional se movendo com uma velocidade v na direção x pode ser representada por uma função de onda na forma:

$$y = (x, t) = f(x \pm vt) \qquad (2.1, 2.2)$$

onde o sinal positivo se aplica a uma onda se movendo na direção x negativa, e o sinal negativo a uma onda se movendo na direção x positiva. A forma da onda em qualquer instante no tempo (uma fotografia da onda) é obtida pela manutenção de t constante.

A velocidade de uma onda que se propaga em uma corda tensa de massa por unidade de comprimento μ e tensão T é:

$$v = \sqrt{\frac{T}{\mu}} \qquad (2.18)$$

Uma onda é refletida total ou parcialmente quando atinge o final do meio em que se propaga, ou quando atinge um limite, onde sua velocidade muda descontinuamente. Se uma onda que se move em uma corda encontra uma extremidade fixa, ela é refletida e invertida. Se a onda atinge uma extremidade livre, ela é refletida, mas não invertida.

A **potência** transmitida por uma onda senoidal em uma corda esticada é:

$$P = \tfrac{1}{2}\mu\omega^2 A^2 v \qquad (2.21)$$

Funções de onda são as soluções para uma equação diferencial chamada **equação de onda linear**:

$$\frac{\partial^2 y}{\partial x^2} = \frac{1}{v^2}\frac{\partial^2 y}{\partial t^2} \qquad (2.27)$$

Modelo de Análise para Resolução de Problemas

Onda progressiva. A velocidade de propagação de uma onda senoidal é:

$$v = \frac{\lambda}{T} = \lambda f \qquad (2.6, 2.12)$$

Uma onda senoidal pode ser expressa como:

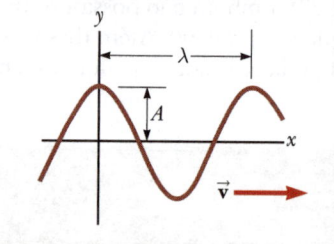

$$y = A\,\text{sen}\,(kx - \omega t) \qquad (2.10)$$

Perguntas Objetivas

1. Se uma extremidade de uma corda pesada é acoplada a uma extremidade de uma corda leve, uma onda pode se mover da corda pesada para a mais leve. **(i)** O que acontece com a velocidade da onda? (a) Aumenta. (b) Diminui. (c) Permanece constante. (d) Muda de forma imprevisível. **(ii)** O que acontece com frequência? Escolha entre as mesmas possibilidades. **(iii)** O que acontece a seu comprimento de onda? Escolha a partir das mesmas possibilidades.

2. Se você esticar uma mangueira de borracha e a soltar, pode observar um pulso se movendo para cima e para baixo da mangueira. **(i)** O que acontece com a velocidade do pulso, se você esticar a mangueira com mais força? (a) Aumenta. (b) Diminui. (c) Permanece constante. (d) Muda de forma imprevisível. **(ii)** O que acontece a velocidade, se você encher a mangueira com água? Escolha a partir das mesmas possibilidades.

3. Classifique as ondas representadas pelas seguintes funções, da maior para a menor de acordo com **(i)** suas amplitudes, **(ii)** seus comprimentos de onda, **(iii)** suas frequências, **(iv)** seus períodos e **(v)** suas velocidades. Se os valores de uma grandeza são iguais para as duas ondas, mostre que elas têm uma classificação igual. Para todas as funções, x e y estão dados em metros e t em segundos. (a) $y = 4\,\text{sen}\,(3x - 15t)$, (b) $y = 6\cos(3x + 15t - 2)$, (c) $y = 8\,\text{sen}\,(2x + 15t)$, (d) $y = 8\cos(4x + 20t)$ e (e) $y = 7\,\text{sen}\,(6x - 24t)$.

4. Por qual fator você teria que multiplicar a tensão em uma corda esticada de modo a dobrar a velocidade das ondas? Suponha que a corda não estica. (a) Um fator de 8. (b) Um

fator de 4. (c) Um fator de 2. (d) Um fator de 0,5. (e) Você não pode mudar a velocidade por um fator previsível alterando a tensão.

5. Quando todas as cordas de uma guitarra (Fig. PO2.5) estão esticadas na mesma tensão, a velocidade de uma onda ao longo da corda grave mais massiva será (a) mais rápida, (b) mais lenta ou (c) a mesma velocidade de uma onda sobre as cordas mais leves? Alternativamente, (d) a velocidade da corda grave não é necessariamente nenhuma dessas respostas?

Figura PO2.5

6. Qual das seguintes afirmações não é necessariamente verdadeira em relação às ondas mecânicas? (a) Elas são formadas por uma fonte de perturbação. (b) Elas são senoidais em sua natureza. (c) Elas carregam energia. (d) Elas requerem um meio através do qual possam se propagar. (e) A velocidade da onda depende das propriedades do meio em que elas se propagam.

7. (a) Uma onda pode se mover em uma corda com uma velocidade da onda que é maior que a velocidade máxima transversal $v_{y,\text{máx}}$ de um elemento da corda? (b) A velocidade da onda pode ser muito maior que a velocidade máxima do elemento? (c) A velocidade da onda pode ser igual à velocidade máxima do elemento? (d) A velocidade da onda pode ser menor que $v_{y,\text{máx}}$?

8. Uma fonte de vibração em uma frequência constante gera uma onda senoidal em uma corda sob tensão constante. Se a potência fornecida para a corda é duplicada, por qual fator a amplitude se altera? (a) um fator de 4, (b) um fator de 2, (c) um fator de $\sqrt{2}$, (d) um fator de 0,707, (e) não pode ser previsto.

9. A distância entre dois picos sucessivos de uma onda senoidal se movendo ao longo de uma corda é de 2 m. Se a frequência dessa onda é de 4 Hz, qual é a velocidade da onda? (a) 4 m/s, (b) 1 m/s, (c) 8 m/s, (d) 2 m/s, (e) impossível de responder a partir da informação dada.

Perguntas Conceituais

1. Por que uma substância sólida é capaz de transportar tanto ondas longitudinais quanto transversais, mas um líquido homogêneo é capaz de transportar apenas ondas longitudinais?

2. (a) Como você criaria uma onda longitudinal em uma corda esticada? (b) Seria possível criar uma onda transversal em uma corda?

3. Quando um pulso se propaga em uma corda esticada, ele sempre inverte na reflexão? Explique.

4. Na Mecânica, a massa das cordas é, com frequência, desprezada. Por que esta não é uma boa suposição quando se fala de ondas em cordas?

5. Se você balançar firmemente uma extremidade de uma corda esticada três vezes a cada segundo, qual será o período da onda senoidal criado na corda?

6. (a) Se uma longa corda é pendurada no teto e as ondas são enviadas à corda de sua extremidade inferior, por que a velocidade das ondas muda à medida que sobem? (b) A velocidade das ondas ascendentes aumenta ou diminui? Explique.

7. Por que um pulso em uma corda é considerado transversal?

8. A velocidade vertical de um elemento de uma corda horizontal tensa, através do qual a onda está se movendo, dependerá da velocidade da onda? Explique.

9. Em um terremoto, ambas as ondas S (transversais) e P (longitudinais) se propagam a partir do foco do terremoto. O foco está no chão radialmente abaixo do epicentro na superfície (Figura PC2.9). Suponha que as ondas se movam em linha reta através de um material uniforme. As ondas S se propagam através da Terra mais lentamente que as P (em cerca de 5 km/s versus 8 km/s). Ao detectar o tempo de chegada das ondas em um sismógrafo, (a) como se pode determinar a distância do foco do terremoto? (b) Quantas estações de detecção são necessárias para localizar o foco de forma inequívoca?

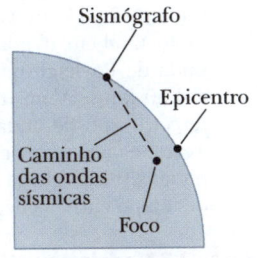

Figura PC2.9

Problemas

WebAssign Os problemas que se encontram neste capítulo podem ser resolvidos on-line no Enhanced WebAssign (em inglês)

1. denota problema simples;
2. denota problema intermediário;
3. denota problema de desafio;

AMT *Analysis Model Tutorial* disponível no Enhanced WebAssign (em inglês);

M denota tutorial *Master It* disponível no Enhanced WebAssign (em inglês);

PD denota problema dirigido;

W solução em vídeo *Watch It* disponível no Enhanced WebAssign (em inglês).

Seção 2.1 Propagação de uma perturbação

1. **W** Uma estação sismográfica recebe ondas S e P de um terremoto, separadas por um tempo de 17,3 s. Suponha que as ondas percorreram o mesmo caminho a uma velocidade de 4,50 km/s e 7,80 km/s. Encontre a distância entre o sismógrafo e o foco do terremoto.

2. Ondas do mar com uma distância de crista a crista de 10,0 m podem ser descritas pela função de onda:

$$y(x, t) = 0,800 \text{ sen }[0,628(x - vt)]$$

   onde x e y estão dados em metros, t em segundos e $v = 1,20$ m/s. (a) Esboce $y(x, t)$ em $t = 0$. (b) Esboce $y(x, t)$ em $t = 2,00$ s. (c) Compare o gráfico na parte (b) com o da parte (a) e explique as similaridades e diferenças. (d) Como a onda se moveu entre os gráficos (a) e (b)?

3. Em $t = 0$, um pulso transversal em um fio é descrito pela função:

$$y = \frac{6,00}{x^2 + 3,00}$$

   onde x e y estão dados em metros. Se o pulso está se movendo na direção positiva x com a velocidade de 4,50 m/s, escreva a função $y(x, t)$ que descreve esse pulso.

4. Dois pontos A e B na superfície da Terra estão na mesma longitude e separados 60,0° em latitude, conforme mostrado na Figura P2.4. Suponha que um terremoto no ponto A crie uma onda P que atinge o ponto B, propagando-se em linha reta através da Terra a uma velocidade constante de 7,80 km/s. O terremoto também irradia uma onda de Rayleigh que viaja a 4,50 km/s. Além das P e S, ondas de Rayleigh são um terceiro tipo de onda sísmica que percorre a *superfície* da Terra, e não através do *corpo* da Terra. (a) Qual dessas duas ondas sísmicas chega em B primeiro? (b) Qual é a diferença de tempo entre a chegada dessas duas ondas em B?

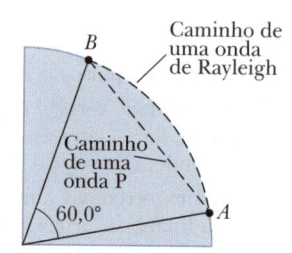

Figura P2.4

Seção 2.2 Modelo de análise: ondas progressivas

5. **M** Uma onda é descrita como $y = 0,0200$ sen $(kx - \omega t)$, onde $k = 2,11$ rad/m, $\omega = 3,62$ rad/s, x e y estão dados em metros, e t em segundos. Determine (a) a amplitude, (b) o comprimento de onda, (c) a frequência e (d) a velocidade da onda.

6. Uma certa corda uniforme é mantida sob tensão constante. (a) Faça um desenho da visão lateral de uma onda senoidal em uma corda, como mostrado nos diagramas deste texto. (b) Logo abaixo do diagrama (a), faça a mesma onda em um momento posterior de um quarto do período da onda. (c) Em seguida, desenhe uma onda com uma amplitude 1,5 vezes maior que a onda no esquema (a). (d) Em seguida, desenhe uma onda diferente daquela em seu diagrama (a) evidenciando um comprimento de onda 1,5 vezes maior. (e) Por último, desenhe uma onda diferente daquela no esquema (a) evidenciando uma frequência 1,5 vezes maior.

7. **M** Uma onda senoidal está se propagando ao longo de uma corda. O oscilador que gera a onda completa 40,0 vibrações em 30,0 s. Dada crista da onda se move 425 centímetros ao longo da corda em 10,0 s. Qual é o comprimento da onda?

8. Para certa onda transversal, a distância entre duas cristas sucessivas é de 1,20 m, e oito cristas passam em dado ponto ao longo da direção do curso a cada 12,0 s. Calcule a velocidade da onda.

9. **M** A função de onda para uma onda que viaja em uma corda tensa é (em unidades SI):

$$y(x,t) = 0,350 \text{sen}\left(10\pi t - 3\pi x + \frac{\pi}{4}\right)$$

   (a) Quais são a velocidade e a direção do percurso da onda? (b) Qual é a posição vertical de um elemento da corda em $t = 0$, $x = 0,100$ m? Quais são (c) o comprimento de onda e (d) a frequência da onda? (e) Qual é a velocidade transversal máxima de um elemento da corda?

10. **W** Quando um fio específico está vibrando com uma frequência de 4,00 Hz, uma onda transversal de 60,0 centímetros de comprimento de onda é produzida. Determine a velocidade das ondas ao longo do fio.

11. **W** A corda mostrada na Figura P2.11 é conduzida em uma frequência de 5,00 Hz. A amplitude do movimento é de $A = 12,0$ cm, e a velocidade da onda é $v = 20,0$ m/s. Além disso, a onda é tal que $y = 0$ em $x = 0$ e $t = 0$. Determine (a) a frequência angular e (b) o número de onda para essa onda. (c) Escreva uma expressão para a função de onda. Calcule (d) a velocidade transversal máxima e (e) a aceleração transversal máxima de um elemento da corda.

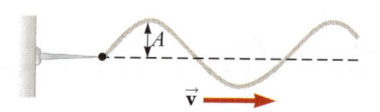

Figura P2.11

12. Considere a onda senoidal do Exemplo 2.2 com a função de onda:

$$y = 0,150 \cos (15,7x - 50,3t)$$

   onde x e y estão dados em metros e t em segundos. Em determinado instante, deixe o ponto A ser a origem e B ser o ponto mais próximo de A ao longo do eixo x, onde a onda está a 60,0° fora de fase com A. Qual é a coordenada de B?

13. Uma onda senoidal de 2,00 m de comprimento de onda e amplitude de 0,100 m se move em uma corda com uma velocidade de 1,00 m/s para a direita. Em $t = 0$, a extremidade esquerda da corda está na origem. Para essa corda, encontre (a) a frequência, (b) a frequência angular, (c) o número de onda angular e (d) a função de onda em unidades SI. Determine a equação do movimento em unidades SI para (e) a extremidade esquerda da corda e (f) o ponto na corda a $x = 1,50$ m à direita da extremidade esquerda. (g) Qual é a velocidade máxima de qualquer elemento da corda?

14. (a) Plote y *versus* t em $x = 0$ para uma onda senoidal de forma $y = 0,150 \cos(15,7x - 50,3t)$, onde x e y estão dados em metros e t em segundos. (b) Determine o período da vibração. (c) Justifique como seu resultado é comparável ao valor encontrado no Exemplo 2.2.

15. **W** Uma onda transversal em uma corda é descrita pela função de onda:

$$y = 0,120 \text{sen}\left(\frac{\pi}{8}x + 4\pi t\right)$$

   onde x e y estão dados em metros e t em segundos. Determine (a) a velocidade transversal e (b) a aceleração transversal em $t = 0,200$ s para um elemento da corda localizado em $x = 1,60$ m. Quais são (c) o comprimento de onda, (d) o período e (e) a velocidade de propagação dessa onda?

16. Uma onda em uma corda é descrita pela função de onda $y = 0,100$ sen $(0,50x - 20t)$, onde x e y estão dados em metros e t em segundos. (a) Mostre que um elemento da corda em $x = 2,00$ m executa um movimento harmônico. (b) Determine a frequência de oscilação desse elemento em particular.

17. **W** Uma onda senoidal é descrita pela função de onda $y = 0,25$ sen $(0,30x - 40t)$, onde x e y estão dados em metros e t em segundos. Determine para essa onda (a) a amplitude, (b) a frequência angular, (c) o número de onda angular, (d) o comprimento de onda, (e) a velocidade da onda e (f) a direção do movimento.

18. **PD** Uma onda senoidal se movendo em uma direção x negativa (para a esquerda) tem amplitude de 20,0 cm, comprimento de onda de 35,0 cm e frequência de 12,00 Hz. A posição transversal de um elemento do meio em $t = 0$, $x = 0$ é $y = -3,00$ cm, e o elemento, aqui, tem uma velocidade positiva. Queremos encontrar uma expressão para a função de onda que a descreva. (a) Esboce a onda em $t = 0$. (b) Encontre o número angular k de onda. (c) Encontre o período T a partir da frequência. Encontre (d) a frequência angular ω e (e) a velocidade da onda v. (f) A partir das informações sobre $t = 0$, encontre a constante de fase ϕ. (g) Escreva uma expressão para a função de onda $y(x, t)$.

19. (a) Escreva a expressão para y em função de x e t em unidades SI para uma onda senoidal se movendo ao longo de uma corda na direção x negativa com as seguintes características: $A = 8,00$ cm, $\lambda = 80,0$ cm, $f = 3,00$ Hz e $y(0, t) = 0$ em $t = 0$. (b) **E se?** Escreva a expressão para y como uma função de x e t para a onda na parte (a), supondo $y(x, 0) = 0$ no ponto $x = 10,0$ cm.

20. Uma onda transversal senoidal em uma corda tem um período $T = 25,0$ ms e se move na direção x negativa com uma velocidade de 30,0 m/s. Em $t = 0$, um elemento da corda em $x = 0$ tem uma posição transversal de 2,00 cm e está se movendo para baixo com uma velocidade de 2,00 m/s. (a) Qual é a amplitude da onda? (b) Qual é o ângulo de fase inicial? (c) Qual é a velocidade transversal máxima de um elemento da corda? (d) Escreva a função de onda para a onda.

Seção 2.3 A velocidade de ondas transversais em cordas

21. **Revisão.** O limite elástico de um fio de aço é $2,70 \times 10^8$ Pa. Qual é a velocidade máxima que pulsos de ondas transversais podem se propagar ao longo desse fio sem ultrapassar essa tensão? (a densidade do aço é de $7,86 \times 10^3$ kg/m³).

22. **W** Uma corda de piano com massa por unidade de comprimento igual a $5,00 \times 10^{-3}$ kg/m está sob uma tensão de 1.350 N. Encontre a velocidade com que uma onda viaja nessa corda.

23. **M** As ondas transversais se propagam com uma velocidade de 20,0 m/s em uma corda sob tensão de 6,00 N. Qual é a tensão necessária para uma velocidade de onda ser de 30,0 m/s na mesma corda?

24. Uma aluna, durante um teste, encontra em uma folha de referência duas equações:

$$f = \frac{1}{T} \quad e \quad v = \sqrt{\frac{T}{\mu}}$$

Ela esqueceu o que T representa em cada equação. (a) Use a análise dimensional para determinar as unidades necessárias para T em cada equação. (b) Explique como você pode identificar a grandeza física que cada T representa das unidades.

25. **W** Um cabo de Ethernet tem 4,00 m de comprimento e massa de 0,200 kg. Um pulso transversal é produzido por um puxão em uma extremidade do cabo esticado. O pulso faz quatro viagens para baixo e para trás ao longo do cabo em 0,800 s. Qual é a tensão no cabo?

26. Uma onda transversal se movendo em um fio esticado tem amplitude de 0,200 mm e frequência de 500 Hz. Ela se propaga à velocidade de 196 m/s. (a) Escreva uma equação em unidades SI, na forma $y = A$ sen $(kx - \omega t)$ para essa onda. (b) A massa por unidade de comprimento do fio é 4,10 g/m. Encontre a tensão no fio.

27. **AMT** **M** Um fio de aço de 30,0 m de comprimento e um fio de cobre de 20,0 m de comprimento, ambos com 1,00 mm de diâmetro, são conectados ponta a ponta e estendidos a uma tensão de 150 N. Durante qual intervalo de tempo uma onda transversal se propaga por todo o comprimento dos dois fios?

28. *Por que a seguinte situação é impossível?* Um astronauta na Lua está estudando o movimento das ondas por meio do aparelho discutido no Exemplo 2.3 e mostrado na Figura 2.12. Ele mede o intervalo de tempo que pulsos levam para se propagar ao longo do fio horizontal. Suponha que o fio horizontal tenha massa de 4,00 g e comprimento de 1,60 m, e que um corpo de 3,00 kg é suspenso a partir de sua extensão ao redor da polia. O astronauta descobre que um pulso requer 26,1 ms para percorrer o comprimento do fio.

29. **AMT** A tensão é mantida em uma corda como na Figura P2.29. A velocidade da onda observada é de $v = 24,0$ m/s quando a massa suspensa é de $m = 3,00$ kg. (a) Qual é a massa por unidade de comprimento da corda? (b) Qual é a velocidade da onda quando a massa suspensa é de $m = 2,00$ kg?

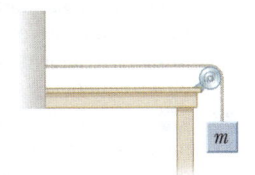

Figura P2.29
Problemas 29 e 47.

30. **Revisão.** Uma corda leve com massa por unidade de comprimento de 8,00 g/m tem suas extremidades amarradas a duas paredes separadas por uma distância igual a três quartos do comprimento da corda (Figura P2.30). Um corpo de massa m é suspenso a partir do centro da corda, colocando nela uma tensão. (a) Encontre uma expressão para a velocidade da onda transversal na corda em função da massa do corpo pendurado. (b) Qual deve ser a massa do corpo suspenso na corda, se a velocidade da onda for 60,0 m/s?

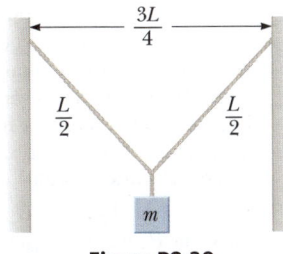

Figura P2.30

31. **W** Pulsos transversais se propagam com uma velocidade de 200 m/s ao longo de um fio de cobre esticado cujo diâmetro é 1,50 mm. Qual é a tensão no fio? (A densidade do cobre é 8,92 g/cm³.)

Seção 2.5 Taxa de transferência de energia por ondas senoidais em cordas

32. Em uma região longe do epicentro de um terremoto, uma onda sísmica pode ser modelada como transporte de energia em uma única direção, sem absorção, assim como uma onda em uma corda faz. Suponha que os movimentos de ondas sísmicas se movam do granito para a lama com densidade semelhante, mas com módulo volumétrico muito menor. Suponha que a velocidade da onda caia gradualmente por um fator de 25,0, com um reflexo insignificante da onda. (a) Explique se a amplitude do chão tremendo vai aumentar ou diminuir. (b) Ela muda por um fator previsível? (esse fenômeno levou ao colapso parte da rodovia Nimitz, em Oakland, Califórnia, durante o terremoto de Loma Prieta em 1989).

33. Ondas transversais são geradas em uma corda sob tensão constante. Por qual fator a potência necessária deve ser aumentada ou diminuída, se (a) o comprimento da corda é dobrado e a frequência angular permanece constante, (b) a amplitude é duplicada e a frequência angular é reduzida pela metade, (c) tanto o comprimento de onda quanto a amplitude são dobrados, e (d) tanto o comprimento da corda quanto o de onda são reduzidos para metade?

34. **M** Ondas senoidais de amplitude de 5,00 cm devem ser transmitidas ao longo de uma corda que tem densidade de massa linear de $4,00 \times 10^{-2}$ kg/m. A fonte pode fornecer uma potência máxima de 300 W, e a corda está sob uma tensão de 100 N. Qual é a maior frequência f em que a fonte pode funcionar?

35. **M** Uma onda transversal em uma corda é descrita pela função de onda:

$$y = 0{,}15 \operatorname{sen}(0{,}80x - 50t)$$

onde x e y estão dados em metros e t em segundos. A massa por unidade de comprimento da corda é de 12,0 g/m. Determine (a) a velocidade da onda, (b) o comprimento de onda, (c) a frequência e (d) a potência transmitida pela onda.

36. **W** Uma corda esticada tem massa de 0,180 kg e comprimento de 3,60 m. Que energia deve ser fornecida à corda, de modo a gerar ondas senoidais, com uma amplitude de 0,100 m e comprimento de onda de 0,500 m, e se propagando com uma velocidade de 30,0 m/s?

37. **AMT** Uma corda transporta uma onda; um segmento de 6,00 m da corda contém quatro comprimentos de onda completos e massa de 180 g. A corda vibra de forma senoidal com uma frequência de 50,0 Hz e um deslocamento de pico a vale de 15,0 cm (a distância "pico a vale" é a distância vertical entre a posição extrema positiva para a extrema negativa). (a) Escreva a função que essa onda descreve se propagando na direção x positiva. (b) Determine a energia fornecida para a corda.

38. Uma corda horizontal pode transmitir uma potência máxima P_0 (sem romper) se uma onda com amplitude A e frequência angular ω está se propagando ao longo dela. Para aumentar essa potência máxima, um estudante dobra a corda e usa a "corda dupla" como meio. Supondo que a tensão nas duas partes é a mesma que a inicial na corda única e a frequência angular da onda permanece a mesma, determine a potência máxima que pode ser transmitida ao longo da "corda dupla".

39. A função de onda para uma onda em uma corda tensa é:

$$y(x,t) = 0{,}350 \operatorname{sen}\left(10\pi t - 3\pi x + \frac{\pi}{4}\right)$$

onde x e y estão dados em metros e t em segundos. Se a densidade de massa linear da corda é 75,0 g/m, (a) qual é a taxa média na qual a energia é transmitida ao longo da corda? (b) Qual é a energia contida em cada ciclo da onda?

40. Uma onda bidimensional se propaga em círculos na água. Mostre que a amplitude A a uma distância r da perturbação inicial é proporcional a $1/\sqrt{r}$. *Sugestão*: considere a energia transportada por uma série de ondas se movimentando para fora.

Seção 2.6 A equação de onda linear

41. Mostre que a função de onda $y = \ln[b(x - vt)]$ é uma solução para a Equação 2.27, onde b é uma constante.

42. (a) Obtenha o valor de A na igualdade escalar $4(7 + 3) = A$. (b) Obtenha A, B e C na igualdade de vetores $700\hat{\mathbf{i}} + 3{,}00\hat{\mathbf{k}} = A\hat{\mathbf{i}} + B\hat{\mathbf{j}} + C\hat{\mathbf{k}}$. (c) Explique como chega às respostas para convencer um estudante que acha que você não pode resolver uma equação única para três incógnitas diferentes. (d) **E se?** A igualdade ou a identidade funcional

$$A + B\cos(Cx + Dt + E) = 7{,}00\cos(3x + 4t + 2)$$

é verdadeira para todos os valores das variáveis x e t, medidos em metros e em segundos, respectivamente. Obtenha as constantes A, B, C, D e E. (e) Explique como você chega a suas respostas para a parte (d).

43. Mostre que a função de onda $y = e^{b(x - vt)}$ é uma solução da equação de onda linear (Equação 2.27), onde b é uma constante.

44. (a) Mostre que a função $y(x, t) = x^2 + v^2 t^2$ é uma solução para a equação de onda. (b) Mostre que a função do item (a) pode ser escrita como $f(x + vt) + g(x - vt)$ e determine as formas funcionais para f e g. (c) **E se?** Repita as partes (a) e (b) para a função $y(x, t) = \operatorname{sen}(x)\cos(vt)$.

Problemas Adicionais

45. Um filme cinematográfico é projetado em uma frequência de 24,0 quadros por segundo. Cada fotografia tem a mesma altura de 19,0 mm, assim como cada oscilação de uma onda tem a mesma duração. Modele a altura de um quadro como o comprimento de onda de uma onda. Em qual velocidade constante o filme passa no projetor?

46. "A ola" é um tipo particular de pulsação que pode se propagar através de uma grande multidão reunida em uma arena de esportes (Fig. P2.46). Os elementos do meio são os espectadores, com a posição zero correspondente à sentada, e a máxima correspondente à em pé elevando os braços. Quando uma grande parte dos espectadores participa do movimento das ondas, uma forma de pulso com alguma estabilidade pode ser desenvolvida. A velocidade da onda depende do tempo de reação das pessoas, que normalmente é da ordem de 0,1 s. Estime a ordem de grandeza, em minutos, do intervalo de tempo necessário para tal pulso fazer um circuito em torno de um estádio de esportes. Mencione as grandezas que você mede ou estima e seus valores.

Figura P2.46

47. Uma onda senoidal em uma corda é descrita pela função de onda:

$$y = 0{,}20 \operatorname{sen}(0{,}75\pi x + 18\pi t)$$

onde x e y estão dados em metros e t em segundos. A corda tem uma densidade de massa linear de 0,250 kg/m. A tensão na corda é fornecida por uma situação como aquela ilustrada na Figura P2.29. Qual é a massa do corpo suspenso?

48. O fundo do oceano é constituído por uma camada de basalto que forma a crosta, ou camada superior, da Terra naquela região. Abaixo desta crosta é encontrada a camada de rochas periodotitas, mais densa, que forma o manto da Terra. O limite entre essas duas camadas é chamado descontinuidade de Mohorovicic ("Moho", de forma abreviada). Se uma carga explosiva é colocada sobre a superfície do basalto, ela gera uma onda sísmica que é refletida de volta para o Moho. Se a velocidade desta onda no basalto for de 6,50 km/s e o tempo de propagação nos dois sentidos é de 1,85 s, qual é a espessura da crosta oceânica?

49. Revisão. Um bloco de 2,00 kg está pendurado por um cabo de borracha. O bloco é suportado de forma que o cabo não esteja esticado. O comprimento não esticado do cabo é de 0,500 m, e sua massa é 5,00 g. A "constante de força" para o cabo é 100 N/m. O bloco é liberado e para, momentaneamente, no ponto mais baixo. (a) Determine a tensão no cabo quando o bloco está nesse ponto mais baixo. (b) Qual é o comprimento do cabo nessa posição "esticada"? (c) Se o bloco é mantido nessa posição mais baixa, encontre a velocidade de uma onda transversal nele.

50. Revisão. Um bloco de massa M está pendurado por um cabo de borracha. O bloco é suportado de forma que o cabo não esteja esticado. O comprimento não esticado do cabo é L_0, e sua massa é m, muito menor que M. A "constante de força" para o cabo é k. O bloco é liberado e para, momentaneamente, no ponto mais baixo. (a) Determine a tensão no cabo quando o bloco está nesse ponto mais baixo. (b) Qual é o comprimento do cabo nessa posição "esticada"? (c) Se o bloco é mantido nessa posição mais baixa, encontre a velocidade de uma onda transversal nele.

51. Uma onda transversal em uma corda é descrita pela função de onda:

$$y(x, t) = 0{,}350 \operatorname{sen}(1{,}25x + 99{,}6t)$$

onde x e y estão dados em metros e t em segundos. Considere o elemento da corda em $x = 0$. (a) Qual é o intervalo de tempo, entre os dois primeiros instantes em que esse elemento tem uma posição $y = 0{,}175$ m? (b) Qual é a distância percorrida pela onda durante o intervalo de tempo encontrado no item (a)?

52. Uma onda senoidal em uma corda é descrita pela função de onda:

$$y = 0{,}150 \operatorname{sen}(0{,}800x + 50{,}0t)$$

onde x e y estão dados em metros e t em segundos. A massa por unidade de comprimento da corda é de 12,0 g/m. (a) Encontre a aceleração transversal máxima de um elemento dessa corda. (b) Determine a força transversal máxima em um segmento de 1,00 cm da corda. (c) Descreva como a força encontrada no item (b) se compara com a tensão na corda.

53. Revisão. Um bloco de massa M, apoiado por uma corda, repousa sobre uma rampa sem atrito de ângulo θ com a horizontal (Figura P2.53). O comprimento da corda é L, e sua massa é $m \ll M$. Derive uma expressão para o intervalo de tempo necessário para uma onda transversal se mover de uma ponta da corda para a outra.

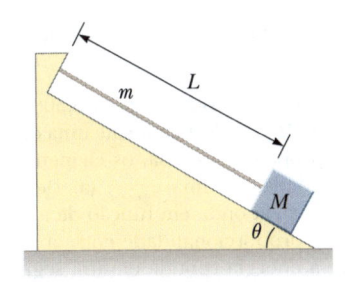

Figura P2.53

54. Um terremoto submarino ou um deslizamento de terra podem produzir uma onda no mar de curta duração, que leva muita energia, chamada *tsunami*. Quando seu comprimento de onda é grande em comparação à profundidade do oceano d, a velocidade de uma onda na água é dada aproximadamente por $v = \sqrt{gd}$. Suponha que um terremoto ocorra ao longo da fronteira entre a placa tectônica, do norte ao sul, e produza uma crista de onda *tsunami* se movendo em linha reta em toda a parte oeste. (a) Qual a grandeza física que você considera ser uma constante no movimento de qualquer crista da onda? (b) Explique por que a amplitude da onda aumenta enquanto a onda se aproxima da costa. (c) Se a onda tem 1,80 m de amplitude quando sua velocidade é de 200 m/s, qual será sua amplitude onde a água tem 9,00 m de profundidade? (d) Explique por que a amplitude esperada na praia deve ser ainda maior, mas não pode ser significativamente predita pelo modelo.

55. **AMT** **Revisão.** Um bloco de massa $M = 0{,}450$ kg está ligado a uma extremidade de um cabo de massa 0,00320 kg; a outra extremidade do cabo é conectada a um ponto fixo. O bloco gira a uma velocidade angular constante em um círculo sobre uma mesa horizontal sem atrito, como mostrado na Figura P2.55. Através de que ângulo o bloco gira no intervalo de tempo durante o qual uma onda transversal percorre a corda do centro do círculo para o bloco?

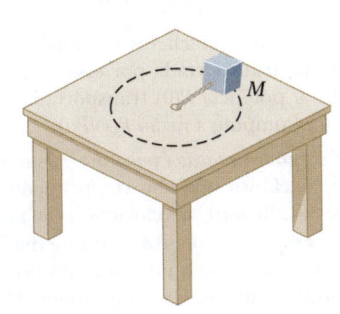

Figura P2.55 Problemas 55, 56 e 57.

56. Revisão. Um bloco de massa $M = 0{,}450$ kg está ligado a uma extremidade de um cabo de massa $m = 0{,}00320$ kg; a outra extremidade do cabo é conectada a um ponto fixo. O bloco gira a uma velocidade angular constante $\omega = 10{,}0$ rad/s em um círculo sobre uma mesa horizontal sem atrito, como mostrado na Figura P2.55. Qual é o intervalo de tempo necessário para uma onda transversal se deslocar ao longo da corda do centro do círculo para o bloco?

57. Revisão. Um bloco de massa M está ligado a uma extremidade de um cabo de massa m; a outra extremidade do cabo é conectada a um ponto fixo. O bloco gira a uma velocidade angular constante ω em um círculo sobre uma mesa horizontal sem atrito, como mostrado na Figura P2.55. Qual é o intervalo de tempo necessário para uma onda transversal se deslocar ao longo da corda do centro do círculo para o bloco?

58. Uma corda com densidade linear 0,500 g/m é mantida sob uma tensão de 20,0 N. Conforme uma onda senoidal transversal se propaga na corda, os elementos desta se movem com velocidade máxima $v_{y,máx}$. (a) Determine a potência transmitida pela onda em função de $v_{máx}$. (b) Declare, em palavras, a proporcionalidade entre a potência e $v_{y,máx}$. (c) Encontre a energia contida em um segmento de corda de 3,00 m de comprimento em função de $v_{y,máx}$. (d) Expresse a resposta da parte (c) em termos da massa m desse segmento. (e) Encontre a energia que a onda carrega depois de passar um ponto em 6,00 s.

59. Um fio de densidade ρ é cônico, de modo que sua área transversal varia com x de acordo com:

$$A = 1{,}00 \times 10^{-5}\, x + 1{,}00 \times 10^{-6}$$

onde A é expressa em metros quadrados e x em metros. A tensão no fio é T. (a) Derive uma relação para a velocidade de uma onda em função da posição. (b) **E se?** Suponha que o fio seja de alumínio e está sob uma tensão $T = 24{,}0$ N. Determine a velocidade da onda na origem e em $x = 10{,}0$ m.

60. Uma corda de massa total m e comprimento L está suspensa verticalmente. A análise mostra que, para pulsos transversais curtos, as ondas acima de uma curta distância da extremidade livre da corda podem ser representadas, por uma boa aproximação, pela equação de onda linear discutida na Seção 2.6. Mostre que um pulso transversal percorre o comprimento da corda em um intervalo de tempo que é dado aproximadamente por $\Delta t \approx 2\sqrt{L/g}$. *Sugestão*: em primeiro lugar, encontre uma expressão para a velocidade da onda em qualquer ponto a uma distância x da extremidade inferior, considerando a tensão da corda resultante do peso do segmento abaixo desse ponto.

61. Um pulso se propagando ao longo de uma corda de densidade de massa linear μ é descrita pela função de onda:

$$y = [A_0 e^{-bx}]\,\text{sen}\,(kx - \omega t)$$

onde o fator entre colchetes é a amplitude. (a) Qual é a potência $P(x)$ transportada por essa onda em um ponto x? (b) Qual é a potência $P(0)$ transportada por essa onda na origem? (c) Compute a razão $P(x)/P(0)$.

62. *Por que a seguinte situação é impossível?* Tsunamis são ondas de superfície oceânica que têm comprimentos de onda enormes (100 a 200 km); a velocidade de propagação dessas ondas é $v \approx \sqrt{g d_{méd}}$, onde $d_{méd}$ é a média da profundidade da água. Um terremoto no fundo do oceano no Golfo do Alasca produz um *tsunami* que atinge Hilo, no Havaí, a 4.450 km de distância, em um intervalo de tempo de 5,88 h (este método foi utilizado em 1856 para estimar a profundidade média do Oceano Pacífico muito antes de sondagens feitas para obter uma determinação direta).

63. **M Revisão.** Um fio de alumínio é mantido entre duas presilhas sob tensão zero em temperatura ambiente. Reduzindo a temperatura, que resulta em uma diminuição no comprimento de equilíbrio do fio, aumenta-se a tensão no fio. Tomando a área da seção transversal do fio como sendo $5{,}00 \times 10^{-6}$ m², a densidade como $2{,}70 \times 10^3$ kg/m³, e o módulo de Young como $7{,}00 \times 10^{10}$ N/m², qual deformação $(\Delta L/L)$ resulta em uma velocidade de onda transversal de 100 m/s?

Problemas de Desafio

64. Suponha que um corpo de massa M seja suspenso a partir do final da corda de massa m e comprimento L no Problema 60. (a) Mostre que o intervalo de tempo para um pulso transversal percorrer o comprimento da corda é:

$$\Delta t = 2\sqrt{\frac{L}{mg}}(\sqrt{M+m} - \sqrt{M})$$

(b) **E se?** Mostre que a expressão na parte (a) reduz o resultado do Problema 60 quando $M = 0$. (c) Mostre que, para $m \ll M$, a expressão na parte (a) se reduz para:

$$\Delta t = \sqrt{\frac{mL}{Mg}}$$

65. Uma corda de massa total m e comprimento L é suspensa verticalmente. Conforme mostrado no Problema 60, um pulso se propaga a partir da base para o topo da corda em um intervalo de tempo aproximado de $\Delta t = 2\sqrt{L/g}$ com uma velocidade que varia com a posição x, medida a partir da base da corda como $v = \sqrt{gx}$. Suponha que a equação de onda linear na Seção 2.6 descreva ondas em todas as posições na corda. (a) A partir de qual intervalo de tempo um pulso percorre a metade da corda? Dê sua resposta como uma fração da quantidade $2\sqrt{L/g}$. (b) Um pulso começa a se propagar até o topo da corda. Até que ponto ela viajou após um intervalo de tempo $\sqrt{L/g}$?

66. Uma corda em um instrumento musical é mantida sob tensão T e se estende a partir do ponto $x = 0$ para o ponto $x = L$. A corda é envolvida com um fio de tal maneira que sua massa por unidade de comprimento $\mu(x)$ aumenta uniformemente de μ_0 em $x = 0$ para μ_L em $x = L$. (a) Encontre a expressão para $\mu(x)$ em função de x no intervalo $0 \le x \le L$. (b) Encontre a expressão para o intervalo de tempo necessário para o pulso transversal percorrer o comprimento da corda.

67. Se um anel de corrente é girado em alta velocidade, ele pode rolar pelo chão como um aro circular, sem entrar em colapso. Considere uma corrente de densidade linear de massa uniforme μ, cujo centro de massa se desloca para a direita em alta velocidade v_0, como mostrado na Figura P2.67. (a) Determine a tensão na corrente em termos de μ e v_0. Suponha que o peso de uma ligação individual seja insignificante em comparação com a tensão. (b) Se o anel passa sobre uma pequena saliência, a deformação resultante da corrente faz que os dois pulsos transversais se propaguem ao longo da corrente, um se movendo no sentido horário e o outro no sentido anti-horário. Qual é a velocidade dos pulsos que se propagam ao longo da corrente? (c) Através de que ângulo cada pulso se propaga durante o intervalo de tempo no qual o anel faz uma revolução?

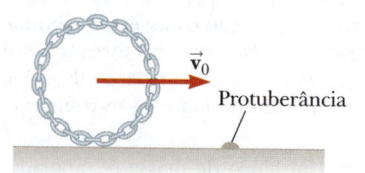

Figura P2.67

capítulo 3

Ondas sonoras

3.1 Variações de pressão em ondas sonoras

3.2 Velocidade escalar de ondas sonoras

3.3 Intensidade das ondas sonoras periódicas

3.4 O efeito Doppler

A maioria das ondas que estudamos no Capítulo 2 é forçada a se mover ao longo de um meio unidimensional. Por exemplo, a onda na Figura 2.7 é uma construção puramente matemática se movendo ao longo do eixo *x*. Já aquela da Figura 2.10 é restrita a se mover ao longo do comprimento da corda. Vimos também ondas que se deslocam através de um meio bidimensional e as ondas que se deslocam sobre a superfície do oceano na Figura 2.4. Neste capítulo,

Músicos tocam a Corneta dos Alpes. Neste capítulo, vamos explorar o comportamento das ondas sonoras, como aquelas provenientes desses grandes instrumentos musicais. (*Horst Lieber/Shutterstock*)

investigaremos ondas mecânicas que se movem através de um meio tridimensional volumétrico. Por exemplo, as ondas sísmicas deixando o foco de um terremoto se propagam pelo interior tridimensional da Terra.

Vamos colocar nossa atenção sobre as **ondas sonoras**, que se propagam através de qualquer material, mas são mais comumente conhecidas como as ondas mecânicas que se propagam através do ar e que resultam na percepção humana da audição. Como as ondas sonoras se propagam através do ar, elementos deste são perturbados de suas posições de equilíbrio. Acompanhando esses movimentos, estão as mudanças na densidade e pressão do ar ao longo da direção do movimento das ondas. Se a origem das ondas de som vibra senoidalmente, as variações de densidade e pressão também são senoidais. A descrição matemática de ondas senoidais de som é muito semelhante à de ondas senoidais em cordas, como discutido no Capítulo 2.

As ondas sonoras são divididas em três categorias que abrangem faixas de frequência diferentes. (1) *Ondas audíveis* se encontram dentro da faixa de sensibilidade do ouvido humano; podem ser geradas de várias maneiras, como por instrumentos musicais, vozes humanas ou alto-falantes. (2) *Ondas infrassônicas* têm frequências abaixo da faixa audível. Os elefantes podem usá-las para se comunicar uns com os outros, mesmo quando separados por muitos quilômetros. (3) *Ondas*

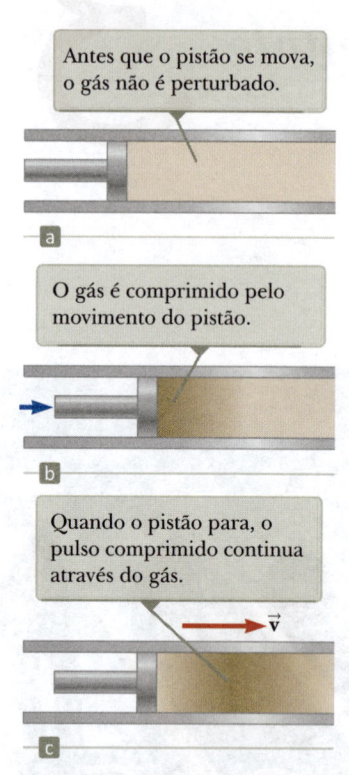

Figura 3.1 Movimento de um pulso longitudinal através de um gás compressível. A compressão (região escura) é produzida pelo movimento do pistão.

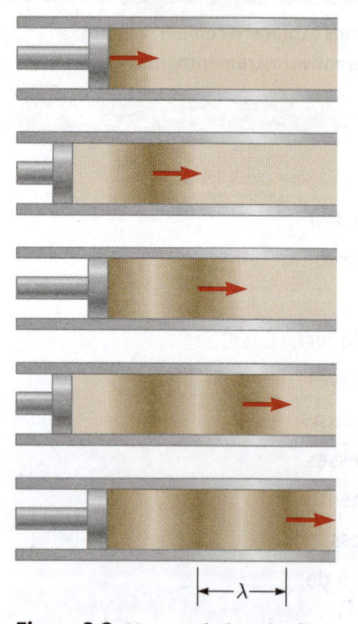

Figura 3.2 Uma onda longitudinal se propagando através de um tubo cheio de gás. A fonte da onda é um pistão oscilante, à esquerda.

ultrassônicas possuem frequências acima da faixa audível. Você pode já ter usado um apito "silencioso" para chamar seu cão. Cães ouvem facilmente o som ultrassônico emitido por esse apito, embora ele não possa ser detectado pelos seres humanos. Ondas ultrassônicas são também utilizadas em imagens médicas.

Este capítulo começa com uma discussão sobre as variações de pressão, a velocidade escalar e a intensidade das ondas sonoras; essa última uma função da amplitude da onda. Em seguida, forneceremos uma descrição alternativa da intensidade das ondas sonoras que comprime a ampla gama de intensidades às quais o ouvido é sensível em um menor e mais conveniente intervalo. Os efeitos do movimento das fontes e dos ouvintes sobre a frequência de um som também serão investigados.

3.1 Variações de pressão em ondas sonoras

No Capítulo 2, começamos nossa investigação das ondas imaginando a criação de um único pulso que se propaga por uma corda (Figura 2.1) ou uma mola (Figura 2.3). Faremos algo semelhante para o som. Descreveremos, por intermédio de figuras, o movimento de um pulso de som unidimensional longitudinal que se desloca através de um longo tubo contendo um gás compressível, como mostrado na Figura 3.1. Um pistão na extremidade esquerda pode ser rapidamente deslocado para a direita para comprimir o gás e criar o pulso. Antes do movimento do pistão, o gás não é perturbado e tem densidade uniforme, representado pela região uniformemente sombreada na Figura 3.1a. Quando o pistão é empurrado para a direita (Figura 3.1b), o gás é comprimido apenas na parte da frente (como representado pela região mais fortemente sombreada); a pressão e a densidade nessa região são mais altas que antes de o pistão se mover. Quando o pistão volta para o repouso (Figura 3.1c), a região comprimida do gás continua a se mover para a direita, correspondendo a um pulso longitudinal se propagando através do tubo com velocidade v.

Pode-se produzir uma onda sonora *periódica* unidimensional no tubo de gás da Figura 3.1, fazendo que o pistão se mova em movimento harmônico simples. Os resultados são mostrados na Figura 3.2. As partes mais escuras das áreas coloridas nessa figura representam as regiões nas quais o gás é comprimido e a densidade e a pressão estão acima de seu valor de equilíbrio. A região comprimida é formada sempre que o pistão é empurrado para dentro do tubo. Essa região comprimida, chamada **compressão**, propaga-se através do tubo, continuamente comprimindo a região em sua frente. Quando o pistão é puxado para trás, o gás em sua frente se expande e a pressão e a densidade, nessa região, caem abaixo de seu valor de equilíbrio (representado pelas partes mais claras das áreas coloridas na Figura 3.2). Essas regiões de baixa pressão, chamadas **rarefações**, também se propagam ao longo do tubo, seguindo as compressões. Ambas as regiões se propagam na velocidade do som no meio.

Quando o pistão oscila senoidalmente, as regiões de compressão e rarefação são continuamente criadas. A distância entre duas compressões sucessivas (ou duas rarefações sucessivas) é igual ao comprimento de onda λ da onda sonora. Como a onda sonora é longitudinal, conforme as compressões e rarefações se propagam através do tubo, qualquer pequeno elemento do gás se move com movimento harmônico simples paralelo à direção da onda. Se $s(x, t)$ é a posição de um pequeno elemento em relação à sua posição de equilíbrio,[1] podemos expressar essa função de posição harmônica como:

$$s(x, t) = s_{\text{máx}} \cos(kx - \omega t) \quad (3.1)$$

onde $s_{\text{máx}}$ é a posição máxima do elemento em relação ao equilíbrio. Esse parâmetro é muitas vezes chamado **amplitude de deslocamento** da onda. O parâmetro k é o número de onda, e ω é sua frequência angular. Observe que o deslocamento do elemento é ao longo de x, na direção de propagação da onda sonora.

---

[1] Usamos $s(x, t)$ aqui, em vez de $y(x, t)$, porque o deslocamento dos elementos no meio não é perpendicular à direção x.

A variação na pressão do gás ΔP medida a partir do valor de equilíbrio também é periódica, com o mesmo número de onda e frequência angular que para o deslocamento na Equação 3.1. Portanto, podemos escrever como:

$$\Delta P = \Delta P_{máx}\,\text{sen}(kx - \omega t) \qquad (3.2)$$

onde a **amplitude da pressão** $\Delta P_{máx}$ é a variação máxima do valor de equilíbrio da pressão.

Observe que temos expressado o deslocamento por meio de uma função cosseno, e a pressão por meio de uma função seno. Vamos justificar essa escolha no procedimento a seguir e relacionar a amplitude de pressão $P_{máx}$ à de deslocamento $s_{máx}$. Considere, mais uma vez, o conjunto de tubos e pistão da Figura 3.1. Na Figura 3.3a, focamos nossa atenção em um pequeno elemento cilíndrico de gás não perturbado de comprimento Δx e área A. O volume desse elemento é $V_i = A\,\Delta x$.

A Figura 3.3b mostra esse elemento do gás depois que uma onda sonora o moveu para uma nova posição. As duas faces planas do cilindro percorrem distâncias diferentes s_1 e s_2. A mudança no volume ΔV do elemento na nova posição é igual a $A\,\Delta s$, onde $\Delta s = s_1 - s_2$.

A partir da definição de módulo volumétrico (veja Equação 12.8 do Volume 1 desta coleção), expressamos a variação da pressão no elemento de gás em função de sua variação em volume:

$$\Delta P = -B\frac{\Delta V}{V_i}$$

Vamos substituir o volume inicial e a variação no volume do elemento:

$$\Delta P = -B\frac{A\,\Delta s}{A\,\Delta x}$$

Deixemos a espessura Δx do disco atingir zero, de modo que a razão $\Delta s/\Delta x$ se torne uma derivada parcial:

$$\Delta P = -B\frac{\partial s}{\partial x} \qquad (3.3)$$

Substitua a função da posição dada pela Equação 3.1:

$$\Delta P = -B\frac{\partial}{\partial x}[s_{máx}\cos(kx-\omega t)] = Bs_{máx}k\,\text{sen}(kx-\omega t)$$

A partir desse resultado, vemos que um deslocamento descrito por uma função cosseno leva a uma pressão descrita por uma função senoidal. E, ainda, que as amplitudes de deslocamento e pressão são relacionadas por:

$$\Delta P_{máx} = Bs_{máx}k \qquad (3.4)$$

Essa relação depende do módulo volumétrico do gás, que não é tão facilmente disponível como a densidade do gás. Quando determinarmos a velocidade do som em um gás na Seção 3.2, seremos capazes de fornecer uma expressão que relaciona $\Delta P_{máx}$ e $s_{máx}$ em termos de densidade do gás.

Essa discussão mostra que uma onda sonora pode ser igualmente bem descrita tanto em termos de pressão quanto de deslocamento. A comparação das equações 3.1 e 3.2 mostra que a onda de pressão está 90° fora de fase com a onda de deslocamento. Os gráficos dessas funções são mostrados na Figura 3.4. A variação de pressão é máxima quando o deslocamento de equilíbrio é zero, e o deslocamento de equilíbrio é máximo quando a variação de pressão é zero.

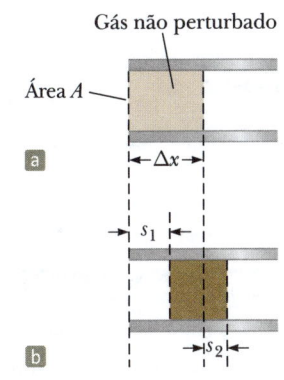

Figura 3.3 (a) Um elemento não perturbado de gás de comprimento Δx em um tubo de área de seção transversal A. (b) Quando uma onda sonora se propaga através do gás, o elemento é movido para uma nova posição e tem um comprimento diferente. Os parâmetros s_1 e s_2 descrevem os deslocamentos das extremidades do elemento a partir das suas posições de equilíbrio.

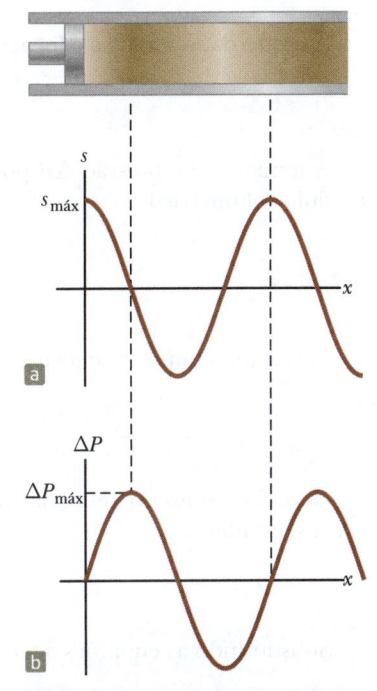

Figura 3.4 (a) A amplitude de deslocamento e (b) a amplitude de pressão pela posição de uma onda senoidal longitudinal.

> **Teste Rápido 3.1** Se você assoprar na parte superior de uma garrafa de refrigerante vazia, um pulso de som se propaga pelo ar na garrafa. No momento em que o pulso atinge o fundo da garrafa, qual é a descrição correta do deslocamento de elementos do ar de suas posições de equilíbrio e a pressão do ar nesse momento? **(a)** O deslocamento e a pressão são máximos. **(b)** O deslocamento e a pressão são mínimos, **(c)** O deslocamento é zero e a pressão é máxima. **(d)** O deslocamento é zero e a pressão é mínima.

3.2 Velocidade escalar de ondas sonoras

Vamos agora ampliar a discussão iniciada na Seção 3.1 para avaliar a velocidade do som em um gás. Na Figura 3.5a, considere o elemento cilíndrico de gás entre o pistão e a linha tracejada. Esse elemento do gás está em equilíbrio sob a influência de forças de módulo igual, a partir do pistão à esquerda e do resto do gás do lado direito. O módulo dessas forças é PA, onde P é a pressão do gás e A, a área da seção transversal do tubo.

A Figura 3.5b mostra a situação após um intervalo de tempo Δt durante o qual o pistão se move para a direita em uma velocidade constante v_x devido à força na esquerda do pistão que aumentou em módulo para $(P + \Delta P)A$. Até o final do intervalo de tempo Δt, cada parte do gás no elemento está se movendo com velocidade v_x. Isso não será verdade em geral para um elemento macroscópico do gás, mas vai se tornar realidade se reduzirmos o comprimento do elemento para um valor infinitesimal.

O comprimento do elemento não perturbado de gás é escolhido para ser $v\Delta t$, onde v é a velocidade do som no gás e Δt, o intervalo de tempo entre as configurações nas figuras 3.5a e 3.5b. Assim, no final do intervalo de tempo Δt, a onda sonora só vai chegar à extremidade direita do elemento cilíndrico de gás. O gás à direita do elemento não é perturbado por causa da onda de som que não chegou ainda.

O elemento do gás é modelado como um sistema não isolado em termos de momento. A força do pistão forneceu um impulso para o elemento, que, por sua vez, apresenta uma mudança na dinâmica. Portanto, podemos avaliar os dois lados do Teorema Impulso-Momento:

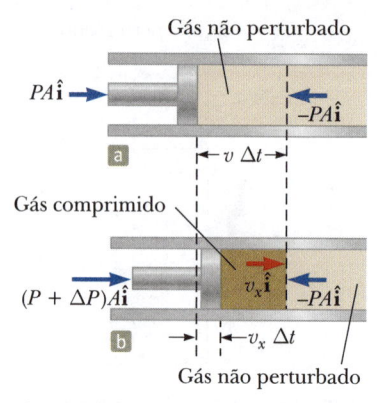

$$\Delta \vec{p} = \vec{I} \qquad (3.5)$$

Figura 3.5 (a) Um elemento não perturbado do gás de comprimento $v\,\Delta t$ em um tubo de área de seção transversal A. O elemento está em equilíbrio entre as forças em cada extremidade. (b) Quando o pistão se move para dentro com velocidade constante v_x devido a uma maior força na esquerda, o elemento também se move com a mesma velocidade.

À esquerda, o impulso é fornecido pela força constante, devido ao aumento da pressão sobre o pistão:

$$\vec{I} = \sum \vec{F}\,\Delta t = (A\,\Delta P\,\Delta t)\hat{\mathbf{i}}$$

A mudança de pressão ΔP pode estar relacionada com a mudança de volume e com a velocidade v e v_x através do módulo volumétrico:

$$\Delta P = -B\frac{\Delta V}{V_i} = -B\frac{(-v_x A\,\Delta t)}{vA\,\Delta t} = B\frac{v_x}{v}$$

Portanto, o impulso se torna:

$$\vec{I} = \left(AB\frac{v_x}{v}\Delta t\right)\hat{\mathbf{i}} \qquad (3.6)$$

No lado direito do Teorema Impulso-Momento, Equação 3.5, a mudança no momento do elemento de gás de massa m é a seguinte:

$$\Delta \vec{p} = m\Delta \vec{v} = (\rho V_i)(v_x\hat{\mathbf{i}} - 0) = (\rho v v_x A\,\Delta t)\hat{\mathbf{i}} \qquad (3.7)$$

Substituindo as equações 3.6 e 3.7 na Equação 3.5, encontramos:

$$\rho v v_x A\,\Delta t = AB\frac{v_x}{v}\Delta t$$

que se reduz a uma expressão para a velocidade do som em um gás:

$$v = \sqrt{\frac{B}{\rho}} \qquad (3.8)$$

É interessante comparar essa expressão com a Equação 2.18 para a velocidade de ondas transversais em uma corda, $v = \sqrt{T/\mu}$. Em ambos os casos, a velocidade da onda depende de uma propriedade elástica do meio (módulo volumétrico

B ou tensão das cordas T) e de uma propriedade inercial do meio (densidade de volume ρ ou densidade linear μ). Na verdade, a velocidade de todas as ondas mecânicas segue uma expressão da forma geral:

$$v = \sqrt{\frac{\text{propriedade elástica}}{\text{propriedade inercial}}}$$

Para ondas sonoras longitudinais em uma haste de material sólido, por exemplo, a velocidade do som depende do módulo de Young Y e da densidade ρ. A Tabela 3.1 fornece a velocidade do som em diferentes materiais.

Essa velocidade também depende da temperatura do meio. Para a propagação do som através do ar, a relação entre a velocidade da onda e a temperatura do ar é:

$$v = 331\sqrt{1 + \frac{T_C}{273}} \qquad (3.9)$$

onde v está em metros/segundo, 331 m/s é a velocidade do som no ar a 0 °C, e T_C é a temperatura do ar em graus Celsius. Usando essa equação, verifica-se que, a 20 °C, a velocidade do som no ar é de aproximadamente 343 m/s.

Essa informação fornece uma maneira conveniente para estimar a distância de uma tempestade. Primeiro, conte o número de segundos entre a visão do relâmpago e a audição do trovão. Dividindo esse tempo de intervalo por 3, teremos a distância aproximada do relâmpago em quilômetros, porque 343 m/s é aproximadamente $\frac{1}{3}$ km/s. Dividindo o tempo do intervalo em segundos por 5 temos a distância aproximada do relâmpago em milhas, porque a velocidade do som é de aproximadamente $\frac{1}{5}$ mi/s.

Tendo uma expressão (Equação 3.8) para a velocidade do som, agora podemos expressar a relação entre a amplitude de pressão e a de deslocamento de uma onda sonora (Equação 3.4) por:

$$\Delta P_{\text{máx}} = B s_{\text{máx}} k = (\rho v^2) s_{\text{máx}} \left(\frac{\omega}{v}\right) = \rho v \omega s_{\text{máx}} \qquad (3.10)$$

Essa expressão é um pouco mais útil que a Equação 3.4 porque a densidade de um gás está mais disponível que o módulo volumétrico.

TABELA 3.1 *Velocidade do som em vários meios*

Meio	v (m/s)	Meio	v (m/s)	Meio	v (m/s)
Gases		**Líquidos a 25 °C**		**Sólidos**[a]	
Hidrogênio (0 °C)	1.286	Glicerol	1.904	Vidro Pirex	5.640
Hélio (0 °C)	972	Água do mar	1.533	Ferro	5.950
Ar (20 °C)	343	Água	1.493	Alumínio	6.420
Ar (0 °C)	331	Mercúrio	1.450	Latão	4.700
Oxigênio (0 °C)	317	Querosene	1.324	Cobre	5.010
		Álcool metílico	1.143	Ouro	3.240
		Tetracloreto de carbono	926	Lucite	2.680
				Chumbo	1.960
				Borracha	1.600

[a] Valores dados para a propagação de ondas longitudinais em meios volumétricos. Velocidades de ondas longitudinais em barras finas são menores, e as de ondas transversais no volume são menores ainda.

3.3 Intensidade das ondas sonoras periódicas

No Capítulo 2, mostramos que uma onda se propagando em uma corda tensa transporta energia, em consonância com a noção de transferência de energia por ondas mecânicas na Equação 8.2 do Volume 1 desta coleção. Naturalmente, esperamos que as ondas sonoras também representem uma transferência de energia. Considere o elemento de gás sobre o qual o pistão agiu na Figura 3.5. Imagine que o pistão está se movendo para trás e para a frente em movimento harmônico simples de frequência angular ω. Imagine também que o comprimento do elemento se torna muito pequeno, de maneira que o elemento inteiro se mova com a mesma velocidade do pistão. Então, podemos modelar o elemento como uma partícula na qual o pistão está fazendo trabalho. A taxa na qual o pistão está fazendo um trabalho sobre o elemento em qualquer instante de tempo é dada pela Equação 8.19 do Volume 1 desta coleção:

$$\text{Potência} = \vec{F} \cdot \vec{v}_x$$

onde usamos *Potência* em vez de P para não confundirmos potência P com pressão P! A força $\vec{F}$ sobre o elemento de gás que está relacionada com a pressão e a velocidade $\vec{v}_x$ do elemento é a derivada da função de deslocamento. Por isso encontramos:

$$Potência = [\Delta P(x,t)A]\hat{\mathbf{i}} \cdot \frac{\partial}{\partial t}[s(x,t)\hat{\mathbf{i}}]$$

$$= [\rho v \omega As_{máx} \operatorname{sen}(kx-\omega t)]\left\{\frac{\partial}{\partial t}[s_{máx}\cos(kx-\omega t)]\right\}$$

$$= \rho v \omega As_{máx}\operatorname{sen}(kx-\omega t)][\omega s_{máx}\operatorname{sen}(kx-\omega t)]$$

$$= \rho v \omega^2 As_{máx}^2 \operatorname{sen}^2(kx-\omega t)$$

Vamos, agora, encontrar a potência média no tempo durante um período de oscilação. Para qualquer valor de x dado, que podemos escolher para ser $x = 0$, o valor médio de $\operatorname{sen}^2(kx-\omega t)$ sobre um período T é:

$$\frac{1}{T}\int_0^T \operatorname{sen}^2(0-\omega t)\,dt = \frac{1}{T}\int_0^T \operatorname{sen}^2\omega t\,dt = \frac{1}{T}\left(\frac{t}{2}+\frac{\operatorname{sen}2\omega t}{2\omega}\right)\Big|_0^T = \frac{1}{2}$$

Consequentemente:

$$(Potência)_{média} = \tfrac{1}{2}\rho v \omega^2 As_{máx}^2$$

Definimos a **intensidade** I de uma onda, ou a potência por unidade de área, como a taxa na qual a energia transportada pela onda se transfere através de uma unidade de área A perpendicular à direção de propagação da onda:

Intensidade de uma onda sonora ▶

$$I \equiv \frac{(Potência)_{média}}{A} \qquad (3.11)$$

Nesse caso, a intensidade, portanto, é:

$$I = \tfrac{1}{2}\rho v(\omega s_{máx})^2$$

Assim, a intensidade de uma onda periódica de som é proporcional ao quadrado da amplitude de deslocamento e ao quadrado da frequência angular. Essa expressão também pode ser escrita em termos da amplitude da pressão $\Delta P_{máx}$; nesse caso, usamos a Equação 3.10 para obter:

$$I = \frac{(\Delta P_{máx})^2}{2\rho v} \qquad (3.12)$$

As ondas em cordas que estudamos no Capítulo 2 são obrigadas a se mover ao longo da cadeia unidimensional, como discutido na introdução deste capítulo. As ondas sonoras que temos estudado com relação às figuras 3.1 a 3.3 e 3.5 estão limitadas a se moverem em uma dimensão ao longo do comprimento do tubo. Como mencionamos na introdução, no entanto, as ondas sonoras podem se mover através de meios em três dimensões. Então, vamos colocar uma fonte de som ao ar livre e estudar os resultados.

Considere o caso especial de uma fonte pontual emitindo ondas de som igualmente em todas as direções. Se o ar ao redor da fonte é perfeitamente uniforme, a potência sonora irradiada em todas as direções é a mesma, assim como a velocidade do som em todas as direções. O resultado dessa situação é chamado **onda esférica**. A Figura 3.6 mostra essas ondas esféricas como uma série de arcos circulares concêntricos com a fonte. Cada arco representa uma superfície sobre a qual a fase da onda é constante. Chamamos tal superfície de fase constante **frente de onda**. A distância radial entre frentes de onda adjacentes, que têm a mesma fase, é o comprimento de onda λ da onda. As linhas radiais apontando para fora da fonte, representando a direção de propagação das ondas, são chamadas **raios**.

A potência média emitida pela fonte deve ser distribuída uniformemente ao longo de cada frente de onda esférica de área de $4\pi r^2$. Assim, a intensidade da onda a uma distância r da fonte é:

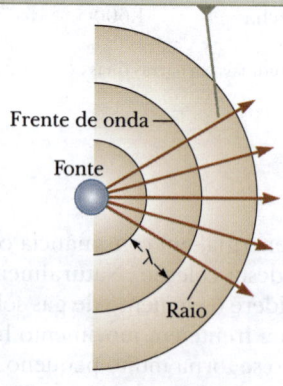

Figura 3.6 Ondas esféricas emitidas por uma fonte pontual. Os arcos circulares representam as frentes de ondas esféricas que são concêntricas com a fonte.

Ondas sonoras   63

$$I = \frac{(Potência)_{média}}{A} = \frac{(Potência)_{média}}{4\pi r^2} \qquad (3.13)$$

A intensidade diminui com o quadrado da distância da fonte. Essa lei do inverso do quadrado é uma reminiscência do comportamento de gravidade discutido no Capítulo 13 do Volume 1 desta coleção.

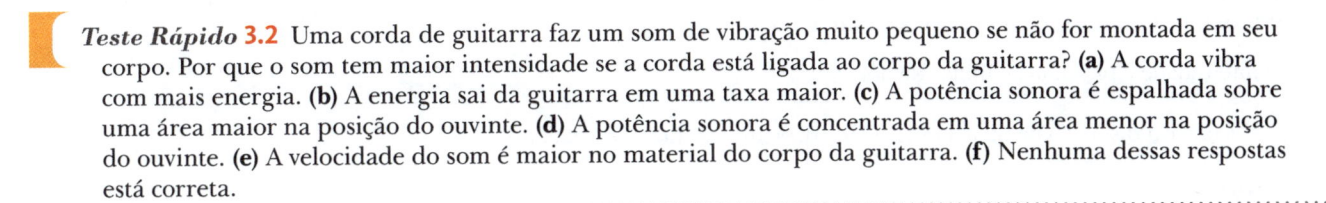

Teste Rápido **3.2** Uma corda de guitarra faz um som de vibração muito pequeno se não for montada em seu corpo. Por que o som tem maior intensidade se a corda está ligada ao corpo da guitarra? **(a)** A corda vibra com mais energia. **(b)** A energia sai da guitarra em uma taxa maior. **(c)** A potência sonora é espalhada sobre uma área maior na posição do ouvinte. **(d)** A potência sonora é concentrada em uma área menor na posição do ouvinte. **(e)** A velocidade do som é maior no material do corpo da guitarra. **(f)** Nenhuma dessas respostas está correta.

Exemplo 3.1 — Limites da audição

O som mais fraco que o ouvido humano pode detectar a uma frequência de 1.000 Hz corresponde a uma intensidade de cerca de $1{,}00 \times 10^{-12}$ W/m², chamada *limiar da audição*. O som mais alto que o ouvido humano pode tolerar nessa frequência corresponde a uma intensidade de aproximadamente 1,00 W/m², o *limiar da dor*. Determine as amplitudes de pressão e de deslocamento associados a esses dois limites.

SOLUÇÃO

Conceitualização Pense em um ambiente silencioso no qual você já esteve. É provável que a intensidade do som, mesmo em ambiente silencioso, seja superior ao limiar de audição.

Categorização Como nos são dadas as intensidades e devemos calcular as amplitudes de pressão e de deslocamento, este é um problema de análise que requer os conceitos discutidos nesta seção.

Análise Para encontrar a amplitude da variação de pressão no limiar da audição, use a Equação 3.12, sendo que a velocidade das ondas sonoras no ar é de $v = 343$ m/s, e a densidade do ar é $\rho = 1{,}20$ kg/m³:

$$\Delta P_{máx} = \sqrt{2\rho v I}$$
$$= \sqrt{2(1{,}20\,\text{kg/m}^3)(343\,\text{m/s})(1{,}00 \times 10^{-12}\,\text{W/m}^2)}$$
$$= 2{,}87 \times 10^{-5}\,\text{N/m}^2$$

Calcule a amplitude de deslocamento correspondente usando a Equação 3.10, lembrando que $\omega = 2\pi f$ (Equação 2.9):

$$S_{máx} = \frac{\Delta P_{máx}}{\rho v \omega} = \frac{2{,}87 \times 10^{-5}\,\text{N/m}^2}{(1{,}20\,\text{kg/m}^3)(343\,\text{m/s})(2\pi \times 1.000\,\text{Hz})}$$
$$= 1{,}11 \times 10^{-11}\,\text{m}$$

De forma semelhante, verifica-se que o mais alto dos sons que o ouvido humano pode tolerar (o limiar da dor) corresponde a uma amplitude de pressão de 28,7 N/m², e que a amplitude do deslocamento é de $1{,}11 \times 10^{-5}$ m.

Finalização Como a pressão atmosférica é de cerca de 10^5 N/m², o resultado para a amplitude da pressão nos diz que o ouvido é sensível às flutuações de pressão tão pequenas quanto 3 partes em 10^{10}! A amplitude de deslocamento também é um número extremamente pequeno! Se compararmos esse resultado para $s_{máx}$ ao tamanho de um átomo (cerca de 10^{-10} m), vemos que o ouvido é um detector extremamente sensível das ondas sonoras.

Exemplo 3.2 — Variações de intensidade na fonte pontual

Uma fonte pontual emite ondas de som com uma potência média de 80,0 W.

(A) Encontre a intensidade a 3,00 m da fonte.

SOLUÇÃO

Conceitualização Imagine um pequeno alto-falante emitindo som a uma taxa média de 80,0 W uniformemente em todas as direções. Você está em pé, a 3,00 m de distância do alto-falante. Conforme o som se propaga, a energia das ondas de som se espalha através de uma esfera em constante expansão, de modo que a intensidade do som diminui com a distância.

continua

3.2 cont.

Categorização Avaliando a intensidade das equações geradas nesta seção, categorizamos este exemplo como um problema de substituição.

Como uma fonte pontual emite energia sob a forma de ondas esféricas, utilize a Equação 3.13 para encontrar a intensidade:

$$I = \frac{(Potência)_{média}}{4\pi r^2} = \frac{80,0 \text{ W}}{4\pi(3,00)^2} = \boxed{0,707 \text{ W/m}^2}$$

Essa intensidade é próxima ao limiar de dor.

(B) Encontre a distância na qual a intensidade do som é de $1,00 \times 10^{-8}$ W/m².

SOLUÇÃO

Resolva para r na Equação 3.13 e utilize o valor dado por I:

$$r = \sqrt{\frac{(Potência)_{média}}{4\pi I}} = \sqrt{\frac{80,0 \text{ W}}{4\pi(1,00 \times 10^{-8} \text{ W/m}^2)}}$$

$$= \boxed{2,52 \times 10^4 \text{ m}}$$

Nível de som em decibéis

O Exemplo 3.1 ilustra a ampla gama de intensidades que o ouvido humano consegue detectar. Como essa faixa é muito ampla, é conveniente usar uma escala logarítmica, na qual o **nível do som** β (letra grega beta) é definida pela equação:

$$\boxed{\beta \equiv 10 \log\left(\frac{I}{I_0}\right)} \quad (3.14)$$

A constante I_0 é a *intensidade de referência*, considerada no limiar da audição ($I_0 = 1,00 \times 10^{-12}$ W/m²), e I é a intensidade em watts por metro quadrado que corresponde ao nível do som β, onde β é medido em **decibéis** (dB).[2] Nessa escala, o limiar de dor ($I = 1,00$ W/m²) corresponde a um nível de som de $\beta = 10 \log [(1 \text{ W/m}^2)/(10^{-12} \text{ W/m}^2)] = 10 \log (10^{12}) = 120$ dB, e o limiar de audição corresponde a $\beta = 10 \log [(10^{-12} \text{ W/m}^2)/(10^{-12} \text{ W/m}^2)] = 0$ dB.

A exposição prolongada a altos níveis de ruído pode causar sérios danos ao ouvido humano. Protetores são recomendados sempre que os níveis de ruído forem superiores a 90 dB. Evidências recentes sugerem que a "poluição sonora" pode ser um fator contribuinte para a pressão alta, ansiedade e nervosismo. A Tabela 3.2 apresenta alguns níveis de som típicos.

TABELA 3.2 *Nível de som*

Fonte do som	β (dB)
Avião a jato por perto	150
Britadeira, metralhadora	130
Sirene, show de rock	120
Metrô, cortador de grama elétrico	100
Tráfego congestionado	80
Aspirador de pó	70
Conversa normal	60
Mosquito zumbindo	40
Sussurro	30
Farfalhar das folhas	10
Limiar da audição	0

Teste Rápido **3.3** Aumentar a intensidade de um som por um fator de 100 faz que o nível de som aumente para que valor? **(a)** 100 dB **(b)** 20 dB **(c)** 10 dB **(d)** 2 dB.

Exemplo 3.3 — Níveis de som

Duas máquinas idênticas são posicionadas à mesma distância de um trabalhador. A intensidade do som emitido por cada máquina operando no local onde está o trabalhador é de $2,0 \times 10^{-7}$ W/m².

(A) Encontre o nível do som ouvido pelo trabalhador quando uma máquina está funcionando.

SOLUÇÃO

Conceitualização Imagine uma situação em que uma fonte de som está ativa e, em seguida, é acompanhada por uma segunda fonte idêntica, como uma pessoa falando e depois uma segunda falando ao mesmo tempo, ou um instrumento musical sendo tocado e, em seguida, sendo acompanhado por um segundo.

---

[2] A unidade *bel* foi nomeada em homenagem ao inventor do telefone, Alexander Graham Bell (1847-1922); *deci-* é o prefixo do Sistema Internacional (SI) que representa 10^{-1}.

3.3 cont.

Categorização Este exemplo é um problema de análise relativamente simples que requer a Equação 3.14.

Análise Use a Equação 3.14 para calcular o nível de som no local do trabalhador com uma máquina em operação:

$$\beta_1 = 10\log\left(\frac{2{,}0\times 10^{-7}\,\text{W/m}^2}{1{,}00\times 10^{-12}\,\text{W/m}^2}\right) = 10\log(2{,}0\times 10^5) = \boxed{53\,\text{dB}}$$

(B) Encontre o nível do som ouvido pelo trabalhador quando duas máquinas estão funcionando.

SOLUÇÃO

Use a Equação 3.14 para calcular o nível do som na posição do trabalhador com o dobro da intensidade:

$$\beta_2 = 10\log\left(\frac{4{,}0\times 10^{-7}\,\text{W/m}^2}{1{,}00\times 10^{-12}\,\text{W/m}^2}\right) = 10\log(4{,}0\times 10^5) = \boxed{56\,\text{dB}}$$

Finalização Esses resultados mostram que, quando a intensidade é duplicada, o nível de som aumenta em apenas 3 dB. Esse aumento de 3 dB é independente do nível de som original. (Prove isso consigo mesmo!)

E SE? *Volume* é uma resposta psicológica a um som. Ele depende tanto da intensidade quanto da frequência do som. Como regra geral, uma duplicação do volume é aproximadamente associada a um aumento no nível de ruído de 10 dB. (Essa regra geral é relativamente imprecisa em frequências muito baixas ou muito altas.) Se o volume das máquinas neste exemplo é duplicado, quantas máquinas na mesma distância do trabalhador devem estar em execução?

Resposta Usando a regra geral, uma duplicação do volume corresponde a um aumento do nível de som de 10 dB. Consequentemente:

$$\beta_2 - \beta_1 = 10\,\text{dB} = 10\log\left(\frac{I_2}{I_0}\right) - 10\log\left(\frac{I_1}{I_0}\right) = 10\log\left(\frac{I_2}{I_1}\right)$$

$$\log\left(\frac{I_2}{I_1}\right) = 1 \rightarrow I_2 = 10 I_1$$

Portanto, dez máquinas devem estar operando para dobrar o volume.

Volume e frequência

A discussão do nível sonoro em decibéis diz respeito a uma medida *física* da força de um som. Vamos agora estender nossa discussão a partir da Seção **E se?** do Exemplo 3.3 sobre a "medida" *psicológica* da força de um som.

Naturalmente, não temos instrumentos em nossos corpos que possam exibir valores numéricos de nossas reações aos estímulos. Portanto, temos de "calibrar" nossas reações de alguma forma, comparando sons diferentes com um som de referência, mas não é fácil de conseguir. Por exemplo, foi mencionado que a intensidade limite é de 10^{-12} W/m², correspondendo a um nível de intensidade de 0 dB. Na realidade, esse valor é o limite apenas para um som de frequência de 1.000 Hz, que é um padrão de frequência em acústica. Se realizarmos um experimento para medir a intensidade do limiar em outras frequências, encontraremos uma variação distinta desse limiar em função da frequência. Por exemplo, em 100 Hz, um som quase inaudível deve ter um nível de intensidade de cerca de 30 dB! Infelizmente, não existe uma relação simples entre as medidas físicas e "medidas" psicológicas. O som de 100 Hz, 30 dB é psicologicamente "igual" em volume a um som de 1.000 Hz, 0 dB (ambos são quase inaudíveis), mas eles não são fisicamente iguais no nível de som (30 dB ≠ 0 dB).

Ao utilizar sujeitos para teste, a resposta humana ao som tem sido estudada, e os resultados são mostrados na área branca da Figura 3.7 juntamente com a frequência aproximada e faixas de nível de som de outras fontes sonoras. A curva da área branca corresponde ao limiar da audição. Sua variação com a frequência é clara a partir desse diagrama. Observe que os seres humanos são sensíveis a frequências que variam de cerca de 20 Hz a 20.000 Hz. O limite superior da área branca é o limiar da dor. Aqui, o limite da área em branco aparece em linha reta, porque a resposta psicológica é relativamente independente da frequência desse nível elevado de som.

A mudança mais dramática em relação à frequência está na região inferior esquerda da área branca para frequências baixas e níveis de intensidade baixos. Nossos ouvidos são particularmente insensíveis nessa região. Se você está ouvindo uma música com o aparelho de som em sua casa e os sons graves (baixas frequências) e agudos (altas frequências) estão

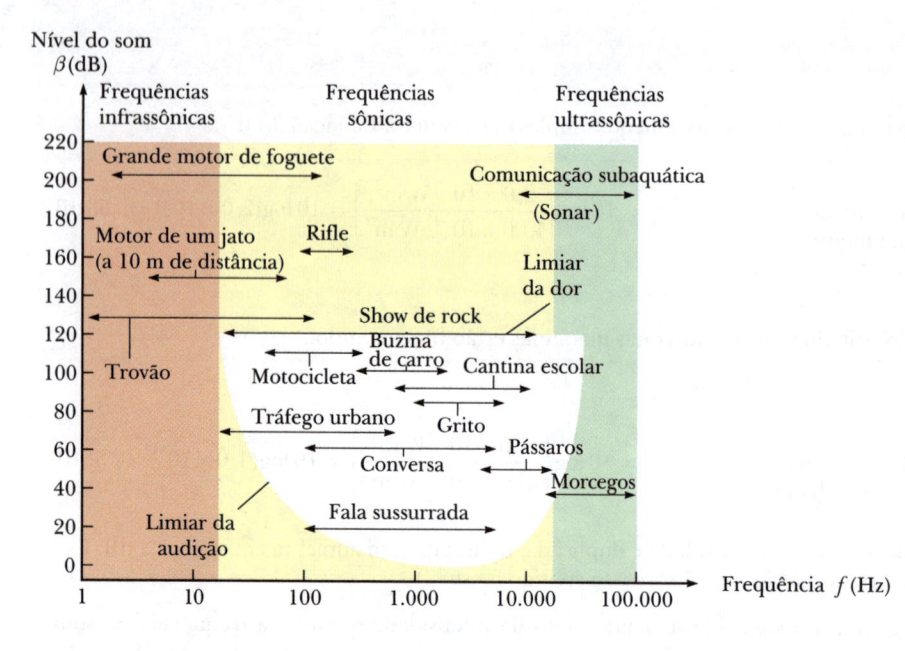

Figura 3.7 Intervalos aproximados de frequência e nível de som de várias fontes e da audição humana normal, mostrada pela área branca. (De Reese, R. L. *University Physics*. Pacific Grove: Brooks/Cole, 2000.)

Em todos os quadros, as ondas se propagam para a esquerda, e sua fonte é muito mais à direita do barco, fora do quadro da figura.

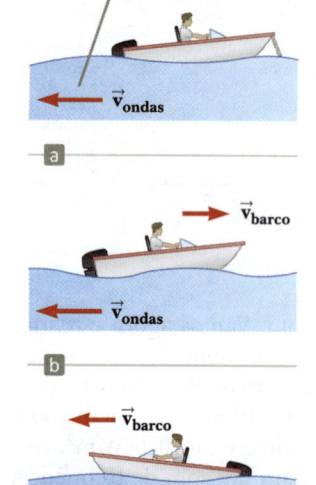

Figura 3.8 (a) As ondas se deslocam em direção a um barco parado. (b) O barco se movendo em direção à fonte da onda. (c) O barco se afastando da fonte de onda.

equilibrados em um volume alto, tente diminuir o volume e ouvir de novo. Você provavelmente vai perceber que o baixo é muito fraco, devido à insensibilidade do ouvido para baixas frequências em níveis de som baixos, como mostrado na Figura 3.7.

3.4 O efeito Doppler

Você já observou como o som da sirene de um veículo muda conforme o veículo passa por você? A frequência do som que ouve quando o veículo se aproxima de você é maior que a frequência enquanto ele se move para longe. Essa experiência é um exemplo do **efeito Doppler**.[3]

Para ver o que causa essa aparente mudança de frequência, imagine que você esteja em um barco ancorado em um mar calmo, onde as ondas têm um período de $T = 3,0$ s. Assim, a cada 3,0 s, uma crista atinge seu barco. A Figura 3.8a mostra essa situação, com as ondas de água se movendo para a esquerda. Se você acertar seu relógio para $t = 0$ assim que uma crista o atingir, o relógio lê 3,0 s quando a próxima crista o atinge, 6,0 s quando a terceira crista o atinge, e assim por diante. A partir dessas observações, você conclui que a frequência da onda é $f = 1/T = 1/(3,0\text{ s}) = 0,33$ Hz. Agora, suponha que você acione seu motor e se mova em sentido contrário à propagação das ondas, como na Figura 3.8b. Novamente você acerta seu relógio para $t = 0$ assim que uma crista atinge a parte frontal (proa) de seu barco. Agora, entretanto, como você está se movendo em direção à crista da onda seguinte ao mesmo tempo que ela se move em sua direção, ela o acerta em menos de 3,0 s depois do primeiro encontro. Em outras palavras, o período que você observa é menor que o de 3,0 s que observou quando estava parado. Como $f = 1/T$, você observa uma maior frequência de onda que quando estava em repouso.

Se der meia-volta e se mover na mesma direção das ondas (Figura 3.8c), observará o efeito oposto. Você acerta seu relógio para $t = 0$ assim que uma crista atinge a parte de trás (popa) de seu barco. Como você agora está se afastando da próxima crista, mais de 3,0 s passam em seu relógio no momento em que se encontra com a próxima crista. E, portanto, observa uma menor frequência que quando estava em repouso.

Esses efeitos ocorrem porque a velocidade *relativa* entre o barco e as ondas depende da direção do percurso e da velocidade de seu barco. Veja a Seção 4.6. Quando você está se movendo para a direita na Figura 3.8b, a velocidade relativa é maior que a velocidade da onda, o que leva à observação de um aumento da frequência. Quando você se vira e vai para a esquerda, a velocidade relativa é menor, como é a frequência observada das ondas na água.

---

[3] Nomeado em homenagem ao físico austríaco Christian Johann Doppler (1803-1853), que, em 1842, previu o efeito tanto para as ondas sonoras quanto para ondas de luz.

Vamos agora analisar uma situação semelhante com as ondas sonoras em que as ondas da água se tornam ondas sonoras, a água se torna o ar, e a pessoa no barco, um observador que ouve o som. Nesse caso, um observador O está se movendo e uma fonte de som S está estacionária. Por simplicidade, assumiremos que o ar também é estacionário e que o observador se move em direção à fonte (Figura 3.9). O observador se move com uma velocidade v_O em direção a uma fonte pontual estacionária ($v_S = 0$), onde *estacionária* significa em repouso em relação ao meio, o ar.

Se uma fonte pontual emite ondas sonoras e o meio é uniforme, elas se movem na mesma velocidade em todas as direções radiais da fonte; o resultado é uma onda esférica, como mencionado na Seção 3.3. A distância entre as frentes de onda adjacentes é igual ao comprimento de onda λ. Na Figura 3.9, os círculos são as intersecções dessas frentes de onda tridimensionais com o papel bidimensional.

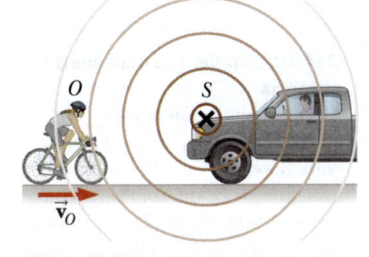

Figura 3.9 Um observador O (o ciclista) se move com velocidade de v_O em direção a uma fonte pontual estacionária S, a buzina de um caminhão estacionado. O observador ouve uma frequência f' que é maior que a da fonte.

Consideremos a frequência da fonte na Figura 3.9 ser f, o comprimento de onda λ, e a velocidade do som v. Se o observador também estivesse estacionário, ele detectaria frentes de onda com uma frequência f (isto é, quando $v_O = 0$ e $v_S = 0$, a frequência observada é igual à da fonte.) Quando o observador se move em direção à fonte, a velocidade das ondas em relação ao observador é $v' = v + v_O$, como no caso do barco na Figura 3.8, mas o comprimento de onda λ é inalterado. Assim, usando a Equação 2.12, $v = \lambda f$, podemos dizer que a frequência f' ouvida pelo observador *aumenta* e é dada por:

$$f' = \frac{v'}{\lambda} = \frac{v + v_O}{\lambda}$$

Como $\lambda = v/f$, podemos expressar f' como:

$$f' = \left(\frac{v + v_O}{v}\right) f \quad \text{(o observador se deslocando em direção à fonte)} \tag{3.15}$$

Se o observador está se movendo para longe da fonte, a velocidade da onda em relação ao observador é $v' = v - v_O$. A frequência ouvida pelo observador, nesse caso, é *reduzida* e dada por:

$$f' = \left(\frac{v - v_O}{v}\right) f \quad \text{(o observador se movendo para longe da fonte)} \tag{3.16}$$

Essas duas últimas equações podem ser reduzidas a uma única através da adoção de uma convenção de sinais. Sempre que um observador se move com velocidade v_O em relação a uma fonte estacionária, a frequência ouvida pelo observador é dada pela Equação 3.15, com v_O interpretado da seguinte forma: um valor positivo é substituído por v_O quando o observador se move em direção à fonte, e um valor negativo é substituído quando ele se afasta da fonte.

Agora, suponha que a fonte esteja em movimento e o observador em repouso. Se a fonte se mover diretamente para o observador A na Figura 3.10, cada nova onda é emitida a partir de uma posição à direita da origem da onda anterior. Como resultado, as frentes de onda ouvidas pelo observador serão mais próximas que seriam se a fonte não estivesse se movendo. E, assim, o comprimento de onda λ' medido pelo observador A é menor que o comprimento de onda da fonte. Durante cada vibração, que persiste em um intervalo de tempo T (período), a fonte se move uma distância $v_S T = v_S/f$ e o comprimento de onda é *reduzido* por esse montante. Portanto, o comprimento de onda λ' observado é:

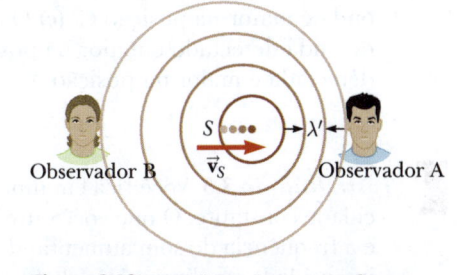

Figura 3.10 Uma fonte S se movendo com velocidade v_S em direção ao observador estacionário A e a uma distância do observador estacionário B. O observador A ouve um aumento da frequência, e o B, uma frequência reduzida.

$$\lambda' = \lambda - \Delta\lambda = \lambda - \frac{v_S}{f}$$

Como $\lambda = v/f$, a frequência f' ouvida pelo observador A é:

$$f' = \frac{v}{\lambda'} = \frac{v}{\lambda - (v_S/f)} = \frac{v}{(v/f) - (v_S/f)}$$

$$f' = \left(\frac{v}{v - v_S}\right) f \quad \text{(fonte se movendo em direção ao observador)} \tag{3.17}$$

Ou seja, a frequência observada é *aumentada* sempre que a fonte estiver se movendo em direção ao observador.

Prevenção de Armadilhas 3.1
O efeito Doppler não depende da distância
Algumas pessoas pensam que o efeito Doppler depende da distância entre a fonte e o observador. Embora a *intensidade* de um som varie conforme a distância muda, a *frequência* depende apenas da velocidade relativa da fonte e do observador. Conforme você ouve uma fonte se aproximando, detectará uma intensidade crescente, mas a frequência é constante. Conforme a fonte passa, você ouvirá a frequência cair de repente para um novo valor constante, e a intensidade começa a diminuir.

Quando a fonte se afasta de um observador estacionário, como é o caso para o observador B na Figura 3.10, ele mede um comprimento de onda de λ' que é *maior* que λ e ouve uma frequência *diminuída*:

$$f' = \left(\frac{v}{v + v_S}\right)f \quad \text{(Fonte se afastando do observador)} \tag{3.18}$$

Podemos expressar a relação geral para a frequência observada quando uma fonte está se movendo e o observador está em repouso pela Equação 3.17, com a mesma convenção de sinal aplicada a v_S que aquela aplicada a v_O: um valor positivo é substituído por v_S quando a fonte se move em direção ao observador, e um valor negativo é substituído quando a fonte se afasta do observador.

Finalmente, combinando as equações 3.15 e 3.17, temos a seguinte relação geral de frequência observada, que inclui as quatro condições descritas pelas equações 3.15 a 3.18:

Expressão geral para o efeito Doppler ▶

$$f' = \left(\frac{v + v_O}{v - v_S}\right)f \tag{3.19}$$

Nessa expressão, os sinais para os valores substituídos por v_O e v_S dependem da direção da velocidade. Um valor positivo é usado para o movimento do observador ou da fonte *em direção* ao outro (associado a um *aumento* na frequência observada), e um valor negativo é usado para o movimento de um *afastando-se* do outro (associada a uma *diminuição* na frequência observada).

Embora o efeito Doppler aconteça tipicamente com ondas sonoras, é um fenômeno comum a todas as ondas. Por exemplo, o movimento relativo da fonte e do observador produz um deslocamento de frequência em ondas de luz. O efeito Doppler é usado em sistemas de radar da polícia para medir as velocidades dos veículos a motor. Da mesma forma, os astrônomos o usam para determinar a velocidade das estrelas, galáxias e outros objetos celestes em relação à Terra.

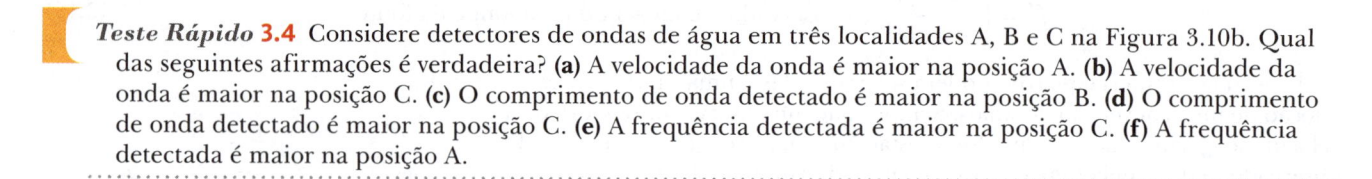

Teste Rápido 3.4 Considere detectores de ondas de água em três localidades A, B e C na Figura 3.10b. Qual das seguintes afirmações é verdadeira? **(a)** A velocidade da onda é maior na posição A. **(b)** A velocidade da onda é maior na posição C. **(c)** O comprimento de onda detectado é maior na posição B. **(d)** O comprimento de onda detectado é maior na posição C. **(e)** A frequência detectada é maior na posição C. **(f)** A frequência detectada é maior na posição A.

Teste Rápido 3.5 Você fica em uma plataforma de uma estação e ouve um trem que se aproxima a uma velocidade constante. O que você ouve enquanto o trem se aproxima, mas antes que ele chegue? **(a)** A intensidade e a frequência do som aumentando, **(b)** A intensidade e a frequência do som diminuindo. **(c)** O aumento da intensidade e a diminuição da frequência. **(d)** A intensidade e a frequência aumentando. **(e)** A intensidade e a frequência permanecendo as mesmas. **(f)** A intensidade diminuindo e a frequência permanecendo a mesma.

Exemplo 3.4 | O rádio-relógio quebrado   MA

Um rádio-relógio desperta você com um som constante e irritante com frequência de 600 Hz. Certa manhã, ele não funciona direito e não pode ser desligado. Frustrado, você o joga para fora da janela do dormitório do quarto andar, a 15,0 m do chão. Suponha que a velocidade do som seja de 343 m/s. Conforme você ouve o rádio-relógio caindo, qual é a frequência que ouve um pouco antes de ele bater no chão?

SOLUÇÃO

Conceitualização A velocidade do rádio-relógio aumenta conforme cai. Portanto, é uma fonte de som se afastando de você com uma velocidade crescente, de modo que a frequência que você ouve deve ser inferior a 600 Hz.

Categorização Categorizamos esse problema como aquele em que combinamos o modelo de *partículas sob aceleração constante* para o rádio-relógio em queda com nossa compreensão da mudança de frequência do som devido ao efeito Doppler.

3.4 cont.

Análise Como o rádio-relógio é modelado como partícula em aceleração constante, devido à gravidade, use a Equação 2.13 do Volume 1 desta coleção para expressar a velocidade da fonte de som:

(1) $v_S = v_{yi} + a_y t = 0 - gt = -gt$

A partir da Equação 2.16 do Volume 1, encontre o instante em que o rádio-relógio bate no chão:

$$y_f = y_i + v_{yi}t - \tfrac{1}{2}gt^2 = 0 + 0 - \tfrac{1}{2}gt^2 \rightarrow t = \sqrt{-\frac{2y_f}{g}}$$

Substitua na Equação (1):

$$v_S = (-g)\sqrt{-\frac{2y_f}{g}} = -\sqrt{-2gy_f}$$

Use a Equação 3.19 para determinar a frequência mudada pelo efeito Doppler ouvida quando do rádio-relógio em queda:

$$f' = \left[\frac{v+0}{v-(-\sqrt{-2gy_f})}\right]f = \left(\frac{v}{v+\sqrt{-2gy_f}}\right)f$$

Substitua os valores numéricos:

$$f' = \left[\frac{343 \text{ m/s}}{343 \text{ m/s} + \sqrt{-2(9{,}80 \text{ m/s}^2)(-15{,}0 \text{ m})}}\right](600 \text{ Hz})$$

$$= \boxed{571 \text{ Hz}}$$

Finalização A frequência é menor que a real de 600 Hz, porque o rádio-relógio está se afastando de você. Se a queda ocorresse de um andar superior, de modo que ele passasse abaixo de $y = -15{,}0$ m, ele continuaria a acelerar e a frequência continuaria a cair.

Exemplo 3.5 — Submarinos Doppler

Um submarino (sub A) viaja através da água a uma velocidade de 8,00 m/s, emitindo uma onda de sonar a uma frequência de 1.400 hertz. A velocidade do som na água é de 1.533 m/s. Outro submarino (sub B) é localizado de tal modo que os dois estão viajando diretamente um em direção ao outro. O segundo submarino se move a 9,00 m/s.

(A) Qual frequência é detectada por um observador no sub B, conforme os submarinos se aproximam?

SOLUÇÃO

Conceitualização Mesmo que o problema envolva submarinos em movimento na água, há um efeito Doppler, assim como quando você está em um carro em movimento e ouvindo um som que se desloca através do ar vindo de outro carro.

Categorização Como ambos os submarinos estão se movendo, categorizamos esse problema como envolvendo o efeito Doppler para uma fonte em movimento e um observador em movimento.

Análise Use a Equação 3.19 para encontrar a frequência alterada por Doppler ouvida pelo observador no sub B, tomando cuidado com os sinais atribuídos à velocidade da fonte e do observador:

$$f' = \left(\frac{v+v_O}{v-v_S}\right)f$$

$$f' = \left[\frac{1.533 \text{m/s} + (+9{,}00 \text{m/s})}{1.533 \text{m/s} - (+8{,}00 \text{m/s})}\right](1.400 \text{Hz}) = \boxed{1.416 \text{Hz}}$$

(B) Os submarinos quase se tocam e passam um pelo outro. Qual frequência é detectada por um observador no sub B, conforme os submarinos se afastam?

SOLUÇÃO

Use a Equação 3.19 para encontrar a frequência alterada por Doppler ouvida pelo observador no sub B, sendo novamente cuidadoso com os sinais atribuídos às velocidades da fonte e do observador:

$$f' = \left(\frac{v+v_O}{v-v_S}\right)f$$

$$f' = \left[\frac{1.533 \text{m/s} + (-9{,}00 \text{m/s})}{1.533 \text{m/s} - (-8{,}00 \text{m/s})}\right](1.400 \text{ Hz}) = \boxed{1.385 \text{ Hz}}$$

continua

3.5 cont.

Observe que a frequência cai de 1.416 Hz para 1.385 Hz conforme os submarinos passam. Esse efeito é semelhante à queda da frequência que você ouve quando um carro passa por você buzinando.

(C) Enquanto os submarinos estão se aproximando um do outro, parte do som do sub A reflete do sub B e retorna ao sub A. Se esse som fosse detectado por um observador no sub A, qual seria sua frequência?

SOLUÇÃO

O som da frequência aparente de 1.416 Hz encontrado no item (A) é refletido de uma fonte em movimento (sub B) e, em seguida, detectado por um observador em movimento (sub A). Portanto, a frequência detectada pelo sub A é:

$$f'' = \left(\frac{v + v_O}{v - v_S}\right) f'$$

$$= \left[\frac{1.533 \text{ m/s} + (+8,00 \text{ m/s})}{1.533 \text{ m/s} - (+9,00 \text{ m/s})}\right](1.416 \text{ Hz}) = 1.432 \text{ Hz}$$

Finalização Essa técnica é utilizada por policiais para medir a velocidade de um carro em movimento. As micro-ondas são emitidas a partir do carro de polícia e refletidas pelo carro em movimento. Ao detectar a frequência de deslocamento Doppler das micro-ondas refletidas, o policial pode determinar a velocidade do carro em movimento.

Ondas de choque

Agora, considere o que acontece quando a velocidade v_S de uma fonte *excede* a da onda v. Essa situação é representada graficamente na Figura 3.11a. Os círculos representam as frentes de ondas esféricas emitidas pela fonte em vários momentos durante seu movimento. Em $t = 0$, a fonte está em S_0 e se movendo para a direita. Em momentos posteriores, a fonte está em S_1, e em seguida em S_2, e assim por diante. No instante t, a frente de onda centrada em S_0 atinge um raio de vt. Nesse mesmo intervalo de tempo, a fonte se move uma distância $v_S t$. Observe na Figura 3.11a que uma linha reta pode ser traçada tangente a todas as frentes de onda geradas em vários momentos. Portanto, a envoltória das frentes de onda é um cone cujo vértice do semiângulo θ (o "ângulo de Mach") é dado por:

$$\operatorname{sen} \theta = \frac{vt}{v_S t} = \frac{v}{v_S}$$

A razão v_S/v é conhecida como *número de Mach*, e a frente de onda cônica produzida quando $v_S > v$ (velocidades supersônicas) é conhecida como *onda de choque*. Uma analogia interessante para as ondas de choque são as frentes de onda em forma de V produzidas por um barco (a onda de proa) quando a velocidade do barco ultrapassa a velocidade das ondas de águas superficiais (Fig. 3.12).

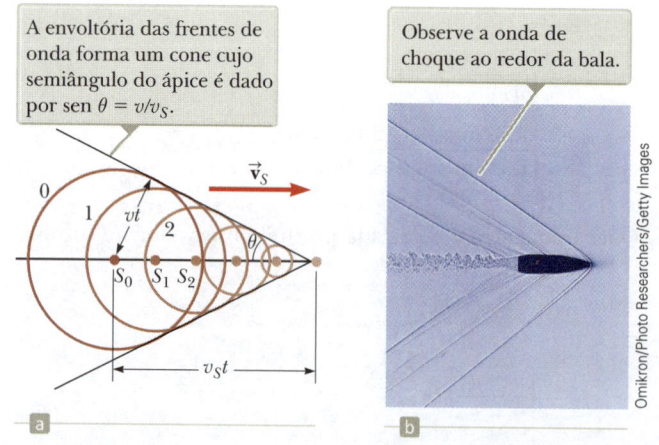

Figura 3.11 (a) Representação de uma onda de choque produzida quando uma fonte se move a partir de S_0 para a direita com uma velocidade v_S maior que a da onda no meio v. (b) Uma fotografia estroboscópica de uma bala que se move na velocidade supersônica através do ar quente acima de uma vela acesa.

Figura 3.12 A onda de proa em forma de V de um barco é formada porque a velocidade do barco é maior que a velocidade das ondas de água que ele gera. Uma onda de arco é análoga a uma onda de choque formada por um avião viajando mais rápido que o som.

Aviões a jato que viajam a velocidades supersônicas produzem ondas de choque, que são responsáveis pelo alto "*boom* sônico" que se ouve. A onda de choque carrega uma grande quantidade de energia concentrada na superfície do cone com grandes variações de pressão correspondentes. Essas ondas de choque são desagradáveis de ouvir e podem causar danos a edifícios quando as aeronaves voam em velocidade supersônica em baixas altitudes. Na verdade, um avião voando à velocidade supersônica produz um *boom* duplo, porque duas ondas de choque são formadas, uma no nariz do avião e uma na cauda. Pessoas perto do caminho de um ônibus espacial à medida que este desliza em direção a seu ponto de aterrissagem reportaram que ouviam o que soa como duas trovoadas muito próximas uma à outra.

Teste Rápido **3.6** Um avião voando com velocidade constante se move a partir de uma massa de ar frio para uma massa de ar quente. O número de Mach **(a)** aumenta, **(b)** diminui ou **(c)** permanece o mesmo?

Resumo

Definições

A **intensidade** de uma onda sonora periódica, que é a potência por unidade da área, é:

$$I \equiv \frac{(Potência)_{média}}{A} = \frac{(\Delta P_{máx})^2}{2\rho v} \quad (3.11, 3.12)$$

O **nível de som** de uma onda sonora em decibéis é:

$$\beta \equiv 10 \log\left(\frac{I}{I_0}\right) \quad (3.14)$$

A constante I_0 é uma intensidade de referência, geralmente o limiar da audição ($1{,}00 \times 10^{-12}$ W/m²), e I é a intensidade das ondas de som em watts por metro quadrado.

Conceitos e Princípios

As ondas sonoras são longitudinais e se propagam através de um meio compressível com velocidade que depende das propriedades elásticas e de inércia desse meio. A velocidade do som em um gás tendo um módulo volumétrico B e densidade ρ é:

$$v = \sqrt{\frac{B}{\rho}} \quad (3.8)$$

Para as ondas sonoras senoidais, a variação na posição de um elemento do meio é:

$$s(x, t) = s_{máx} \cos(kx - \omega t) \quad (3.1)$$

e a variação na pressão a partir do valor de equilíbrio é:

$$\Delta P = \Delta P_{máx} \operatorname{sen}(kx - \omega t) \quad (3.2)$$

onde $\Delta P_{máx}$ é a **amplitude de pressão**. A onda de pressão está 90° fora de fase com a onda de deslocamento. A relação entre $s_{máx}$ e $\Delta P_{máx}$ é:

$$\Delta P_{máx} = \rho v \omega s_{máx} \quad (3.10)$$

Na variação na frequência ouvida por um observador, sempre que há movimento relativo entre este e uma fonte de ondas sonoras, é chamada **efeito Doppler**. A frequência observada é:

$$f' = \left(\frac{v + v_O}{v - v_S}\right) f \quad (3.19)$$

Nessa expressão, os sinais para os valores substituídos em v_O e v_S dependem da direção da velocidade. Um valor positivo para a velocidade do observador ou da fonte é substituído se a velocidade estiver na direção de um para o outro, enquanto um valor negativo representa a velocidade de um se afastando do outro.

Perguntas Objetivas

1. A Tabela 3.1 mostra que a velocidade do som é tipicamente uma ordem de grandeza maior em sólidos que em gases. A que esse valor muito maior pode ser diretamente atribuído? (a) À diferença de densidade entre sólidos e gases. (b) À diferença na compressibilidade entre sólidos e gases. (c) À dimensão limitada de um objeto sólido em relação a um gás livre. (d) À impossibilidade de manter um gás sob tensão considerável.

2. Duas sirenes A e B estão soando, de modo que a frequência de A é duas vezes a de B. Em comparação com a velocidade do som de A, a velocidade do som a partir de B é (a) duas vezes mais rápida, (b) metade da velocidade, (c) quatro vezes mais rápida, (d) um quarto da velocidade ou (e) a mesma?

3. Conforme você viaja pela estrada em seu carro, uma ambulância se aproxima por trás em alta velocidade soando a sirene em uma frequência de 500 Hz. Qual afirmação é correta em relação à frequência que você ouve? (a) Inferior a 500 Hz. (b) Igual a 500 Hz. (c) Superior a 500 Hz. (d) Superior a 500 Hz, enquanto o motorista da ambulância ouve uma frequência inferior a 500 Hz. (e) Inferior a 500 Hz, enquanto o motorista da ambulância ouve uma frequência de 500 Hz.

4. O que acontece com uma onda sonora que se propaga do ar para a água? (a) A intensidade aumenta. (b) O comprimento de onda diminui. (c) Sua frequência aumenta. (d) Sua frequência permanece a mesma. (e) Sua velocidade diminui.

5. Um sino de igreja em uma torre toca uma vez. Trezentos metros na frente da igreja, a intensidade sonora máxima é de 2 $\mu W/m^2$. A 950 m, a intensidade sonora máxima é de 0,2 $\mu W/m^2$. Qual é a principal razão para a diferença na intensidade? (a) A maior parte do som é absorvida pelo ar antes que ele chegue muito longe da fonte. (b) A maioria do som é absorvida pelo solo, conforme se propaga para longe da fonte. (c) O sino transmite a maior parte para a frente. (d) A uma distância maior, a potência se espalha por uma área maior.

6. Se uma fonte sonora de 1,00 kHz se move a uma velocidade de 50,0 m/s em direção a um observador, que se move a uma velocidade de 30,0 m/s em uma direção para longe da fonte, qual é a frequência aparente ouvida pelo observador? (a) 796 Hz. (b) 949 Hz. (c) 1.000 Hz. (d) 1.068 Hz. (e) 1.273 Hz.

7. Uma onda sonora pode ser caracterizada como (a) uma onda transversal, (b) uma onda longitudinal, (c) uma onda transversal ou longitudinal, dependendo da natureza de sua origem, (d) que não carrega energia ou (e) uma onda que não exige um meio para ser transmitida de um lugar para o outro.

8. Suponha que uma mudança na fonte de som reduza o comprimento de onda de uma onda sonora no ar por um fator de 2. (i) O que acontece com sua frequência? (a) Aumenta por um fator de 4. (b) Aumenta por um fator de 2. (c) Permanece inalterada. (d) Diminui por um fator de 2. (e) Altera-se por um fator imprevisível. (ii) O que acontece com sua velocidade? Escolha entre as mesmas alternativas da parte (i).

9. Um ponto transmite som em um meio uniforme. Se a distância da fonte for triplicada, como a intensidade muda? (a) Torna-se um nono da original. (b) Torna-se um terço da original. (c) Permanece inalterada. (d) Torna-se três vezes maior. (e) Torna-se nove vezes maior.

10. Suponha que um observador e uma fonte de som estejam em repouso em relação ao solo e um forte vento sopre da fonte em direção ao observador. (i) Que efeito tem o vento sobre a frequência observada? (a) Provoca um aumento. (b) Provoca uma diminuição. (c) Não produz nenhuma alteração. (ii) Que efeito o vento tem no comprimento de onda observado? Escolha entre as mesmas alternativas da parte (i). (iii) Que efeito tem o vento na velocidade observada da onda? Escolha entre as mesmas alternativas da parte (i).

11. Uma fonte de som vibra com frequência constante. Classifique a frequência do som observada nos seguintes casos, do maior para o menor. Se duas frequências são iguais, mostre essa igualdade em sua classificação. Todas as propostas mencionadas têm a mesma velocidade de 25 m/s. (a) A fonte e o observador estão parados. (b) A fonte está se movendo em direção a um observador estacionário. (c) A fonte está se afastando de um observador estacionário. (d) O observador está se movendo em direção a uma fonte estacionária. (e) O observador se afasta de uma fonte estacionária.

12. Com um medidor de nível sonoro sensível, você mede o som de uma aranha correndo como –10 dB. O que o sinal negativo implica? (a) A aranha está se afastando de você. (b) A frequência do som é demasiado baixa para ser audível aos humanos. (c) A intensidade do som é muito fraca para ser audível aos humanos. (d) Você cometeu um erro; sinais negativos não se encaixam com logaritmos.

13. A duplicação da potência de uma fonte sonora emitindo uma única frequência resultará em qual aumento no nível de decibéis? (A) 0,50 dB. (b) 2,0 dB. (c) 3,0 dB. (d) 4,0 dB. (e) Acima de 20 dB.

14. Dos seguintes sons, qual é mais provável ter um nível de som de 60 dB? (a) Um concerto de rock. (b) O virar de uma página deste livro. (c) Uma conversação à mesa de jantar. (d) Uma multidão em um jogo de futebol.

Perguntas Conceituais

1. Como um objeto pode se mover em relação a um observador, de modo que o som não seja alterado em frequência?

2. Câmeras antigas com autofoco enviam um pulso de som e medem o intervalo de tempo necessário para o pulso alcançar um objeto, refletir-se nele e voltar para ser detectado. A temperatura do ar pode afetar o foco da câmera? Câmeras novas usam um sistema mais confiável de infravermelho.

3. Uma amiga sentada em seu carro no final da estrada acena para você e aciona sua buzina ao mesmo tempo. Quão longe ela deve estar para que você possa calcular a velo-

cidade do som com dois algarismos significativos através da medição do intervalo de tempo necessário para o som chegar até você?

4. Como você pode determinar que a velocidade do som é a mesma para todas as frequências, ouvindo uma banda ou uma orquestra?

5. Explique como a distância de um raio pode ser determinada através da contagem de segundos entre o *flash* e o som do trovão.

6. Você está dirigindo em direção a um precipício e buzina. Haverá um efeito Doppler do som quando você ouvir o eco? Se houver, será como uma fonte em movimento ou um observador em movimento? E se a reflexão não ocorrer de um precipício, mas a partir da extremidade da frente de uma nave espacial alienígena enorme que se desloca em sua direção conforme você dirige?

7. Os sistemas de radar usados pela polícia para detectar infratores de velocidade são sensíveis ao efeito Doppler de pulso de micro-ondas. Discuta como essa sensibilidade pode ser usada para medir a velocidade dos carros.

8. *O evento de Tunguska.* Em 30 de junho de 1908, um meteoro queimou e explodiu na atmosfera sobre o vale do rio Tunguska, na Sibéria, derrubando árvores ao longo de milhares de quilômetros quadrados e iniciando um incêndio na floresta, mas sem produzir nenhuma cratera nem, aparentemente, causar vítimas humanas. Uma testemunha sentada à porta de sua casa, fora da zona de queda das árvores, recorda dos eventos na seguinte sequência. Ela viu uma luz se movendo no céu, mais brilhante que o Sol e descendo em um ângulo pequeno em direção ao horizonte. Sentiu seu rosto ficar quente e o chão tremer. Um agente invisível a apanhou e ela caiu imediatamente, a cerca de 1 m de onde estava sentada. Ela ouviu um barulho muito alto e prolongado. Sugira uma explicação para essas observações e para a ordem em que aconteceram.

9. Sensor sônico é um dispositivo que determina a distância até um objeto através do envio de um pulso ultrassônico de som e mede o intervalo de tempo necessário para a onda retornar pela reflexão do objeto. Em geral, esses dispositivos não podem detectar com segurança um objeto que está a menos de meio metro do sensor. Por quê?

Problemas

WebAssign Os problemas que se encontram neste capítulo podem ser resolvidos *on-line* no Enhanced WebAssign (em inglês)

1. denota problema simples;
2. denota problema intermediário;
3. denota problema de desafio;

AMT *Analysis Model Tutorial* disponível no Enhanced WebAssign (em inglês);

M denota tutorial *Master It* disponível no Enhanced WebAssign (em inglês);

PD denota problema dirigido;

W solução em vídeo *Watch It* disponível no Enhanced WebAssign (em inglês).

Observação: ao longo deste capítulo, as variações de pressão ΔP são medidas em relação à pressão atmosférica, $1,013 \times 10^5$ Pa.

Observação: no restante deste capítulo, salvo quando especificado o contrário, a densidade de equilíbrio do ar é de $\rho = 1,20$ kg/m³ e a velocidade do som no ar é de $v = 343$ m/s. Use a Tabela 3.1 para encontrar as velocidades do som em outros meios.

Seção 3.1 Variações de pressão em ondas sonoras

1. **W** Uma onda sonora senoidal se move através de um meio e é descrita pela função de deslocamento de onda:

   $$s(x, t) = 2,00 \cos(15,7x - 858t)$$

   onde s está dado em micrômetros, x em metros e t em segundos. Encontre (a) a amplitude, (b) o comprimento da onda e (c) a velocidade da onda. (d) Determine o deslocamento instantâneo de equilíbrio dos elementos do meio na posição $x = 0,0500$ m a $t = 3,00$ ms. (e) Determine a velocidade máxima do movimento oscilatório do elemento.

2. Conforme determinada onda sonora se propaga pelo ar, produz variações de pressão (acima e abaixo da pressão atmosférica) dadas por $\Delta P = 1,27$ sen $(\pi x - 340\,\pi t)$ em unidades SI. Encontre (a) a amplitude das variações de pressão, (b) a frequência, (c) o comprimento da onda no ar e (d) a velocidade da onda sonora.

3. Escreva uma expressão descrevendo a variação de pressão em função da posição e do tempo para uma onda sonora senoidal no ar. Suponha que a velocidade do som seja de 343 m/s, $\lambda = 0,100$ m e $\Delta P_{máx} = 0,200$ Pa.

Seção 3.2 Velocidade escalar de ondas sonoras

O Problema 85 do Capítulo 2 do Volume 1 desta coleção também pode ser resolvido com esta seção.

4. **M** Um pesquisador pretende gerar no ar uma onda sonora que tenha amplitude de deslocamento de $5,50 \times 10^{-6}$ m. A amplitude de pressão deve ser limitada a 0,840 Pa. Qual é o comprimento de onda mínimo que a onda sonora pode ter?

5. Calcule a amplitude de pressão de uma onda sonora de 2,00 kHz no ar, supondo que a amplitude de deslocamento é igual a $2,00 \times 10^{-8}$ m.

6. Terremotos em falhas na crosta terrestre criam ondas sísmicas, que são longitudinais (ondas P) ou transversais (ondas S). As ondas P têm uma velocidade de cerca de 7 km/s. Estime o módulo volumétrico médio de crosta da Terra, dado que a densidade da rocha é cerca de 2.500 kg/m³.

7. Um golfinho (Fig. P3.7) na água do mar a uma temperatura de 25 °C emite uma onda sonora direcionada para o fundo do mar a 150 m. Quanto tempo se passa antes que ele ouça um eco?

8. Uma onda sonora se propaga no ar em 27 °C com frequência de

Figura P3.7

4,0 kHz. Ela passa por uma região onde a temperatura muda gradualmente e se move através do ar em 0 °C. Dê respostas numéricas às seguintes perguntas, na medida do possível, e indique seu raciocínio sobre o que acontece com a onda fisicamente. (a) O que acontece com a velocidade da onda? (b) O que acontece com sua frequência? (c) O que acontece com seu comprimento de onda?

9. O ultrassom é utilizado na medicina tanto para diagnóstico por imagem (Fig. P3.9) quanto para terapia. Para o diagnóstico, pulsos curtos de ultrassom são transmitidos através do corpo do paciente. Um eco refletido a partir da estrutura de interesse é gravado, e a distância para a estrutura pode ser determinada a partir do tempo de demora para o retorno desse eco. Para revelar detalhes, o comprimento de onda do ultrassom refletido deve ser pequeno comparado ao tamanho do objeto que reflete as ondas. A velocidade do ultrassom em tecidos humanos é cerca de 1.500 m/s (quase o mesmo que a velocidade do som na água). (a) Qual é o comprimento de onda de ultrassom com uma frequência de 2,40 MHz? (b) Em todo o conjunto de técnicas de imagem, as frequências na faixa de 1,00 MHz a 20,0 MHz são usadas. Qual é a faixa de comprimentos de onda correspondentes a essa faixa de frequências?

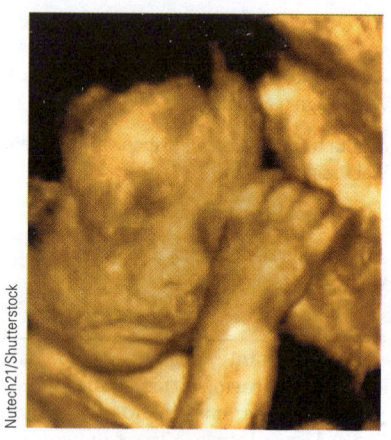

Figura P3.9

10. **W** Uma onda sonora no ar tem amplitude de pressão igual a $4,00 \times 10^{-3}$ Pa. Calcule a amplitude de deslocamento da onda com uma frequência de 10,0 kHz.

11. **W** Suponha que você ouça um estrondo de trovão 16,2 s depois de ver o raio associado a ele. A velocidade da luz no ar é de $3,00 \times 10^8$ m/s. (a) Quão longe você está do raio? (b) Você precisa saber o valor da velocidade da luz para responder? Explique.

12. **W** Um avião de resgate voa horizontalmente a uma velocidade constante em busca de um barco quebrado. Quando o avião está diretamente acima do barco, os tripulantes buzinam bem alto. Até o momento em que o detector de som localiza o som, o avião percorreu uma distância igual à metade de sua altura acima do oceano. Supondo que demore 2,00 s para o som chegar ao avião, determine (a) a velocidade do avião e (b) sua altitude.

13. **AMT W** Um vaso é derrubado do parapeito da janela de uma altura $d = 20,0$ m acima da calçada, como mostrado na Figura P3.13. Ele cai em direção a um homem de altura $h = 1,75$ m que está em pé embaixo do prédio. Suponha que o homem necessite de um intervalo de tempo $\Delta t = 0,300$ s para responder à advertência. Quão perto da calçada o vaso pode cair antes que seja tarde demais para um grito de aviso, a partir do parapeito, chegar a tempo ao homem?

14. Um vaso é derrubado do parapeito da janela de uma altura d acima da calçada, como mostrado na Figura P3.13. Ele cai em direção a um homem de altura h que está de pé embaixo do prédio. Suponha que o homem necessite de um intervalo de tempo Δt para responder à advertência. Quão perto da calçada o vaso pode cair antes que seja tarde demais para um grito de aviso, a partir do parapeito, chegar a tempo ao homem? Use o símbolo v para a velocidade do som.

15. A velocidade do som no ar (em metros por segundo) depende da temperatura, de acordo com a expressão aproximada:

$$v = 331{,}5 + 0{,}607\, T_C$$

onde T_C é a temperatura dada em Celsius. No ar seco, a temperatura diminui cerca de 1 °C a cada aumento de 150 m de altitude. (a) Suponha que essa mudança seja constante até uma altitude de 9.000 m. Que intervalo de tempo é necessário para o som de um avião voando a 9.000 metros chegar ao chão em um dia em que a temperatura é de 30 °C? (b) **E se?** Compare sua resposta com o intervalo de tempo necessário se o ar estivesse uniformemente a 30 °C. Que intervalo de tempo é mais longo?

16. Uma onda sonora se move como um cilindro na Figura 3.2. Mostre que a variação de pressão da onda é descrita por $\Delta P = \pm \rho v w \sqrt{s_{\text{máx}}^2 - s^2}$, onde $s = s(x, t)$ é dado pela Equação 3.1.

17. Um martelo atinge uma extremidade de uma espessa grade de ferro de comprimento 8,50 m. Um microfone situado no extremo oposto do trilho detecta dois pulsos de som, um que se propaga através do ar e uma onda longitudinal que atravessa o trilho. (a) Que pulso alcança primeiro o microfone? (b) Encontre o intervalo de tempo entre as chegadas dos dois pulsos.

18. Um *cowboy* está em pé em um terreno horizontal entre penhascos paralelos e verticais, mas não a meio caminho entre os penhascos. Ele dispara um tiro e ouve seus ecos. O segundo eco chega 1,92 s após o primeiro, e 1,47 s antes do terceiro. Considere que apenas o som se propaga paralelo ao chão e reflete entre os paredões. (a) Qual é a distância entre os penhascos? (b) **E se?** Se ele ouvir o quarto eco, quanto tempo após o terceiro ele chega?

Seção 3.3 Intensidade das ondas sonoras periódicas

19. Calcule o nível de som (em decibéis) de uma onda sonora que tem uma intensidade de 4,00 μW/m².

20. A área de um tímpano normal é cerca de $5{,}00 \times 10^{-5}$ m². (a) Calcule a potência média de som incidente em um tímpano no limiar da dor, que corresponde a uma intensidade de 1,00 W/m². (b) Quanta energia é transferida para o tímpano exposto a esse som por 1,00 min?

21. A intensidade de uma onda sonora a uma distância fixa de um alto-falante que vibra a 1,00 kHz é 0,600 W/m². (a) Determine a intensidade resultante se a frequência for aumentada para 2,50 kHz, enquanto uma amplitude de deslocamento constante é mantida. (b) Calcule a intensidade se a frequência for reduzida para 0,500 kHz e a amplitude de deslocamento, dobrada.

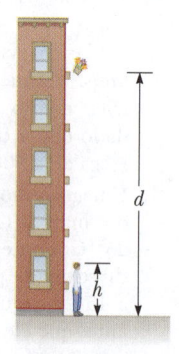

Figura P3.13
Problemas 13 e 14

22. A intensidade de uma onda sonora a uma distância fixa de um alto-falante que vibra a uma frequência f é I. (a) Determine a intensidade resultante se a frequência for aumentada para f', enquanto uma amplitude de deslocamento constante é mantida. (b) Calcule a intensidade se a frequência for reduzida para $f/2$ e a amplitude de deslocamento, dobrada.

23. Uma pessoa usa aparelho auditivo que aumenta uniformemente o nível de som de todas as frequências audíveis em 30,0 dB. O aparelho capta o som com uma frequência de 250 Hz, com intensidade de $3,0 \times 10^{-11}$ W/m². Qual é a intensidade que chega ao tímpano?

24. A intensidade do som a uma distância de 16 m de um gerador barulhento é de 0,25 W/m². Qual é a intensidade do som a uma distância de 28 metros do gerador?

25. W A potência de um alto-falante é 6,00 W. Suponha que ele transmita igualmente em todas as direções. (a) A que distância do alto-falante uma pessoa deve estar para que o som seja doloroso para o ouvido? (b) A que distância do alto-falante o som é quase inaudível?

26. A onda de som de uma sirene de polícia tem intensidade de 100,0 W/m² em certo ponto; uma segunda onda de uma ambulância por perto tem um nível de intensidade 10 dB maior que a da sirene de polícia no mesmo ponto. Qual é o nível da onda sonora devido à ambulância?

27. M Um trem toca seu apito à medida que se aproxima de um cruzamento. O apito pode ser ouvido a um nível de apenas 50 dB por um observador a 10 km de distância. (a) Qual é a potência média gerada pelo apito? (b) Qual é o nível de intensidade do som do apito ouvido por alguém esperando em um cruzamento a 50 metros do trem? Considere o apito como um ponto de origem e despreze qualquer absorção do som pelo ar.

28. Conforme as pessoas cantam na igreja, o nível de som em qualquer lugar ali dentro é de 101 dB. Nenhum som é transmitido através das paredes maciças, mas todas as janelas e portas estão abertas em uma manhã de verão. Sua área total é de 22,0 m². (a) Quanta energia sonora é irradiada através das janelas e portas em 20,0 min? (b) Suponha que o terreno seja um bom refletor e irradie o som da igreja de modo uniforme em todas as direções, horizontal e ascendente. Encontre o nível sonoro a 1,00 km de distância.

29. A melodia vocal mais alta é a da *Missa*, de Johann Sebastian Bach em B Menor. Em uma seção, os baixos, tenores, contraltos e sopranos levam a melodia de um Ré baixo a um Lá alto. Em tom de concerto, as notas são atribuídas às frequências de 146,8 Hz e 880,0 Hz. Encontre os comprimentos de onda (a) da nota inicial e (b) da nota final. Suponha que o coro cante a melodia com um nível uniforme de som de 75,0 dB. Encontre as amplitudes de pressão (c) da nota inicial e (d) da nota final. Encontre as amplitudes de deslocamento (e) da nota inicial e (f) da nota final.

30. Mostre que a diferença entre os níveis de decibéis β_1 e β_2 de um som está relacionada com a razão das distâncias r_1 e r_2 da fonte sonora por:

$$\beta_2 - \beta_1 = 20 \log\left(\frac{r_1}{r_2}\right)$$

31. M Um show popular sobre gelo é realizado em uma arena fechada. Os patinadores se apresentam com a música com nível de 80,0 dB. Esse nível é muito alto para seu bebê, que grita a 75,0 dB. (a) Que intensidade sonora total cerca você? (b) Qual é o nível do som combinado?

32. W Dois pequenos alto-falantes emitem ondas sonoras de diferentes frequências igualmente em todas as direções. O alto-falante A tem uma potência de 1,00 mW, e o B, de 1,50 mW. Determine o nível de som (em decibéis) no ponto C na Figura P3.32 supondo que (a) apenas o alto-falante A emita som, (b) somente o alto-falante B emita som e (c) os dois emitam som.

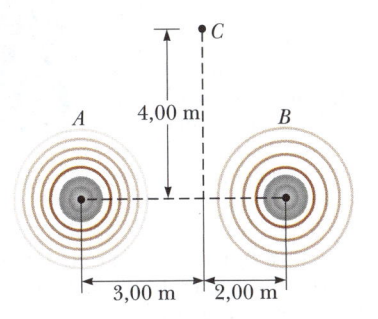

Figura P3.32

33. M Um fogo de artifício é detonado muitos metros acima do solo. A uma distância de $d_1 = 500$ m da explosão, a pressão acústica atinge um máximo de $\Delta P_{\text{máx}} = 10,0$ Pa (Figura P3.33). Suponha que a velocidade do som seja constante em 343 m/s em toda a atmosfera sobre a região considerada, que o solo absorve todo o som caindo sobre ele e que o ar absorve a energia do som pela razão de 7,00 dB/km. Qual é o nível de som (em decibéis) a uma distância de $d_2 = 4,00 \times 10^3$ m da explosão?

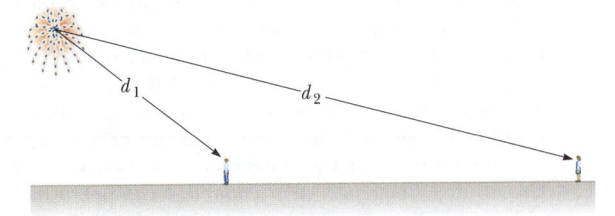

Figura P3.33

34. Um fogo de artifício explode a uma altura de 100 m acima do solo. Um observador no solo diretamente sob a explosão sofre uma intensidade média de $7,00 \times 10^{-2}$ W/m² por 0,200 s. (a) Qual é a quantidade total de energia transferida para fora do local da explosão de som? (b) Qual é o nível de som (em decibéis) ouvido pelo observador?

35. O nível de som a uma distância de 3,00 m de uma fonte é de 120 dB. A que distância está o nível de som em (a) 100 dB e (b) 10,0 dB?

36. *Por que a seguinte situação é impossível?* É cedo em uma manhã de sábado e, para seu descontentamento, o vizinho começa a cortar o gramado. Enquanto você tenta voltar a dormir, o vizinho do outro lado também começa a cortar a grama com um cortador idêntico à mesma distância. Essa situação incomoda muito, porque o som total tem agora o dobro do que tinha quando era apenas um vizinho cortando a grama.

Seção 3.4 O efeito Doppler

37. Uma ambulância em movimento a 42 m/s faz a sirene soar na frequência é de 450 Hz. Um carro está se movendo na mesma direção da ambulância, a 25 m/s. Qual a frequência que uma pessoa dentro do carro ouve (a) conforme a ambulância se aproxima do carro e (b) depois que a ambulância passa o carro?

38. Quando partículas carregadas de alta energia se movem através de um meio transparente, com uma velocidade superior à da luz nesse meio, uma onda de choque, ou onda em arco, de luz é produzida. Esse fenômeno é chamado *efeito Cerenkov*. Quando um reator nuclear é protegido por um grande reservatório de água, a radiação Cerenkov pode ser vista como um brilho azul nos arredores do núcleo do reator, devido à alta velocidade dos elétrons se movendo através da água (Fig. 3.38). Em um caso específico, a radiação Cerenkov produz uma frente de onda com um ápice de semiângulo de 53,0°. Calcule a velocidade dos elétrons na água. A velocidade da luz na água é $2,25 \times 10^8$ m/s.

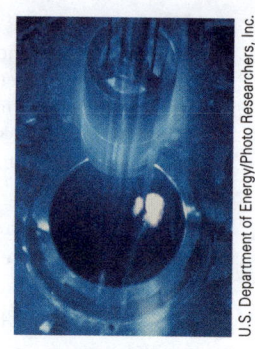

Figura P3.38

39. Um motorista viaja na direção norte em uma rodovia a uma velocidade de 25,0 m/s. Um carro de polícia, viajando ao sul a uma velocidade de 40,0 m/s, aproxima-se com a sirene produzindo um som com frequência de 2.500 Hz. (a) Qual a frequência que o motorista observa conforme o carro de polícia se aproxima? (b) Qual a frequência que o condutor detecta depois que o carro da polícia passa por ele? (c) Repita (a) e (b) para o caso em que o carro da polícia está atrás do motorista e viaja ao norte.

40. **PD** O submarino A viaja horizontalmente a 11,0 m/s pelo oceano. Ele emite um sinal de sonar de frequência $f = 5,27 \times 10^3$ Hz para a frente. Outro submarino B está na frente do A e viaja a 3,00 m/s em relação à água na mesma direção. Um tripulante do submarino B usa seu equipamento para detectar as ondas de som (*pings*) do submarino A. Queremos determinar o que é ouvido pelo tripulante no submarino B. (a) Um observador em qual submarino detecta uma frequência de f' como descrito pela Equação 3.19? (b) Na Equação 3.19, o sinal de v_S deve ser positivo ou negativo? (c) Na Equação 3.19, o sinal de v_O deve ser positivo ou negativo? (d) Na Equação 3.19, qual velocidade do som deve ser usada? (e) Encontre a frequência do som detectada pelo tripulante do submarino B.

41. **AMT** **Revisão.** Um bloco com um alto-falante parafusado a ele está ligado a uma mola com constante de mola de $k = 20,0$ N/m e oscila conforme mostrado na Figura P3.41. A massa total do bloco com o alto-falante é 5,00 kg, e a amplitude de movimento desse aparelho é 0,500 m. O alto-falante emite ondas sonoras de frequência de 440 Hz. Determine (a) a maior e (b) a menor frequência ouvida pela pessoa à direita do alto-falante. (c) Se o nível máximo de som ouvido pela pessoa é 60,0 dB, quando o alto-falante está em sua menor distância $d = 1,00$ m dela, qual é o nível sonoro mínimo ouvido pelo observador?

42. **Revisão.** Um bloco com um alto-falante parafusado a ele está ligado a uma mola com constante de mola k e oscila conforme mostrado na Figura P3.41. A massa total do bloco com o alto-falante é m e a amplitude de movimento desse aparelho é A. O alto-falante emite ondas sonoras de frequência f. Determine (a) a maior e (b) a menor frequência ouvida pela pessoa à direita do alto-falante. (c) Se o nível máximo de som ouvido pela pessoa é β, quando o alto-falante está em sua menor distância d dela, qual é o nível sonoro mínimo ouvido pelo observador?

43. Os pais, à espera do nascimento do filho, estão entusiasmados para escutar os batimentos cardíacos do bebê, revelados por um detector de ultrassom que produz bips de som audível em sincronia com os batimentos cardíacos fetais. Suponha que a parede ventricular do feto se mova em movimento harmônico simples com amplitude de 1,80 mm e frequência de 115 batimentos por minuto. (a) Encontre a velocidade linear máxima da parede do coração. Suponha que uma fonte montada no detector em contato com o abdômen da mãe produza um som de 2.000.000,0 Hz, que se propaga através do tecido a 1,50 km/s. (b) Encontre a variação máxima da frequência entre o som que chega à parede do coração do bebê e o emitido pela fonte. (c) Encontre a variação máxima da frequência entre o som refletido recebida pelo detector e o emitido pela fonte.

44. *Por que a seguinte situação é impossível?* Nos Jogos Olímpicos de Verão, o atleta corre a uma velocidade constante por um caminho em linha reta, enquanto um espectador perto da pista emite uma nota em uma buzina com uma frequência fixa. Quando o atleta passa pela buzina, ele ouve a frequência cair pelo intervalo musical chamado uma terceira menor. Ou seja, a frequência que ele ouve cai para cinco sextos de seu valor original.

45. **M** Estando em uma faixa de pedestres, você ouve uma frequência de 560 Hz da sirene de uma ambulância que se aproxima. Depois que a ambulância passa, a frequência observada da sirene é de 480 Hz. Determine a velocidade da ambulância a partir dessas observações.

46. **Revisão.** Um diapasão de 512 Hz cai do repouso e acelera a 9,80 m/s². Quanto abaixo estará o diapasão do ponto de lançamento quando as ondas de frequência 485 Hz chegarem ao ponto de lançamento?

47. **AMT** **M** Um jato supersônico viajando a Mach 3,00, a uma altitude de $h = 20.000$ m, está diretamente sobre uma pessoa no momento $t = 0$, como mostrado na Figura P3.47. Suponha que a velocidade média do som no ar seja de 335 m/s ao longo do caminho do som. (a) Em que momento a pessoa vai encontrar a onda de choque devido ao som emitido em $t = 0$? (b) Onde o avião vai estar quando esta onda de choque for ouvida?

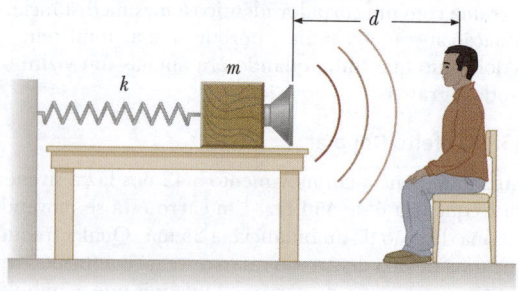

Figura P3.41 Problemas 41 e 42.

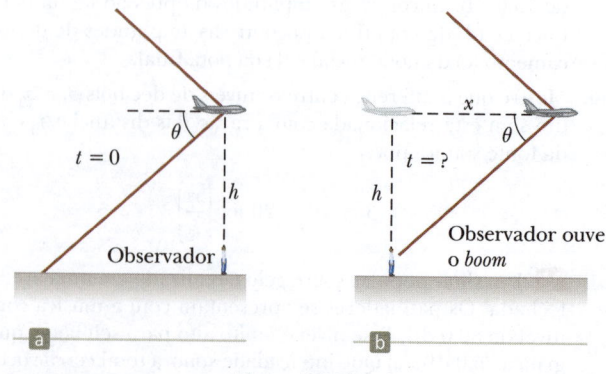

Figura P3.47

Problemas Adicionais

48. Um morcego (Figura P3.48) pode detectar objetos muito pequenos, como um inseto, cujo comprimento de onda é aproximadamente igual ao comprimento de onda do som que o morcego emite. Se um morcego emite um som a uma frequência de 60,0 kHz e a velocidade do som no ar é de 340 m/s, qual é o menor inseto que o morcego pode detectar?

Figura P3.48
Problemas 48 e 63.

49. Alguns estudos sugerem que o limite superior da frequência da audição é determinado pelo diâmetro do tímpano. O diâmetro do tímpano é aproximadamente igual à metade do comprimento de onda da onda sonora neste limite superior. Se esta relação se mantiver exatamente, qual é o diâmetro do tímpano de uma pessoa capaz de ouvir 20.000 Hz? (Suponha que a temperatura do corpo é de 37,0 °C.)

50. A maior nota escrita e publicada por um cantor foi Fá sustenido acima de C alto, 1,480 kHz, para Zerbinetta, na versão original da ópera de Richard Strauss *Ariadne auf Naxos*. (a) Encontre o comprimento de onda do som no ar. (b) Suponha que as pessoas na quarta fileira de assentos ouvissem essa nota com nível de 81,0 dB. Encontre a amplitude de deslocamento do som. (c) E se? Em resposta às reclamações, Strauss, depois, transpôs a nota para F acima de C alto, 1,397 kHz. O comprimento de onda mudou por qual incremento?

51. Caminhões que transportam lixo para o aterro sanitário da cidade formam uma procissão quase constante em uma estrada rural, todos viajando a 19,7 m/s na mesma direção. Dois caminhões chegam ao aterro a cada 3 min. Um ciclista também está viajando em direção ao aterro, a 4,47 m/s. (a) Com que frequência os caminhões passam o ciclista? (b) E se? Uma colina não diminui a velocidade dos caminhões, mas faz que a velocidade do ciclista fora de forma caia para 1,56 m/s. Qual é a frequência com que os caminhões passam o ciclista agora?

52. Se um vendedor afirma que um alto-falante é avaliado em 150 W, ele está se referindo à entrada máxima de corrente elétrica para o alto-falante. Suponha que um alto-falante com uma potência de 150 W transmite o som igualmente em todas as direções e produz som com um nível de 103 dB a uma distância de 1,60 m do seu centro. (a) Determine a potência de sua saída de som. (b) Determine a eficiência do alto-falante, ou seja, a fração de energia de entrada que é convertida em energia de saída útil.

53. Uma rodovia interestadual foi construída no meio de um bairro na cidade. Na parte da tarde, o nível de som em um apartamento naquele bairro é de 80,0 dB, porque até cem carros passam pela rodovia por minuto. Tarde da noite, o fluxo de tráfego é de apenas cinco carros por minuto. Qual é o nível sonoro médio nesse período?

54. O apito de um trem ($f = 400$ Hz) tem um som de maior ou menor frequência dependendo de se ele se aproxima ou se afasta. (a) Prove que a diferença de frequência entre o apito do trem ao se aproximar e ao se afastar é

$$\Delta f = \frac{2u/v}{1 - u^2/v^2} f$$

onde u é a velocidade do trem e v é a velocidade do som. (b) Calcule esta diferença para um trem se movendo a uma velocidade de 130 km/h. Considere que a velocidade do som no ar é de 340 m/s.

55. Uma fita métrica ultrassônica utiliza frequências acima de 20 MHz para determinar as dimensões de estruturas como edifícios. O funcionamento da fita se dá pela emissão de um pulso de ultrassom no ar e, em seguida, pela medição do intervalo decorrido para que um eco retorne de uma superfície refletora cuja distância deve ser medida. A distância é exibida em um visor digital. Para uma fita métrica que emite um pulso de ultrassom com uma frequência de 22,0 MHz, (a) qual é a distância de um objeto do qual o pulso do eco retorna após 24,0 ms quando a temperatura do ar é 26 °C? (b) Qual deverá ser a duração do pulso emitido se forem incluídos dez ciclos da onda ultrassônica? (c) Qual é o comprimento espacial deste pulso?

56. A tensão de tração em uma barra de cobre espessa é de 99,5% de seu ponto elástico de quebra de $13,0 \times 10^{10}$ N/m². Se uma onda de som de 500 Hz é transmitida através do material, (a) que amplitude de deslocamento fará que a barra se quebre? (b) Qual é a velocidade máxima dos elementos de cobre nesse momento? (c) Qual é a intensidade do som na barra?

57. **AMT** **Revisão.** Um flutuador de 150 g se move com $v_1 = 2,30$ m/s em uma faixa de ar em direção a um flutuador de 200 g inicialmente parado, conforme mostrado na Figura P3.57. Os flutuadores sofrem uma colisão completamente inelástica e travam juntos ao longo de um intervalo de tempo de 7,00 ms. Um estudante sugere que cerca de metade da diminuição da energia mecânica do sistema dos dois flutuadores é transferida para o ambiente na forma de som. Essa sugestão é razoável? Para avaliar a ideia, encontre o nível sonoro em uma posição de 0,800 m dos flutuadores. Se a ideia do aluno não é razoável, sugira uma melhor.

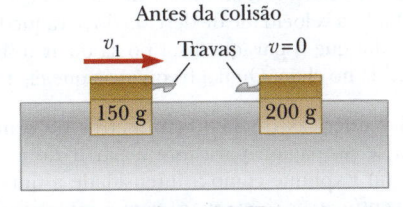

Figura P3.57

58. Considere a seguinte função de onda em unidades SI:

$$\Delta P(r,t) = \left(\frac{25,0}{r}\right)\text{sen}(1,36r - 2.030t)$$

Explique como essa função de onda pode ser aplicada a uma onda irradiando de uma fonte pequena, com r sendo a distância radial a partir do centro da fonte para qualquer ponto fora dela. Dê a descrição mais detalhada da onda que você conseguir. Inclua respostas a perguntas como as seguintes e dê valores representativos para todas as quantidades que podem ser avaliadas. (a) A onda se move mais para a direita ou para a esquerda? (b) Conforme ela se afasta da fonte, o que acontece com sua amplitude? (c) Sua velocidade? (d) Sua frequência? (e) Seu comprimento de onda? (f) Sua potência? (g) Sua intensidade?

59. **Revisão.** Para certo tipo de aço, a deformação é sempre proporcional à tensão com o módulo de Young 20×10^{10} N/m². O aço tem densidade de $7,86 \times 10^3$ kg/m³. Ele falhará, dobrando permanentemente, se submetido a tensões de compressão maiores que seu limite de elasticidade $\sigma_y = 400$ MPa. Uma barra de 80,0 centímetros de comprimento, feita desse aço, é disparada a 12,0 m/s em linha reta diretamente em uma parede muito rígida. (a) A velocidade de uma onda unidimensional compressional movendo a haste é dada por $v = \sqrt{Y/\rho}$, onde Y é o módulo de Young para a barra e ρ a densidade. Calcule essa velocidade. (b) Após a extremidade dianteira da barra bater na parede e parar, sua extremidade traseira continua se movendo, como descrito pela Primeira Lei de Newton, até que seja parada por excesso de pressão em uma onda sonora que se move para trás através da barra. Qual é o intervalo de tempo decorrido antes de a extremidade traseira da barra receber a mensagem de que deve parar? (c) Quanto a extremidade traseira da barra se moveu nesse intervalo de tempo? Encontre (d) a tensão e (e) a deformação na barra. (f) Se não falhar, qual é a velocidade de impacto máximo que uma barra pode ter em termos de σ_y, Y e ρ?

60. Um grande conjunto de arquibancadas de futebol desocupadas tem assentos e degraus sólidos. Você fica no campo, na frente da arquibancada e bate fortemente uma vez usando duas tábuas de madeira. O pulso de som que você produz não tem frequência definida nem comprimento de onda. O som que você ouve refletido da arquibancada tem uma frequência de identificação e pode parecer como um toque rápido de trompete, apito ou vuvuzela. (a) Explique o que esse som representa. Calcule as estimativas de ordem de grandeza para (b) a frequência, (c) o comprimento de onda e (d) a duração do som com base nos dados que você especificar.

61. **M** Para medir sua velocidade, um paraquedista carrega um alarme que emite um tom constante de 1.800 Hz. Um amigo no local do pouso, diretamente abaixo, escuta o som amplificado. Suponha que o ar esteja calmo e que a velocidade do som seja independente da altitude. Enquanto o paraquedista está caindo a uma velocidade terminal, seu amigo no chão recebe ondas de frequência de 2.150 Hz. (a) Qual é a velocidade de descida do paraquedista? (b) **E se?** Suponha que o paraquedista possa ouvir o som da buzina refletida no chão. Qual a frequência que ele recebe?

62. Ondas esféricas de 45,0 centímetros de comprimento de onda se propagam para fora a partir de uma fonte pontual. (a) Explique como a intensidade a uma distância de 240 centímetros se compara com a intensidade a uma distância de 60,0 cm. (b) Explique como a amplitude a uma distância de 240 centímetros se compara com a amplitude a uma distância de 60,0 cm. (c) Explique como a fase da onda a uma distância de 240 centímetros se compara com a fase de 60,0 centímetros no mesmo momento.

63. Um morcego, se movendo a 5,00 m/s, está perseguindo um inseto voando. Se o morcego emite um pio de 40,0 kHz e recebe de volta um eco de 40,4 kHz, (a) qual é a velocidade do inseto? (b) Será que o morcego é capaz de capturá-lo? Explique.

64. Dois navios estão se movendo ao longo de uma linha leste (Figura P3.64). O navio competidor tem velocidade relativa a um ponto de observação terrestre de $v_1 = 64{,}0$ km/h, e o líder, de $v_2 = 45{,}0$ km/h com relação àquele ponto. Os dois navios estão em uma região do oceano onde a corrente está se movendo para oeste de maneira uniforme, a $v_{\text{corrente}} = 10{,}0$ km/h. O barco competidor transmite um sinal de sonar a uma frequência de 1.200,0 Hz através da água. Que frequência é monitorada pelo líder?

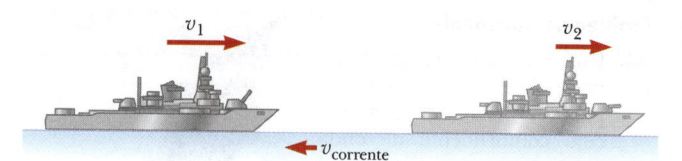

Figura P3.64

65. Uma viatura de polícia está viajando para o leste a 40,0 m/s ao longo de uma estrada reta, ultrapassando um carro antes de ele se mover para leste, a 30,0 m/s. A viatura tem uma sirene que está com mau funcionamento, travada a 1.000 Hz. (a) Qual seria o comprimento de onda no ar do som da sirene se a viatura da polícia estivesse em repouso? (b) Qual é o comprimento de onda na frente da viatura? (c) Qual seria o comprimento de onda atrás dela? (d) Qual é a frequência ouvida pelo motorista que está sendo perseguido?

66. A velocidade de uma onda unidimensional compressional se propagando ao longo de uma barra fina de cobre é 3,56 km/s. Um forte golpe é dado em uma de suas extremidades. Um ouvinte na outra extremidade da barra escuta o som duas vezes, transmitido através do metal e pelo ar, com um intervalo de tempo Δt entre os dois pulsos. (a) Qual som chega primeiro? (b) Encontre o comprimento da barra em função de Δt. (c) Encontre o comprimento da barra, se $\Delta t = 127$ ms. (d) Imagine que a barra de cobre seja substituída por outro material através do qual a velocidade do som é v_r. Qual é o comprimento da barra, em termos de t e v_r? (e) A resposta da parte (d) irá para um limite bem definido assim como a velocidade do som na barra vai para o infinito? Justifique sua resposta.

67. Um grande meteoro entra na atmosfera da Terra a uma velocidade de 20,0 km/s e não é significativamente retardado antes de entrar no oceano. (a) Qual é o ângulo de Mach da onda de choque do meteoro na atmosfera mais baixa? (b) Se assumirmos que o meteoro sobrevive ao impacto com a superfície do oceano, qual é o ângulo (inicial) de Mach que a onda de choque do meteoro produz na água?

68. Três barras de metal são colocadas umas em relação às outras como mostrado na Figura P3.68, onde $L_3 = L_1 + L_2$. A velocidade do som em uma barra é dada por $v = \sqrt{Y/\rho}$, onde Y é o módulo de Young para a barra e, ρ, a densidade. Os valores de densidade e módulo de Young para os três materiais são $\rho_1 = 2{,}70 \times 10^3$ kg/m³; $Y_1 = 7{,}00 \times 10^{10}$ N/m²; $\rho_2 = 11{,}3 \times 10^3$ kg/m³; $Y_2 = 1{,}60 \times 10^{10}$ N/m²; $\rho_3 = 8{,}80 \times 10^3$ kg/m³; $Y_3 = 11{,}0 \times 10^{10}$ N/m². Se $L_3 = 1{,}50$ m, qual deve ser a razão L_1/L_2 se uma onda de som percorrer o comprimento das barras 1 e 2 no mesmo intervalo de tempo necessário para a onda para percorrer o comprimento da barra 3?

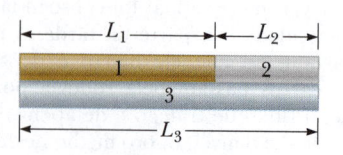

Figura P3.68

69. **M** Com métodos experimentais específicos, é possível produzir e observar em uma barra longa e fina tanto uma onda transversal, cuja velocidade depende principalmente da tensão na barra, quanto longitudinal, cuja velocidade é determinada pelo módulo de Young e a densidade do mate-

rial, que é obtida pela expressão $v = \sqrt{Y/\rho}$. A onda transversal pode ser modelada como uma onda em uma corda esticada. Uma barra de metal, de 150 cm de comprimento, tem raio de 0,200 cm e uma massa de 50,9 g. O módulo de Young para o material é $6,80 \times 10^{10}$ N/m². Qual deve ser a tensão na haste se a razão entre a velocidade das ondas longitudinais e a velocidade das ondas transversais for de 8,00?

70. Uma sirene instalada no telhado de um posto de bombeiros emite som a uma frequência de 900 Hz. Um vento constante está soprando a uma velocidade de 15,0 m/s. Considerando que a velocidade de som no ar sem vento é de 343 m/s, determine o comprimento de onda do som (a) na direção contrária à da sirene e (b) na direção da sirene. Os bombeiros se aproximam da sirene de várias direções a 15,0 m/s. Em que frequência um bombeiro ouve (c) se ela estiver se aproximando a partir de uma posição contrária ao vento e se movendo na direção em que o vento sopra e (d) se ela estiver se aproximando de uma posição a favor do vento e se movendo contra o vento?

Problemas de Desafio

71. A equação Doppler apresentada no livro é válida quando o movimento entre o observador e a fonte ocorrer em uma linha reta, de modo que ambos estejam se movendo em direção diretamente convergente ou diretamente divergente. Se essa restrição é relaxada, deve-se usar a equação Doppler mais geral:

$$f' = \left(\frac{v + v_O \cos \theta_O}{v - v_S \cos \theta_S}\right) f$$

onde θ_O e θ_S são definidos na Figura P3.71a. Use a equação anterior para resolver o seguinte problema. Um trem se move a uma velocidade constante de $v = 25,0$ m/s em direção ao cruzamento mostrado na Figura P3.71b. Um carro está parado perto do cruzamento, a 30,0 m dos trilhos. O apito do trem emite uma frequência de 500 Hz quando ele está a 40,0 metros do cruzamento. (a) Qual é a frequência ouvida pelos passageiros no carro? (b) Se o trem emite esse som contínuo e o carro permanece parado nessa posição muito tempo antes que o trem chegue até muito tempo depois que ele sai, que intervalo de frequências os passageiros no carro ouvem? (c) Suponha que o carro está, estupidamente, tentando chegar mais rápido que o trem no cruzamento e se movendo a 40,0 m/s na direção dos trilhos. Quando o carro estiver a 30,0 m dos trilhos e o trem a 40,0 metros do cruzamento, qual é a frequência ouvida pelos passageiros no carro agora?

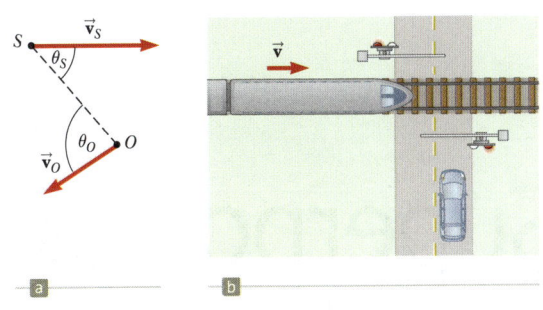

Figura P3.71

72. Na Seção 3.2, derivamos a velocidade do som em um gás, utilizando o Teorema Impulso-Momento aplicado ao cilindro de gás na Figura 3.5. Vamos obter a velocidade do som em um gás utilizando uma abordagem diferente com base no elemento de gás da Figura 3.3. Proceda da seguinte maneira: (a) desenhe um diagrama de força para esse elemento mostrando as forças exercidas sobre as superfícies da esquerda e da direita, devido à pressão do gás em ambos os lados do elemento, (b) ao aplicar a Segunda Lei de Newton para o elemento, mostre que:

$$-\frac{\partial(\Delta P)}{\partial x} A \Delta x = \rho A \Delta x \frac{\partial^2 s}{\partial t^2}$$

(c) substituindo $\Delta P = -(B\,\partial s/\partial x)$ (Equação 3.3), derive a equação da onda seguinte para som:

$$\frac{B}{\rho} \frac{\partial^2 s}{\partial x^2} = \frac{\partial^2 s}{\partial t^2}$$

(d) para um físico matemático, essa equação demonstra a existência de ondas sonoras e determina sua velocidade. Como estudante de Física, você deve dar mais um ou dois passos. Substitua na equação de onda a tentativa de solução $s(x, t) = s_{máx} \cos(kx - \omega t)$. Mostre que essa função satisfaz a equação de onda, desde que $\omega/k = v = \sqrt{B/\rho}$.

73. A Equação 3.13 afirma que a uma distância r de uma fonte pontual com a potência $(Potência)_{média}$, a intensidade da onda é

$$I = \frac{(Potência)_{média}}{4\pi r^2}$$

Estude a Figura 3.10 e prove que à distância r na frente de uma fonte pontual com potência $(Potência)_{média}$ se movendo em velocidade constante v_S a intensidade da onda é:

$$I = \frac{(Potência)_{média}}{4\pi r^2}\left(\frac{v - v_S}{v}\right)$$

capítulo 4

Superposição e ondas estacionárias

4.1 Modelo de análise: ondas em interferência
4.2 Ondas estacionárias
4.3 Modelo de análise: ondas sob condições limite
4.4 Ressonância
4.5 Ondas estacionárias em colunas de ar
4.6 Ondas estacionárias em barras e membranas
4.7 Batimentos: interferência no tempo
4.8 Padrões de onda não senoidal

O modelo de onda foi apresentado nos dois capítulos anteriores. Vimos que ondas são muito diferentes de partículas. Uma partícula tem tamanho zero, enquanto uma onda tem um tamanho caraterístico: seu comprimento de onda. Outra diferença importante entre ondas e partículas é que podemos explorar a possibilidade de duas ou mais ondas combinarem em um ponto no mesmo meio. Partículas podem ser combinadas para formar corpos rígidos, mas devem estar em locais *diferentes*; em contraste, duas ondas podem estar presentes no mesmo local. As ramificações dessa possibilidade são exploradas neste capítulo.

O mestre do blues, B.B. King, usa as ondas estacionárias nas cordas. Ele muda para notas mais altas na guitarra apertando as cordas contra a palheta no braço, encurtando os comprimentos das porções das cordas que vibram. (*Ferenc Szelepcsenyi/Shutterstock*)

Quando ondas são combinadas em sistemas com condições limite, somente algumas frequências permitidas podem existir, e dizemos que as frequências são *quantificadas*. Quantização é uma noção que está no centro da Mecânica Quântica, um assunto que será apresentado formalmente no Capítulo 6 do Volume 4 desta coleção. Ali, mostraremos que a análise de ondas sob condições limite explica muitos dos fenômenos quânticos. Neste capítulo, usaremos quantização para entender o comportamento de um grande grupo de instrumentos musicais que são baseados em cordas e colunas de ar.

Também consideraremos a combinação de ondas com frequências diferentes. Quando duas ondas sonoras com quase a mesma frequência interferem, ouvimos variações no volume chamadas *batimentos*. Finalmente, discutiremos como qualquer onda periódica não senoidal pode ser descrita como uma soma das funções seno e cosseno.

4.1 Modelo de análise: ondas em interferência

Muitos fenômenos interessantes de ondas na natureza não podem ser descritos por uma única onda progressiva. Em vez disso, esses fenômenos devem ser analisados em termos de uma combinação de ondas progressivas. Conforme mencionado na introdução, há uma diferença notável entre ondas e partículas, pois as primeiras podem ser combinadas no *mesmo* local no espaço. Para analisar tais combinações de ondas, devemos usar o **princípio de superposição**.

Princípio de superposição ▶ | Se duas ou mais ondas progressivas se propagam por um meio, o valor resultante da função de onda em qualquer ponto é a soma algébrica dos valores das funções de onda das ondas individuais.

> **Prevenção de Armadilhas 4.1**
> **As ondas interferem *de fato*?**
> No uso popular, o termo *interferir* significa que um agente afeta uma situação de maneira que impede alguma coisa de acontecer. Por exemplo, no futebol americano, *interferência de passe* quer dizer que um jogador de defesa afetou o receptor de modo que ele não consegue pegar a bola. Esse uso é muito diferente daquele envolvido na Física, em que ondas passam uma pela outra e interferem, mas não afetam uma à outra de qualquer outro modo. Em Física, interferência é semelhante à noção de *combinação*, conforme descrita neste capítulo.

Ondas que obedecem a esse princípio são chamadas *ondas lineares*. Veja a Seção 2.6 deste volume. No caso de ondas mecânicas, as lineares são geralmente caracterizadas por ter amplitudes muito menores que seus comprimentos de onda. Ondas que violam o princípio de superposição são chamadas *ondas não lineares* e, frequentemente, são caracterizadas por amplitudes grandes. Neste livro, lidaremos somente com ondas lineares.

Uma consequência do princípio de superposição é que duas ondas progressivas podem passar uma pela outra sem ser destruída ou alterada. Por exemplo, quando dois pedregulhos são jogados em um lago e batem na superfície em locais diferentes, as ondas circulares que se expandem na superfície nos dois locais simplesmente passam uma pela outra sem nenhum efeito permanente. Esse padrão complexo resultante pode ser visto como duas séries independentes de círculos em expansão.

A Figura 4.1 é uma representação gráfica da superposição de dois pulsos. A função de onda para o pulso se movendo para a direita é y_1, e para o pulso se movendo para a esquerda é y_2. Os pulsos têm a mesma velocidade, mas formatos diferentes, e o deslocamento dos elementos do meio é na direção positiva y para os dois pulsos. Quando as ondas se sobrepõem (Figura. 4.1b), a função de onda para as ondas complexas resultantes é dada por $y_1 + y_2$. Quando os picos dos pulsos coincidem (Figura. 4.1c), a onda resultante dada por $y_1 + y_2$ tem maior amplitude que aquela dos pulsos individuais. Os dois pulsos finalmente se separam e continuam a se mover em suas direções originais (Figura. 4.1d). Note que os formatos dos pulsos permanecem inalterados após a interação, como se nunca tivessem se encontrado!

A combinação de ondas separadas na mesma região do espaço para produzir uma onda resultante é chamada **interferência**. Para os dois pulsos mostrados na Figura 4.1, o deslocamento dos elementos do meio é na direção positiva y para ambos, e o pulso resultante (criado quando os pulsos individuais se sobrepõem) exibe uma amplitude maior que aquela de qualquer um deles individualmente. Como os deslocamentos causados pelos dois pulsos são na mesma direção, referimo-nos a sua superposição como **interferência construtiva**.

Interferência construtiva ▶

Considere agora dois pulsos propagando-se em direções opostas em uma corda esticada, na qual um é invertido em relação ao outro, como ilustrado na Figura 4.2. Quando esses pulsos começam a se sobrepor, o pulso resultante é dado por $y_1 + y_2$, mas os valores da função y_2 são negativos. Novamente, os dois pulsos passam um pelo outro; no entanto, como os deslocamentos causados por eles são em direções opostas, referimo-nos à superposição deles como **interferência destrutiva**.

Interferência destrutiva ▶

O princípio de superposição é o ponto central do modelo de análise chamado **ondas em interferência**. Em muitas situações, tanto em acústica quanto em óptica, ondas se combinam de acordo com esse princípio e exibem fenômenos interessantes com aplicações práticas.

> *Teste Rápido* **4.1** Dois pulsos se propagam em direções opostas em uma corda e são idênticos em formato, exceto que um tem deslocamentos positivos dos elementos da corda e o outro, deslocamentos negativos. No instante em que os dois pulsos se sobrepõem completamente na corda, o que acontece? **(a)** A energia associada com os pulsos desaparece. **(b)** A corda não se move. **(c)** A corda forma uma linha reta. **(d)** Os pulsos desapareceram e não vão reaparecer.

Superposição de ondas senoidais

Vamos aplicar o princípio de superposição a duas ondas senoidais se propagando na mesma direção em um meio linear. Se duas ondas estão se propagando para a direita e têm a mesma frequência, comprimento de onda e amplitude, mas fases diferentes, podemos expressar suas funções de ondas individuais como:

$$y_1 = A \operatorname{sen}(kx - \omega t) \qquad y_2 = A \operatorname{sen}(kx - \omega t + \phi)$$

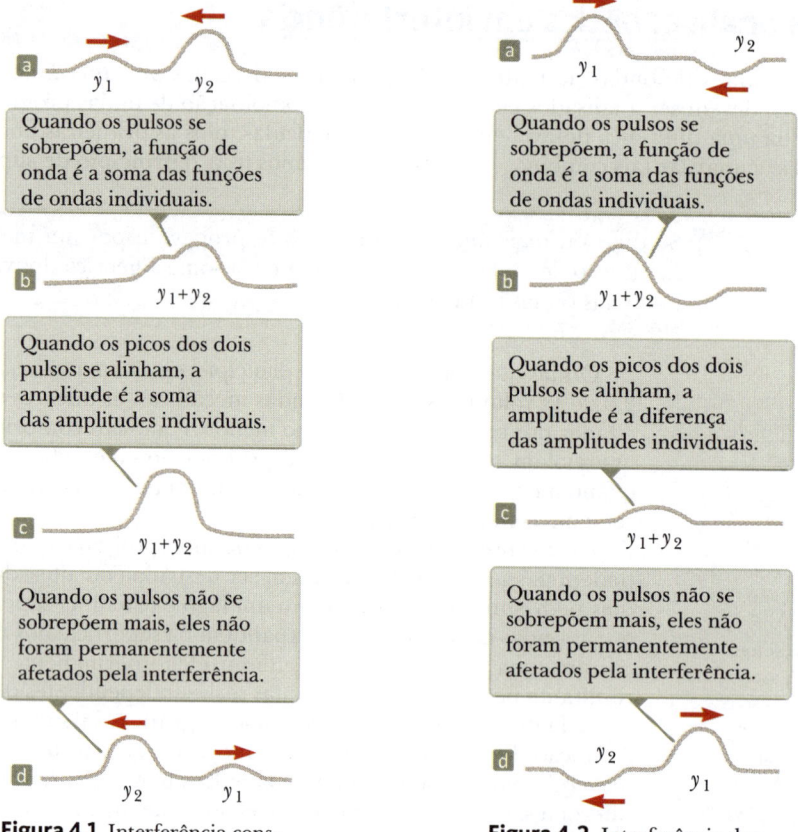

Figura 4.1 Interferência construtiva. Dois pulsos positivos se propagam, em uma corda esticada em direções opostas e se sobrepõem.

a) Quando os pulsos se sobrepõem, a função de onda é a soma das funções de ondas individuais.
b) $y_1 + y_2$
c) Quando os picos dos dois pulsos se alinham, a amplitude é a soma das amplitudes individuais. $y_1 + y_2$
d) Quando os pulsos não se sobrepõem mais, eles não foram permanentemente afetados pela interferência.

Figura 4.2 Interferência destrutiva. Dois pulsos, um positivo e um negativo, propagam-se em uma corda esticada em direções opostas e se sobrepõem.

a) Quando os pulsos se sobrepõem, a função de onda é a soma das funções de ondas individuais.
b) $y_1 + y_2$
c) Quando os picos dos dois pulsos se alinham, a amplitude é a diferença das amplitudes individuais. $y_1 + y_2$
d) Quando os pulsos não se sobrepõem mais, eles não foram permanentemente afetados pela interferência.

onde, como sempre, $k = 2\pi/\lambda$, $\omega = 2\pi f$, e ϕ é a constante de fase, conforme discutido na Seção 2.2. Então, a função de onda resultante y é:

$$y = y_1 + y_2 = A\,[\text{sen}\,(kx - \omega t) + \text{sen}\,(kx - \omega t + \phi)]$$

Para simplificar essa expressão, usamos a identidade trigonométrica:

$$\text{sen}\,a + \text{sen}\,b = 2\cos\left(\frac{a-b}{2}\right)\text{sen}\left(\frac{a+b}{2}\right)$$

Fazendo $a = kx - \omega t$ e $b = kx - \omega t + \phi$, descobrimos que a função de onda resultante y é reduzida para:

$$y = 2A\cos\left(\frac{\phi}{2}\right)\text{sen}\left(kx - \omega t + \frac{\phi}{2}\right)$$

◀ **Resultante de duas ondas senoidais progressivas**

Esse resultado tem vários aspectos importantes. A função de onda resultante y também é senoidal e tem a mesma frequência e comprimento de onda que as ondas individuais, porque a função seno incorpora os mesmos valores de k e ω que aparecem nas funções de ondas originais. A amplitude da onda resultante é $2A\cos(\phi/2)$, e sua constante de fase é $\phi/2$. Se a constante de fase ϕ da onda original é igual a 0, $\cos(\phi/2) = \cos 0 = 1$, e a amplitude da onda resultante é $2A$, o dobro da amplitude das ondas individuais. Nesse caso, os picos das duas ondas estão no mesmo local no espaço, e se diz que as ondas estão *em fase* em todos os lugares e, portanto, interferem construtivamente. As ondas individuais y_1 e y_2 se combinam para formar a curva vermelho-amarronzada y de amplitude $2A$ mostrada na Figura 4.3a. Como as ondas individuais estão em fase, são indistinguíveis na Figura 4.3a, onde aparecem como uma única curva azul. Em geral, a interferência construtiva ocorre quando $\cos(\phi/2) = \pm 1$. Isso é verdadeiro, por exemplo, quando $\phi = 0, 2\pi, 4\pi, \ldots$ rad, ou seja, quando ϕ é um múltiplo *par* de π.

Quando ϕ é igual a π rad ou a qualquer múltiplo *ímpar* de π, $\cos(\phi/2) = \cos(\pi/2) = 0$, e os picos de uma onda ocorrem nas mesmas posições que os vales da segunda onda (Figura. 4.3b). Então, como consequência da interferência destrutiva, a onda resultante tem amplitude *zero* em qualquer lugar, como mostrado pela linha vermelho-amarronzada na Figura 4.3b. Finalmente, quando a constante de fase tem valor arbitrário diferente de 0 ou um número inteiro múltiplo de π rad (Figura. 4.3c), a onda resultante tem uma amplitude cujo valor fica entre 0 e 2A.

No caso mais geral, em que as ondas têm o mesmo comprimento de onda, mas amplitudes diferentes, os resultados são semelhantes, com as seguintes exceções. No caso em fase, a amplitude das ondas resultantes não é o dobro daquela de uma onda única e, sim, a soma das amplitudes de duas ondas. Quando as ondas estão π rad fora de fase, elas não se cancelam completamente, como na Figura 4.3b. O resultado é uma onda cuja amplitude é a diferença nas amplitudes das ondas individuais.

Interferência de ondas sonoras

Um aparelho simples para demonstrar a interferência de ondas sonoras é ilustrado na Figura 4.4. O som de um alto-falante S é enviado para um tubo no ponto P, onde há uma junção T. Metade da energia sonora se propaga em uma direção, e a outra na direção oposta. Portanto, as ondas sonoras que chegam ao receptor R podem se propagar ao longo de qualquer um dos dois trajetos. A distância ao longo de qualquer trajeto do alto-falante para o receptor é chamada **comprimento do trajeto** r. Esse comprimento do trajeto inferior r_1 é fixo, mas o superior r_2 pode ser variado deslizando-se o tubo em forma de U, que é parecido com aquele de um trombone de vara. Quando a diferença nos comprimentos de trajeto $\Delta r = |r_2 - r_1|$ é zero ou algum número inteiro múltiplo do comprimento de onda λ (isto é, $\Delta r = n\lambda$, onde $n = 0, 1, 2, 3, ...$), as duas ondas alcançando o receptor em qualquer instante estão em fase e interferem construtivamente, como mostrado na Figura 4.3a. Para esse caso, a intensidade máxima do som é detectada no receptor. Se o comprimento do trajeto r_2 é ajustado de modo que a diferença de trajeto $\Delta r = \lambda/2, 3\lambda/2, ..., n\lambda/2$ (para n ímpar), as duas ondas estão exatamente π rad, ou 180°, fora de fase no receptor e, então, cancelam uma à outra. Nesse caso de interferência destrutiva, nenhum som é detectado no receptor. Esse experimento simples demonstra que uma diferença de fase pode surgir entre duas ondas geradas pela mesma fonte quando ambas percorrem trajetórias de comprimentos desiguais. Esse fenômeno importante será indispensável em nossa investigação da interferência de ondas de luz no Capítulo 3 do Volume 4 desta coleção.

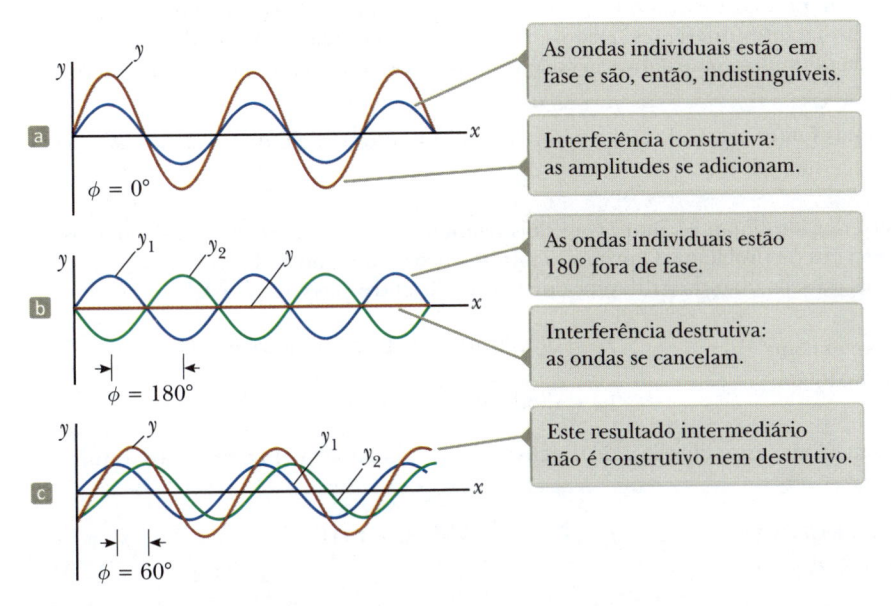

Figura 4.3 A superposição de duas ondas idênticas y_1 e y_2 (azul e verde, respectivamente) para resultar em uma onda resultante (vermelho-amarronzada).

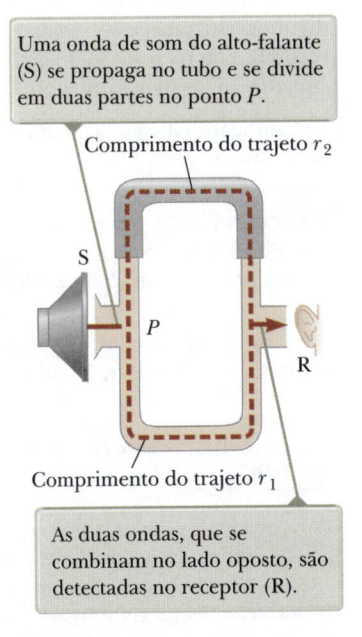

Figura 4.4 Sistema acústico para demonstrar a interferência de ondas sonoras. O comprimento superior do trajeto r_2 pode ser variado deslizando a seção superior.

Modelo de Análise: Ondas em interferência

Imagine duas ondas percorrendo o mesmo local através de um meio. O deslocamento de elementos do meio é afetado pelas duas ondas. De acordo com o princípio de superposição, o deslocamento é a soma dos deslocamentos individuais que seriam causados por cada onda. Quando as ondas estão em fase, a interferência construtiva ocorre e o deslocamento resultante é maior do que os deslocamentos individuais. A interferência destrutiva ocorre quando as ondas estão fora de fase.

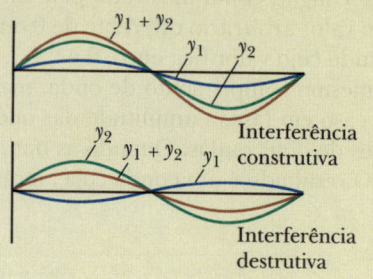

Exemplos:

- um afinador de piano ouve uma corda de piano e um diapasão vibrando juntos e percebe o ritmo (Seção 4.7)
- ondas leves a partir de duas fontes coerentes se combinam para formar um padrão de interferência em uma tela (Capítulo 3 do Volume 4)
- uma fina película de óleo na superfície da água exibe redemoinhos de cores (Capítulo 3 do Volume 4)
- raios X atravessando um sólido cristalino se combinam para formar um padrão de Laue (Capítulo 4 do Volume 4)

Exemplo 4.1 — Dois alto-falantes acionados pela mesma fonte MA

Dois alto-falantes idênticos colocados a 3,00 m um do outro são acionados pelo mesmo oscilador (Figura 4.5). Um ouvinte está originalmente no ponto O, localizado a 8,00 m do centro da linha, conectando os dois alto-falantes. O ouvinte se move para um ponto P, que está a uma distância perpendicular de 0,350 m de O, e ouve a *primeira mínima* na intensidade do som. Qual é a frequência do oscilador?

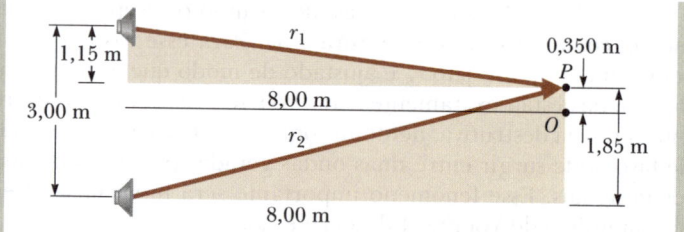

Figura 4.5 (Exemplo 4.1) Dois alto-falantes idênticos emitem ondas sonoras para um ouvinte em P.

SOLUÇÃO

Conceitualização Na Figura 4.4, uma onda sonora entra em um tubo e é, então, *acusticamente* dividida em dois trajetos diferentes antes de se recombinar na outra extremidade. Neste exemplo, um sinal representando o som é dividido *eletricamente* e enviado para dois alto-falantes diferentes. Depois de deixar os alto-falantes, as ondas sonoras se recombinam na posição do ouvinte. Apesar da diferença como a divisão ocorre, a discussão sobre a diferença de trajeto relacionada à Figura 4.4 pode ser aplicada aqui.

Categorização Como as ondas sonoras de duas fontes separadas se combinam, aplicamos o modelo de *análise de ondas em interferência*.

Análise A Figura 4.5 mostra o arranjo físico dos alto-falantes, junto com dois triângulos retos sombreados que podem ser desenhados com base nos comprimentos descritos no problema. O primeiro mínimo ocorre quando as duas ondas chegando ao ouvinte no ponto P estão 180° fora de fase, ou seja, quando a diferença de trajeto Δr entre elas é igual a $\lambda/2$.

A partir dos triângulos sombreados, encontre os comprimentos de trajeto dos alto-falantes até o ouvinte:

$$r_1 = \sqrt{(8,00\,\text{m})^2 + (1,15\,\text{m})^2} = 8,08\,\text{m}$$

$$r_2 = \sqrt{(8,00\,\text{m})^2 + (1,85\,\text{m})^2} = 8,21\,\text{m}$$

Então, a diferença de trajeto é $r_2 - r_1 = 0,13$ m. Como essa diferença de trajeto deve ser igual a $\lambda/2$ para o primeiro mínimo, $\lambda = 0,26$ m.

Para obter a frequência do oscilador, use a Equação 2.12, $v = \lambda f$, onde v é a velocidade do som no ar, 343 m/s:

$$f = \frac{v}{\lambda} = \frac{343\,\text{m/s}}{0,26\,\text{m}} = \boxed{1,3\,\text{kHz}}$$

Finalização Este exemplo nos permite compreender por que os fios do alto-falante em um sistema de som devem ser conectados corretamente. Quando não são – isto é, quando o fio positivo (ou vermelho) é conectado ao terminal negativo (ou preto) em um dos alto-falantes, e o outro é conectado corretamente – diz-se que os alto-falantes estão "fora de fase", com um alto-falante se movendo para fora, enquanto o outro se move para dentro. Em consequência, a onda de som vindo de um alto-falante interfere destrutivamente na onda vinda do outro no ponto O na Figura 4.5. Uma região de rarefação devido a um alto-falante é superposta a uma região de compressão do outro. Embora os dois sons provavelmente não se cancelem completamente (porque os sinais estéreos da esquerda e da direita normalmente não são idênticos), uma perda significativa de qualidade de som ocorre no ponto O.

4.1 cont.

E SE? E se os alto-falantes fossem conectados fora de fase? O que aconteceria no ponto P na Figura 4.5?

Resposta Nessa situação, a diferença de trajeto de $\lambda/2$ combina com uma diferença de fase de $\lambda/2$ devido à fiação incorreta para dar uma diferença de fase inteira de λ. Como resultado, as ondas estão em fase e há uma intensidade *máxima* no ponto P.

4.2 Ondas estacionárias

As ondas sonoras do par de alto-falantes do Exemplo 4.1 saem deles na direção para a frente, e consideramos a interferência em um ponto na frente dos alto-falantes. Suponha que os viremos de forma que fiquem um de frente para o outro e, então, emitam som da mesma frequência e amplitude. Nessa situação, duas ondas idênticas se propagam em direções opostas no mesmo meio da Figura 4.6. Essas ondas se combinam de acordo com aquelas no modelo de interferência.

Podemos analisar uma dessas situações considerando funções de ondas para duas ondas senoidais transversais tendo a mesma amplitude, frequência e comprimento de onda, mas se propagando em direções opostas no mesmo meio:

$$y_1 = A \operatorname{sen}(kx - \omega t) \qquad y_2 = A \operatorname{sen}(kx + \omega t)$$

onde y_1 representa uma onda se propagando na direção positiva x, e y_2 representa outra se propagando na direção negativa x. A adição dessas duas funções dá a função de onda resultante y:

$$y = y_1 + y_2 = A \operatorname{sen}(kx - \omega t) + A \operatorname{sen}(kx + \omega t)$$

Quando usamos a identidade trigonométrica $\operatorname{sen}(a \pm b) = \operatorname{sen} a \cos b \pm \cos a \operatorname{sen} b$, esta expressão é reduzida para:

$$y = (2A \operatorname{sen} kx) \cos \omega t \tag{4.1}$$

A Equação 4.1 representa a função de onda de uma **onda estacionária**, que, como aquela na corda mostrada na Figura 4.7, é um padrão de oscilação *com um traço estacionário* que resulta da superposição de duas ondas idênticas se propagando em direções opostas.

Note que a Equação 4.1 não contém uma função de $kx - \omega t$. Portanto, não é uma expressão para uma onda progressiva única. Quando você observa uma onda estacionária, o sentido do movimento não é na direção de propagação de qualquer uma

---

Prevenção de Armadilhas 4.2

Três tipos de amplitude
Aqui precisamos distinguir cuidadosamente entre **amplitude das ondas individuais**, que é A, e **amplitude do movimento harmônico simples dos elementos do meio**, que é $2A \operatorname{sen} kx$. Certo elemento em uma onda estacionária vibra dentro dos limites da função *envoltória* $2A \operatorname{sen} kx$, onde x é a posição daquele elemento no meio. Tal vibração contrasta com as ondas senoidais progressivas, onde todos os elementos oscilam com a mesma amplitude e a mesma frequência, e a amplitude A das ondas é a mesma que a amplitude A do movimento harmônico simples dos elementos. Além disso, podemos identificar a **amplitude da onda estacionária** como $2A$.

Figura 4.6 Dois alto-falantes idênticos emitem ondas sonoras na direção um do outro. Quando se sobrepõem, ondas idênticas se propagando em direções opostas se combinam para formar ondas estacionárias.

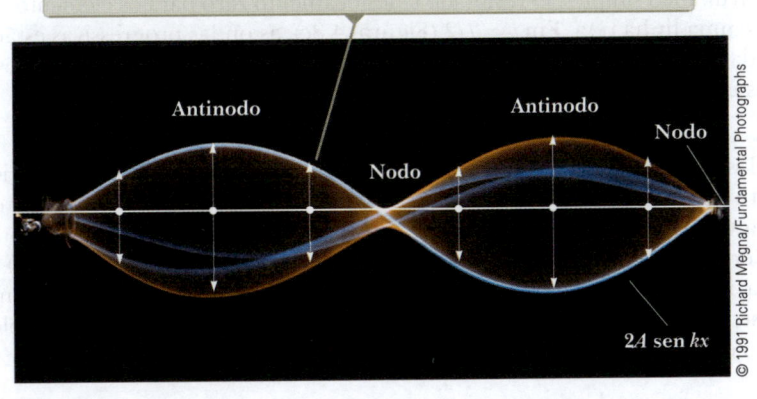

Figura 4.7 Fotografia *multiflash* de uma onda estacionária em uma corda. O comportamento do deslocamento vertical no tempo a partir do equilíbrio de um elemento individual da corda é dado por $\cos \omega t$. Isto é, cada elemento vibra a uma frequência angular ω.

A amplitude da oscilação vertical de qualquer elemento da corda depende da posição horizontal do elemento. Cada elemento vibra dentro dos limites da função envoltória $2A \operatorname{sen} kx$.

das ondas originais. Comparando a Equação 4.1 com a Equação 1.6, vemos que ela descreve um tipo especial de movimento harmônico simples. Cada elemento do meio oscila em movimento harmônico simples com a mesma frequência angular ω (de acordo com o fator $\cos \omega t$ na equação). No entanto, a amplitude do movimento harmônico simples de um elemento (dado pelo fator $2A \operatorname{sen} kx$, o coeficiente da função cosseno) depende da localização x do elemento no meio.

Se você conseguir encontrar um telefone sem fio com um fio em espiral conectando o conjunto de mão à unidade de base, verá a diferença entre uma onda estacionária e uma progressiva. Estique o fio enrolado e lhe dê um leve toque com um dedo. Você verá um pulso se propagando ao longo do fio. Agora, balance o conjunto de mão para cima e para baixo e ajuste a frequência do balanço até que todas as espirais no fio estejam se movendo para cima ao mesmo tempo e depois para baixo. Essa é uma onda estacionária, formada pela combinação de ondas se movendo para longe de sua mão e refletidas da base em direção a sua mão. Note que não há um sentido de propagação ao longo da corda como havia para o pulso. Você só vê o movimento para cima e para baixo dos elementos do fio.

A Equação 4.1 mostra que a amplitude do movimento harmônico simples de um elemento do meio tem um valor mínimo de zero quando x satisfaz a condição $\operatorname{sen} kx = 0$, ou seja, quando:

$$kx = 0, \pi, 2\pi, 3\pi, \ldots$$

Como $k = 2\pi/\lambda$, esses valores para kx resultam em:

$$x = 0, \frac{\lambda}{2}, \lambda, \frac{3\lambda}{2}, \cdots = \frac{n\lambda}{2} \quad n = 0, 1, 2, 3, \cdots \quad (4.2)$$ ◀ **Posições dos nodos**

Esses pontos de amplitude zero são chamados **nodos**.

O elemento do meio com o *maior* deslocamento de equilíbrio possível tem uma amplitude de $2A$, que definimos como a amplitude da onda estacionária. As posições no meio onde ocorre esse deslocamento máximo são chamadas **antinodos**, que estão localizados em posições onde a coordenada x satisfaz a condição $\operatorname{sen} kx = \pm 1$; isto é, quando:

$$kx = \frac{\pi}{2}, \frac{3\pi}{2}, \frac{5\pi}{2}, \ldots$$

Portanto, as posições dos antinodos são dadas por:

$$x = \frac{\lambda}{4}, \frac{3\lambda}{4}, \frac{5\lambda}{4}, \cdots = \frac{n\lambda}{4} \quad n = 1, 3, 5, \ldots \quad (4.3)$$ ◀ **Posições dos antinodos**

Dois nodos e dois antinodos são rotulados na onda estacionária na Figura 4.7. A curva azul-clara rotulada $2A \operatorname{sen} kx$ na Figura 4.7 representa um comprimento de onda das ondas progressivas que se combinam para formar a onda estacionária. A Figura 4.7 e as equações 4.2 e 4.3 fornecem os seguintes aspectos importantes das localizações de nodos e antinodos:

> A distância entre antinodos adjacentes é igual a $\lambda/2$.
> A distância entre nodos adjacentes é igual a $\lambda/2$.
> A distância entre um nodo e um antinodo adjacente é $\lambda/4$.

Padrões de onda dos elementos do meio produzidos em diversos momentos por duas ondas progressivas transversais se movendo em direções opostas são mostrados na Figura 4.8. As curvas azul e verde são os padrões de onda para as ondas progressivas individuais, e as curvas vermelho-amarronzadas são os padrões de onda para a onda estacionária resultante. Em $t = 0$ (Figura 4.8a), as duas ondas progressivas estão em fase, dando um padrão de onda onde cada elemento do meio está em repouso e experimenta um deslocamento de equilíbrio máximo. Um quarto de período depois, em $t = T/4$ (Figura 4.8b), as ondas progressivas se moveram um quarto de um comprimento de onda (uma para a direita e a outra para a esquerda). Nesse momento, as ondas progressivas estão fora de fase, e cada elemento do meio está passando pela posição de equilíbrio em seu movimento harmônico simples. O resultado é deslocamento zero para os elementos em todos os valores de x; ou seja, o padrão de onda é uma linha reta. Em $t = T/2$ (Figura. 4.8c), as ondas progressivas estão em fase novamente, produzindo um padrão de onda que é invertido em relação ao padrão $t = 0$. Na onda estacionária, os elementos do meio se alternam no tempo entre os extremos mostrados nas figuras 4.8a e 4.8c.

Teste Rápido **4.2** Considere as ondas na Figura 4.8 como ondas em uma corda esticada. Defina a velocidade dos elementos da corda como positiva se eles se movem para cima na figura. **(i)** No momento em que a corda tem o formato mostrado pela curva vermelho-amarronzada, na Figura 4.8a, qual é a velocidade instantânea dos elementos ao longo da corda? (a) Zero para todos os elementos. (b) Positiva para todos os elementos. (c) Negativa para todos os elementos. (d) Varia com a posição do elemento. **(ii)** Das mesmas possibilidades, no instante em que a corda tem o formato mostrado pela curva vermelho-amarronzada na Figura 4.8b, qual é a velocidade instantânea dos elementos ao longo da corda?

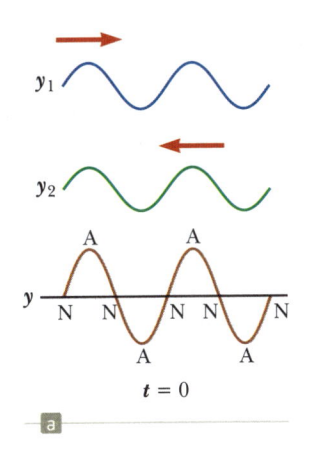

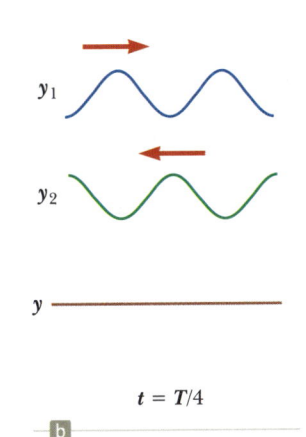

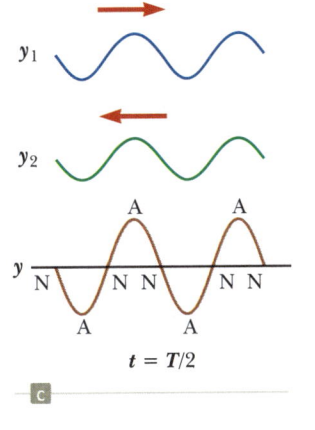

Figura 4.8 Padrões de ondas estacionárias produzidos em diversos instantes por duas ondas de amplitude igual se propagando em direções opostas. Para a onda resultante y, os nodos (N) são pontos de zero deslocamento, e os antinodos (A) são pontos de deslocamento máximo.

Exemplo 4.2 — Formação de uma onda estacionária

Duas ondas se propagando em direções opostas produzem uma onda estacionária. As funções de ondas individuais são:

$$y_1 = 4{,}0 \operatorname{sen}(3{,}0x - 2{,}0t)$$
$$y_2 = 4{,}0 \operatorname{sen}(3{,}0x + 2{,}0t)$$

onde x e y são medidos em centímetros e t em segundos.

(A) Encontre a amplitude do movimento harmônico simples do elemento do meio localizado em $x = 2{,}3$ cm.

SOLUÇÃO

Conceitualização As ondas descritas pelas equações dadas são idênticas, exceto por suas direções de propagação; então, elas realmente se combinam para formar uma onda estacionária, como discutido nesta seção. Podemos representar as ondas graficamente pelas curvas azul e verde na Figura 4.8.

Categorização Substituiremos valores nas equações desenvolvidas nesta seção; então, categorizamos este exemplo como um problema de substituição.

A partir das equações para as ondas, vemos que $A = 4{,}0$ cm, $k = 3{,}0$ rad/cm e $\omega = 2{,}0$ rad/s. Use a Equação 4.1 para escrever a expressão para uma onda estacionária:

$$y = (2A \operatorname{sen} kx)\cos \omega t = 8{,}0 \operatorname{sen} 3{,}0x \cos 2{,}0t$$

Encontre a amplitude do movimento harmônico simples do elemento na posição $x = 2{,}3$ cm ao avaliar o coeficiente da função cosseno nessa posição:

$$y_{\text{máx}} = (8{,}0\,\text{cm})\operatorname{sen} 3{,}0x\big|_{x=2,3}$$
$$= (8{,}0\,\text{cm})\operatorname{sen}(6{,}9\,\text{rad}) = \boxed{4{,}6 \text{ cm}}$$

(B) Encontre as posições dos nodos e antinodos se uma extremidade da corda está a $x = 0$.

SOLUÇÃO

Encontre o comprimento de onda das ondas se propagando:

$$k = \frac{2\pi}{\lambda} = 3{,}0\,\text{rad/cm} \rightarrow \lambda = \frac{2\pi}{3{,}0}\,\text{cm}$$

Use a Equação 4.2 para encontrar as posições dos nodos:

$$x = n\frac{\lambda}{2} = n\left(\frac{\pi}{3{,}0}\right)\text{cm} \quad n = 0, 1, 2, 3, \ldots$$

Use a Equação 4.3 para encontrar as posições dos antinodos:

$$x = n\frac{\lambda}{4} = n\left(\frac{\pi}{6{,}0}\right)\text{cm} \quad n = 1, 3, 5, 7, \ldots$$

4.3 Modelo de análise: ondas sob condições limite

Considere uma corda de comprimento L fixada nas duas extremidades, como mostrado na Figura 4.9. Usaremos esse sistema como modelo para uma corda de violão ou de piano. Ondas podem se propagar pelas duas direções na corda. Então, ondas estacionárias podem ser estabelecidas na corda por uma superposição contínua de ondas incidentes sobre

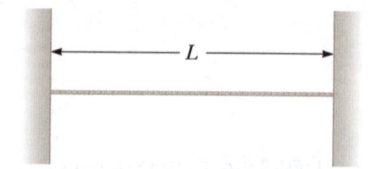

Figura 4.9 Uma corda de comprimento L fixa nas duas extremidades.

as pontas e refletida delas. Note que há uma *condição limite* para as ondas na corda. Como as extremidades desta são fixas, elas devem necessariamente ter deslocamento zero e, então, são nodo por definição. A condição de que ambas as extremidades da corda devem ser nós fixa o comprimento de onda da onda estacionária na corda, de acordo com a Equação 4.2, que, por sua vez, determina a frequência da onda. Essa condição limite resulta no fato de a corda ter um número de padrões naturais discretos de oscilação, chamados **modos normais**, cada um com uma frequência característica que é facilmente calculada. Essa situação, na qual somente certas frequências de oscilação são permitidas, é chamada **quantização**, uma ocorrência comum quando ondas são sujeitas a condições limite, e um atributo central em nossas discussões sobre Física Quântica na versão estendida deste texto. Note que na Figura 4.8 não há condições limite, então, ondas estacionárias de *qualquer* frequência podem ser estabelecidas; não há quantização sem condições limite. Como condições limite ocorrem muito frequentemente para ondas, identificamos um modelo de análise chamado **ondas sob condições limite** para a discussão que segue.

Os modos normais de oscilação para a corda na Figura 4.9 podem ser descritos pela imposição de condições limite onde as pontas sejam nodos, e que os nodos sejam separados por uma metade de comprimento de onda com picos na metade da distância entre os nós. O primeiro modo normal, que é consistente com essas exigências, mostrado na Figura 4.10a, tem nodos em suas extremidades e um antinodo no meio. Esse modo normal é aquele com mais longo comprimento de onda, que é consistente com nossas condições limite. O primeiro modo normal ocorre quando o comprimento de onda λ_1 é igual ao dobro do comprimento da corda, ou $\lambda_1 = 2L$. A seção de uma onda estacionária de um nodo ao nodo seguinte é chamada *anel*. No primeiro modo normal, a corda vibra em um anel. No segundo (ver Figura. 4.10b), a corda vibra em dois anéis. Quando a metade esquerda da corda se move para cima, a metade direita se move para baixo. Nesse caso, o comprimento de onda λ_2 é igual ao comprimento da corda, como expresso por $\lambda_2 = L$. O terceiro modo normal (ver Figura. 4.10c) corresponde ao caso onde $\lambda_3 = 2L/3$, e a corda vibra em três anéis. Em geral, os comprimentos de onda dos diversos modos normais para uma corda de comprimento L fixa nas duas extremidades são:

Comprimentos de onda de ▶
modos normais
$$\lambda_n = \frac{2L}{n} \quad n = 1, 2, 3, \ldots \quad (4.4)$$

onde o índice n se refere ao n-ésimo modo normal de oscilação. Esses nodos são os *possíveis*. Os modos *reais*, que são estimulados em uma corda, serão discutidos brevemente.

As frequências naturais associadas com os modos de oscilação são obtidas da relação $f = v/\lambda$, onde a velocidade de onda v é a mesma para todas as frequências. Usando a Equação 4.4, vemos que as frequências naturais f_n dos modos normais são:

Frequências naturais de modos normais ▶
como funções de velocidade de
onda e comprimento de corda
$$f_n = \frac{v}{\lambda_n} = n\frac{v}{2L} \quad n = 1, 2, 3, \ldots \quad (4.5)$$

Essas frequências naturais também são chamadas *frequências quantizadas* associadas à corda que vibra fixada nas duas extremidades.

Como $v = \sqrt{T/\mu}$ (ver Equação 2.18) para ondas em uma corda, onde T é a tensão na corda e μ é sua densidade de massa linear, também podemos expressar as frequências naturais de uma corda esticada como:

Frequências naturais de modos normais ▶
como função de tensão na corda
e densidade de massa linear
$$f_n = \frac{n}{2L}\sqrt{\frac{T}{\mu}} \quad n = 1, 2, 3, \ldots \quad (4.6)$$

Fundamental, ou primeiro harmônico

f_1, $n = 1$, $L = \frac{1}{2}\lambda_1$

Segundo harmônico

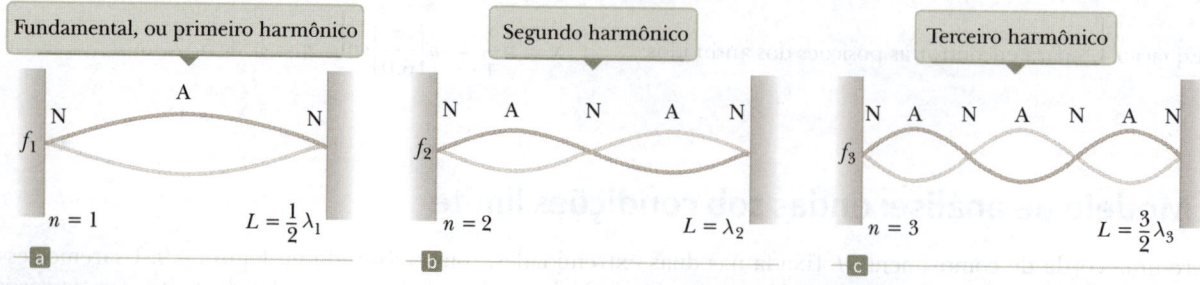

f_2, $n = 2$, $L = \lambda_2$

Terceiro harmônico

f_3, $n = 3$, $L = \frac{3}{2}\lambda_3$

Figura 4.10 Os modos normais de vibração da corda na Figura 4.9 formam uma série harmônica. A corda vibra entre os extremos mostrados.

A frequência mais baixa f_1, que corresponde a $n = 1$, é chamada **fundamental**, ou **frequência fundamental**, e é dada por:

$$f_1 = \frac{1}{2L}\sqrt{\frac{T}{\mu}} \qquad (4.7)$$

◀ **Frequência fundamental de uma corda esticada**

As frequências dos modos normais remanescentes são múltiplos inteiros da frequência fundamental (Equação 4.5). Frequências de modos normais que exibem a relação número inteiro-múltiplo formam uma **série harmônica**, e os modos normais são chamados **harmônicos**. A frequência fundamental f_1 é a frequência do primeiro harmônico, a $f_2 = 2f_1$ é a do segundo harmônico, e a $f_n = nf_1$ é aquela do n-ésimo harmônico. Outros sistemas oscilatórios, tal como a pele do tambor, exibem modos normais, porém, as frequências não são relacionadas como múltiplos inteiros de uma fundamental (ver Seção 4.6). Portanto, não usamos o termo *harmônico* associado a esses tipos de sistemas.

Vamos examinar com mais detalhe como os diversos harmônicos são criados em uma corda. Para estimular um único harmônico, a corda deveria ser distorcida até um formato que corresponda àquele do harmônico desejado. Após ser liberada, a corda deveria vibrar na frequência daquele harmônico. No entanto, essa manobra é de difícil execução, e não é como a corda de um instrumento musical é estimulada. Se a corda é distorcida em um formato geral não senoidal, a vibração resultante inclui uma combinação de vários harmônicos. Tal distorção ocorre em instrumentos musicais quando a corda é tocada (como na guitarra), passa por um arco (como em um violoncelo) ou é golpeada (como em um piano). Quando a corda é distorcida em um formato não senoidal, somente ondas que satisfazem as condições limite podem persistir na corda. Essas ondas são os harmônicos.

A frequência de uma corda que define a nota musical que ela toca é aquela da fundamental, mesmo que outros harmônicos estejam presentes. A frequência da corda pode ser variada mudando-se a tensão da corda ou seu comprimento. Por exemplo, a tensão nas cordas do violino e da guitarra é variada por um mecanismo de ajuste por parafuso ou grampos de afinação localizados no pescoço do instrumento. Conforme a tensão aumenta, a frequência dos modos normais aumenta de acordo com a Equação 4.6. Depois que o instrumento é "afinado", tocadores variam a frequência movendo seus dedos ao longo do pescoço, mudando assim o comprimento de porção oscilatória da corda. Conforme o comprimento é diminuído, a frequência aumenta, porque, como a Equação 4.6 especifica, as frequências de modo normal são inversamente proporcionais ao comprimento da corda.

Teste Rápido **4.3** Quando uma onda estacionária é estabelecida em uma corda fixa nas duas extremidades, qual das afirmativas a seguir é verdadeira? **(a)** O número de nodos é igual ao de antinodos. **(b)** O comprimento de onda é igual ao da corda dividido por um número inteiro. **(c)** A frequência é igual ao número de nodos vezes a frequência fundamental. **(d)** O formato da corda em qualquer instante apresenta simetria no ponto central da corda.

Modelo de Análise — Ondas sob condições limite

Imagine uma onda que não está livre para propagar por todo o espaço, como no modelo de onda progressiva. Se a onda estiver sujeita a condições limite, no sentido de que determinadas exigências devem ser atendidas em locais específicos no espaço, a onda está limitada a um conjunto de **modos normais** com comprimentos de onda quantizados e frequências naturais quantizadas.

Para ondas em uma corda fixa em ambas as extremidades, as frequências naturais são

$$f_n = \frac{n}{2L}\sqrt{\frac{T}{\mu}} \quad n = 1, 2, 3, \ldots \qquad (4.6)$$

onde T é a tensão na corda e μ é sua densidade de massa linear.

Exemplos:

- ondas se movendo para trás e para a frente em uma corda de guitarra se combinam para formar uma onda estacionária
- ondas sonoras se movendo para trás e para a frente em uma clarineta se combinam para formar ondas estacionárias (Seção 4.5)
- uma partícula microscópica confinada em uma pequena região de espaço é modelada como uma onda e exibe energias quantizadas (Capítulo 7 do Volume 4)
- a energia de Fermi de um metal é determinada pela modelagem de elétrons como partículas semelhantes a ondas em uma caixa (Capítulo 4 do Volume 4)

Exemplo 4.3 — Dê-me uma nota Dó natural **MA**

O meio da corda Dó natural em um piano tem frequência fundamental de 262 Hz, e a corda para o primeiro Lá natural acima do Dó natural, de 440 Hz.

(A) Calcule as frequências dos próximos dois harmônicos da corda Dó.

SOLUÇÃO

Conceitualização Lembre-se de que os harmônicos de uma corda vibratória têm frequências que são relacionadas por múltiplos inteiros da fundamental.

Categorização Esta primeira parte do exemplo é um problema de substituição simples.

Sabendo que a frequência fundamental é $f_1 = 262$ Hz, encontre as frequências dos próximos harmônicos multiplicando os números inteiros:

$$f_2 = 2f_1 = \boxed{524 \text{ Hz}}$$
$$f_3 = 3f_1 = \boxed{786 \text{ Hz}}$$

(B) Se as cordas Lá e Dó têm a mesma densidade linear de massa μ e comprimento L, determine a proporção das tensões nas duas cordas.

SOLUÇÃO

Categorização Esta parte do exemplo é mais um problema de análise que a parte (A) e utiliza as *ondas sob o modelo de condições limite*.

Análise Use a Equação 4.7 para escrever expressões para as frequências fundamentais das duas cordas:

$$f_{1D} = \frac{1}{2L}\sqrt{\frac{T_D}{\mu}} \quad \text{e} \quad f_{1L} = \frac{1}{2L}\sqrt{\frac{T_L}{\mu}}$$

Divida a primeira equação pela segunda e resolva para a proporção das tensões:

$$\frac{f_{1D}}{f_{1L}} = \sqrt{\frac{T_D}{T_L}} \quad \to \quad \frac{T_D}{T_L} = \left(\frac{f_{1D}}{f_{1L}}\right)^2 = \left(\frac{440}{262}\right)^2 = \boxed{2{,}82}$$

Finalização Se as frequências das cordas do piano fossem determinadas somente pela tensão, esse resultado sugeriria que a proporção das tensões da corda mais baixa para a mais alta no piano seria enorme. Tensões grandes, assim, dificultariam o desenho de uma estrutura para suportar as cordas. Na realidade, as frequências de cordas de piano variam devido a parâmetros adicionais, incluindo a massa por unidade de comprimento e o comprimento da corda. A questão **E SE?** a seguir explora uma variação no comprimento.

E SE? Se você olhar dentro de um piano real, verá que a suposição que fez na parte (B) só é parcialmente verdadeira. As cordas provavelmente não terão o mesmo comprimento. As densidades das cordas para as notas citadas podem ser iguais, mas suponha que o comprimento de uma corda Lá seja só 64% do comprimento da corda Dó. Qual é a proporção de suas tensões?

Resposta Usando a Equação 4.7 novamente, estabelecemos a proporção de frequências:

$$\frac{f_{1D}}{f_{1L}} = \frac{L_L}{L_D}\sqrt{\frac{T_D}{T_L}} \quad \to \quad \frac{T_D}{T_L} = \left(\frac{L_D}{L_L}\right)^2 \left(\frac{f_{1D}}{f_{1L}}\right)^2$$

$$\frac{T_D}{T_L} = (0{,}64)^2 \left(\frac{440}{262}\right)^2 = 1{,}16$$

Note que esse resultado representa um aumento de 16% na tensão, comparado ao aumento de 182% na parte (B).

Exemplo 4.4 — Mudando a vibração de uma corda com água **MA**

Uma das pontas de uma corda é presa a uma lâmina vibratória, e a outra passa por uma roldana, como na Figura 4.11a. Uma esfera de massa 2,00 kg é pendurada na ponta da corda. A corda vibra em seu segundo harmônico. Um recipiente de água é levantado embaixo da esfera, de modo que ela fica completamente submersa. Nessa configuração, a corda vibra em seu quinto harmônico, como mostrado na Figura 4.11b. Qual é o raio da esfera?

4.4 cont.

SOLUÇÃO

Conceitualização Imagine o que acontece quando a esfera é imersa na água. A força de empuxo atua para cima na esfera, reduzindo a tensão na corda. A mudança de tensão causa uma mudança na velocidade das ondas na corda, que, por sua vez, causa uma mudança no comprimento de onda. Esse comprimento de onda alterado resulta em a corda vibrar em seu quinto modo normal, em vez do segundo.

Categorização A esfera pendurada é modelada como uma *partícula em equilíbrio*. Uma das forças atuando sobre ela é a de empuxo da água. Também aplicamos o modelo de *ondas sob condições limite* à corda.

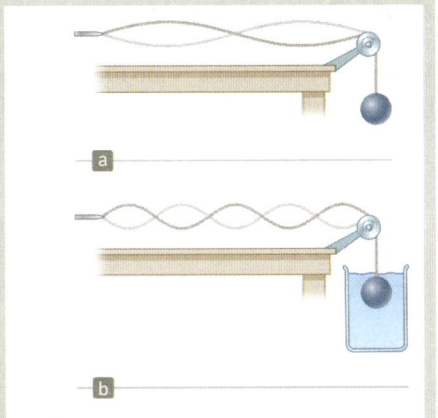

Figura 4.11 (Exemplo 4.4) (a) Quando a esfera fica pendurada no ar, a corda vibra em seu segundo harmônico. (b) Quando a esfera é imersa em água, a corda vibra em seu quinto harmônico.

Análise Aplique o modelo de partícula em equilíbrio à esfera na Figura 4.11a, identificando T_1 como a tensão na corda enquanto a esfera está pendurada no ar:

$$\sum F = T_1 - mg = 0$$
$$T_1 = mg$$

Aplique o modelo de partícula em equilíbrio à esfera na Figura 4.11b, onde T_2 é a tensão na corda enquanto a esfera é imersa em água:

$$T_2 + B - mg = 0$$
$$(1) \quad B = mg - T_2$$

A quantidade desejada, o raio da esfera, aparece na expressão para a força de empuxo B. Entretanto, antes de prosseguir nessa direção, devemos avaliar T_2 a partir da informação sobre a onda estacionária.

Escreva a equação para a frequência de uma onda estacionária em uma corda (Equação 4.6) duas vezes; primeiro, antes de a esfera ser imersa, e depois de isso acontecer. Note que a frequência f é a mesma nos dois casos, porque ela é determinada pela lâmina vibratória.
Além disso, a densidade linear de massa μ e o comprimento L da porção vibratória da corda são as mesmas nos dois casos. Divida as equações:

$$f = \frac{n_1}{2L}\sqrt{\frac{T_1}{\mu}}$$
$$f = \frac{n_2}{2L}\sqrt{\frac{T_2}{\mu}} \quad \to \quad 1 = \frac{n_1}{n_2}\sqrt{\frac{T_1}{T_2}}$$

Resolva para T_2:

$$T_2 = \left(\frac{n_1}{n_2}\right)^2 T_1 = \left(\frac{n_1}{n_2}\right)^2 mg$$

Substitua esse resultado na Equação (1):

$$(2) \quad B = mg - \left(\frac{n_1}{n_2}\right)^2 mg = mg\left[1 - \left(\frac{n_1}{n_2}\right)^2\right]$$

Usando a Equação 14.5 do Volume 1 desta coleção, expresse a força de empuxo em termos do raio da esfera:

$$B = \rho_{\text{água}} g V_{\text{esfera}} = \rho_{\text{água}} g \tfrac{4}{3}\pi r^3$$

Resolva para o raio da esfera e substitua na Equação (2):

$$r = \left(\frac{3B}{4\pi\rho_{\text{água}}g}\right)^{1/3} = \left\{\frac{3m}{4\pi\rho_{\text{água}}}\left[1 - \left(\frac{n_1}{n_2}\right)^2\right]\right\}^{1/3}$$

Substitua os valores numéricos:

$$r = \left\{\frac{3(2,00\text{ kg})}{4\pi(1.000\text{ kg/m}^3)}\left[1 - \left(\frac{2}{5}\right)^2\right]\right\}^{1/3}$$

$$= 0,0737\text{ m} = \boxed{7,37\text{ cm}}$$

Finalização Note que somente alguns raios da esfera resultarão na vibração da corda em modo normal; a velocidade das ondas na corda pode ser mudada para um valor tal que o comprimento da corda é um número inteiro múltiplo de meio comprimento de onda. Essa limitação é uma característica da *quantização*, apresentada anteriormente neste capítulo; os raios da esfera que levam a corda a vibrar em um modo normal são *quantizados*.

4.4 Ressonância

Vimos que um sistema como uma corda esticada é capaz de oscilar em um ou mais modos normais de oscilação. Suponha que guiemos uma dessas cordas com uma lâmina vibratória, como na Figura 4.12. Descobrimos que, se uma força periódica é aplicada a tal sistema, a amplitude do movimento resultante da corda é maior quando a frequência da força aplicada é igual a uma das frequências naturais do sistema. Esse fenômeno, conhecido como *ressonância*, foi discutido na Seção 1.7 com relação a um oscilador harmônico simples. Embora um sistema bloco-mola ou um pêndulo simples tenha somente uma frequência natural, sistemas de ondas estacionárias têm um conjunto de frequências naturais, tal como aquele dado pela Equação 4.6 para uma corda. Como um sistema oscilatório exibe grande amplitude quando forçado a vibrar em qualquer uma de suas frequências naturais, essas frequências são geralmente chamadas **frequências de ressonância**.

Quando a lâmina vibra em uma das frequências naturais da corda, ondas estacionárias de grande amplitude são criadas.

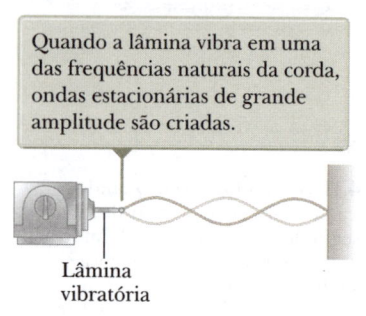

Figura 4.12 Ondas estacionárias se estabelecem em uma corda quando uma extremidade é conectada a uma lâmina vibratória.

Considere a corda na Figura 4.12 novamente. A extremidade fixa é um nodo, e a outra, conectada à lâmina, é quase um nodo, porque a amplitude do movimento da lâmina é pequena comparada àquela dos elementos da corda. Conforme a lâmina oscila, ondas transversais enviadas pela corda são refletidas da extremidade fixa. Como aprendemos na Seção 4.3, a corda tem frequências naturais que são determinadas por seu comprimento, tensão e densidade de massa linear (ver Equação 4.6). Quando a frequência da lâmina é igual a uma das frequências naturais da corda, ondas estacionárias são produzidas e a corda oscila com grande amplitude. Nesse caso de ressonância, a onda gerada pela lâmina oscilatória está em fase com a onda refletida, e a corda absorve energia da lâmina. Se a corda for forçada a vibrar em uma frequência que não é nenhuma de suas frequências naturais, as oscilações são de baixa amplitude e não exibem um padrão estável.

A ressonância é muito importante no estímulo de instrumentos musicais baseados em colunas de ar. Discutiremos essa aplicação da ressonância na Seção 4.5.

4.5 Ondas estacionárias em colunas de ar

O modelo de ondas sob condições limite também pode ser aplicado a ondas sonoras em uma coluna de ar, como aquela dentro de um órgão ou de um clarinete. Ondas estacionárias neste caso resultam da interferência entre ondas sonoras longitudinais se propagando em direções opostas.

Em um tubo fechado em uma extremidade, a extremidade fechada é um **nodo de deslocamento**, porque a barreira rígida nesta não permite movimento longitudinal do ar. Como a onda de pressão está 90° fora de fase com a onda de deslocamento (ver Seção 3.1), a extremidade fechada de uma coluna de ar corresponde a um **antinodo de pressão** (isto é, um ponto de variação máxima de pressão).

A extremidade aberta de uma coluna de ar é quase um **antinodo de deslocamento**[1] e um nodo de pressão. Podemos entender por que não ocorre variação de pressão na extremidade aberta notando que a extremidade da coluna de ar é aberta para a atmosfera; então, a pressão nessa extremidade deve permanecer constante à pressão atmosférica.

> **Prevenção de Armadilhas 4.3**
> **Ondas sonoras no ar são longitudinais, não transversais**
> As ondas estacionárias longitudinais são desenhadas como ondas transversais na Figura 4.13. Como elas estão na mesma direção que a propagação, é difícil desenhar deslocamentos longitudinais. Portanto, é melhor interpretar as curvas vermelho-amarronzadas na Figura 4.13 como uma representação gráfica das ondas (nossos diagramas de ondas de cordas são representações gráficas), com o eixo vertical representando o deslocamento horizontal $s(x, t)$ dos elementos do meio.

Você pode perguntar como uma onda sonora pode refletir de uma extremidade aberta, porque pode não parecer que haja mudança no meio nesse ponto; o meio pelo qual a onda sonora se move é o ar dentro e fora do tubo. Entretanto, o som pode ser representado como uma onda de pressão, e uma região de compressão das ondas sonoras constrita pelas laterais do tubo, desde que a região seja dentro do tubo. Conforme a região de compressão sai pela extremidade aberta do tubo, a constrição do tubo é removida e o ar comprimido fica livre para se expandir na atmosfera. Portanto, há uma mudança na *característica* do meio entre o interior e o exterior do tubo, mesmo que não haja mudança no *material* do meio. Essa mudança de característica é suficiente para permitir alguma reflexão.

Com as condições limite de nodos ou antinodos nas extremidades da coluna de ar, estabelecemos um conjunto de modos normais de oscilação, como é o caso para a corda fixa nas duas extremidades. Então, a coluna de ar tem frequências quantizadas.

---

[1] Estritamente falando, a extremidade aberta de uma coluna de ar não é exatamente um antinodo de deslocamento. Uma compressão atingindo uma extremidade aberta não reflete até passar do final. Para um tubo de seção transversal circular, uma correção no final aproximadamente igual a $0{,}6R$, onde R é o raio do tubo, deve ser acrescentada ao comprimento da coluna de ar. Então, o comprimento efetivo da coluna de ar é mais longo que o comprimento verdadeiro L. Desprezamos essa correção final nesta discussão.

Os primeiros três modos normais de oscilação de um tubo aberto nas duas extremidades são mostrados na Figura 4.13a. Note que as duas extremidades são antinodos de deslocamento (aproximadamente). No primeiro modo normal, a onda estacionária se estende entre dois antinodos adjacentes, uma distância de meio comprimento de onda. Portanto, o comprimento de onda é duas vezes o comprimento do tubo, e a frequência fundamental é $f_1 = v/2L$. Como a Figura 4.13a mostra, as frequências dos harmônicos mais altos são $2f_1$, $3f_1$, ...

> Em um tubo aberto nas duas extremidades, as frequências naturais de oscilação formam uma série harmônica que inclui todos os números inteiros múltiplos da frequência fundamental.

Como todos os harmônicos estão presentes e a frequência fundamental é dada pela mesma expressão que aquela para uma corda (ver Equação 4.5), podemos expressar as frequências naturais de oscilação como:

$$f_n = n\frac{v}{2L} \quad n = 1, 2, 3, \ldots \quad (4.8)$$

◄ **Frequências naturais de um tubo aberto nas duas extremidades**

Apesar da semelhança entre as equações 4.5 e 4.8, você deve lembrar que v na Equação 4.5 é a velocidade das ondas na corda, enquanto na Equação 4.8 é a velocidade de som no ar.

Se um tubo é fechado em uma extremidade e aberto na outra, a extremidade fechada é um nodo de deslocamento (ver Figura 4.13b). Nesse caso, a onda estacionária para o modo fundamental se estende de um antinodo ao nodo adjacente, que é um quarto de comprimento de onda. Portanto, o comprimento de onda para o primeiro modo normal é $4L$, e a frequência fundamental é $f_1 = v/4L$. Como a Figura 4.13b mostra, as ondas de maior frequência que satisfazem nossas condições são aquelas que têm um nodo na extremidade fechada e um antinodo na outra, aberta; então, os harmônicos mais altos têm frequências $3f_1$, $5f_1$, ...

> Em um tubo fechado em uma extremidade, as frequências naturais de oscilação formam uma série harmônica que só inclui os números ímpares inteiros múltiplos da frequência fundamental.

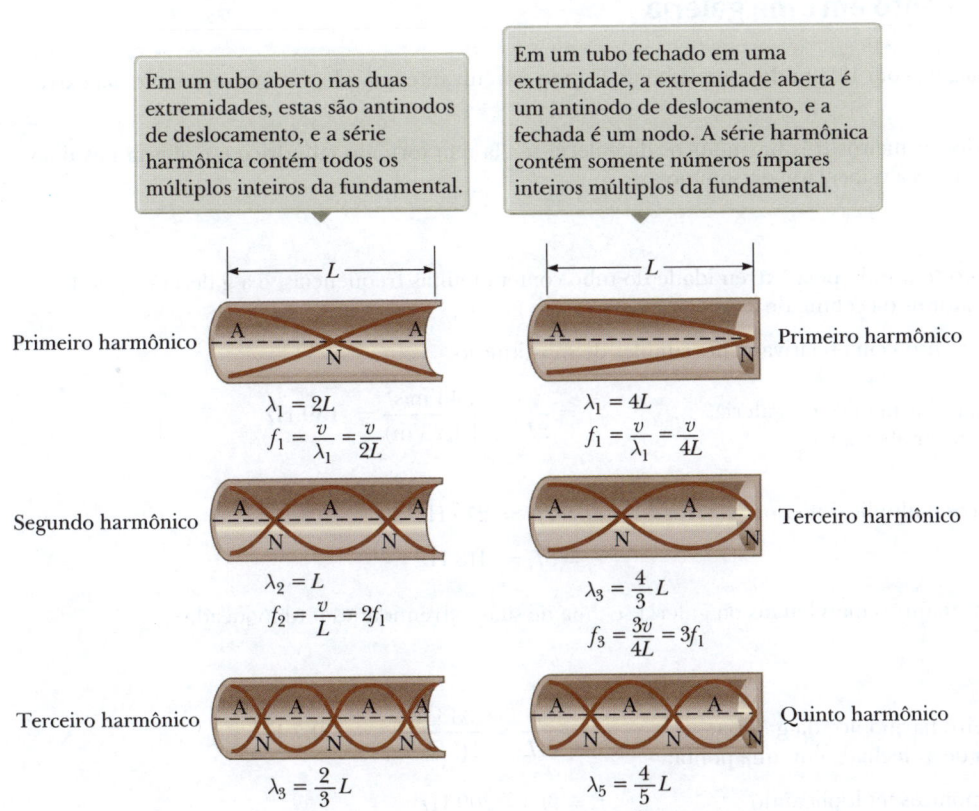

Em um tubo aberto nas duas extremidades, estas são antinodos de deslocamento, e a série harmônica contém todos os múltiplos inteiros da fundamental.

Em um tubo fechado em uma extremidade, a extremidade aberta é um antinodo de deslocamento, e a fechada é um nodo. A série harmônica contém somente números ímpares inteiros múltiplos da fundamental.

Primeiro harmônico
$\lambda_1 = 2L$
$f_1 = \dfrac{v}{\lambda_1} = \dfrac{v}{2L}$

Primeiro harmônico
$\lambda_1 = 4L$
$f_1 = \dfrac{v}{\lambda_1} = \dfrac{v}{4L}$

Segundo harmônico
$\lambda_2 = L$
$f_2 = \dfrac{v}{L} = 2f_1$

Terceiro harmônico
$\lambda_3 = \dfrac{4}{3}L$
$f_3 = \dfrac{3v}{4L} = 3f_1$

Terceiro harmônico
$\lambda_3 = \dfrac{2}{3}L$
$f_3 = \dfrac{3v}{2L} = 3f_1$

Quinto harmônico
$\lambda_5 = \dfrac{4}{5}L$
$f_5 = \dfrac{5v}{4L} = 5f_1$

Figura 4.13 Representações gráficas do movimento dos elementos de ar em ondas estacionárias longitudinais em (a) uma coluna aberta nas duas extremidades e (b) uma coluna fechada em uma extremidade.

Expressamos esse resultado matematicamente como:

Frequências naturais de um ▶
tubo fechado em uma extremidade
e aberto na outra

$$f_n = n\frac{v}{4L} \quad n = 1, 3, 5, \ldots \quad (4.9)$$

É interessante investigar o que acontece às frequências de instrumentos baseados em colunas de ar e cordas durante um concerto à medida que a temperatura sobe. O som emitido por uma flauta, por exemplo, fica agudo (aumenta em frequência) à medida que a flauta se aquece, porque a velocidade do som aumenta no ar cada vez mais quente dentro da flauta (considere a Equação 4.8). O som produzido por um violino fica baixo (diminui em frequência) conforme as cordas expandem termicamente, porque a expansão faz que a tensão delas diminua (ver a Equação 4.6).

Instrumentos musicais baseados em colunas de ar são geralmente estimulados por ressonância. A coluna de ar recebe uma onda de som rica em muitas frequências e, então, responde com uma oscilação de grande amplitude às frequências que combinam com as quantizadas em seu jogo de harmônicos. Em muitos instrumentos de sopro, o som rico inicial é proporcionado por uma palheta vibratória. Em instrumentos de metal, esse estímulo é proporcionado pelo som vindo da vibração dos lábios do músico. Em uma flauta, o estímulo inicial vem do soprar sobre a borda do bocal do instrumento de modo semelhante a soprar a boca de uma garrafa de pescoço estreito. O som do ar passando rapidamente pela abertura da garrafa tem muitas frequências, inclusive uma que põe a cavidade do ar na garrafa em ressonância.

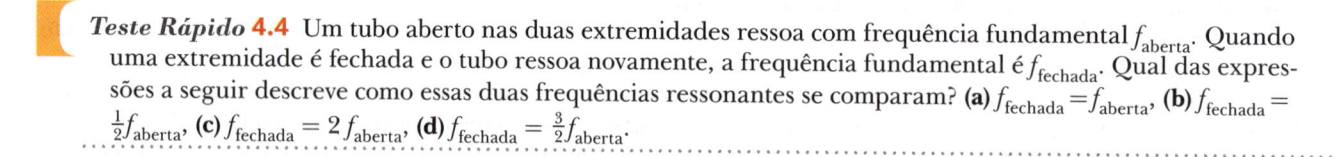

Teste Rápido 4.4 Um tubo aberto nas duas extremidades ressoa com frequência fundamental f_{aberta}. Quando uma extremidade é fechada e o tubo ressoa novamente, a frequência fundamental é $f_{fechada}$. Qual das expressões a seguir descreve como essas duas frequências ressonantes se comparam? (a) $f_{fechada} = f_{aberta}$, (b) $f_{fechada} = \frac{1}{2}f_{aberta}$, (c) $f_{fechada} = 2f_{aberta}$, (d) $f_{fechada} = \frac{3}{2}f_{aberta}$.

Teste Rápido 4.5 O Balboa Park, em San Diego, tem um órgão ao ar livre. Quando a temperatura do ar aumenta, a frequência fundamental de um dos tubos do órgão (a) fica a mesma, (b) abaixa, (c) sobe ou (d) é impossível determinar.

Exemplo 4.5 — Vento em uma galeria

A seção de uma galeria de drenagem com 1,23 m de comprimento faz um som uivante quando o vento sopra por sua extremidade aberta.

(A) Determine as frequências dos primeiros três harmônicos da galeria se ela tem formato cilíndrico e é aberta nas duas extremidades. Considere $v = 343$ m/s a velocidade do som no ar.

SOLUÇÃO

Conceitualização O som do vento soprando pela extremidade do tubo contém muitas frequências, e a galeria responde ao som vibrando nas frequências naturais da coluna de ar.

Categorização Este exemplo é um problema relativamente simples de substituição.

Encontre a frequência do primeiro harmônico da galeria, modelando-o como uma coluna de ar aberta nas duas extremidades:

$$f_1 = \frac{v}{2L} = \frac{343 \text{ m/s}}{2(1,23 \text{ m})} = \boxed{139 \text{ Hz}}$$

Encontre os próximos harmônicos multiplicando por números inteiros:

$$f_2 = 2f_1 = \boxed{279 \text{ Hz}}$$
$$f_3 = 3f_1 = \boxed{418 \text{ Hz}}$$

(B) Quais são as três frequências naturais mais baixas da galeria se uma de suas extremidades for bloqueada?

SOLUÇÃO

Encontre a frequência do primeiro harmônico da galeria, modelando-o como uma coluna de ar fechada em uma ponta:

$$f_1 = \frac{v}{4L} = \frac{343 \text{ m/s}}{4(1,23 \text{ m})} = \boxed{69,7 \text{ Hz}}$$

Encontre os próximos dois harmônicos multiplicando por números inteiros ímpares:

$$f_3 = 3f_1 = \boxed{209 \text{ Hz}}$$
$$f_5 = 5f_1 = \boxed{349 \text{ Hz}}$$

> **Exemplo 4.6** | **Medindo a frequência de um diapasão** MA

Um aparelho simples para demonstrar a ressonância em uma coluna de ar é descrito na Figura 4.14. Um tubo vertical aberto nas duas extremidades é parcialmente submerso em água, e um diapasão vibrando com frequência desconhecida é colocado perto do topo do tubo. O comprimento L da coluna de ar pode ser ajustado movendo o tubo verticalmente. As ondas sonoras geradas pelo diapasão são reforçadas quando L corresponde a uma das frequências de ressonância do tubo. Para o tubo, o menor valor de L para o qual um pico ocorre na intensidade do som é 9,00 cm.

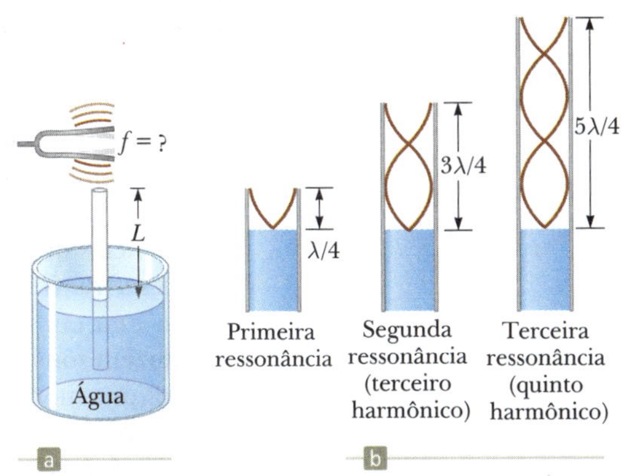

(A) Qual é a frequência do diapasão?

Figura 4.14 (Exemplo 4.6) (a) Aparelho para demonstrar a ressonância de ondas sonoras em um tubo fechado em uma extremidade. O comprimento L da coluna de ar é variado movendo o tubo verticalmente, enquanto está parcialmente submerso em água. (b) Os três primeiros modos normais do sistema mostrados em (a).

SOLUÇÃO

Conceitualização As ondas sonoras do diapasão entram na extremidade superior de um tubo. Embora o tubo esteja aberto em sua extremidade inferior para permitir a entrada de água, a superfície da água age como uma barreira. As ondas refletem a partir da superfície da água e se combinam com as ondas que se movem para baixo a fim de formar uma onda estacionária.

Categorização Por causa da reflexão das ondas sonoras a partir da superfície da água, podemos modelar o tubo como estando aberto na extremidade superior, e fechado, na extremidade inferior. Portanto, podemos aplicar as *ondas sob o modelo de condições limite* a esta situação.

Use a Equação 4.9 para achar a frequência fundamental para $L = 0{,}0900$ m:

$$f_1 = \frac{v}{4L} = \frac{343 \text{ m/s}}{4(0{,}0900 \text{ m})} = \boxed{953 \text{ Hz}}$$

Como o diapasão faz a coluna de ar ressoar nessa frequência, ela deve ser aquela do diapasão.

(B) Quais são os valores de L para as duas próximas condições de ressonância?

SOLUÇÃO

Use a Equação 2.12 para achar o comprimento de onda da onda sonora do diapasão:

$$\lambda = \frac{v}{f} = \frac{343 \text{ m/s}}{953 \text{ Hz}} = 0{,}360 \text{ m}$$

Note na Figura 4.14b que o comprimento da coluna de ar para a segunda ressonância é $3\lambda/4$:

$$L = 3\lambda/4 = \boxed{0{,}270 \text{ m}}$$

Note na Figura 4.14b que o comprimento da coluna de ar para a terceira ressonância é $5\lambda/4$:

$$L = 5\lambda/4 = \boxed{0{,}450 \text{ m}}$$

Finalização Considere como este problema difere do exemplo anterior. Na galeria, o comprimento foi fixado e a coluna de ar recebeu uma mistura de muitas frequências. O tubo neste exemplo recebe uma frequência única do diapasão, e o comprimento do tubo é variado até que a ressonância seja atingida.

4.6 Ondas estacionárias em barras e membranas

Ondas estacionárias também podem ser estabelecidas em barras e membranas. Uma barra presa no meio e golpeada paralelamente em uma extremidade oscila, como mostrado na Figura 4.15a. As oscilações dos elementos da barra são longitudinais, e as curvas vermelho-amarronzadas na Figura 4.15 representam deslocamentos *longitudinais* de várias partes da barra. Para esclarecer, os deslocamentos foram desenhados na direção transversal, como se fossem para colunas de ar. O ponto central é um nodo de deslocamento, porque é fixado pelo grampo, enquanto as pontas são antinodos de deslocamento, porque estão livres para oscilar. As oscilações nesse arranjo são análogas àquelas em um tubo aberto nas duas pontas. As linhas vermelho-amarronzadas na Figura 4.15a representam o primeiro modo normal, para o qual o comprimento de onda é $2L$ e a frequência é $f = v/2L$, onde v é a velocidade das ondas longitudinais na barra. Outros modos normais podem ser estimulados prendendo-se a barra em pontos diferentes. Por exemplo, o segundo modo normal (Figura 4.15b) é estimulado prendendo-se a barra a uma distância $L/4$ de uma extremidade.

96 Física para cientistas e engenheiros

$\lambda_1 = 2L$

$f_1 = \dfrac{v}{\lambda_1} = \dfrac{v}{2L}$

(a)

$\lambda_2 = L$

$f_2 = \dfrac{v}{L} = 2f_1$

(b)

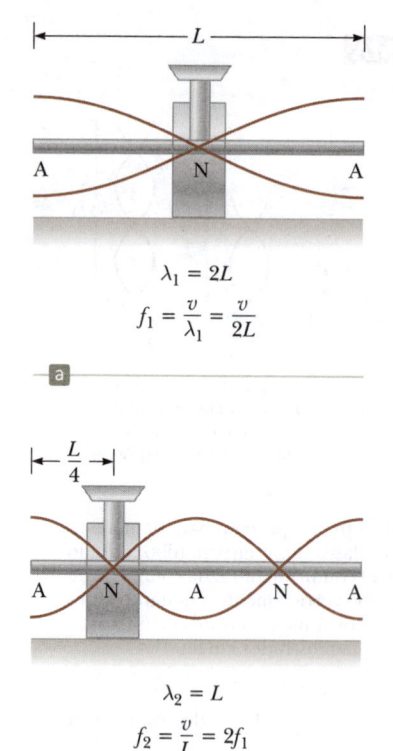

Figura 4.15 Vibrações longitudinais de modo normal de uma barra de comprimento L (a) presa no meio para produzir o primeiro modo normal, e (b) presa a uma distância $L/4$ de uma extremidade para produzir o segundo modo normal. Note que as curvas vermelho-amarronzadas são representações gráficas de oscilações paralelas à barra (ondas longitudinais).

Também é possível estabelecer ondas estacionárias transversais em barras. Instrumentos musicais que dependem de ondas estacionárias transversais em hastes ou barras incluem triângulos, marimbas, xilofones, *glockenspiels*, carrilhões e vibrafones. Outros aparelhos que fazem sons de barras vibratórias incluem caixas de música e carrilhões de vento.

Oscilações em duas dimensões podem ser estabelecidas em uma membrana flexível esticada sobre um aro circular, como aquelas na pele de um tambor. Conforme a membrana é atingida em um ponto, ondas que chegam ao limite fixo são refletidas muitas vezes. O som resultante não é harmônico porque as ondas estacionárias têm frequências que *não* são relacionadas por múltiplos inteiros. Sem essa relação, o som pode ser mais corretamente descrito como *ruído*, em vez de música. A produção de ruído está em contraste com a situação no vento e em instrumentos de corda, que produzem sons que descrevemos como musicais.

Alguns modos normais possíveis de oscilação para uma membrana circular bidimensional são mostrados na Figura 4.16. Enquanto os nodos são *pontos* em ondas estacionárias de uma dimensão em cordas e em colunas de ar, um oscilador bidimensional tem *curvas* ao longo das quais não há deslocamento dos elementos do meio. O modo normal mais baixo, que tem frequência f_1, contém somente uma curva nodal; esta curva passa ao redor da borda externa da membrana. Os outros modos normais possíveis apresentam curvas nodais adicionais, que são círculos e linhas retas através do diâmetro da membrana.

4.7 Batimentos: interferência no tempo

Os fenômenos de interferência estudados até agora envolvem a superposição de duas ou mais ondas com a mesma frequência. Como a amplitude da oscilação de elementos do meio varia com a posição no espaço do elemento em uma dessas ondas, referimo-nos aos fenômenos como *interferência espacial*. Ondas estacionárias em cordas e tubos são exemplos comuns de interferência espacial.

Vamos considerar outro tipo de interferência, que resulta da superposição de duas ondas com frequências levemente *diferentes*. Nesse caso, quando as duas ondas são observadas em um ponto no espaço, elas estão periodicamente dentro e fora de fase. Ou seja, há uma alternação *temporal* entre as interferências construtiva e destrutiva. Como consequência, referimo-nos a esse fenômeno como *interferência no tempo* ou *interferência temporal*. Por exemplo, se dois diapasões de frequências levemente diferentes são tocados, o som ouvido tem amplitude periodicamente variável. Esse fenômeno é chamado **batimento.**

▶ **Definição de batimento**

> Batimento é a variação periódica da amplitude em certo ponto por causa da superposição de duas ondas com frequências levemente diferentes.

Figura 4.16 Representação de alguns dos modos normais possíveis em uma membrana circular fixada em seu perímetro. O par de números em cima de cada padrão corresponde ao número de nodos radiais e ao de nodos circulares, respectivamente. Em cada diagrama, elementos da membrana dos dois lados de uma linha nodal se movem em direções opostas, como indicado pelas cores. (Adaptado de Rossing, T. D. *The Science of Sound*, 3. ed. Reading, Massachusetts: Addison-Wesley Publishing Co., 1990.)

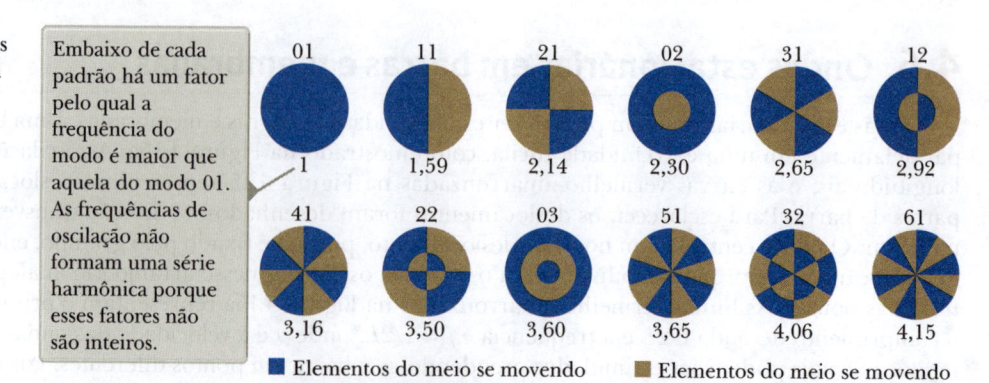

Embaixo de cada padrão há um fator pelo qual a frequência do modo é maior que aquela do modo 01. As frequências de oscilação não formam uma série harmônica porque esses fatores não são inteiros.

01	11	21	02	31	12
1	1,59	2,14	2,30	2,65	2,92
41	22	03	51	32	61
3,16	3,50	3,60	3,65	4,06	4,15

■ Elementos do meio se movendo para fora da página em um instante de tempo.

■ Elementos do meio se movendo para dentro da página em um instante de tempo.

O número de amplitudes máximas ouvido por segundo, ou a *frequência de batimento*, é igual à diferença em frequência entre as duas fontes, como mostraremos a seguir. A frequência máxima de batimento que o ouvido humano pode detectar é de aproximadamente 20 batimentos/s. Quando a frequência de batimento excede esse valor, os batimentos se fundem com os sons que os produzem e são indistinguíveis.

Considere duas ondas sonoras de igual amplitude e frequências levemente diferentes f_1 e f_2 propagando-se por um meio. Usamos equações parecidas com a Equação 2.13 para representar a função de onda para essas duas ondas em um ponto que identificamos como $x = 0$. Escolhemos o ângulo de fase na Equação 2.13 como $\phi = \pi/2$:

$$y_1 = A\,\text{sen}\left(\frac{\pi}{2} - \omega_1 t\right) = A\cos(2\pi f_1 t)$$

$$y_2 = A\,\text{sen}\left(\frac{\pi}{2} - \omega_2 t\right) = A\cos(2\pi f_2 t)$$

Usando o princípio de superposição, descobrimos que a função de onda resultante nesse ponto é:

$$y = y_1 + y_2 = A\,(\cos 2\pi f_1 t + \cos 2\pi f_2 t)$$

A identidade trigonométrica:

$$\cos a + \cos b = 2\cos\left(\frac{a-b}{2}\right)\cos\left(\frac{a+b}{2}\right)$$

permite escrever a expressão para y como:

$$y = \left[2A\cos 2\pi\left(\frac{f_1 - f_2}{2}\right)t\right]\cos 2\pi\left(\frac{f_1 - f_2}{2}\right)t \quad (4.10)$$

◀ **Resultante de duas ondas de frequências diferentes, mas de amplitude igual**

Os gráficos das ondas individuais e da onda resultante são mostrados na Figura 4.17. A partir dos fatores na Equação 4.10, vemos que a onda resultante tem uma frequência efetiva igual à frequência média $(f_1 + f_2)/2$. Essa onda é multiplicada pela onda envoltória dada pela expressão nos colchetes:

$$y_{\text{envoltória}} = 2A\cos 2\pi\left(\frac{f_1 - f_2}{2}\right)t \quad (4.11)$$

Isto é, a amplitude e, portanto, a intensidade do som resultante variam no tempo. A linha preta pontilhada na Figura 4.17b é uma representação gráfica da onda envoltória na Equação 4.11, e uma onda senoidal variando com a frequência $(f_1 - f_2)/2$.

O máximo na amplitude da onda de som resultante é detectada sempre que:

$$\cos 2\pi\left(\frac{f_1 - f_2}{2}\right)t = \pm 1$$

Portanto, há *dois* máximos em cada período da envoltória. Como a amplitude varia com a frequência conforme $(f_1 - f_2)/2$, o número de batimentos por segundo, ou a **frequência de batimento** $f_{\text{batimento}}$, é o dobro desse valor. Isto é:

$$f_{\text{batimento}} = |f_1 - f_2| \quad (4.12)$$

◀ **Frequência de batimento**

Por exemplo, se um diapasão vibra a 438 Hz e um segundo a 442 Hz, a onda sonora resultante da combinação tem frequência de 440 Hz (a nota musical Lá) e uma frequência de batimento de 4 Hz. Um ouvinte ouviria uma onda sonora de 440 Hz passar por uma intensidade máxima quatro vezes a cada segundo.

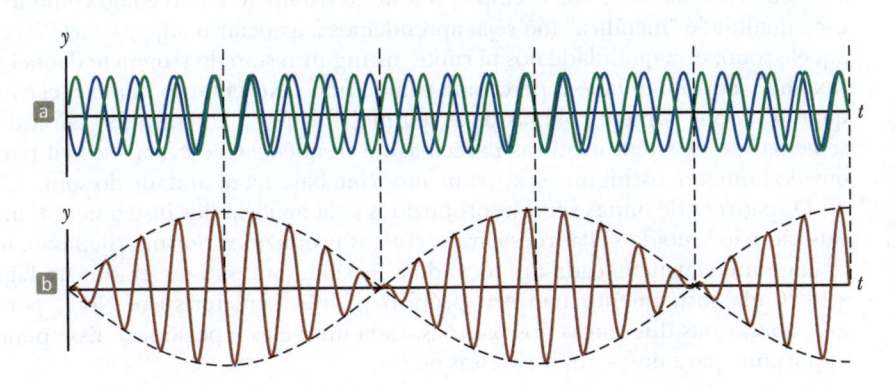

Figura 4.17 Batimentos são formados pela combinação de duas ondas de frequências levemente diferentes: (a) as ondas individuais e (b) a onda combinada. A onda envoltória (linha pontilhada) representa o batimento dos sons combinados.

Exemplo 4.7 — As cordas desafinadas do piano MA

Duas cordas de piano idênticas de 0,750 m de comprimento são afinadas a exatamente 440 Hz. A tensão em uma das cordas é aumentada em 1,0%. Se elas forem tocadas, qual é a frequência de batimento entre as fundamentais das duas cordas?

SOLUÇÃO

Conceitualização Conforme a tensão em uma das cordas é alterada, sua frequência fundamental muda. Então, quando as duas cordas são tocadas, elas terão frequências diferentes e os batimentos serão ouvidos.

Categorização Temos que combinar nosso entendimento do modelo de *onda sob condições limite* para cordas com nosso novo conhecimento de batimentos.

Análise Estabeleça uma proporção das frequências fundamentais das duas cordas usando a Equação 4.5:

$$\frac{f_2}{f_1} = \frac{(v_2/2L)}{(v_1/2L)} = \frac{v_2}{v_1}$$

Use a Equação 2.18 para substituir as velocidades das ondas nas cordas:

$$\frac{f_2}{f_1} = \frac{\sqrt{T_2/\mu}}{\sqrt{T_1/\mu}} = \sqrt{\frac{T_2}{T_1}}$$

Lembre-se de que a tensão em uma corda é 1,0% maior que a outra; isto é, $T_2 = 1{,}010\,T_1$:

$$\frac{f_2}{f_1} = \sqrt{\frac{1{,}010\,T_1}{T_1}} = 1{,}005$$

Resolva para a frequência da corda apertada:

$$f_2 = 1{,}005 f_1 = 1{,}005\,(440\text{ Hz}) = 442\text{ Hz}$$

Encontre a frequência de batimento usando a Equação 4.12:

$$f_{\text{batimento}} = 442\text{ Hz} - 440\text{ Hz} = \boxed{2\text{ Hz}}$$

Finalização Note que um erro de afinação de 1,0% na tensão leva a uma frequência de batimento audível de 2 Hz. Um afinador de piano pode usar batimentos para afinar um instrumento de cordas "batendo" uma nota contra um tom de referência de frequência conhecida. O afinador pode, então, ajustar a tensão da corda até que a frequência do som que ele emite seja igual à do tom de referência. O afinador faz isso apertando ou soltando a corda até que os batimentos produzidos pela fonte de referência sejam muito infrequentes para serem notados.

4.8 Padrões de onda não senoidal

É relativamente fácil distinguir os sons vindos de um violino e de um saxofone, mesmo quando os dois estão tocando a mesma nota. Em contrapartida, uma pessoa sem treinamento em música pode ter dificuldade em distinguir uma nota quando tocada em um clarinete e em um oboé. Podemos usar o padrão das ondas sonoras de várias fontes para explicar esses efeitos.

Quando frequências que são múltiplos inteiros de uma frequência fundamental são combinadas para fazer um som, o resultado é um som *musical*. Um ouvinte pode atribuir um tom ao som com base na frequência fundamental. Tom é uma reação psicológica que permite a uma pessoa classificar o som em uma escala de baixo para alto (baixo para soprano). Combinações de frequências que não são múltiplos inteiros de uma fundamental resultam em *ruído*, e não em som musical. É muito mais difícil um ouvinte atribuir um tom a um ruído que a um som musical.

Os padrões de onda produzidos por um instrumento musical são o resultado da superposição de frequências que são múltiplos inteiros de uma fundamental. Essa superposição resulta na riqueza correspondente dos tons musicais. A resposta perceptiva humana associada a várias misturas de harmônicos é a *qualidade* ou *timbre* do som. Por exemplo, o som do trompete é percebido como tendo uma qualidade "metálica" (ou seja, aprendemos a associar o adjetivo *metálico* com aquele som); essa qualidade nos permite distinguir o som do trompete daquele do saxofone, cuja qualidade é percebida como "fino". No entanto, tanto o clarinete quanto o oboé contêm colunas de ar estimuladas por palhetas; por causa dessa semelhança, eles têm misturas parecidas de frequências, e é mais difícil para o ouvido humano distinguir os instrumentos com base na qualidade do som.

Os padrões de ondas sonoras produzidos pela maioria dos instrumentos musicais são não senoidais. Padrões característicos produzidos por um diapasão, uma flauta e um clarinete, cada um tocando a mesma nota, são mostrados na Figura 4.18. Cada instrumento tem seu próprio padrão característico. Note, porém, que apesar das diferenças nos padrões, cada um deles é periódico. Esse ponto é importante para nossa análise dessas ondas.

Prevenção de Armadilhas 4.4
Tom *versus* frequência
Não confunda o termo *tom* com *frequência*. Frequência é a medida física do número de oscilações por segundo. Tom é uma reação psicológica que permite a uma pessoa classificar o som em uma escala de alto para baixo ou de soprano para baixo. Então, a frequência é o estímulo e o tom é a resposta. Embora o tom seja majoritário, mas não completamente, relacionado à frequência, eles não são a mesma coisa. Uma frase como "o tom do som" é incorreta, porque tom não é uma propriedade física do som.

A análise de padrões de ondas não senoidais parece ser uma tarefa desafiadora. Entretanto, se o padrão de onda é periódico, ele pode ser representado pela combinação de um número suficientemente grande de ondas senoidais que formam uma série de harmônicos. Na realidade, podemos representar qualquer função periódica como uma série de termos de seno e cosseno usando uma técnica matemática baseada no **Teorema de Fourier**.[2]
A soma dos termos que representam o padrão de onda periódica é chamada **série Fourier**. Considere $y(t)$ como qualquer função periódica no tempo com período T de modo que $y(t + T) = y(t)$. O Teorema de Fourier diz que essa função pode ser escrita como:

$$y(t) = \sum (A_n \operatorname{sen} 2\pi f_n t + B_n \cos 2\pi f_n t) \quad (4.13) \quad \blacktriangleleft \text{ Teorema de Fourier}$$

onde a frequência mais baixa é $f_1 = 1/T$. As frequências mais altas são múltiplos inteiros da fundamental, $f_n = nf_1$, e os coeficientes A_n e B_n representam as amplitudes das várias ondas. A Figura 4.19 representa uma análise harmônica dos padrões de onda mostrados na Figura 4.18. Cada barra no gráfico representa um dos termos na série na Equação 4.13 até $n = 9$. Note que um diapasão tocado produz somente um harmônico (o primeiro), enquanto a flauta e o clarinete produzem o primeiro harmônico e muitos outros mais altos.

Note a variação na intensidade relativa dos vários harmônicos para a flauta e o clarinete. Em geral, qualquer som musical consiste em uma frequência fundamental f mais outras que são múltiplos inteiros de f, todos com intensidades diferentes.

Discutimos a *análise* de um padrão de onda usando o Teorema de Fourier, que envolve determinar os coeficientes dos harmônicos na Equação 4.13 a partir do conhecimento do padrão de onda. O processo inverso, chamado *síntese de Fourier*, também pode ser realizado; neste, os diversos harmônicos são adicionados para formar um padrão de onda resultante. Como exemplo da síntese de Fourier, considere a construção de uma onda quadrada mostrada na Figura 4.20. A simetria da onda quadrada resulta na combinação somente de múltiplos ímpares da frequência fundamental em sua síntese. Na Figura 4.20a, a curva azul mostra a combinação de f e $3f$. Na 4.20b, adicionamos $5f$ à combinação e obtivemos a curva verde.

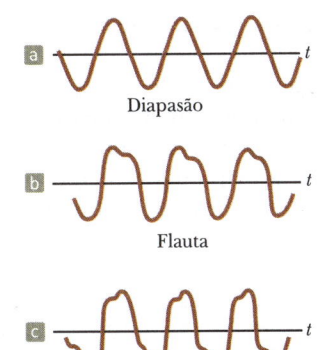

Figura 4.18 Padrões de ondas sonoras produzidos por (a) um diapasão, (b) uma flauta e (c) um clarinete, cada um aproximadamente na mesma frequência.

Figura 4.19 Harmônicos dos padrões de onda mostrados na Figura 4.18. Note as variações em intensidade dos diversos harmônicos. As partes (a), (b) e (c) correspondem àquelas na Figura 4.18.

Ondas de frequência f e $3f$ são adicionadas para dar a curva azul.

Mais um harmônico ímpar de frequência $5f$ é adicionado para dar a curva verde.

A curva de síntese (vermelho-amarronzada) se aproxima da onda quadrada (curva preta) quando frequências ímpares até $9f$ são adicionadas.

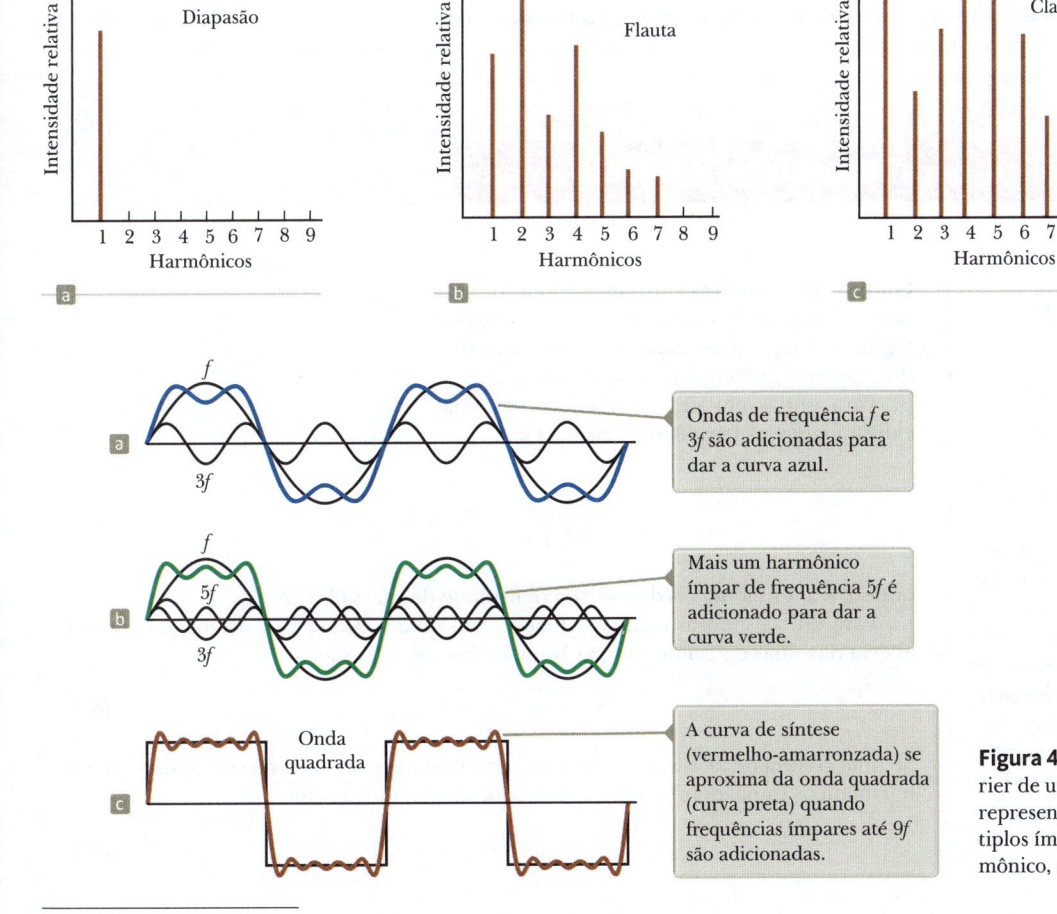

Figura 4.20 A síntese de Fourier de uma onda quadrada, representada pela soma de múltiplos ímpares do primeiro harmônico, que tem frequência f.

---
[2] Desenvolvido por Jean Baptiste Joseph Fourier (1786-1830).

Note como o formato geral da onda quadrada é aproximado, embora as porções mais altas e mais baixas não sejam planas como deveriam ser.

A Figura 4.20c mostra o resultado da adição de frequências ímpares até $9f$. Essa aproximação (curva vermelho-amarronzada) para a onda quadrada é melhor que as aproximações nas figuras 4.20a e 4.20b. Para aproximar a onda quadrada tanto quanto possível, adicionamos todos os múltiplos ímpares da frequência fundamental até a frequência infinita.

Usando tecnologia moderna, sons musicais podem ser gerados eletronicamente misturando amplitudes diferentes de qualquer número de harmônicos. Sintetizadores eletrônicos de música são amplamente usados e capazes de produzir uma variedade infinita de tons musicais.

Resumo

Conceitos e Princípios

O **princípio de superposição** especifica que, quando duas ou mais ondas se propagam por um meio, o valor da função de onda resultante é igual à soma algébrica dos valores das funções de onda individuais.

O fenômeno de **batimento** é a variação periódica da intensidade em um ponto, devido à superposição de duas ondas com frequências levemente diferentes. A frequência de batida é

$$f_{batida} = |f_1 - f_2| \tag{4.12}$$

onde f_1 e f_2 são as frequências das ondas individuais.

Ondas estacionárias são formadas da combinação de duas ondas senoidais com a mesma frequência, amplitude e comprimento de onda, mas se propagando em direções opostas. A onda estacionária resultante é descrita pela função de onda:

$$y = (2A \operatorname{sen} kx) \cos \omega t \tag{4.1}$$

Portanto, a amplitude da onda estacionária é $2A$, e a amplitude do movimento harmônico simples de qualquer elemento do meio varia de acordo com sua posição conforme $2A \operatorname{sen} kx$. Os pontos de amplitude zero (chamados **nodos**) ocorrem em $x = n\lambda/2$ ($n = 0, 1, 2, 3, \ldots$). Os pontos de amplitude máxima (chamados **antinodos**) ocorrem em $x = n\lambda/4$ ($n = 1, 3, 5, \ldots$). Antinodos adjacentes são separados por uma distância $\lambda/2$. Nodos adjacentes também são separados por essa mesma distância.

Modelo de Análise para Resolução de Problemas

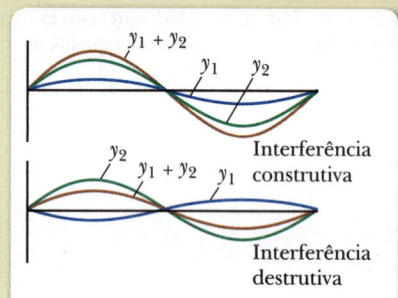

Ondas em interferência. Quando duas ondas progressivas com frequências iguais se sobrepõem, a onda resultante tem uma amplitude que depende do ângulo de fase ϕ entre ambas. **Interferência construtiva** ocorre quando as duas ondas estão em fase, correspondendo a $\phi = 0, 2\pi, 4\pi, \ldots$ rad. Já a **interferência destrutiva** ocorre quando as duas ondas estão 180° fora de fase, correspondendo a $\phi = \pi, 3\pi, 5\pi, \ldots$ rad.

Ondas sob condições limite. Quando uma onda é sujeita a condições limite, somente algumas frequências naturais são permitidas; dizemos que as frequências são quantizadas.

Para ondas em uma corda fixa nas duas extremidades, as frequências naturais são:

$$f_n = \frac{n}{2L}\sqrt{\frac{T}{\mu}} \quad n = 1, 2, 3, \ldots \tag{4.6}$$

onde T é a tensão na corda e μ, sua densidade de massa linear.

Para ondas sonoras com velocidade v em uma coluna de ar de comprimento L aberta nas duas extremidades, as frequências naturais são:

$$f_n = n\frac{v}{2L} \quad n = 1, 2, 3, \ldots \tag{4.8}$$

Se uma coluna de ar é aberta em uma extremidade e fechada na outra, há somente harmônicos ímpares presentes, e as frequências naturais são:

$$f_n = n\frac{v}{4L} \quad n = 1, 3, 5, \ldots \tag{4.9}$$

Perguntas Objetivas

1. Na Figura PO4.1, uma onda sonora com comprimento de onda 0,8 m se divide em duas partes iguais que se recombinam para interferir construtivamente, com a diferença original entre seus comprimentos de trajeto sendo $|r_2 - r_1| = 0{,}8$ m. Classifique as situações seguintes de acordo com a intensidade do som no receptor do mais alto para o mais baixo. Suponha que as paredes do tubo não absorvam energia do som. Dê classificações iguais para as situações em que a intensidade é igual. (a) A partir de sua posição original, a seção deslizante é movida 0,1 m para fora. (b) Em seguida, ela desliza mais 0,1 m para fora. (c) Ela desliza mais 0,1 m para fora. (d) Ela se move ainda mais 0,1 m.

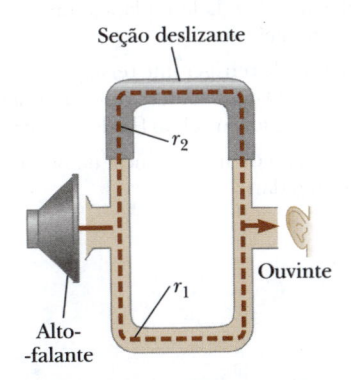

Figura PO4.1 Pergunta Objetiva 1 e Problema 6.

2. Uma corda de comprimento L, massa por unidade de comprimento μ, e tensão T, vibra em sua frequência fundamental. (i) Se o comprimento da corda é dobrado e todos os outros fatores forem mantidos constantes, qual é o efeito sobre a frequência fundamental? (a) Fica duas vezes maior. (b) Fica $\sqrt{2}$ vezes maior. (c) Fica inalterada. (d) Fica $1/\sqrt{2}$ vezes o tamanho. (e) Fica metade do tamanho. (ii) Se a massa por unidade de comprimento é dobrada e todos os outros fatores forem mantidos constantes, qual é o efeito sobre a frequência fundamental? Escolha entre as mesmas possibilidades da parte (i). (iii) Se a tensão é dobrada e todos os outros fatores forem mantidos constantes, qual é o efeito sobre a frequência fundamental? Escolha entre as mesmas possibilidades da parte (i).

3. No Exemplo 4.1, investigamos um oscilador a 1,3 kHz alimentando dois alto-falantes idênticos lado a lado. Descobrimos que um ouvinte no ponto O ouve o som com intensidade máxima, enquanto outro, no ponto P, ouve um mínimo. Qual é a intensidade em P? (a) Menos que, mas próximo da intensidade em O. (b) Metade da intensidade em O. (c) Muito baixa, mas não zero. (d) Zero. (e) Indeterminada.

4. Uma série de pulsos, cada um de amplitude 0,1 m, é enviada por uma corda presa a uma extremidade de um poste. Os pulsos são refletidos no poste e se propagam de volta ao longo da corda sem perder amplitude. (i) Qual é o deslocamento total em um ponto na corda onde os dois pulsos se cruzam? Suponha que a corda seja presa rigidamente ao poste. (a) 0,4 m. (b) 0,3 m. (c) 0,2 m. (d) 0,1 m. (e) 0. (ii) Suponha, agora, que a extremidade onde ocorre a reflexão seja livre para deslizar para cima e para baixo. Qual o deslocamento total em um ponto na corda onde os dois pulsos se cruzam? Escolha sua resposta entre as mesmas possibilidades da parte (i).

5. Uma flauta tem comprimento de 58,0 cm. Se a velocidade do som no ar é 343 m/s, qual é a frequência fundamental da flauta, supondo que seja um tubo fechado em uma extremidade e aberto na outra? (a) 148 Hz. (b) 296 Hz. (c) 444 Hz. (d) 591 Hz. (e) Nenhuma das anteriores.

6. Quando dois diapasões são tocados ao mesmo tempo, uma frequência de batimento de 5 Hz ocorre. Se um dos diapasões tem frequência de 245 Hz, qual é a frequência do outro? (a) 240 Hz. (b) 242,5 Hz. (c) 247,5 Hz. (d) 250 Hz. (e) Mais de uma resposta poderia ser correta.

7. Sabe-se que um diapasão vibra com frequência 262 Hz. Quando ele é tocado juntamente com uma corda de bandolim, quatro batimentos são ouvidos a cada segundo. Então, um pouco de fita é colocada em cada dente do diapasão, e ele, agora, produz cinco batimentos por segundo com a mesma corda de bandolim. Qual é a frequência da corda? (a) 257 Hz. (b) 258 Hz. (c) 262 Hz. (d) 266 Hz. (e) 267 Hz.

8. Um arqueiro lança uma flecha horizontalmente do centro da corda de um arco segurado verticalmente. Depois que a flecha sai dela, a corda do arco vibra como uma superposição de quais harmônicos de onda estacionária? (a) Somente no harmônico número 1, a fundamental. (b) Somente no segundo harmônico. (c) Somente nos harmônicos ímpares 1, 3, 5, 7, ... (d) Somente nos harmônicos pares 2, 4, 6, 8, ... (e) Em todos os harmônicos.

9. Conforme pulsos do mesmo formato se propagando em direções opostas (um para cima e o outro para baixo) em uma corda passam um pelo outro, em um determinado instante, a corda não apresenta deslocamento da posição de equilíbrio em ponto algum. O que aconteceu com a energia carregada pelos pulsos nesse momento? (a) Foi usada na produção do movimento anterior. (b) É toda energia potencial. (c) É toda energia interna. (d) É toda energia cinética. (e) A energia positiva de um pulso chega a zero com a energia negativa do outro pulso.

10. Uma onda estacionária com três nodos é estabelecida em uma corda fixa nas duas extremidades. Se a frequência da onda é dobrada, quantos antinodos haverá? (a) 2. (b) 3. (c) 4. (d) 5. (e) 6.

11. Suponha que todas as seis cordas de comprimento igual de um violão acústico sejam tocadas sem dedilhar, ou seja, sem ser apertadas em nenhuma palheta. Quais quantidades são as mesmas para todas as seis cordas? Escolha todas as respostas corretas. (a) A frequência fundamental. (b) O comprimento de onda fundamental da onda da corda. (c) O comprimento de onda fundamental do som emitido. (d) A velocidade da onda da corda. (e) A velocidade do som emitido.

12. Suponha que duas ondas senoidais idênticas estejam se propagando pelo mesmo meio na mesma direção. Sob que condição a amplitude da onda resultante será maior que qualquer uma das ondas originais? (a) Em todos os casos. (b) Só se as ondas não tiverem diferença de fase. (c) Só se a diferença de fase for menor que 90°. (d) Só se a diferença de fase for menor que 120°. (e) Só se a diferença de fase for menor que 180°.

Perguntas Conceituais

1. Um modelo tosco de garganta humana é um tubo aberto nas duas extremidades com uma fonte de vibração para introduzir o som em uma extremidade do tubo. Supondo que a fonte de vibração produza uma variação de frequências, discuta o efeito de mudar o comprimento do tubo.

2. Quando duas ondas interferem construtiva ou destrutivamente, há alguma perda ou ganho de energia no sistema das ondas? Explique.

3. Explique como um instrumento musical, como um piano, pode ser afinado usando o fenômeno de batimentos.

4. O que limita a amplitude de movimento de um sistema vibratório real que é forçado a vibrar em uma de suas frequências de ressonância?

5. Um diapasão, por si só, produz um som fraco. Explique como cada um dos métodos a seguir pode ser usado para dele obter um som mais alto. Explique também qualquer efeito no intervalo de tempo durante o qual o diapasão vibra audivelmente. (a) Segurar a borda de uma folha de papel contra um dente em vibração. (b) Apertar o cabo do diapasão contra um quadro de giz ou um tampo de mesa. (c) Segurar o diapasão em cima de uma coluna de ar de comprimento adequado, como no Exemplo 4.6. (d) Segurar o diapasão próximo de uma abertura cortada em uma folha de espuma ou papelão (com a abertura de tamanho e formato semelhante àquele do dente do garfo e o movimento dos dentes perpendicular à folha).

6. Um mecânico de aviões nota que o som de um bimotor varia rapidamente em volume quando os dois motores estão funcionando. O que poderia estar causando essa variação de alto para baixo?

7. Apesar de ter mãos razoavelmente firmes, com frequência uma pessoa derruba seu café enquanto o transporta até seu lugar. Discuta a ressonância como uma possível causa dessa dificuldade e planeje uma maneira de prevenir derramamentos.

8. Uma garrafa de refrigerante ressoa conforme o ar é soprado por seu topo. O que acontece com a frequência de ressonância à medida que o nível do fluido na garrafa diminui?

9. Esse fenômeno de interferência de onda se aplica somente a ondas senoidais?

Problemas

WebAssign Os problemas que se encontram neste capítulo podem ser resolvidos on-line no Enhanced WebAssign (em inglês)

1. denota problema simples;
2. denota problema intermediário;
3. denota problema de desafio;

AMT Analysis Model Tutorial disponível no Enhanced WebAssign (em inglês);

M denota tutorial Master It disponível no Enhanced WebAssign (em inglês);

PD denota problema dirigido;

W solução em vídeo Watch It disponível no Enhanced WebAssign (em inglês).

Observação: a menos que especificado, suponha que a velocidade do som no ar seja 343 m/s, seu valor a uma temperatura do ar de 20,0 °C. A qualquer outra temperatura Celsius, T_C, a velocidade do som no ar é descrita por:

$$v = 331\sqrt{1 + \frac{T_C}{273}}$$

onde v é dado em m/s e T_C em °C.

Seção 4.1 Modelo de análise: ondas em interferência

1. **W** Duas ondas se propagam na mesma direção ao longo de uma corda esticada. As ondas estão 90,0° fora de fase. Cada onda tem amplitude de 4,00 cm. Encontre a amplitude da onda resultante.

2. Dois pulsos de onda A e B se propagam em direções opostas, cada um com velocidade $v = 2,00$ cm/s. A amplitude de A é o dobro da de B. Os pulsos são mostrados na Figura P4.2 em $t = 0$. Desenhe a onda resultante em $t = 1,00$ s; 1,50 s; 2,00 s; 2,50 s e 3,00 s.

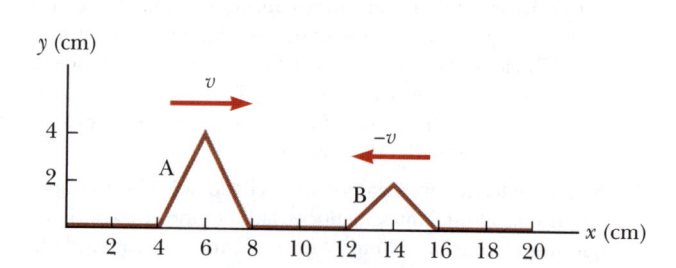

Figura P4.2

3. **W** Duas ondas em uma corda são descritas pela função de ondas:

$$y_1 = 3,0 \cos(4,0x - 1,6t) \qquad y_2 = 4,0 \cos(5,0x - 2,0t)$$

onde x e y são dados em centímetros, e t em segundos. Encontre a superposição das ondas $y_1 + y_2$ nos pontos (a) $x = 1,00$, $t = 1,00$; (b) $x = 1,00$, $t = 0,500$; e (c) $x = 0,500$, $t = 0$. *Observação*: lembre-se de que os argumentos das funções trigonométricas são dados em radianos.

4. Dois pulsos de amplitudes diferentes se aproximam um do outro, cada um com velocidade de $v = 1{,}00$ m/s. A Figura P4.4 mostra as posições dos pulsos no momento $t = 0$.
(a) Desenhe a onda resultante em $t = 2{,}00$ s; 4,00 s; 5,00 s; e 6,00 s. (b) **E se?** Se o pulso à direita é invertido de modo que fique para cima, como seriam mudados seus desenhos da onda resultante?

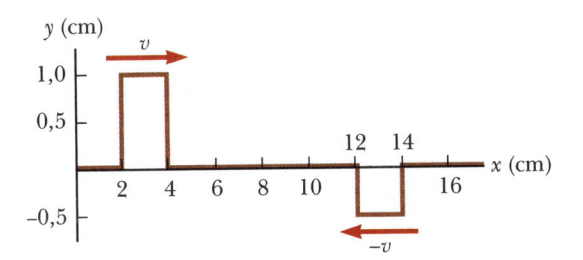

Figura P4.4

5. Um diapasão gera ondas sonoras com uma frequência de 246 Hz. As ondas se propagam em direções opostas ao longo do percurso, são refletidas pelas extremidades fechadas, e retornam. O corredor tem 47,0 m de comprimento e o diapasão está localizado a 14,0 m da extremidade. Qual é a diferença de fase entre as ondas refletidas quando elas se encontram no diapasão? A velocidade do som no ar é de 343 m/s.

6. O sistema acústico mostrado na Figura PO4.1 é forçado a vibrar por um alto-falante emitindo som de frequência 756 Hz. (a) Se ocorre interferência construtiva em um local específico da seção deslizante, por qual valor mínimo a seção deslizante deveria ser movida para cima de modo que ocorra interferência destrutiva? (b) A que distância mínima da posição original da seção deslizante haverá interferência construtiva novamente?

7. Dois pulsos se propagando na mesma corda são descritos por:

$$y_1 = \frac{5}{(3x - 4t)^2 + 2} \qquad y_2 = \frac{-5}{(3x + 4t - 6)^2 + 2}$$

(a) Em que direção cada pulso se propaga? (b) Em que instante eles se cancelam em qualquer lugar? (c) Em que ponto ambos sempre se cancelam?

8. **AMT** Dois alto-falantes idênticos são colocados em uma parede a 2,00 m um do outro. Um ouvinte está a 3,00 m da parede diretamente em frente a um deles. Um único oscilador impulsiona os alto-falantes a uma frequência de 300 Hz. (a) Qual é a diferença de fase em radianos entre as ondas dos alto-falantes quando alcançam o observador? (b) **E se?** Qual é a frequência mais próxima de 300 Hz para a qual o oscilador pode ser ajustado para que o observador ouça o som mínimo?

9. **M** Duas ondas senoidais progressivas são descritas pelas funções de ondas:

$$y_1 = 5{,}00 \text{ sen } [\pi(4{,}00x - 1.200t)]$$
$$y_2 = 5{,}00 \text{ sen } [\pi(4{,}00x - 1.200t - 0{,}250)]$$

onde x, y_1 e y_2 são dados em metros, e t em segundos. (a) Qual é a amplitude da função de onda resultante $y_1 + y_2$? (b) Qual é a frequência da função de onda resultante?

10. *Por que a seguinte situação é impossível?* Dois alto-falantes idênticos são forçados a vibrar pelo mesmo oscilador a uma frequência de 200 Hz. Eles estão no solo a uma distância $d = 4{,}00$ m um do outro. Começando longe dos alto-falantes, um homem caminha diretamente na direção ao da direita, como mostrado na Figura P4.10. Depois de passar por três mínimos em intensidade de som, ele anda até o próximo máximo e para. Ignore qualquer reflexão do som do solo.

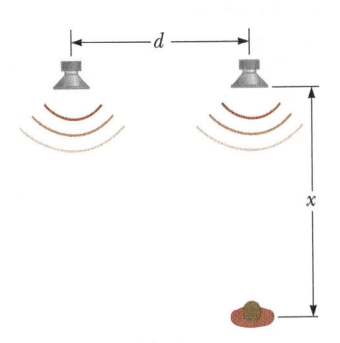

Figura P4.10

11. **M** Duas ondas senoidais em uma corda são definidas pelas funções de onda:

$$y_1 = 2{,}00 \text{ sen }(20{,}0x - 32{,}0t) \qquad y_2 = 2{,}00 \text{ sen }(25{,}0x - 40{,}0t)$$

onde x, y_1 e y_2 são dados em centímetros, e t em segundos. (a) Qual é a diferença de fase entre essas duas ondas no ponto $x = 5{,}00$ cm e $t = 2{,}00$ s? (b) Qual é o valor positivo de x mais próximo da origem para o qual as duas fases diferem por $\pm \pi$ em $t = 2{,}00$ s? (Nesse local, as duas ondas somam zero.)

12. Duas ondas senoidais idênticas com comprimentos de onda de 3,00 m se movem na mesma direção a uma velocidade de 2,00 m/s. A segunda onda se origina do mesmo ponto que a primeira, mas em um momento posterior. A amplitude da onda resultante é a mesma de cada uma das duas ondas iniciais. Determine o intervalo mínimo possível entre os momentos iniciais das duas ondas.

13. Dois alto-falantes idênticos a 10,0 m um do outro são forçados a vibrar pelo mesmo oscilador com frequência de $f = 21{,}5$ Hz (Figura P4.13) em uma área onde a velocidade do som é 344 m/s. (a) Mostre que um receptor no ponto A registra um mínimo de intensidade de som dos dois alto-falantes. (b) Se o receptor é movido nos planos dos alto-falantes, mostre que o trajeto que ele deveria seguir para manter a intensidade mínima é ao longo da hipérbole $9x^2 - 16y^2 = 144$ (mostrado em vermelho-amarronzado na Figura P4.13). (c) O receptor pode permanecer em um mínimo e se mover para longe das duas fontes? Se sim, determine a forma limitante do trajeto que deve ser seguido. Se não, explique qual a distância que ele alcança.

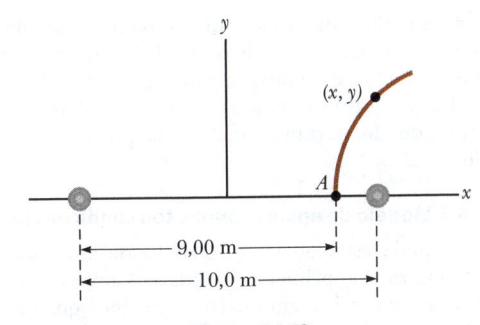

Figura P4.13

Seção 4.2 Ondas estacionárias

14. Duas ondas presentes simultaneamente em uma corda longa têm uma diferença de fase ϕ entre elas, tal que uma onda estacionária formada a partir da combinação delas é descrita por:

$$y(x,t) = 2A \, \text{sen}\left(kx + \frac{\phi}{2}\right) \cos\left(\omega t - \frac{\phi}{2}\right)$$

(a) Apesar da presença do ângulo de fase ϕ, ainda é verdadeiro que os nodos estão separados por meio comprimento de onda? Explique. (b) Os nodos seriam diferentes de alguma maneira se ϕ fosse zero? Explique.

15. **W** Duas ondas senoidais se propagando em direções opostas se interferem para produzir uma onda estacionária com função de onda:

$$y = 1{,}50 \, \text{sen}\,(0{,}400x) \cos\,(200t)$$

onde x e y são dados em metros, e t em segundos. Determine (a) o comprimento de onda, (b) a frequência e (c) a velocidade das ondas em interferência.

16. Verifique através de substituição direta que a função de onda para uma onda estacionária dada na Equação 4.1:

$$y = (2A \, \text{sen}\, kx) \cos \omega t$$

é uma solução da equação geral de onda linear, Equação 2.27:

$$\frac{\partial^2 y}{\partial x^2} = \frac{1}{v^2} \frac{\partial^2 y}{\partial t^2}$$

17. **M** Duas ondas senoidais transversais combinando-se em um meio são descritas pelas funções de onda:

$y_1 = 3{,}00 \, \text{sen}\, \pi(x + 0{,}600t)$ $y_2 = 3{,}00 \, \text{sen}\, \pi(x - 0{,}600t)$

onde x, y_1 e y_2 são dados em centímetros, e t em segundos. Determine a posição transversal máxima de um elemento do meio em (a) $x = 0{,}250$ cm, (b) $x = 0{,}500$ cm e (c) $x = 1{,}50$ cm. (d) Encontre os três menores valores de x correspondentes a antinodos.

18. Uma onda estacionária é descrita pela função de onda:

$$y = 6 \, \text{sen}\left(\frac{\pi}{2}x\right) \cos\,(100\pi t)$$

onde x e y são dados em metros, e t em segundos. (a) Prepare gráficos mostrando y como uma função de x para cinco momentos: $t = 0{,}5$ ms, 10 ms, 15 ms e 20 ms. (b) A partir do gráfico, identifique o comprimento de onda da onda e explique como fazer isso. (c) A partir do gráfico, identifique a frequência da onda e explique como fazer isso. (d) A partir da equação, identifique diretamente o comprimento de onda da onda e explique como fazer isso. (e) A partir da equação, identifique diretamente a frequência e explique como fazer isso.

19. **M** Dois alto-falantes idênticos são impulsionados em fase por um oscilador comum a 800 Hz e ficam de frente um para o outro a uma distância de 1,25 m. Localize os pontos ao longo da linha unindo os dois alto-falantes onde seria esperado um mínimo relativo da pressão da amplitude do som.

Seção 4.3 Modelo de análise: ondas sob condições limite

20. Uma onda estacionária é estabelecida em uma corda de 120 cm de comprimento, fixada em ambas as extremidades. A corda vibra em quatro segmentos quando levada a 120 Hz. (a) Determine o comprimento de onda. (b) Qual é a frequência fundamental da corda?

21. Uma corda com massa $m = 8{,}00$ g e comprimento $L = 5{,}00$ m tem uma extremidade presa a uma parede. A outra extremidade passa por uma roldana pequena, fixada a uma distância $d = 4{,}00$ m da parede e presa a um corpo pendurado de massa $M = 4{,}00$ kg, como na Figura P4.21. Se a parte horizontal da corda for puxada, qual é a frequência fundamental de sua vibração?

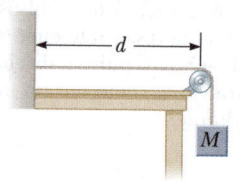

Figura P4.21

22. A corda de 64,0 cm de comprimento de uma guitarra tem frequência fundamental de 330 Hz quando vibra livremente ao longo de todo seu comprimento. Uma palheta é usada para limitar a vibração a dois terços da corda. (a) Se a corda é pressionada para baixo nessa palheta e puxada, qual é a nova frequência fundamental? (b) **E se?** O guitarrista pode tocar "harmônico natural" tocando gentilmente a corda no lugar dessa palheta e puxando a corda em um sexto do caminho ao longo do comprimento a partir da outra extremidade. Que frequência será ouvida, então?

23. **W** A corda Lá de um violoncelo vibra em seu primeiro modo normal com frequência de 220 Hz. O segmento vibratório tem 70,0 cm de comprimento e massa de 1,20 g. (a) Encontre a tensão na corda. (b) Determine a frequência de vibração quando a corda vibra em três segmentos.

24. Uma corda esticada tem comprimento de 2,60 m e é fixada nas duas extremidades. (a) Encontre o comprimento de onda do modo fundamental de vibração da corda. (b) Você consegue encontrar a frequência desse modo? Explique por que sim ou por que não.

25. Certa corda vibratória em um piano tem comprimento de 74,0 cm e forma uma onda estacionária com dois antinodos. (a) Que harmônico essa onda representa? (b) Determine o comprimento de onda dessa onda. (c) Quantos nodos há no padrão de onda?

26. Uma corda de 30,0 cm de comprimento e massa por unidade de comprimento de $9{,}00 \times 10^{-3}$ kg/m é esticada a uma tensão de 20,0 N. Encontre (a) a frequência fundamental e (b) as três frequências seguintes que poderiam causar padrões de ondas estacionárias na corda.

27. **AMT W** No arranjo mostrado na Figura P4.27, um corpo pode ser pendurado de uma corda (com densidade de massa linear $\mu = 0{,}00200$ kg/m) que passa sobre uma roldana leve. A corda é conectada a um vibrador (de frequência constante f), e o comprimento da corda entre o ponto P e a roldana é $L = 2{,}00$ m. Quando a massa m do corpo é 16,0 kg ou 25,0 kg, ondas estacionárias são observadas; no entanto, não se observam ondas estacionárias com nenhuma massa entre esses valores. (a) Qual é a frequência do vibrador? *Observação*: quanto maior a tensão na corda, menor o número de nodos na onda estacionária. (b) Qual é a maior massa do corpo para a qual ondas estacionárias poderiam ser observadas?

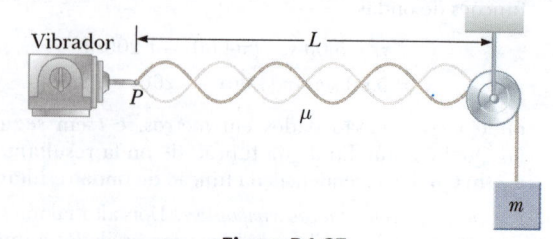

Figura P4.27

28. **M** No arranjo mostrado na Figura P4.27, um objeto de massa $m = 5{,}00$ kg está pendurado em uma corda colocada

em uma polia leve. O comprimento da corda entre o ponto P e a polia tem $L = 2{,}00$ m. (a) Quando o vibrador é configurado em uma frequência de 150 Hz, é formada uma onda estacionária com seis oscilações. Qual deve ser a densidade de massa linear da corda? (b) Quantas oscilações (se houver alguma) resultarão se m for modificada para 45,0 kg? (c) Quantas oscilações (se houver alguma) resultarão se m for modificada para 10,0 kg?

29. **Revisão.** Uma esfera de massa $M = 1{,}00$ kg é suportada por uma corda que passa sobre uma roldana leve na extremidade de uma barra horizontal de comprimento $L = 0{,}300$ m (Figura P4.29). A corda forma um ângulo $\theta = 35{,}0°$ com a barra. A frequência fundamental de ondas estacionárias na porção da corda acima da barra é $f = 60{,}0$ Hz. Encontre a massa da porção da corda acima da barra.

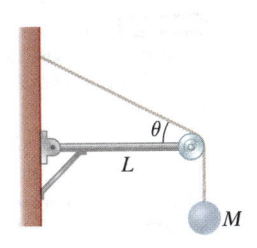

Figura P4.29
Problemas 29 e 30.

30. **Revisão.** Uma esfera de massa M é suportada por uma corda que passa sobre uma roldana leve na extremidade de uma barra horizontal de comprimento L (Figura P4.29). A corda forma um ângulo θ com a barra. A frequência fundamental de ondas estacionárias na porção da corda acima da barra é f. Encontre a massa da porção da corda acima da barra.

31. Uma corda de violino tem comprimento de 0,350 m e é afinada para Sol concerto, com $f_S = 392$ Hz. (a) A que distância da extremidade da corda o violinista deve posicionar seu dedo para tocar Lá concerto, com $f_L = 440$ Hz? (b) Se essa posição deve permanecer correta até metade da largura de um dedo (ou seja, até 0,600 cm), qual é o percentual máximo de variação permitido na tensão da corda?

32. **Revisão.** Um corpo sólido de cobre está pendurado na parte de baixo de um arame de aço de massa desprezível. A extremidade superior do arame é fixa. Quando o arame é golpeado, emite um som com frequência fundamental de 300 Hz. O corpo de cobre é então submerso em água de modo que metade de seu volume fica abaixo da linha da água. Determine a nova frequência fundamental.

33. Um padrão de onda estacionária é observado em um arame fino com comprimento de 3,00 m. A função de onda é:

$$y = 0{,}00200 \, \text{sen}\,(\pi x)\cos(100\pi t)$$

onde x e y são dados em metros, e t em segundos. (a) Quantos anéis esse padrão exibe? (b) Qual é a frequência fundamental de vibração do arame? (c) **E se?** Se a frequência original é mantida constante, e a tensão no arame é aumentada por um fator de 9, quantos anéis estão presentes no novo padrão?

Seção 4.4 Ressonância

34. A Baía de Fundy, na Nova Escócia, tem as marés mais altas do mundo. Suponha que no meio do oceano e na boca da baía o gradiente de gravidade da Lua e a rotação da Terra fazem a superfície oscilar com amplitude de alguns centímetros e período de 12h24min. Na entrada da baía, a amplitude é de vários metros. Suponha que a baía tenha um comprimento de 210 km e profundidade uniforme de 36,1 m. A velocidade das ondas de água de comprimento longo é dada por $v = \sqrt{gd}$, onde d é a profundidade da água. Argumente a favor ou contra a proposição de que a maré é ampliada pela ressonância de ondas estacionárias.

35. Um terremoto pode produzir um *seiche* em um lago onde a água balança para a frente e para trás de ponta a ponta com grande amplitude e longo período. Considere um *seiche* produzido na lagoa de uma fazenda. Suponha que a lagoa tenha 9,15 m de comprimento e largura e profundidade uniformes. Você mede um pulso produzido em uma ponta que atinge a outra em 2,50 s. (a) Qual é a velocidade da onda? (b) Qual deveria ser a frequência do movimento do solo durante o terremoto para produzir um *seiche*, que é uma onda estacionária com antinodos em cada ponta da lagoa e um nodo no centro?

36. Um som de alta frequência pode ser usado para produzir vibrações de ondas estacionárias em uma taça de vinho. Uma vibração de onda estacionária em uma taça de vinho é observada em quatro nodos e quatro antinodos igualmente espaçados ao redor da circunferência de 20,0 cm da borda da taça. Se ondas transversais se propagam ao redor da taça a 900 m/s, um cantor de ópera teria que produzir um harmônico alto de que frequência para estilhaçar a taça com uma vibração ressoante como mostrado na Figura P4.36?

Figura P4.36

Seção 4.5 Ondas estacionárias em colunas de ar

37. A traqueia de um típico grou americano tem 1,52 m de comprimento. Qual é a frequência de ressonância fundamental da traqueia do pássaro, modelada como um tubo estreito fechado em uma das extremidades? Suponha uma temperatura de 37 °C.

38. Se o canal auditivo de um ser humano pode ser considerado semelhante ao tubo de um órgão (instrumento musical), fechado em uma extremidade, que ressoa em uma frequência fundamental de 3.000 Hz, qual é o comprimento do canal? Considere uma temperatura corporal normal de 37 °C para determinar a velocidade do som no canal.

39. Calcule o comprimento de um tubo que tem frequência fundamental de 240 Hz supondo que o tubo é (a) fechado em uma extremidade e (b) aberto nas duas extremidades.

40. **W** O comprimento total de um flautim é 32,0 cm. A coluna de ar ressoante é aberta nas duas extremidades. (a) Encontre a frequência da nota mais baixa que um flautim pode soar. (b) Abrir buracos nos lados do flautim diminui efetivamente o comprimento da coluna ressoante. Suponha que a nota mais alta que um flautim pode soar é 4.000 Hz. Encontre a distância entre antinodos adjacentes para esse modo de vibração.

41. A frequência fundamental do tubo aberto de um órgão corresponde ao Dó médio (261,6 Hz na escala musical cromá-

tica). A terceira ressonância de um tubo fechado de órgão tem a mesma frequência. Qual é o comprimento do tubo (a) aberto e (b) fechado?

42. O tubo mais longo de um órgão tem 4,88 m. Qual é a frequência fundamental (a 0,00 °C) se o tubo é (a) fechado em uma extremidade e (b) aberto em cada extremidade? (c) Quais serão as frequências a 20,0 °C?

43. Uma coluna de ar em um tubo de vidro é aberta em uma extremidade e fechada na outra por um pistão móvel. O ar no tubo é aquecido além da temperatura ambiente, e um diapasão de 384 Hz é segurado na extremidade aberta. Ouve-se ressonância quando o pistão está a uma distância $d_1 = 22,8$ cm da extremidade aberta e novamente quando está a uma distância $d_2 = 68,3$ cm da mesma extremidade. (a) Que velocidade do som é inferida a partir desses dados? (b) A que distância da extremidade aberta o pistão estará quando a próxima ressonância for ouvida?

44. Um diapasão com frequência $f = 512$ Hz é colocado perto do topo de um tubo, como mostrado na Figura P4.44. O nível da água é diminuído de modo que o comprimento L aumenta lentamente a partir de um valor inicial de 20,0 cm. Determine os dois valores seguintes de L que correspondem aos modos ressoantes.

45. Com um dedilhar específico, uma flauta produz uma nota com frequência 880 Hz a 20,0 °C. A flauta é aberta nas duas extremidades. (a) Encontre o comprimento da coluna de ar. (b) No começo do intervalo de uma apresentação em um jogo de futebol no final da temporada, a temperatura ambiente é –5,00 °C e o flautista não teve a oportunidade de aquecer seu instrumento. Encontre a frequência que a flauta produz sob essas condições.

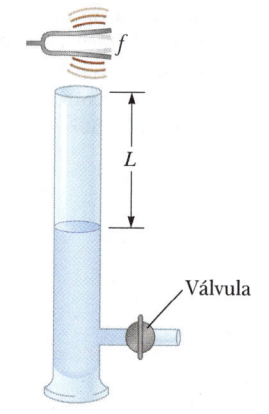

Figura P4.44

46. Um box para chuveiro tem dimensões 86,0 cm × 86,0 cm × 210 cm. Suponha que o box atue como um tubo fechado nas duas extremidades, com nodos em lados opostos. Suponha que vozes cantantes variem de 130 Hz a 2.000 Hz e considere a velocidade do som no ar quente como 355 m/s. Para alguém cantando nesse chuveiro, em que frequências o som seria mais cheio (por causa da ressonância)?

47. Um tubo de vidro (aberto em ambas as extremidades) de comprimento L é posicionado perto de um alto-falante de frequência $f = 680$ Hz. Para quais valores de L o tubo irá ressonar com o alto-falante?

48. Um túnel embaixo de um rio tem 2,00 km de extensão. (a) A que frequências o ar no túnel pode ressoar? (b) Explique se seria bom criar uma regra contra buzinar o carro enquanto se está no túnel.

49. Como mostrado na Figura P4.49, a água é bombeada em um cilindro alto, vertical, a uma taxa de fluxo de volume $R = 1,00$ L/min. O raio do cilindro é $r = 5,00$ cm e, no topo aberto do cilindro, um dia-

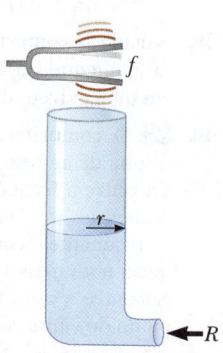

Figura P4.49
Problemas 49 e 50.

pasão vibra com frequência $f = 512$ Hz. Conforme a água sobe, que intervalo de tempo decorre entre ressonâncias sucessivas?

50. Como mostrado na Figura P4.49, a água é bombeada em um cilindro alto, vertical, a uma taxa de fluxo de volume R. O raio do cilindro é r e, no topo aberto do cilindro, um diapasão vibra com uma frequência f. Conforme a água sobe, que intervalo de tempo decorre entre ressonâncias sucessivas?

51. **AMT M** Duas frequências naturais adjacentes do tubo de um órgão são determinadas como 550 Hz e 650 Hz. Calcule (a) a frequência fundamental e (b) o comprimento desse tubo.

52. *Por que a seguinte situação é impossível?* Um estudante ouve os sons de uma coluna de ar com 0,730 m de comprimento. Ele não sabe se a coluna é aberta nas duas extremidades ou somente em uma. Ele ouve a ressonância da coluna de ar em frequências de 235 Hz e 587 Hz.

53. Um estudante usa um oscilador de áudio de frequência ajustável para medir a profundidade de um poço de água. O estudante relata ouvir duas ressonâncias sucessivas, a 51,87 Hz e 59,85 Hz. (a) Qual a profundidade do poço? (b) Quantos antinodos estão na onda estacionária a 51,87 Hz?

Seção 4.6 Ondas estacionárias em barras e membranas

54. Uma barra de alumínio é presa a um quarto de seu comprimento e posta em vibração longitudinal por uma fonte alimentadora de frequência variável. A frequência mais baixa que produz ressonância é 4.400 Hz. A velocidade do som em uma barra de alumínio é 5.100 m/s. Determine o comprimento da barra.

55. Uma barra de alumínio de 1,60 m é segurada por seu centro. Ela é tocada por um pano encharcado de resina para estabelecer uma vibração longitudinal. A velocidade do som em uma barra fina de alumínio é 5.100 m/s. (a) Qual é a frequência fundamental das ondas estabelecida na barra? (b) Que harmônicos são estabelecidos na barra segurada dessa maneira? (c) **E se?** Qual seria a frequência fundamental se a barra fosse de cobre, na qual a velocidade do som é 3.560 m/s?

Seção 4.7 Batimentos: interferência no tempo

56. **W** Enquanto tenta afinar uma nota Dó a 523 Hz, um afinador de piano ouve 2,00 batimentos/s entre um oscilador de referência e a corda. (a) Quais são as frequências possíveis da corda? (b) Quando ele aperta a corda levemente, ele ouve 3,00 batimentos/s. Qual é a frequência da corda agora? (c) Por que percentual o afinador deveria mudar a tensão na corda para que fique afinada?

57. **M** Em algumas extensões de um teclado de piano, mais que uma corda é afinada para a mesma nota para dar volume extra. Por exemplo, a nota a 110 Hz tem duas cordas nessa frequência. Se uma corda escorrega de sua tensão normal de 600 N para 540 N, que frequência de batimento é ouvida quando o martelo bate nas duas cordas simultaneamente?

58. **Revisão.** Jane espera em uma plataforma ferroviária enquanto dois trens se aproximam da mesma direção com velocidade igual de 8,00 m/s. Os dois trens estão apitando (com a mesma frequência), e um está a certa distância atrás do outro. Depois que o primeiro trem passa por Jane, mas antes de o segundo trem passar, ela ouve batimentos de frequência 4,00 Hz. Qual é a frequência dos apitos dos trens?

59. **M Revisão.** Um estudante segura um diapasão oscilando a 256 Hz. Ele anda na direção de uma parede com velo-

cidade constante de 1,33 m/s. (a) Que frequência de batimento ele observa entre o diapasão e seu eco? (b) Com que velocidade ele deve se afastar da parede para observar uma frequência de batimento de 5,00 Hz?

Seção 4.8 Padrões de onda não senoidal

60. Um acorde Sol maior é composto das notas chamadas Sol, Dó# e Mi. Ele pode ser tocado em um piano utilizando-se simultaneamente cordas com frequências fundamentais de 440,00 Hz, 554,37 Hz e 659,26 Hz. A rica consonância da corda está associada à igualdade próxima das frequências de alguns dos harmônicos superiores dos três tons. Considere os cinco primeiros harmônicos de cada corda e determine quais harmônicos mostram igualdade próxima.

61. Suponha que um flautista toque uma nota Dó de 523 Hz com amplitude de deslocamento do primeiro harmônico $A_1 = 100$ nm. A partir da Figura 4.19b, leia, por proporção, as amplitudes de deslocamento dos harmônicos 2 até 7. Considere essas amplitudes os valores A_2 até A_7 na análise do som de Fourier e suponha que $B_1 = B_2 = \cdots = B_7 = 0$. Construa um gráfico da forma de onda do som. Sua forma de onda não será exatamente como a de onda da flauta na Figura 4.18b porque você simplifica desprezando os termos cosseno; apesar disso, ela produz a mesma sensação na audição humana.

Problemas Adicionais

62. **M** Um tubo aberto em ambas as extremidades tem uma frequência fundamental de 300 Hz quando a temperatura é de 0 °C. (a) Qual é o comprimento do tubo? (b) Qual é a frequência fundamental a uma temperatura de 30,0 °C?

63. Uma corda tem 0,400 m de comprimento e tem uma massa por unidade de comprimento de $9,00 \times 10^{-3}$ kg/m. Qual deve ser a tensão na corda se seu segundo harmônico tiver a mesma frequência que o segundo modo de ressonância de um tubo de 1,75 m de comprimento, aberto em uma das extremidades?

64. Duas cordas vibram na mesma frequência de 150 Hz. Depois que a tensão em uma delas é diminuída, um observador ouve quatro batimentos a cada segundo quando as cordas vibram juntas. Encontre a nova frequência na corda ajustada.

65. O navio na Figura P4.65 se move ao longo de uma linha reta paralela ao litoral e a uma distância $d = 600$ m dele. O rádio do navio recebe simultaneamente sinais da mesma frequência das antenas A e B, separadas por uma distância $L = 800$ m. Os sinais interferem construtivamente no ponto C, que é equidistante de A e B. O sinal passa pelo primeiro mínimo no ponto D, que é diretamente para fora da costa a partir do ponto B. Determine o comprimento de onda das ondas do rádio.

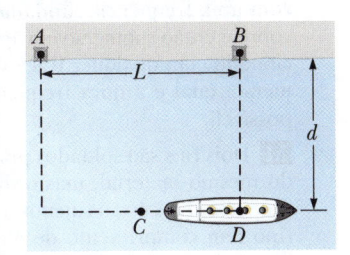

Figura P4.65

66. Um fio de 2,00 m com massa de 0,100 kg é fixado nas duas extremidades. A tensão no fio é mantida a 20,0 N. (a) Quais são as frequências dos três primeiros modos de vibração permitidos? (b) Se um nodo é observado em um ponto 0,400 m de uma extremidade, em que modo e com que frequência ele está vibrando?

67. A palheta mais próxima do cavalete de um violão está 21,4 cm do cavalete, como mostrado na Figura P4.67. Quando a corda mais fina é apertada contra essa primeira palheta, ela produz a frequência mais alta que pode ser tocada naquele violão, 2.349 Hz. A próxima nota mais baixa que é produzida na corda tem frequência 2.217 Hz. A que distância a próxima palheta deveria estar da primeira palheta?

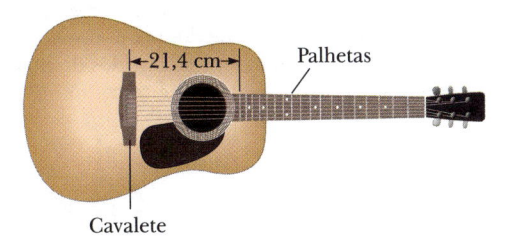

Figura P4.67

68. Uma corda fixa nas duas extremidades e com massa de 4,80 g, comprimento de 2,00 m e tensão de 48,0 N, vibra em seu segundo modo normal ($n = 2$). (a) O comprimento de onda do som emitido por essa corda vibratória no ar é maior ou menor que o comprimento de onda da onda na corda? (b) Qual é a proporção do comprimento de onda do som emitido por essa corda vibratória no ar e o comprimento de onda da onda na corda?

69. Um relógio de quartzo contém um oscilador de cristal em forma de um bloco de quartzo que vibra, contraindo-se e se expandindo. Um circuito elétrico supre energia para manter a oscilação e conta os pulsos de voltagem para obter o tempo. Duas faces opostas do bloco, distantes 7,05 mm, são antinodos, se movendo alternadamente na direção uma da outra e para longe uma da outra. O plano a meio caminho entre essas duas faces é um nodo de vibração. A velocidade do som no quartzo é igual a $3,70 \times 10^3$ m/s. Encontre a frequência da vibração.

70. **PD** **Revisão.** Para o arranjo mostrado na Figura P4.70, o plano inclinado e a pequena roldana não têm atrito; a corda suporta o corpo de massa M na base do plano; e a corda tem massa m. O sistema está em equilíbrio, e a parte vertical da corda tem comprimento h. Queremos estudar as ondas estacionárias estabelecidas na seção vertical da corda.

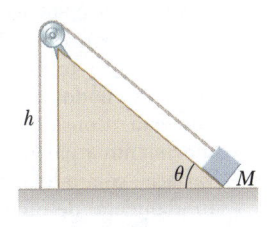

Figura P4.70

(a) Que modelo de análise descreve o corpo de massa M? (b) Que modelo de análise descreve as ondas na parte vertical da corda? (c) Encontre a tensão na corda. (d) Modele o formato da corda como um lado e a hipotenusa de um triângulo retângulo. Encontre o comprimento total da corda. (e) Encontre a massa por unidade de comprimento da corda. (f) Encontre a velocidade das ondas na corda. (g) Encontre a frequência mais baixa para uma onda estacionária na seção vertical da corda. (h) Avalie esse resultado para $M = 1,50$ kg; $m = 0,750$ g; $h = 0,500$ m; e $\theta = 30,0°$. (i) Encontre o valor numérico para a frequência mais baixa para uma onda estacionária na seção inclinada da corda.

71. Um fio de 0,0100 kg, com 2,00 m de comprimento, é fixado em ambas as extremidades e vibra em seu modo mais simples sob uma tensão de 200 N. Quando um diapasão vibrante é colocado perto do fio, é ouvida uma frequência de batida de 5,00 Hz. (a) Qual deve ser a frequência do diapasão? (b) Qual deve ser a tensão no fio se as batidas estiverem prestes a desaparecer?

72. Dois alto-falantes são acionados pelo mesmo oscilador de frequência *f*. Eles estão localizados a uma distância *d* um do outro em um poste vertical. Um homem caminha em linha reta para o alto-falante inferior em uma direção perpendicular ao poste, conforme mostra a Figura P4.72. (a) Quantas vezes ele ouvirá uma intensidade sonora mínima? (b) A que distância ele está do poste nesses momentos? Digamos que *v* representa a velocidade do som e suponha que o solo não reflete som. Suponha que os ouvidos do homem estão no mesmo nível do alto-falante inferior.

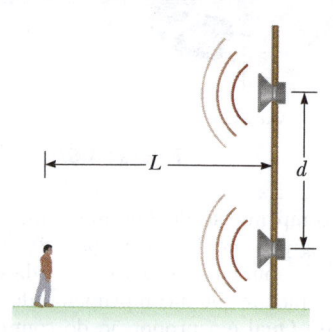

Figura P4.72

73. **Revisão.** Considere o aparelho mostrado na Figura 4.11 e descrito no Exemplo 4.4. Suponha que o número de antinodos na Figura 4.11b seja um valor arbitrário *n*. (a) Encontre uma expressão para o raio da esfera na água como uma função somente de *n*. (b) Qual é o valor mínimo permitido de *n* para uma esfera de tamanho não zero? (c) Qual é o raio da maior esfera que produzirá uma onda estacionária na corda? (d) O que acontece se uma esfera maior for usada?

74. **Revisão.** A ponta superior de uma corda de ioiô é mantida estacionária. O ioiô é muito mais massivo que a corda. Ele começa do repouso e se move para baixo com aceleração constante de 0,800 m/s² conforme se solta da corda. O atrito da corda contra a borda do ioiô estimula vibrações de ondas estacionárias transversais na corda. As duas pontas da corda são nodos mesmo quando o comprimento da corda aumenta. Considere o instante 1,20 s após o início do movimento a partir do repouso. (a) Mostre que a taxa de variação com o tempo do comprimento de onda do modo fundamental de oscilação é 1,92 m/s. (b) **E se?** A taxa de variação do comprimento de onda do segundo harmônico também é 1,92 m/s nesse momento? Explique sua resposta. (c) **E se?** O experimento é repetido depois que mais massa foi adicionada ao corpo do ioiô. A distribuição de massa é a mesma, de modo que o ioiô ainda se move com aceleração para baixo de 0,800 m/s². Nesse caso, no ponto 1,20 s, a taxa de variação do comprimento de onda fundamental da corda vibrante ainda é igual a 1,92 m/s? Explique. (d) A taxa de variação do comprimento de onda do segundo harmônico é a mesma como na parte (b)? Explique.

75. Em uma marimba, a barra de madeira, que soa um tom quando atingida, vibra em uma onda estacionária transversal com três antinodos e dois nodos. A nota de menor frequência é 87,0 Hz, produzida por uma barra de 40,0 cm. (a) Encontre a velocidade das ondas transversais na barra. (b) Um tubo ressoante suspenso verticalmente embaixo do centro da barra aumenta o volume do som emitido. Se o tubo só é aberto na extremidade superior, que comprimento de tubo é necessário para ressoar com a barra na parte (a)?

76. Um fio de náilon tem massa 5,50 g e comprimento $L = 86,0$ cm. A extremidade inferior é amarrada ao chão, e a superior, a um pequeno conjunto de rodas por uma abertura em uma pista onde as rodas se movem (Figura P4.76). As rodas têm massa desprezível comparada àquela do fio e rolam sem atrito na pista, de modo que a parte superior do fio fica livre. No equilíbrio, o fio é vertical e sem movimento. Quando transporta uma onda de pequena amplitude, você pode supor que o fio sempre está sob tensão uniforme 1,30 N. (a) Encontre a velocidade das ondas transversais no fio. (b) A vibração do fio permite um conjunto de estados de ondas estacionárias, cada uma com um nodo na extremidade inferior fixa e um antinodo na extremidade superior livre. Encontre as distâncias nodo-antinodo para cada um dos três estados mais simples. (c) Encontre a frequência de cada um desses estados.

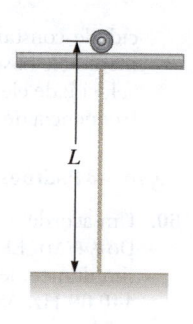

Figura P4.76

77. **M** Dois apitos de trem têm frequências idênticas de 180 Hz. Quando um está em repouso na estação e o outro se move por perto, um passageiro na plataforma da estação ouve batimentos com frequência de 2,00 batimentos/s quando os apitos soam juntos. Quais são as duas velocidades e direções possíveis que o trem em movimento pode ter?

78. **Revisão.** Um alto-falante à frente de uma sala e um alto-falante idêntico na parte de trás desta mesma sala são acionados pelo mesmo oscilador a 456 Hz. Uma estudante caminha a uma frequência uniforme de 1,50 m/s ao longo do comprimento da sala. Ela ouve um único tom repetidamente, que se torna mais alto e mais suave. (a) Modele estas variações como batidas entre os sons deslocados pelo Doppler, que a estudante ouve. Calcule o número de batidas que a estudante ouve a cada segundo. (b) Modele os dois alto-falantes como produzindo uma onda estacionária na sala e a estudante caminhando entre os picos. Calcule o número da máxima intensidade que a estudante ouve a cada segundo.

79. **Revisão.** Considere o objeto de cobre pendurado no fio de aço, mostrado no Problema 32. A extremidade superior do fio está fixada. Quando o fio é atingido, ele emite som com uma frequência fundamental de 300 Hz. O objeto de cobre é então submerso em água. Se o objeto pode ser posicionado com qualquer fração desejada de seu volume submerso, qual é a nova frequência fundamental mais baixa possível?

80. **M** Dois fios são soldados ponta com ponta. Eles são feitos do mesmo material, mas o diâmetro de um é o dobro do do outro. Eles estão sujeitos a uma tensão de 4,60 N. O fio fino tem comprimento de 40,0 cm e densidade de massa linear de 2,00 g/m. A combinação é fixada nas duas pontas e vibrada de tal modo que dois antinodos estão presentes, com o nodo entre eles bem na solda. (a) Qual é a frequência de vibração? (b) Qual é o comprimento do fio grosso?

81. Uma corda de densidade linear 1,60 g/m é esticada entre grampos 48,0 cm um do outro. A corda não estica muito conforme a tensão sobre ela é regularmente aumentada de 15,0 N em $t = 0$ para 25,0 N em $t = 3,50$ s. Portanto, a tensão como uma função de tempo é dada pela expressão $T = 15,0 + 10,0t/3,50$, onde T é dado em newtons e t em segundos. A corda vibra em seu modo fundamental durante todo o processo. Encontre o número de oscilações que ela completa durante o intervalo de 3,50 s.

82. Uma onda estacionária é estabelecida em uma corda de comprimento e tensão variáveis por um vibrador de frequência variável. As duas extremidades da corda são fixas. Quando o vibrador tem frequência f, em uma corda de comprimento L e sob tensão T, n antinodos são estabelecidos na corda. (a) Se o comprimento da corda é dobrado, por qual fator a frequência deve ser alterada de modo que o mesmo número de antinodos seja produzido? (b) Se a frequência e o comprimento são mantidos constantes, que tensão produzirá $n + 1$ antinodos? (c) Se a frequência é triplicada e o comprimento da corda é a metade, por qual fator a tensão deve ser alterada de modo que o dobro de antinodos sejam produzidos?

83. Duas ondas são descritas pelas funções de onda

$$y_1(x, t) = 5,00 \text{ sen } (2,00x - 10,0t)$$
$$y_2(x, t) = 10,0 \cos (2,00x - 10,0t)$$

onde x, y_1 e y_2 são dados em metros, e t em segundos. (a) Mostre que a onda que resulta da superposição delas pode ser expressada como uma função seno única. (b) Determine a amplitude e ângulo de fase para essa onda senoidal.

84. Uma flauta é desenhada de modo a produzir uma frequência de 261,6 Hz, Dó médio, quando todos os buracos estão cobertos e a temperatura é 20,0 °C. (a) Considere a flauta um tubo aberto nas duas pontas. Encontre seu comprimento, supondo que o Dó médio seja a fundamental. (b) Um segundo músico, em uma sala próxima mais fria, também tenta tocar Dó médio em uma flauta idêntica. Uma frequência de batimento de 3,00 Hz é ouvida quando as duas flautas estão tocando. Qual é a temperatura da segunda sala?

85. **AMT** Revisão. Um corpo de massa 12,0 kg está pendurado em equilíbrio em uma corda com comprimento total $L = 5,00$ m e densidade de massa linear $\mu = 0,00100$ kg/m. A corda é enrolada ao redor de duas roldanas leves e sem atrito que são separadas por uma distância $d = 2,00$ m (Figura P4.85a). (a) Determine a tensão na corda. (b) A que frequência a corda entre as roldanas deve vibrar para formar o padrão de onda estacionária mostrado na Figura P4.85b?

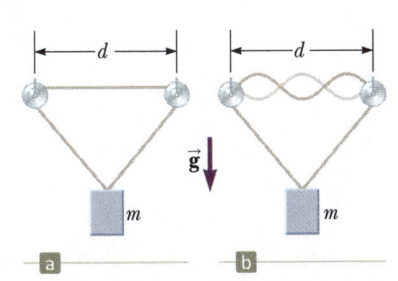

Figura P4.85 Problemas 85 e 86.

86. **Revisão.** Um corpo de massa m está pendurado em equilíbrio em uma corda com comprimento total L e densidade de massa linear μ. A corda é enrolada ao redor de duas roldanas leves e sem atrito que são separadas por uma distância d (Figura P4.85a). (a) Determine a tensão na corda. (b) A que frequência a corda entre as roldanas deve vibrar para formar o padrão de onda estacionária mostrado na Figura P4.85b?

Problemas de Desafio

87. **Revisão.** Considere o aparelho mostrado na Figura P4.87a, onde o corpo pendurado tem massa M e a corda vibra em seu segundo harmônico. A lâmina vibratória na esquerda mantém frequência constante. O vento começa a soprar para a direita, aplicando uma força horizontal constante $\vec{F}$ no corpo pendurado. Qual é a intensidade da força que o vento deve aplicar sobre o corpo pendurado de modo que a corda vibre em seu primeiro harmônico, como mostrado na Figura 4.87b?

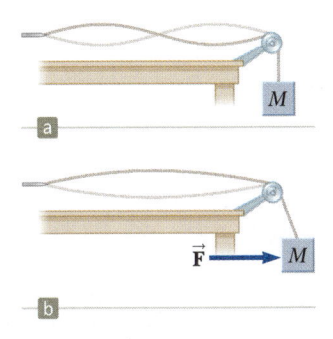

Figura P4.87

88. Nas figuras 4.20a e 4.20b, note que a amplitude da onda componente para a frequência f é grande, que para $3f$ ela é menor, e que para $5f$ é ainda menor. Como sabemos exatamente quanta amplitude atribuir a cada componente de frequência para construir uma onda quadrada? Esse problema nos ajuda a encontrar a resposta para aquela questão. Considere que a onda quadrada na Figura 4.20c tem amplitude A e deixe $t = 0$ ser o extremo esquerdo da Figura. Então, um período T da onda quadrada é descrito por:

$$y(t) = \begin{cases} A & 0 < t < \dfrac{T}{2} \\ -A & \dfrac{T}{2} < t < T \end{cases}$$

Expresse a Equação 4.13 com frequências angulares:

$$y(t) = \sum_n (A_n \text{ sen } n\omega t + B_n \cos n\omega t)$$

Agora, prossiga da seguinte maneira. (a) Multiplique os dois lados da Equação 4.13 por sen $m\omega t$ e integre os dois lados em um período T. Mostre que o lado esquerdo da equação resultante é igual a 0 se m é par e igual a $4A/m\omega$ se m é ímpar. (b) Usando identidades trigonométricas, mostre que todos os termos no lado direito envolvendo B_n são iguais a zero. (c) Usando identidades trigonométricas, mostre que todos os termos no lado direito envolvendo A_n são iguais a zero, *exceto* para o caso de $m = n$. (d) Mostre que todo o lado direito da equação é reduzido para $\frac{1}{2}A_m T$. (e) Mostre que a expansão da série Fourier para uma onda quadrada é:

$$y(t) = \sum_n \dfrac{4A}{n\pi} \text{ sen } n\omega t$$

Termodinâmica

parte 2

Uma bolha em um dos muitos poços de lama no Parque Nacional de Yellowstone é fotografada bem no momento em que vai estourar. Esses poços são piscinas de lama quente borbulhante que demonstram a existência de processos termodinâmicos abaixo da superfície da Terra.
(© Adambooth/Dreamstime.com)

Vamos nos concentrar, agora, no estudo da Termodinâmica, que envolve situações em que a temperatura ou o estado (sólido, líquido, gasoso) de um sistema muda por causa de transferências de energia. Como veremos, a Termodinâmica explica as propriedades do volume da matéria e a correlação entre elas e a mecânica de átomos e moléculas.

Historicamente, a Termodinâmica se desenvolveu em paralelo ao desenvolvimento da Teoria Atômica da Matéria. Nos anos 1820, experimentos químicos já tinham fornecido evidência concreta da existência dos átomos. Naquela época, cientistas admitiram que devia existir uma conexão entre a Termodinâmica e a Estrutura da Matéria. Em 1827, o botânico Robert Brown registrou que grãos de pólen suspensos em um líquido se movem aleatoriamente de um lugar para outro como se estivessem sob agitação constante. Em 1905, Albert Einstein usou a Teoria Cinética para explicar a causa desse movimento aleatório, conhecido hoje como *movimento Browniano*. Einstein explicou esses fenômenos presumindo que os grãos estão sob bombardeamento constante de moléculas "invisíveis" no líquido, que se movem aleatoriamente. Essa explicação permitiu aos cientistas compreender o conceito de movimento molecular e deu crédito à ideia de que a matéria é feita de átomos. Uma conexão foi criada entre o mundo diário e os minúsculos blocos invisíveis que constituem esse mundo.

A Termodinâmica também aborda questões mais práticas. Você alguma vez pensou como um refrigerador é capaz de resfriar seu conteúdo, ou que tipos de transformações ocorrem em uma usina de energia ou no motor de seu automóvel ou o que acontece com a energia cinética de um objeto em movimento quando o objeto chega ao repouso? As leis da Termodinâmica podem ser usadas para dar explicações para esses e outros fenômenos. ■

capítulo 5

Temperatura

5.1 Temperatura e a Lei Zero da Termodinâmica
5.2 Termômetros e a escala Celsius de temperatura
5.3 O termômetro de gás a volume constante e a escala de temperatura absoluta
5.4 Expansão térmica dos sólidos e líquidos
5.5 Descrição macroscópica de um gás ideal

Em nosso estudo da Mecânica, definimos cuidadosamente conceitos como *massa*, *força* e *energia cinética* para facilitar nossa abordagem quantitativa. Da mesma maneira, uma descrição quantitativa de fenômenos térmicos exige definições cuidadosas de termos importantes como *temperatura*, *calor* e *energia interna*. Este capítulo começa com uma discussão sobre temperatura.

Em seguida, ao estudarmos os fenômenos termais, consideraremos a importância do estudo térmico da substância específica que estamos investigando. Por exemplo, gases se expandem consideravelmente quando aquecidos, enquanto líquidos e sólidos sofrem expansão mais leve.

Este capítulo termina com um estudo de gases ideais em escala macroscópica. Estamos interessados nas relações entre quantidades, como pressão, volume e temperatura de um gás. No Capítulo 7, examinaremos gases em escala microscópica, usando um modelo que representa os componentes de um gás como pequenas partículas.

Por que alguém desenhando um duto incluiria esses anéis estranhos? Com frequência, dutos conduzindo líquidos os contêm para permitir a expansão e contração conforme a temperatura muda. Estudaremos a expansão térmica neste capítulo. (© *Lowell Georgia/CORBIS*)

5.1 Temperatura e a Lei Zero da Termodinâmica

Associamos o conceito de temperatura a quão quente ou frio um corpo está quando nele tocamos. Desse modo, nossos sentidos nos dão uma indicação qualitativa de temperatura. No entanto, nossos sentidos não são confiáveis e frequentemente nos enganam. Por exemplo, se você ficar descalço com um pé sobre o carpete e o outro sobre o piso de cerâmica, este parece ser mais frio que aquele, *embora ambos estejam na mesma temperatura*. Os dois corpos parecem diferentes porque o piso de cerâmica transfere energia por calor a uma taxa mais alta que o carpete. Sua pele "mede" a taxa de transferência de energia por calor, em vez de medir a temperatura. Em vez de taxa de transferência de energia, precisamos de um método confiável e reprodutível para medir o calor ou frio relativo dos corpos. Cientistas desenvolveram uma variedade de termômetros para fazer tais medições quantitativas.

Dois corpos com temperatura inicial diferente eventualmente atingirão uma temperatura intermediária quando colocados em contato um com o outro. Por exemplo, quando se mistura água quente e fria em uma banheira, energia é transferida da quente para a fria, e a temperatura final da mistura fica entre ambas as temperaturas.

Imagine que dois corpos são colocados em um recipiente isolado de modo que interajam um com o outro, mas não com o ambiente. Se os corpos estão em temperaturas diferentes, energia é transferida entre eles, mesmo que inicialmente não estejam em contato físico um com o outro. Concentraremos nossa atenção nos seguintes mecanismos de transferência de energia do Capítulo 8 do Volume 1 desta coleção: calor e radiação eletromagnética. Para os propósitos desta discussão, vamos supor que dois corpos estejam em **contato térmico** um com o outro e que possa haver troca de energia entre eles por esses processos devido à diferença de temperatura. **Equilíbrio térmico** é a situação em que dois corpos não trocariam energia por calor ou radiação eletromagnética se fossem colocados em contato térmico.

Vamos considerar dois corpos, A e B, que não estão em contato térmico, e um terceiro, C, que é nosso termômetro. Queremos determinar se A e B estão em equilíbrio térmico um com o outro. O termômetro (corpo C) é colocado em contato térmico com o corpo A até atingir equilíbrio térmico,[1] como mostrado na Figura 5.1a. A partir desse momento, a leitura do termômetro permanece constante e registramos a leitura. O termômetro é então removido do corpo A e posto em contato térmico com o B, como mostrado na Figura 5.1b. A leitura é registrada após alcançar o equilíbrio térmico. Se as duas leituras são iguais, podemos concluir que ambos os corpos estão em equilíbrio térmico um com o outro. Se forem colocados em contato um com o outro, como na Figura 5.1c, não há troca de energia entre eles.

Podemos resumir esses resultados pela afirmação conhecida como **Lei Zero da Termodinâmica** (lei de equilíbrio):

◀ **Lei Zero da Termodinâmica**

> Se os corpos A e B estão separadamente em equilíbrio térmico com um terceiro corpo, C, então A e B estão em equilíbrio térmico um com o outro.

Essa afirmação pode ser facilmente comprovada experimentalmente, e é muito importante, porque nos permite definir a temperatura. Podemos pensar em **temperatura** como a propriedade que determina se um corpo está em equilíbrio térmico com outros corpos. Dois corpos em equilíbrio térmico um com o outro estão na mesma temperatura. Contrariamente, se dois corpos têm temperaturas diferentes, não estão em equilíbrio térmico um com o outro. Sabemos que a temperatura é algo que determina se haverá ou não transferência de energia entre dois corpos em contato térmico. No Capítulo 7, relacionaremos a temperatura ao comportamento mecânico das moléculas.

Teste Rápido **5.1** Dois corpos com tamanhos, massa e temperatura diferentes são colocados em contato térmico. Em que direção a energia se propaga? **(a)** Ela vai do corpo maior para o menor. **(b)** Ela vai do corpo com mais massa para aquele com menos massa. **(c)** Ela vai do corpo com maior temperatura para o com menor temperatura.

As temperaturas de A e B são medidas como sendo a mesma colocando os dois em contato com um termômetro (corpo C).

Não haverá troca de energia entre A e B quando eles são colocados em contato térmico um com o outro.

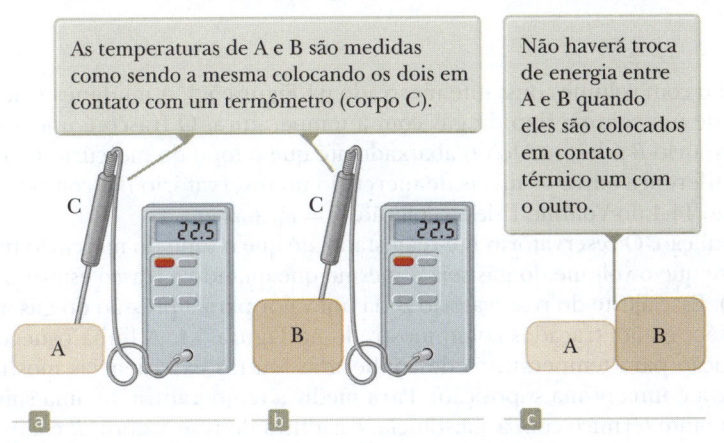

Figura 5.1 A Lei Zero da Termodinâmica.

---

[1] Supomos uma quantidade desprezível de transferência de energias entre o termômetro e o corpo A no intervalo durante o qual estão em contato térmico. Sem essa suposição, que também é feita para o termômetro e o corpo B, a medição da temperatura de um corpo perturba o sistema, tornando a temperatura medida diferente da inicial do corpo. Na prática, sempre que você mede a temperatura com um termômetro, mede o sistema perturbado, não o sistema original.

5.2 Termômetros e a escala Celsius de temperatura

Termômetros são aparelhos usados para medir a temperatura de um sistema. Todos se baseiam no princípio de que alguma propriedade física de um sistema muda conforme muda sua temperatura. Algumas propriedades físicas que mudam com a temperatura são: (1) o volume de um líquido, (2) as dimensões de um sólido, (3) a pressão de um gás com volume constante, (4) o volume de um gás com pressão constante, (5) a resistência elétrica de um condutor, e (6) a cor de um corpo.

O termômetro comum para uso diário consiste em uma massa de líquido – em geral, mercúrio ou álcool – que se expande em um tubo capilar quando aquecido (Figura 5.2). Nesse caso, a propriedade física que muda é o volume do líquido. Qualquer mudança de temperatura dentro da variação do termômetro pode ser definida como sendo proporcional à mudança no comprimento da coluna de líquido. O termômetro pode ser calibrado colocando-o em contato térmico com um sistema natural que permanece à temperatura constante. Um desses sistemas é a mistura de água e gelo em equilíbrio térmico à pressão atmosférica. Na **escala Celsius de temperatura**, essa mistura tem temperatura de zero grau Celsius: 0 °C; é chamada *ponto de congelamento* da água. Outro sistema frequentemente usado é uma mistura de água e vapor em equilíbrio térmico à pressão atmosférica; sua temperatura é definida como 100 °C, que é o *ponto de vaporização* da água. Uma vez que os níveis de líquido foram estabelecidos nesses dois pontos do termômetro, o comprimento da coluna do líquido entre os dois pontos é dividida em 100 segmentos iguais para criar a escala Celsius. Portanto, cada segmento denota uma mudança em temperatura de um grau Celsius.

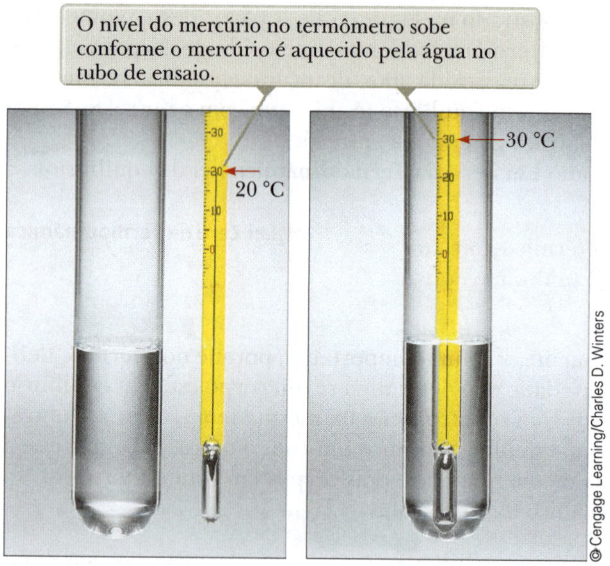

Termômetros assim calibrados apresentam problemas quando leituras extremamente precisas são necessárias. Por exemplo, as leituras de um termômetro de álcool calibrado nos pontos de congelamento e vaporização de água podem estar de acordo com as de um de mercúrio somente nos pontos de calibração. Como o mercúrio e o álcool têm propriedades de expansão térmicas diferentes, quando um termômetro marca uma temperatura de, por exemplo, 50 °C, o outro pode marcar um valor levemente diferente. As discrepâncias entre termômetros são muito grandes quando as temperaturas a medir estão longe dos pontos de calibração.[2]

Outro problema prático de qualquer termômetro é a variação limitada das temperaturas em que pode ser usado. Por exemplo, um termômetro de mercúrio não pode ser usado abaixo do ponto de congelamento do mercúrio, que é −39 °C, e um de álcool não é útil para medir temperaturas acima de 85 °C, o ponto de ebulição do álcool. Para superar esse problema, precisamos de um termômetro universal cujas leituras independam da substância nele usada. O termômetro de gás, discutido na próxima seção, aproxima-se dessa exigência.

Figura 5.2 Um termômetro de mercúrio antes e depois de aumentar sua temperatura.

5.3 O termômetro de gás a volume constante e a escala de temperatura absoluta

Uma versão do termômetro de gás é o aparelho com volume constante mostrado na Figura 5.3. A mudança física explorada nesse aparelho é a variação de pressão de um volume fixo de gás com a temperatura. O frasco é imerso em um banho de gelo e água, e o reservatório de mercúrio B é levantado ou abaixado até que o topo do mercúrio na coluna A esteja no ponto zero da escala. A altura h, a diferença entre os níveis de mercúrio no reservatório B e coluna A, indica a pressão no frasco a 0 °C por meio da Equação 14.4 do Volume 1 desta coleção, $P = P_0 + \rho g h$.

O frasco é imerso em água no ponto de ebulição. O reservatório B é reajustado até que o topo do mercúrio na coluna A seja novamente zero na escala, o que garante que o volume do gás seja o mesmo que quando o frasco estava no banho de gelo (daí a designação "volume constante"). Esse ajuste do reservatório B dá um valor para a pressão do gás a 100 °C. Esses dois valores de pressão e temperatura são, então, traçados como mostrado na Figura 5.4. A linha conectando os dois pontos serve como uma curva de calibração para temperaturas desconhecidas (outras experiências mostram que uma relação linear entre pressão e temperatura é uma ótima suposição). Para medir a temperatura de uma substância, o frasco de gás da Figura 5.3 é colocado em contato térmico com a substância, e a altura do reservatório B é ajustada até que o topo da coluna de mercúrio em A esteja em zero na escala. A altura da coluna de mercúrio em B indica a pressão

---

[2] Dois termômetros que usam o mesmo líquido também podem ter leituras diferentes, por causa das dificuldades em construir tubos capilares de abertura uniforme.

do gás; conhecendo a pressão, encontra-se a temperatura da substância usando o gráfico na Figura 5.4.

Suponha agora que as temperaturas de gases diferentes com pressões iniciais diferentes sejam medidas com termômetros de gás. Experimentos mostram que as leituras são praticamente independentes do tipo de gás usado, desde que a pressão do gás seja baixa e a temperatura esteja bem acima do ponto no qual o gás se liquefaz (Figura 5.5). Essa concordância entre termômetros usando diversos gases melhora conforme a pressão é reduzida.

Se estendermos as linhas retas na Figura 5.5 como na direção de temperaturas negativas, encontramos um resultado extraordinário: **em todos os casos, a pressão é zero quando a temperatura é −273,15 °C**! Essa descoberta sugere uma função especial desempenhada por essa temperatura específica. Ela é usada como a base para a **escala de temperatura absoluta**, que estabelece −273,15 °C como seu ponto zero. Essa temperatura é frequentemente chamada de **zero absoluto**, e é indicada como zero porque, a uma temperatura mais baixa, a pressão do gás se tornaria negativa, o que não faz sentido. O tamanho de um grau na escala de temperatura absoluta é escolhido como sendo idêntico ao tamanho de um grau na escala Celsius. Portanto, a conversão entre essas temperaturas é:

$$T_C = T - 273,15 \tag{5.1}$$

onde T_C é a temperatura Celsius e T é a temperatura absoluta.

Como é difícil duplicar experimentalmente o ponto de congelamento e de vaporização, que dependem da pressão atmosférica, uma escala de temperatura absoluta baseada em dois novos pontos fixos foi adotada em 1954 pelo Comitê Internacional de Pesos e Medidas. O primeiro deles é o zero absoluto. A segunda temperatura de referência para essa nova escala foi escolhida como o **ponto triplo da água**, que é a combinação única de temperatura e pressão na qual água líquida, gasosa e gelo (água sólida) coexistem em equilíbrio. Esse ponto triplo ocorre a uma temperatura de 0,01 °C e pressão de 4,58 mm de mercúrio. Em uma nova escala, que usa a unidade *kelvin*, a temperatura da água no ponto triplo foi estabelecida a 273,16 kelvins, abreviado para 273,16 K. Essa escolha foi feita de modo que a antiga escala de temperatura absoluta baseada no ponto de congelamento e vaporização se aproximasse da nova, baseada no ponto triplo. Essa nova escala de temperatura absoluta (também chamada **escala Kelvin**) usa a unidade de temperatura absoluta do Sistema Internacional (SI), o **kelvin,** definido como sendo 1/273,16 da diferença entre zero absoluto e a temperatura do ponto triplo da água.

A Figura 5.6 fornece a temperatura absoluta para vários processos e estruturas físicas. A temperatura de zero absoluto (0 K) não pode ser alcançada, embora experimentos laboratoriais já tenham se aproximado bastante dela, atingindo temperaturas menores que um nanokelvin.

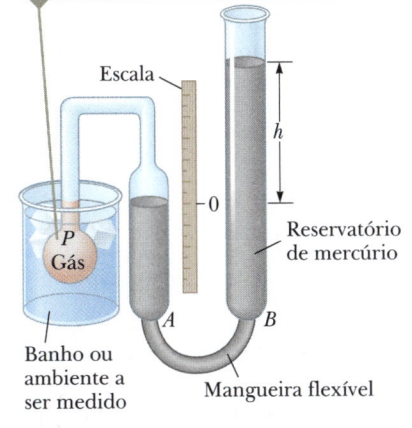

Figura 5.3 Um termômetro de gás com volume constante mede a pressão do gás contido no frasco imerso no banho.

> **Prevenção de Armadilhas 5.1**
> **Uma questão de grau**
> Notações para temperaturas na escala Kelvin não usam o sinal de grau. A unidade para uma temperatura Kelvin é simplesmente "kelvins", e não "graus Kelvin".

Figura 5.4 Um gráfico típico de pressão *versus* temperatura obtido por um termômetro de gás com volume constante.

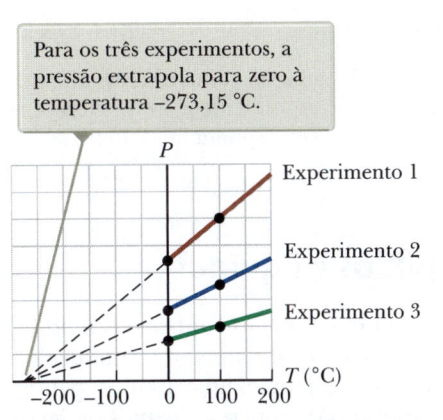

Figura 5.5 Pressão *versus* temperatura para experimentos com gases de pressões diferentes em um termômetro de gás com volume constante.

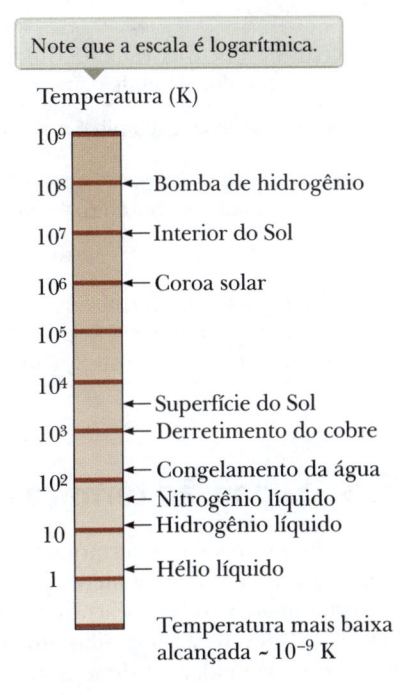

Figura 5.6 Temperaturas absolutas nas quais vários processos físicos ocorrem.

As escalas de temperatura Celsius, Fahrenheit e Kelvin[3]

A Equação 5.1 mostra que a temperatura Celsius T_C é mudada da temperatura absoluta (Kelvin) T por 273,15°. Como o tamanho de um grau é o mesmo nas duas escalas, a diferença de temperatura de 5 °C é igual à diferença de temperatura de 5 K. As duas escalas diferem somente na escolha do ponto zero. Portanto, a temperatura de congelamento na escala Kelvin, 273,15 K, corresponde a 0,00 °C, e o ponto de vaporização na escala Kelvin, 373,15 K, é equivalente a 100,00 °C.

Uma escala comum de temperatura em uso diário nos Estados Unidos é a **escala Fahrenheit**, que estabelece a temperatura do ponto de congelamento em 32 °F e a temperatura do ponto de vaporização em 212 °F. A relação entre as escalas de temperatura Celsius e Fahrenheit é:

$$T_F = \tfrac{9}{5} T_C + 32 \,°F \tag{5.2}$$

Podemos usar as equações 5.1 e 5.2 para encontrar a relação entre as mudanças em temperatura nas escalas Celsius, Kelvin e Fahrenheit:

$$\Delta T_C = \Delta T + \tfrac{5}{9}\Delta T_F \tag{5.3}$$

Dessas três escalas de temperatura, somente a Kelvin é baseada em um valor zero real de temperatura. As Celsius e Fahrenheit o são em um zero arbitrário associado a uma substância específica, água, em um planeta específico, Terra. Então, caso se depare com uma equação que peça uma temperatura T ou que envolva uma proporção de temperaturas, você *deve* converter todas as temperaturas em kelvins. Se a equação contém uma mudança na temperatura ΔT, a resposta correta será obtida usando a temperatura Celsius, em vista da Equação 5.3, mas sempre é *mais seguro* converter as temperaturas para a escala Kelvin.

> **Teste Rápido 5.2** Considere os seguintes pares de materiais. Qual deles representa dois materiais, um dos quais é duas vezes mais quente que o outro? **(a)** Água fervendo a 100 °C, um copo de água a 50 °C. **(b)** Água fervendo a 100 °C, metano congelado a –50 °C. **(c)** Um cubo de gelo a –20 °C, chamas de um engolidor de fogo a 233 °C. **(d)** Nenhum desses pares.

Exemplo 5.1 — Convertendo temperaturas

Em um dia, quando a temperatura atinge 50 °F, qual é a temperatura em graus Celsius e em kelvins?

SOLUÇÃO

Conceitualização Nos Estados Unidos, uma temperatura de 50 °F é bem compreendida. No entanto, em muitas outras partes do mundo, ela pode não significar nada, porque as pessoas estão acostumadas com a escala Celsius de temperatura.

Categorização Este exemplo é um problema de substituição.

Resolva a Equação 5.2 para a temperatura em Celsius e substitua valores numéricos:

$$T = \tfrac{5}{9}(T_F - 32) = \tfrac{5}{9}(50 - 32) = \boxed{10\,°C}$$

Use a Equação 5.1 para encontrar a temperatura Kelvin:

$$T = T_C + 273,15 = 10\,°C + 273,15 = \boxed{283\,K}$$

Um conjunto de equivalentes de temperaturas relacionadas ao clima interessante de se lembrar é que 0 °C é (literalmente) congelado, correspondente a 32 °F; 10 °C é gelado, correspondente a 50 °F; 20 °C é temperatura ambiente; 30 °C é quente, correspondente a 86 °F; e 40 °C é um dia muito quente, correspondente a 104 °F.

5.4 Expansão térmica dos sólidos e líquidos

Nossa discussão sobre o termômetro líquido usa uma das mais conhecidas mudanças em uma substância: conforme sua temperatura aumenta, aumenta também seu volume. Esse fenômeno, conhecido como **expansão térmica**, tem função importante em várias aplicações da Engenharia. Por exemplo, junções de expansão térmica, como aquelas mostradas na Figura 5.7, devem ser incluídas em edifícios, estradas de concreto, trilhos de ferrovias, paredes de tijolos e pontes para compensar as mudanças dimensionais que ocorrem conforme a temperatura muda.

---

[3] Assim chamadas em homenagem a Anders Celsius (1701-1744), Daniel Gabriel Fahrenheit (1686-1736) e William Thomson, Lord Kelvin (1824-1907), respectivamente.

Sem essas junções para separar as seções de estradas em pontes, a superfície entraria em colapso por causa da expansão térmica em dias muito quentes ou rachariam por causa da contração em dias muito frios.

Uma junção longa e vertical é preenchida com material macio que permite à parede se expandir e se contrair conforme a temperatura dos tijolos muda.

Figura 5.7
Junções de expansão térmica em (a) pontes e (b) paredes.

A expansão térmica é uma consequência da mudança na separação *média* entre os átomos em um corpo. Para compreender esse conceito, vamos modelar os átomos como sendo conectados por molas rígidas, como discutido na Seção 1.3 e mostrado na Figura 1.11b. Em temperaturas normais, os átomos em um sólido oscilam em suas posições de equilíbrio com amplitude de aproximadamente 10^{-11} m e frequência de aproximadamente 10^{13} Hz. O espaçamento médio entre os átomos é de aproximadamente 10^{-10} m. Conforme a temperatura do sólido aumenta, os átomos oscilam com maior amplitude; como resultado, a separação média entre eles aumenta.[4] Consequentemente, o corpo se expande.

Se a expansão térmica é suficientemente pequena em relação às dimensões iniciais de um corpo, a alteração de qualquer dimensão é aproximadamente proporcional à primeira potência da mudança em temperatura. Suponha que um corpo tenha comprimento inicial L_i ao longo de uma direção a certa temperatura, e que o comprimento aumenta em um valor ΔL para uma alteração em temperatura ΔT. Como é conveniente considerar a alteração fracional no comprimento por grau de mudança de temperatura, definimos o **coeficiente de expansão média linear** como:

$$\alpha \equiv \frac{\Delta L/L_i}{\Delta T}$$

Experimentos mostram que α é constante para pequenas alterações na temperatura. Para fins de cálculo, essa equação geralmente é rescrita como:

Expansão térmica em uma dimensão ▶

$$\Delta L = \alpha L_i \Delta T \quad (5.4)$$

ou

$$L_f - L_i = \alpha L_i (T_f - T_i) \quad (5.5)$$

onde L_f é o comprimento final, T_i e T_f são as temperaturas inicial e final, respectivamente, e a constante de proporcionalidade α é o coeficiente de expansão linear médio para certo material, que tem unidades de $(°C)^{-1}$. A Equação 5.4 pode ser usada para a expansão térmica, quando a temperatura do material aumenta, e para a contração térmica, quando sua temperatura diminui.

Pode ser útil pensar na expansão térmica como um aumento efetivo, ou fotográfico, de um corpo. Por exemplo, conforme uma arruela metálica é aquecida (Figura 5.8), todas as dimensões, inclusive o raio do buraco, aumentam de acordo com a Equação 5.4. Uma cavidade em um pedaço de material expande da mesma maneira, como se estivesse cheia do material.

Prevenção de Armadilhas 5.2
Buracos ficam maiores ou menores?
Quando a temperatura de um corpo é aumentada, cada dimensão linear aumenta em tamanho. Isso inclui qualquer buraco no material, que expande da mesma maneira como se ele fosse preenchido com material, como mostrado na Figura 5.8.

Conforme a arruela esquenta, todas as dimensões aumentam, inclusive o raio do buraco.

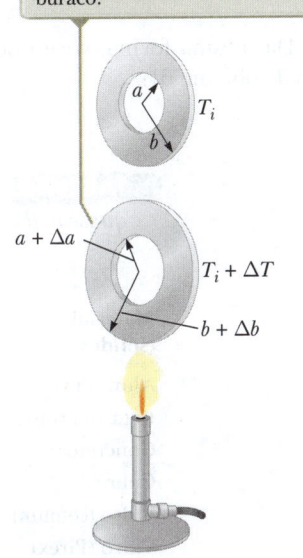

Figura 5.8 Expansão térmica de uma arruela metálica homogênea. (A expansão é exagerada nesta figura.)

---

[4] Mais precisamente, a expansão térmica vem da natureza assimétrica da curva de energia potencial para os átomos em um sólido, como mostrado na Figura 1.11a. Se os osciladores fossem realmente harmônicos, as separações atômicas médias não mudariam, apesar da amplitude da vibração.

A Tabela 5.1 lista os coeficientes médios de expansão linear para diversos materiais. Para esses materiais, α é positivo, indicando um aumento de comprimento com aumento de temperatura. No entanto, esse não é sempre o caso. Algumas substâncias – por exemplo, a calcita ($CaCO_3$) – expandem-se ao longo de uma dimensão (α positivo) e se contraem ao longo de outra (α negativo) conforme suas temperaturas aumentam.

Como as dimensões lineares de um corpo mudam com a temperatura, a área de superfície e o volume também mudam. A alteração do volume é proporcional ao volume inicial V_i e à mudança em temperatura de acordo com a relação:

Expansão térmica em três dimensões ▶

$$\Delta V = \beta V_i \, \Delta T \tag{5.6}$$

onde β é o **coeficiente de expansão volumétrica média**. Para encontrar a relação entre β e α, suponha que o coeficiente de expansão linear média do sólido seja o mesmo em todas as direções; isto é, que o material seja *isotrópico*. Considere uma caixa sólida de dimensões ℓ, w e h. Seu volume a uma temperatura T_i é $V_i = \ell w h$. Se a temperatura muda para $T_i + \Delta T$, seu volume muda para $V_i + \Delta V$, onde cada dimensão muda de acordo com a Equação 5.4. Portanto:

$$\begin{aligned}
V_i + \Delta V &= (\ell + \Delta \ell)(w + \Delta w)(h + \Delta h) \\
&= (\ell + \alpha \ell \, \Delta T)(w + \alpha w \, \Delta T)(h + \alpha h \, \Delta T) \\
&= \ell w h (1 + \alpha \Delta T)^3 \\
&= V_i [1 + 3\alpha \, \Delta T + 3(\alpha \Delta T)^2 + (\alpha \Delta T)^3]
\end{aligned}$$

Dividindo os dois lados por V_i e isolando o termo $\Delta V / V_i$, obtemos a alteração fracional no volume:

$$\frac{\Delta V}{V_i} = 3\alpha \, \Delta T + 3(\alpha \Delta T^2) + (\alpha \Delta T)^3$$

Como $\alpha \Delta T \ll 1$ para valores típicos de ΔT ($< \sim 100\ °C$), podemos desprezar os termos $3(\alpha \, \Delta T)^2$ e $(\alpha \, \Delta T)^3$. Fazendo essa aproximação, vemos que:

$$\frac{\Delta V}{V_i} = 3\alpha \, \Delta T \rightarrow \Delta V = (3\alpha) V_i \, \Delta T$$

Comparando essa expressão com a Equação 5.6, temos:

$$\beta = 3\alpha$$

Da mesma forma, você pode provar que a alteração na área de uma placa retangular é dada por $\Delta A = 2\alpha A_i \, \Delta T$ (ver Problema 61).

TABELA 5.1 *Coeficientes de expansão média para alguns materiais em temperatura quase ambiente*

Material (sólidos)	Coeficiente de expansão linear média (α)(°C)⁻¹	Material (líquidos e gases)	Coeficiente de expansão volumétrica média (β)(°C)⁻¹
Alumínio	24×10^{-6}	Acetona	$1{,}5 \times 10^{-4}$
Latão e bronze	19×10^{-6}	Álcool etílico	$1{,}12 \times 10^{-4}$
Concreto	12×10^{-6}	Benzeno	$1{,}24 \times 10^{-4}$
Cobre	17×10^{-6}	Gasolina	$9{,}6 \times 10^{-4}$
Vidro (comum)	9×10^{-6}	Glicerina	$4{,}85 \times 10^{-4}$
Vidro (Pirex)	$3{,}2 \times 10^{-6}$	Mercúrio	$1{,}82 \times 10^{-4}$
Invar (liga de Ni-Fe)	$0{,}9 \times 10^{-6}$	Turpentina	$9{,}0 \times 10^{-4}$
Chumbo	29×10^{-6}	Ar[a] a 0 °C	$3{,}67 \times 10^{-3}$
Aço	11×10^{-6}	Hélio[a]	$3{,}665 \times 10^{-3}$

[a]Gases não têm valor específico para o coeficiente de expansão volumétrica porque a quantidade de expansão depende do tipo do processo através do qual o gás é obtido. Os valores aqui fornecidos supõem que o gás sofre expansão sob pressão constante.

Um mecanismo simples chamado *faixa bimetálica*, encontrado em equipamentos práticos como termostatos, usa a diferença de coeficientes de expansão para materiais diferentes. Ele consiste em duas faixas finas de metais desiguais ligadas. Conforme a temperatura da faixa aumenta, os dois metais se expandem em quantidades diferentes e a faixa se curva, como mostrado na Figura 5.9.

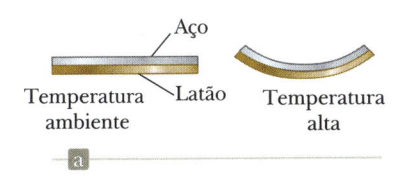

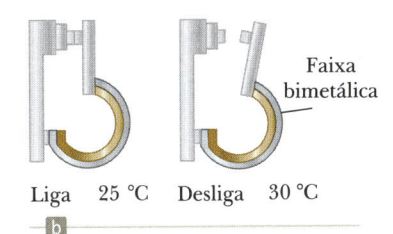

Teste Rápido **5.3** Se lhe pedissem para fazer um termômetro muito sensível, de vidro, qual dos seguintes líquidos você escolheria para trabalhar? **(a)** Mercúrio. **(b)** Álcool. **(c)** Gasolina. **(d)** Glicerina.

Teste Rápido **5.4** Duas esferas são feitas do mesmo metal e têm o mesmo raio, mas uma é oca e a outra sólida. As esferas passam pelo mesmo aumento de temperatura. Qual esfera expande mais? **(a)** A sólida. **(b)** A oca. **(c)** Elas têm a mesma expansão. **(d)** Não há informação suficiente para dizer.

Figura 5.9 (a) Uma faixa bimetálica se curva conforme a temperatura muda, porque os dois metais têm coeficientes de expansão diferentes. (b) Uma faixa bimetálica usada em um termostato para romper ou fazer contato elétrico.

Exemplo 5.2 — Expansão de trilhos ferroviários

Um segmento de trilho ferroviário de aço tem comprimento de 30,000 m quando a temperatura é 0,0 °C.

(A) Qual é seu comprimento quando a temperatura é 40,0 °C?

SOLUÇÃO

Conceitualização Como o trilho é relativamente longo, esperamos obter um aumento mensurável no comprimento para um aumento de temperatura de 40 °C.

Categorização Avaliaremos um aumento de comprimento usando a discussão desta seção; então, esta parte do exemplo é um problema de substituição.

Use a Equação 5.4 e o valor do coeficiente de expansão linear da Tabela 5.1:

$$\Delta L = \alpha L_i \Delta T = [11 \times 10^{-6} \ (°C)^{-1}](30{,}000 \text{ m})(40{,}0 \ °C) = 0{,}013 \text{ m}$$

Encontre o novo comprimento do trilho: $L_f = 30{,}000 \text{ m} + 0{,}013 \text{ m} = \boxed{30{,}013 \text{ m}}$

(B) Suponha que as extremidades dos trilhos são presas rigidamente a 0,0 °C prevenindo a expansão. Qual é a tensão térmica nos trilhos se a temperatura é aumentada para 40,0 °C?

SOLUÇÃO

Categorização Esta parte do exemplo é um problema de análise, porque precisamos usar conceitos de outro capítulo.

Análise A tensão térmica é o mesmo que a tensão mecânica na situação em que o trilho se expande livremente e é, então, comprimido com uma força mecânica F de volta a seu comprimento original.

Determine a tensão mecânica a partir da Equação 12.6 do Volume 1 desta coleção usando o módulo de Young para o aço da Tabela 12.1 do mesmo volume:

$$\text{Tensão mecânica} = \frac{F}{A} = Y\frac{\Delta L}{L_i}$$

$$\frac{F}{A} = (20 \times 10^{10} \text{ N/m}^2)\left(\frac{0{,}013 \text{ m}}{30{,}000 \text{ m}}\right) = \boxed{8{,}7 \times 10^7 \text{ N/m}^2}$$

Finalização A expansão na parte (A) é 1,3 cm, que é, de fato, mensurável, conforme previsto na etapa Conceitualização. A tensão térmica na parte (B) pode ser evitada deixando-se pequenos intervalos para a expansão entre os trilhos.

continua

5.2 cont.

E SE? E se a temperatura caísse para –40,0 °C? Qual seria o comprimento do segmento que não está preso?

Resposta A expressão para a mudança de comprimento na Equação 5.4 é a mesma se a temperatura aumenta ou diminui. Portanto, se há um aumento de 0,013 m no comprimento quando a temperatura aumenta em 40 °C, há uma diminuição de 0,013 m no comprimento quando ela diminui em 40 °C (supondo que α seja constante por toda a variação de temperatura). O novo comprimento na temperatura mais fria é 30,000 m – 0,013 m = 29,987 m.

Exemplo 5.3 — O curto elétrico térmico

Um aparelho eletrônico mal desenhado tem dois parafusos presos a partes diferentes que quase se tocam em seu interior, como na Figura 5.10. Os parafusos de aço e latão têm potenciais elétricos diferentes e, caso se toquem, haverá um curto-circuito, danificando o aparelho (estudaremos potencial elétrico no Capítulo 3 do Volume 3 desta coleção). O intervalo inicial entre as pontas dos parafusos é $d = 5,0\ \mu m$ a 27 °C. A que temperatura os parafusos se tocarão? Suponha que a distância entre as paredes do aparelho não seja afetada pela mudança na temperatura.

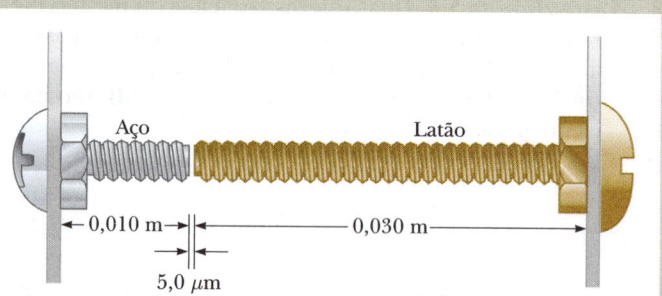

Figura 5.10 (Exemplo 5.3) Dois parafusos presos a diferentes partes de um aparelho elétrico quase se tocam quando a temperatura é 27 °C. Conforme a temperatura aumenta, as pontas dos parafusos se movem na direção uma da outra.

SOLUÇÃO

Conceitualização Imagine as pontas dos dois parafusos se expandindo no intervalo entre elas conforme a temperatura sobe.

Categorização Categorizamos este exemplo como um problema de expansão térmica no qual a *soma* das mudanças no comprimento dos dois parafusos deve ser igual ao comprimento do intervalo inicial entre as pontas.

Análise Estabeleça a soma das mudanças em comprimento igual à largura do intervalo:

$$\Delta L_L + \Delta L_A = \alpha_L L_{i,L} \Delta T + \alpha_A L_{i,A} \Delta T = d$$

Resolva para ΔT:

$$\Delta T = \frac{5,0 \times 10^{-6}\ m}{\alpha_L L_{i,L} + \alpha_A L_{i,A}}$$

$$= \frac{5,0 \times 10^{-6}\ m}{[19 \times 10^{-6}(°C)^{-1}](0,030\ m) + [11 \times 10^{-6}(°C)^{-1}](0,010\ m)} = 7,4\ °C$$

Encontre a temperatura na qual os parafusos se tocam:

$$T = 27\ °C + 7,4\ °C = \boxed{34\ °C}$$

Finalização Essa temperatura é possível se o ar-condicionado do edifício onde o aparelho está falhar por um longo período em um dia muito quente de verão.

O comportamento incomum da água

Líquidos geralmente aumentam em volume com o aumento de temperatura e têm coeficientes médios de expansão de volume dez vezes maiores que aqueles dos sólidos. A água fria é uma exceção à regra, como você pode ver a partir da curva densidade *versus* temperatura, mostrada na Figura 5.11. Conforme a temperatura aumenta de 0 °C a 4 °C, a água se contrai e, então, sua densidade aumenta. Acima de 4 °C, a água se expande com o aumento de temperatura e, então, sua densidade diminui. Portanto, a densidade da água atinge um valor máximo de 1,000 g/cm³ a 4 °C.

Podemos usar esse comportamento incomum de expansão térmica da água para explicar por que uma lagoa começa a congelar na superfície em vez de no fundo. Quando a temperatura do ar cai de, por exemplo, 7 °C para 6 °C, a água da superfície também esfria e, consequentemente, diminui em volume. A água da superfície é mais densa que a abaixo da superfície, que não resfriou e diminuiu em volume. Como resultado, a água da superfície afunda, e a mais quente do fundo se move para a superfície. Quando a temperatura do ar está entre 4 °C e 0 °C, no entanto, a água da superfície

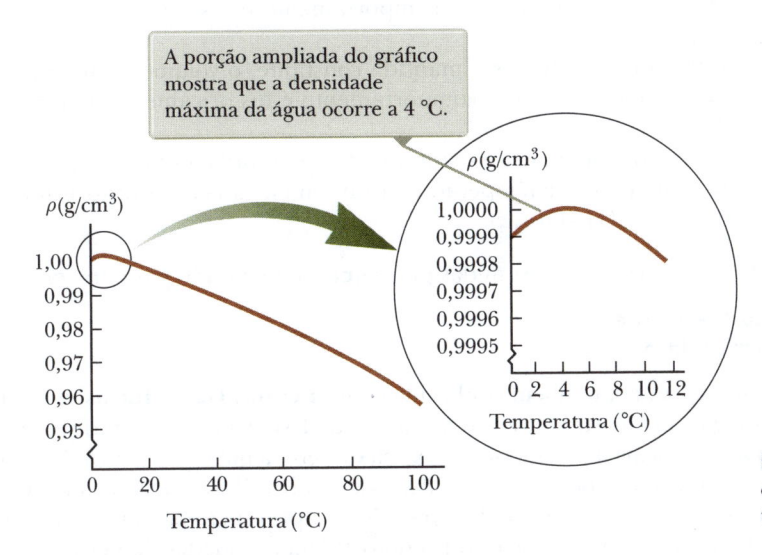

Figura 5.11 A variação na densidade da água à pressão atmosférica com a temperatura.

A porção ampliada do gráfico mostra que a densidade máxima da água ocorre a 4 °C.

se expande à medida que esfria, ficando menos densa que a abaixo da superfície. O processo de mistura para, e eventualmente a água da superfície congela. À medida que a água congela, o gelo permanece na superfície, porque é menos denso que a água. O gelo continua a se acumular na superfície, enquanto a água perto do fundo permanece a 4 °C. Se não fosse esse o caso, peixes e outras formas de vida marinha não sobreviveriam.

5.5 Descrição macroscópica de um gás ideal

A equação de expansão de volume $\Delta V = \beta V_i \Delta T$ é baseada na suposição de que o material tem volume inicial V_i antes que a variação na temperatura ocorra. Esse é o caso para sólidos e líquidos, porque têm volume fixo a certa temperatura.

Para gases, o caso é completamente diferente. As forças interatômicas dentro dos gases são muito fracas e, em muitos casos, podemos imaginá-las como não existentes e, ainda assim, fazer boas aproximações. Portanto, *não há separação de equilíbrio* para os átomos e nenhum volume "padrão" a certa temperatura; o volume depende do tamanho do recipiente. Como resultado, não podemos expressar variações no volume ΔV em um processo em um gás com a Equação 5.6, porque não definimos o volume V_i no início do processo. Equações envolvendo gases contêm o volume V em vez de uma *variação* em volume a partir de um valor inicial, como uma variável.

Para um gás, é útil saber como as quantidades volume V, pressão P e temperatura T se relacionam para uma amostra de gás de massa m. Em geral, a equação que relaciona essas quantidades, chamada *equação de estado*, é muito complicada. Se o gás é mantido a uma pressão muito baixa (ou densidade baixa), no entanto, a equação de estado é bastante simples, e pode ser determinada a partir de resultados experimentais. Um gás de densidade tão baixa é geralmente chamado **gás ideal**.[5] Podemos usar o **modelo de gás ideal** para fazer previsões adequadas a fim de descrever o comportamento de gases reais a baixas pressões.

É conveniente expressar a quantidade de gás em certo volume em termos do número de moles n. Um **mol** de qualquer substância é a quantidade da substância que contém o **número de Avogadro** $N_A = 6{,}022 \times 10^{23}$ de partículas constituintes (átomos ou moléculas). O número de moles n de uma substância é relacionado com sua massa m pela expressão:

$$n = \frac{m}{M} \tag{5.7}$$

onde M é a massa molar da substância. A massa molar de cada elemento químico é a massa atômica (da Tabela Periódica; ver Apêndice C) expressa em gramas por mol. Por exemplo, a massa de um átomo de He é 4,00 u (unidades de massa atômica), então, a massa molar de He é 4,00 g/mol.

Suponha agora que um gás ideal esteja confinado a um recipiente cilíndrico cujo volume pode ser variado por meio de um pistão móvel, como na Figura 5.12. Se supusermos que o cilindro não vaza, a massa (ou o número de moles) do gás permanece constante. Para tal sistema, experimentos fornecem a seguinte informação:

---

[5] Mais especificamente, as suposições aqui são que a temperatura do gás não deve ser muito baixa (o gás não deve se condensar em um líquido) ou muito alta, e que a pressão deve ser baixa. O conceito de um gás ideal implica que suas moléculas não interagem, exceto quando colidem, e que o volume molecular é desprezível comparado ao volume do recipiente. Na realidade, um gás ideal não existe. Mesmo assim, seu conceito é muito útil, porque gases reais a pressões baixas são bem modelados como gases ideais.

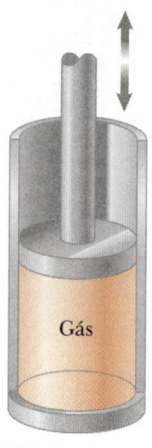

Figura 5.12 Um gás ideal confinado a um cilindro cujo volume pode ser variado por meio de um pistão móvel.

Figura 5.13 Uma garrafa de champanhe é agitada e aberta. O líquido sai pela abertura. Um equívoco comum é que a pressão dentro da garrafa é aumentada pela agitação.

Prevenção de Armadilhas 5.3

Tantos *k*s

Há uma variedade de quantidades físicas para as quais a letra *k* é usada. Duas, que já vimos, são a constante de força para uma mola (Capítulo 1) e o número de onda para uma onda mecânica (Capítulo 2). A constante de Boltzmann é outro *k*, e veremos *k* usado para a condutividade térmica no Capítulo 6, e para uma constante elétrica no Capítulo 1 do Volume 3 desta coleção. Para que essa confusão faça sentido, usamos o subscrito B para a constante de Boltzmann a fim de facilitar seu reconhecimento. Neste livro, você verá a constante de Boltzmann como k_B, mas também pode ver a constante de Boltzmann em outros materiais simplesmente como *k*.

A constante de Boltzmann ▶

- Quando o gás é mantido à temperatura constante, sua pressão é inversamente proporcional ao volume (esse comportamento é historicamente descrito como a Lei de Boyle).
- Quando a pressão do gás é mantida constante, o volume é diretamente proporcional à temperatura (esse comportamento é historicamente descrito como a Lei de Charles).
- Quando o volume do gás é mantido à temperatura constante, a pressão é inversamente proporcional à temperatura (esse comportamento é historicamente descrito como a Lei de Gay-Lussac).

Essas observações são resumidas pela **equação de estado para um gás ideal**:

Equação de estado ▶
para um gás ideal

$$PV = nRT \tag{5.8}$$

Nessa expressão, também conhecida como **Lei dos Gases Ideais**, *n* é o número de moles de gás na amostra, e *R* é uma constante. Experimentos com diversos gases mostram que, conforme a pressão se aproxima de zero, a quantidade *PV/nT* se aproxima do mesmo valor *R* para todos os gases. Por esse motivo, *R* é chamada **constante universal dos gases**. Em unidades SI, onde a pressão é expressa em pascals (1 Pa = 1 N/m²) e o volume em metros cúbicos, o produto *PV* tem unidades de newton × metros, ou joules, e *R* tem o valor:

$$R = 8{,}314 \text{ J/mol} \times \text{K} \tag{5.9}$$

Se a pressão é expressa em atmosferas e o volume em litros (1 L = 10^3cm³ = 10^{-3}m³), *R* tem o valor:

$$R = 0{,}08206 \text{ L} \times \text{atm/mol} \times \text{K}$$

Usando esse valor de *R* e a Equação 5.8, temos que o volume ocupado por 1 mol de *qualquer* gás à pressão atmosférica e a 0 °C (273 K) é 22,4 L.

A Lei dos Gases Ideais afirma que, se o volume e a temperatura de uma quantidade fixa de gás não mudam, a pressão também permanece constante. Considere uma garrafa de champanhe que é sacudida e esguicha líquido quando aberta, conforme mostra a Figura 5.13. Uma concepção comum, mas incorreta, é que a pressão dentro da garrafa aumenta quando a garrafa é sacudida. Pelo contrário. Como a temperatura da garrafa e seu conteúdo permanecem constantes enquanto a garrafa está selada, a pressão também fica constante, como pode ser demonstrado substituindo a rolha por um calibrador de pressão (a explicação correta está a seguir). Gás de dióxido de carbono reside no volume entre a superfície do líquido e a rolha. A pressão do gás nesse volume é mais alta que a atmosférica no processo de engarrafamento. Sacudir a garrafa desloca um pouco do gás dióxido de carbono para dentro do líquido, onde ele forma bolhas, e estas ficam presas no interior da garrafa (não há gás novo gerado pelo balanço). Quando a garrafa é aberta, a pressão é reduzida para a pressão atmosférica, o que faz o volume das bolhas aumentar subitamente. Se as bolhas estão presas à garrafa (abaixo da superfície do líquido), sua expansão rápida expele o líquido para fora. Entretanto, se os lados e o fundo da garrafa receberem tapinhas antes, até que não haja bolhas abaixo da superfície, a queda em pressão não força o líquido da garrafa quando o champanhe é aberto.

A Lei dos Gases Ideais é frequentemente expressa em termos do número total de moléculas *N*. Como o número de moles *n* é igual à proporção do número total de moléculas e do número de Avogadro N_A, podemos escrever a Equação 5.8 como:

$$PV = nRT = \frac{N}{N_A}RT$$

$$PV = Nk_BT \tag{5.10}$$

onde k_B é a **constante de Boltzmann**, que tem valor:

$$k_B = \frac{R}{N_A} = 1{,}38 \times 10^{-23} \text{ J/K} \tag{5.11}$$

É comum chamar quantidades como P, V e T **variáveis termodinâmicas** de um gás ideal. Se a equação de estado for conhecida, uma das variáveis sempre pode ser expressa como uma função das outras duas.

Teste Rápido **5.5** Um material comum para proteger corpos em pacotes é feito prendendo-se bolhas de ar entre folhas de plástico. Esse material é mais eficaz em evitar que o conteúdo do pacote se mova dentro do pacote em **(a)** um dia quente, **(b)** um dia frio ou **(c)** tanto dias quentes quanto dias frios?

Teste Rápido **5.6** Em um dia de inverno, você liga o aquecedor, e a temperatura do ar em sua casa aumenta. Suponha que a casa tenha uma quantidade normal de vazamentos entre o ar interno e o externo. O número de moles de ar em seu quarto à temperatura mais alta é **(a)** maior que antes, **(b)** menor que antes ou **(c)** o mesmo que antes?

Exemplo 5.4 — Aquecendo uma lata de *spray*

Uma lata de *spray* contendo um gás propelente com o dobro da pressão atmosférica (202 kPa) e com volume de 125,00 cm³ está a 22 °C. A lata é atirada em uma fogueira *(aviso: não faça essa experiência; é muito perigoso)*. Quando a temperatura do gás em seu interior atinge 195 °C, qual é a pressão dentro dela? Suponha que qualquer alteração no volume da lata seja desprezível.

SOLUÇÃO

Conceitualização Intuitivamente, você esperaria que a pressão do gás no recipiente aumentasse por causa do aumento de temperatura.

Categorização Modelamos o gás na lata como ideal e usamos a Lei dos Gases Ideais para calcular a nova pressão.

Análise Reorganize a Equação 5.8:

(1) $\dfrac{PV}{T} = nR$

Nenhum ar escapa durante a compressão, então n e também nR permanecem constantes. Portanto, estabeleça o valor inicial do lado esquerdo da Equação (1) igual ao valor final:

(2) $\dfrac{P_i V_i}{T_i} = \dfrac{P_f V_f}{T_f}$

Como o volume inicial e final do gás são supostamente iguais, cancele os volumes:

(3) $\dfrac{P_i}{T_i} = \dfrac{P_f}{T_f}$

Resolva para P_f:

$P_f = \left(\dfrac{T_f}{T_i}\right) P_i = \left(\dfrac{468\,\text{K}}{295\,\text{K}}\right)(202\,\text{kPa}) = \boxed{320\,\text{kPa}}$

Finalização Quanto maior a temperatura, maior a pressão exercida pelo gás preso, como esperado. Se a pressão aumenta suficientemente, a lata pode explodir. Por causa dessa possibilidade, você nunca deve colocar latas de *spray* no fogo.

E SE? Suponha que incluamos uma alteração de volume por causa da expansão térmica das latas de aço conforme a temperatura aumenta. Isso altera nossa resposta para a pressão final significativamente?

Resposta Como o coeficiente de expansão térmica do aço é muito pequeno, não esperamos muito efeito sobre nossa resposta final.

Encontre a variação no volume da lata usando a Equação 5.6 e o valor de α para aço da Tabela 5.1:

$\Delta V = \beta V_i \Delta T = 3\alpha V_i \Delta T$
$= 3[11 \times 10^{-6}(°C)^{-1}](125{,}00\,\text{cm}^3)(173\,°C) = 0{,}71\,\text{cm}^3$

Comece pela Equação (2) novamente e encontre uma equação para a pressão final:

$P_f = \left(\dfrac{T_f}{T_i}\right)\left(\dfrac{V_i}{V_f}\right) P_i$

Esse resultado difere da Equação (3) somente no fator V_i/V_f. Avalie esse fator:

$\dfrac{V_i}{V_f} = \dfrac{125{,}00\,\text{cm}^3}{(125{,}00\,\text{cm}^3 + 0{,}71\,\text{cm}^3)} = 0{,}994 = 99{,}4\%$

Portanto, a pressão final vai diferir em 0,6% do valor calculado sem considerar a expansão térmica da lata. Considerando 99,4% da pressão final anterior, a pressão final, incluindo a expansão térmica, é de 318 kPa.

Resumo

Definições

Dois corpos estão em **equilíbrio térmico** um com o outro se não trocam energia quando estão em contato térmico.

Temperatura é a propriedade que determina se um corpo está em equilíbrio térmico com outros. Dois corpos em equilíbrio térmico um com o outro estão na mesma temperatura. A unidade SI de temperatura absoluta é o **kelvin,** que é definido como sendo 1/273,16 da diferença entre zero absoluto e a temperatura do ponto triplo da água.

Conceitos e Princípios

A **Lei Zero da Termodinâmica** diz que, se os corpos A e B estão separadamente em equilíbrio térmico com um terceiro corpo, C, A e B, estão em equilíbrio térmico um com o outro.

Quando a temperatura de um corpo muda por um valor ΔT, seu comprimento muda por um valor ΔL, que é proporcional a ΔT e a seu comprimento inicial L_i:

$$\Delta L = \alpha L_i \Delta T \qquad (5.4)$$

onde a constante α é o **coeficiente de expansão linear média**. O **coeficiente de expansão volumétrica média** β para um sólido é aproximadamente igual a 3α.

Um **gás ideal** é aquele para o qual PV/nT é constante. Um gás ideal é descrito pela **equação de estado**:

$$PV = nRT \qquad (5.8)$$

onde n é igual ao número de moles do gás; P, sua pressão; V, seu volume; R, a constante universal dos gases (8,314 J/mol $\times$ K) e T a temperatura absoluta do gás. Um gás real se comporta aproximadamente como um gás ideal se tiver baixa densidade.

Perguntas Objetivas

1. Marcas para indicar comprimento são colocadas em uma fita de aço em uma sala que está a uma temperatura de 22 °C. Medições são feitas com a mesma fita em um dia em que a temperatura é de 27 °C. Suponha que os corpos medidos tenham um coeficiente de expansão linear menor que o do aço. As medições são (a) mais longas, (b) mais curtas ou (c) iguais?

2. Quando certo gás sob pressão de $5,00 \times 10^6$ Pa a 25,0 °C pode expandir para 3,00 vezes seu volume original, sua pressão final é $1,07 \times 10^6$ Pa. Qual é sua temperatura final? (a) 450 K. (b) 233 K. (c) 212 K. (d) 191 K. (e) 115 K.

3. Se o volume de um gás ideal é dobrado enquanto sua temperatura é quadruplicada, a pressão (a) permanece a mesma, (b) diminui por um fator de 2, (c) diminui por um fator de 4, (d) aumenta por um fator de 2 ou (e) aumenta por um fator de 4.

4. O pêndulo de um relógio é feito de latão. Quando a temperatura aumenta, o que acontece com o período do relógio? (a) Aumenta. (b) Diminui. (c) Permanece o mesmo.

5. Uma temperatura de 162 °F é equivalente a que temperatura em kelvins? (a) 373 K. (b) 288 K. (c) 345 K. (d) 201 K. (e) 308 K.

6. Um cilindro com um pistão armazena 0,50 m³ de oxigênio a uma pressão absoluta de 4,0 atm. O pistão é puxado para fora, aumentando o volume do gás, até que a pressão caia para 1,0 atm. Se a temperatura permanece constante, que novo volume o gás ocupa? (a) 1,0 m³. (b) 1,5 m³. (c) 2,0 m³. (d) 0,12 m³. (e) 2,5 m³.

7. O que aconteceria se o vidro de um termômetro se expandisse mais ao ser aquecido que o líquido dentro do tubo? (a) O termômetro quebraria. (b) Ele só poderia ser usado para temperaturas abaixo da temperatura ambiente. (c) Você teria que segurá-lo com o bulbo para cima. (d) A escala no termômetro seria invertida, de modo que valores mais altos de temperatura ficariam mais próximos do bulbo. (e) Os números não teriam espaçamento regular.

8. Um cilindro com um pistão contém uma amostra de um gás fino. O tipo de gás e o tamanho da amostra podem ser alterados. O cilindro pode ser colocado em banhos com temperaturas constantes diferentes, e o pistão pode ser segurado em posições diferentes. Classifique os casos a seguir de acordo com a pressão do gás da mais alta para a mais baixa, mostrando quaisquer casos de igualdade. (a) Uma amostra de 0,002 mol de oxigênio é mantida a 300 K em um recipiente de 100 cm³. (b) Uma amostra de 0,002 mol de oxigênio é mantida a 600 K em um recipiente de 200 cm³. (c) Uma amostra de 0,002 mol de oxigênio é mantida a

600 K em um recipiente de 300 cm³. (d) Uma amostra de 0,004 mol de hélio é mantida a 300 K em um recipiente de 200 cm³. (e) Uma amostra de 0,004 mol de hélio é mantida a 250 K em um recipiente de 200 cm³.

9. Dois cilindros A e B à mesma temperatura contêm a mesma quantidade do mesmo tipo de gás. O cilindro A tem três vezes o volume do B. O que você pode concluir sobre as pressões que os gases exercem? (a) Não podemos concluir nada sobre as pressões. (b) A pressão em A é três vezes a pressão em B. (c) As pressões devem ser iguais. (d) A pressão em A deve ser um terço da pressão em B.

10. Um balão de borracha é cheio com 1 L de ar a 1 atm e 300 K e, então, colocado dentro de um refrigerador criogênico a 100 K. A borracha permanece flexível enquanto esfria. (i) O que acontece com o volume do balão? (a) Diminui para $\frac{1}{3}$ L. (b) Diminui para $1/\sqrt{3}$ L. (c) Fica constante. (d) Aumenta para $\sqrt{3}$ L. (e) Aumenta para 3 L. (ii) O que acontece com a pressão do ar no balão? (a) Diminui para $\frac{1}{3}$ atm. (b) Diminui para $1/\sqrt{3}$ atm. (c) Fica constante. (d) Aumenta para $\sqrt{3}$ atm. (e) Aumenta para 3 atm.

11. O coeficiente médio de expansão linear do cobre é 17×10^{-6} (°C)$^{-1}$. A Estátua da Liberdade tem 93 m de altura em uma manhã de verão quando a temperatura é 25 °C. Suponha que as placas de cobre que revestem a estátua sejam montadas de uma beirada a outra sem junções de expansão e não se curvam nem se torcem na estrutura que as suporta conforme o dia fica mais quente. Qual é a ordem de grandeza do aumento na altura da estátua? (a) 0,1 mm. (b) 1 mm. (c) 1 cm. (d) 10 cm. (e) 1 m.

12. Suponha que você esvazie uma forma de cubos de gelo em uma tigela parcialmente cheia de água e a cubra. Depois de meia hora, o conteúdo da tigela atinge equilíbrio térmico, com mais água líquida e menos gelo que no início. Quais das afirmativas seguintes são verdadeiras? (a) A temperatura da água líquida é mais alta que a do gelo restante. (b) A temperatura da água líquida é a mesma que a do gelo. (c) A temperatura da água líquida é menor que a do gelo. (d) As temperaturas comparativas da água líquida e do gelo dependem das quantidades presentes.

13. Um buraco é perfurado em uma placa metálica. Quando o metal é elevado a uma temperatura mais alta, o que acontece com o diâmetro do buraco? (a) Diminui. (b) Aumenta. (c) Permanece o mesmo. (d) A resposta depende da temperatura final do metal. (e) Nenhuma das alternativas é correta.

14. Em um dia muito frio em Nova York, a temperatura é −25 °C, que é equivalente a que temperatura Fahrenheit? (a) −46 °F. (b) −77 °F. (c) 18 °F. (d) −25 °F. (e) −13 °F.

Perguntas Conceituais

1. Termômetros comuns são feitos de uma coluna de mercúrio em um tubo de vidro. Com base na operação desses termômetros, qual tem o maior coeficiente de expansão linear: o de vidro ou o de mercúrio? (não responda a esta questão olhando em uma tabela).

2. Um pedaço de cobre é colocado em uma proveta com água. (a) Se a temperatura da água sobe, o que acontece com a temperatura do cobre? (b) Sob que condições a água e o cobre estão em equilíbrio térmico?

3. (a) O que a Lei dos Gases Ideais prevê sobre o volume de uma amostra de gás no zero absoluto? (b) Por que essa previsão é incorreta?

4. Algumas pessoas a caminho de um piquenique param em uma loja de conveniências para comprar comida, inclusive sacos de batatas fritas. Elas dirigem até o local do piquenique, nas montanhas. Quando descarregam a comida, notam que os sacos de batatas estão inchados como balões. Por que isso aconteceu?

5. Descrevendo sua viagem à Lua, como descrito no filme *Apollo 13* (Universal, 1995), o astronauta Jim Lovell disse, "Andarei em um lugar onde há uma diferença de 400 graus entre a luz do sol e a sombra". Suponha que um astronauta em pé na Lua segurasse um termômetro em sua mão enluvada. (a) O termômetro lê a temperatura do vácuo na superfície da Lua? (b) O termômetro lê alguma temperatura? Caso leia, que corpo ou substância tem essa temperatura?

6. Tampas de metal em frascos de vidro podem ser soltas passando água quente sobre elas. Por que isso funciona?

7. O radiador de um automóvel é cheio com água quando o motor está frio. (a) O que acontece com a água quando o motor está funcionando e a água atingir uma temperatura alta? (b) O que os automóveis modernos têm em seu sistema de resfriamento para prevenir a perda de refrigeração?

8. Quando o anel e a esfera metálicas na Figura PC5.8 estão ambos em temperatura ambiente, a esfera mal consegue passar pelo anel. (a) Depois que a esfera é aquecida em uma chama, ela não passa pelo anel. Explique. (b) E se? E se o anel for aquecido e a esfera deixada em temperatura ambiente? Ela passa pelo anel?

Figura PC5.8

9. É possível dois corpos estarem em equilíbrio térmico se não estão em contato um com o outro? Explique.

10. Use a Tabela Periódica dos elementos (ver Apêndice) para determinar o número de gramas em um mol de (a) hidrogênio, que tem moléculas diatômicas; (b) hélio; e (c) monóxido de carbono.

Problemas

WebAssign Os problemas que se encontram neste capítulo podem ser resolvidos *on-line* no Enhanced WebAssign (em inglês)

1. denota problema simples;
2. denota problema intermediário;
3. denota problema de desafio;

AMT *Analysis Model Tutorial* disponível no Enhanced WebAssign (em inglês);

M denota tutorial *Master It* disponível no Enhanced WebAssign (em inglês);

PD denota problema dirigido;

W solução em vídeo *Watch It* disponível no Enhanced WebAssign (em inglês).

Seção 5.2 Temperatura e a escala Celcius de temperatura

Seção 5.3 O termômetro de gás a volume constante e a escala de temperatura absoluta

1. Uma enfermeira mede a temperatura de um paciente em 41,5 °C. (a) Qual é essa temperatura na escala Fahrenheit? (b) Você acha que o paciente está gravemente doente? Explique.

2. A diferença de temperatura entre o interior e o exterior de uma residência em um dia frio de inverno é 57,0 °F. Expresse essa diferença (a) na escala Celsius e (b) na escala Kelvin.

3. Converta as temperaturas seguintes para seus valores nas escalas Fahrenheit e Kelvin: (a) ponto de sublimação do gelo seco, –78,5 °C; e (b) a temperatura do corpo humano, 37,0 °C.

4. O ponto de ebulição do hidrogênio líquido é 20,3 K à pressão atmosférica. Qual é essa temperatura na (a) escala Celsius e (b) escala Fahrenheit?

5. Nitrogênio líquido tem ponto de ebulição de –195,81 °C à pressão atmosférica. Expresse essa temperatura (a) em graus Fahrenheit e (b) em kelvins.

6. O Vale da Morte detém o recorde da mais alta temperatura registrada nos Estados Unidos. Em 10 de julho de 1913, em um local chamado Furnace Creek Ranch, a temperatura aumentou para 134 °F. A menor temperatura já registrada nos Estados Unidos ocorreu em Prospect Creek Camp, no Alasca, em 23 de janeiro de 1971, quando a temperatura despencou para 79,8 °F. (a) Converta essas temperaturas para a escala Celsius. (b) Converta as temperaturas em Celsius para Kelvin.

7. **M** Em um experimento de estudantes, um termômetro de gás com volume constante é calibrado em gelo seco (–78,5 °C) e em álcool etílico fervendo (78,0 °C). As pressões separadas são 0,900 atm e 1,635 atm. (a) Que valor de zero absoluto em graus Celsius resulta da calibração? Que pressões seriam encontradas nos pontos de (b) congelamento e (c) de ebulição da água? *Dica*: use a relação linear $P = A + BT$, onde A e B são constantes.

Seção 5.4 Expansão térmica dos sólidos e líquidos

Observação: a Tabela 5.1 está disponível para uso na resolução dos problemas desta seção.

8. **W** As seções de concreto de uma autoestrada são desenhadas para ter um comprimento de 25,0 m. Elas são despejadas e curadas a 10,0 °C. Que espaçamento mínimo o engenheiro deveria deixar entre as seções para eliminar encurvamento se o concreto deve atingir uma temperatura de 50,0 °C?

9. **M** O elemento ativo de um laser é feito de uma haste de vidro de 30,0 cm comprimento e 1,50 cm de diâmetro. Suponha que o coeficiente de expansão linear média do vidro seja $9,00 \times 10^{-6}$ (°C)$^{-1}$. Se a temperatura da haste aumenta em 65,0 °C, qual é o aumento em seu (a) comprimento, (b) diâmetro e (c) volume?

10. **Revisão.** Dentro da parede de uma casa, uma seção em L do cano de água quente consiste em três partes: uma peça reta horizontal $h = 28,0$ cm de comprimento; um cotovelo; e uma peça reta vertical $\ell = 134$ cm de comprimento (Figura P5.10). Uma viga e uma tábua no segundo andar da casa mantêm essa seção do cano de cobre estacionária. Encontre o módulo e direção do deslocamento do cano quando o fluxo de água é ligado, aumentando a temperatura do cano de 18,0 °C para 46,5 °C.

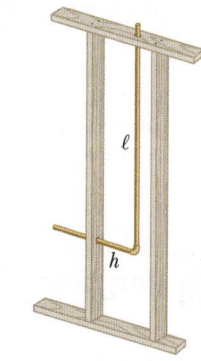

Figura P5.10

11. **M** Um fio telefônico de cobre não tem folgas entre postes 35,0 m distantes um do outro em um dia de inverno, quando a temperatura é de –20,0 °C. Quanto mais longo é o fio em um dia de verão quando a temperatura é de 35,0 °C?

12. Uma armação de óculos é feita de plástico epóxi. À temperatura ambiente (20,0 °C), as armações têm orifícios circulares nas lentes, com 2,20 cm de raio. A que temperatura as armações devem ser aquecidas se for preciso inserir nelas lentes de 2,21 cm de raio? O coeficiente de expansão linear média para o epóxi é de $1,30 \times 10^{-4}$ (°C)$^{-1}$.

13. O oleoduto Trans-Alasca tem 1.300 km de comprimento, indo de Prudhoe Bay até o porto de Valdez. Ele experimenta temperaturas de –73° C a +35 °C. Quanto o oleoduto se expande por causa da diferença de temperatura? Como essa expansão pode ser compensada?

14. A cada ano, milhares de crianças sofrem graves queimaduras por água quente da torneira. A Figura P5.14 mostra uma visão transversal de um dispositivo antiescaldante para torneiras, projetado para evitar estes acidentes. Dentro do dispositivo, uma mola feita de material com um alto coeficiente de expansão

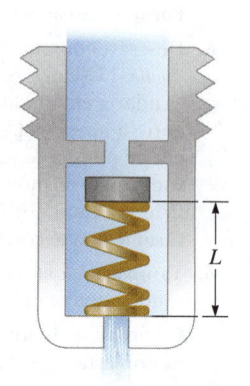

Figura P5.14

térmica controla um êmbolo móvel. Quando a temperatura da água aumenta acima de um valor seguro predefinido, a expansão da mola faz com que o êmbolo corte o fluxo de água. Supondo que o comprimento inicial L da mola não pressionada seja de 2,40 cm e seu coeficiente de expansão linear seja de $22,0 \times 10^{-6}$ (°C)$^{-1}$, determine o aumento no comprimento da mola quando a temperatura da água é elevada em 30,0 °C (você descobrirá que o aumento no comprimento é pequeno. Portanto, para proporcionar uma maior variação na abertura para a mudança antecipada na temperatura da válvula, os dispositivos reais têm um design mecânico mais complicado).

15. Um buraco quadrado de 8,00 cm de comprimento de cada lado é recortado em uma folha de cobre. (a) Calcule a mudança resultante na área deste buraco quando a temperatura da folha é aumentada em 50,0 K. (b) esta mudança representa um aumento ou uma diminuição na área delimitada pelo buraco?

16. O coeficiente de expansão de volume médio para o tetracloreto de carbono é de $5,81 \times 10^{-4}$ (°C)$^{-1}$. Se um recipiente de aço de 50,0 galões for completamente preenchido com tetracloreto de carbono quando a temperatura for de 10,0 °C, quanto ele derramará quando a temperatura subir para 30,0 °C?

17. **W** A 20,0 °C, um anel de alumínio tem diâmetro interno de 5,0000 cm, e uma barra de latão de 5,0500 cm. (a) Se somente o anel é aquecido, que temperatura ele deve atingir para que deslize sobre a barra? (b) **E se?** Se o anel e a barra forem aquecidos juntos, que temperatura os dois devem atingir para que o anel deslize sobre a barra? (c) Esse último processo funcionaria? Explique. *Dica*: consulte a Tabela 6.2.

18. **W** *Por que a seguinte situação é impossível?* Um anel fino de latão tem diâmetro interno de 10,00 cm a 20,0 °C. Um cilindro sólido de alumínio tem diâmetro de 10,02 cm a 20,0 °C. Suponha que os coeficientes médios de expansão linear dos dois metais sejam constantes. Os dois metais são resfriados juntos até uma temperatura na qual o anel pode ser deslizado sobre a extremidade do cilindro.

19. Um frasco volumétrico, feito de Pirex, é calibrado a 20,0 °C e cheio até a marca de 100 mL com acetona a 35,0 °C. Depois disso, a acetona esfria e o frasco esquenta, de modo que a combinação acetona-frasco atinge uma temperatura uniforme de 32,0 °C. A combinação é resfriada para 20,0 °C. (a) Qual é o volume da acetona quando ela esfria para 20,0 °C? (b) À temperatura de 32,0 °C, o nível de acetona fica acima ou abaixo da marca de 100 mL no frasco? Explique.

20. **Revisão.** Em um dia, quando a temperatura é 20,0 °C, uma calçada de concreto é moldada de tal forma que suas extremidades não se movem. Considere o módulo de Young para concreto como sendo $7,00 \times 10^9$ N/m^2 e a força de compressão como $2,00 \times 10^9$ N/m^2. (a) Qual é a tensão no cimento em um dia quente de 50,0 °C? (b) O concreto sofre fratura?

21. Um cilindro oco de alumínio com 20,0 cm de profundidade tem capacidade interna de 2,000 L a 20,0 °C e está completamente cheio de turpentina a 20,0 °C. A turpentina e o cilindro de alumínio são aquecidos juntos, lentamente, até 80,0 °C. (a) Quanta turpentina transborda? (b) Qual é o volume de turpentina que permanece no cilindro a 80,0 °C? (c) Se a combinação com essa quantidade de turpentina é esfriada para 20,0 °C novamente, a que distância a superfície da turpentina fica abaixo da borda do cilindro?

22. **Revisão.** A ponte Golden Gate, em São Francisco, tem vão central de comprimento 1,28 km, um dos mais longos do mundo. Imagine que um cabo de aço com esse comprimento e área transversal de $4,00 \times 10^{-6}$ m^2, é posto em linha reta na plataforma da ponte com suas pontas presas às torres da ponte. Em um dia de verão, a temperatura do fio é 35,0 °C. (a) Quando chega o inverno, as torres estão separadas pela mesma distância, e a plataforma da ponte tem o mesmo formato conforme suas junções de expansão se abrem. Quando a temperatura cai para –10,0 °C, qual é a tensão no cabo? Considere o módulo de Young para aço como $20,0 \times 10^{10}$ N/m^2. (b) Deformação permanente ocorre se a tensão no aço excede seu limite elástico de $3,00 \times 10^8$ N/m^2. A que temperatura o cabo atingiria seu limite elástico? (c) **E se?** Explique como suas respostas para as partes (a) e (b) mudariam se a ponte Golden Gate tivesse o dobro do comprimento.

23. Uma amostra de chumbo tem massa de 20,0 kg e densidade de $11,3 \times 10^3$ kg/m^3 a 0 °C. (a) Qual é a densidade do chumbo a 90,0 °C? (b) Qual é a massa da amostra de chumbo a 90,0 °C?

24. Uma amostra de uma substância sólida tem massa m e densidade ρ_0 a uma temperatura T_0. (a) Encontre a densidade da substância se sua temperatura é aumentada por uma quantidade ΔT em termos do coeficiente de expansão de volume β. (b) Qual é a massa da amostra se a temperatura é elevada por uma quantidade ΔT?

25. **M** Um tanque de gasolina localizado no subsolo pode armazenar $1,00 \times 10^3$ galões de gasolina a 52,0 °F. Suponha que o tanque está sendo preenchido em um dia em que a temperatura externa (e a temperatura da gasolina em um caminhão-tanque) for de 95,0 °F. Quando o tanque subterrâneo registrar que está cheio, quantos galões foram transferidos do caminhão, de acordo com um calibrador de temperatura não compensado, instalado no caminhão? Suponha que a temperatura da gasolina esfria rapidamente de 95,0 °F para 52,0 °F assim que entra no tanque.

Seção 5.5 Descrição macroscópica de um gás ideal

26. Um tanque rígido contém 1,50 moles de um gás ideal. Determine o número de moles de gás que deve ser retirado do tanque para baixar a pressão do gás de 25,0 atm para 5,00 atm. Suponha que o volume do tanque e a temperatura do gás permaneçam constantes durante essa operação.

27. Gás é confinado em um tanque a uma pressão de 11,0 atm e temperatura de 25,0 °C. Se dois terços do gás são retirados e a temperatura é aumentada para 75,0 °C, qual é a pressão do gás que permanece no tanque?

28. Seu pai e seu irmão mais novo confrontam o mesmo enigma. O borrifador de jardim de seu pai e o canhão de água de seu irmão têm tanques com capacidade de 5,00 L (Figura P5.28). Seu pai põe uma quantidade desprezível de fertilizante concentrado dentro de seu tanque. Os dois despejam 4,00 L de água em seus tanques e os fecham, de modo que, agora, ambos também contêm ar à pressão atmosférica. Em seguida, cada um usa uma bomba manual para injetar mais ar até que a pressão absoluta no tanque atinja 2,40 atm. Então, cada um usa seu aparelho para borrifar água – não ar – até que o borrifo fique fraco, o que acontece quando a pressão no tanque atinge 1,20 atm. Para conseguir borrifar toda a água para fora do tanque, cada um deles tem que bombear o tanque três vezes. Eis o enigma: quase toda a água é borrifada para fora depois da segunda bombeada. O primeiro e o terceiro processos de bombeamento parecem tão difíceis quanto o segundo, mas resultam em uma quantidade bem menor de água saindo do tanque. Explique esse fenômeno.

Figura P5.28

29. W Gás é contido em um recipiente de 8,00 L a uma temperatura de 20,0 °C e pressão de 9,00 atm. (a) Determine o número de moles de gás no recipiente. (b) Quantas moléculas estão no recipiente?

30. Um recipiente em forma de cubo com 10,0 cm em cada borda contém ar (com massa molar equivalente 28,9 g/mol) à pressão atmosférica e temperatura 300 K. Encontre (a) a massa do gás, (b) a força gravitacional exercida sobre ele e (c) a força que ele exerce sobre cada face do cubo. (d) Por que uma amostra tão pequena exerce uma força tão grande?

31. M Um auditório tem dimensões 10,0 m × 20,0 m × 30,0 m. Quantas moléculas de ar enchem o auditório a 20,0 °C com pressão de 101 kPa (1,00 atm)?

32. M O manômetro de um tanque registra a pressão manométrica, que é a diferença entre as pressões interior e exterior. Quando o tanque está cheio de oxigênio (O_2), ele contém 12,0 kg do gás à pressão manométrica de 40,0 atm. Determine a massa de oxigênio que foi retirada do tanque quando a leitura da pressão era 25,0 atm. Suponha que a temperatura do tanque permaneça constante.

33. (a) Encontre o número de moles em um metro cúbico de um gás ideal a 20,0 °C e pressão atmosférica. (b) Para o ar, o número de moléculas de Avogadro tem massa 28,9 g. Calcule a massa de um metro cúbico de ar. (c) Diga como esse resultado se compara com a densidade do ar tabulada a 20,0 °C.

34. Utilize a definição de número de Avogadro para determinar a massa de um átomo de hélio.

35. Uma marca popular de cola contém 6,50 g de dióxido de carbono dissolvidas em 1,00 L de refrigerante. Se o dióxido de carbono em evaporação for capturado em um cilindro a uma pressão de 1,00 atm e 20,0 °C, que volume o gás ocupará?

36. W Em sistemas a vácuo ultramodernos, pressões tão baixas quanto $1,00 \times 10^{-9}$ Pa são alcançadas. Calcule o número de moléculas em um recipiente de 1,00 m³ a essa pressão e temperatura de 27,0 °C.

37. M O pneu de um automóvel é inflado com ar originalmente a 10,0 °C e pressão atmosférica normal. Durante o processo, o ar é comprimido para 28,0% de seu volume original, e a temperatura é aumentada para 40,0 °C. (a) Qual é a pressão do pneu? (b) Depois que o carro é dirigido em alta velocidade, a temperatura do ar no pneu sobe para 85,0 °C, e o volume interno do pneu aumenta em 2,00%. Qual é a nova pressão (absoluta) do pneu?

38. Revisão. Para medir quão abaixo da superfície do oceano uma ave mergulha para pegar um peixe, um cientista usa o método criado por Lord Kelvin. Ele polvilha o interior de tubos plásticos com açúcar em pó e sela uma extremidade de cada tubo. Captura a ave de seu ninho durante a noite e prende um tubo a suas costas. Na noite seguinte, ele pega a mesma ave e remove o tubo. Em um experimento usando um tubo de 6,50 cm de comprimento, a água lava o açúcar a uma distância de 2,70 cm de sua extremidade aberta. Encontre a maior profundidade que a ave mergulhou, supondo que o ar no tubo permaneceu à temperatura constante.

39. AMT M Revisão. A massa de um balão de ar quente e sua carga (não incluindo o ar interno) é 200 kg. O ar externo está a 10,0 °C e 101 kPa. O volume do balão é 400 m³. A que temperatura o ar no balão deve ser aquecido antes que o balão decole? (a densidade do ar a 10,0 °C é de 1,244 kg/m³).

40. Um quarto com volume V contém ar tendo massa molar M (em g/mol). Se a temperatura da sala for aumentada de T_1 para T_2, que massa de ar vai sair do quarto? Suponha que a pressão de ar na sala é mantida em P_0.

41. Revisão. Vinte e cinco metros abaixo da superfície do mar, onde a temperatura é 5,00 °C, um mergulhador exala uma bolha de ar de volume 1,00 cm³. Se a temperatura da superfície do mar está a 20,0 °C, qual é o volume da bolha imediatamente antes de ela romper a superfície?

42. Estime a massa de ar em seu quarto. Mencione as quantidades que você considera dados e o valor que mede ou estima para cada uma.

43. W Um cozinheiro coloca 9,00 g de água em uma panela de pressão de 2,00 L que é aquecida a 500 °C. Qual é a pressão dentro do recipiente?

44. O manômetro de um cilindro de gás registra a pressão manométrica, que é a diferença entre a pressão interior e a pressão exterior P_0. Vamos chamar essa pressão de P_g. Quando o cilindro está cheio, a massa do gás nele é m_i a uma pressão manométrica de P_{gi}. Supondo que a temperatura do cilindro permaneça constante, mostre que a massa do gás que *permanece* no cilindro quando a leitura da pressão é P_{gf} é dada por:

$$m_f = m_i \left(\frac{P_{gf} + P_0}{P_{gi} + P_0} \right)$$

Problemas Adicionais

45. Missões espaciais de longo prazo requerem a recuperação do oxigênio no dióxido de carbono exalado pela tripulação. Em um método de recuperação, 1,00 mol de dióxido de carbono produz 1,00 mol de oxigênio e 1,00 mol de metano como um subproduto. O metano é armazenado em um tanque de pressão e está disponível para controlar a posição da espaçonave por ventilação controlada. Um único astronauta exala 1,09 kg de dióxido de carbono a cada dia. Se o metano gerado na reciclagem de respiração de três astronautas durante uma semana de vôo é armazenado em um tanque de 150 L originalmente vazio a −45,0 °C, qual é a pressão final no tanque?

46. Uma viga de aço usada na construção de um arranha-céu tem comprimento de 35,000 m quando entregue em um dia frio a uma temperatura de 15,000 °F. Qual é o comprimento da viga quando está sendo instalada mais tarde, em um dia quente sob temperatura de 90,000 °F?

47. Um rolamento esférico de aço tem diâmetro de 2,540 cm a 25,00 °C. (a) Qual é seu diâmetro quando sua temperatura é elevada para 100,0 °C? (b) Que variação de temperatura é necessária para aumentar seu volume em 1%?

48. O pneu de uma bicicleta é inflado a uma pressão manométrica de 2,50 atm quando a temperatura é 15,0 °C. Enquanto um homem pedala a bicicleta, a temperatura do pneu sobe para 45,0 °C. Supondo que o volume do pneu

não mude, encontre a pressão manométrica no pneu na temperatura mais alta.

49. Em uma usina de processamento químico, uma câmara de reação com volume fixo V_0 está conectada a uma câmara-reservatório de volume fixo $4V_0$ por uma passagem contendo um conector poroso termicamente isolante. O conector permite que as câmaras estejam a diferentes temperaturas e também que o gás passe de uma câmara para outra, assegurando que a pressão seja a mesma em ambas as câmaras. Em determinado ponto no processamento, as duas câmaras contêm gás a uma pressão de 1,00 atm e uma temperatura de 27,0 °C. as válvulas de entrada e saída das duas câmaras estão fechadas. O reservatório é mantido a 27,0 °C, enquanto a câmara de reação é aquecida a 400 °C. Qual é a pressão em ambas as câmaras depois que isso é feito?

50. *Por que a seguinte situação é impossível?* Um aparelho é desenhado de modo que vapor inicialmente a $T = 150$ °C, $P = 1,00$ atm e $V = 0,500$ m³ em um aparelho de pistão-cilindro passe por um processo em que (1) o volume permanece constante e a pressão cai para 0,870 atm, seguido por (2) uma expansão na qual a pressão permanece constante e o volume aumenta para 1,00 m³, seguida por (3) um retorno às condições iniciais. É importante que a pressão do gás nunca caia para menos de 0,850 atm para que o pistão suporte uma parte delicada e muito cara do aparelho. Sem esse suporte, o aparelho delicado pode ser severamente danificado e se tornar inútil. Quando o desenho é transformado em um protótipo funcional, ele funciona perfeitamente.

51. **M** Um termômetro de mercúrio é construído como mostrado na Figura P5.51. O tubo capilar de vidro Pirex tem diâmetro de 0,00400 cm, e o bulbo tem diâmetro de 0,250 cm. Encontre a variação na altura da coluna de mercúrio que ocorre com uma variação de temperatura de 30,0 °C.

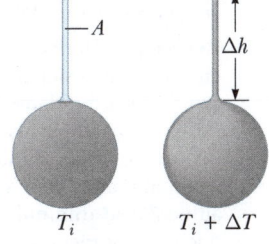

Figura P5.51
Problemas 51 e 52.

52. Um líquido com coeficiente de expansão de volume β enche uma concha esférica de volume V (Figura P5.51). A concha e o capilar aberto de área A se projetando do topo da esfera são feitos de um material com coeficiente de expansão linear média α. O líquido é livre para expandir para dentro do capilar. Supondo que a temperatura aumente por ΔT, encontre a distância Δh que o líquido sobe no capilar.

53. **AMT** Revisão. Um cano de alumínio é aberto dos dois lados e usado como uma flauta. Ele é esfriado para 5,00 °C, quando seu comprimento é 0,655 m. Assim que você começa a tocá-lo, o cano se enche de ar a 20,0 °C. Depois disso, por quanto a frequência fundamental muda à medida que a temperatura do metal sobe para 20,0 °C?

54. Duas barras de metal são feitas de invar, e uma terceira de alumínio. A 0 °C, cada uma das três barras é perfurada com dois buracos a 40,0 cm um do outro. Colocam-se pinos nos buracos para montar as barras em um triângulo equilátero, como na Figura P5.54. (a) Primeiro,

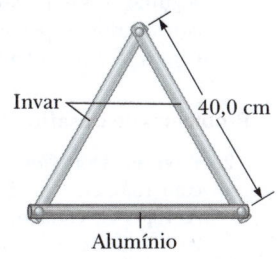

Figura P5.54

despreze a expansão do invar. Encontre o ângulo entre as barras de invar como função da temperatura Celsius. (b) Sua resposta é precisa tanto para temperaturas negativas quanto positivas? (c) Ela é precisa para 0 °C? (d) Resolva o problema novamente, incluindo a expansão do invar. Alumínio derrete a 660 °C, e invar, a 1.427 °C. Suponha que os coeficientes de expansão tabulados sejam constantes. Quais são (e) os maiores e (f) os menores ângulos entre as barras de invar?

55. Um estudante mede o comprimento de uma barra de latão com uma fita de aço a 20,0 °C. A leitura é 95,00 cm. O que a fita vai indicar para o comprimento da barra quando ambas estiverem a (a) −15,0 °C e (b) 55,0 °C?

56. A densidade da gasolina é 730 kg/m³ a 0 °C. Seu coeficiente de expansão volumétrico média é $9,60 \times 10^{-4}$ (°C)$^{-1}$. Suponha que 1,00 gal de gasolina ocupe 0,00380 m³. Quantos quilogramas a mais de gasolina você receberia se comprasse 10,0 gal a 0 °C em vez de a 20,0 °C de uma bomba que não tem compensação de temperatura?

57. Um líquido tem densidade ρ. (a) Mostre que a variação fracional na densidade para uma variação em temperatura ΔT é $\Delta \rho / \rho = -\beta \Delta T$. (b) O que significa o sinal negativo? (c) Água doce tem uma densidade máxima de 1,0000 g/cm³ a 4,0 °C. A 10,0 °C, sua densidade é 0,9997 g/cm³. Qual é β para a água nesse intervalo de temperatura? (d) A 0 °C, a densidade da água é 0,9999 g/cm³. Qual é o valor de β pela variação de temperatura de 0 °C a 4,00 °C?

58. (a) Considere a definição do coeficiente de expansão volumétrica como:

$$\beta = \frac{1}{V} \frac{dV}{dT}\bigg|_{P = \text{constante}} = \frac{1}{V} \frac{\partial V}{\partial T}$$

Use a equação de estado para um gás ideal para mostrar que o coeficiente de expansão volumétrica para um gás ideal sob pressão constante é dado por $\beta = 1/T$, onde T é a temperatura absoluta. (b) Que valor essa expressão prevê para β a 0 °C? Diga como esse resultado se compara aos valores experimentais para (c) hélio e (d) ar na Tabela 5.1. *Observação*: esses valores são muito maiores que os coeficientes de expansão volumétrica para a maioria dos líquidos e sólidos.

59. **Revisão.** Um relógio com pêndulo de latão tem período de 1,000 s a 20,0 °C. Se a temperatura aumenta para 30,0 °C, (a) por quanto o período muda? (b) Quanto tempo o relógio perde ou ganha em uma semana?

60. Uma faixa bimetálica de comprimento L é feita de duas fitas de metais diferentes ligados. (a) Primeiro, suponha que a faixa seja originalmente reta. Conforme ela é aquecida, o metal com maior coeficiente de expansão média se expande mais que o outro, forçando a faixa em um arco com o raio externo tendo maior circunferência (Figura P5.60). Derive uma expressão para o ângulo de encurvamento θ como uma função do comprimento inicial das faixas, seus coeficientes de expansão linear média, a variação em temperatura, e a separação dos centros das faixas ($\Delta r = r_2 - r_1$). (b) Mostre que o ângulo de encurvamento diminui para zero quando ΔT diminui para zero e, ainda, quando os dois coeficientes de expansão média se tornam iguais. (c) **E se?** O que acontece se a faixa é esfriada?

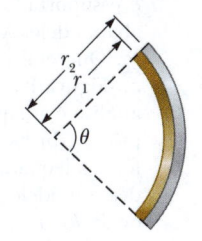

Figura P5.60

130 Física para cientistas e engenheiros

61. A placa retangular mostrada na Figura P5.61 tem área A_i igual a ℓw. Se a temperatura aumenta em ΔT, cada dimensão aumenta de acordo com a Equação 5.4, onde α é o coeficiente de expansão linear média. (a) Mostre que o aumento em área é $\Delta A = 2\alpha A_i \Delta T$. (b) Que aproximação essa expressão supõe?

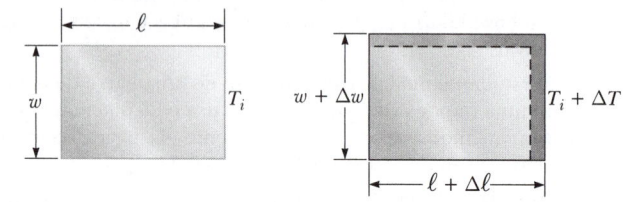

Figura P5.61

62. A medição do coeficiente de expansão volumétrica média β para um líquido é complicada porque o recipiente também muda de tamanho com a temperatura. A Figura P5.62 mostra um meio simples de medir β apesar da expansão do recipiente. Com esse aparelho, um braço de um tubo U é mantido a 0 °C em um banho de água e gelo, e o outro a uma temperatura diferente T_C em um banho de temperatura constante. O tubo de conexão é horizontal. Uma diferença no comprimento ou diâmetro do tubo entre os dois braços do tubo U não tem efeito sobre o equilíbrio da pressão no fundo do tubo, porque a pressão depende somente da profundidade do líquido. Derive uma expressão para β para o líquido em termos de h_0, h_t e T_C.

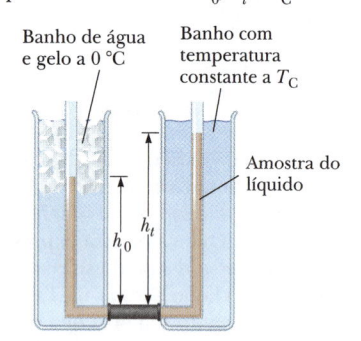

Figura P5.62

63. Duas barras, uma de cobre e outra de aço, têm comprimentos que diferem por 5,00 cm a 0 °C. Ambas são aquecidas e esfriadas juntas. (a) É possível que a diferença de comprimento permaneça constante sob todas as temperaturas? Explique. (b) Se for possível, descreva os comprimentos a 0 °C o mais precisamente possível. Você pode dizer qual barra é mais longa? E os comprimentos delas?

64. **AMT** **PD** Um cilindro vertical de área transversal A é adaptado com um pistão bem ajustado, sem atrito, de massa m (Figura P5.64). O pistão não tem seu movimento restrito de qualquer maneira e é suportado pelo gás à pressão P abaixo dele. A pressão atmosférica é P_0. Queremos determinar a altura h na Figura P5.64. (a) Que modelo de análise é adequado para descrever o pistão? (b) Escreva uma equação de força adequada para o pistão a partir desse modelo de análise em termos de P, P_0, m, A e g. (c) Suponha que n moles de um gás ideal estejam no cilindro a uma temperatura T. Substitua para P em sua resposta para a parte (b) para encontrar a altura h do pistão acima do fundo do cilindro.

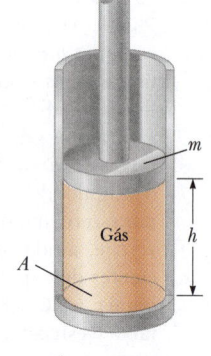

Figura P5.64

65. **Revisão.** Considere um corpo com qualquer um dos formatos mostrados na Tabela 10.2 do Volume 1 desta coleção. Qual é o percentual de aumento no momento de inércia do corpo quando aquecido de 0 °C para 100 °C se ele é composto de (a) cobre ou (b) alumínio? Suponha que os coeficientes de expansão linear média mostrados na Tabela 5.1 não variam entre 0 °C e 100 °C. (c) Por que as respostas para as partes (a) e (b) são as mesmas para todos os formatos?

66. (a) Mostre que a densidade de um gás ideal ocupando um volume V é dada por $\rho = PM/RT$, onde M é a massa molar. (b) Determine a densidade do gás oxigênio à pressão atmosférica e 20,0 °C.

67. Dois vãos de concreto de uma ponte de 250 m de comprimento são colocados ponta com ponta de modo que não há espaço para expansão (Figura P5.67a). Se ocorre um aumento de temperatura de 20,0 °C, qual é a altura y para a qual os vãos sobem quando se encurvam (Figura P5.67b)?

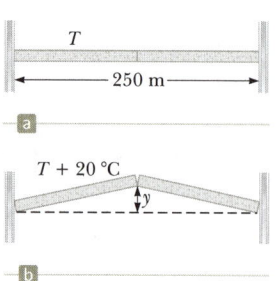

68. Dois vãos de concreto que formam uma ponte de comprimento L são colocados ponta com ponta de modo que não há espaço para expansão (Figura P5.67a). Se ocorre um aumento de temperatura de ΔT, qual é a altura y para a qual os vãos sobem quando se encurvam (Figura P5.567b)?

Figura P5.67
Problemas 67 e 68.

69. **Revisão.** (a) Derive uma expressão para a força de empuxo em um balão esférico, submerso em água, como uma função da profundidade h abaixo da superfície, do volume V_i do balão na superfície, da pressão P_0 na superfície, e da densidade ρ_a da água. Suponha que a temperatura da água não muda com a profundidade. (b) A força de *empuxo* aumenta ou diminui conforme o balão é submerso? (c) A que profundidade a força de empuxo é metade do valor na superfície?

70. **AMT** Revisão. Após uma colisão no espaço sideral, um disco de cobre a 850 °C gira sobre seu eixo com velocidade angular de 25,0 rad/s. Conforme o disco irradia luz infravermelha, sua temperatura cai para 20,0 °C. Não há torque externo atuando sobre o disco. (a) A velocidade angular muda conforme o disco esfria? Explique como ela muda ou por que não muda. (b) Qual é sua velocidade angular a uma temperatura mais baixa?

71. Começando da Equação 5.10, mostre que a pressão total P em um recipiente cheio de uma mistura de diversos gases ideais é $P = P_1 + P_2 + P_3 + ...$, onde P_1, P_2, ... são as pressões que cada gás exerceria se enchesse o recipiente sozinho (essas pressões individuais são chamadas *pressões parciais* dos respectivos gases). Esse resultado é conhecido como *a Lei de Dalton das Pressões Parciais*.

Problemas de Desafio

72. **Revisão.** Dois fios, um de aço e outro de cobre, cada um com diâmetro de 2,000 mm, são ligados ponta a ponta. A 40,0 °C, cada um tem comprimento não alongado de 2,000 m. Os fios são conectados entre dois suportes fixos a 4,000 m um do outro em um tampo de mesa. O de aço se estende de $x = -2,000$ m para $x = 0$; o de cobre, de $x = 0$

para $x = 2,000$ m; a tensão é desprezível. A temperatura é baixada para 20,0 °C. Suponha que o coeficiente de expansão linear média do aço seja $11,0 \times 10^{-6}$ (°C)$^{-1}$ e do cobre seja $17,0 \times 10^{-6}$ (°C)$^{-1}$. Considere o módulo de Young para aço $20,0 \times 10^{10}$ N/m², e para cobre $11,0 \times 10^{10}$ N/m². Nessa temperatura mais baixa, encontre (a) a tensão no fio e (b) a coordenada x da junção entre os fios.

73. **Revisão.** Uma corda de aço de guitarra com diâmetro de 1,00 mm é esticada entre suportes a 80,0 cm de distância um do outro. A temperatura é 0,0 °C. (a) Encontre a massa por unidade do comprimento dessa corda (use o valor $7,86 \times 10^3$ kg/m³ para a densidade). (b) A frequência fundamental das oscilações transversais da corda é 200 Hz. Qual é a tensão na corda? Em seguida, a temperatura é elevada para 30,0 °C. Encontre os valores resultantes da (c) tensão e (d) frequência fundamental. Suponha que o módulo de Young $20,0 \times 10^{10}$ N/m² e o coeficiente de expansão média $\alpha = 11,0 \times 10^{-6}$ (°C)$^{-1}$ tenham valores constantes entre 0,0 °C e 30,0 °C.

74. **W** Um cilindro é fechado por um pistão conectado a uma mola de constante $2,00 \times 10^3$ N/m (ver Figura P5.74). Com a mola relaxada, o cilindro é cheio com 5,00 L de gás a uma pressão de 1,00 atm e temperatura de 20,0 °C. (a) Se o pistão tem área transversal de 0,0100 m² e massa desprezível, quão alto vai subir quando a temperatura é elevada para 250 °C? (b) Qual é a pressão do gás a 250 °C?

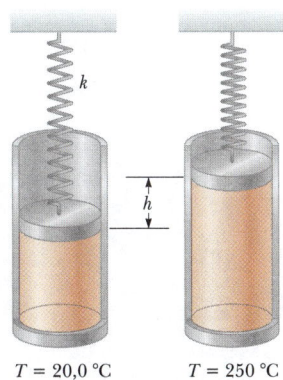

Figura P5.74

75. Gás hélio é vendido em tanques de aço que se rompem se sujeitos a tensão mecânica maior que sua força de rendimento, de 5×10^8 N/m². Se o hélio é usado para inflar um balão, esse poderia levantar o tanque esférico onde estava o hélio? Justifique sua resposta. *Sugestão*: você pode considerar uma concha esférica de aço de raio r e espessura t com a densidade do ferro e a ponto de se partir em dois hemisférios porque contém hélio com alta pressão.

76. Um cilindro que tem raio de 40,0 cm e 50,0 cm de profundidade é cheio com ar a 20,0 °C a 1,00 atm (Figura P5.76a). Um pistão de 20,0 kg é baixado dentro do cilindro, comprimindo o ar preso lá dentro enquanto atinge altura de equilíbrio h_i (Figura P5.76b). Finalmente, um cachorro de 25,0 kg é colocado sobre o pistão, comprimindo ainda mais o ar, que permanece a 20 °C (Figura P5.76c). (a) Que distância para baixo (Δh) o pistão se move quando o cachorro sobe nele? (b) A que temperatura o gás deveria ser aquecido para levantar o pistão e o cachorro de volta para h_i?

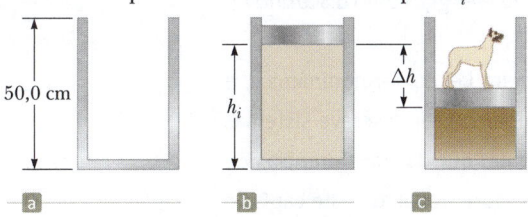

Figura P5.76

77. A relação $L = L_i + \alpha L_i \Delta T$ é uma aproximação válida quando $\alpha \Delta T$ é pequeno. Se $\alpha \Delta T$ é grande, devemos integrar a relação $dL = \alpha L \, dT$ para determinar o comprimento final. (a) Supondo que o coeficiente de expansão linear de um material seja constante conforme L varia, determine uma expressão geral para o comprimento final de uma barra feita do material. Dada uma barra de comprimento 1,00 m e variação de temperatura de 100,0 °C, determine o erro causado pela aproximação quando (b) $\alpha = 2,00 \times 10^{-5}$ (°C)$^{-1}$ (um valor típico para um metal) e (c) quando $\alpha = 0,0200$ (°C)$^{-1}$ (um valor irrealmente grande para comparação). (d) Usando a equação da parte (a), resolva o Problema 21 novamente para obter resultados mais precisos.

78. **Revisão.** O telhado de uma casa é um plano perfeitamente estável que forma um ângulo θ com a horizontal. Quando sua temperatura muda, entre T_a antes do amanhecer todos os dias e T_m no meio de cada tarde, o telhado se expande e se contrai uniformemente com um coeficiente de expansão térmica α_1. Repousando no telhado está uma placa de metal plana e retangular com coeficiente de expansão α_2, maior que α_1. O comprimento da placa é L, medido ao longo da inclinação do telhado. O componente do peso da placa perpendicular ao telhado é suportado por uma força normal uniformemente distribuída por sua área. O coeficiente de atrito cinético entre a placa e o telhado é μ_c. A placa sempre está à mesma temperatura que o telhado, então, supomos que sua temperatura mude continuamente. Devido à diferença nos coeficientes de expansão, cada parte da placa se move com relação ao telhado abaixo dela, exceto nos pontos ao longo de certa linha horizontal que passa pela placa, chamada linha estacionária. Se a temperatura sobe, partes da placa abaixo da linha estacionária se movem para baixo em relação ao telhado e sentem uma força de atrito cinética atuando no telhado. Elementos da área acima da linha estacionária deslizam para cima no telhado, e o atrito cinético atua sobre eles para baixo, paralelo ao telhado. A linha estacionária não ocupa nenhuma área, então supomos que nenhuma força de atrito estática atue sobre a placa enquanto a temperatura muda. A placa como um todo está muito próxima do equilíbrio, então a força de atrito resultante sobre ela deve ser igual ao componente de seu peso atuando para baixo na inclinação. (a) Prove que a linha estacionária está a uma distância de:

$$\frac{L}{2}\left(1 - \frac{\tg \theta}{\mu_c}\right)$$

abaixo da borda superior da placa. (b) Analise as forças que atuam sobre a placa quando a temperatura está caindo e prove que a linha estacionária está à mesma distância acima da parte inferior da placa. (c) Mostre que a placa vai para baixo no telhado como uma larva, movendo-se, todos os dias, a uma distância:

$$\frac{L}{\mu_c}(\alpha_2 - \alpha_1)(T_h - T_c)\tg \theta$$

(d) Avalie a distância que uma placa de alumínio se move cada dia se seu comprimento é 1,20 m, se sua temperatura varia entre 4,00 °C e 36,0 °C, e se o telhado tem inclinação de 18,5°, coeficiente de expansão linear $1,50 \times 10^{-5}$ (°C)$^{-1}$ e coeficiente de atrito 0,420 com a placa. (e) **E se?** E se o coeficiente de expansão da placa for menor que o do telhado? A placa vai subir o telhado lentamente?

79. Um trilho ferroviário de aço de 1,00 km é amarrado fortemente nas duas pontas quando a temperatura é 20,0 °C. Conforme a temperatura aumenta, o trilho se curva, ficando na forma de um arco de círculo vertical. Encontre a altura h do centro do trilho quando a temperatura é 25,0 °C (você terá que resolver uma equação transcendental).

capítulo **6**

A Primeira Lei da Termodinâmica

- **6.1** Calor e energia interna
- **6.2** Calor específico e calorimetria
- **6.3** Calor latente
- **6.4** Trabalho e calor em processos termodinâmicos
- **6.5** A Primeira Lei da Termodinâmica
- **6.6** Algumas aplicações da Primeira Lei da Termodinâmica
- **6.7** Mecanismos de transferência de energia em processos térmicos

Até aproximadamente 1850, as áreas da Termodinâmica e da Mecânica eram consideradas dois ramos distintos da ciência. O princípio de conservação de energia parecia descrever somente certos tipos de sistemas mecânicos. No entanto, experiências realizadas em meados do século XIX pelo inglês James Joule e por outros mostraram a forte conexão entre a transferência de energia por calor em processos térmicos e a transferência de energia por trabalho em processos mecânicos. Hoje sabemos que a energia mecânica pode ser transformada em energia interna, formalmente definida neste capítulo. Depois que o conceito de energia foi generalizado da Mecânica para incluir a energia interna, o princípio de conservação de energia, como discutido no Capítulo 8 do Volume 1, surgiu como uma lei universal da natureza.

Nesta fotografia do Monte Baker e arredores perto de Bellingham, Washington, há evidências de água em todas as três fases. No lago há água líquida, e água sólida na forma de neve aparece no solo. As nuvens no céu consistem em gotículas de água líquida que se condensaram do vapor gasoso de água no ar. Mudanças de uma substância de uma fase para outra são o resultado de transferência de energia. (© iStockphoto.com/KingWu)

Este capítulo se concentra no conceito de energia interna, a Primeira Lei da Termodinâmica, e algumas de suas aplicações mais importantes. A Primeira Lei da Termodinâmica descreve sistemas nos quais a única alteração em energia é aquela da energia interna, e em que as transferências de energia são por calor e trabalho. A maior diferença em nossa discussão sobre trabalho neste capítulo em relação à maioria dos capítulos sobre Mecânica é que vamos considerar o trabalho realizado sobre sistemas *deformáveis*.

6.1 Calor e energia interna

Para começar, é importante fazer a distinção entre energia interna e calor, termos que são frequentemente usados de maneira intercambiável na linguagem popular.

> **Energia interna** é toda a energia de um sistema associada a seus componentes microscópicos – átomos e moléculas – quando vistos em um sistema de referência em repouso com relação ao centro de massa do sistema.

A última parte dessa sentença garante que qualquer energia cinética bruta causada por sua movimentação pelo espaço não seja incluída na energia interna. Esta inclui a energia cinética do movimento translacional, rotacional e vibracional aleatório de moléculas; energia vibracional potencial associada a forças entre átomos em moléculas; e energia potencial elétrica associada às forças entre moléculas. É útil relacionar a energia interna à temperatura de um corpo, mas essa relação é limitada. Mostraremos na Seção 6.3 que mudanças na energia interna também podem ocorrer na ausência de variações de temperatura. Nesta discussão, investigaremos a energia interna do sistema quando existe uma *mudança física*, mais frequentemente relacionada à mudança de fase, como a fusão ou a ebulição. Consideramos que a energia está associada a *mudanças químicas*, relacionada a reações químicas, ao termo para energia potencial, na Equação 8.2, não à energia interna. Portanto, discutimos a *energia potencial química*, por exemplo, no corpo humano (como resultado de refeições anteriores), o tanque de gasolina de um carro (por causa da transferência de combustível), e a bateria de um circuito elétrico (colocada na bateria durante o processo de sua fabricação).

> **Prevenção de Armadilhas 6.1**
>
> **Energia interna, energia térmica e energia de ligação**
>
> Quando você lê outros livros de Física, certamente encontra termos como *energia térmica* e *energia de ligação*. Energia térmica pode ser interpretada como aquela parte da energia interna associada a movimentos aleatórios de moléculas e, portanto, relacionada à temperatura. Energia de ligação é a energia potencial intermolecular. Consequentemente,
>
> Energia interna = energia térmica + energia de ligação
>
> Embora essa separação seja apresentada para fins de esclarecimento em relação a outros livros, não usaremos esses termos porque não são necessários.

> **Calor** é definido como um processo de transferência de energia através do limite de um sistema por causa de uma diferença de temperatura entre o sistema e seu entorno. Também é a quantidade de energia Q transferida por este processo.

Quando você *aquece* uma substância, está lhe transferindo energia, colocando-a em contato com um entorno que está a uma temperatura mais alta. Esse é o caso, por exemplo, quando você coloca uma panela de água gelada sobre a boca de um fogão. A boca está a uma temperatura mais alta que a água, que, então, ganha energia por calor.

Leia essa definição de calor (Q na Equação 8.2 do Volume 1 desta coleção) muito atentamente. Note, em particular, que o calor *não está* nas citações comuns a seguir. (1) Calor *não é* energia em uma substância quente. Por exemplo, "Água fervente tem muito calor" é incorreto; a água fervente tem *energia interna* E_{int}. (2) Calor *não é* radiação. Por exemplo, "Estava muito quente porque a calçada irradiava calor" é incorreto; a energia sai da calçada por *radiação eletromagnética*, T_{RE} na Equação 8.2 do Volume 1. (3) Calor *não é* a quentura de um ambiente. Por exemplo, "O calor no ar estava tão opressivo" é incorreto; em um dia quente, o ar tem alta *temperatura T*.

Como uma analogia à distinção entre calor e energia interna, considere a diferença entre trabalho e energia mecânica discutida no Capítulo 7 do Volume 1 desta coleção. O trabalho realizado sobre um sistema é uma medida da quantidade de energia transferida para o sistema a partir do ambiente, enquanto a energia mecânica (energia cinética mais energia potencial) de um sistema é uma consequência do movimento e configuração do sistema. Então, quando uma pessoa realiza trabalho sobre um sistema, energia é transferida dela para o sistema. Não faz sentido falar sobre o trabalho *de* um sistema; podemos nos referir somente ao trabalho realizado *sobre* ou *por* um sistema quando algum processo ocorreu em que energia foi transferida para ou do sistema. Do mesmo modo, não faz sentido falar sobre o calor *de* um sistema; podemos nos referir a calor somente quando a energia foi transferida como resultado de uma diferença de temperatura. Tanto calor quanto trabalho são formas de transferir energia entre o sistema e seus arredores.

> **Prevenção de Armadilhas 6.2**
>
> **Calor, temperatura e energia interna são diferentes**
>
> Enquanto você lê o jornal, ou explora a internet, fique atento a frases que incluem a palavra *calor* usada incorretamente e pense na palavra correta que deveria ser usada em seu lugar. Exemplos incorretos incluem "Quando o caminhão freou até parar, uma grande quantidade de calor foi gerada pelo atrito" e "O calor de um dia quente de verão..."

Unidades de calor

Os primeiros estudos sobre calor focaram o aumento resultante da temperatura de uma substância, que frequentemente era água. Noções iniciais sobre calor foram baseadas em um fluido chamado *calórico* que corria de uma substância para outra e causava variações na temperatura. Do nome desse fluido místico veio uma unidade de energia relacionada a processos térmicos, a **caloria (cal)**, definida

James Prescott Joule
Físico britânico (1818-1889)
Joule teve educação formal em matemática, filosofia e química de John Dalton, mas foi em grande parte autodidata. A pesquisa de Joule levou ao estabelecimento do princípio da conservação da energia. Seu estudo da relação quantitativa entre os efeitos elétricos, mecânicos e químicos do calor culminou em seu anúncio, em 1843, da quantidade de trabalho necessário para produzir uma unidade de energia, chamada equivalente mecânico do calor.

como a quantidade de energia transferida necessária para elevar a temperatura de 1 g de água de 14,5 °C para 15,5 °C.[1] ("Caloria", escrita com "C" maiúsculo e usada para descrever o conteúdo de energia de alimentos, é, na verdade, uma quilocaloria.) A unidade de energia no sistema comum dos Estados Unidos é a **unidade térmica britânica (Btu)**, definida como a quantidade de energia transferida necessária para elevar a temperatura de 1 lb de água de 63 °F para 64 °F.

Uma vez que a relação entre energia em processos térmicos e mecânicos ficou clara, não havia mais necessidade de unidades separadas relacionadas a processos térmicos. O *joule* já foi definido como uma unidade de energia baseada em processos mecânicos. Cientistas se distanciam cada vez mais da caloria e dos Btu e usam o joule na descrição de processos térmicos. Neste livro, calor, trabalho e energia interna são geralmente medidos em joules.

O equivalente mecânico do calor

Nos capítulos 7 e 8 do Volume 1 desta coleção foi visto que sempre que há atrito em um sistema mecânico, a energia mecânica no sistema diminui; ou seja, a energia mecânica não é conservada na presença de forças não conservativas. Vários experimentos mostram que essa energia mecânica não desaparece simplesmente sendo transformada em energia interna. Você pode realizar um desses experimentos em casa martelando um prego em um pedaço de madeira. O que acontece com toda a energia cinética do martelo depois que você termina? Uma parte dela está no prego como energia interna, demonstrado pela temperatura maior do prego. Note que *não há* transferência de energia por calor nesse processo. Para o prego e a tábua como um sistema não isolado, a Equação 8.2 do Volume 1 desta coleção se torna $\Delta E_{int} = W + T_{OM}$, onde W é o trabalho realizado pelo martelo no prego e T_{OM} é a energia saindo do sistema por ondas sonoras quando o prego é atingido. Embora essa conexão entre energia mecânica e energia interna tenha sido sugerida por Benjamin Thompson, foi James Prescott Joule que estabeleceu a equivalência da diminuição de energia mecânica e o aumento de energia interna.

Um diagrama esquemático da experiência mais famosa de Joule é mostrado na Figura 6.1. O sistema de interesse é a Terra, os dois blocos e a água em um recipiente isolado termicamente. Trabalho é realizado no sistema sobre a água por uma roda de pás giratória, impulsionada por blocos pesados que caem com velocidade constante. Se a energia transformada nos rolamentos e a energia que passa pelas paredes devido ao calor forem desprezadas, a diminuição de energia potencial do sistema conforme os blocos caem é igual ao trabalho realizado pela roda de pás sobre a água e ao aumento da energia interna da água. Se os dois blocos caem por uma distância h, a diminuição da energia potencial do sistema é $2\,mgh$, onde m é a massa de um bloco; essa energia causa um aumento na temperatura da água. Variando as condições do experimento, Joule observou que a diminuição na energia mecânica é proporcional ao produto da massa da água e ao aumento na temperatura da água. A constante de proporcionalidade foi determinada como aproximadamente 4,18 J/g × °C. Portanto, 4,18 J de energia mecânica aumentam a temperatura de 1 g de água por 1 °C. Medições mais precisas feitas depois mostraram que a proporcionalidade era de 4,186 J/g × °C quando a temperatura da água foi aumentada de 14,5 °C para 15,5 °C. Adotamos esse valor de "caloria de 15 graus":

$$1\text{ cal} = 4{,}186\text{ J} \tag{6.1}$$

Os blocos que caem giram as pás, causando o aumento da temperatura da água.

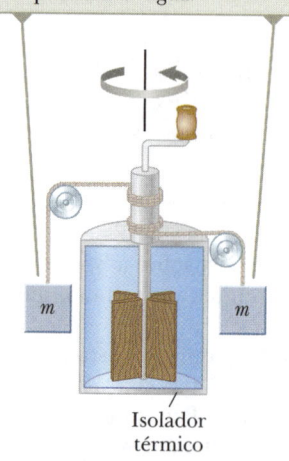

Isolador térmico

Figura 6.1 A experiência de Joule para determinar o equivalente mecânico do calor.

Essa igualdade é conhecida, por motivos puramente históricos, como o **equivalente mecânico do calor**. Um nome mais apropriado seria *equivalência entre energia mecânica e energia interna*, mas o nome histórico está bem estabelecido em nossa linguagem, apesar do uso incorreto da palavra *calor*.

Exemplo 6.1 — Perdendo peso da maneira mais difícil [MA]

Um estudante come uma refeição de 2.000 Calorias. Ele quer fazer trabalho em quantidade equivalente no ginásio, levantando halteres de 50,0 kg. Quantas vezes ele deve levantar os halteres para gastar essa energia? Suponha que ele levante os halteres 2,00 m em cada levantamento, e que não ganhe energia quando desce os halteres.

---
[1] Originalmente, caloria foi definida como a transferência de energia necessária para aumentar a temperatura de 1 g de água por 1 °C. Medições mais cuidadosas, no entanto, mostraram que a quantidade de energia necessária para produzir uma variação de 1 °C depende também da temperatura inicial; então uma definição mais precisa foi desenvolvida.

6.1 *cont.*

SOLUÇÃO

Conceitualização Imagine o estudante levantando os halteres. Ele está fazendo trabalho no sistema halteres-Terra, então, energia sai de seu corpo. A quantidade total de trabalho que o estudante deve fazer é de 2.000 Calorias.

Categorização Modelamos o sistema halteres-Terra como um *sistema não isolado para energia*.

Análise Reduza a equação de conservação de energia, Equação 8.2 do Volume 1 desta coleção, para a expressão adequada para o sistema halteres-Terra:

(1) $\Delta U_{total} = W_{total}$

Expresse a variação na energia potencial gravitacional do sistema depois que o haltere é levantado uma vez:

$\Delta U = mgh$

Expresse a quantidade total de energia que deve ser transferida para o sistema pelo trabalho de levantar os halteres n vezes, supondo que não haja ganho de energia depois que os halteres são baixados:

(2) $\Delta U_{total} = nmgh$

Substitua a Equação (2) na Equação (1): $nmgh = W_{total}$

Resolva para n: $n = \dfrac{W_{total}}{mgh}$

Substitua valores numéricos

$= \dfrac{(2.000 \text{ Cal})}{(50,0 \text{ kg})(9,80 \text{ m/s}^2)(2,00 \text{ m})}\left(\dfrac{1,00 \times 10^3 \text{ cal}}{\text{Caloria}}\right)\left(\dfrac{4,186 \text{ J}}{1 \text{ cal}}\right)$

$= \boxed{8,54 \times 10^3 \text{ vezes}}$

Finalização Se o estudante estiver em boa forma e levantar os halteres uma vez a cada 5 s, ele levaria aproximadamente 12 h para realizar esse feito. É obviamente muito mais fácil o estudante perder peso fazendo dieta.

Na verdade, o corpo humano não é 100% eficiente. Portanto, nem toda energia transformada no corpo a partir do jantar se transfere para fora do corpo pelo trabalho realizado com os halteres. Parte dessa energia é usada para bombear sangue e realizar outras funções dentro do corpo. Então, as 2.000 Calorias podem ser gastas em menos tempo que 12 h quando esses outros processos energéticos são incluídos.

6.2 Calor específico e calorimetria

Quando energia é acrescentada ao sistema e não há variação nas energias cinética e potencial do sistema, sua temperatura geralmente sobe (uma exceção dessa afirmação é o caso em que o sistema passa por uma variação de estado – também chamada *transição de fase* –, como será discutido na próxima seção). Se o sistema consiste na amostra de uma substância, vemos que a quantidade de energia necessária para elevar a temperatura de certa massa da substância por algum valor varia de uma substância para outra. Por exemplo, a quantidade de energia necessária para elevar a temperatura de 1 kg de água por 1 °C é 4.186 J, mas a quantidade de energia necessária para elevar a temperatura de 1 kg de cobre por 1 °C é somente 387 J. Na discussão a seguir, usaremos o calor como nosso exemplo de transferência de energia, lembrando que a temperatura do sistema poderia ser alterada por meio de qualquer método de transferência de energia.

A **capacidade térmica** C de uma amostra específica é definida como a quantidade de energia necessária para elevar a temperatura daquela amostra por 1 °C. Dessa definição, vemos que, se a energia Q produz uma variação ΔT na temperatura de uma amostra, então:

$$Q = C \, \Delta T \tag{6.2}$$

O **calor específico** c de uma substância é a capacidade térmica por unidade massa. Portanto, se a energia Q se transfere para uma amostra de uma substância com massa m, e a temperatura da amostra muda por ΔT, o calor específico da substância é:

$$c \equiv \dfrac{Q}{m \, \Delta T} \tag{6.3}$$ ◀ **Calor específico**

O calor específico é essencialmente uma medida de quão termicamente insensível uma substância é à adição de energia. Quanto maior o calor específico de um material, mais energia deve ser adicionada a certa massa do material para causar uma alteração específica na temperatura. A Tabela 6.1 lista calores específicos representativos.

TABELA 6.1 *Calor específico de algumas substâncias a 25 °C e pressão atmosférica*

Substância	Calor específico (J/kg × °C)	Substância	Calor específico (J/kg × °C)
Sólidos elementares		*Outros sólidos*	
Alumínio	900	Latão	380
Berílio	1.830	Vidro	837
Cádmio	230	Gelo (–5 °C)	2.090
Cobre	387	Mármore	860
Germânio	322	Madeira	1.700
Ouro	129		
Ferro	448	*Líquidos*	
Chumbo	128	Álcool (etílico)	2.400
Silício	703	Mercúrio	140
Prata	234	Água (15 °C)	4.186
		Gás	
		Vapor (100 °C)	2.010

Observação: para converter valores para unidades de cal/g × °C, divida por 4.186.

> **Prevenção de Armadilhas 6.3**
> **Uma escolha infeliz de terminologia**
> O nome *calor específico* é um resquício infeliz dos dias quando a Termodinâmica e a Mecânica se desenvolveram separadamente. Um nome melhor seria *transferência específica de energia*, mas o termo existente está muito enraizado para ser substituído.

Dessa definição, podemos relacionar a energia Q transferida entre a amostra de massa m de um material e seu entorno à variação de temperatura ΔT como:

$$Q = mc\,\Delta T \qquad (6.4)$$

Por exemplo, a energia necessária para elevar a temperatura de 0,500 kg de água por 3,00 °C é $Q = (0{,}500\text{ kg})(4{.}186\text{ J/kg} \times \text{°C})(3{,}00\text{ °C}) = 6{,}28 \times 10^3$ J. Perceba que, quando a temperatura aumenta, Q e ΔT são considerados positivos e energia é transferida para o sistema. Quando a temperatura diminui, Q e ΔT são negativos, e energia é transferida para fora do sistema.

Podemos identificar $mc\Delta T$ como a alteração na energia interna do sistema se desprezarmos qualquer expansão ou contração térmica do sistema (expansão ou contração térmica resultariam em uma quantidade muito pequena de trabalho realizado sobre o sistema pelo ar envolvente). Então, a Equação 6.4 é uma forma reduzida da Equação 8.2 do Volume 1 desta coleção: $\Delta E_{\text{int}} = Q$. A energia interna do sistema pode ser alterada transferindo-se energia para o sistema por qualquer mecanismo. Por exemplo, se o sistema é uma batata assada em um forno de micro-ondas, a mesma Equação 8.2 é reduzida para o seguinte análogo da Equação 6.4: $\Delta E_{\text{int}} = T_{\text{RE}} = mc\,\Delta T$, onde T_{RE} é a energia transferida da batata pelo forno de micro-ondas pela radiação eletromagnética. Se o sistema é o ar em uma bomba de bicicleta, que fica quente quando a bomba funciona, a Equação 8.2 do Volume 1 é reduzida para o seguinte análogo da Equação 6.4: $\Delta E_{\text{int}} = W = mc\Delta T$, onde W é o trabalho realizado sobre a bomba pelo operador. Identificando $mc\Delta T$ como ΔE_{int}, demos um passo em direção a um melhor entendimento de temperatura: a temperatura é relacionada à energia das moléculas de um sistema. Aprenderemos mais detalhes dessa relação no Capítulo 7.

> **Prevenção de Armadilhas 6.4**
> **Energia pode ser transferida por qualquer método**
> O símbolo Q representa a quantidade de energia transferida, mas lembre-se de que a transferência de energia na Equação 6.4 poderia ser por *qualquer um* dos métodos apresentados no Capítulo 8 do Volume 1 desta coleção; não tem de ser calor. Por exemplo, torcer um cabide de arame repetidamente eleva a temperatura no ponto de torção por meio de *trabalho*.

O calor específico varia com a temperatura. Se, no entanto, os intervalos de temperatura não são muito grandes, a variação de temperatura pode ser ignorada, e c pode ser tratada como uma constante.[2] Por exemplo, o calor específico da água varia somente por aproximadamente 1% a partir de 0 °C até 100 °C à pressão atmosférica. A menos que mencionado, desprezaremos tais variações.

Teste Rápido 6.1 Imagine que você tem 1 kg de cada: ferro, vidro e água, todas a 10 °C. **(a)** Classifique-as, da maior para a menor temperatura, depois que 100 J de energia é adicionado a cada amostra. **(b)** Classifique-as, da maior para a menor quantidade de energia transferida por calor se cada amostra aumenta em temperatura por 20 °C.

---

[2] A definição dada pela Equação 6.4 supõe que o calor específico não varia com a temperatura durante o intervalo $\Delta T = T_f - T_i$. Em geral, se c varia com a temperatura durante o intervalo, a expressão correta para Q é $Q = m\int_{T_i}^{T_f} c\,dT$.

Note que na Tabela 6.1 a água tem o calor específico mais alto dos materiais comuns. Esse calor específico alto é parcialmente responsável pelos climas amenos encontrados perto de grandes massas d'água. Conforme a temperatura de uma massa d'água diminui durante o inverno, energia é transferida da água, que esfria para o ar por calor, aumentando a energia interna do ar. Por causa do alto calor específico da água, uma quantidade relativamente grande de energia é transferida para o ar mesmo por alterações muito pequenas na temperatura da água. Os ventos prevalecentes na Costa Oeste dos Estados Unidos estão em direção à terra (leste). Então, a energia liberada pelo Oceano Pacífico à medida que ele resfria mantém as áreas litorâneas muito mais quentes do que seriam de outro modo. Como resultado, os Estados da Costa Oeste geralmente têm invernos mais amenos que os da Costa Leste, onde os ventos prevalecentes não tendem a levar a energia na direção da terra.

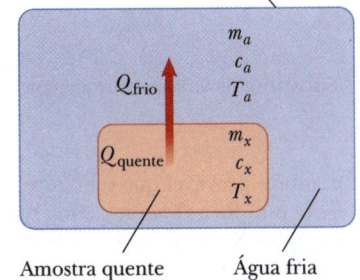

Figura 6.2 Em um experimento de calorimetria, uma amostra quente cujo calor específico é desconhecido é colocada em água fria em um recipiente que isola o sistema do ambiente.

Calorimetria

Uma técnica para medir o calor específico envolve aquecer uma amostra até uma temperatura conhecida T_x, colocando-a em um recipiente contendo água de massa e temperatura conhecidas $T_a < T_x$, e medindo a temperatura da água depois que o equilíbrio é alcançado. Essa técnica é chamada **calorimetria**, e os aparelhos nos quais ocorre essa transferência de energia são chamados **calorímetros**. A Figura 6.2 destaca a amostra quente na água fria e a transferência de energia por calor resultante da parte do sistema em alta temperatura para a parte em baixa temperatura. Se o sistema da amostra e da água é isolado, o princípio de conservação de energia exige que a quantidade de energia Q_{quente} que deixa a amostra (de calor específico desconhecido) seja igual à quantidade de energia Q_{fria} que entra na água.[3] A conservação de energia nos permite escrever a representação matemática dessa afirmação de energia como:

$$Q_{frio} = -Q_{quente} \tag{6.5}$$

Suponha que m_x seja a massa de uma amostra de alguma substância cujo calor específico queremos determinar. Vamos chamar seu calor específico de c_x e sua temperatura inicial de T_x, como mostrado na Figura 6.2. Do mesmo modo, m_a, c_a e T_a representam valores correspondentes para a água. Se T_f é a temperatura final depois que o sistema chega ao equilíbrio, a Equação 6.4 mostra que a transferência de energia para a água é $m_a c_a (T_f - T_a)$, que é positivo, porque $T_f > T_a$, e que a transferência de energia para a amostra de calor específico desconhecido é $m_x c_x (T_f - T_x)$, que é negativo. Substituindo essas expressões na Equação 6.5, resulta em:

$$m_a c_a (T_f - T_a) = -m_x c_x (T_f - T_x)$$

Essa equação pode ser resolvida para o calor específico desconhecido c_x.

> **Prevenção de Armadilhas 6.5**
>
> **Lembre-se do sinal negativo**
> É *crítico* incluir o sinal negativo na Equação 6.5, porque ele é necessário para consistência com nossa convenção de sinais para transferência de energia. A transferência de energia Q_{quente} tem valor negativo porque a energia está saindo da substância quente. O sinal negativo na equação garante que o lado direito é um número positivo, consistente com o lado esquerdo, que é positivo porque a energia está entrando na água fria.

Exemplo 6.2 | Esfriando um lingote quente

Um lingote de metal de 0,0500 kg é aquecido a 200,0 °C e depois colocado em um calorímetro contendo 0,400 kg de água inicialmente a 20,0 °C. A temperatura final de equilíbrio do sistema misturado é 22,4 °C. Determine o calor específico do metal.

SOLUÇÃO

Conceitualização Imagine o processo ocorrendo no sistema isolado da Figura 6.2. A energia sai do lingote quente e vai para a água fria, então aquele esfria e esta esquenta. Quando os dois estão à mesma temperatura, a transferência de energia cessa.

Categorização Usamos uma equação desenvolvida nesta seção, então categorizamos este exemplo como um problema de substituição.

Use a Equação 6.4 para avaliar cada lado da Equação 6.5:

$$m_a c_a (T_f - T_a) = -m_x c_x (T_f - T_x)$$

Resolva para c_x:

$$c_x = \frac{m_a c_a (T_f - T_a)}{m_x (T_x - T_f)}$$

continua

---

[3] Para medições precisas, o recipiente de água deveria ser incluído, porque ele também troca energia com a amostra. No entanto, fazer isso exigiria que soubéssemos a massa e a composição do recipiente. Se a massa da água é muito maior que a do recipiente, podemos desprezar os efeitos deste.

6.2 cont.

Substitua os valores numéricos:

$$c_x = \frac{(0,400 \text{ kg})(4.186 \text{ J/kg} \cdot °C)(22,4°C - 20,0°C)}{(0,0500 \text{ kg})(200,0°C - 22,4°C)}$$

$$= \boxed{453 \text{ J/kg} \cdot °C}$$

É muito provável que o lingote seja de ferro, comparando esse resultado com os dados da Tabela 6.1. A temperatura do lingote está inicialmente acima do ponto de vaporização. Portanto, alguma água pode ser vaporizada quando ele é colocado na água. Supomos que o sistema esteja selado e esse vapor não possa escapar. Como a temperatura final de equilíbrio é mais baixa que o ponto de evaporação, qualquer vapor resultante condensa novamente como água.

E SE? Suponha que você esteja realizando um experimento no laboratório que use essa técnica para determinar o calor específico de uma amostra e queira diminuir a incerteza geral de seu resultado final para c_x. Considerando os dados neste exemplo, a variação de qual valor seria mais eficaz na redução da incerteza?

Resposta A maior incerteza experimental está associada à pequena diferença na temperatura de 2,4 °C para a água. Por exemplo, usando as regras para a propagação de incerteza do Apêndice B, Seção B.8, uma incerteza de 0,1 °C em cada T_f e T_a leva a uma incerteza de 8% na diferença entre elas. Para essa diferença de temperatura ser maior experimentalmente, a alteração mais eficaz é *diminuir a quantidade de água*.

Exemplo 6.3 — Diversão para um caubói   MA

Um caubói dispara uma bala de prata com velocidade de 200 m/s contra a parede de um salão. Suponha que toda a energia interna gerada pelo impacto permaneça na bala. Qual é sua variação de temperatura?

SOLUÇÃO

Conceitualização Imagine experiências semelhantes em que a energia mecânica é transformada em energia interna quando um corpo em movimento é parado. Por exemplo, como mencionado na Seção 6.1, um prego fica quente depois de ser atingido algumas vezes por um martelo.

Categorização A bala é modelada como um *sistema isolado*. Não há trabalho realizado sobre o sistema porque a força da parede não passa por nenhum deslocamento. Este exemplo é semelhante ao do *skatista* se empurrando de uma parede na Seção 9.7 do Volume 1 desta coleção. Ali, nenhum trabalho é realizado sobre o *skatista* pela parede, e a energia potencial armazenada no corpo em refeições anteriores é transformada em energia cinética. Aqui, nenhum trabalho é realizado pela parede na bala, e a energia cinética é transformada em energia interna.

Análise Reduza a equação de conservação de energia, Equação 8.2 do Volume 1 desta coleção, para a expressão adequada para o sistema da bala:

(1) $\Delta K + \Delta E_{int} = 0$

A variação na energia interna da bala é relacionada a sua variação em temperatura:

(2) $\Delta E_{int} = mc\,\Delta T$

Substitua a Equação (2) na (1):

$(0 - \tfrac{1}{2}mv^2) + mc\,\Delta T = 0$

Resolva para ΔT, usando 234 J/kg × °C como o calor específico da prata (ver Tabela 6.1):

(3) $\Delta T = \dfrac{\tfrac{1}{2}mv^2}{mc} = \dfrac{v^2}{2c} = \dfrac{(200 \text{ m/s})^2}{2(234 \text{ J/kg} \cdot °C)} = \boxed{85,5\,°C}$

Finalização Note que o resultado não depende da massa da bala.

E SE? Suponha que o caubói acabe com suas balas de prata e dispare uma de chumbo contra a parede com a mesma velocidade. A variação de temperatura da bala será maior ou menor?

Resposta A Tabela 6.1 mostra que o calor específico do chumbo é 128 J/kg × °C, que é menor que aquele para a prata. Então, certa quantidade de entrada ou transformação de energia eleva o chumbo a uma temperatura mais alta que a prata, e a temperatura final do chumbo será maior. Na Equação (3), vamos substituir o novo valor para o calor específico:

$$\Delta T = \frac{v^2}{2c} = \frac{(200 \text{ m/s})^2}{2(128 \text{ J/kg} \cdot °C)} = 156\,°C$$

Não há exigência para que balas de prata e chumbo tenham a mesma massa para determinar essa variação na temperatura. A única exigência é que elas tenham a mesma velocidade.

6.3 Calor latente

Como vimos na seção anterior, uma substância pode sofrer variação de temperatura quando energia é transferida entre ela e seu entorno. No entanto, em algumas situações, a transferência de energia não resulta em variação na temperatura. Esse é o caso sempre que as características físicas da substância mudam de uma forma para outra; tal variação é comumente chamada **mudança de fase**. Duas mudanças de fase comuns são do sólido para o líquido (derretimento) e do líquido para o gasoso (ebulição); outra é uma mudança na estrutura cristalina de um sólido. Todas essas mudanças de fase envolvem variação na energia interna do sistema sem alteração de sua temperatura. O aumento da energia interna na ebulição, por exemplo, é representado pelo rompimento de ligações entre as moléculas no estado líquido; esse rompimento de ligações permite que as moléculas se movam mais para longe no estado gasoso, com aumento correspondente da energia potencial intermolecular.

Como seria esperado, substâncias diferentes respondem diferentemente ao acréscimo ou retirada de energia conforme mudam de fase, porque seus arranjos moleculares internos variam. A quantidade de energia transferida durante a mudança de fase depende da quantidade de substância envolvida (é necessária menos energia para derreter um cubo de gelo que para degelar um lago congelado). Quando falarmos das duas fases de um material, usaremos o termo *material de fase mais alta* para aquele existente a uma temperatura mais alta. Então, se discutimos água e gelo, a água é o material de fase mais alta, enquanto o vapor é o material de fase mais alta em uma discussão sobre vapor e água. Considere um sistema contendo uma substância com duas fases em equilíbrio, como água e gelo. A quantidade inicial do material de fase mais alta, água, no sistema é m_i. Agora, imagine que a energia Q entre no sistema. Como resultado, a quantidade final de água é m_f devido ao derretimento de parte do gelo. Então, a quantidade de gelo que derreteu, igual à quantidade de *água* nova, é $\Delta m = m_f - m_i$. Definimos o **calor latente** para essa mudança de fase como:

$$L \equiv \frac{Q}{\Delta m} \quad (6.6)$$

Esse parâmetro é chamado calor latente (literalmente, calor "escondido") porque essa energia acrescentada ou removida não resulta em uma variação de temperatura. O valor de L para uma substância depende da natureza da mudança de fase e das propriedades da substância. Se todo o material de fase mais baixa sofre uma mudança de fase, a variação em massa Δm do material de fase mais alta é igual à massa inicial do de fase mais baixa. Por exemplo, se um cubo de gelo de massa m em um prato derrete completamente, a variação na massa da água é $m_f - 0 = m$, que é a massa da água nova e também é igual à massa inicial do cubo de gelo.

A partir da definição de calor latente, e escolhendo novamente o calor como nosso mecanismo de transferência de energia, a energia necessária para mudar a fase de uma substância pura é:

$$Q = L \Delta m \quad (6.7)$$

◀ **Energia transferida para certa substância durante uma mudança de fase**

onde Δm é a variação na massa do material de fase mais alta.

Calor latente de fusão L_f é o termo usado quando a mudança de fase é do sólido para o líquido (*fundir* significa "combinar por derretimento"), e **calor latente de vaporização** L_v é o termo usado quando a mudança de fase é do líquido para o gasoso (o líquido "vaporiza").[4] O calor latente de várias substâncias varia consideravelmente, como mostrado pelos dados na Tabela 6.2. Quando energia entra em um sistema, causando derretimento ou vaporização, a quantidade de material de fase mais alta aumenta; então, Δm e Q são positivos, o que é consistente com nossa convenção de sinais. Quando energia é extraída de um sistema, causando congelamento ou condensação, a quantidade de material de fase mais alta diminui; então, Δm e Q são negativos, novamente consistente com nossa convenção de sinais. Lembre-se de que Δm na Equação 6.7 sempre se refere ao material de fase mais alta.

Para compreender a função do calor latente nas mudanças de fases, considere a energia necessária para converter um sistema que consiste de um cubo de gelo de 1,00 g a –30,0 °C para vaporizar a 120,0 °C. A Figura 6.3 mostra os resultados experimentais obtidos quando energia é gradativamente adicionada ao gelo. Os resultados são apresentados como um gráfico de temperatura do sistema *versus* energia adicionada ao sistema. Vamos examinar cada porção da curva vermelho-amarronzada, que é dividida em partes de A até E.

> **Prevenção de Armadilhas 6.6**
>
> **Sinais são decisivos**
>
> Erros nos sinais ocorrem frequentemente quando estudantes aplicam equações de calorimetria. Para mudanças de fase, lembre-se de que Δm na Equação 6.7 sempre é a variação na massa do material de fase mais alta. Na Equação 6.4, assegure-se de que seu ΔT seja *sempre* a temperatura final menos a temperatura inicial. Além disto, você deve *sempre* incluir o sinal negativo no lado direito da Equação 6.5.

---

[4] Quando um gás esfria, ele eventualmente *condensa*, isto é, volta para a fase líquida. A energia liberada por unidade de massa é chamada *calor latente de condensação*, e é numericamente igual ao calor latente de vaporização. Do mesmo modo, quando um líquido esfria, ele eventualmente solidifica, e o *calor latente de solidificação* é numericamente igual ao calor latente de fusão.

TABELA 6.2 *Calores latentes de fusão e vaporização*

Substância	Ponto de fusão (°C)	Calor latente de fusão (J/kg)	Ponto de ebulição (°C)	Calor latente de vaporização (J/kg)
Hélio[a]	−272,2	$5{,}23 \times 10^3$	−268,93	$2{,}09 \times 10^4$
Oxigênio	−218,79	$1{,}38 \times 10^4$	−182,97	$2{,}13 \times 10^5$
Nitrogênio	−209,97	$2{,}55 \times 10^4$	−195,81	$2{,}01 \times 10^5$
Álcool etílico	−114	$1{,}04 \times 10^5$	78	$8{,}54 \times 10^5$
Água	0,00	$3{,}33 \times 10^5$	100,00	$2{,}26 \times 10^6$
Enxofre	119	$3{,}81 \times 10^4$	444,60	$3{,}26 \times 10^5$
Chumbo	327,3	$2{,}45 \times 10^4$	1.750	$8{,}70 \times 10^5$
Alumínio	660	$3{,}97 \times 10^5$	2.450	$1{,}14 \times 10^7$
Prata	960,80	$8{,}82 \times 10^4$	2.193	$2{,}33 \times 10^6$
Ouro	1.063,00	$6{,}44 \times 10^4$	2.660	$1{,}58 \times 10^6$
Cobre	1.083	$1{,}34 \times 10^5$	1.187	$5{,}06 \times 10^6$

[a] O hélio não se solidifica à pressão atmosférica. O ponto de fusão dado aqui corresponde a uma pressão de 2,5 MPa.

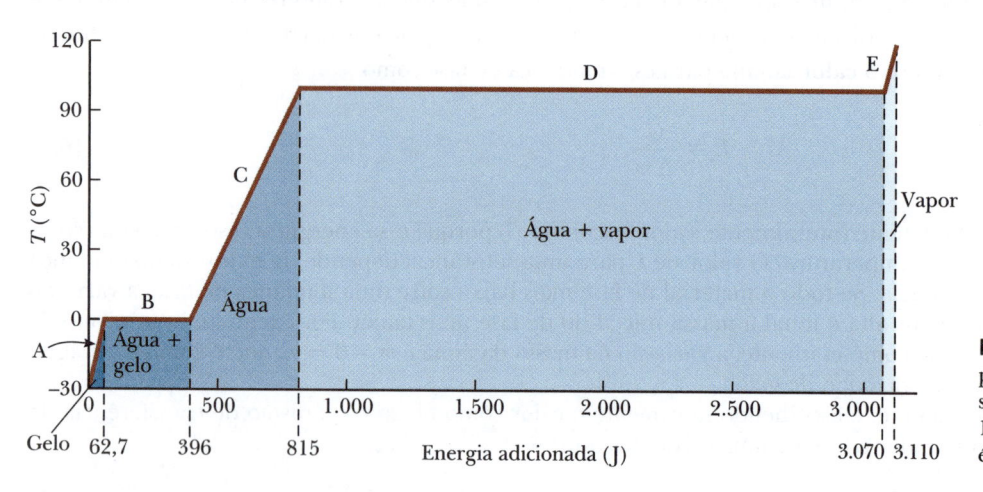

Figura 6.3 Gráfico de temperatura pela energia adicionada quando um sistema inicialmente consistindo de 1,00 g de gelo inicialmente a −30,0 °C é convertido para vapor a 120,0 °C.

Parte A. Nessa porção da curva, a temperatura do gelo muda de −30,0 °C para 0,0 °C. A Equação 6.4 mostra que a temperatura varia linearmente com a energia adicionada; então, o resultado experimental é uma linha reta no gráfico. Como o calor específico do gelo é 2.090 J/kg × °C, podemos calcular a quantidade de energia adicionada usando a Equação 6.4:

$$Q = m_g c_g \Delta T = (1{,}00 \times 10^{-3} \text{ kg})(2.090 \text{ J/kg} \times {}^\circ\text{C})(30{,}0 \text{ °C}) = 62{,}7 \text{ J}$$

Parte B. Quando a temperatura do gelo atinge 0,0 °C, a mistura gelo-água permanece nessa temperatura – embora energia esteja sendo adicionada – até que todo o gelo derreta. A energia necessária para derreter 1,00 g de gelo a 0,0 °C é, a partir da Equação 6.7:

$$Q = L_f \Delta m_a = L_f m_g = (3{,}33 \times 10^5 \text{ J/kg})(1{,}00 \times 10^{-3} \text{ kg}) = 333 \text{ J}$$

Nesse ponto, chegamos à marca de 396 J (= 62,7 J + 333 J) no eixo de energia na Figura 6.3.

Parte C. Entre 0,0 °C e 100,0 °C nada surpreendente acontece. Não ocorre mudança de fase, e então toda a energia adicionada ao sistema, que agora é água, é usada para aumentar sua temperatura. A quantidade de energia necessária para aumentar a temperatura de 0,0 °C para 100,0 °C é:

$$Q = m_a c_a \Delta T = (1{,}00 \times 10^{-3} \text{ kg})(4{,}19 \times 10^3 \text{ J/kg} \times {}^\circ\text{C})(100{,}0 \text{ °C}) = 419 \text{ J}$$

onde m_g é a massa da água no sistema, que é igual à massa m_i do gelo.

Parte D. A 100,0 °C ocorre outra mudança de fase quando a água muda de água a 100,0 °C para vapor a 100,0 °C. Da mesma maneira que a mistura gelo-água na parte B, a mistura água-vapor permanece a 100,0 °C – embora energia esteja sendo adicionada – até que todo o líquido tenha sido convertido para vapor. A energia necessária para converter 1,00 g de água para vapor a 100,0 °C é:

$$Q = L_v \Delta m_v = L_v m_a = (2{,}26 \times 10^6 \text{ J/kg})(1{,}00 \times 10^{-3} \text{ kg}) = 2{,}26 \times 10^3 \text{ J}$$

Parte E. Nessa porção da curva, como nas partes A e C, não ocorre mudança de fase; então, toda a energia adicionada é usada para aumentar a temperatura do sistema, que agora é vapor. A energia que deve ser acrescentada para elevar a temperatura do vapor de 100,0 °C para 120,0 °C é:

$$Q = m_v c_v \Delta T = (1,00 \times 10^{-3} \text{ kg})(2,01 \times 10^3 \text{ J/kg} \times \text{°C})(20,0 \text{ °C}) = 40,2 \text{ J}$$

A quantidade total de energia que deve ser acrescentada ao sistema para mudar 1 g de gelo a –30,0 °C para vapor a 120,0 °C é a soma dos resultados de todas as cinco partes da curva, que é $3,11 \times 10^3$ J. Contrariamente, para esfriar 1 g de vapor a 120,0 °C para gelo a –30,0 °C, devemos retirar $3,11 \times 10^3$ J de energia.

Note, na Figura 6.3, a quantidade relativamente grande de energia que é transferida para a água para vaporizá-la. Imagine inverter esse processo, com grande quantidade de energia transferida do vapor para condensá-lo em água. É por isso que uma queimadura causada por vapor a 100 °C causa mais danos que expor a pele à água a 100 °C. Uma grande quantidade de energia entra na pele pelo vapor, e este permanece a 100 °C por longo tempo enquanto se condensa. Contrariamente, quando a pele entra em contato com água a 100 °C, esta começa a perder temperatura imediatamente devido à transferência de energia dela para a pele.

Se água líquida é mantida perfeitamente imóvel em um recipiente bem limpo, é possível que ela caia para menos de 0 °C sem congelar nem virar gelo. Esse fenômeno, chamado **super-resfriamento**, surge porque a água requer uma perturbação de algum tipo para que suas moléculas se afastem e comecem a formar a estrutura grande e aberta do gelo, que faz a densidade do gelo menor que a da água, como discutido na Seção 5.4. Se água super-resfriada é perturbada, congela subitamente. O sistema cai na configuração mais baixa de energia das moléculas ligadas da estrutura do gelo, e a energia liberada eleva a temperatura de volta para 0 °C.

Aquecedores de mão comerciais consistem em acetato de sódio líquido em uma bolsa de plástico lacrada. A solução na bolsa está em estado estável super-resfriado. Quando você clica o disco na bolsa, o líquido solidifica e a temperatura aumenta, exatamente como a água super-resfriada mencionada anteriormente. Entretanto, nesse caso, o ponto de congelamento do líquido é mais alto que a temperatura do corpo, por isso a bolsa parece quente ao toque. Para reutilizar o aquecedor de mão, a bolsa deve ser fervida até que o sólido se liquefaça. Então, conforme ela esfria, passa do ponto de congelamento para o estado super-resfriado.

Também é possível criar **superaquecimento**. Por exemplo, água limpa em uma xícara bem limpa colocada em um forno de micro-ondas às vezes passa dos 100 °C sem ferver, porque a formação de uma bolha de vapor na água exige arranhões na xícara ou algum tipo de impureza na água para ser o local de nucleação. Quando a xícara é retirada do forno, a água superaquecida pode ficar explosiva, pois as bolhas se formam imediatamente e a água quente é forçada para cima e para fora da xícara.

Teste Rápido **6.2** Suponha que o mesmo processo de adicionar energia ao cubo de gelo seja realizado como descrito acima, mas, agora, vamos traçar um gráfico da energia interna do sistema como função da entrada de energia. Como seria esse gráfico?

Exemplo 6.4 — Esfriando o vapor MA

Que massa de vapor inicialmente a 130 °C é necessária para aquecer 200 g de água em um recipiente de vidro de 100 g de 20,0 °C para 50,0 °C?

SOLUÇÃO

Conceitualização Imagine colocar água e vapor juntos em um recipiente fechado isolado. O sistema eventualmente alcança um estado uniforme de água com temperatura final de 50,0 °C.

Categorização Com base em nossa conceitualização, categorizamos este exemplo como um que envolve calorimetria no qual ocorre uma mudança de fase. O calorímetro é um *sistema isolado* para *energia*: a energia é transferida entre os componentes do sistema, mas não cruza o limite entre o sistema e o ambiente.

Análise Escreva a Equação 6.5 para descrever o processo de calorimetria:

(1) $\quad Q_{\text{frio}} = -Q_{\text{quente}}$

continua

6.4 cont.

O vapor passa por três processos: primeiro, uma diminuição da temperatura para 100 °C; depois, condensação para água líquida; e, finalmente, a diminuição da temperatura da água para 50,0 °C. Encontre a transferência de energia no primeiro processo usando a massa desconhecida m_v do vapor:

$$Q_1 = m_v c_v \Delta T_v$$

Encontre a transferência de energia no segundo processo:

$$Q_2 = L_v \Delta m_v = L_v(0 - m_v) = -m_v L_v$$

Encontre a transferência de energia no terceiro processo:

$$Q_3 = m_v c_a \Delta T_{\text{água quente}}$$

Adicione as transferências de energia nestes três estágios:

(2) $\quad Q_{\text{quente}} = Q_1 + Q_2 + Q_3 = m_v(c_v \Delta T_v - L_v + c_a \Delta T_{\text{água quente}})$

A água a 20,0 °C e o vidro passam por apenas um processo, um aumento de temperatura para 50,0 °C. Encontre a transferência de energia nesse processo:

(3) $\quad Q_{\text{frio}} = m_a c_a \Delta T_{\text{água fria}} + m_g c_g \Delta T_{\text{vidro}}$

Substitua as equações (2) e (3) na (1):

$$m_a c_a \Delta T_{\text{água fria}} + m_g c_g \Delta T_{\text{vidro}} = -m_v(c_v \Delta T_v - L_v + c_a \Delta T_{\text{água quente}})$$

Resolva para m_v:

$$m_v = -\frac{m_a c_a \Delta T_{\text{água fria}} + m_g c_g \Delta T_{\text{vidro}}}{c_v \Delta T_v - L_v + c_a \Delta T_{\text{água quente}}}$$

Substitua os valores numéricos:

$$m_v = -\frac{(0{,}200 \text{ kg})(4.186 \text{ J/kg} \cdot {}^\circ\text{C})(50{,}0\,^\circ\text{C} - 20{,}0\,^\circ\text{C}) + (0{,}100 \text{ kg})(837 \text{ J/kg} \cdot {}^\circ\text{C})(50{,}0\,^\circ\text{C} - 20{,}0\,^\circ\text{C})}{(2.010 \text{ J/kg} \cdot {}^\circ\text{C})(100\,^\circ\text{C} - 130\,^\circ\text{C}) - (2{,}26 \times 10^6 \text{ J/kg}) + (4.186 \text{ J/kg} \cdot {}^\circ\text{C})(50{,}0\,^\circ\text{C} - 100\,^\circ\text{C})}$$

$$= 1{,}09 \times 10^{-2} \text{ kg} = \boxed{10{,}9 \text{ g}}$$

E SE? E se o estado final do sistema for água a 100 °C? Precisaríamos de mais ou de menos vapor? Como a análise anterior mudaria?

Resposta Seria necessário mais vapor para elevar a temperatura da água e do vidro para 100 °C em vez de 50,0 °C. Haveria duas grandes mudanças na análise. Primeiro, não teríamos o termo Q_3 para o vapor, porque a água que condensa do vapor não esfria abaixo de 100 °C. Segundo, em Q_{frio}, a variação de temperatura seria 80,0 °C em vez de 30,0 °C. Para praticar, mostre que o resultado exige uma massa de vapor de 31,8 g.

6.4 Trabalho e calor em processos termodinâmicos

Na Termodinâmica, descrevemos o *estado* de um sistema usando variáveis como pressão, volume, temperatura e energia interna. Como resultado, essas quantidades pertencem a uma categoria chamada **variáveis de estado**. Para qualquer configuração do sistema, podemos identificar valores dessas variáveis (para sistemas mecânicos, as variáveis de estado incluem energia cinética K e energia potencial U). O estado de um sistema pode ser especificado somente se o sistema está em equilíbrio térmico internamente. No caso de um gás em um recipiente, o equilíbrio térmico interno exige que todas as partes do gás estejam às mesmas pressão e temperatura.

Uma segunda categoria de variáveis em situações envolvendo energia são as **variáveis de transferência** – aquelas que aparecem do lado direito da equação de conservação de energia, Equação 8.2 do Volume 1 desta coleção. Tal variável tem valor diferente de zero se ocorre um processo no qual energia é transferida pelo limite do sistema. A variável de transferência é positiva ou negativa, dependendo se a energia está entrando ou saindo do sistema. Como uma transferência de energia através do limite representa uma mudança no sistema, variáveis de transferência não são associadas a um estado do sistema, e sim a uma *mudança* no estado do sistema.

Nas seções anteriores, discutimos o calor como uma variável de transferência. Nesta, estudaremos outra variável de transferência importante para sistemas termodinâmicos; o trabalho. O trabalho realizado sobre partículas foi estudado extensivamente no Capítulo 7 do Volume 1 desta coleção e, aqui, investigaremos o trabalho realizado sobre um sistema deformável, um gás. Considere um gás contido em um cilindro que tem um pistão móvel (Figura 6.4). Em equilíbrio, o gás ocupa um volume V e exerce uma pressão uniforme P sobre as paredes do cilindro e sobre o pistão. Se o pistão tem área transversal A, a grandeza da força exercida pelo gás sobre o pistão é $F = PA$. De acordo com a Terceira Lei de Newton, a intensidade da força exercida pelo pistão sobre o gás é também PA. Vamos supor que empurremos o pistão para dentro, comprimindo o gás **quase estaticamente**, ou seja, devagar o suficiente para permitir que o sistema permaneça essencialmente em equilíbrio térmico interno em todos os momentos. O ponto de aplicação da força sobre o gás é a face inferior do pistão. Conforme o pistão é empurrado para baixo por uma força externa $\vec{F} = -F\hat{j}$ por um deslocamento de $d\vec{r} = dy\,\hat{j}$ (Figura 6.4b), o trabalho realizado sobre o gás é, de acordo com nossa definição de trabalho no Capítulo 7 do Volume 1 desta coleção:

$$dW = \vec{F} \cdot d\vec{r} = -F\hat{j} \cdot dy\,\hat{j} = -F\,dy = -PA\,dy$$

A massa do pistão é presumida desprezível nesta discussão. Como $A\,dy$ é a variação no volume do gás dV, podemos expressar o trabalho realizado sobre o gás por:

$$dW = -P\,dV \quad (6.8)$$

Se o gás é comprimido, dV é negativo e o trabalho realizado sobre o gás é positivo. Se o gás expande, dV é positivo e o trabalho realizado sobre o gás é negativo. Se o volume permanece constante, o trabalho realizado sobre o gás é zero. O trabalho total realizado sobre o gás conforme seu volume muda de V_i para V_f é dado pela integral da Equação 6.8:

$$W = -\int_{V_i}^{V_f} P\,dV \quad (6.9)$$

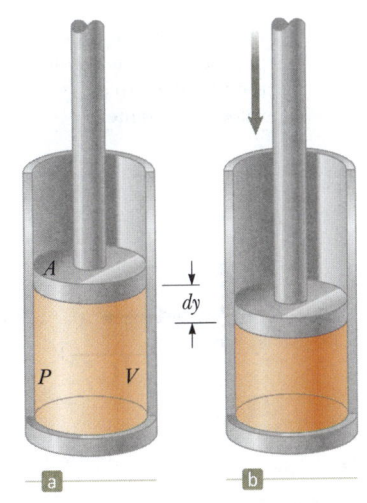

Figura 6.4 Trabalho é realizado sobre um gás contido em um cilindro com pressão P conforme o pistão é empurrado para baixo a fim de que o gás seja comprimido.

◀ **Trabalho realizado sobre um gás**

Para calcular essa integral, você deve saber como a pressão varia com o volume durante o processo.

Em geral, a pressão não é constante durante o processo seguido por um gás, mas depende do volume e da temperatura. Se pressão e volume são conhecidos em cada etapa do processo, o estado do gás em cada etapa pode ser traçado em uma importante representação gráfica chamada **diagrama** PV, como na Figura 6.5. Esse tipo de diagrama permite a visualização do processo pelo qual o gás passa. A curva em um diagrama PV é chamada *caminho* percorrido entre o estado inicial e final.

Note que a integral na Equação 6.9 é igual à área sob a curva em um diagrama PV. Portanto, podemos identificar um uso importante para diagramas PV:

> O trabalho realizado sobre um gás em um processo quase estático que leva o gás de um estado inicial a um estado final é a área negativa sob a curva em um diagrama PV, avaliada entre o estado inicial e o final.

Para o processo de compressão de um gás em um cilindro, o trabalho realizado depende da trajetória específica percorrida entre o estado inicial e o final, conforme sugerido pela Figura 6.5. Para ilustrar esse importante ponto, considere vários caminhos diferentes conectando i e f (Figura. 6.6). No processo descrito na Figura 6.6a, o volume do gás é primeiro reduzido de V_i para V_f à pressão constante P_i, e a pressão do gás então aumenta de P_i para P_f por aquecimento, a volume constante V_f. O trabalho realizado sobre o gás ao longo desse caminho é $-P_i(V_f - V_i)$. Na Figura 6.6b, a pressão do gás é aumentada de P_i para P_f a volume constante V_i e depois o volume do gás é reduzido de V_i para V_f a pressão constante P_f. O trabalho realizado sobre o gás é $-P_f(V_f - V_i)$. Esse valor é maior que aquele para o processo descrito na Figura 6.6a, porque o pistão é movido pelo mesmo deslocamento por uma força maior. Finalmente, para o processo descrito na Figura 6.6c, onde tanto P quanto V mudam continuamente, o trabalho realizado sobre o gás tem um valor entre os obtidos nos primeiros dois processos. Para avaliar o trabalho nesse caso, a função $P(V)$ deve ser conhecida para que possamos avaliar a integral na Equação 6.9.

A transferência de energia Q para dentro ou para fora de um sistema por calor também depende do processo. Considere as situações descritas na Figura 6.7. Em cada

O trabalho realizado sobre um gás é igual à negativa da área sob a curva PV. A área é negativa aqui porque o volume está diminuindo, resultando em trabalho positivo.

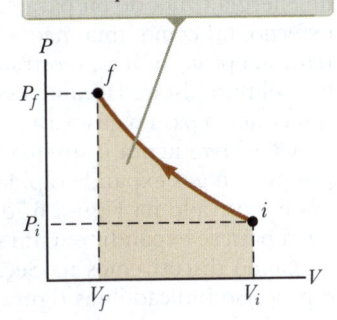

Figura 6.5 Um gás é comprimido quase estaticamente (lentamente) do estado i para o estado f. Um agente externo deve realizar trabalho sobre o gás para que ele seja comprimido.

Figura 6.6 O trabalho realizado sobre um gás conforme é levado de um estado inicial para um estado final depende do caminho entre esses estados.

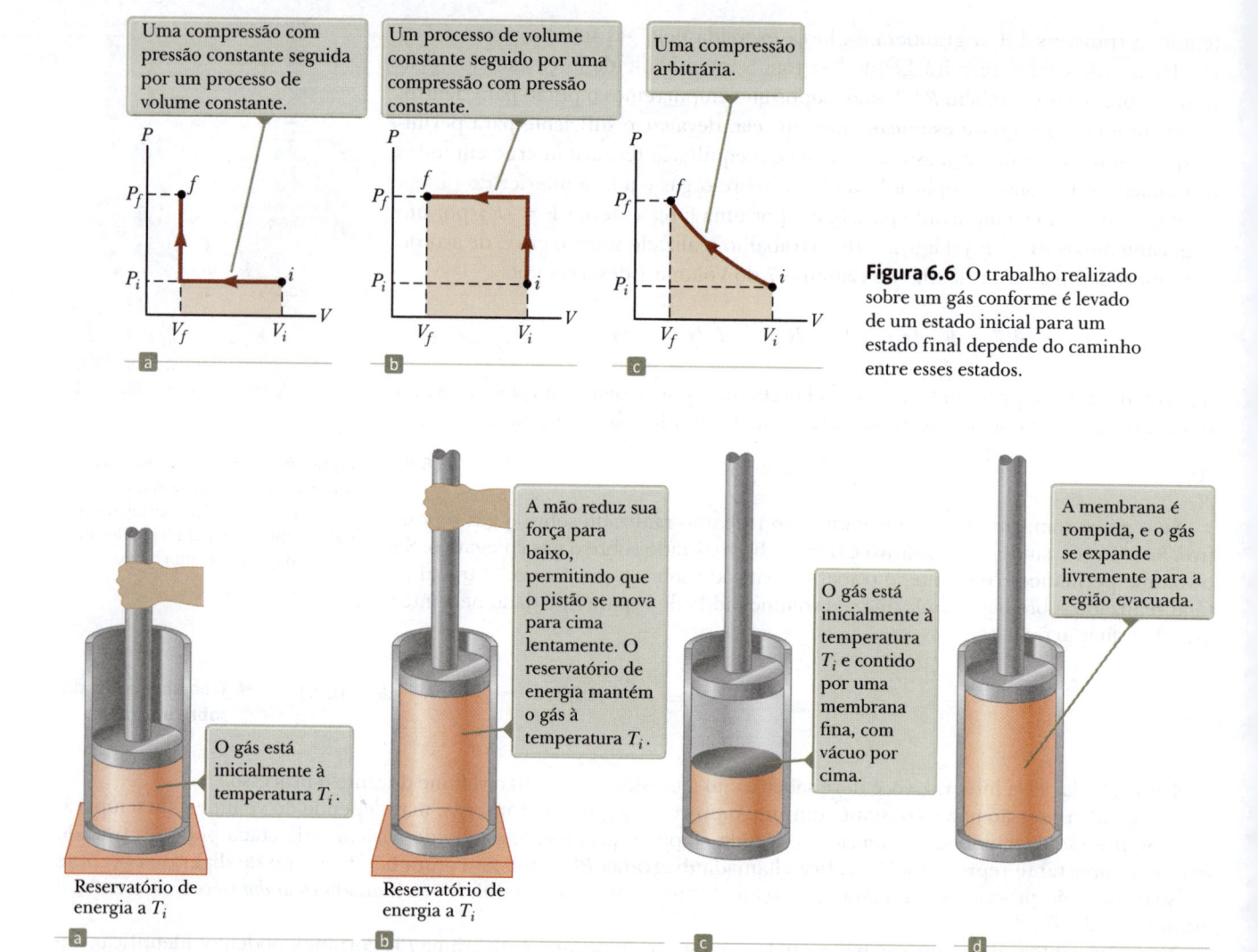

Figura 6.7 Gás em um cilindro. (a) O gás está em contato com um reservatório de energia. As paredes do cilindro têm isolamento perfeito, mas a base em contato com o reservatório é condutora. (b) O gás se expande lentamente para um volume maior. (c) O gás é contido por uma membrana na metade do volume, com vácuo na outra metade. O cilindro todo é perfeitamente isolado. (d) O gás se expande livremente no volume maior.

caso, o gás tem os mesmos volume, temperatura e pressão iniciais, e é presumido ideal. Na Figura 6.7a, o gás está termicamente isolado de seu entorno, exceto no fundo da região cheia de gás, onde está em contato térmico com um reservatório de energia. *Reservatório de energia* é uma fonte de energia que é considerado tão grande, que uma transferência de energia finita de ou para ele não muda sua temperatura. O pistão é mantido em sua posição inicial por um agente externo, tal como uma mão. Quando a força segurando o pistão é levemente reduzida, o pistão sobe bem lentamente para sua posição final, mostrada na Figura 6.7b. Como o pistão está se movendo para cima, o gás está realizando trabalho sobre o pistão. Durante essa expansão até o volume final V_f, somente energia suficiente é transferida por calor do reservatório para o gás para manter uma temperatura constante T_i.

Considere agora o sistema completamente isolado termicamente mostrado na Figura 6.7c. Quando a membrana é rompida, o gás expande rapidamente no vácuo até que ocupa um volume V_f e está a uma pressão P_f. O estado final do gás é mostrado na Figura 6.7d. Nesse caso, o gás não realiza trabalho, porque não aplica uma força; não é necessária força para se expandir em um vácuo. Além disto, não há transferência de energia por calor pela parede isolada.

Como discutiremos na Seção 6.5, experimentos mostram que a temperatura de um gás ideal não muda durante o processo indicado nas figuras 6.7c e 6.7d. Portanto, os estados inicial e final de um gás ideal nas figuras 6.7a e 6.7b são idênticos aos das figuras 6.7c e 6.7d, mas os caminhos são diferentes. No primeiro caso, o gás realiza trabalho sobre o pistão, e energia é transferida lentamente para o gás por calor. No segundo, não há transferência de energia por calor e o valor do trabalho realizado é zero. Então, a transferência de energia por calor, como trabalho realizado, depende de um processo específico ocorrendo no sistema. Em outras palavras, como calor e trabalho dependem do caminho, seguido em um diagrama de PV entre os estados final e inicial, nem a quantidade é determinada unicamente pelos pontos finais de um processo termodinâmico.

6.5 A Primeira Lei da Termodinâmica

Quando apresentamos a Lei de Conservação de Energia no Capítulo 8 do Volume 1 desta coleção, dissemos que a variação na energia de um sistema é igual à soma de todas as transferências de energia pelos limites do sistema (Equação 8.2). A **Primeira Lei da Termodinâmica** é um caso especial da Lei de Conservação de Energia que descreve processos em que somente a energia interna[5] muda, e as únicas transferências de energia são por calor e trabalho:

$$\Delta E_{int} = Q + W \quad (6.10)$$

◀ **Primeira Lei da Termodinâmica**

Consulte a Equação 8.2 para verificar se a Primeira Lei da Termodinâmica está contida nesta equação mais geral.

Vamos investigar alguns casos especiais nos quais a Primeira Lei pode ser aplicada. Primeiro, considere um *sistema isolado*, isto é, um que não interage com seu entorno como vimos anteriormente. Nesse caso, não há transferência de energia por calor, e o trabalho realizado sobre o sistema é zero; então, a energia interna permanece constante. Ou seja, como $Q = W = 0$, segue que $\Delta E_{int} = 0$; então, $E_{int,i} = E_{int,f}$. Concluímos que a energia interna E_{int} de um sistema isolado permanece constante.

Em seguida, considere o caso de um sistema que pode trocar energia com seu entorno e é levado por um **processo cíclico**, isto é, um processo que começa e termina no mesmo estado. Nesse caso, a variação na energia interna deve ser zero novamente, porque E_{int} é uma variável de estado; então, a energia Q acrescentada ao sistema deve ser igual à negativa do trabalho W realizado sobre o sistema durante o ciclo. Ou seja, em um processo cíclico:

$$\Delta E_{int} = 0 \quad \text{e} \quad Q = -W \quad \text{(processo cíclico)}$$

Em um diagrama *PV*, um processo cíclico aparece como uma curva fechada (os processos descritos na Figura 6.6 são representados por curvas abertas porque os estados inicial e final diferem). Pode ser mostrado que, em um processo cíclico para um gás, o trabalho resultante realizado sobre um sistema por ciclo é igual à área coberta pelo caminho representando o processo em um diagrama *PV*.

6.6 Algumas aplicações da Primeira Lei da Termodinâmica

Nesta seção, consideraremos aplicações da Primeira Lei a processos pelos quais um gás passa. Como modelo, vamos considerar a amostra de gás contida no aparelho pistão-cilindro na Figura 6.8, que mostra trabalho sendo realizado sobre o gás e transferência de energia por calor; então, a energia interna do gás está subindo. Na discussão a seguir, sobre vários processos, reveja essa figura e altere as direções da transferência de energia mentalmente para refletir sobre o que está acontecendo no processo.

Antes de aplicar a Primeira Lei da Termodinâmica a sistemas específicos, é útil definir alguns processos termodinâmicos idealizados. **Processo adiabático** é aquele durante o qual nenhuma energia entra ou sai do sistema por calor; isto é, $Q = 0$. Esse processo pode ser alcançado isolando-se termicamente as paredes de um sistema ou realizando o processo rapidamente, de modo que haja tempo desprezível para a energia ser transferida por calor. Aplicando a Primeira Lei da Termodinâmica a um processo adiabático, temos:

$$\Delta E_{int} = W \quad \text{(processo adiabático)} \quad (6.11)$$

> **Prevenção de Armadilhas 6.7**
>
> **Convenções de dois sinais**
> Alguns livros de Física e de Engenharia apresentam a Primeira Lei como $\Delta E_{int} = Q - W$, com um sinal de menos entre o calor e o trabalho. O motivo é que o trabalho é ali definido como o trabalho realizado *pelo* gás, em vez de *sobre* o gás, como no nosso caso. A equação equivalente à Equação 6.9 nesses tratamentos define o trabalho como $W = \int_{V_i}^{V_f} P\,dV$. Portanto, se trabalho positivo é realizado pelo gás, a energia sai do sistema, levando a um sinal negativo na Primeira Lei. Em seus estudos em outros cursos de Engenharia ou Química, ou na leitura de outros livros de Física, assegure-se de verificar que convenção de sinais está sendo usada pela Primeira Lei.

> **Prevenção de Armadilhas 6.8**
>
> **A Primeira Lei**
> Por nossa abordagem de energia neste livro, a Primeira Lei da Termodinâmica é um caso especial da Equação 8.2 do Volume 1 desta coleção. Alguns físicos argumentam que a Primeira Lei é a equação geral para conservação de energia, equivalente à Equação 8.2 do Volume 1 desta coleção. Nessa abordagem, a Primeira Lei é aplicada a um sistema fechado (de modo que não há transferência de matéria), o calor é interpretado de modo a incluir radiação eletromagnética e o trabalho é interpretado de modo a incluir transmissão elétrica ("trabalho elétrico") e ondas mecânicas ("trabalho molecular"). Lembre-se disso se encontrar a Primeira Lei na leitura de outros livros de Física.

---

[5] É um acidente infeliz da história que o símbolo tradicional para a energia interna seja *U*, que também é o símbolo tradicional para a energia potencial, como mostramos no Capítulo 7 do Volume 1 desta coleção. Para evitar confusão entre energia potencial e energia interna, usamos o símbolo E_{int} para energia interna neste livro. Se você fizer um curso avançado de Termodinâmica, no entanto, esteja preparado para ver *U* usado como símbolo da energia interna na Primeira Lei.

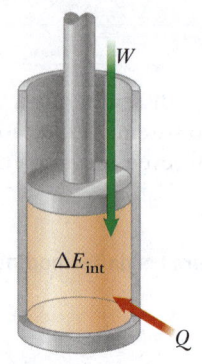

Figura 6.8 A Primeira Lei da Termodinâmica equipara a variação na energia interna E_{int} em um sistema à transferência resultante de energia para o sistema por calor Q e trabalho W. Na situação mostrada aqui, a energia interna do gás aumenta.

Esse resultado mostra que, se um gás é comprimido adiabaticamente de modo que W é positivo, ΔE_{int} é positivo e a temperatura do gás aumenta. Contrariamente, a temperatura de um gás diminui quando o gás se expande adiabaticamente.

Processos adiabáticos são muito importantes em aplicações da Engenharia. Alguns exemplos comuns são a expansão de gases quentes em um motor de combustão interna, a liquefação de gases em um sistema de resfriamento e o curso de compressão em um motor a diesel.

O processo descrito nas figuras 6.7c e 6.7d, chamado **expansão adiabática livre**, é único. O processo é adiabático porque ocorre em um recipiente isolado. Como o gás se expande em vácuo, ele não aplica uma força sobre o pistão, como o gás nas figuras 6.7a e 6.7b; então, não há trabalho realizado sobre ou pelo gás. Portanto, nesse processo, tanto $Q = 0$ como $W = 0$. Como resultado, $\Delta E_{int} = 0$ para esse processo, como pode ser visto na Primeira Lei. Isto é, as energias internas inicial e final de um gás são iguais em expansão adiabática livre. Como veremos no Capítulo 7, a energia interna de um gás ideal depende somente de sua temperatura. Portanto, não esperamos variação de temperatura durante uma expansão adiabática livre. Essa previsão está de acordo com os resultados de experimentos realizados em baixas pressões (aqueles realizados em altas pressões por gases reais mostram uma pequena variação na temperatura por causa de interações intermoleculares que representam uma divergência do modelo de um gás ideal).

Um processo que ocorre com pressão constante é chamado **processo isobárico**. Na Figura 6.8, um processo isobárico pôde ser estabelecido, permitindo que o pistão se movesse livremente de modo que ele estivesse sempre em equilíbrio entre a força resultante do gás empurrando para cima e o peso do pistão mais a força devido à pressão atmosférica empurrando para baixo. O primeiro processo na Figura 6.6a e o segundo na Figura 6.6b são ambos isobáricos.

Em tal processo, os valores do calor e do trabalho são geralmente diferentes de zero para ambos. O trabalho realizado sobre o gás em um processo isobárico é simplesmente:

Processo isobárico ▶
$$W = -P(V_f - V_i) \quad \text{(processo isobárico)} \tag{6.12}$$

onde P é a pressão constante do gás durante o processo.

O processo que ocorre com volume constante é chamado **processo isovolumétrico**. Na Figura 6.8, prender o pistão em uma posição fixa garantiria esse processo. O segundo processo na Figura 6.6a e o primeiro na Figura 6.6b são ambos isovolumétricos.

Como o volume do gás não muda em tal processo, o trabalho dado pela Equação 6.9 é zero. Então, a partir da Primeira Lei, vemos que em um processo isovolumétrico, como $W = 0$:

Processo isovolumétrico ▶
$$\Delta E_{int} = Q \quad \text{(processo isovolumétrico)} \tag{6.13}$$

Essa expressão especifica que, se energia é acrescentada por calor a um sistema mantido a volume constante, toda a energia transferida permanece no sistema como um aumento de sua energia interna. Por exemplo, quando uma lata de tinta *spray* é lançada no fogo, energia entra no sistema (o gás na lata) por calor pelas paredes metálicas da lata. Consequentemente, a temperatura e, por conseguinte, a pressão na lata, aumentam até que a lata possivelmente venha a explodir.

> **Prevenção de Armadilhas 6.9**
> **$Q \neq 0$ em um processo isotérmico**
> Não caia na armadilha comum de pensar que não deve haver transferência de energia por calor se a temperatura não muda, como no caso de um processo isotérmico. Como a causa da variação de temperatura pode ser calor *ou* trabalho, a temperatura pode permanecer constante, mesmo que energia entre no gás por calor, o que só pode acontecer se a energia entrando no gás por calor sai por trabalho.

Processo isotérmico ▶ Um processo que ocorre com temperatura constante é chamado **processo isotérmico**, que pode ser estabelecido imergindo-se o cilindro da Figura 6.8 em um banho de gelo-água ou colocando-o em contato com algum outro reservatório com temperatura constante. Um gráfico de P versus V em temperatura constante para um gás resulta em uma curva hiperbólica chamada *isoterma*. A energia interna de um gás ideal é uma função somente da temperatura. Portanto, uma vez que a temperatura não se modifica em um processo isotérmico envolvendo um gás ideal, devemos ter $\Delta E_{int} = 0$. Para um processo isotérmico, concluímos, a partir da Primeira Lei, que a transferência de energia Q deve ser igual à negativa do trabalho realizado sobre o gás, isto é, $Q = -W$. Qualquer energia que entra no sistema por calor é transferida para fora do sistema por trabalho; como resultado, não ocorre nenhuma variação na energia interna do sistema em um processo isotérmico.

A Primeira Lei da Termodinâmica

Teste Rápido 6.3 Nas últimas três colunas da tabela seguinte, complete os espaços com os sinais corretos (–, + ou 0) para Q, W e ΔE_{int}. Para cada situação, o sistema a ser considerado é identificado.

Situação	Sistema	Q	W	ΔE_{int}
(a) Bombear rapidamente um pneu de bicicleta	Ar na bomba			
(b) Panela de água à temperatura ambiente em fogão quente	Água na panela			
(c) Ar vazando rapidamente de um balão	Ar originalmente em um balão			

Expansão isotérmica de um gás ideal

Suponha que um gás ideal possa se expandir quase estaticamente à temperatura constante. Esse processo é descrito pelo diagrama PV mostrado na Figura 6.9. A curva é uma hipérbole (ver Apêndice B, Equação B.23), e a Lei dos Gases Ideais (Equação 5.8 do Volume 1 desta coleção) com T constante indica que a equação dessa curva é $PV = nRT = $ constante.

Vamos calcular o trabalho realizado sobre o gás na expansão do estado i para o f. O trabalho realizado sobre o gás é dado pela Equação 6.9. Como o gás é ideal e o processo quase estático, a Lei dos Gases Ideais é válida para cada ponto do caminho. Consequentemente:

$$W = -\int_{V_i}^{V_f} P \, dV = -\int_{V_i}^{V_f} \frac{nRT}{V} dV$$

Como T é constante nesse caso, pode ser removido da integral junto com n e R:

$$W = -nRT \int_{V_i}^{V_f} \frac{dV}{V} = -nRT \ln V \Big|_{V_i}^{V_f}$$

Para avaliar a integral, usamos $\int (dx/x) = \ln x$. Avaliando o resultado nos volumes inicial e final, temos:

$$W = nRT \ln\left(\frac{V_i}{V_f}\right) \quad (6.14)$$

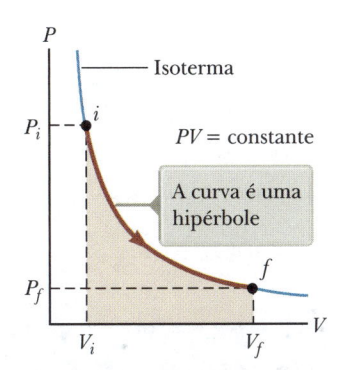

Figura 6.9 Diagrama PV para uma expansão isotérmica de um gás ideal do estado inicial para o final.

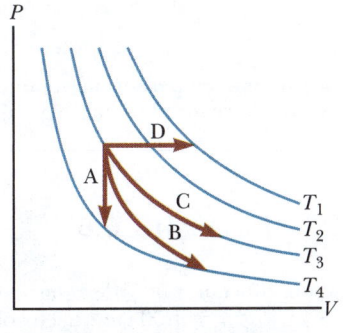

Numericamente, esse trabalho W é igual à negativa da área sombreada sob a curva PV mostrada na Figura 6.9. Como o gás se expande, $V_f > V_i$, o valor para o trabalho realizado sobre o gás é negativo, como esperávamos. Se o gás é comprimido, então $V_f < V_i$, o trabalho realizado sobre o gás é positivo.

Figura 6.10 (Teste Rápido 6.4) Identifique a natureza dos caminhos A, B, C e D.

Teste Rápido 6.4 Caracterize os caminhos na Figura 6.10 como isobárico, isovolumétrico, isotérmico ou adiabático. Para o caminho B, $Q = 0$. As curvas azuis são isotermas.

Exemplo 6.5 — Uma expansão isotérmica

Uma amostra de gás ideal de 1,0 mol é mantida a 0,0 °C durante uma expansão de 3,0 L para 10,0 L.

(A) Quanto trabalho é realizado sobre o gás durante a expansão?

SOLUÇÃO

Conceitualização Faça o processo mentalmente: o cilindro na Figura 6.8 é imerso em um banho de gelo-água, e o pistão se move para fora, de modo que o volume do gás aumenta. Você também pode usar a representação gráfica na Figura 6.9 para conceitualizar o processo.

continua

6.5 cont.

Categorização Vamos avaliar os parâmetros usando equações desenvolvidas nas seções anteriores; então, categorizamos este exemplo como um problema de substituição. Como a temperatura do gás é fixa, o processo é isotérmico.

Substitua os valores dados na Equação 6.14:

$$W = nRT \ln\left(\frac{V_i}{V_f}\right)$$

$$= (1{,}0 \text{ mol})(8{,}31 \text{ J/mol} \cdot \text{K})(273 \text{ K}) \ln\left(\frac{3{,}0 \text{ L}}{10{,}0 \text{ L}}\right)$$

$$= \boxed{-2{,}7 \times 10^3 \text{ J}}$$

(B) Quanta transferência de energia por calor ocorre entre o gás e seu entorno nesse processo?

SOLUÇÃO

Encontre o calor a partir da Primeira Lei:

$$\Delta E_{int} = Q + W$$
$$0 = Q + W$$
$$Q = -W = \boxed{2{,}7 \times 10^3 \text{ J}}$$

(C) Se o gás volta a seu volume original por meio de um processo isobárico, quanto trabalho é realizado sobre o gás?

SOLUÇÃO

Use a Equação 6.12. A pressão não é dada; então, incorpore a Lei dos Gases Ideais:

$$W = -P(V_f - V_i) = -\frac{nRT_i}{V_i}(V_f - V_i)$$

$$= -\frac{(1{,}0 \text{ mol})(8{,}31 \text{ J/mol} \cdot \text{K})(273 \text{ K})}{10{,}0 \times 10^{-3} \text{ m}^3}(3{,}0 \times 10^{-3} \text{ m}^3 - 10{,}0 \times 10^{-3} \text{ m}^3)$$

$$= \boxed{1{,}6 \times 10^3 \text{ J}}$$

Usamos a temperatura e volume iniciais para calcular o trabalho realizado porque a temperatura final era desconhecida. O trabalho realizado sobre o gás é positivo porque o gás está sendo comprimido.

Exemplo 6.6 — Água fervente

Suponha que 1,00 g de água vaporize isobaricamente à pressão atmosférica ($1{,}013 \times 10^5$ Pa). Seu volume no estado líquido é $V_i = V_{\text{líquido}} = 1{,}00 \text{ cm}^3$, e seu volume no estado gasoso é $V_f = V_{\text{vapor}} = 1.671 \text{ cm}^3$. Encontre o trabalho realizado na expansão e a variação na energia interna do sistema. Despreze qualquer mistura do vapor com o ar ao redor; imagine que o vapor simplesmente empurra o ar ao redor para longe.

SOLUÇÃO

Conceitualização Note que a temperatura do sistema não muda. Uma variação de fase ocorre quando a água evapora para vapor.

Categorização Como a expansão ocorre com pressão constante, categorizamos o processo como isobárico. Usaremos as equações desenvolvidas em seções anteriores; então, categorizamos este exemplo como um problema de substituição.

Use a Equação 6.12 para encontrar o trabalho realizado sobre o sistema conforme o ar é empurrado para longe:

$$W = -P(V_f - V_i)$$
$$= -(1{,}013 \times 10^5 \text{ Pa})(1.671 \times 10^{-6} \text{ m}^3 - 1{,}00 \times 10^{-6} \text{ m}^3)$$
$$= \boxed{-169 \text{ J}}$$

Use a Equação 6.7 e o calor latente de vaporização para água a fim de encontrar a energia transferida para o sistema por calor:

$$Q = L_v \Delta m_s = m_s L_v = (1{,}00 \times 10^{-3} \text{ kg})(2{,}26 \times 10^6 \text{ J/kg})$$
$$= 2.260 \text{ J}$$

Use a Primeira Lei para encontrar a variação na energia interna do sistema:

$$\Delta E_{int} = Q + W = 2.260 \text{ J} + (-169 \text{ J}) = \boxed{2{,}09 \text{ kJ}}$$

O valor positivo para ΔE_{int} indica que a energia interna do sistema aumenta. A maior fração da energia (2.090 J/ 2.260 J = 93%) transferida para o líquido vai para aumentar a energia interna do sistema. Os 7% restantes da energia transferida saem do sistema por trabalho realizado pelo vapor na atmosfera ao redor.

A Primeira Lei da Termodinâmica   149

Exemplo 6.7 Aquecendo um sólido

Uma barra de cobre de 1,0 kg é aquecida à pressão atmosférica, de modo que sua temperatura aumenta de 20 °C para 50 °C.

(A) Qual é o trabalho realizado sobre a barra de cobre pela atmosfera no entorno?

SOLUÇÃO

Conceitualização Este exemplo envolve um sólido, enquanto os dois anteriores envolviam líquidos e gases. Para um sólido, a variação em volume devido à expansão térmica é muito pequena.

Categorização Como a expansão ocorre à pressão atmosférica constante, categorizamos o processo como isobárico.

Análise Encontre o trabalho realizado sobre a barra de cobre usando a Equação 6.12:

$$W = -P\Delta V$$

Expresse a variação no volume usando a Equação 5.6 e $\beta = 3\alpha$:

$$W = -P(\beta V_i \Delta T) = -P(3\alpha V_i \Delta T) = -3\alpha P V_i \Delta T$$

Substitua para o volume em termos da massa e densidade do cobre:

$$W = -3\alpha P \left(\frac{m}{\rho}\right) \Delta T$$

Substitua os valores numéricos:

$$W = -3[1{,}7 \times 10^{-5} \,(°C)^{-1}](1{,}013 \times 10^5 \,\text{N/m}^2)\left(\frac{1{,}0 \,\text{kg}}{8{,}92 \times 10^3 \,\text{kg/m}^3}\right)(50\,°C - 20\,°C)$$

$$= \boxed{-1{,}7 \times 10^{-2} \,\text{J}}$$

Como esse trabalho é negativo, o trabalho é realizado *pela* barra de cobre sobre a atmosfera.

(B) Qual valor da energia é transferido para a barra de cobre por calor?

SOLUÇÃO

Use a Equação 6.4 e o calor específico do cobre da Tabela 6.1:

$$Q = mc\Delta T = (1{,}0 \,\text{kg})(387 \,\text{J/kg} \times °C)(50\,°C - 20\,°C)$$

$$= \boxed{1{,}2 \times 10^4 \,\text{J}}$$

(C) Qual é o aumento na energia interna da barra de cobre?

SOLUÇÃO

Use a Primeira Lei da Termodinâmica:

$$\Delta E_{int} = Q + W = 1{,}2 \times 10^4 \,\text{J} + (-1{,}7 \times 10^{-2} \,\text{J})$$

$$= \boxed{1{,}2 \times 10^4 \,\text{J}}$$

Finalização Quase toda a energia transferida para o sistema por calor vai para aumentar a energia interna da barra de cobre. A fração de energia usada para realizar trabalho na atmosfera ao redor é de apenas 10^{-6}. Portanto, quando a expansão térmica de um sólido ou líquido é analisada, a pequena quantidade de trabalho realizado sobre ou pelo sistema é geralmente desprezada.

6.7 Mecanismos de transferência de energia em processos térmicos

No Capítulo 8 do Volume 1 desta coleção, apresentamos uma abordagem global para a análise de energia de processos físicos pela Equação 8.1 do mesmo Volume, $\Delta E_{sistema} = \Sigma\, T$, onde T representa a transferência de energia, que pode ocorrer por vários mecanismos. Anteriormente, neste capítulo, discutimos dois dos termos no lado direito dessa equação, trabalho W e calor Q. Nesta seção, exploraremos mais detalhes sobre o calor como um meio de transferência de energia e dois outros métodos de transferência de energia frequentemente relacionados a variações de temperatura: convecção (uma forma de transferência de matéria T_{TM}) e radiação eletromagnética T_{RE}.

Condução térmica

O processo de transferência de energia por calor (Q na Equação 8.2 do Volume 1 desta coleção) também pode ser chamado **condução** ou **condução térmica**. Neste, a transferência pode ser representada em uma escala atômica como uma troca de energia cinética entre partículas microscópicas – moléculas, átomos e elétrons livres –, em que partículas

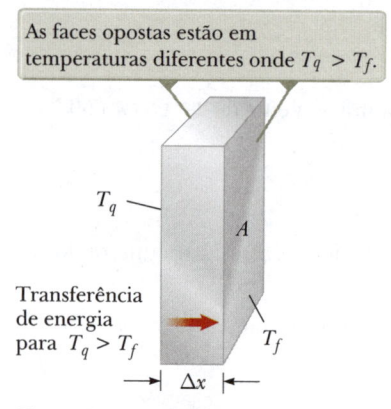

Figura 6.11 Transferência de energia através de uma placa condutora com área transversal A e espessura Δx.

TABELA 6.3
Condutividade térmica

Substância	Condutividade térmica (W/m × °C)
Metais (a 25 °C)	
Alumínio	238
Cobre	397
Ouro	314
Ferro	79,5
Chumbo	34,7
Prata	427
Não metais (valores aproximados)	
Amianto	0,08
Concreto	0,8
Diamante	2.300
Vidro	0,8
Gelo	2
Borracha	0,2
Água	0,6
Madeira	0,08
Gases (a 20 °C)	
Ar	0,0234
Hélio	0,138
Hidrogênio	0,172
Nitrogênio	0,0234
Oxigênio	0,0238

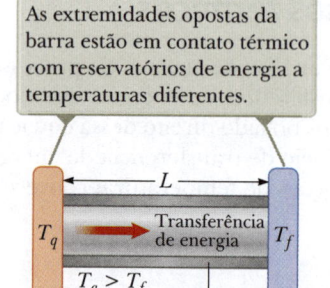

Figura 6.12 Condução de energia por uma barra uniforme, isolada, de comprimento L.

menos energéticas ganham energia em colisões com outras mais energéticas. Por exemplo, se você segurar uma extremidade de uma barra de metal longa e inserir a outra em uma chama, notará que a temperatura do metal em sua mão logo aumenta. A energia chega a sua mão por meio da condução. Inicialmente, antes que a barra seja inserida na chama, as partículas microscópicas no metal estão vibrando em suas posições de equilíbrio. Conforme a chama eleva a temperatura da barra, as partículas perto da chama começam a vibrar com amplitudes cada vez maiores. Essas partículas, por sua vez, colidem com seus vizinhos e transferem parte de sua energia nas colisões. Lentamente, as amplitudes de vibração de átomos e elétrons de metal mais e mais distantes da chama aumentam até que, eventualmente, aqueles no metal em sua mão são afetados. Essa vibração maior é detectada por um aumento na temperatura do metal e por sua mão, potencialmente queimada.

A taxa de condução térmica depende das propriedades da substância sendo aquecida. Por exemplo, é possível segurar um pedaço de amianto em uma chama indefinidamente, o que implica que muito pouca energia é conduzida pelo amianto. Em geral, metais são bons condutores térmicos, e materiais como amianto, cortiça, papel e fibra de vidro não são. Gases também são maus condutores, porque a distância de separação entre as partículas é muito grande. Metais são bons condutores térmicos porque contêm grandes números de elétrons que estão relativamente livres para se mover pelo metal e, assim, podem transportar energia por grandes distâncias. Portanto, em um bom condutor como o cobre, a condução ocorre por meio tanto da vibração de átomos como do movimento de elétrons livres.

A condução ocorre somente se há uma diferença de temperatura entre duas partes do meio condutor. Considere uma placa de material de espessura Δx e área transversal A. Uma face da placa está a uma temperatura T_f, e a outra está a uma temperatura $T_q > T_f$ (Figura 6.11). Experimentalmente, vê-se que a transferência de energia Q em um intervalo de tempo ΔT acontece da face mais quente para a mais fria. A taxa $P = Q/\Delta t$ na qual essa transferência de energia ocorre é proporcional à área transversal e à diferença de temperatura $\Delta T = T_q - T_f$, e inversamente proporcional à espessura:

$$P = \frac{Q}{\Delta t} \propto A \frac{\Delta T}{\Delta x}$$

Note que P tem unidades de watts quando Q é dado em joules, e ΔT é dado em segundos. Isso não surpreende, porque P é potência, a taxa de transferência de energia por calor. Para uma placa de espessura infinitesimal dx e diferença de temperatura dT, podemos escrever a **Lei de Condução Térmica** como:

$$P = kA \left| \frac{dT}{dx} \right| \quad (6.15)$$

onde a constante de proporcionalidade k é a **condutividade térmica** do material e $|dT/dx|$ é o **gradiente de temperatura** (a taxa na qual a temperatura varia com a posição).

Substâncias que são bons condutores térmicos têm grandes valores de condutividade térmica, enquanto bons isolantes térmicos têm esses valores baixos. A Tabela 6.3 lista as condutividades térmicas para várias substâncias. Note que, em geral, os metais são melhores condutores térmicos que os não metais.

Suponha que uma barra longa, uniforme, de comprimento L, esteja termicamente isolada, de modo que a energia não consegue escapar de sua superfície por calor, exceto nas extremidades, como mostrado na Figura 6.12. Uma extremidade está em contato térmico com um reservatório de energia à temperatura T_f, e a outra com um reservatório à temperatura $T_q > T_f$. Quando um estado estacionário é alcançado, a temperatura em cada ponto ao longo da barra é constante no tempo. Nesse caso, se supusermos que k não é uma função da temperatura, o gradiente de temperatura é o mesmo em todos os lugares ao longo da barra, e é:

$$\left|\frac{dT}{dx}\right| = \frac{T_q - T_f}{L}$$

Então, a taxa de transferência de energia por condução pela barra é:

$$P = kA\left(\frac{T_q - T_f}{L}\right) \tag{6.16}$$

Para uma barra composta contendo diversos materiais de espessuras L_1, L_2,... e condutividades térmicas k_1, k_2, ..., a taxa de transferência de energia pela barra no estado estável é:

$$P = \frac{A(T_q - T_f)}{\sum_i (L_i/k_i)} \tag{6.17}$$

onde T_q e T_f são as temperaturas das superfícies externas (que são mantidas constantes) e a somatória é de todas as placas. O Exemplo 6.8 mostra como a Equação 6.17 resulta de uma consideração de duas espessuras de materiais.

> **Teste Rápido 6.5** Você tem duas barras de mesmos comprimento e diâmetro, mas formadas de materiais diferentes. As barras são usadas para conectar duas regiões com temperaturas diferentes, de modo que a energia se transfere pelas barras por calor. Elas podem ser conectadas em série, como na Figura 6.13a, ou em paralelo, como na 6.13b. Em que caso a taxa de transferência de energia por calor é maior? **(a)** Quando as barras estão em série. **(b)** Quando as barras estão em paralelo. **(c)** A taxa é a mesma nos dois casos.

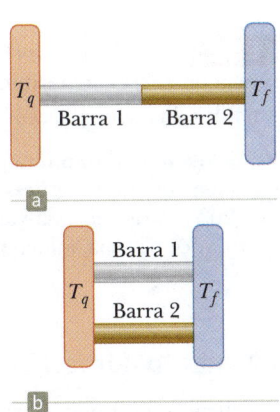

Figura 6.13 (Teste Rápido 6.5) Em que caso a taxa de transferência de energia é maior?

Exemplo 6.8 — Transferência de energia por duas barras

Duas barras de espessura L_1 e L_2 e condutividades térmicas k_1 e k_2 estão em contato térmico uma com a outra, como mostrado na Figura 6.14. As temperaturas de suas superfícies externas são T_f e T_q, respectivamente, e $T_q > T_f$. Determine a temperatura na interface e a taxa de transferência de energia por condução por uma área A das barras na condição de estado estacionário.

SOLUÇÃO

Conceitualização Note o complemento "na condição de estado estacionário". Nós o interpretamos como significando que a energia se transfere pela barra composta à mesma taxa em todos os pontos. De outro modo, a energia seria armazenada ou desapareceria em algum ponto. Além disso, a temperatura varia com a posição nas duas barras, possivelmente com taxas diferentes em cada parte da barra composta. Quando o sistema está em estado estacionário, a interface está em alguma temperatura fixa T.

Categorização Categorizamos este exemplo como um problema de condução térmica e impomos a condição de que a potência é a mesma nas duas barras de material.

Análise Use a Equação 6.16 para expressar a taxa com a qual a energia é transferida por uma área A da barra 1:

$$(1) \quad P_1 = k_1 A\left(\frac{T - T_f}{L_1}\right)$$

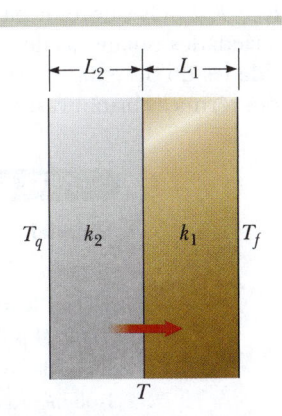

Figura 6.14 (Exemplo 6.8) Transferência de energia por condução por duas barras em contato térmico uma com a outra. No estado estacionário, a taxa de transferência de energia pela barra 1 é igual à taxa de transferência de energia pela barra 2.

continua

6.8 cont.

Expresse a taxa na qual a energia é transferida através da mesma área da barra 2:

$$(2)\quad P_2 = k_2 A \left(\frac{T_q - T}{L_2} \right)$$

Estabeleça essas duas taxas como iguais para representar a situação de estado estável:

$$k_1 A \left(\frac{T - T_f}{L_1} \right) = k_2 A \left(\frac{T_q - T}{L_2} \right)$$

Resolva para T:

$$(3)\quad T = \frac{k_1 L_2 T_f + k_2 L_1 T_q}{k_1 L_2 + k_2 L_1}$$

Substitua a Equação (3) na (1) ou na (2):

$$(4)\quad P = \frac{A(T_q - T_f)}{(L_1/k_1) + (L_2/k_2)}$$

Finalização A extensão desse procedimento para diversas barras de materiais leva à Equação 6.17.

E SE? Suponha que você esteja construindo um recipiente isolado, com duas camadas de isolamento, e a taxa de transferência de energia determinada pela Equação (4) seja muito alta. Você tem espaço suficiente para aumentar a espessura de uma das duas camadas em 20%. Como decidiria qual camada escolher?

Resposta Para diminuir a potência ao máximo possível, você deve aumentar o denominador na Equação (4) o máximo possível. Seja qual for a espessura que escolha aumentar, L_1 ou L_2, você aumenta o termo correspondente L/k no denominador por 20%. Para que essa variação de porcentagem represente a maior alteração absoluta, tome 20% do maior termo. Portanto, você deveria aumentar a espessura da camada que tem o maior valor de L/k.

Isolamento doméstico

Na aplicação de Engenharia, o termo L/k para uma substância específica é chamado **valor R** do material. Então, a Equação 6.17 é reduzida para:

$$P = \frac{A(T_q - T_f)}{\sum_i R_i} \tag{6.18}$$

onde $R_i = L_i/k_i$. Os valores R para alguns materiais de construção comuns são dados na Tabela 6.4. Nos Estados Unidos, as propriedades isoladoras de materiais usados na construção em geral são expressos em unidades comuns do país, não em unidades do Sistema Internacional (SI). Portanto, na Tabela 6.4, os valores R são dados como uma combinação de unidades térmicas britânicas: pés, horas e graus Fahrenheit.

TABELA 6.4 Valores R para alguns materiais de construção comuns

Material	Valor R (pés^2 × °F × h/Btu)
Tapume de madeira (1 pol espessura)	0,91
Telhas de madeira (sobrepostas)	0,87
Tijolo (4 pol espessura)	4,00
Bloco de concreto (centros preenchidos)	1,93
Isolamento de fibra de vidro (3,5 pol espessura)	10,90
Isolamento de fibra de vidro (6 pol espessura)	18,80
Placa de fibra de vidro (1 pol espessura)	4,35
Fibra de celulose (1 pol espessura)	3,70
Vidro plano (0,125 pol espessura)	0,89
Vidro isolador (0,25 pol espaço)	1,54
Espaço de ar (3,5 pol espessura)	1,01
Camada de ar estagnado	0,17
Placa de reboco/*Drywall* (0,5 pol espessura)	0,45
Revestimento (0,5 pol espessura)	1,32

Em qualquer superfície vertical aberta ao ar, uma camada muito fina de ar estagnado adere à superfície. Devemos considerá-la quando determinamos o valor R para uma parede. A espessura dessa camada estagnada em uma parede externa depende da velocidade do vento. A transferência de energia pelas paredes de uma casa em um dia de vento é maior que quando o ar está calmo. Um valor R representativo para essa camada estagnada é dado na Tabela 6.4.

Exemplo 6.9 — O valor R de uma parede típica

Calcule o valor R total para uma parede construída como mostrada na Figura 6.15a. Começando de fora da casa (na direção da frente na figura) e indo para dentro, a parede consiste de 4 pol de tijolos, 0,5 pol de revestimento, um espaço de ar com espessura de 3,5 pol e 0,5 pol de reboco.

SOLUÇÃO

Conceitualização Use a Figura 6.15 para ajudar a conceitualizar a estrutura da parede. Não se esqueça das camadas de ar estagnado dentro e fora da casa.

Categorização Usaremos as equações específicas desenvolvidas nesta seção sobre isolamento doméstico; então, categorizamos este exemplo como um problema de substituição.

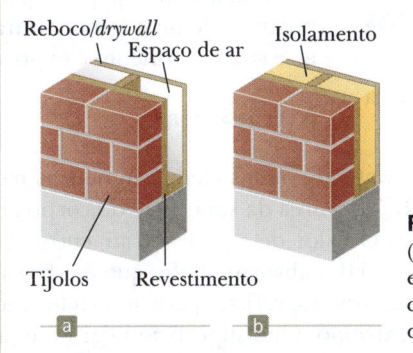

Figura 6.15 (Exemplo 6.9) A parede externa de uma casa contendo (a) um espaço de ar e (b) isolamento.

Use a Tabela 6.4 para encontrar o valor R de cada camada:

R_1 (camada externa de ar estagnado) = 0,17 pés² × °F × h/Btu
R_2 (tijolo) = 4,00 pés² × °F × h/Btu
R_3 (revestimento) = 1,32 pés² × °F × h/Btu
R_4 (espaço de ar) = 1,01 pés² × °F × h/Btu
R_5 (reboco/*drywall*) = 0,45 pés² × °F × h/Btu
R_6 (camada interna de ar estagnado) = 0,17 pés² × °F × h/Btu

Some os valores R para obter o valor R total para a parede:

$R_{total} = R_1 + R_2 + R_3 + R_4 + R_5 + R_6 = $ **7,12 pés² × °F × h/Btu**

E SE? Suponha que não esteja feliz com esse valor R total para a parede. Você não pode mudar a estrutura geral, mas pode preencher o espaço de ar, como na Figura 6.15b. Para *maximizar* o valor R total, que material você deveria escolher para preencher o espaço do ar?

Resposta Olhando a Tabela 6.4, vemos que 3,5 pol de isolamento de fibra de vidro é dez vezes mais eficaz que 3,5 pol de ar. Então, deveríamos preencher o espaço de ar com isolamento de fibra de vidro. O resultado é que adicionamos 10,90 pés² × °F × h/Btu de valor R, e perdemos 1,01 pés² × °F × h/Btu devido ao espaço de ar que substituímos. O novo valor R total é igual a 7,12 pés² × °F × h/Btu + 9,89 pés² × °F × h/Btu = 17,01 pés² × °F × h/Btu.

Convecção

Em um momento ou outro, você provavelmente já aqueceu suas mãos mantendo-as sobre uma chama. Nessa situação, o ar diretamente acima da chama é aquecido e se expande. Como resultado, a densidade desse ar diminui, e o ar sobe. Esse ar quente aquece suas mãos à medida que passa por elas. Diz-se que energia transferida pelo movimento de uma substância quente é transferida por **convecção**, que é uma forma de transferência de matéria, T_{TM} na Equação 8.2 do Volume 1 desta coleção. Quando resulta de diferenças de densidade, como no caso do ar perto do fogo, o processo é chamado *convecção natural*. O fluxo de ar em uma praia é um exemplo de convecção natural, assim como a mistura que ocorre conforme a água da superfície de um lago esfria e afunda (ver Seção 5.4). Quando a substância aquecida é forçada a se mover por um ventilador ou bomba, como em alguns sistemas de aquecimento de ar e de água, o processo é chamado *convecção forçada*.

Se não fossem as correntes de convecção, seria muito difícil ferver água. Quando água é aquecida em uma chaleira, as camadas mais baixas são aquecidas primeiro. A água se expande e sobe para o topo porque sua densidade diminui. Ao mesmo tempo, a água fria, mais densa na superfície, vai para o fundo da chaleira e é aquecida.

O mesmo processo ocorre quando uma sala é aquecida por um radiador. Este, quente, aquece o ar nas regiões mais baixas da sala. O ar quente se expande e sobe para o teto por causa da sua densidade mais baixa. O ar mais denso e mais frio de cima vai para baixo, e o padrão da corrente contínua de ar mostrado na Figura 6.16 é estabelecido.

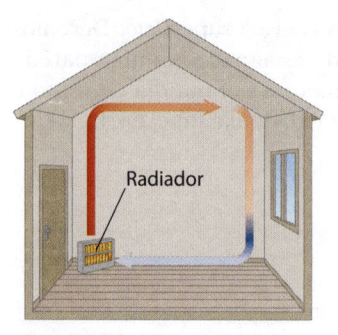

Figura 6.16 Correntes de convecção são estabelecidas em uma sala aquecida por um radiador.

Radiação

O terceiro meio de transferência de energia que discutiremos é **radiação térmica**, T_{RE} na Equação 8.2 do Volume 1 desta coleção. Todos os corpos irradiam energia continuamente na forma de ondas eletromagnéticas (ver Capítulo 12 do Volume 3 desta coleção) produzidas por vibrações térmicas das moléculas. Você deve conhecer a radiação eletromagnética na forma do brilho alaranjado que sai da boca do fogão elétrico, um aquecedor elétrico ou as espirais de uma torradeira.

A taxa com a qual a superfície de um corpo irradia energia é proporcional à quarta potência de uma temperatura absoluta da superfície. Conhecida como a **Lei de Stefan**, esse comportamento é expresso em forma de equação como:

A Lei de Stefan ▶ $$P = \sigma A e T^4 \tag{6.19}$$

onde P é a potência em watts de ondas eletromagnéticas irradiadas da superfície do corpo; σ, uma constante igual a $5{,}6696 \times 10^{-8}$ W/m² × K⁴; A, a área da superfície do corpo em metros quadrados; e, a **emissividade**; e T, a temperatura da superfície em kelvins. O valor de e pode variar entre zero e um, dependendo das propriedades da superfície do corpo. A emissividade é igual à **absortividade**, que é a fração de radiação absorvida pela superfície. Um espelho tem absortividade muito baixa, porque reflete quase toda a luz incidente. Portanto, sua superfície também tem emissividade muito baixa. No outro extremo, uma superfície negra tem alta absortividade e alta emissividade. **Absorvente ideal** é definido como um corpo que absorve toda a energia incidente sobre ele e, para tal corpo, $e = 1$, frequentemente chamado **corpo negro**. Investigaremos abordagens experimentais e teóricas para a radiação de um corpo negro no Capítulo 6 do Volume 4 desta coleção.

A cada segundo, aproximadamente 1.370 J de radiação eletromagnética do Sol passa perpendicularmente por cada 1 m² no topo da atmosfera da Terra. Essa radiação é primariamente luz visível e infravermelha, acompanhada por uma quantidade significativa de radiação ultravioleta. Estudaremos esses tipos de radiação em detalhe no Capítulo 12 do Volume 3 desta coleção. Energia suficiente chega à superfície da Terra todos os dias para suprir nossas necessidades energéticas várias centenas de vezes; quem dera pudesse ao menos ser capturada e usada eficientemente. O aumento no número de casas com alimentação por energia solar e propostas para "fazendas" de energia solar nos Estados Unidos reflete os esforços para usar essa energia abundante.

O que acontece com a temperatura atmosférica à noite é outro exemplo dos efeitos da transferência de energia por radiação. Se existem nuvens sobre a Terra, o vapor de água nelas absorve parte da radiação infravermelha emitida pela Terra e, depois, a reemite de volta para a superfície. Consequentemente, os níveis da temperatura na superfície permanecem moderados. Na ausência dessa cobertura de nuvens, há menos maneiras de prevenir que essa radiação escape para o espaço; então, a temperatura diminui mais em uma noite clara que em uma nublada.

Enquanto um corpo irradia energia a uma taxa dada pela Equação 6.19, ele também absorve radiação eletromagnética do entorno, que consiste em outros corpos que irradiam energia. Se esse último processo não ocorresse, um corpo eventualmente irradiaria toda sua energia e sua temperatura chegaria ao zero absoluto. Se um corpo está a uma temperatura T e seu entorno à temperatura média T_0, a taxa resultante de energia ganha ou perdida pelo corpo como um resultado da radiação é:

$$P_{liq} = \sigma A e (T^4 - T_0^4) \tag{6.20}$$

Quando um corpo está em equilíbrio com seu entorno, irradia e absorve energia à mesma taxa, e sua temperatura permanece constante. Quando está mais quente que seu entorno, irradia mais energia que absorve, e sua temperatura diminui.

O frasco de Dewar

Frasco de Dewar[6] é um recipiente desenhado para minimizar as transferências de energia por condução, convecção e radiação e usado para armazenar líquidos frios ou quentes por longos períodos de tempo (uma garrafa isolada, como do tipo térmica, é um equivalente doméstico comum desse frasco). A construção padrão (Figura 6.17) consiste em um vasilhame com camada dupla de vidro Pirex e paredes prateadas. O espaço entre as paredes é evacuado para minimizar a transferência de energia por condução e convecção. As superfícies prateadas minimizam a transferência de energia por radiação porque a prata é um bom refletor e tem baixa emissividade. Maior redução de perda de energia é obtida reduzindo-se o tamanho do gargalo. Frascos de Dewar são comumente utilizados para armazenar nitrogênio (ponto de ebulição 77 K) e oxigênio líquidos (ponto de ebulição 90 K).

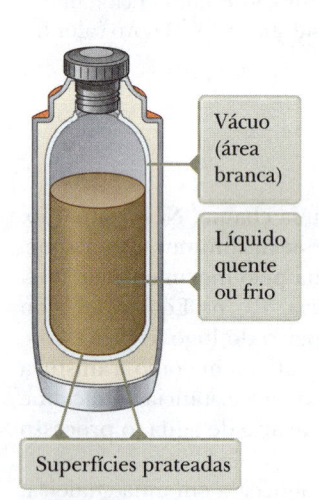

Figura 6.17 Uma vista transversal do frasco Dewar, usado para armazenar substâncias quentes ou frias.

---

[6] Inventado por *Sir* James Dewar (1842-1923).

Para confinar hélio líquido (ponto de ebulição 4,2 K), que tem calor de vaporização muito baixo, é necessário usar um sistema Dewar duplo, no qual o frasco de Dewar contendo o líquido é envolto por um segundo frasco de Dewar. O espaço entre os dois é preenchido com nitrogênio líquido.

Desenhos mais novos de recipientes de armazenamento usam "superisolamento", que consiste em muitas camadas de material refletor separados por fibra de vidro. Todo esse material está em um vácuo, e não é necessário nitrogênio líquido para esse desenho.

Resumo

Definições

Energia interna é toda a energia de um sistema associada à sua temperatura e seu estado físico (sólido, líquido, gasoso) e inclui a energia cinética do movimento translacional, rotacional e vibracional aleatório de moléculas; energia potencial vibracional associada dentro de moléculas e energia potencial entre moléculas.

Calor é a transferência de energia através do limite de um sistema, resultante de uma diferença de temperatura entre o sistema e seu entorno. O símbolo Q representa a quantidade de energia transferida por esse processo.

Uma **caloria** é a quantidade de energia necessária para elevar a temperatura de 1 g de água de 14,5 °C para 15,5 °C.

A **capacidade térmica** C de qualquer amostra é a quantidade de energia necessária para elevar a temperatura da amostra por 1 °C.

O **calor específico** c de uma substância é a capacidade térmica por unidade de massa:

$$c \equiv \frac{Q}{m \Delta T} \quad (6.3)$$

O **calor latente** de uma substância é definido como a proporção entre a entrada de energia para uma substância e a variação de massa do material de fase mais alta:

$$L \equiv \frac{Q}{\Delta m} \quad (6.6)$$

Conceitos e Princípios

A energia Q necessária para mudar a temperatura de uma massa m de determinada substância por uma quantidade ΔT é:

$$Q = mc \, \Delta T \quad (6.4)$$

onde c é o calor específico da substância.

A energia necessária para mudar a fase de uma substância pura é:

$$Q = L \, \Delta m \quad (6.7)$$

onde L é o calor latente da substância, que depende da natureza da mudança de fase e da substância, e Δm é a variação na massa do material de fase mais alta.

O **trabalho** realizado sobre um gás conforme seu volume muda de um valor inicial V_i para algum valor final V_f é:

$$W = -\int_{V_i}^{V_f} P \, dV \quad (6.9)$$

onde P é a pressão do gás, que pode variar durante o processo. Para avaliar W, o processo deve ser totalmente especificado, isto é, P e V devem ser conhecidos durante cada etapa. O trabalho realizado depende do caminho percorrido entre o estado inicial e o final.

A **Primeira Lei da Termodinâmica** é uma redução específica da equação de conservação de energia (Equação 8.2 do Volume 1) e diz que quando um sistema passa por uma mudança de um estado para outro, a variação em sua energia interna é:

$$\Delta E_{\text{int}} = Q + W \quad (6.10)$$

onde Q é a energia transferida para o sistema por calor e W é o trabalho realizado sobre o sistema. Embora Q e W dependam do caminho percorrido do estado inicial para o final, a quantidade ΔE_{int} não depende do caminho.

continua

Em um **processo cíclico** (que origina e termina no mesmo estado), $\Delta E_{int} = 0$ e, então, $Q = -W$. Ou seja, a energia transferida para o sistema por calor é igual ao negativo do trabalho realizado sobre o sistema durante o processo.

Em um **processo adiabático**, não há transferência de energia por calor entre o sistema e seu entorno ($Q = 0$). Nesse caso, a Primeira Lei resulta $\Delta E_{int} = W$. Na **expansão adiabática livre** de um gás, $Q = 0$ e $W = 0$, então $\Delta E_{int} = 0$. Isto é, a energia interna do gás não muda em tal processo.

Processo isobárico é aquele que ocorre com pressão constante. O trabalho realizado sobre um gás em tal processo é $W = -P(V_f - V_i)$.
Processo isovolumétrico é aquele que ocorre com volume constante. Não há trabalho realizado em tal processo, então $\Delta E_{int} = Q$.
Processo isotérmico é aquele que ocorre com temperatura constante. O trabalho realizado sobre um gás ideal durante um processo isotérmico é:

$$W = nRT \ln\left(\frac{V_i}{V_f}\right) \quad \text{(6.14)}$$

Condução pode ser vista como uma troca de energia cinética entre moléculas ou elétrons que colidem. A taxa de transferência de energia por condução através de uma barra de área A é:

$$P = kA \left|\frac{dT}{dx}\right| \quad \text{(6.15)}$$

onde k é a **condutividade térmica** do material do qual a barra é feita, e $|dT/dx|$ é o **gradiente de temperatura**.

Na **convecção**, uma substância quente transfere energia de um lugar para outro.

Todos os corpos emitem **radiação térmica** na forma de ondas eletromagnéticas com a taxa de:

$$P = \sigma A e T^4 \quad \text{(6.19)}$$

Perguntas Objetivas

1. Um gás ideal é comprimido à metade de seu volume inicial por meio de vários processos possíveis. Qual dos processos a seguir resulta em mais trabalho realizado sobre o gás? (a) Isotérmico. (b) Adiabático. (c) Isobárico. (d) O trabalho realizado é independente do processo.

2. Atiçador é uma barra rija e não inflamável usada para empurrar lenha ardente em uma lareira. Para segurança e conforto durante o uso, o atiçador deveria ser feito de um material com (a) alto calor específico e alta condutividade térmica, (b) baixo calor específico e baixa condutividade térmica, (c) baixo calor específico e alta condutividade térmica ou (d) alto calor específico e baixa condutividade térmica?

3. Suponha que você esteja medindo o calor específico de uma amostra de metal originalmente quente usando um calorímetro contendo água. Como seu calorímetro não é perfeitamente isolante, pode haver transferência de energia por calor entre o conteúdo do calorímetro e a sala. Para obter o resultado mais preciso para o calor específico do metal, você deve usar água com que temperatura inicial? (a) Um pouco abaixo da temperatura ambiente. (b) A mesma que a temperatura ambiente. (c) Um pouco acima da temperatura ambiente. (d) A que você quiser, porque a temperatura inicial não faz diferença.

4. Uma quantidade de energia é acrescentada ao gelo, elevando sua temperatura de −10 °C para 25 °C. Uma quantidade de energia ainda maior é acrescentada à mesma massa de água, elevando sua temperatura de 15 °C para 20 °C. A partir desses resultados, o que você concluiria? (a) Superar o calor latente de fusão do gelo exige uma entrada de energia. (b) O calor latente de fusão do gelo fornece alguma energia ao sistema. (c) O calor específico do gelo é menor que o da água. (d) O calor específico do gelo é maior que o da água. (e) É necessária mais informação para chegar a qualquer conclusão.

5. Quanta energia é necessária para elevar a temperatura de 5,00 kg de chumbo de 20,0 °C até seu ponto de fusão de 327 °C? O calor específico do chumbo é 128 J/kg × °C. (a) $4{,}04 \times 10^5$ J. (b) $1{,}07 \times 10^5$ J. (c) $8{,}15 \times 10^4$ J. (d) $2{,}13 \times 10^4$ J. (e) $1{,}96 \times 10^5$ J.

6. Álcool etílico tem metade do calor específico da água. Suponha que quantidades iguais de energia sejam transferidas por calor para amostras de líquido de massa igual de álcool e água em recipientes isolados separados. A temperatura da água se eleva em 25 °C. Qual será o aumento na temperatura do álcool? (a) 12 °C. (b) 25 °C. (c) 50 °C. (d) Depende da taxa de transferência de energia. (e) A temperatura não aumentará.

7. O calor específico da substância A é maior que o da substância B. Tanto A como B têm a mesma temperatura inicial quando quantidades iguais de energia são adicionadas a elas. Supondo que não ocorra derretimento nem vaporização, o que pode ser concluído a respeito da temperatura final T_A da substância A e da temperatura final T_B da substância B? (a) $T_A > T_B$. (b) $T_A < T_B$. (c) $T_A = T_B$. (d) É necessária mais informação.

8. Berílio tem aproximadamente metade do calor específico da água (H_2O). Classifique as quantidades de energia necessárias para produzir as seguintes variações, da maior para a menor. Em sua classificação, aponte quaisquer casos de igualdade. (a) Elevar a temperatura de 1 kg de H_2O de 20 °C para 26 °C. (b) Elevar a temperatura de 2 kg de H_2O de 20 °C para 23 °C. (c) Elevar a temperatura de 2 kg de H_2O de 1 °C para 4 °C. (d) Elevar a temperatura de 2 kg de berílio de −1 °C para 2 °C. (e) Elevar a temperatura de 2 kg de H_2O de −1 °C para 2 °C.

9. Uma pessoa balança uma garrafa térmica selada contendo café quente por alguns minutos. (i) Qual é a varia-

ção na temperatura do café? (a) Uma grande diminuição. (b) Uma leve diminuição. (c) Nenhuma variação. (d) Um leve aumento. (e) Um grande aumento. (ii) Qual é a variação na energia interna do café? Escolha a partir das mesmas possibilidades.

10. Um pedaço de cobre de 100 g, inicialmente a 95,0 °C, é jogado em 200 g de água contida em uma lata de alumínio de 280,0 g; a água e a lata estão inicialmente a 15,0 °C. Qual é a temperatura final do sistema? (os calores específicos do cobre e do alumínio são 0,092 e 0,215 cal/g × °C, respectivamente). (a) 16 °C. (b) 18 °C. (c) 24 °C. (d) 26 °C. (e) Nenhuma das alternativas anteriores.

11. A estrela A tem o dobro do raio e da temperatura absoluta de superfície da estrela B. A emissividade das duas pode ser considerada 1. Qual é a proporção da saída de potência da estrela A em relação àquela da B? (a) 4. (b) 8. (c) 16. (d) 32. (e) 64.

12. Se um gás é comprimido isotermicamente, qual das seguintes afirmativas é verdadeira? (a) Há transferência de energia para o gás por calor. (b) Não há trabalho realizado sobre o gás. (c) A temperatura do gás aumenta. (d) A energia interna do gás permanece constante. (e) Nenhuma das afirmativas é verdadeira.

13. Quando um gás passa por uma expansão adiabática, qual das afirmativas a seguir é verdadeira? (a) A temperatura do gás não muda. (b) Não há trabalho realizado pelo gás. (c) Não há transferência de energia para o gás por calor. (d) A energia interna do gás não muda. (e) A pressão aumenta.

14. Se um gás passa por um processo isobárico, qual das afirmativas seguintes é verdadeira? (a) A temperatura do gás não muda. (b) Trabalho é realizado sobre ou pelo gás. (c) Não há transferência de energia por calor para ou do gás. (d) O volume do gás permanece o mesmo. (e) A pressão do gás diminui uniformemente.

15. Quanto tempo levaria para um aquecedor de 1.000 W derreter 1,00 kg de gelo a –20,0 °C, supondo que toda energia do aquecedor é absorvida pelo gelo? (a) 4,18 s. (b) 41,8 s. (c) 5,55 min. (d) 6,25 min. (e) 38,4 min.

Perguntas Conceituais

1. Esfregue a palma de uma de suas mãos sobre uma superfície metálica por uns 30 segundos. Coloque a outra em uma porção da superfície que não foi esfregada e, depois, sobre a porção esfregada. A porção esfregada está mais quente. Agora, repita esse processo em uma superfície de madeira. Por que a diferença de temperatura entre as porções esfregadas e não esfregadas da superfície de madeira parece maior que na superfície de metal?

2. Você tem um par de luvas de forno de algodão, e precisa pegar uma panela muito quente de cima do fogão. Para pegar a panela com o maior conforto possível, você deve molhar as luvas em água fria ou mantê-las secas?

3. O que está errado com a seguinte afirmação: "Dados quaisquer dois corpos, aquele com a maior temperatura contém mais calor".

4. Por que uma pessoa consegue tirar um pedaço de folha seca de alumínio de um forno quente com seus dedos desprotegidos, mas sofreria queimaduras se houvesse umidade na folha?

5. Usando a Primeira Lei da Termodinâmica, explique por que a energia *total* de um sistema isolado é sempre constante.

6. Em 1801, Humphry Davy esfregou pedaços de gelo dentro de um depósito de gelo, garantindo que nada no ambiente estivesse a uma temperatura mais alta que a dos pedaços esfregados. Ele observou a produção de gotas de água líquida. Faça uma tabela listando este e outros experimentos ou processos que ilustram cada uma das situações a seguir. (a) Um sistema pode absorver energia por calor, aumentando sua energia interna e sua temperatura. (b) Um sistema pode absorver energia por calor, aumentando sua energia interna sem aumentar a temperatura. (c) Um sistema pode absorver energia por calor sem aumentar sua temperatura ou sua energia interna. (d) Um sistema pode aumentar sua energia interna e temperatura sem absorver energia por calor. (e) Um sistema pode aumentar sua energia interna sem absorver energia por calor ou aumentar a temperatura.

7. É manhã de um dia que será quente. Você acaba de comprar bebidas para um piquenique e as está colocando, com gelo, em uma caixa no porta-malas de seu carro. (a) Você enrola um cobertor de lã ao redor da caixa. Fazer isso ajuda a manter as bebidas frias ou você espera que o cobertor de lã vá esquentar as bebidas? Explique sua resposta. (b) Sua irmã mais nova sugere que você a enrole em outro cobertor de lã para mantê-la fresca durante o dia quente, como fez com a caixa de gelo. Explique sua resposta para ela.

8. Em climas normalmente quentes que sofrem com o congelamento, plantadores de frutas aspergem as árvores frutíferas com água, esperando que uma camada de gelo se forme na fruta. Por que tal camada seria vantajosa?

9. Suponha que você sirva café quente a seus convidados, e um deles lhe peça creme no café, e deseja que sua bebida esteja o mais quente possível alguns minutos mais tarde, quando começar a beber. Para ter o café o mais quente possível, a pessoa deve adicionar o creme logo após o café ser servido ou imediatamente antes de beber? Explique.

10. Acampando em um cânion em uma noite tranquila, um campista percebe que, assim que o sol bate nos picos ao redor, uma brisa começa a soprar. O que causa a brisa?

11. Os pioneiros armazenavam frutas e vegetais em porões subterrâneos. No inverno, por que eles colocavam uma barrica de água aberta perto de seus produtos agrícolas?

12. É possível converter energia interna em energia mecânica? Explique com exemplos.

Problemas

WebAssign Os problemas que se encontram neste capítulo podem ser resolvidos *on-line* no Enhanced WebAssign (em inglês)

1. denota problema simples;
2. denota problema intermediário;
3. denota problema de desafio;

AMT *Analysis Model Tutorial* disponível no Enhanced WebAssign (em inglês);

M denota tutorial *Master It* disponível no Enhanced WebAssign (em inglês);

PD denota problema dirigido;

W solução em vídeo *Watch It* disponível no Enhanced WebAssign (em inglês).

Seção 6.1 Calor e energia interna

1. Uma mulher de 55,0 kg come um bolinho de geleia de 540 Calorias (540 kcal) no café da manhã. (a) Quantos joules de energia equivalem a um bolinho de geleia? (b) Quantos degraus a mulher deve subir em uma escadaria para mudar a energia potencial gravitacional do sistema mulher-Terra por um valor equivalente à energia do bolinho de geleia? Suponha que a altura de um único degrau seja de 15,0 cm. (c) Se o corpo humano só tem 25,0% de eficiência em converter energia potencial química em energia mecânica, quantos degraus a mulher deve subir para gastar seu café da manhã?

Seção 6.2 Calor específico e calorimetria

2. **AMT** **W** Considere o aparelho de Joule descrito na Figura 6.1. A massa de cada um dos dois blocos é 1,50 kg, e o tanque isolado é cheio com 200 g de água. Qual é o aumento na temperatura da água depois que os blocos caem por uma distância de 3,00 m?

3. Uma combinação de 0,250 kg de água a 20,0 °C, 0,400 kg de alumínio a 26,0 °C e 0,100 kg de cobre a 100 °C é misturada em um recipiente isolado e atinge o equilíbrio térmico. Ignore qualquer transferência de energia para ou do recipiente. Qual é a temperatura final da mistura?

4. A maior queda d'água do mundo é o Salto Angel, na Venezuela. Sua queda individual mais longa tem altura de 807 m. Se a água no topo das quedas está a 15,0 °C, qual é a temperatura máxima da água no fundo das quedas? Suponha que toda a energia cinética da água quando ela atinge o fundo vai para elevar sua temperatura.

5. Que massa de água a 25,0 °C deve poder atingir equilíbrio térmico com um cubo de alumínio de 1,85 kg inicialmente a 150 °C para baixar a temperatura do alumínio para 65,0 °C? Suponha que a água transformada em vapor condense subsequentemente.

6. **M** A temperatura de uma barra de prata sobe 10,0 °C quando absorve 1,23 kJ de energia por calor. A massa da barra é 525 g. Determine o calor específico da prata a partir desses dados.

7. Em climas frios, inclusive no norte dos Estados Unidos, uma casa pode ser construída com janelas muito grandes na direção sul para aproveitar o aquecimento solar. A luz do sol durante o dia é absorvida pelo chão, paredes internas e objetos no cômodo, elevando sua temperatura para 38,0 °C. Se uma casa é bem isolada, você pode modelá-la como se perdesse energia por calor regularmente a uma taxa de 6.000 W em um dia de abril, quando a temperatura média exterior é 4 °C e o sistema de aquecimento convencional não é usado. Durante o período entre 17 h e 7 h, a temperatura da casa cai, e uma "massa térmica" suficientemente grande é necessária para evitar que a temperatura caia demais. A massa térmica pode ser uma grande quantidade de pedras (com calor específico de 850 J/kg × °C) no chão e com as paredes internas expostas à luz do Sol. Que massa de pedra é necessária se a temperatura não deve cair para menos de 18,0 °C durante a noite?

8. Uma amostra de cobre pesando 50,0 g está a 25,0° C. Se 1.200 J de energia forem adicionados a ela por calor, qual será a temperatura final do cobre?

9. Uma caneca de alumínio de massa 200 g contém 800 g de água em equilíbrio térmico a 80,0 °C. A combinação caneca-água é resfriada uniformemente de modo que a temperatura diminui 1,50 °C por minuto. Qual é a taxa de remoção de energia por calor? Expresse sua resposta em watts.

10. Se a água com uma massa m_a na temperatura T_a é derramada em uma xícara de alumínio de massa m_{Al} contendo massa m_x de água em Tx, onde $T_a > T_x$, qual é a temperatura de equilíbrio do sistema?

11. **M** Uma ferradura de ferro de 1,50 kg inicialmente a 600 °C é colocada em um balde contendo 20,0 kg de água a 25,0 °C. Qual é a temperatura final do sistema água-ferradura? Despreze a capacidade térmica do recipiente e suponha que uma quantidade desprezível de água ferva e evapore.

12. Uma furadeira elétrica com uma broca de aço de massa $m = 27,0$ g e diâmetro 0,635 cm é usada para perfurar um bloco cúbico de aço de massa $M = 240$ g. Suponha que o aço tenha as mesmas propriedades do ferro. O processo de corte pode ser modelado como ocorrendo em um ponto na circunferência da broca. Esse ponto se move em uma hélice com velocidade tangencial constante de 40,0 m/s e exerce uma força de módulo constante de 3,20 N sobre o bloco. Como mostrado na Figura P6.12, um sulco na broca conduz as lascas para o topo do bloco, onde formam uma pilha ao redor do buraco. A broca é ligada e perfura o bloco por um intervalo de tempo de 15,0 s. Vamos supor que esse intervalo de tempo seja longo o suficiente para que a condução dentro do aço leve tudo a uma temperatura uniforme. Além disso, suponha que corpos de aço perdem uma quantidade desprezível de energia por condução, convecção e radiação em seu ambiente. (a) Suponha que a broca corte três quartos do caminho através do bloco durante 15,0 s. Encontre a variação de temperatura de

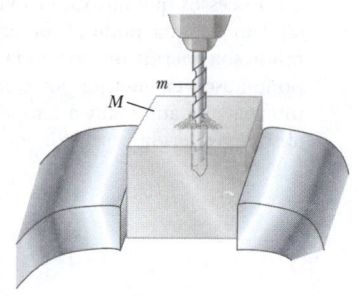

Figura P6.12

toda a quantidade de aço. (b) **E se?** Suponha agora que a broca esteja cega e só corte um oitavo do caminho através do bloco em 15,0 s. Identifique a variação de temperatura de toda a quantidade de aço nesse caso. (c) Que partes dos dados, se houver alguma, são desnecessárias para a solução? Explique.

13. **W** Um calorímetro de alumínio com massa de 100 g contém 250 g de água. O calorímetro e a água estão em equilíbrio térmico a 10,0 °C. Dois blocos metálicos são colocados dentro da água. O primeiro é um pedaço de cobre de 50,0 g a 80,0 °C. O outro tem massa de 70,0 g e está originalmente a uma temperatura de 100 °C. Todo o sistema se estabiliza a uma temperatura final de 20,0 °C. (a) Determine o calor específico da amostra desconhecida. (b) Usando os dados na Tabela 6.1, você pode fazer uma identificação positiva desse material desconhecido? Você consegue identificar um possível material? (c) Explique suas respostas para a parte (b).

14. Uma moeda de cobre de 3,00 g a 25,0 °C cai 50,0 m em direção ao chão. (a) Supondo que 60,0% da variação em energia potencial gravitacional do sistema moeda-Terra vão para aumentar a energia interna da moeda, determine a temperatura final da moeda. (b) **E se?** O resultado depende da massa da moeda? Explique.

15. Dois vasilhames termicamente isolados são conectados por um tubo estreito ajustado com uma válvula inicialmente fechada, como mostrado na Figura P6.15. Um vasilhame de volume 16,8 L contém oxigênio a uma temperatura de 300 K e pressão de 1,75 atm. O outro, de volume 22,4 L, contém oxigênio a uma temperatura de 450 K e pressão de 2,25 atm. Quando a válvula é aberta, os gases nos dois vasilhames se misturam e a temperatura e a pressão ficam uniformes. (a) Qual é a temperatura final? (b) Qual é a pressão final?

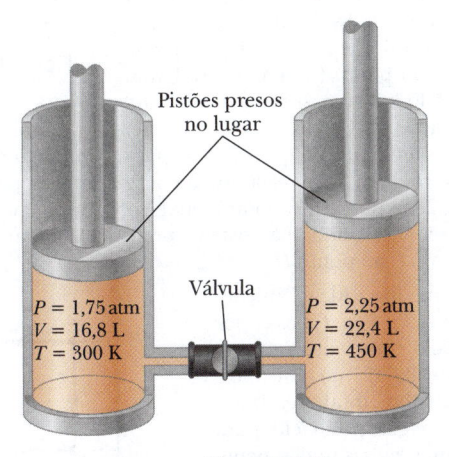

Figura P6.15

Seção 6.3 Calor latente

16. Um calorímetro de cobre, de 50,0 g, contém 250 g de água a 20,0 °C. Quanto vapor a 100 °C deve ser condensado em água se a temperatura final do sistema tiver de atingir 50,0 °C?

17. **M** Um esquiador que pesa 75,0 kg está atravessando o país, e desliza sobre a neve, conforme mostra a Figura P6.17. O coeficiente de atrito entre os esquis e a neve é de 0,200. Suponha que a neve embaixo de seus esquis esteja a 0 °C e que toda a energia interna gerada pelo atrito é adicionada à neve, que gruda nos esquis até derreter. Até que distância ele deverá esquiar para derreter 1,00 kg de neve?

Figura P6.17

18. **W** Quanta energia é necessária para mudar um cubo de gelo de 40,0 g a –10,0 °C para vapor a 110 °C?

19. Um cubo de gelo de 75,0 g a 0 °C é colocado em 825 g de água a 25,0 °C. Qual é a temperatura final da mistura?

20. **AMT M** Uma bala de chumbo de 3,00 g a 30,0 °C é disparada a uma velocidade de 240 m/s em um grande bloco de gelo a 0 °C, onde fica incrustada. Que quantidade de gelo derrete?

21. Vapor a 100 °C é acrescentado a gelo a 0 °C. (a) Encontre a quantidade de gelo derretido e a temperatura final quando a massa de vapor é 10,0 g e a massa de gelo é 50,0 g. (b) **E se?** Repita para quando a massa de vapor for 1,00 g e a massa de gelo 50,0 g.

22. **W** Um bloco de cobre de 1,00 kg a 20,0 °C é colocado em um grande vasilhame de nitrogênio líquido a 77,3 K. Quantos quilogramas de nitrogênio fervem e evaporam até o momento em que o cobre atinge 77,3 K? (o calor específico do cobre é 0,0920 cal/g × °C, e o calor latente de vaporização do nitrogênio é 48,0 cal/g).

23. Em um vasilhame isolado, 250 g de gelo a 0 °C é acrescentado a 600 g de água a 18,0 °C. (a) Qual é a temperatura final do sistema? (b) Quanto gelo permanece quando o sistema alcança o equilíbrio?

24. Um automóvel tem massa de 1.500 kg, e seus freios de alumínio têm massa total de 6,00 kg. (a) Suponha que a energia mecânica que se transforma em energia interna quando o carro para seja depositada nos freios e que não haja transferência de energia dos freios por calor. Os freios estão originalmente a 20,0 °C. Quantas vezes o carro pode ser parado de 25,0 m/s antes que os freios comecem a derreter? (b) Identifique alguns efeitos ignorados na parte (a) que são importantes em uma avaliação mais realista sobre o aquecimento dos freios.

Seção 6.4 Trabalho e calor em processos termodinâmicos

25. Um gás ideal é contido em um cilindro com um pistão móvel no topo. O pistão tem massa de 8.000 g, área de 5,00 cm² e é livre para deslizar para cima e para baixo, mantendo a pressão do gás constante. Quanto trabalho é realizado sobre o gás conforme sua temperatura de 0,200 mol é elevada de 20,0 °C para 300 °C?

26. Um gás ideal é contido em um cilindro com um pistão móvel no topo. O pistão tem massa m, área A e é livre para deslizar para cima e para baixo, mantendo a pressão do gás constante. Quanto trabalho é realizado sobre o gás conforme sua temperatura de n mol é elevada de T_1 para T_2?

27. Um mol de um gás ideal é aquecido lentamente, até que ele passa do estado PV (P_i, V_i) para $(3P_i, 3V_i)$, de maneira que a pressão do gás é diretamente proporcional ao volume. (a) Quanto trabalho é realizado sobre o gás no processo?

(b) Qual é a temperatura do gás em relação a seu volume durante este processo?

28. **W** (a) Determine o trabalho realizado sobre um gás que se expande de *i* para *f*, como indicado na Figura P6.28. (b) **E se?** Quanto trabalho é realizado sobre o gás se ele é comprimido de *f* para *i* ao longo do mesmo caminho?

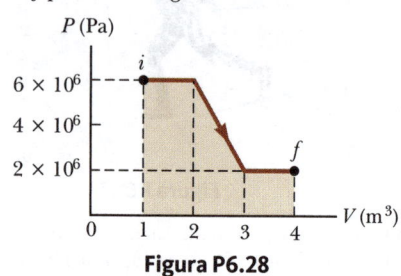

Figura P6.28

29. **M** Um gás ideal é conduzido por um processo quase estático descrito por $P = \alpha V^2$, com $\alpha = 5{,}00$ atm/m^6, como mostrado na Figura P6.29. O gás é expandido para o dobro de seu volume original de 1,00 m^3. Quanto trabalho é realizado sobre o gás em expansão nesse processo?

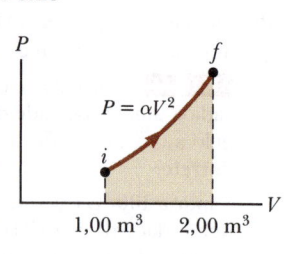

Figura P6.29

Seção 6.5 A Primeira Lei da Termodinâmica

30. **W** Um gás é conduzido pelo processo cíclico descrito na Figura P6.30. (a) Encontre a energia total transferida para o sistema por calor durante um ciclo completo. (b) **E se?** Se o ciclo for invertido, ou seja, o processo segue o caminho *ACBA*, qual é a entrada total de energia pelo calor por ciclo?

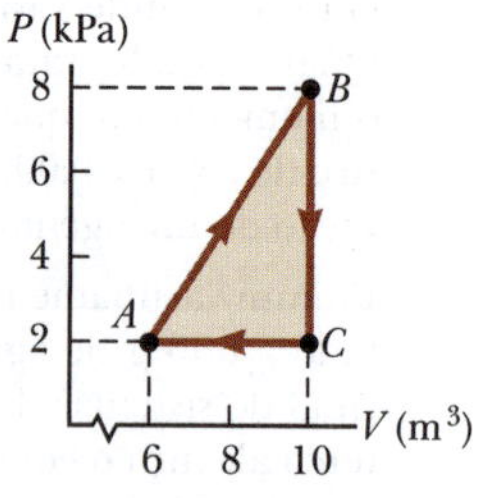

Figura P6.30
Problemas 30 e 31.

31. Considere o processo cíclico descrito na Figura P6.30. Se *Q* é negativo para o processo *BC* e ΔE_{int} é negativo para o processo *CA*, quais são os sinais de *Q*, *W* e ΔE_{int} associados a cada um dos três processos?

32. *Por que a seguinte situação é impossível?* Um gás ideal passa por um processo com os seguintes parâmetros: $Q = 10{,}0$ J, $W = 12{,}0$ J e $\Delta T = -2{,}00$ °C.

33. Um sistema termodinâmico passa por um processo no qual sua energia interna diminui por 500 J. Durante o mesmo intervalo de tempo, 220 J de trabalho é realizado sobre o sistema. Encontre a energia transferida dele pelo calor.

34. **W** Uma amostra de um gás ideal passa pelo processo mostrado na Figura P6.34. De *A* para *B*, o processo é adiabático; de *B* para *C*, é isobárico, com 345 kJ de energia entrando no sistema por calor; de *C* para *D*, é isotérmico; e de *D* para *A*, isobárico, com 371 kJ de energia saindo do sistema pelo calor. Determine a diferença em energia interna $E_{int,B} - E_{int,A}$.

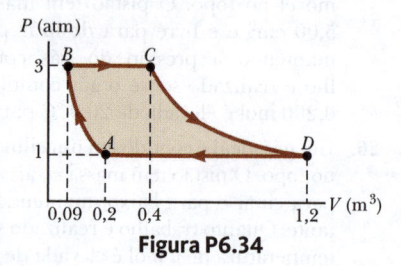

Figura P6.34

Seção 6.6 Algumas aplicações da Primeira Lei da Termodinâmica

35. **M** Uma amostra de 2,00 moles de gás hélio inicialmente a 300 K e 0,400 atm é comprimido isotermicamente para 1,20 atm. Notando que o hélio se comporta como um gás ideal, encontre (a) o volume final do gás, (b) o trabalho realizado sobre o gás e (c) a energia transferida por calor.

36. (a) Quanto trabalho é realizado sobre o vapor quando 1,00 mol de água a 100 °C ferve e se torna 1,00 mol de vapor a 100 °C a 1,00 atm de pressão? Suponha que o vapor se comporte como um gás ideal. (b) Determine a variação na energia interna do sistema da água e do vapor conforme a água vaporiza.

37. **M** Um gás ideal inicialmente a 300 K passa por uma expansão isobárica a 2,50 kPa. Se o volume aumenta de 1,00 m^3 para 3,00 m^3 e 12,5 kJ são transferidos para o gás por calor, quais são (a) a variação em sua energia interna e (b) sua temperatura final?

38. **W** Um mol de um gás ideal realiza 3.000 J de trabalho sobre seu entorno conforme se expande isotermicamente até uma pressão final de 1,00 atm e volume de 25,0 L. Determine (a) o volume inicial e (b) a temperatura do gás.

39. Um bloco de alumínio de 1,00 kg é aquecido à pressão atmosférica de modo que sua temperatura aumenta de 22,0 °C para 40,0 °C. Encontre (a) o trabalho realizado sobre o alumínio, (b) a energia acrescentada a ele pelo calor e (c) a variação em sua energia interna.

40. Na Figura P6.40, a variação na energia interna de um gás que é levado de *A* para *C* ao longo do caminho azul é +800 J. O trabalho realizado sobre o gás ao longo do caminho vermelho *ABC* é −500 J. (a) Qual a quantidade de energia que deve ser adicionada ao sistema por calor enquanto ele vai de *A* até *B* para *C*? (b) Se a pressão no ponto *A* é cinco vezes maior que aquela no ponto *C*, qual é o trabalho realizado sobre o sistema para ir de *C* para *D*? (c) Qual é a troca de energia por calor com o entorno enquanto o gás vai de *C* para *A* ao longo do caminho verde? (d) Se a variação na energia interna para ir do ponto *D* ao ponto *A* é +500 J, qual é o valor da energia que deve ser acrescentada ao sistema por calor enquanto ele vai do ponto *C* ao ponto *D*?

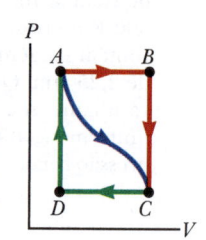

Figura P6.40

41. **W** Um gás ideal inicialmente a P_i, V_i e T_i passa por um ciclo como mostrado na Figura P6.41. (a) Encontre o trabalho total realizado sobre o gás por ciclo para 1,00 mol de gás inicialmente a 0 °C. (b) Qual é a energia total acrescentada pelo calor ao gás por ciclo?

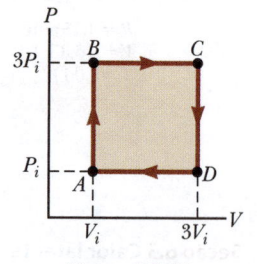

Figura P6.41
Problemas 41 e 42.

42. Um gás ideal inicialmente a P_i, V_i e T_i passa por um ciclo como mostrado na Figura P6.41. (a) Encontre o trabalho total realizado sobre o gás por ciclo. (b) Qual é a energia total acrescentada pelo calor ao sistema por ciclo?

Seção 6.7 Mecanismos de transferência de energia em processos térmicos

43. Uma vidraça em uma residência tem 0,620 cm de espessura e dimensões de 1,00 m × 2,00 m. Certo dia, a tempera-

tura da superfície interior do vidro é 25,0 °C e a temperatura da superfície exterior é 0 °C. (a) Qual é a taxa de transferência de energia por calor pelo vidro? (b) Quanta energia é transferida através da janela em um dia, supondo que as temperaturas nas superfícies permaneçam constantes?

44. Uma placa de concreto tem 12,0 cm de espessura e área de 5,00 m². Espirais elétricas de aquecimento são instaladas sob a placa para derreter o gelo na superfície durante os meses de inverno. Que potência mínima deve ser fornecida às espirais para manter uma diferença de temperatura de 20,0 °C entre a base da placa e sua superfície? Suponha que toda a energia seja transferida através da placa.

45. Um estudante está tentando decidir o que vestir. Seu quarto está a 20,0 °C. A temperatura da sua pele é 35,0 °C. A área de pele exposta é 1,50 m². Pessoas ao redor do mundo possuem uma pele escura no infravermelho, com emissividade de aproximadamente 0,900. Encontre a transferência de energia total do corpo dele por radiação em 10,0 min.

46. A superfície do Sol tem temperatura de aproximadamente 5.800 K. Seu raio é 6,96 × 10⁸ m. Calcule a energia total irradiada pelo Sol a cada segundo. Suponha que sua emissividade seja 0,986.

47. O filamento de tungstênio de uma lâmpada de 100 W irradia 2,00 W de luz. Os outros 98 W são carregados por convecção e condução. O filamento tem área de superfície de 0,250 mm² e emissividade de 0,950. Encontre a temperatura do filamento. O ponto de fusão do tungstênio é 3.683 K.

48. Ao meio-dia, o Sol fornece 1.000 W para cada metro quadrado de uma estrada asfaltada. Se o asfalto quente transfere energia somente por radiação, qual é sua temperatura de estado estável?

49. Duas lâmpadas têm filamentos cilíndricos muito maiores em comprimento que em diâmetro. As lâmpadas evacuadas são idênticas, exceto que uma opera com temperatura de filamento de 2.100 °C e a outra a 2.000 °C. (a) Encontre a proporção da potência emitida pela lâmpada mais quente para aquela emitida pela mais fria. (b) Com as lâmpadas operando com as mesmas respectivas temperaturas, a mais fria será alterada tornando seu filamento mais grosso, de modo que ela emite a mesma potência que a mais quente. Por que fator o raio desse filamento deve ser aumentado?

50. O corpo humano precisa manter sua temperatura central dentro de um limite bastante estrito, em torno de 37 °C. Processos metabólicos, notavelmente o esforço muscular, convertem a energia química em energia interna profunda no interior do corpo. Do interior, a energia precisa fluir para fora, na pele ou nos pulmões, para ser expelida para o ambiente. Durante exercícios moderados, um homem pesando 80 kg pode metabolizar energia alimentar a uma taxa de 300 kcal/h, realizar 60 kcal/h de trabalho mecânico e eliminar os 240 kcal/h de energia restantes pelo calor. A maior parte da energia é transportada do interior do corpo para a pele por convecção forçada (como diria um encanador), método pelo qual o sangue é aquecido no interior e, depois, resfriado na pele, que está alguns graus mais fria do que o centro do corpo. Sem fluxo sanguíneo, o tecido vivo é um bom isolante térmico, com condutividade térmica em torno de 0,210 W/m · °C. Mostre que o fluxo sanguíneo é essencial para esfriar o corpo do homem calculando a taxa de condução de energia em kcal/h através da camada de tecido sob sua pele. Suponha que sua área é de 1,40 m², sua espessura é de 2,50 cm, e que ela é mantida a 37,0 °C em um lado, e a 34,0 °C, do outro lado.

51. **M** Uma haste de cobre e uma barra de alumínio de igual diâmetro são unidas pelas extremidades, com um bom contato térmico. A temperatura da extremidade livre da haste de cobre é mantida constante a 100 °C, e a da extremidade da haste de alumínio é mantida a 0 °C. Se a haste de cobre tiver 0,150 m de comprimento, qual deverá ser o comprimento da haste de alumínio para que a temperatura na junção seja de 50,0 °C?

52. Uma caixa com uma superfície total de 1,20 m² e paredes com uma espessura de 4,00 cm é feita de um material isolante. Um calefator elétrico de 10,0 W dentro da caixa mantém a temperatura interna 15,0 °C acima da temperatura externa. Determine a condutividade térmica k do material isolante.

53. (a) Calcule o valor R de uma janela térmica feita de dois painéis simples de vidro, cada um com 0,125 pol de espessura, e separados por um espaço de ar de 0,250 pol (b) Por que fator a transferência de energia por calor pela janela é reduzida pelo uso da janela térmica em vez de uma janela de um só painel? Inclua as contribuições das camadas de ar estagnado interna e externa.

54. Por nossa distância do Sol, a intensidade da radiação solar é 1.370 W/m². A temperatura da Terra é afetada pelo *efeito estufa* da atmosfera. Esse fenômeno descreve o efeito da absorção de luz infravermelha emitida pela superfície de modo que a temperatura da superfície da Terra fique mais alta que se não tivesse ar. Para fins de comparação, considere um corpo esférico de raio r sem atmosfera à mesma distância do Sol que a Terra. Suponha que sua emissividade seja a mesma para todos os tipos de ondas eletromagnéticas e sua temperatura seja uniforme por toda sua superfície. (a) Explique por que a área projetada sobre a qual a luz do Sol é absorvida é πr^2 e a área de superfície sobre a qual ele irradia é $4\pi r^2$. (b) Compute sua temperatura de estado estável. Ele é frio?

55. Uma barra de ouro (Au) está em contato térmico com uma barra de prata (Ag) de mesmo comprimento e área (Figura P6.55). Uma extremidade da barra composta é mantida a 80,0 °C e a extremidade oposta está a 30,0 °C. Quando a transferência de energia atinge o estado estacionário, qual é a temperatura na junção?

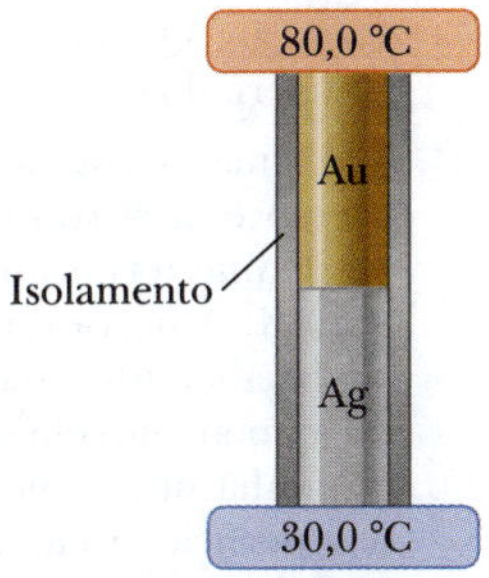

Figura P6.55

56. Para testes bacteriológicos de estoques de água e em clínicas médicas, amostras devem ser rotineiramente incubadas por 24 h a 37 °C. Amy Smith, uma voluntária do Corpo de Paz e Engenheira do MIT, inventou uma incubadora de baixa manutenção e baixo custo, que consiste em uma caixa isolada com espuma contendo um material ceroso que derrete a 37,0 °C entremeado com tubos, barras ou garrafas contendo as amostras de testes e o meio de cultura (comida para bactérias). Fora da caixa, o material ceroso é primeiro derretido em um fogão ou coletor de energia solar. Então, esse material é colocado dentro da caixa para manter as amostras de teste aquecidas enquanto o material solidifica. O calor de fusão do material que muda de fase é 205 kJ/kg. Modele o isolamento como uma barra com área de superfície de 0,490 m², espessura 4,50 cm e condutividade 0,0120 W/m × °C. Suponha que a temperatura exterior seja 23,0 °C por 12 h e 16,0 °C por 12 h. (a) Que massa do material ceroso é necessária para conduzir o teste bacteriológico? (b) Explique por que seu cálculo pode ser realizado sem saber a massa das amostras de teste ou do isolamento.

57. Uma pizza quente e grande flutua no espaço sideral depois de ser arremessada, como lixo, para fora de uma nave espacial. Qual é a ordem de grandeza (a) da taxa de perda de energia e (b) da taxa de variação de temperatura? Liste as quantidades e o valor que você estima para cada uma.

Problemas Adicionais

58. **M** Um gás se expande de I para F, na Figura P6.58. A energia adicionada ao gás por calor é de 418 J quando o gás passa de I para F ao longo do caminho diagonal. (a) Qual é a mudança na energia interna do gás? (b) Quanta energia deve ser adicionada ao gás por calor ao longo do caminho indireto IAF?

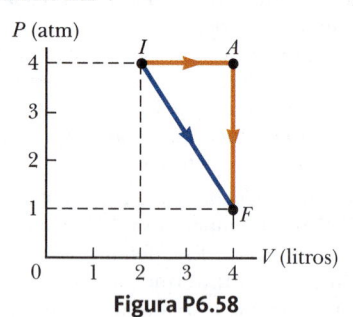

Figura P6.58

59. **M** O gás em um recipiente está a uma pressão de 1,50 atm e tem um volume de 4,00 m³. Qual é o trabalho realizado sobre o gás (a) se ele expande à pressão constante para duas vezes o seu volume inicial e (b) se ele é comprimido a pressão constante para um quarto de seu volume inicial?

60. Nitrogênio líquido tem ponto de ebulição de 77,3 K e calor latente de vaporização de $2,01 \times 10^5$ J/kg. Um elemento aquecedor de 25,0 W é imerso em um vasilhame isolado contendo 25,0 L de nitrogênio líquido em seu ponto de ebulição. Quantos quilogramas de nitrogênio fervem em um período de 4 h?

61. **M** Uma barra de alumínio com 0,500 m de comprimento e área transversal de 2,50 cm² é inserida em um vasilhame termicamente isolado contendo hélio líquido a 4,20 K. A barra está inicialmente a 300 K. (a) Se metade da barra é inserida no hélio, quantos litros deste fervem até o momento em que a metade inserida esfria até 4,20 K? Suponha que a metade superior não esfrie ainda. (b) Se a superfície circular da extremidade superior da barra é mantida a 300 K, qual é a taxa aproximada de fervura do hélio líquido em litros por segundo depois que a metade inferior atingiu 4,20 K? Alumínio tem condutividade térmica de 3.100 W/m × K a 4,20 K; ignore sua variação de temperatura. A densidade do hélio líquido é 125 kg/m³.

62. **AMT** **PD** **Revisão.** Duas balas de chumbo em velocidade, uma de massa 12,0 g se movendo para a direita a 300 m/s, e outra de massa 8,00 g se movendo para a esquerda a 400 m/s, colidem de frente e todo o material fica junto. As duas balas estão originalmente à temperatura de 30,0 °C. Suponha que a variação na energia cinética do sistema apareça inteiramente como um aumento de energia interna. Gostaríamos de determinar a temperatura e a fase das balas depois da colisão. (a) Que dois modelos de análise são adequados para o sistema das duas balas para o intervalo de tempo desde antes até depois da colisão? (b) A partir de um desses modelos, qual é a velocidade das balas combinadas após a colisão? (c) Quanto da energia cinética inicial se transformou em energia interna no sistema depois da colisão? (d) Todo o chumbo derrete por causa da colisão? (e) Qual é a temperatura das balas combinadas depois da colisão? (f) Qual é a fase das balas combinadas depois da colisão?

63. *Calorímetro de fluxo* é um aparelho usado para medir o calor específico de um líquido. A técnica de calorimetria de fluxo envolve medir a diferença de temperatura entre os pontos de entrada e saída de um fluxo contínuo do líquido enquanto energia é acrescentada por calor a uma taxa conhecida. Um líquido de densidade 900 kg/m³ flui pelo calorímetro com taxa de fluxo de volume de 2,00 L/min. No estado estável, uma diferença de temperatura de 3,50 °C é estabelecida entre os pontos de entrada e saída quando a energia é suprida a uma taxa de 200 W. Qual é o calor específico do líquido?

64. *Calorímetro de fluxo* é um aparelho usado para medir o calor específico de um líquido. A técnica de calorimetria de fluxo envolve medir a diferença de temperatura entre os pontos de entrada e saída de um fluxo contínuo do líquido enquanto energia é acrescentada por calor a uma taxa conhecida. Um líquido de densidade ρ flui pelo calorímetro com taxa de fluxo de volume R. No estado estável, uma diferença de temperatura ΔT é estabelecida entre os pontos de entrada e saída quando a energia é suprida a uma taxa P. Qual é o calor específico do líquido?

65. **AMT** **Revisão.** Após uma colisão entre uma grande nave espacial e um asteroide, um disco de cobre de raio 28,0 m e espessura 1,20 m a uma temperatura de 850 °C flutua no espaço, girando sobre seu eixo de simetria com velocidade angular de 25,0 rad/s. Conforme o disco irradia luz infravermelha, sua temperatura cai para 20,0 °C. Não há torque externo atuando sobre o disco. Encontre: (a) a variação na energia cinética do disco, (b) a variação na energia interna do disco, (c) a quantidade de energia que ele irradia.

66. Uma forma de gelo é cheia com 75,0 g de água. Depois que a bandeja cheia atinge uma temperatura de equilíbrio de 20,0 °C, ela é colocada em um freezer a −8,00 °C para fazer cubos de gelo. (a) Descreva os processos que ocorrem conforme a energia é removida da água para fazer gelo. (b) Calcule a energia que deve ser removida da água para fazer cubos de gelos a −8,00 °C.

67. Em um dia frio de inverno, você compra castanhas assadas de um vendedor de rua. No bolso de seu casaco, você coloca o troco que ele lhe deu: moedas constituídas de 9,00 g de cobre a −12,0 °C. Seu bolso já contém 14,0 g de moedas de prata a 30,0 °C. Pouco tempo depois, a temperatura das moedas de cobre está a 4,00 °C e aumentando a uma taxa de 0,500 °C/s. Neste momento, (a) qual é a temperatura das moedas de prata e (b) a que taxa ela está mudando?

68. A taxa com que uma pessoa em repouso converte energia alimentar é chamada *taxa metabólica basal* (TMB). Suponha que a energia interna resultante deixa o corpo de uma pessoa por radiação e convecção de ar seco. Quando você corre, a maior parte da energia alimentar que você queima acima de sua TMB se transforma em energia interna que aumentaria a temperatura de seu corpo se não fosse eliminada. Suponha que a evaporação da perspiração é o mecanismo para eliminar esta energia. Suponha que uma pessoa está correndo para "queimar o máximo de gordura", convertendo energia alimentar à taxa de 400 kcal/h acima de sua TMB, e eliminando energia pelo trabalho à taxa de 60,0 W. Suponha que o calor de evaporação da água à temperatura corporal é igual a seu calor de vaporização a 100 °C. (a) Determine a taxa horária com que a água deve evaporar de sua pele. (b) Quando você metaboliza gordura, os átomos de hidrogênio na molécula de gordura são transferidos para o oxigênio para formar água. Suponha que o metabolismo de 1,00 g de gordura gera 9,00 kcal de energia e produz 1,00 g de água. De que fração da água o atleta precisa que seja fornecida pelo metabolismo de gorduras?

69. Uma chapa de ferro é pressionada contra uma roda de ferro, de modo que uma força de atrito cinético de 50,0 N atua entre os dois pedaços de metal. A velocidade relativa em que duas superfícies deslizam uma sobre a outra é de 40,0 m/s. (a) Calcule a taxa com a qual a energia mecânica é convertida em energia interna. (b) A placa e a roda têm, cada uma delas, uma massa de 5,00 kg, e cada uma recebe 50,0% da energia interna. Se o sistema for executado conforme descrito durante 10,0 s e cada objeto puder alcançar uma temperatura interna uniforme, qual será o aumento de temperatura resultante?

70. Um adulto de tamanho médio, em repouso, converte energia química de alimentos em energia interna a uma taxa de 120 W, chamada *taxa de metabolismo basal*. Para se manter à temperatura constante, o corpo deve eliminar energia à mesma taxa. Vários processos fazem a exaustão da energia do seu corpo. Geralmente, o mais importante é a condução térmica para o ar em contato com sua pele exposta. Se você não estiver usando um chapéu, uma corrente de convecção de ar quente subirá verticalmente de sua cabeça como fumaça saindo de uma chaminé. Seu corpo também perde energia por radiação eletromagnética, exalando ar quente, e por evaporação da perspiração. Neste problema, considere ainda outro caminho para a perda de energia: a umidade de sua respiração exalada. Suponha que você expira 22,0 vezes por minuto, cada uma delas com um volume de 0,600 L. Assuma que você inala ar seco e exala ar a 37,0 °C contendo vapor de água com uma pressão de vapor de 3,20 kPa. O vapor vem da evaporação da água líquida em seu corpo. Modele o vapor d'água como um gás ideal. Suponha que seu calor latente de evaporação a 37,0 °C é o mesmo que o calor de vaporização a 100 °C. Calcule a taxa à qual você perde energia exalando ar úmido.

71. **M** Um cubo de gelo de 40,0 g flutua em 200 g de água em um copo de cobre de 100 g; todos estão a uma temperatura de 0 °C. Um pedaço de chumbo a 98,0 °C é jogado no copo, e a temperatura final de equilíbrio é 12,0 °C. Qual é a massa do chumbo?

72. Um mol de um gás ideal é contido em um cilindro com um pistão móvel. A pressão, volume e temperatura iniciais são P_i, V_i e T_i, respectivamente. Encontre o trabalho realizado sobre o gás nos processos a seguir. Em termos operacionais, descreva como conduzir cada processo e mostre cada um deles em um diagrama PV. (a) Uma compressão isobárica na qual o volume final é metade do inicial. (b) Uma compressão isotérmica na qual a pressão final é quatro vezes a inicial. (c) Um processo no qual a pressão final é três vezes a inicial.

73. **Revisão.** Um meteorito de 670 kg é composto de alumínio. Quando está longe da Terra, sua temperatura é –15,0 °C e ele se move a 14,0 km/s em relação ao planeta. Quando atinge a Terra, suponha que a energia interna transformada da energia mecânica do sistema meteorito-Terra seja dividida igualmente entre ambos e todo o material do meteorito suba momentaneamente para a mesma temperatura final. Encontre essa temperatura. Suponha que o calor específico do alumínio líquido e gasoso seja 1.170 J/kg × °C.

74. *Por que a seguinte situação é impossível?* Um grupo que costuma acampar levanta às 8h30 da manhã e usa um fogão solar, que consiste em uma superfície curva e refletora que concentra a luz do sol sobre o corpo a ser aquecido (Figura P6.74). Durante o dia, a intensidade solar máxima atingindo a superfície da Terra no local do fogão é $I = 600$ W/m². O fogão está de frente para o Sol e tem uma face com diâmetro de $d = 0,600$ m. Suponha que uma fração de 40,0% da energia incidente seja transferida para 1,50 L de água em um recipiente aberto, inicialmente a 20,0 °C. A água ferve, e o grupo saboreia seu café quente pela manhã antes de fazer uma caminhada de dez milhas e voltar para o almoço ao meio-dia.

Figura P6.74

75. Durante períodos de alta atividade, o Sol tem mais manchas solares que o normal. Essas manchas são mais frias que o resto da camada luminosa da atmosfera do Sol (a fotosfera). Paradoxalmente, a potência total de saída do Sol ativo não é menor que a média, e sim, a mesma ou levemente maior que a média. Pense nos detalhes do seguinte modelo bruto desse fenômeno. Considere uma parte da fotosfera com área de $5,10 \times 10^{14}$ m². Sua emissividade é 0,965. (a) Encontre a potência que irradia se sua temperatura é 5.800 K uniforme, correspondente ao Sol tranquilo. (b) Para representar uma mancha solar, suponha que 10,0% da área estejam a 4.800 K, e os outros 90,0% a 5.890 K. Encontre a potência de saída dessa área. (c) Diga como a resposta para a parte (b) se compara com a dada para a parte (a). (d) Encontre a temperatura média dessa área. Note que essa temperatura resulta em maior potência de saída.

76. (a) Em ar a 0 °C, um bloco de cobre de 1,60 kg a 0 °C é posto para deslizar a 2,50 m/s sobre uma lâmina de gelo a 0 °C. O atrito faz o bloco chegar ao repouso. Encontre a massa de gelo que derrete. (b) Conforme o bloco perde velocidade, identifique sua entrada de energia Q, sua variação em energia interna ΔE_{int} e a variação na energia mecânica para o sistema bloco-gelo. (c) Para o gelo como um sistema, identifique sua entrada de energia Q e sua variação de energia interna ΔE_{int}. (d) Um bloco de gelo de 1,60 kg a 0 °C é posto a deslizar a 2,50 m/s sobre uma lâmina de cobre a 0 °C. O atrito faz o bloco chegar ao repouso. Encontre a massa de gelo que derrete. (e) Avalie Q e ΔE_{int} para o bloco de gelo como um sistema e ΔE_{mec} para o sistema bloco-gelo. (f) Avalie Q e ΔE_{int} para a lâmina de metal como um sistema. (g) Uma barra de cobre fina de 1,60 kg a 20 °C é posta para deslizar a 2,50 m/s sobre uma barra estacionária idêntica à mesma temperatura. O atrito para o movimento rapidamente. Supondo que não haja transferência de energia para o ambiente por calor, encontre a variação em temperatura dos dois corpos. (h) Avalie Q e ΔE_{int} para a barra deslizante e ΔE_{mec} para o sistema das duas barras. (i) Avalie Q e ΔE_{int} para a barra estacionária.

77. **M** Água está fervendo em uma chaleira elétrica. A potência absorvida pela água é 1,00 kW. Supondo que a pressão do vapor na chaleira seja igual à pressão atmosférica, determine a velocidade de efusão do vapor do bico da chaleira se ele tem área transversal de 2,00 cm². Modele o vapor como um gás ideal.

78. A condutividade térmica média das paredes (incluindo as janelas) e telhado da casa descrita na Figura P6.78 é 0,480 W/m × °C, e a espessura média é 21,0 cm. A casa é mantida aquecida com gás natural com calor de combustão (isto é, a energia fornecida por metro cúbico de gás queimado) de 9.300 kcal/m³. Quantos metros cúbicos de gás devem ser queimados a cada dia para manter a temperatura interior a 25,0 °C se a temperatura exterior é 0,0 °C? Desconsidere a radiação e a energia transferida por calor pelo solo.

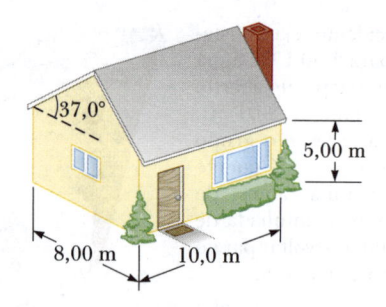

Figura P6.78

79. Um recipiente em fogo baixo contém 10,0 kg de água e uma massa desconhecida de gelo em equilíbrio a 0 °C no instante $t = 0$. A temperatura da mistura é medida em diversos instantes e o resultado é traçado na Figura P6.79. Durante os primeiros 50,0 min, a mistura permanece a 0 °C. Dos 50,0 até os 60,0 min, a temperatura aumenta para 2,00 °C. Ignorando a capacidade térmica do recipiente, determine a massa inicial do gelo.

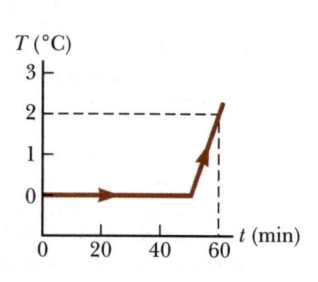

Figura P6.79

80. Um estudante mede os seguintes dados em um experimento de calorimetria para determinar o calor específico do alumínio:

Temperatura inicial da água e calorímetro:	70,0 °C
Massa da água:	0,400 kg
Massa do calorímetro:	0,040 kg
Calor específico do calorímetro:	0,63 kJ/kg × °C
Temperatura inicial do alumínio:	27,0 °C
Massa do alumínio:	0,200 kg
Temperatura final da mistura:	66,3 °C

(a) Use esses dados para determinar o calor específico do alumínio. (b) Explique se seu resultado está até 15% do valor listado na Tabela 6.1.

Problemas de Desafio

81. Considere o aparelho pistão-cilindro mostrado na Figura P6.81. O fundo do cilindro contém 2,00 kg de água abaixo de 100,0 °C. O cilindro tem raio $r = 7,50$ cm. O pistão de massa $m = 3,00$ kg está sobre a superfície da água. Um aquecedor elétrico na base do cilindro transfere energia para a água a uma taxa de 100 W. Suponha que o cilindro seja muito mais alto que o mostrado na figura; então, não precisamos nos preocupar com que o pistão alcance o topo do cilindro. (a) Depois que a água começa a ferver, com que velocidade o pistão sobe? Modele o vapor como um gás ideal. (b) Depois que a água virou vapor completamente e o aquecedor continua transferindo energia para o vapor à mesma taxa, com que velocidade o pistão sobe?

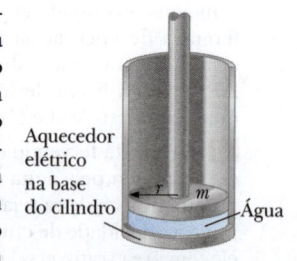

Figura P6.81

82. Uma concha esférica tem raio interno de 3,00 cm e raio externo de 7,00 cm. Ela é feita de material com condutividade térmica $k = 0,800$ W/m × °C. O interior é mantido à temperatura de 5 °C, e o exterior à temperatura de 40 °C. Após um intervalo de tempo, a concha atinge um estado estacionário com a temperatura em cada ponto dentro dela permanecendo constante no tempo. (a) Explique por que a taxa de transferência de energia P deve ser a mesma por cada superfície esférica, de raio r, dentro da concha, e deve satisfazer:

$$\frac{dT}{dr} = \frac{P}{4\pi k r^2}$$

(b) Em seguida, prove que:

$$\int_5^{40} dT = \frac{P}{4\pi k}\int_{0,03}^{0,07} r^{-2} dr$$

onde T é dado em graus Celsius, e r, em metros. (c) Encontre a taxa de transferência de energia pela concha. (d) Prove que

$$\int_5^T dT = 1,84 \int_{0,03}^r r^{-2} dr$$

onde T é dado em graus Celsius, e r, em metros. (e) Encontre a temperatura dentro da concha como uma função do raio. (f) Encontre a temperatura em $r = 5,00$ cm, na metade da concha.

83. Um lago de água a 0 °C é coberto por uma camada de gelo de 4,00 cm de espessura. Se a temperatura do ar fica constante a –10,0 °C, que intervalo de tempo é necessário para que a espessura do gelo aumente para 8,00 cm? *Sugestão*: use a Equação 6.16 na forma:

$$\frac{dQ}{dt} = kA\frac{\Delta T}{x}$$

e note que a energia com incremento dQ extraída da água pela espessura x do gelo é aquela quantidade necessária para congelar uma espessura dx de gelo. Isto é, $dQ = L_f \rho A \, dx$, onde ρ é a densidade do gelo; A, a área; e L_f, o calor latente de fusão.

84. (a) A parte interna de um cilindro oco é mantida a uma temperatura T_a, e a parte externa está a uma temperatura mais baixa T_b (Figura P6.84). A parede do cilindro tem condutividade térmica k. Desprezando efeitos de bordas, mostre que a taxa de condução de energia da superfície interna para a externa na direção radial é:

$$\frac{dQ}{dt} = 2\pi L k \left[\frac{T_a - T_b}{\ln(b/a)}\right]$$

Sugestões: o gradiente de temperatura é dT/dr. Uma corrente de energia radial passa por um cilindro concêntrico de área $2\pi rL$. (b) A seção de passageiros de uma aeronave a jato tem formato de um tubo cilíndrico com comprimento de 35,0 m e raio interno de 2,50 m. Suas paredes são cobertas por material isolante com espessura de 6,00 cm e condutividade térmica de 4,00 × 10⁻⁵ cal/s × cm × °C. Um aquecedor deve manter a temperatura interior a 25,0 °C enquanto a temperatura externa é –35,0 °C. Que potência deve ser aplicada ao aquecedor?

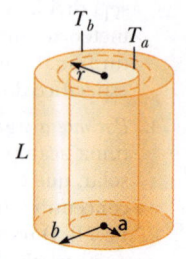

Figura P6.84

capítulo 7

A Teoria Cinética dos Gases

7.1 Modelo molecular de um gás ideal
7.2 Calor específico molar de um gás ideal
7.3 A equipartição da energia
7.4 Processos adiabáticos para um gás ideal
7.5 Distribuição de velocidades moleculares

No Capítulo 5, discutimos as propriedades de um gás ideal, usando variáveis macroscópicas como pressão, volume e temperatura. Tais propriedades de grande escala podem ser relacionadas a uma descrição em uma escala microscópica, na qual a matéria é tratada como um conjunto de moléculas. A aplicação das leis do movimento de Newton de uma forma estatística para um conjunto de partículas nos fornece uma descrição razoável dos processos termodinâmicos. Para manter a Matemática relativamente simples, vamos considerar essencialmente o comportamento dos gases, porque, neles, as interações entre as moléculas são muito mais fracas que em líquidos ou sólidos.

Vamos começar relacionando pressão e temperatura diretamente aos detalhes do movimento molecular em uma amostra de gás. Com base nesses resultados, faremos previsões do calor específico molar dos gases. Algumas dessas previsões serão corretas, outras não. Vamos estender nosso modelo para explicar esses valores não previstos corretamente pelo modelo mais simples. Finalmente, discutiremos a distribuição das velocidades moleculares em um gás.

Um menino infla o pneu da bicicleta com uma bomba manual. A Teoria Cinética ajuda a descrever os detalhes do ar na bomba. (© *Cengage Learning/Semple George*)

7.1 Modelo molecular de um gás ideal

Neste capítulo, investigaremos um *modelo estrutural* para um gás ideal. Um **modelo estrutural** é um conceito teórico projetado para representar um sistema que não pode ser observado diretamente, porque é grande demais ou pequeno demais. Por exemplo, podemos observar o sistema solar somente a partir de seu interior; não é possível viajarmos para fora do sistema solar e olhar para trás a fim de ver como ele funciona. Este ponto de vista restrito tem levado a diferentes modelos estruturais históricos do sistema solar: o *modelo geocêntrico*, com a Terra no centro, e o *modelo heliocêntrico*, com o Sol em seu centro. Naturalmente, o segundo modelo demonstrou ser o correto. Um exemplo de um sistema pequeno demais para ser observado diretamente é o átomo de hidrogênio. Diversos modelos estruturais deste sistema têm sido desenvolvidos, incluindo o *modelo de Bohr* (Seção 8.3) e o *modelo quântico* (Seção 8.4 do Volume 4 desta coleção). Uma vez que um modelo estrutural é desenvolvido, várias previsões são feitas para observações experimentais. Por exemplo, o modelo geocêntrico do sistema solar faz previsões de como o movimento de Marte deve parecer quando visto da Terra. Acontece que essas previsões não coincidem com as observações reais. Quando isso ocorre com um modelo estrutural, este modelo deve ser modificado ou substituído por outro modelo.

O modelo estrutural que desenvolveremos para um gás ideal, é chamado **Teoria Cinética**. Este modelo trata um gás ideal como um conjunto de moléculas com as seguintes propriedades:

1. *Componentes físicos:*
   O gás consiste de uma série de moléculas idênticas dentro de um recipiente cúbico com lado de comprimento d. O número de moléculas do gás é grande, e a distância média entre elas é grande em comparação a suas dimensões. Portanto, as moléculas ocupam um volume insignificante no recipiente. Esta suposição é consistente com o modelo de gás ideal, em que imaginamos as moléculas sendo pontuais.
2. *Comportamento dos componentes:*
   (a) As moléculas obedecem às leis do movimento de Newton, mas como um todo seu movimento é isotrópico: qualquer molécula pode se mover em qualquer direção, com qualquer velocidade.
   (b) As moléculas interagem apenas por forças de curto alcance durante colisões elásticas. Esta suposição é consistente com o modelo de gás ideal, no qual as moléculas não exercem forças de longo alcance uma sobre a outra.
   (c) As moléculas têm colisões elásticas com as paredes.

Embora muitas vezes imaginemos um gás ideal como sendo composto de átomos individuais, o comportamento dos gases moleculares se aproxima daquele de gases ideais muito bem a baixas pressões. Normalmente, as rotações ou vibrações moleculares não têm efeito sobre os movimentos considerados aqui.

Para nossa primeira aplicação da Teoria Cinética, vamos relacionar a variável macroscópica da pressão P com quantidades microscópicas. Considere o conjunto N de moléculas de um gás ideal em um recipiente de volume V. Conforme indicado anteriormente, o recipiente é um cubo com arestas de comprimento d (Figura 7.1). Vamos primeiro focar nossa atenção em uma dessas moléculas de massa m_0 e supor que esteja se movendo de forma que sua componente da velocidade na direção x é v_{xi}, como na Figura 7.2 (o subscrito i se refere aqui à i-*ésima* molécula na coleção, não a um valor inicial. Combinaremos os efeitos de todas as moléculas em breve). Conforme a molécula colide elasticamente com qualquer parede [propriedade (2c)], sua componente da velocidade perpendicular à parede é invertida porque a massa da parede é muito maior que a da molécula. A molécula é modelada como um sistema não isolado, para o qual o impulso da parede provoca uma mudança na dinâmica da molécula. Como a componente do momento p_{xi} da molécula é $m_0 v_{xi}$ antes da colisão, e $-m_0 v_{xi}$ depois da colisão, a variação na componente x do momento da molécula é:

$$\Delta p_{xi} = -m_0 v_{xi} - (m_0 v_{xi}) = -2 m_0 v_{xi} \tag{7.1}$$

A partir do modelo do sistema não isolado para o impulso, podemos aplicar o Teorema do Impulso-Momento (Equações 9.11 e 9.12 do Volume 1 desta coleção) para a molécula para obter:

$$\bar{F}_{i,\text{ na molécula}} \Delta t_{\text{colisão}} = \Delta p_{xi} = -2 m_0 v_{xi}$$

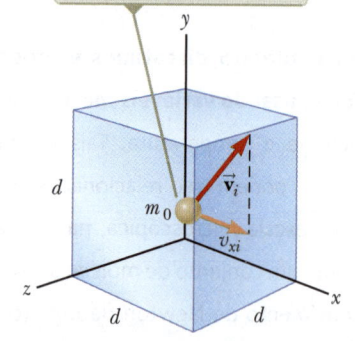

(7.2)

Figura 7.1 Caixa cúbica com faces de comprimento d contendo um gás ideal.

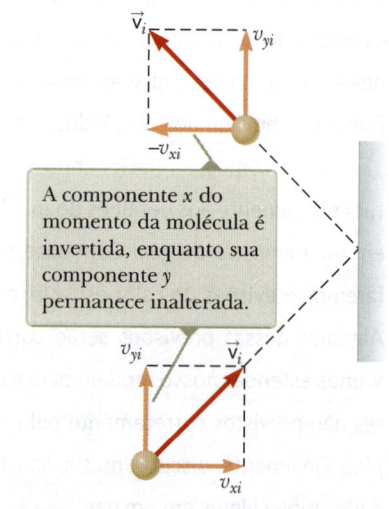

Figura 7.2 Uma molécula faz uma colisão elástica com a parede do recipiente. Nessa construção, supomos que a molécula se move no plano xy.

onde $\overline{F}_{i,\text{na molécula}}$ é a componente x da força média[1] que a parede exerce na molécula durante a colisão, e $\Delta t_{\text{colisão}}$ é a duração da colisão. Para a molécula fazer outra colisão com a parede mesmo após esse primeiro embate, ela deve percorrer uma distância de $2d$ na direção x (em todo o recipiente e de volta). Portanto, o intervalo de tempo entre duas colisões com a mesma parede é:

$$\Delta t = \frac{2d}{v_{xi}} \tag{7.3}$$

Essa força faz que a variação na dinâmica da molécula na colisão com a parede só aconteça durante a colisão. Podemos, no entanto, determinar a média da força de longo prazo para muitos percursos para a frente e para trás pelo cubo, calculando a média da força na Equação 7.2 durante o intervalo de tempo para que a molécula se mova através do cubo e volte agora na Equação 7.3. A variação média no impulso por percurso para o intervalo de tempo para muitos percursos é a mesma que para a curta duração da colisão. Portanto, podemos reescrever a Equação 7.2 como:

$$\overline{F}_i \Delta t = -2 m_0 v_{xi} \tag{7.4}$$

onde $\overline{F}_i$ é a componente da força média durante o intervalo de tempo para que a molécula se mova através do cubo e volte. Como uma colisão ocorre exatamente para cada intervalo de tempo, esse resultado também é a força média de longo alcance sobre a molécula por longos intervalos de tempo contendo um número qualquer de múltiplos de Δt.

As equações 7.3 e 7.4 nos permitem expressar a componente x da força média de longo alcance exercida pela parede sobre a molécula como:

$$\overline{F}_i = -\frac{2 m_0 v_{xi}}{\Delta t} = -\frac{2 m_0 v_{xi}^2}{2d} = -\frac{m_0 v_{xi}^2}{d} \tag{7.5}$$

Agora, pela Terceira Lei de Newton, a componente x da força média de longo alcance exercida pela *molécula* na *parede* é igual em módulo e oposta em direção:

$$\overline{F}_{i,\text{ na parede}} = -\overline{F}_i = -\left(-\frac{m_0 v_{xi}^2}{d}\right) = \frac{m_0 v_{xi}^2}{d} \tag{7.6}$$

A força média total $\overline{F}$ exercida pelo gás na parede é encontrada somando-se as forças médias exercidas pelas moléculas individuais. Adicionando os termos como aqueles na Equação 7.6 para todas as moléculas, temos:

$$\overline{F} = \sum_{i=1}^{N} \frac{m_0 v_{xi}^2}{d} = \frac{m_0}{d} \sum_{i=1}^{N} v_{xi}^2 \tag{7.7}$$

em que fatoramos o comprimento da caixa e da massa m_0, porque a propriedade 1 nos diz que todas as moléculas são as mesmas. Vamos agora impor uma característica adicional, a partir da propriedade 1, porque o número de moléculas é grande. Para um número pequeno de moléculas, a força real na parede variaria com o tempo. Seria diferente de zero durante o curto intervalo de tempo de uma colisão de uma molécula com a parede, e zero quando a molécula não bater na parede. Para um número muito grande de moléculas, tal como o número de Avogadro, no entanto, essas variações em vigor são suavizadas, de modo que a força média apresentada anteriormente é a mesma sobre *qualquer* intervalo de tempo. Portanto, a força *constante* F na parede devido à colisão molecular é:

$$F = \frac{m_0}{d} \sum_{i=1}^{N} v_{xi}^2 \tag{7.8}$$

Para prosseguir, vamos considerar a forma de expressar o valor médio do quadrado da componente x da velocidade para N moléculas. A média tradicional de um conjunto de valores é a soma dos valores em relação ao número de valores:

$$\overline{v_x^2} = \frac{\sum_{i=1}^{N} v_{xi}^2}{N} \rightarrow \sum_{i=1}^{N} v_{xi}^2 = N \overline{v_x^2} \tag{7.9}$$

Utilizar a Equação 7.9 a fim de substituir para a soma na Equação 7.8, resulta em

$$F = \frac{m_0}{d} N \overline{v_x^2} \tag{7.10}$$

Agora, vamos nos concentrar novamente em uma molécula com velocidade v_{xi}, v_{yi} e v_{zi}. O Teorema de Pitágoras relaciona o quadrado da velocidade da molécula com os quadrados das componentes de velocidade:

$$v_i^2 = v_{xi}^2 + v_{yi}^2 + v_{zi}^2 \tag{7.11}$$

---

[1] Para esta discussão, usamos uma barra sobre uma variável para representar o valor médio da variável, como para a força média $\overline{F}$, em vez do índice "m" que usamos antes. Essa notação é para evitar confusão, porque já temos uma série de índices em variáveis.

Assim, o valor médio de v^2 para todas as moléculas no recipiente está relacionado com os valores médios de v_x^2, v_y^2 e v_z^2 segundo a expressão:

$$\overline{v^2} = \overline{v_x^2} + \overline{v_y^2} + \overline{v_z^2} \tag{7.12}$$

Como o movimento é isotrópico (propriedade 2(a)), os valores médios $\overline{v_x^2}$, $\overline{v_y^2}$ e $\overline{v_z^2}$ são iguais uns aos outros. Usando este fato e a Equação 7.12, vemos que:

$$\overline{v^2} = 3\overline{v_x^2} \tag{7.13}$$

Portanto, a partir da Equação 7.10, a força total exercida na parede é:

$$F = \tfrac{1}{3} N \frac{m_0 \overline{v^2}}{d} \tag{7.14}$$

Utilizando essa expressão, podemos encontrar a pressão total exercida na parede:

Relação entre pressão e energia cinética molecular ▶

$$P = \frac{F}{A} = \frac{F}{d^2} = \tfrac{1}{3} N \frac{m_0 \overline{v^2}}{d^3} = \tfrac{1}{3}\left(\frac{N}{V}\right) m_0 \overline{v^2}$$

$$P = \tfrac{2}{3}\left(\frac{N}{V}\right)\left(\tfrac{1}{2} m_0 \overline{v^2}\right) \tag{7.15}$$

onde reconhecemos o volume V do cubo como d^3.

A Equação 7.15 indica que a pressão de um gás é proporcional a (1) o número de moléculas por unidade de volume e (2) à energia cinética translacional média das moléculas, $\tfrac{1}{2} m_0 \overline{v^2}$. Ao analisar esse modelo estrutural de um gás ideal, obtemos um resultado importante, que relaciona uma quantidade macroscópica, pressão, a uma quantidade microscópica, o valor médio do quadrado da velocidade molecular. Portanto, um elo fundamental entre o mundo molecular e o mundo em larga escala foi estabelecido.

Observe que a Equação 7.15 verifica algumas características de pressão com as quais você provavelmente está familiarizado. Uma maneira de aumentar a pressão dentro de um recipiente é aumentar o número de moléculas por unidade de volume N/V no recipiente. Isso é o que você faz quando insufla ar em um pneu. A pressão do pneu também pode ser obtida por intermédio do incremento da energia cinética translacional média das moléculas de ar no pneu. Isso pode ser conseguido por meio do aumento da temperatura do ar, razão pela qual a pressão aumenta dentro do pneu conforme ele se aquece durante longas viagens. A flexão contínua do pneu que se move ao longo da superfície da estrada resulta em trabalho realizado sobre a borracha como parte do pneu, provocando um aumento na energia interna da borracha. Esse aumento resulta na transferência de energia por calor para o ar dentro do pneu. Essa transferência aumenta a temperatura do ar, e esse aumento na temperatura, por sua vez, produz um aumento na pressão.

Interpretação molecular da temperatura

Vamos agora considerar outra variável macroscópica, a temperatura T do gás. Podemos ter alguma ideia sobre o significado da temperatura, primeiro, escrevendo a Equação 7.15 na forma de:

$$PV = \tfrac{2}{3} N \left(\tfrac{1}{2} m_0 \overline{v^2}\right) \tag{7.16}$$

Agora, vamos comparar essa expressão com a equação de estado para um gás ideal (Equação 5.10):

$$PV = N k_B T \tag{7.17}$$

Igualando o lado direito das equações 7.16 e 7.17 e resolvendo para T, temos:

Relação entre temperatura e energia cinética molecular ▶

$$T = \frac{2}{3 k_B}\left(\tfrac{1}{2} m_0 \overline{v^2}\right) \tag{7.18}$$

Esse resultado nos diz que a temperatura é uma medida direta da energia cinética média molecular. Rearranjando a Equação 7.18, podemos relacionar a energia cinética de translação molecular à temperatura:

Energia cinética média por molécula ▶

$$\tfrac{1}{2} m_0 \overline{v^2} = \tfrac{3}{2} k_B T \tag{7.19}$$

Ou seja, a energia cinética translacional média por molécula é $\frac{3}{2}k_B T$. Como $\overline{v_x^2} = \frac{1}{3}\overline{v^2}$ (Equação 7.13), segue-se que:

$$\tfrac{1}{2}m_0 \overline{v_x^2} = \tfrac{1}{2}k_B T \tag{7.20}$$

De maneira semelhante, para as direções y e z,

$$\tfrac{1}{2}m_0 \overline{v_y^2} = \tfrac{1}{2}k_B T \quad \text{e} \quad \tfrac{1}{2}m_0 \overline{v_z^2} = \tfrac{1}{2}k_B T$$

Assim, cada grau de liberdade translacional contribui com uma quantidade igual de energia $\frac{1}{2}k_B T$ para o gás (em geral, "grau de liberdade" se refere a um meio independente pelo qual uma molécula pode possuir energia). Uma generalização desse resultado, conhecido como o **Teorema da Equipartição da Energia**, é o seguinte:

> Cada grau de liberdade contribui $\frac{1}{2}k_B T$ para a energia de um sistema, em que possíveis graus de liberdade são aqueles associados à translação, rotação e vibração das moléculas.

◀ **Teorema da Equipartição da Energia**

A energia cinética translacional total de N moléculas de gás é simplesmente N vezes a energia média por molécula, que é dada pela Equação 7.19:

$$K_{\text{trans total}} = N\left(\tfrac{1}{2}m_0\overline{v^2}\right) = \tfrac{3}{2}Nk_B T = \tfrac{3}{2}nRT \tag{7.21}$$

◀ **Energia cinética total de translação de N moléculas**

onde temos usado $k_B = R/N_A$ para a constante de Boltzmann, e $n = N/N_A$ para o número de moles do gás. Se as moléculas do gás possuem apenas a energia cinética de translação, a Equação 7.21 representa a energia interna do gás. Esse resultado implica que a energia interna de um gás ideal depende *apenas* da temperatura. Vamos dar prosseguimento a esse ponto na Seção 7.2.

A raiz quadrada de $\overline{v^2}$ é chamada **raiz quadrática média (rms) da velocidade** das moléculas. A partir da Equação 7.19, vemos que a velocidade *rms* é:

$$v_{rms} = \sqrt{\overline{v^2}} = \sqrt{\frac{3k_B T}{m_0}} = \sqrt{\frac{3RT}{M}} \tag{7.22}$$

◀ **Raiz quadrática média da velocidade**

onde M é a massa molar em kg por mol e é igual a $m_0 N_A$. Essa expressão mostra que, a determinada temperatura, as moléculas mais leves se movem mais rapidamente, em média, que as mais pesadas. Por exemplo, a determinada temperatura, as moléculas de hidrogênio, cuja massa molar é $2{,}02 \times 10^{-3}$ kg/mol, têm velocidade média cerca de quatro vezes maior que as de oxigênio, cuja massa molar é $32{,}0 \times 10^{-3}$ kg/mol. A Tabela 7.1 lista as velocidades *rms* para várias moléculas a 20 °C.

> **Prevenção de Armadilhas 7.1**
>
> **A raiz quadrada do quadrado?**
> Tirar a raiz quadrada de $\overline{v^2}$ não "desfaz" o quadrado, porque temos usado a média *entre* os quadrados e usado a raiz quadrada. Embora a raiz quadrada de $\overline{v}^2$ seja $\overline{v} = v_m$ porque o quadrado é feito depois do cálculo da média, a raiz quadrada de $\overline{v^2}$ *não* é v_m, mas, sim, v_{rms}.

Teste Rápido 7.1 Dois recipientes armazenam um gás ideal às mesmas temperatura e pressão. Ambos os recipientes mantêm o mesmo tipo de gás, mas o recipiente B tem o dobro do volume do A. **(i)** Qual é a energia cinética translacional média por molécula no recipiente B? **(a)** O dobro de recipiente A. **(b)** O mesmo do recipiente A. **(c)** A metade de recipiente A. **(d)** Impossível de determinar. **(ii)** A partir das mesmas escolhas, descreva a energia interna do gás no recipiente B.

TABELA 7.1 *Algumas raízes quadráticas médias* (rms) *das velocidades*

Gás	Massa molar (g/mol)	v_{rms} a 20 °C (m/s)	Gás	Massa molar (g/mol)	v_{rms} a 20 °C (m/s)
H_2	2,02	1.902	NO	30,0	494
He	4,00	1.352	O_2	32,0	478
H_2O	18,0	637	CO_2	44,0	408
Ne	20,2	602	SO_2	64,1	338
N_2 ou CO	28,0	511			

Exemplo 7.1 — Um tanque de hélio

Um tanque usado para encher balões de hélio tem um volume de 0,300 m³ e contém 2,00 moles de gás hélio a 20,0 °C. Suponha que o hélio se comporte como um gás ideal.

(A) Qual é a energia cinética translacional total das moléculas do gás?

SOLUÇÃO

Conceitualização Imagine um modelo microscópico de um gás em que você pode assistir às moléculas se moverem sobre o recipiente mais rapidamente à medida que a temperatura aumenta. Uma vez que o gás é monoatômico, a energia cinética translacional total das moléculas é a energia interna do gás.

Categorização Avaliamos os parâmetros com equações desenvolvidas na discussão anterior, de modo que este exemplo é um problema de substituição.

Use a Equação 7.21 com $n = 2,00$ moles e $T = 293$ K:

$$K_{int} = \tfrac{3}{2}nRT = \tfrac{3}{2}(2,00 \text{ mole})(8,31 \text{ J/mol} \cdot \text{K})(293 \text{ K})$$
$$= \boxed{7,30 \times 10^3 \text{ J}}$$

(B) Qual é a energia cinética média por molécula?

SOLUÇÃO

Use a Equação 7.19:

$$\tfrac{1}{2}m_0\overline{v^2} = \tfrac{3}{2}k_B T = \tfrac{3}{2}(1,38 \times 10^{-23} \text{ J/K})(293 \text{ K})$$
$$= \boxed{6,07 \times 10^{-21} \text{ J}}$$

E SE? E se a temperatura é elevada de 20,0 °C para 40,0 °C? Como 40,0 é duas vezes maior que 20,0, a energia total de translação das moléculas do gás é duas vezes maior na temperatura mais alta?

Resposta A expressão para a energia total de translação depende da temperatura, e o valor para a temperatura deve ser expresso em kelvins, e não em graus Celsius. Portanto, a razão entre 40,0 e 20,0 *não* é uma razão apropriada. Convertendo as temperaturas Celsius para Kelvin, 20,0 °C é 293 K e 40,0 °C é 313 K. Assim, a energia total de translação aumenta por um fator de apenas 313 K/293 K = 1,07.

7.2 Calor específico molar de um gás ideal

Considere um gás ideal sofrendo vários processos de tal forma que a variação de temperatura é $\Delta T = T_f - T_i$ para todos os processos. A variação na temperatura pode ser obtida tomando uma variedade de caminhos partindo de uma isoterma a outra, como mostrado na Figura 7.3. Como ΔT é o mesmo para todos os caminhos, a variação na energia interna ΔE_{int} é a mesma para todos os caminhos. O trabalho W realizado sobre o gás (o negativo da área sob a curva), entretanto, é diferente para cada caminho. Portanto, a partir da Primeira Lei da Termodinâmica, podemos argumentar que o calor $Q = \Delta E_{int} - W$ associado a dada variação de temperatura não tem um valor único, como discutido na Seção 6.4.

Podemos resolver essa dificuldade mediante a definição de calor específico para dois processos especiais que estudamos: isovolumétrico e isobárico. Como o número de moles n é uma medida conveniente da quantidade de gás, definimos os **calores específicos molares** associados a esses processos como:

$$Q = nC_V \Delta T \quad \text{(volume constante)} \tag{7.23}$$

$$Q = nC_P \Delta T \quad \text{(pressão constante)} \tag{7.24}$$

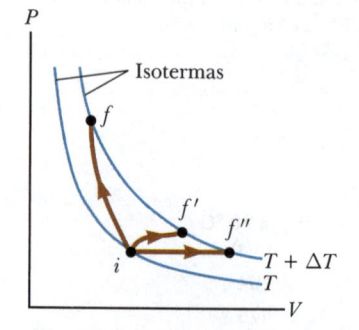

Figura 7.3 Um gás ideal é removido de uma isoterma à temperatura T para outro à $T + \Delta T$ ao longo de três caminhos diferentes.

onde C_V é o **calor específico molar a um volume constante** e C_P é o **calor específico molar a uma pressão constante.** Quando energia é adicionada a um gás pelo calor a uma pressão constante, não só a energia interna do gás aumenta, mas trabalho (negativo) é feito sobre o gás por conta da variação no volume necessário para manter a pressão constante. Portanto, o calor Q na Equação 7.24 deve levar em conta tanto o aumento na energia interna quanto a transferência de energia para fora do sistema pelo trabalho. Por essa razão, Q é maior na Equação 7.24 que na Equação 7.23 para os valores dados de n e ΔT. Portanto, C_P é maior que C_V.

Na seção anterior, verificou-se que a temperatura de um gás é uma medida da energia cinética translacional média das moléculas do gás. Essa energia cinética é associada ao movimento do centro de massa de cada molécula. Ela não inclui a energia associada ao movimento interno da molécula, ou seja, vibrações e rotações em torno do centro de massa. Isso não deveria ser surpresa, pois o modelo simples da Teoria Cinética assume uma molécula sem estrutura.

Então, vamos primeiro considerar o caso mais simples de um gás ideal monoatômico, ou seja, um gás contendo um átomo por molécula, como o hélio, neônio ou argônio. Quando energia é adicionada a um gás monatômico em um recipiente de volume fixo, toda a energia adicionada vai para o aumento da energia cinética translacional dos átomos. Não há outra maneira de armazenar a energia em um gás monoatômico. Portanto, a partir da Equação 7.21, vemos que a energia interna das moléculas E_{int} de N moléculas (ou n moles) de um gás monoatômico ideal é:

$$E_{int} = K_{trans\,total} = \tfrac{3}{2} N k_B T = \tfrac{3}{2} n R T \qquad (7.25)$$

◄ **Energia interna de um gás ideal monoatômico**

Para um gás ideal monoatômico, E_{int} é uma função apenas de T, e a relação funcional é dada pela Equação 7.25. Em geral, a energia interna de um gás ideal é uma função apenas de T, e a relação exata depende do tipo de gás.

Se a energia é transferida pelo calor a um sistema de volume constante, nenhum trabalho é realizado no sistema. Ou seja, $W = -\int P\, dV = 0$ para um processo de volume constante. Portanto, pela Primeira Lei da Termodinâmica:

$$Q = \Delta E_{int} \qquad (7.26)$$

Em outras palavras, toda a energia transferida por calor vai para o aumento da energia interna do sistema. Um processo a volume constante de i até f para um gás ideal é descrito na Figura 7.4, em que ΔT é a diferença de temperatura entre as duas isotermas. Substituindo a expressão para Q dada pela Equação 7.23 na Equação 7.26, obtemos:

$$\Delta E_{int} = n C_V \Delta T \qquad (7.27)$$

Essa equação se aplica a todos os gases ideais, com mais de um átomo por molécula, bem como aos gases monoatômicos ideais.

No limite de variações infinitesimais, podemos usar a Equação 7.27 para expressar o calor específico molar a volume constante como:

$$C_V = \frac{1}{n} \frac{dE_{int}}{dT} \qquad (7.28)$$

Vamos agora aplicar os resultados dessa discussão para um gás monoatômico. Substituindo a energia interna a partir da Equação 7.25 na Equação 7.28, temos que:

$$C_V = \tfrac{3}{2} R = 12{,}5 \text{ J/mol} \cdot \text{K} \qquad (7.29)$$

Essa expressão prediz um valor de $C_V = \tfrac{3}{2} R$ para *todos* os gases monoatômicos. Essa previsão está em excelente concordância com os valores medidos de calores específicos molares dos gases, como hélio, neônio, argônio e xenônio, sobre uma vasta gama de temperaturas (Tabela 7.2). Pequenas variações na Tabela 7.2 a partir dos valores previstos são reais porque os gases não são ideais. Em gases reais, interações intermoleculares fracas ocorrem, e não são abordadas em nosso modelo de gás ideal.

Agora, suponha que o gás seja levado ao longo de um caminho de pressão constante $i \to f'$ mostrado na Figura 7.4. Ao longo desse caminho, a temperatura é aumentada em ΔT. A energia que deve ser transferida por calor para o gás nesse processo é $Q = n C_P \Delta T$. Devido às variações de volume nesse processo, o trabalho realizado sobre o gás é $W = -P \Delta V$, onde P é a pressão constante no qual o processo ocorre. Aplicando a Primeira Lei da Termodinâmica para esse processo, temos:

$$\Delta E_{int} = Q + W = n C_P \Delta T + (-P \Delta V) \qquad (7.30)$$

Nesse caso, a energia adicionada ao gás é canalizada pelo calor da seguinte forma. Parte dela deixa o sistema pelo trabalho (ou seja, o gás move um pistão através de um deslocamento), e o restante aparece como um aumento na energia interna do gás. A variação na energia interna para o processo $i \to f'$, entretanto, é igual àquela para o processo $i \to f$, porque E_{int} depende apenas da temperatura para um gás ideal, e ΔT é a mesma para ambos os processos. Além disso, como $PV = nRT$, observe que para um processo de pressão constante, $P \Delta V = nR \Delta T$. Substituindo esse valor para $P \Delta V$ na Equação 7.30 com $\Delta E_{int} = n C_V \Delta T$ (Equação 7.27), temos:

$$n C_V \Delta T = n C_P \Delta T - nR \Delta T$$
$$C_P - C_V = R \qquad (7.31)$$

Para o caminho de volume constante, toda a entrada de energia vai para o aumento da energia interna do gás porque não há trabalho realizado.

Ao longo do caminho de pressão constante, parte da energia transferida pelo calor é transferida pelo trabalho.

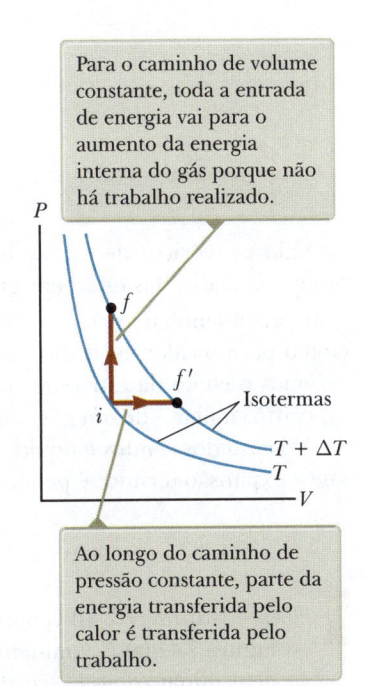

Figura 7.4 A energia é transferida pelo calor para um gás ideal de duas maneiras.

TABELA 7.2 Calor específico molar de vários gases

Gás	Calor específico molar (J/mol × K)[a]			
	C_P	C_V	$C_P - C_V$	$\gamma = C_P/C_V$
Gases monoatômicos				
He	20,8	12,5	8,33	1,67
Ar	20,8	12,5	8,33	1,67
Ne	20,8	12,7	8,12	1,64
Kr	20,8	12,3	8,49	1,69
Gases diatômicos				
H_2	28,8	20,4	8,33	1,41
N_2	29,1	20,8	8,33	1,40
O_2	29,4	21,1	8,33	1,40
CO	29,3	21,0	8,33	1,40
Cl_2	34,7	25,7	8,96	1,35
Gases poliatômicos				
CO_2	37,0	28,5	8,50	1,30
SO_2	40,4	31,4	9,00	1,29
H_2O	35,4	27,0	8,37	1,30
CH_4	35,5	27,1	8,41	1,31

[a] Todos os valores foram obtidos a 300 K, exceto para água.

Essa expressão se aplica a *qualquer* gás ideal. Ela prevê que o calor específico molar de um gás ideal a uma pressão constante é maior que o calor específico molar a volume constante de um montante de R, a constante universal do gás (que tem o valor de 8,31 J/mol × K). Essa expressão é aplicável a gases reais como os dados da Tabela 7.2.

Como $C_V = \frac{3}{2}R$ para um gás ideal monoatômico, a Equação 7.31 prevê um valor de $C_P = \frac{5}{2}R = 20{,}8$ J/mol × K para o calor específico molar de um gás monoatômico a pressão constante. A razão desses calores específicos molares é uma quantidade adimensional γ (letra grega gama):

$$\gamma = \frac{C_P}{C_V} = \frac{5R/2}{3R/2} = \frac{5}{3} = 1{,}67 \quad (7.32)$$

◀ **Razão de calores específicos molares para um gás ideal monatômico**

Valores teóricos de C_V, C_P e γ estão em excelente concordância com os valores experimentais obtidos para gases monoatômicos, mas estão em grande discordância com os valores dos gases mais complexos (ver Tabela 7.2). Isso não é surpreendente; o valor $C_V = \frac{3}{2}R$ foi derivado para um gás ideal monoatômico, e esperamos alguma contribuição adicional para o calor específico molar a partir da estrutura interna das moléculas mais complexas. Na Seção 7.3 descreveremos o efeito da estrutura molecular do calor específico molar de um gás. A energia interna – e, portanto, o calor específico molar – de um gás complexo deve incluir a contribuição da rotação e os movimentos vibracionais da molécula.

No caso dos sólidos e líquidos aquecidos à pressão constante, pouco trabalho é realizado durante este processo, porque a expansão térmica é pequena. Consequentemente, C_P e C_V são aproximadamente iguais para os sólidos e líquidos.

Teste Rápido 7.2 (i) Como a energia interna de um gás ideal se altera conforme ela segue o caminho $i \to f$ na Figura 7.4? (a) E_{int} aumenta. (b) E_{int} diminui. (c) E_{int} permanece constante. (d) Não há informação suficiente para determinar como E_{int} se altera. (ii) A partir das mesmas opções, como a energia interna de um gás ideal muda conforme ela segue o caminho $f \to f'$ ao longo de uma isoterma rotulada $T + \Delta T$ na Figura 7.4?

> **Exemplo 7.2** **Aquecendo um cilindro de hélio**
>
> Um cilindro contém 3,00 moles de gás hélio a uma temperatura de 300 K.
>
> **(A)** Se o gás é aquecido a um volume constante, qual a quantidade de energia que deve ser transferida pelo calor do gás para a temperatura aumentar para 500 K?
>
> **SOLUÇÃO**
>
> **Conceitualização** Execute o processo em sua mente com a ajuda do arranjo de pistão-cilindro da Figura 5.12. Imagine que o pistão esteja preso em uma posição para manter o volume constante do gás.
>
> **Categorização** Avaliamos os parâmetros utilizando equações desenvolvidas na discussão anterior e, portanto, este exemplo é um problema de substituição.
>
> Use a Equação 7.23 para encontrar a transferência de energia:
> $$Q_1 = nC_V \Delta T$$
> Substitua os valores dados:
> $$Q_1 = (3{,}00 \text{ moles})(12{,}5 \text{ J/mol} \times \text{K})(500 \text{ K} - 300 \text{ K})$$
> $$= \boxed{7{,}50 \times 10^3 \text{ J}}$$
>
> **(B)** Quanta energia deve ser transferida por calor para o gás para a temperatura aumentar para 500 K?
>
> **SOLUÇÃO**
>
> Use a Equação 7.24 para encontrar a transferência de energia:
> $$Q_2 = nC_P \Delta T$$
> Substitua os valores dados:
> $$Q_2 = (3{,}00 \text{ moles})(20{,}8 \text{ J/mol} \times \text{K})(500 \text{ K} - 300 \text{ K})$$
> $$= \boxed{12{,}5 \times 10^3 \text{ J}}$$
>
> Esse valor é maior que Q_1 por conta da transferência de energia para fora do gás por trabalho para elevar o pistão no processo de pressão constante.

7.3 A equipartição da energia

Previsões com base em nosso modelo de calor específico molar concordam muito bem com o comportamento dos gases monoatômicos, mas não com o dos gases complexos (ver Tabela 7.2). O valor previsto pelo modelo para a quantidade $C_P - C_V = R$, no entanto, é o mesmo para todos os gases. Essa semelhança não é surpreendente, porque essa diferença é o resultado do trabalho realizado sobre o gás, que é independente de sua estrutura molecular.

Para esclarecer as variações em C_V e C_P dos gases mais complexos que os monoatômicos, vamos explorar mais a origem do calor específico molar. Até agora, temos presumido que a única contribuição à energia interna de um gás é a energia cinética de translação das moléculas. A energia interna de um gás, no entanto, inclui as contribuições do movimento de translação, vibração e rotação das moléculas. Os movimentos rotacionais e vibracionais das moléculas podem ser ativados por colisões e, portanto, são "associados" ao movimento de translação das moléculas. O ramo da Física conhecida como *Mecânica Estatística* mostrou que, para um grande número de partículas que obedecem às leis da mecânica newtonianas, a energia disponível é, em média, dividida em partes iguais por cada grau de liberdade independente. Lembre-se, da Seção 7.1, de que o Teorema da Equipartição afirma que, no equilíbrio, cada grau de liberdade contribui com $\frac{1}{2}k_B T$ de energia por molécula.

Vamos considerar um gás diatômico cujas moléculas têm a forma de um haltere (Figura 7.5). Nesse modelo, o centro de massa da molécula pode ser traduzido nas direções x, y e z (Figura 7.5a). Além disso, a molécula pode girar em torno de três eixos ortogonais (Figura 7.5b). A rotação sobre o eixo y pode ser desprezada, pois o momento de inércia da molécula I_y e sua energia rotacional $\frac{1}{2}I_y\omega^2$ sobre esse eixo é desprezível em comparação àquelas associadas aos eixos x e z (se os dois átomos são modelados como partículas, então I_y é exatamente zero). Portanto, existem cinco graus de liberdade para translação e rotação: três associados ao movimento de translação e dois ao movimento de rotação. Uma vez que cada grau de liberdade contribui, em média, com $\frac{1}{2}k_B T$ de energia por molécula, a energia interna de um sistema de N moléculas, ignorando a vibração no momento, é:

$$E_{\text{int}} = 3N(\tfrac{1}{2}k_B T) + 2N(\tfrac{1}{2}k_B T) = \tfrac{5}{2}Nk_B T = \tfrac{5}{2}nRT$$

Podemos usar esse resultado e a Equação 7.28 para encontrar o calor específico molar a volume constante:

$$C_V = \frac{1}{n}\frac{dE_{\text{int}}}{dT} = \frac{1}{n}\frac{d}{dT}(\tfrac{5}{2}nRT) = \tfrac{5}{2}R = 20{,}8 \text{ J/mol} \cdot \text{K} \tag{7.33}$$

Figura 7.5 Movimentos possíveis de uma molécula diatômica.

(a) Movimento translacional do centro de massa.

(b) Movimento de rotação sobre os vários eixos.

(c) Movimento vibracional ao longo do eixo molecular.

A partir das equações 7.31 e 7.32, vemos que:

$$C_P = C_V + R = \tfrac{7}{2}R = 29{,}1 \text{ J/moles} \cdot \text{K}$$

$$\gamma = \frac{C_P}{C_V} = \frac{\tfrac{7}{2}R}{\tfrac{5}{2}R} = \frac{7}{5} = 1{,}40$$

Esses resultados concordam muito bem com a maioria dos dados para moléculas diatômicas apresentados na Tabela 7.2. Isso é bastante surpreendente, porque ainda não levamos em conta as possíveis vibrações da molécula.

No modelo para a vibração, os dois átomos são unidos por uma mola imaginária (ver Figura 7.5c). O movimento vibratório acrescenta mais dois graus de liberdade, o que corresponde às energias cinética e potencial associadas a vibrações ao longo do comprimento da molécula. Assim, um modelo que inclui todos os três tipos de movimento prevê um total de energia interna de:

$$E_{\text{int}} = 3N(\tfrac{1}{2}k_B T) + 2N(\tfrac{1}{2}k_B T) + 2N(\tfrac{1}{2}k_B T) = \tfrac{7}{2}Nk_B T = \tfrac{7}{2}nRT$$

e um calor específico molar a volume constante de:

$$C_V = \frac{1}{n}\frac{dE_{\text{int}}}{dT} = \frac{1}{n}\frac{d}{dT}(\tfrac{7}{2}nRT) = \tfrac{7}{2}R = 29{,}1 \text{ J/mol} \cdot \text{K} \quad (7.34)$$

Esse valor é incompatível com dados experimentais para moléculas como H_2 e N_2 (ver Tabela 7.2), e sugere uma análise de nosso modelo baseado na Física Clássica.

Pode parecer que nosso modelo é um fracasso para a previsão molar específica para calores específicos dos gases diatômicos. Podemos declarar algum sucesso para nosso modelo, no entanto, se as medidas do calor específico molar forem efetuadas em uma ampla faixa de temperatura, em vez de uma temperatura única que nos dá os valores da Tabela 7.2. A Figura 7.6 mostra o calor específico molar do hidrogênio como uma função da temperatura. A característica notável sobre os três platôs na curva do gráfico é que eles são os valores do calor específico molar predito pelas equações 7.29, 7.33 e 7.34! Para baixas temperaturas, o gás de hidrogênio diatômico se comporta como um gás monoatômico. À medida que a temperatura sobe até a temperatura ambiente, seu calor específico molar sobe para um valor para um gás diatômico, consistente com a inclusão de rotação, mas não vibração. Para altas temperaturas, o calor específico molar é consistente com um modelo que inclua todos os tipos de movimento.

Antes de abordar a razão para esse comportamento misterioso, faremos algumas breves observações sobre gases poliatômicos. Para moléculas com mais de dois átomos, três eixos de rotação estão disponíveis. As vibrações são mais complexas que para moléculas diatômicas, portanto, o número de graus de liberdade é ainda maior. O resultado é um calor específico molar previsto ainda mais elevado, que está em concordância qualitativa com os experimentos. Os calores específicos molares para os gases poliatômicos na Tabela 7.2 são superiores aos diatômicos. Quanto mais graus de liberdade disponíveis para uma molécula, mais "maneiras" existem para armazenar energia, resultando em um calor específico molar maior.

Uma dica de quantização de energia

Nosso modelo para calor específico molar tem sido baseado, até agora, em noções puramente clássicas. Ele prevê um valor de calor específico de um gás diatômico que, de acordo com a Figura 7.6, só concorda com as medidas experimentais feitas em altas temperaturas. Para explicar por que este valor só é verda-

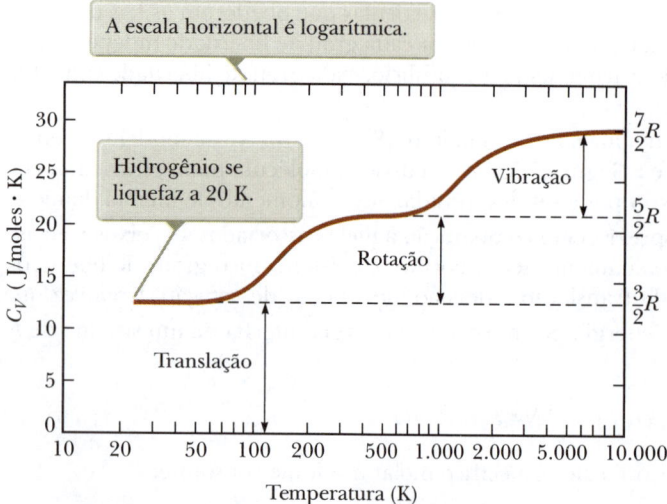

Figura 7.6 O calor específico molar do hidrogênio em função da temperatura.

deiro em altas temperaturas e por que platôs na Figura 7.6 existem, é preciso ir além da Física Clássica e introduzir um pouco de Física Quântica no modelo. No Capítulo 4, discutimos quantização da frequência para cordas vibrantes e colunas de ar; somente determinadas frequências de ondas estacionárias podem existir. Esse é um resultado natural quando as ondas estão sujeitas a condições de limite.

A Física Quântica (capítulos 6 a 9 do Volume 4 desta coleção) mostra que os átomos e as moléculas podem ser descritos pelas ondas e sob condições limite da análise de modelo. Consequentemente, essas ondas têm frequências quantizadas. Além disso, em Física Quântica, a energia de um sistema é proporcional à frequência da onda que representa o sistema. Assim, **as energias dos átomos e moléculas são quantizadas.**

Para uma molécula, a Física Quântica nos diz que as energias rotacionais e vibracionais são quantizadas. A Figura 7.7 mostra um **diagrama de nível de energia** para os estados quânticos rotacionais e vibracionais de uma molécula diatômica. O menor estado permitido é chamado **estado fundamental**. As linhas pretas mostram as energias permitidas para a molécula. Observe que os estados vibracionais são separados por lacunas de energia maiores que os estados de rotação.

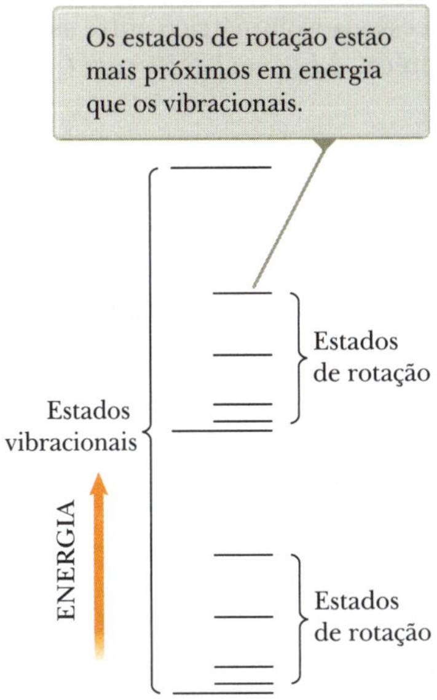

Em baixas temperaturas, a energia que uma molécula ganha em colisões com seus vizinhos em geral não é grande o suficiente para levá-la para o primeiro estado de excitação de uma rotação ou vibração. Portanto, apesar de rotação e vibração serem permitidas de acordo com a Física Clássica, na realidade, elas não ocorrem a baixas temperaturas. Todas as moléculas estão no estado fundamental para a rotação e vibração. A única contribuição à energia média das moléculas é de translação, e o calor específico é o previsto pela Equação 7.29.

Figura 7.7 Diagrama de nível de energia para os estados vibracionais e rotacionais de uma molécula diatômica.

Conforme a temperatura é elevada, a energia média das moléculas aumenta. Em algumas colisões, uma molécula pode ter energia suficiente transferida para si de outra molécula para excitar o primeiro estado rotacional. À medida que a temperatura sobe ainda mais, as moléculas podem ser mais excitadas para esse estado. O resultado é que a rotação começa a contribuir para a energia interna, e o calor específico molar aumenta. Próximo da temperatura ambiente na Figura 7.6, o segundo platô foi atingido, e a rotação contribui plenamente para o calor específico molar. O calor específico molar agora é igual ao previsto pela Equação 7.33.

À temperatura ambiente, não há nenhuma contribuição de vibração, porque as moléculas ainda estão no estado fundamental de vibração. A temperatura deve ser elevada ainda mais para excitar o primeiro estado vibracional, que acontece na Figura 7.6 entre 1.000 K e 10.000 K. A 10.000 K no lado direito da figura, a vibração está contribuindo plenamente para a energia interna, e o calor específico molar tem o valor previsto pela Equação 7.34.

As previsões desse modelo estão de acordo com o Teorema de Equipartição de Energia. Além disso, a inclusão no modelo da quantização de energia da Física Quântica permite uma compreensão completa da Figura 7.6.

> *Teste Rápido* **7.3** O calor específico molar de um gás diatômico é medido em volume constante e considerado 29,1 J/mol × K. Quais são os tipos de energia que estão contribuindo para o calor específico molar? **(a)** Apenas translação. **(b)** Apenas translação e rotação. **(c)** Apenas translação e vibração. **(d)** Rotação, translação e vibração.

> *Teste Rápido* **7.4** O calor específico molar de um gás é medido em volume constante, e é $11R/2$. O gás tem maior probabilidade de ser **(a)** monoatômico, **(b)** diatômico ou **(c)** poliatômico?

7.4 Processos adiabáticos para um gás ideal

Conforme referido na Seção 6.6, **processo adiabático** é aquele em que nenhuma energia é transferida por calor entre um sistema e seus arredores. Por exemplo, se um gás é comprimido (ou expandido) rapidamente, muito pouca energia é transferida para fora (ou dentro) do sistema pelo calor, tal que este é um processo quase adiabático. Esses processos ocorrem no ciclo de um motor a gasolina, o que será discutido em detalhes no Capítulo 8. Outro exemplo de um processo adiabático é a lenta expansão de um gás que é termicamente isolado de seu arredor. Todas as três variáveis da Lei dos Gases Ideais – P, V e T – alteram-se durante um processo adiabático.

Vamos imaginar um processo adiabático do gás que envolve uma variação infinitesimal de volume dV e uma variação infinitesimal na temperatura dT. O trabalho realizado sobre o gás é $-P\,dV$. Como a energia interna de um gás ideal depende apenas da temperatura, a variação da energia interna em um processo adiabático é a mesma que para um processo isovolumétrico entre as mesmas temperaturas, $dE_{int} = nC_V dT$ (Equação 7.27). Assim, a Primeira Lei da Termodinâmica, $\Delta E_{int} = Q + W$, com $Q = 0$, torna-se a forma infinitesimal:

$$dE_{int} = nC_V dT = -P\, dV \tag{7.35}$$

Fazendo a diferencial total da equação de estado de um gás ideal, $PV = nRT$, resulta:

$$P\, dV + V\, dP = nR\, dT \tag{7.36}$$

Substituindo dT das equações 7.35 e 7.36, encontramos:

$$P\, dV + V\, dP = -\frac{R}{C_V} P\, dV$$

Substituindo $R = C_P - C_V$ e dividindo por PV, temos que:

$$\frac{dV}{V} + \frac{dP}{P} = -\left(\frac{C_P - C_V}{C_V}\right)\frac{dV}{V} = (1 - \gamma)\frac{dV}{V}$$

$$\frac{dP}{P} + \gamma\frac{dV}{V} = 0$$

Integrando essa expressão, temos:

$$\ln P + \gamma \ln V = \text{constante}$$

que é equivalente a:

▶ **Relação entre P e V para um processo adiabático envolvendo um gás ideal**

$$PV^\gamma = \text{constante} \tag{7.37}$$

O diagrama PV para uma expansão adiabática é mostrado na Figura 7.8. Como $\gamma > 1$, a curva PV é mais íngreme que seria para uma expansão isotérmica para a qual $PV =$ constante. Pela definição do processo adiabático, nenhuma energia é transferida pelo calor para dentro ou fora do sistema. Assim, a partir da Primeira Lei, vemos que ΔE_{int} é negativo (o trabalho é feito *pelo* gás, de modo que sua energia interna diminui) e, assim, ΔT também é. Portanto, a temperatura do gás diminui ($T_f < T_i$) durante uma expansão adiabática.[2] Em contrapartida, a temperatura aumenta se o gás é comprimido adiabaticamente. Aplicando a Equação 7.37 para os estados inicial e final, temos:

$$P_i V_i^\gamma = P_f V_f^\gamma \tag{7.38}$$

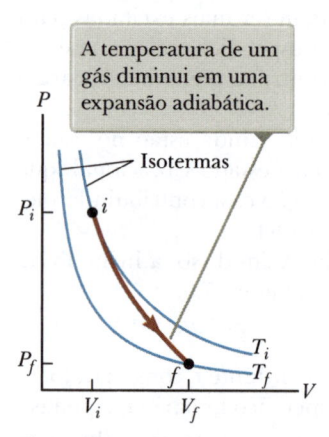

Figura 7.8 Diagrama *PV* para uma expansão adiabática de um gás ideal.

Usando a Lei dos Gases Ideais, podemos expressar a Equação 7.37 como:

▶ **Relação entre T e V para um processo adiabático envolvendo um gás ideal**

$$TV^{\gamma-1} = \text{constante} \tag{7.39}$$

Exemplo 7.3 — Um cilindro de um motor a diesel

O ar a 20,0 °C dentro de um cilindro de um motor a diesel é comprimido de sua pressão inicial de 1,00 atm e volume de 800,0 cm³ a um volume de 60,0 cm³. Suponha que o ar se comporte como um gás ideal, com $\gamma = 1,40$, e a compressão é adiabática. Calcule a pressão e a temperatura finais do ar.

SOLUÇÃO

Conceitualização Imagine o que acontece quando um gás é comprimido a um volume menor. Nossa discussão anterior e a Figura 7.8 nos dizem que a pressão e a temperatura aumentam.

Categorização Categorizamos este exemplo como um problema que envolve um processo adiabático.

---

[2] Na expansão adiabática livre discutida na Seção 6.6, a temperatura permanece constante. Nesse processo original, nenhum trabalho é feito porque o gás se expande no vácuo. Em geral, a temperatura diminui em uma expansão adiabática onde trabalho é executado.

7.3 cont.

Análise Use a Equação 7.38 para encontrar a pressão final:

$$P_f = P_i\left(\frac{V_i}{V_f}\right)^\gamma = (1,00 \text{ atm})\left[\frac{800,0 \text{ cm}^3}{60,0 \text{ cm}^3}\right]^{1,40}$$

$$= \boxed{37,6 \text{ atm}}$$

Use a Lei dos Gases Ideais para encontrar a temperatura final:

$$\frac{P_i V_i}{T_i} = \frac{P_f V_f}{T_f}$$

$$T_f = \frac{P_f V_f}{P_i V_i} T_i = \frac{(37,6 \text{ atm})(60,0 \text{ cm}^3)}{(1,00 \text{ atm})(800,0 \text{ cm}^3)}(293 \text{ K})$$

$$= 826 \text{ K} = \boxed{553\,°C}$$

Finalização O aumento da temperatura do motor do gás aumenta por um fator de 826 K/293 K = 2,82. A alta compressão de um motor a diesel eleva a temperatura do gás o suficiente para causar a combustão do diesel sem o uso de velas de ignição.

7.5 Distribuição de velocidades moleculares

Até o momento, consideramos apenas os valores médios das energias de todas as moléculas em um gás; ainda não abordamos a distribuição de energias entre as moléculas individuais. Na realidade, o movimento das moléculas é extremamente caótico. Qualquer molécula individual colide com as outras a uma enorme velocidade, normalmente um bilhão de vezes por segundo. Cada colisão resulta em uma variação na velocidade e na direção do movimento de cada uma das moléculas participantes. A Equação 7.22 mostra que a velocidade *rms* molecular aumenta com o aumento da temperatura. Em determinado momento, qual é o número relativo de moléculas que possuem alguma característica, como a energia, em determinado intervalo?

Abordaremos essa questão considerando a **densidade numérica** $n_V(E)$. Essa quantidade, chamada *função de distribuição*, é definida de modo que $n_V(E)\,dE$ é o número de moléculas por unidade de volume com energia entre E e $E + dE$ (a relação entre o número de moléculas que têm a característica desejada para o número total de moléculas é a probabilidade de que uma molécula particular tenha essa característica). Em geral, a densidade numérica é encontrada na Mecânica Estatística como:

$$n_V(E) = n_0 e^{-E/k_B T} \qquad (7.40)$$

◀ **Lei de Distribuição de Boltzmann**

> **Prevenção de Armadilhas 7.2**
> **A função de distribuição**
> A função de distribuição $n_V(E)$ é definida em termos do número de moléculas com energia na faixa de E para $E + dE$, em vez do número de moléculas com energia E. Como o número de moléculas é finito e o de valores possíveis de energia infinito, o número de moléculas com uma *energia* exata E pode ser zero.

onde n_0 é definida tal que $n_0\,dE$ seja o número de moléculas por unidade de volume tendo energia entre $E = 0$ e $E = dE$. Esta equação, conhecida como a **Lei de Distribuição de Boltzmann**, é importante para a descrição da Mecânica Estatística em um grande número de moléculas. Ela afirma que a probabilidade de encontrar moléculas em um estado especial de energia varia exponencialmente com o negativo da energia, dividido por $k_B T$. Todas as moléculas cairiam no menor nível de energia se a agitação térmica, a uma temperatura T, não as excitasse para níveis mais elevados de energia.

Exemplo 7.4 — Excitação térmica dos níveis de energia atômica

Conforme discutido na Seção 7.4, os átomos podem ocupar apenas determinados níveis de energia discretos. Considere um gás a uma temperatura de 2.500 K cujos átomos podem ocupar apenas dois níveis de energia separados por 1,50 eV, onde 1 eV (elétron-volt) é uma unidade de energia igual a $1,60 \times 10^{-19}$ J (Figura 7.9). Determine a razão entre o número de átomos no maior nível de energia para o número no menor nível de energia.

SOLUÇÃO

Conceitualização Em sua representação mental deste exemplo, lembre-se de que apenas dois estados possíveis são permitidos para o sistema do átomo. A Figura 7.9 ajuda a visualizar os dois estados em um diagrama de nível de energia. Nesse caso, o átomo tem duas energias possíveis, E_1 e E_2, onde $E_1 < E_2$.

continua

7.4 cont.

Categorização Categorizamos este exemplo como um em que focamos nas partículas em um sistema quantizado de dois estados. Aplicaremos a Lei de Distribuição de Boltzmann para um sistema quantizado.

Análise Configure a razão entre o número de átomos no nível de energia maior para o número do menor nível de energia e use a Equação 7.40 para expressar cada número:

$$(1) \quad \frac{n_V(E_2)}{n_V(E_1)} = \frac{n_0 e^{-E_2/k_B T}}{n_0 e^{-E_1/k_B T}} = e^{-(E_2-E_1)/k_B T}$$

Avalie $k_B T$ no expoente:

$$k_B T = (1{,}38 \times 10^{-23}\,\text{J/K})(2.500\,\text{K})\left(\frac{1\,\text{eV}}{1{,}60 \times 10^{-19}\,\text{J}}\right) = 0{,}216\,\text{eV}$$

Substitua esse valor na Equação (1):

$$\frac{n_V(E_2)}{n_V(E_1)} = e^{-1{,}50\,\text{eV}/0{,}216\,\text{eV}} = e^{-6{,}96} = \boxed{9{,}52 \times 10^{-4}}$$

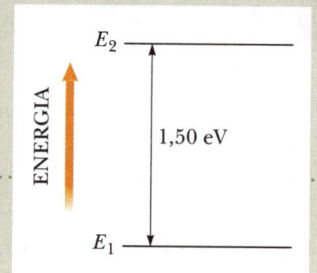

Figura 7.9 (Exemplo 7.4) Diagrama de níveis de energia de um gás cujos átomos podem ocupar dois estados de energia.

Finalização Esse resultado indica que, em $T = 2.500$ K, apenas uma pequena fração dos átomos está no maior nível energético. De fato, para cada átomo no maior nível de energia há cerca de 1.000 átomos no nível mais baixo. O número de átomos no nível superior aumenta em temperaturas ainda mais elevadas, mas a Lei de Distribuição especifica que, no equilíbrio, há sempre mais átomos no nível mais baixo que no superior.

E SE? E se os níveis de energia na Figura 7.9 tivessem energias mais próximas? Isso aumentaria ou diminuiria a fração dos átomos no nível de energia superior?

Resposta Se o nível excitado tem menos energia que na Figura 7.9, seria mais fácil para a agitação térmica excitar os átomos nesse nível e, nele, a fração de átomos seria maior, o que podemos ver matematicamente ao expressar a Equação (1) como:

$$r_2 = e^{-(E_2-E_1)/k_B T}$$

onde r_2 é a razão de átomos com energia E_2 em relação àqueles com energia E_1. Diferenciando em relação a E_2, encontramos:

$$\frac{dr_2}{dE_2} = \frac{d}{dE_2}[e^{-(E_2-E_1)/k_B T}] = -\frac{1}{k_B T} e^{-(E_2-E_1)/k_B T} < 0$$

Como a derivada tem valor negativo, conforme E_2 diminui, r_2 aumenta.

Ludwig Boltzmann

Físico austríaco (1844-1906)
Boltzmann fez muitas contribuições para o desenvolvimento da teoria cinética de gases, eletromagnetismo e termodinâmica. Seu trabalho pioneiro no campo da teoria Cinética levou ao ramo da Física conhecido como Mecânica Estatística.

Agora que discutimos a distribuição de energia entre as moléculas em um gás, vamos estudar a distribuição das velocidades moleculares. Em 1860, James Clerk Maxwell (1831-1879) derivou uma expressão que descreve a distribuição de velocidades moleculares de uma forma muito clara. Sua obra e os desenvolvimentos posteriores por outros cientistas eram altamente controversos, porque a detecção direta de moléculas não podia ser alcançada experimentalmente na época. Cerca de 60 anos depois, porém, foram concebidos experimentos que confirmaram as previsões de Maxwell.

Vamos considerar um recipiente com gás cujas moléculas têm uma distribuição de velocidades. Suponha que queremos determinar quantas moléculas do gás têm uma velocidade na faixa de, por exemplo, 400 a 401 m/s. Intuitivamente, esperamos que a distribuição da velocidade dependa da temperatura. Além disso, esperamos que o pico da distribuição esteja nos arredores de v_{rms}. Isto é, algumas moléculas devem ter uma velocidade muito menor ou muito maior que v_{rms}, porque essas velocidades extremas resultam apenas de uma cadeia improvável de colisões.

A distribuição de velocidade de moléculas do gás em equilíbrio térmico observada é mostrada na Figura 7.10. A quantidade N_v, chamada **função da distribuição**

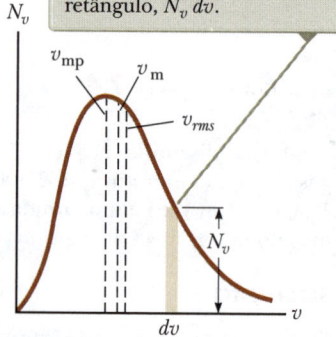

Figura 7.10 A distribuição de velocidade das moléculas do gás em uma temperatura. A função N_v se aproxima de zero conforme v se aproxima do infinito.

de velocidade de Maxwell-Boltzmann, é assim definida. Se N é o número total de moléculas, o número de moléculas com velocidades entre v e $v + dv$ é $dN = N_v\, dv$. Esse número também é igual à área do retângulo sombreado na Figura 7.10. Além disso, a fração de moléculas com velocidades entre v e $v + dv$ é $(N_v\, dv)/N$. Essa fração também é igual à probabilidade de que uma molécula tenha uma velocidade na faixa de v a $v + dv$.

A expressão fundamental que descreve a distribuição de velocidades de N moléculas do gás é:

$$N_v = 4\pi N \left(\frac{m_0}{2\pi k_B T}\right)^{3/2} v^2 e^{-m_0 v^2 / 2 k_B T} \qquad (7.41)$$

onde m_0 é a massa de uma molécula de gás, k_B é a constante de Boltzmann, e T é a temperatura absoluta.[3] Observe o aparecimento do fator de Boltzmann $e^{-E/k_B T}$ com $E = \frac{1}{2} m_0 v^2$.

Conforme indicado na Figura 7.10, a velocidade média é um pouco menor que a *rms*. A *velocidade mais provável* v_{mp} é aquela em que a curva de distribuição atinge um pico. Usando a Equação 7.41, vemos que:

$$v_{rms} = \sqrt{\overline{v^2}} = \sqrt{\frac{3 k_B T}{m_0}} = 1{,}73 \sqrt{\frac{k_B T}{m_0}} \qquad (7.42)$$

$$v_m = \sqrt{\frac{8 k_B T}{\pi m_0}} = 1{,}60 \sqrt{\frac{k_B T}{m_0}} \qquad (7.43)$$

$$v_{mp} = \sqrt{\frac{2 k_B T}{m_0}} = 1{,}41 \sqrt{\frac{k_B T}{m_0}} \qquad (7.44)$$

A Equação 7.42 já apareceu como Equação 7.22. Os detalhes da derivação dessas equações utilizando a Equação 7.41 são deixados para os problemas de final de capítulo (consulte os problemas 42 e 69). A partir dessas equações, vemos que:

$$v_{rms} > v_m > v_{mp}$$

A Figura 7.11 representa as curvas de distribuição de velocidade para o nitrogênio, N_2. As curvas foram obtidas por meio da Equação 7.41 para avaliar a função de distribuição em várias velocidades e em duas temperaturas. Observe que o pico de cada curva se desloca para a direita conforme T aumenta, indicando o aumento da velocidade média com o aumento da temperatura, como esperado. Como a velocidade mais baixa possível é zero, e o limite superior da velocidade clássica é infinito, as curvas são assimétricas (no Capítulo 5 do Volume 4 desta coleção, mostraremos que o verdadeiro limite superior é a velocidade da luz).

A Equação 7.41 mostra que a distribuição de velocidades moleculares de um gás depende tanto da massa quanto da temperatura. A dada temperatura, a fração de moléculas com velocidades superiores a um valor fixo aumenta com a diminuição da massa. Assim, as moléculas mais leves, como H_2 e He, escapam para o espaço da atmosfera da Terra mais facilmente que moléculas mais pesadas, como N_2 e O_2 (veja a discussão sobre a velocidade de escape no Capítulo 13 do Volume 1 desta coleção. As moléculas de gás escapam ainda mais facilmente a partir da superfície da Lua que da Terra, pois a velocidade de escape da Lua é menor que na Terra).

As curvas de distribuição da velocidade de moléculas em um líquido são semelhantes às mostradas na Figura 7.11. Podemos entender o fenômeno da evaporação de um líquido a partir dessa distribuição em velocidades, dado que algumas moléculas do líquido são mais energéticas que outras. Algumas das moléculas mais ágeis no líquido penetram na superfície e até mesmo deixam o líquido em temperaturas bem abaixo do ponto de ebulição. As moléculas que escapam do líquido por evaporação são aquelas que têm energia suficiente para superar as forças de atração das moléculas na fase líquida. Consequentemente, as moléculas deixadas para trás na fase líquida têm uma energia cinética média baixa; e, como resultado,

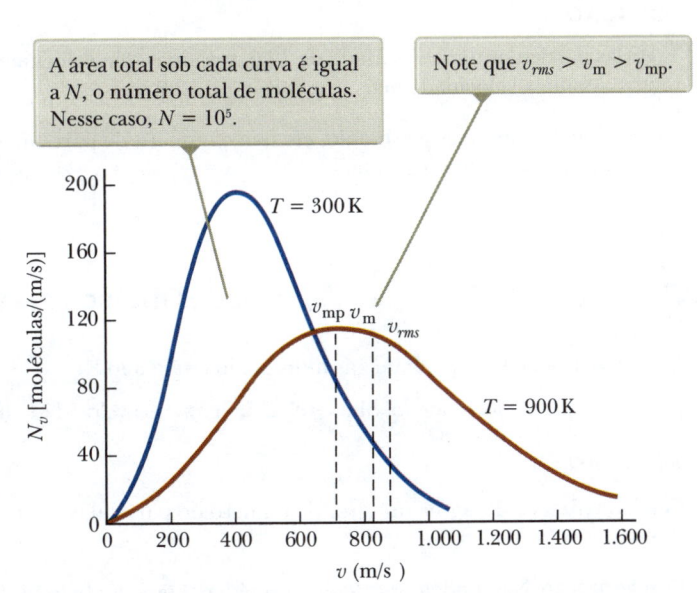

Figura 7.11 A função distribuição de velocidade para 10^5 moléculas de nitrogênio a 300 K e 900 K.

---

[3] Para a obtenção dessa expressão, consulte um livro avançado de Termodinâmica.

a temperatura do líquido diminui. Assim, a evaporação é um processo de resfriamento. Por exemplo, um pano embebido em álcool pode ser colocado em uma cabeça febril para esfriar e deixar o paciente confortável.

Exemplo 7.5 — Um sistema de nove partículas

Nove partículas têm velocidades de 5,00; 8,00; 12,0; 12,0; 12,0; 14,0; 14,0; 17,0 e 20,0 m/s.

(A) Encontre a velocidade média das partículas.

SOLUÇÃO

Conceitualização Imagine um pequeno número de partículas se movendo em direções aleatórias com algumas velocidades listadas. Esta situação não é representativa do grande número de moléculas em um gás, portanto, não devemos esperar que os resultados sejam consistentes com os da Mecânica Estatística.

Categorização Como estamos lidando com um pequeno número de partículas, podemos calcular a velocidade média diretamente.

Análise Encontre a velocidade média das partículas, dividindo a soma das velocidades pelo número total de partículas:

$$v_m = \frac{(5,00 + 8,00 + 12,0 + 12,0 + 12,0 + 14,0 + 14,0 + 17,0 + 20,0) \text{ m/s}}{9}$$

$$= \boxed{12,7 \text{ m/s}}$$

(B) Qual é a velocidade *rms* das partículas?

SOLUÇÃO

Encontre o quadrado da velocidade média das partículas, dividindo a soma das velocidades ao quadrado pelo número total de partículas:

$$\overline{v^2} = \frac{(5,00^2 + 8,00^2 + 12,0^2 + 12,0^2 + 12,0^2 + 14,0^2 + 14,0^2 + 17,0^2 + 20,0^2) \text{ m}^2/\text{s}^2}{9}$$

$$= 178 \text{ m}^2/\text{s}^2$$

Encontre a velocidade *rms* das partículas tirando a raiz quadrada:

$$v_{rms} = \sqrt{\overline{v^2}} = \sqrt{178 \text{ m}^2/\text{s}^2} = \boxed{13,3 \text{ m/s}}$$

(C) Qual é a velocidade mais provável das partículas?

SOLUÇÃO

Três das partículas têm velocidade de 12,0 m/s, duas têm velocidade de 14,0 m/s, e as quatro restantes têm velocidades diferentes. Assim, a velocidade mais provável v_{mp} é 12,0 m/s.

Finalização Compare este exemplo, em que o número de partículas é pequeno e sabemos as velocidades das partículas individuais, com o exemplo seguinte.

Exemplo 7.6 — Velocidades moleculares em um gás de hidrogênio

Uma amostra de 0,500 mol de gás hidrogênio está a 300 K.

(A) Encontre a velocidade média, a velocidade *rms* e a velocidade mais provável das moléculas de hidrogênio.

SOLUÇÃO

Conceitualização Imagine um grande número de partículas de um gás real, todas se movendo em direções aleatórias, com diferentes velocidades.

Categorização Não podemos calcular as médias, como foi feito no Exemplo 7.5, porque as velocidades individuais das partículas não são conhecidas. No entanto, estamos lidando com um número muito grande de partículas, então, podemos usar a função Maxwell-Boltzmann de distribuição de velocidade.

continua

7.6 cont.

Análise Use a Equação 7.43 para calcular a velocidade média:

$$v_{\mathrm{m}} = 1{,}60\sqrt{\frac{k_B T}{m_0}} = 1{,}60\sqrt{\frac{(1{,}38\times 10^{-23}\text{ J/K})(300\text{ K})}{2(1{,}67\times 10^{-27}\text{ kg})}}$$
$$= \boxed{1{,}78\times 10^3\text{ m/s}}$$

Use a Equação 7.42 para achar a velocidade *rms*:

$$v_{rms} = 1{,}73\sqrt{\frac{k_B T}{m_0}} = 1{,}73\sqrt{\frac{(1{,}38\times 10^{-23}\text{ J/K})(300\text{ K})}{2(1{,}67\times 10^{-27}\text{ kg})}}$$
$$= \boxed{1{,}93\times 10^3\text{ m/s}}$$

Use a Equação 7.44 para encontrar a velocidade mais provável:

$$v_{mp} = 1{,}41\sqrt{\frac{k_B T}{m_0}} = 1{,}41\sqrt{\frac{(1{,}38\times 10^{-23}\text{ J/K})(300\text{ K})}{2(1{,}67\times 10^{-27}\text{ kg})}}$$
$$= \boxed{1{,}57\times 10^3\text{ m/s}}$$

(B) Encontre o número de moléculas com velocidades entre 400 m/s e 401 m/s.

SOLUÇÃO

Use a Equação 7.41 para avaliar o número de moléculas em uma estreita faixa de velocidade entre v e $v + dv$:

$$(1)\quad N_v\, dv = 4\pi N\left(\frac{m_0}{2\pi k_B T}\right)^{3/2} v^2 e^{-m_0 v^2/2k_B T}\, dv$$

Avalie a constante na frente de v^2:

$$4\pi N\left(\frac{m_0}{2\pi k_B T}\right)^{3/2} = 4\pi n N_A\left(\frac{m_0}{2\pi k_B T}\right)^{3/2}$$
$$= 4\pi (0{,}500\text{ mol})(6{,}02\times 10^{23}\text{ mol}^{-1})\left[\frac{2(1{,}67\times 10^{-27}\text{ kg})}{2\pi(1{,}38\times 10^{-23}\text{ J/K})(300\text{ K})}\right]^{3/2}$$
$$= 1{,}74\times 10^{14}\text{ s}^3/\text{m}^3$$

Avalie o exponente de e que aparece na Equação (1):

$$-\frac{m_0 v^2}{2k_B T} = -\frac{2(1{,}67\times 10^{-27}\text{ kg})(400\text{ m/s})^2}{2(1{,}38\times 10^{-23}\text{ J/K})(300\text{ K})} = -0{,}0645$$

Avalie $N_v\, dv$ usando estes valores na Equação (1):

$$N_v dv = (1{,}74\times 10^{14}\text{ s}^3/\text{m}^3)(400\text{ m/s})^2 e^{-0{,}0645}(1\text{ m/s})$$
$$= \boxed{2{,}61\times 10^{19}\text{ moléculas}}$$

Finalização Nessa avaliação, pode-se calcular o resultado sem a integração, porque $dv = 1$ m/s é muito menor que $v = 400$ m/s. Se tivéssemos procurado o número de partículas entre, digamos, 400 m/s e 500 m/s, seria preciso integrar a Equação (1) entre os limites de velocidade.

Resumo

Conceitos e Princípios

A pressão de N moléculas de um gás ideal contido em um volume V é:

$$P = \frac{2}{3}\left(\frac{N}{V}\right)\left(\frac{1}{2}m_0 \overline{v^2}\right) \quad (7.15)$$

A energia cinética translacional média por molécula de gás, $\frac{1}{2}m_0 \overline{v^2}$, está relacionada com a temperatura T do gás através da expressão:

$$\frac{1}{2}m_0 \overline{v^2} = \frac{3}{2}k_B T \quad (7.19)$$

onde k_B é a constante de Boltzmann. Cada grau de liberdade de translação (x, y ou z) tem $\frac{1}{2}k_B T$ de energia associada a ele.

A energia interna de N moléculas (ou n moles) de um gás ideal monoatômico é de:

$$E_{int} = \frac{3}{2}Nk_B T = \frac{3}{2}nRT \quad (7.25)$$

A variação na energia interna para n moles de qualquer gás ideal que sofre uma variação de temperatura ΔT é:

$$\Delta E_{int} = nC_V \Delta T \quad (7.27)$$

onde C_V é o **calor específico molar a volume constante**.

O calor específico molar de um gás ideal monatômico a volume constante é $C_V = \frac{3}{2}R$; o calor específico molar a pressão constante é $C_P = \frac{5}{2}R$. A relação dos calores específicos é dada por $\gamma = C_P/C_V = \frac{5}{3}$.

Se um gás ideal sofre uma expansão adiabática ou compressão, a Primeira Lei da Termodinâmica, juntamente com a equação de estado, mostra que:

$$PV^\gamma = \text{constante} \quad (7.37)$$

A **Lei de Distribuição de Boltzmann** descreve a distribuição de partículas entre os estados de energia disponíveis. O número relativo de partículas com energia entre E e $E + dE$ é $n_V(E)\,dE$, onde:

$$n_V(E) = n_0 e^{-E/k_B T} \quad (7.40)$$

A **função de distribuição da velocidade de Maxwell-Boltzmann** descreve a distribuição de velocidades das moléculas em um gás:

$$N_v = 4\pi N \left(\frac{m_0}{2\pi k_B T}\right)^{3/2} v^2 e^{-m_0 v^2/2k_B T} \quad (7.41)$$

A Equação 7.24 nos permite calcular a **velocidade da raiz quadrática média**, a **velocidade média**, e a **velocidade mais provável** das moléculas no gás:

$$v_{rms} = \sqrt{\overline{v^2}} = \sqrt{\frac{3k_B T}{m_0}} = 1{,}73\sqrt{\frac{k_B T}{m_0}} \quad (7.42)$$

$$v_m = \sqrt{\frac{8k_B T}{\pi m_0}} = 1{,}60\sqrt{\frac{k_B T}{m_0}} \quad (7.43)$$

$$v_{mp} = \sqrt{\frac{2k_B T}{m_0}} = 1{,}41\sqrt{\frac{k_B T}{m_0}} \quad (7.44)$$

Perguntas Objetivas

1. O cilindro A contém gás oxigênio (O_2), e o B, gás nitrogênio (N_2). Se as moléculas dos dois cilindros têm a mesma velocidade *rms*, qual das seguintes afirmações é *falsa*? (a) Os dois gases têm diferentes temperaturas. (b) A temperatura do cilindro B é inferior à temperatura do A. (c) A temperatura do cilindro B é maior que a temperatura do A. (d) A energia cinética média das moléculas de nitrogênio é menor que a energia cinética média das moléculas de oxigênio.

2. Um gás ideal é mantido a pressão constante. Se a temperatura do gás é aumentada de 200 K para 600 K, o que acontece com a velocidade *rms* das moléculas? (a) Aumenta por um fator de 3. (b) Permanece o mesmo. (c) É um terço da velocidade do original. (d) É $\sqrt{3}$ vezes a velocidade original. (e) Aumenta por um fator de 6.

3. Duas amostras do mesmo gás ideal têm a mesma pressão e densidade. A amostra B tem o dobro do volume da A. Qual é a velocidade *rms* das moléculas na amostra B? (a) Duas vezes maior que na amostra A. (b) Igual à amostra A. (c) Metade do que na amostra A. (d) Impossível determinar.

4. Um balão de látex cheio de hélio inicialmente à temperatura ambiente é colocado em um congelador. O látex permanece flexível. **(i)** O volume do balão (a) aumenta, (b) diminui ou (c) permanece o mesmo? **(ii)** A pressão do gás hélio (a) aumenta significativamente, (b) diminui significativamente ou (c) é aproximadamente a mesma?

5. Um gás está a 200 K. Se quisermos dobrar a velocidade *rms* das moléculas do gás, para qual valor devemos elevar sua temperatura? (a) 283 K. (b) 400 K. (c) 566 K. (d) 800 K. (e) 1.130 K.

6. Classifique os seguintes itens, do maior para o menor, observando os casos de igualdade. (a) A velocidade média das moléculas em determinada amostra de gás ideal. (b) A velocidade mais provável. (c) A velocidade da raiz quadrática média. (d) O vetor velocidade média das moléculas.

7. Uma amostra de gás contendo um termômetro imerso é mantida sobre uma chapa quente. Um estudante é convidado a dar uma explicação passo a passo do que acontece em nossa observação sobre o que faz que a temperatura do gás aumente. Sua resposta inclui as seguintes etapas. (a) As moléculas aceleram. (b) Em seguida, colidem umas com as outras com mais frequência. (c) O atrito interno causa colisões inelásticas. (d) O calor é produzido nas colisões. (e) As moléculas do gás transferem mais energia para o termômetro quando o atingem, de modo que observamos que a temperatura sobe. (f) O mesmo processo pode ocorrer sem o uso de uma placa quente se rapidamente empurrarmos o pistão em um cilindro isolado contendo o gás. (i) Quais das partes de (a) a (f) dessa explicação estão corretas para termos uma explicação clara e completa? (ii) Quais são afirmações corretas, mas não são necessárias para explicar a leitura maior no termômetro? (iii) Quais são as afirmações incorretas?

8. Um gás ideal está contido em um recipiente de 300 K. A temperatura do gás é então aumentada para 900 K. (i) Por qual fator a energia cinética média das moléculas muda? (a) 9. (b) 3. (c) $\sqrt{3}$. (d) 1. (e) $\frac{1}{3}$? Usando as mesmas opções da parte (i), por qual fator cada uma das seguintes situações muda: (ii) a velocidade rms das moléculas, (iii) a variação média do momento em que uma molécula sofre uma colisão com uma parede particular, (iv) a taxa de colisões das moléculas com as paredes, e (v) a pressão do gás.

9. Qual das hipóteses a seguir *não* é baseada na Teoria Cinética dos gases? (a) O número de moléculas é muito grande. (b) As moléculas obedecem às leis do movimento de Newton. (c) As forças entre as moléculas são de longo alcance. (d) O gás é uma substância pura. (e) A separação média entre as moléculas é grande em relação a suas dimensões.

Perguntas Conceituais

1. O ar quente sobe, então, por que é que geralmente se torna mais frio à medida que você sobe uma montanha? *Observação*: o ar tem baixa condutividade térmica.

2. Por que um gás diatômico tem maior teor de energia por mol que um gás monatômico na mesma temperatura?

3. Quando o álcool é esfregado no corpo, a temperatura da pele é reduzida. Explique esse efeito.

4. O que acontece com um balão de látex cheio de hélio liberado no ar? Será que se expande ou se contrai? Será que ele deixará de subir em alguma altura?

5. Qual é mais denso: o ar seco ou o saturado com vapor de água? Explique.

6. Um recipiente é preenchido com gás hélio e outro com gás argônio. Ambos estão à mesma temperatura. Que moléculas têm maior velocidade rms? Explique.

7. A Lei de Dalton de pressões parciais afirma que a pressão total de uma mistura de gases é igual à soma das pressões que cada gás na mistura exerceria se estivesse sozinho no recipiente. Dê um argumento convincente para essa lei com base na Teoria Cinética dos Gases.

Problemas

WebAssign Os problemas que se encontram neste capítulo podem ser resolvidos *on-line* no Enhanced WebAssign (em inglês)

1. denota problema simples;
2. denota problema intermediário;
3. denota problema de desafio;

AMT *Analysis Model Tutorial* disponível no Enhanced WebAssign (em inglês);

M denota tutorial *Master It* disponível no Enhanced WebAssign (em inglês);

PD denota problema dirigido;

W solução em vídeo *Watch It* disponível no Enhanced WebAssign (em inglês).

Seção 7.1 Modelo molecular de um gás ideal

O Problema 30 no Capítulo 5 pode ser resolvido também nesta seção.

1. **M** (a) Quantos átomos de gás hélio enchem um balão esférico de 30,0 centímetros de diâmetro a 20,0 °C e 1,00 atm? (b) Qual é a energia cinética média dos átomos de hélio? (c) Qual é a velocidade rms dos átomos de hélio?

2. **M** Um cilindro contém uma mistura de hélio e argônio em equilíbrio a 150 °C. (a) Qual é a energia cinética média para cada tipo de molécula do gás? (b) Qual é a velocidade rms de cada tipo de molécula?

3. **W** Em um intervalo de 30,0 s, 500 pedras de granizo atingem uma janela de vidro de área de 0,600 m² em um ângulo de 45,0° com sua superfície. Cada pedrinha tem massa de 5,00 g e uma velocidade de 8,00 m/s. Supondo que as colisões são elásticas, encontre (a) a força média e (b) a pressão média na janela durante esse intervalo.

4. Em um sistema de ultravácuo (com pressões normais inferiores a 10^{-7} pascal), a pressão é medida em $1,00 \times 10^{-10}$ torr (onde

1 torr = 133 Pa). Supondo que a temperatura seja de 300 K, encontre o número de moléculas em um volume de 1,00 m³.

5. **M** Um balão esférico de volume $4,00 \times 10^3$ cm³ contém hélio a uma pressão de $1,20 \times 10^5$ Pa. Há quantos moles de hélio no balão se a energia cinética média dos átomos de hélio é $3,60 \times 10^{-22}$ J?

6. Um balão esférico de volume V contém hélio a uma pressão P. Há quantos moles de hélio no balão se a energia cinética média dos átomos de hélio é K?

7. **W** Uma amostra de 2,00 moles de gás oxigênio é confinada em um recipiente de 5,00 L a uma pressão de 8,00 atm. Encontre a energia cinética translacional média das moléculas de oxigênio nessas condições.

8. O oxigênio, modelado como um gás ideal, está em um recipiente e tem temperatura de 77,0 °C. Qual é o módulo do momento rms médio das moléculas do gás no recipiente?

9. Calcule a massa de um átomo de (a) hélio, (b) ferro e (c) chumbo. Dê suas respostas em quilogramas. As massas atômicas dos átomos são 4,00 u, 55,9 u e 207 u, respectivamente.

10. A velocidade rms de uma molécula de oxigênio (O_2) em um recipiente de gás oxigênio é de 625 m/s. Qual é a temperatura do gás?

11. Um recipiente de 5,00 L contém gás nitrogênio a 27,0 °C e 3,00 atm. Determine (a) a energia cinética translacional total das moléculas de gás e (b) a energia cinética média por molécula.

12. Um recipiente de 7,00 L contém 3,50 moles de gás a uma pressão de $1,60 \times 10^6$ Pa. Encontre (a) a temperatura do gás e (b) a energia cinética média das moléculas do gás no reservatório. (c) De quais informações adicionais você precisaria se lhe pedissem para encontrar a velocidade média das moléculas do gás?

13. **M** **W** Em um período de 1,00 s, $5,00 \times 10^{23}$ moléculas de nitrogênio atingem uma parede com uma área de 8,00 cm². Suponha que as moléculas se movam com uma velocidade de 300 m/s e atinjam a parede de frente em colisões elásticas. Qual é a pressão exercida sobre a parede? *Observação*: a massa de uma molécula de N_2 é $4,65 \times 10^{-26}$ kg.

Seção 7.2 Calor específico molar de um gás ideal

Você pode utilizar os dados na Tabela 7.2 sobre gases específicos. Aqui, definimos um "gás monatômico ideal" como tendo calor específico molar $C_V = \frac{3}{2}R$ e $C_P = \frac{5}{2}R$, e um "gás diatômico ideal" como tendo $C_V = \frac{5}{2}R$ e $C_P = \frac{7}{2}R$.

14. **W** Em um processo de volume constante, 209 J de energia são transferidos pelo calor para 1,00 mol de um gás ideal monatômico inicialmente em 300 K. Encontre (a) o trabalho realizado sobre o gás, (b) o aumento da energia interna do gás e (c) sua temperatura final.

15. Uma amostra de um gás diatômico ideal tem pressão P e volume V. Quando o gás é aquecido, sua pressão triplica e seu volume dobra. Esse processo de aquecimento inclui duas etapas, a primeira em pressão constante, a segunda, em volume constante. Determine a quantidade de energia transferida ao gás pelo calor.

16. **Revisão.** Uma casa tem paredes bem isoladas e um volume de 100 m³ de ar a 300 K. (a) Calcule a energia necessária para aumentar a temperatura do gás diatômico ideal por 1,00 °C. (b) **E se?** E se toda essa energia pudesse ser usada para levantar um objeto de massa m a uma altura de 2,00 m, qual seria o valor de m?

17. **M** Uma amostra de 1,00 mol de gás hidrogênio é aquecida à pressão constante de 300 K para 420 K. Calcule (a) a energia transferida ao gás pelo calor, (b) o aumento de sua energia interna e (c) o trabalho realizado sobre o gás.

18. Um cilindro vertical com um pistão pesado contém ar a 300 K. A pressão inicial é de $2,00 \times 10^5$ Pa e o volume inicial é 0,350 m³. Pegue a massa molar do ar, 28,9 g/mol e suponha que $C_V = \frac{5}{2}R$. (a) Encontre o calor específico do ar em volume constante em unidades de J/kg × °C. (b) Calcule a massa de ar no cilindro. (c) Suponha que o pistão seja mantido fixo. Procure a fonte de energia necessária para elevar a temperatura do ar a 700 K. (d) **E se?** Assuma novamente as condições do estado inicial e suponha que o pistão pesado seja livre para se mover. Procure a fonte de energia necessária para elevar a temperatura do ar a 700 K.

19. Calcule a variação na energia interna de 3,00 moles de gás hélio quando sua temperatura é aumentada em 2,00 K.

20. Uma garrafa isolada de 1,00 L está cheia de chá a 90,0 °C. Você se serve uma xícara e imediatamente rosqueia a tampa de volta na garrafa. Faça uma estimativa de ordem de grandeza da variação na temperatura do chá restante na garrafa que resulta da admissão de ar à temperatura ambiente. Mencione as quantidades que você considera dados e os valores que mede ou estima para elas.

21. **Revisão.** Este problema é uma continuação do Problema 39, no Capítulo 5 deste Volume. Um balão de ar quente consiste de um envelope de volume constante igual a 400 m³. Sem incluir o ar em seu interior, o balão e a carga têm massa de 200 kg. O ar no exterior e, originalmente, no interior é um gás diatômico a 10,0 °C e 101 kPa, com densidade de 1,25 kg/m³. Um queimador de gás propano no centro do envelope esférico injeta energia no ar interno. O ar no interior permanece à pressão constante. O ar quente, exatamente na temperatura necessária para fazer o balão decolar, começa a preencher o envelope em sua parte superior fechada, de modo suficientemente rápido para que a energia desprezível flua pelo calor para o ar fresco abaixo ou para fora através da parede do balão. O ar a 10 °C sai por uma abertura na parte inferior do envelope até que o balão inteiro esteja cheio de ar quente a uma temperatura uniforme. Em seguida, o queimador é desligado e o balão começa a subir. (a) Avalie a quantidade de energia que o queimador precisa transferir para o ar no balão. (b) O "valor quente" do propano – a energia interna liberada pela queima de cada quilograma – é 50,3 MJ/kg. Que massa de propano deve ser queimada?

Seção 7.3 A equipartição de energia

22. Certa molécula tem f graus de liberdade. Mostre que um gás ideal constituído de tais moléculas tem as seguintes propriedades: (a) sua energia interna total é $fnRT/2$, (b) o calor específico molar a volume constante é $fR/2$, (c) o calor específico molar à pressão constante é $(f + 2)R/2$, e (d) sua razão de calor específico é $\gamma = C_P/C_V = (f + 2)/f$.

23. Em um modelo bruto (Figura P7.23) de uma molécula de cloro rotativa diatômica (Cl_2), os dois átomos de cloro estão a $2,00 \times 10^{-10}$ m de distância e em rotação ao redor de seus centros de massa com velocidade angular de $\omega = 2,00 \times 10^{12}$ rad/s. Qual é a energia cinética de rotação de uma molécula de Cl_2 que tem massa molar de 70,0 g/mol?

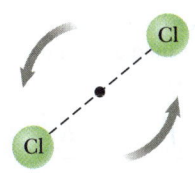

Figura P7.23

24. *Por que a seguinte situação é impossível?* Uma equipe de pesquisadores descobriu um novo gás, que tem um valor de $\gamma = C_P/C_V$ de 1,75.

25. **M** A relação entre a capacidade térmica de uma amostra e o calor específico do material da amostra foi discutida na Seção 6.2. Considere uma amostra contendo 2,00 moles de um gás ideal diatômico. Supondo que as moléculas estão em rotação, mas não vibram, encontre (a) a capacidade térmica total da amostra em volume constante, e (b) a capacidade total de calor a pressão constante. (c) **E se?** Repita as partes (a) e (b) supondo que as moléculas estejam em rotação e vibrem.

Seção 7.4 Processos adiabáticos para um gás ideal

26. **M** Uma amostra de 2,00 moles de um gás diatômico ideal se expande lenta e adiabaticamente de uma pressão de 5,00 atm e de um volume de 12,0 L para um volume final de 30,0 L. (a) Qual é a pressão final do gás? (b) Quais são as temperaturas inicial e final? Encontre (c) Q, (d) ΔE_{int} e (e) W para o gás durante esse processo.

27. **W** Durante o curso de compressão de um motor a gasolina, a pressão aumenta de 1,00 para 20,0 atm. Se o processo é adiabático e a mistura ar-combustível se comporta como um gás ideal diatômico, (a) por qual fator o volume varia. E (b) por qual fator a temperatura varia? Supondo que a compressão comece com 0,016 mol de gás a 27,0 °C, encontre os valores de (c) Q, (d) ΔE_{int} e (e) W que caracterizam o processo.

28. **W** Quanto trabalho é necessário para compactar 5,00 moles de ar a 20,0 °C e 1,00 atm a um décimo do volume original (a) por um processo isotérmico? (b) **E se?** Quanto trabalho é necessário para produzir a mesma compressão em um processo adiabático? (c) Qual é a pressão final na parte (a)? (d) Qual é a pressão final na parte (b)?

29. **M** O ar, em uma nuvem de tempestade, expande-se à medida que sobe. Se sua temperatura inicial é de 300 K e nenhuma energia é perdida por condução térmica na expansão, qual é sua temperatura quando o volume inicial dobrar?

30. *Por que a seguinte situação é impossível?* Um motor a diesel novo que aumenta a economia de combustível em relação aos modelos anteriores é projetado. Automóveis equipados com esse design se tornam incríveis *best-sellers*. Duas características desse design são responsáveis pela maior economia de combustível: (1) o motor é feito inteiramente de alumínio para reduzir o peso do automóvel, e (2) o escape do motor é usado para preaquecimento do ar a 50 °C antes de entrar no cilindro, para aumentar a temperatura final do gás comprimido. O motor tem uma *taxa de compressão* – isto é, a relação entre o volume inicial do ar e seu volume final após a compressão – de 14,5. O processo de compressão é adiabático, e o ar se comporta como um gás diatômico ideal com $\gamma = 1,40$.

31. Durante a partida do motor de automóvel de quatro tempos, o pistão é forçado para baixo, enquanto a mistura de produtos da combustão e do ar sofrem uma expansão adiabática. Suponha que (1) o motor esteja funcionando a 2.500 ciclos/min; (2) a pressão do manômetro imediatamente antes da expansão seja de 20,0 atm; (3) os volumes da mistura imediatamente antes e após a expansão sejam 50,0 cm³ e 400 cm³, respectivamente (Figura P7.31); (4) o intervalo de tempo para a expansão seja de um quarto do ciclo total; e (5) a mistura se comporte como um gás ideal com razão de calor específico 1,40. Encontre a potência média gerada durante a partida do motor.

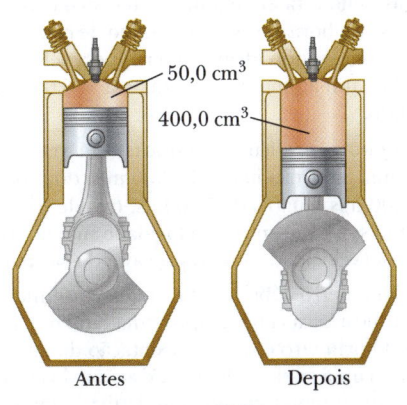

Figura P7.31

32. **PD** O ar (um gás diatômico ideal) a 27,0 °C e à pressão atmosférica é levado para uma bomba de bicicleta (veja a foto de abertura deste capítulo) que tem um cilindro com diâmetro interno de 2,50 cm e comprimento de 50,0 centímetros. A força para baixo comprime adiabaticamente o ar, que atinge uma pressão de $8,00 \times 10^5$ Pa antes de entrar no pneu. Queremos investigar o aumento da temperatura da bomba. (a) Qual é o volume inicial do ar na bomba? (b) Qual é o número de moles de ar na bomba? (c) Qual é a pressão absoluta do ar comprimido? (d) Qual é o volume do ar comprimido? (e) Qual é a temperatura do ar comprimido? (f) Qual é o aumento na energia interna do gás durante a compressão? **E se?** A bomba é feita de aço de 2,00 mm de espessura. Suponha que 4,00 centímetros do comprimento do cilindro possam entrar em equilíbrio térmico com o ar. (g) Qual é o volume de aço neste comprimento de 4,00 centímetros? (h) Qual é a massa de aço neste comprimento de 4,00 centímetros? (i) Suponha que a bomba seja comprimida uma vez. Após a expansão adiabática, a condução resulta no aumento de energia na parte (f) sendo compartilhada entre o gás e o segmento de 4,00 cm de aço. Qual será o aumento da temperatura do aço após uma compressão?

33. Uma amostra de 4,00 L de um gás diatômico ideal com razão de calor específico de 1,40, confinada a um cilindro, é conduzida através de um ciclo fechado. O gás está inicialmente a 1,00 atm e 300 K. Primeiro, sua pressão é triplicada em volume constante. Então, expande-se adiabaticamente a sua pressão original. Finalmente, o gás é comprimido isobaricamente a seu volume original. (a) Desenhe um diagrama PV do ciclo. (b) Determine o volume do gás no final da expansão adiabática. (c) Encontre a temperatura do gás no início da expansão adiabática. (d) Encontre a temperatura no final do ciclo. (e) Qual foi o trabalho resultante feito sobre gás para esse ciclo?

34. Um gás ideal com razão de calor específico γ confinado em um cilindro é colocado em um ciclo fechado. Inicialmente, o gás está a P_i, V_i e T_i. Primeiro, sua pressão é triplicada

em volume constante. Em seguida, expande-se adiabaticamente até sua pressão inicial e, finalmente, é comprimido isobaricamente a seu volume original. (a) Desenhe um diagrama PV do ciclo. (b) Determine o volume no final da expansão adiabática. Encontre (c) a temperatura do gás no início da expansão adiabática e (d) a temperatura no final do ciclo. (e) Qual foi o trabalho resultante feito sobre o gás para esse ciclo?

Seção 7.5 Distribuição de velocidades moleculares

35. O gás hélio está em equilíbrio térmico com hélio líquido a 4,20 K. Embora ele esteja no ponto de condensação, modele o gás como sendo ideal e determine a velocidade mais provável de um átomo de hélio (massa = $6,64 \times 10^{-27}$ kg) nele contido.

36. **M** Quinze partículas idênticas têm velocidades diferentes: uma tem velocidade de 2,00 m/s, duas de 3,00 m/s, três de 5,00 m/s, quatro de 7,00 m/s, três de 9,00 m/s e duas de 12,0 m/s. (a) Encontre a velocidade média, (b) a velocidade rms e (c) velocidade a mais provável dessas partículas.

37. **W** Um metro cúbico de hidrogênio atômico a 0 °C à pressão atmosférica contém aproximadamente $2,70 \times 10^{25}$ átomos. O primeiro estado de excitação do átomo de hidrogênio tem uma energia de 10,2 eV acima do estado mais baixo, chamado estado fundamental. Utilize o fator de Boltzmann para encontrar o número de átomos no primeiro estado de excitação (a) a 0 °C, e em (b) $(1,00 \times 10^4)$ °C.

38. Dois gases em uma mistura difusa passam através de um filtro a taxas proporcionais em relação a suas velocidades rms. (a) Encontre a relação de velocidades para os dois isótopos do cloro, ^{35}Cl e ^{37}Cl, conforme se difundem pelo ar. (b) Qual isótopo se move mais rapidamente?

39. **Revisão.** A que temperatura seria a velocidade média dos átomos de hélio igual (a) à velocidade de escape da Terra, $1,12 \times 10^4$ m/s, e (b) à velocidade de escape da Lua, $2,37 \times 10^3$ m/s? *Observação*: a massa de um átomo de hélio é $6,64 \times 10^{-27}$ kg.

40. Considere um recipiente de moléculas de gás nitrogênio a 900 K. Calcule (a) a velocidade mais provável, (b) a velocidade média e (c) a velocidade rms das moléculas. (d) Mostre como seus resultados são comparáveis com os valores apresentados na Figura 7.11.

41. Suponha que a atmosfera da Terra tenha temperatura de 20,0 °C e composição uniformes, com massa molar efetiva de 28,9 g/mol. (a) Mostre que a densidade das moléculas depende da altura y acima do nível do mar de acordo com:

$$n_V(y) = n_0 e^{-m_0 g y / k_B T}$$

onde n_0 é a densidade numérica ao nível do mar (onde y = 0). Esse resultado é a chamada *Lei de Atmosferas*. (b) Aviões comerciais viajam, em geral, a uma altitude de 11,0 km. Encontre a relação entre a densidade atmosférica nessa altitude para a densidade ao nível do mar.

42. A partir da distribuição de velocidades de Maxwell-Boltzmann, mostre que a velocidade mais provável de uma molécula de gás é dada pela Equação 7.44. *Observação*: a velocidade mais provável corresponde ao ponto em que a inclinação da curva de velocidade de distribuição dN_v/dv é zero.

43. A Lei de Atmosferas afirma que a densidade do número de moléculas na atmosfera depende da altura y acima do nível do mar, de acordo com:

$$n_V(y) = n_0 e^{-m_0 g y / k_B T}$$

onde n_0 é a densidade numérica ao nível do mar (onde y = 0). A altura média de uma molécula na atmosfera da Terra é dada por:

$$y_m = \frac{\int_0^\infty y n_V(y)\, dy}{\int_0^\infty n_V(y)\, dy} = \frac{\int_0^\infty y e^{-m_0 g y / k_B T}\, dy}{\int_0^\infty e^{-m_0 g y / k_B T}\, dy}$$

(a) Prove que essa altura média é igual a $k_B T / m_0 g$. (b) Obtenha a altura média, supondo que a temperatura seja 10,0 °C e que a massa molecular seja 28,9 u, ambas uniformes em toda a atmosfera.

Problemas Adicionais

44. Oito moléculas têm velocidades de 3,00 km/s, 4,00 km/s, 5,80 km/s, 2,50 km/s, 3,60 km/s, 1,90 km/s e 3,80 km/s e 6,60 km/s. Encontre (a) a velocidade média das moléculas e (b) a velocidade rms das moléculas.

45. Um pequeno tanque de oxigênio, a uma pressão de 125 atm, tem volume de 6,88 L a 21,0 °C. (a) Se um atleta respirar oxigênio a partir desse tanque, a uma taxa de 8,50 L/min, quando medido à pressão atmosférica e a temperatura permanecer em 21,0 °C, quanto tempo o tanque durará até que se esvazie? (b) Em determinado momento durante esse processo, qual é a relação da velocidade rms das moléculas restantes no tanque da velocidade rms daquelas sendo liberadas à pressão atmosférica?

46. As dimensões de uma sala de aula são 4,20 m × 3,00 m × 2,50 m. (a) Encontre o número de moléculas de ar na sala à pressão atmosférica e 20,0 °C. (b) Encontre a massa do ar, supondo que ele seja composto de moléculas diatômicas com massa molar 28,9 g/mol. (c) Encontre a energia cinética média das moléculas. (d) Encontre a velocidade rms molecular. (e) **E se?** Suponha que o calor específico molar do ar seja independente da temperatura. Encontre a variação da energia interna do ar no ambiente conforme a temperatura é elevada a 25,0 °C. (f) Explique como você poderia convencer um colega de que sua resposta ao item (e) é correta, mesmo que soe surpreendente.

47. A atmosfera da Terra é constituída principalmente de oxigênio (21%) e nitrogênio (78%). A velocidade rms de moléculas de oxigênio (O_2) na atmosfera em determinado local é de 535 m/s. (a) Qual é a temperatura da atmosfera nesse local? (b) Será que a velocidade rms de moléculas de nitrogênio (N_2) nesse local será maior, igual ou inferior a 535 m/s? Explique. (c) Determine a velocidade rms de N_2 em sua localização.

48. **AMT** O *caminho livre médio* ℓ de uma molécula é a distância média que ela percorre antes de colidir com outra molécula. Ele é dado por:

$$\ell = \frac{1}{\sqrt{2}\,\pi d^2 N_V}$$

onde d é o diâmetro da molécula e N_V é o número de moléculas por unidade de volume. O número de colisões que uma molécula tem com outras por unidade de tempo, ou *frequência de colisão f*, é dado por:

$$f = \frac{v_m}{\ell}$$

(a) Se o diâmetro de uma molécula de oxigênio é de $2,00 \times 10^{-10}$ m, encontre o caminho livre médio das moléculas em um tanque de mergulho que tem volume de 12,0 L e é preenchido com oxigênio a uma pressão de 100 atm e temperatura de 25,0 °C. (b) Qual é o intervalo de tempo médio entre colisões moleculares para uma molécula do gás?

49. **AMT** Um rifle de ar dispara um projétil de chumbo, permitindo que o ar de alta pressão se expanda, impulsionando o projétil para fora do cano de fuzil. Como esse processo acontece muito rapidamente, nenhuma condução térmica apreciável ocorre, e a expansão é essencialmente adiabática. Suponha que o rifle comece com 12,0 cm³ de ar comprimido e que se comporte como um gás ideal com $\gamma = 1{,}40$. O ar em expansão empurra um projétil de 1,10 g como um pistão de área transversal 0,0300 cm² ao longo do cano da arma de 50,0 cm de comprimento. Que pressão inicial é necessária para ejetar o projétil com uma velocidade na boca da arma de 120 m/s? Despreze os efeitos do ar na frente do projétil e do atrito com as paredes internas do rifle.

50. Em uma amostra de um metal sólido, cada átomo é livre para vibrar em uma posição de equilíbrio. A energia do átomo é composta de energia cinética para o movimento nas direções x, y e z adicionada de energia potencial elástica associada com as forças da Lei de Hooke exercida pelos átomos vizinhos nas direções x, y e z. De acordo com o Teorema de Equipartição de Energia, suponha que a energia média de cada átomo seja $\frac{1}{2}k_B T$ para cada grau de liberdade. (a) Prove que o calor específico molar do sólido é $3R$. A *Lei de Dulong-Petit* diz que esse resultado geralmente descreve sólidos puros a temperaturas suficientemente elevadas (você pode desprezar a diferença entre o calor específico a pressão constante e o calor específico a volume constante). (b) Avalie o calor específico c do ferro. Explique como ele se compara com o valor constante da Tabela 6.1. (c) Repita a avaliação e comparação com o ouro.

51. Certo gás ideal tem calor específico molar de $C_V = \frac{7}{2}R$. Uma amostra de 2,00 moles do gás sempre começa na pressão $1{,}00 \times 10^5$ Pa e temperatura de 300 K. Para cada um dos processos a seguir, determine (a) a pressão final, (b) o volume final, (c) a temperatura final, (d) a variação da energia interna do gás, (e) a energia adicionada ao gás pelo calor e (f) o trabalho realizado sobre o gás. **(i)** O gás é aquecido a pressão constante até 400 K. **(ii)** O gás é aquecido a volume constante até 400 K. **(iii)** O gás é comprimido a temperatura constante de $1{,}20 \times 10^5$ Pa. **(iv)** O gás é comprimido adiabaticamente a $1{,}20 \times 10^5$ Pa.

52. A compressibilidade κ de uma substância é definida como a variação fracional de volume dessa substância para dada variação na pressão:

$$\kappa = -\frac{1}{V}\frac{dV}{dP}$$

(a) Explique por que o sinal negativo na expressão garante que κ seja sempre positivo. (b) Mostre que se um gás ideal é comprimido isotermicamente, a compressibilidade é dada por $\kappa_1 = 1/P$. (c) **E se?** Mostre que se um gás ideal é comprimido adiabaticamente, sua compressibilidade é dada por $\kappa_2 = 1/(\gamma P)$. Determine valores para (d) κ_1 e (e) κ_2 para um gás monoatômico ideal a uma pressão de 2,00 atm.

53. **Revisão.** O oxigênio em pressões muito maiores que 1 atm é tóxico para as células do pulmão. Suponha que um mergulhador respire uma mistura de oxigênio (O_2) e hélio (He). Em peso, qual razão de hélio e oxigênio deve ser usada se o mergulhador está a uma profundidade de 50,0 m do oceano?

54. Examine os dados para os gases poliatômicos na Tabela 7.2 e dê uma razão pela qual o dióxido de enxofre tem maior calor específico a volume constante que os outros gases a 300 K.

55. Modele o ar como um gás diatômico ideal, com $M = 28{,}9$ g/mol. Um cilindro com um pistão contém 1,20 kg de ar a 25,0 °C e $2{,}00 \times 10^5$ Pa. A energia é transferida pelo calor para o sistema conforme se expande com a pressão, aumentando para $4{,}00 \times 10^5$ Pa. Durante a expansão, a relação entre pressão e volume é dada por:

$$P = CV^{1/2}$$

onde C é uma constante. Encontre (a) o volume inicial, (b) o volume final, (c) a temperatura final, (d) o trabalho realizado no ar e (e) a energia transferida pelo calor.

56. **Revisão.** Conforme uma onda sonora passa por um gás, as compressões são tão rápidas ou tão distantes que a condução térmica é impedida por um intervalo de tempo insignificante ou pela espessura efetiva do isolamento. As compressões e rarefações são adiabáticas. (a) Mostre que a velocidade do som em um gás ideal é:

$$v = \sqrt{\frac{\gamma RT}{M}}$$

onde M é a massa molar. A velocidade do som em um líquido é dada pela Equação 3.8; use essa equação e a definição do módulo volumétrico da Seção 12.4 do Volume 1 desta coleção. (b) Calcule a velocidade teórica do som no ar a 20,0 °C e mostre como ela se compara com o valor na Tabela 3.1. Use $M = 28{,}9$ g/mol. (c) Mostre que a velocidade do som em um gás ideal é:

$$v = \sqrt{\frac{\gamma k_B T}{m_0}}$$

onde m_0 é a massa de uma molécula. (d) Mostre como o resultado da parte (c) se compara com as velocidades média, mais provável e *rms* molecular.

57. Vinte partículas, cada uma de massa m_0 e confinadas a um volume V, têm várias velocidades: duas têm velocidade v; três, $2v$; cinco, $3v$; quatro, $4v$; três, $5v$; duas, $6v$; e uma, $7v$. Encontre (a) a velocidade média, (b) a velocidade *rms*, (c) a velocidade mais provável, (d) a pressão média exercida sobre as partículas nas paredes do recipiente, e (e) a energia cinética média por partícula.

58. Em um cilindro, uma amostra de um gás ideal com o número de moles n sofre um processo adiabático. (a) Começando com a expressão $W = -\int P\, dV$ e usando a condição $PV^\gamma = $ constante, mostre que o trabalho realizado sobre o gás é:

$$W = \left(\frac{1}{\gamma - 1}\right)(P_f V_f - P_i V_i)$$

(b) Começando com a Primeira Lei da Termodinâmica, mostre que o trabalho realizado sobre o gás é igual a $nC_V(T_f - T_i)$. (c) Esses dois resultados são consistentes entre si? Explique.

59. Conforme uma amostra de 1,00 mol de um gás monoatômico ideal se expande adiabaticamente, o trabalho realizado sobre ele é $-2{,}50 \times 10^3$ J. A temperatura inicial e a pressão do gás são 500 K e 3,60 atm, respectivamente. Calcule (a) a temperatura final e (b) a pressão final.

60. Uma amostra é constituída por uma quantidade de n moles de um gás monoatômico ideal. O gás se expande adiabaticamente, com o trabalho W feito sobre ele (trabalho W é um número negativo). A temperatura inicial e a pressão do gás são T_i e P_i respectivamente. Calcule (a) a temperatura final e (b) a pressão final.

61. Quando uma pequena partícula é suspensa em um fluido, o bombardeamento pelas moléculas faz que ela se mova aleatoriamente. Robert Brown descobriu esse movimento em 1827, enquanto estudava a adubação das plantas, e o movimento ficou conhecido como *movimento Browniano*. A energia cinética média da partícula pode ser assumida como $\frac{3}{2}k_BT$, a mesma de uma molécula em um gás ideal. Considere uma partícula esférica de densidade $1,00 \times 10^3$ kg/m³ na água a 20,0 °C. (a) Para uma partícula de diâmetro d, calcule a velocidade *rms*. (b) O movimento real da partícula é um passeio aleatório, mas imagine que ela se mova com velocidade constante e igual em módulo a sua velocidade *rms*. Que intervalo de tempo seria necessário para ela se deslocar por uma distância igual a seu próprio diâmetro? (c) Calcule a velocidade *rms* e o intervalo de tempo para uma partícula de diâmetro de 3,00 μm. (d) Calcule a velocidade *rms* e o intervalo de tempo para uma esfera de 70,0 kg de massa, modelando seu próprio corpo.

62. Um recipiente contém $1,00 \times 10^4$ moléculas de oxigênio a 500 K. (a) Faça um gráfico de precisão da função distribuição de velocidade de Maxwell em função da velocidade com pontos em intervalos de velocidade de 100 m/s. (b) Determine a velocidade mais provável a partir desse gráfico. (c) Calcule as velocidades média e *rms* para as moléculas e coloque esses dados no gráfico. (d) A partir do gráfico, estime a fração de moléculas com velocidades na faixa de 300 m/s para 600 m/s.

63. **AMT** Um arremessador atira uma bola de beisebol de 0,142 kg a 47,2 m/s. Enquanto se desloca 16,8 m para o *home plate*, a bola desacelera para 42,5 m/s por conta da resistência do ar. Encontre a variação na temperatura do ar por onde ela passa. Para encontrar a maior variação de temperatura possível, você pode partir das hipóteses. O ar tem calor específico molar de $C_P = \frac{7}{2}R$ e uma massa molar equivalente de 28,9 g/mol. O processo é tão rápido que a cobertura da bola atua como isolamento térmico, e a temperatura da bola em si não muda. Uma variação na temperatura acontece inicialmente apenas para o ar em um cilindro de 16,8 m de comprimento e 3,70 centímetros de raio. Esse ar está inicialmente a 20,0 °C.

64. O calor latente de vaporização da água à temperatura ambiente é de 2.430 J/g. Considere uma molécula em particular na superfície de um copo de água em estado líquido, em movimento ascendente, com velocidade suficientemente alta para que ela seja a próxima a se juntar com o vapor. (a) Encontre a energia cinética de translação. (b) Encontre sua velocidade. Agora, considere um gás fino composto de moléculas apenas como aquela descrita anteriormente. (c) Qual é sua temperatura? (d) Por que você não será queimado pela água em evaporação de um recipiente em temperatura ambiente?

65. Uma amostra de um gás monatômico ideal ocupa 5,00 L à pressão atmosférica e 300 K (ponto A na Figura P7.65). Ela é aquecida a volume constante até 3,00 atm (ponto B). Em seguida, expande-se isotermicamente a 1,00 atm (ponto C) e, por fim, é comprimida isobaricamente a seu estado original. (a) Encontre o número de moles na amostra. Encontre a temperatura (b) no ponto B, (c) no ponto C e (d) o volume no ponto C. (e) Agora, considere os processos $A \to B$, $B \to C$ e $C \to A$. Descreva como conduzir cada processo experimentalmente. (f) Encontre Q, W e ΔE_{int} para cada processo. (g) Para o ciclo completo $A \to B \to C \to A$, encontre Q, W e ΔE_{int}.

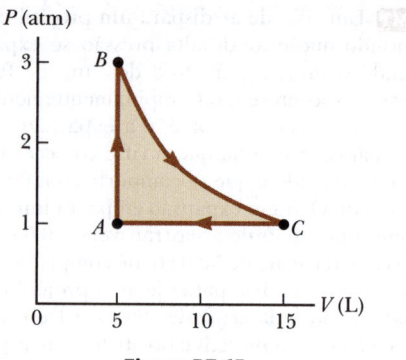

Figura P7.65

66. Considere as partículas em uma centrífuga a gás, um dispositivo usado para separar partículas de massas diferentes, girando em uma trajetória circular de raio r com velocidade angular ω. A força que age sobre uma molécula de gás em direção ao centro da centrífuga é $m_0\omega^2 r$. (a) Discuta como uma centrífuga de gás pode ser usada para separar partículas de massas diferentes. (b) Suponha que a centrífuga contenha um gás de partículas de massas iguais. Mostre que a densidade das partículas em função de r é:

$$n(r) = n_0 e^{m_0 r^2 \omega^2 / 2k_B T}$$

67. Para um gás maxwelliano, use um computador ou calculadora programável para encontrar o valor numérico da relação $N_v(v)/N_v(v_{mp})$ para os seguintes valores de v: (a) $v = (v_{mp}/50,0)$, (b) $(v_{mp}/10,0)$, (c) $(v_{mp}/2,00)$, (d) v_{mp}, (e) $2,00v_{mp}$, (f) $10,0v_{mp}$ e (g) $50,0v_{mp}$. Dê seus resultados com três algarismos significativos.

68. Uma molécula triatômica pode ter uma configuração linear, tal como o CO_2 (Figura P7.68a), ou pode ser não linear, como o H_2O (Figura P7.68b). Suponha que a temperatura de um gás de moléculas triatômicas seja suficientemente baixa de modo que o movimento vibratório seja desprezível. Qual é o calor específico molar a volume constante, expresso como um múltiplo da constante universal dos gases, (a) se as moléculas são lineares e (b) se as moléculas não são lineares? Em altas temperaturas, uma molécula triatômica tem dois modos de vibração, e cada uma contribui $\frac{1}{2}R$ para o calor específico molar de sua energia cinética, e outros $\frac{1}{2}R$ para sua energia potencial. Identifique a alta temperatura do calor específico molar a volume constante para um gás ideal triatômico de (c) moléculas lineares, e (d) moléculas não lineares. (e) Explique como os dados de calor específico molar podem ser usados para determinar se uma molécula triatômica é linear ou não linear. Os dados da Tabela 7.2 são suficientes para fazer essa determinação?

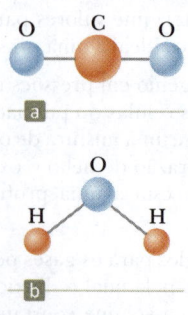

Figura P7.68

69. Usando a função de Maxwell-Boltzmann de distribuição de velocidades, verifique as equações 7.42 e 7.43 para (a) a velocidade *rms* e (b) a velocidade média das moléculas de um gás a uma temperatura T. O valor médio de v^n é:

$$\overline{v^n} = \frac{1}{N}\int_0^\infty v^n N_v \, dv$$

Use a Tabela B.6 no Apêndice B (tabela de integrais).

70. No diagrama PV para um gás ideal, duas curvas, uma isotérmica e outra adiabática, passam por cada ponto, como mostrado na Figura P7.70. Prove que a inclinação da curva adiabática é mais íngreme que a inclinação da isoterma nesse ponto pelo fator γ.

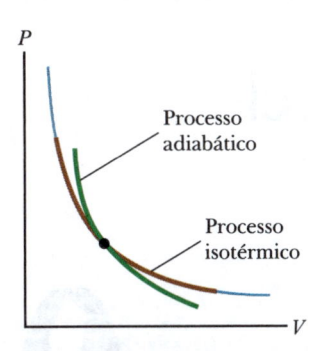

Figura P7.70

71. Em Pequim, um restaurante mantém uma panela de caldo de galinha fervendo continuamente. Todas as manhãs, ela é completada para conter 10,0 L de água junto com um frango fresco, verduras e especiarias. A massa molar da água é de 18,0 g/mol. (a) Encontre o número de moléculas de água na panela. (b) Durante determinado mês, 90,0% do caldo foram servidos todos os dias a pessoas que depois emigravam imediatamente. Das moléculas de água na panela, no primeiro dia do mês, quando foi a última que possa ter sido levada para fora da panela? (c) O caldo ferveu durante séculos, através de guerras, terremotos e reparos no fogão. Suponha que a água que ficou na panela há muito tempo já esteja completamente misturada na hidrosfera da Terra, de massa $1,32 \times 10^{21}$ kg. Quantas moléculas de água originalmente na panela são suscetíveis de estar presentes nela hoje novamente?

72. Revisão. (a) Se tiver energia cinética suficiente, uma molécula na superfície da Terra pode "escapar da gravitação da Terra", no sentido de que pode continuar a se afastar da Terra para sempre, como discutido na Seção 13.6 do Volume 1 desta coleção. Usando o princípio da conservação de energia, mostre que o mínimo de energia cinética necessária para "escapar" é $m_0 g R_T$, onde m_0 é a massa da molécula, g é a aceleração da gravidade na superfície e R_T é o raio da Terra. (b) Calcule a temperatura para a qual a energia cinética de escape mínima é dez vezes maior que a energia cinética média de uma molécula de oxigênio.

73. Com o uso do laser de feixes múltiplos, os físicos foram capazes de esfriar e confinar átomos de sódio em uma pequena região. Em um experimento, a temperatura dos átomos foi reduzida para 0,240 mK. (a) Determine a velocidade *rms* dos átomos de sódio a essa temperatura. Os átomos podem ser confinados por cerca de 1,00 s. A região de confinamento tem dimensão linear de cerca de 1,00 cm. (b) Durante qual intervalo de tempo aproximado um átomo ficará fora da região da armadilha se não houvesse ação de confinamento?

Problemas de Desafio

74. As equações 7.42 e 7.43 mostram que $v_{rms} > v_m$ para um conjunto de moléculas de gás, o que acaba por ser verdade toda vez que as partículas têm uma distribuição de velocidades. Vamos explorar essa desigualdade para um gás de duas partículas. Considere a velocidade como sendo $v_1 = av_m$, e a outra partícula como tendo velocidade $v_2 = (2-a)v_m$. (a) Mostre que a média dessas duas velocidades é v_m. (b) Mostre que:

$$v_{rms}^2 = v_m^2(2 - 2a + a^2)$$

(c) Mostre que a equação na parte (b) prova que, em geral, $v_{rms} > v_m$. (d) Sob qual condição específica será $v_{rms} = v_m$ para o gás de duas partículas?

75. AMT Um cilindro é fechado em ambas as extremidades e tem paredes isolantes. Ele é dividido em dois compartimentos por um pistão de isolamento que é perpendicular a seu eixo, como mostrado na Figura P7.75a. Cada compartimento contém 1,00 mol de oxigênio que se comporta como um gás ideal com $\gamma = 1,40$. Inicialmente, os dois compartimentos têm volumes iguais e suas temperaturas são 550 K e 250 K. O pistão se move lentamente, paralelo ao eixo do cilindro, até que fica parado em uma posição de equilíbrio (Figura P7.75b). Encontre a temperatura final nos dois compartimentos.

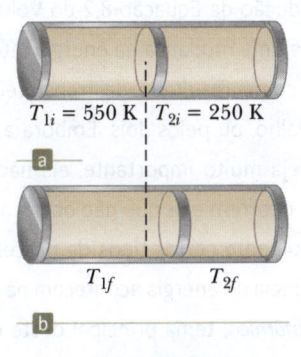

Figura P7.75

capítulo 8

Máquinas térmicas, entropia e a Segunda Lei da Termodinâmica

- **8.1** Máquinas térmicas e a Segunda Lei da Termodinâmica
- **8.2** Bombas de calor e refrigeradores
- **8.3** Processos reversíveis e irreversíveis
- **8.4** A máquina de Carnot
- **8.5** Motores a gasolina e a diesel
- **8.6** Entropia
- **8.7** Variações na entropia para sistemas termodinâmicos
- **8.8** Entropia e a Segunda Lei

A Primeira Lei da Termodinâmica, que estudamos no Capítulo 6, é uma afirmação sobre a conservação de energia e um caso especial de redução da Equação 8.2 do Volume 1 desta coleção. Essa lei diz que uma mudança na energia interna em um sistema pode ocorrer como resultado da transferência de energia por calor, por trabalho, ou pelos dois. Embora a Primeira Lei da Termodinâmica seja muito importante, ela não distingue entre os processos que ocorrem e os que não ocorrem espontaneamente. No entanto, somente certos tipos de processos de transformação e transferência de energia acontecem na natureza. A *Segunda Lei da Termodinâmica*, tema principal deste capítulo, estabelece quais processos ocorrem ou não. A seguir, temos exemplos de processos que não violam a Primeira Lei da Termodinâmica se ocorrerem em qualquer direção, mas que, na realidade, ocorrem em uma única direção:

- Quando dois corpos a temperaturas diferentes são colocados em contato térmico um com o outro, a transferência total de energia por calor sempre é do mais quente para o mais frio, nunca o inverso.

Motor Stirling do início do século XIX. O ar é aquecido no cilindro inferior usando uma fonte externa. À medida que isso acontece, o ar se expande e empurra o pistão, fazendo que se mova. O ar é resfriado, permitindo que o ciclo recomece. Esse é um exemplo de uma máquina térmica, que estudaremos neste capítulo. (© SSPL/Getty Images)

- Uma bola de borracha jogada ao chão ricocheteia várias vezes, eventualmente chegando ao repouso, mas uma bola parada no chão nunca acumula energia interna do chão e começa a ricochetear por conta própria.
- Um pêndulo oscilatório eventualmente chega ao repouso por causa de colisões com moléculas de ar e do atrito no ponto de suspensão. A energia mecânica do sistema é convertida em energia interna no ar, no pêndulo e na suspensão; a conversão reversa de energia nunca ocorre.

Todos esses processos são *irreversíveis*; isto é, são processos que ocorrem naturalmente em uma única direção. Nenhum processo irreversível já foi observado ocorrendo no sentido contrário. Se isso acontecesse, violaria a Segunda Lei da Termodinâmica.[1]

Lord Kelvin
Físico britânico e matemático (1824-1907)
Nascido William Thomson em Belfast, Kelvin foi o primeiro a propor o uso de uma escala absoluta de temperatura. A escala da temperatura de Kelvin é nomeada em sua honra. O trabalho de Kelvin em termodinâmica levou à ideia de que a energia não pode passar espontaneamente de um objeto mais frio para um objeto mais quente.

8.1 Máquinas térmicas e a Segunda Lei da Termodinâmica

Máquina térmica é um aparelho que recebe energia por calor[2] e, operando em um processo cíclico, expele uma fração dessa energia por meio de trabalho. Por exemplo, em um processo típico, no qual uma usina de energia produz eletricidade, um combustível – por exemplo, carvão –, é queimado e os gases produzidos a altas temperaturas são usados para converter água líquida em vapor. Esse vapor é direcionado para as lâminas de uma turbina, colocando-a em rotação. A energia mecânica associada a essa rotação é usada para acionar um gerador elétrico. Outro aparelho que pode ser modelado como uma máquina térmica é o motor de combustão interna de um automóvel. Esse aparelho usa energia de um combustível para realizar trabalho sobre pistões, que resulta no movimento do automóvel.

Vamos mais detalhadamente considerar a operação de motor movido a calor. A máquina térmica carrega alguma substância que trabalha por um processo cíclico durante o qual (1) a substância que trabalha absorve energia do calor de um reservatório de energia em alta temperatura, (2) o trabalho é realizado pelo motor e (3) a energia é expelida pelo calor para um reservatório em temperatura mais baixa. A título de exemplo, considere a operação de um motor a vapor (Figura 8.1) que usa água como a substância de trabalho. A água em uma caldeira absorve energia do combustível sendo queimado e evapora; esse vapor, então, realiza o trabalho por uma expansão contra um pistão. Depois que o vapor esfria e se condensa, a água líquida produzida volta para a caldeira e o ciclo se repete.

É útil representar uma máquina térmica esquematicamente como na Figura 8.2. O motor absorve uma quantidade de energia $|Q_q|$ do reservatório quente. Para a discussão matemática sobre máquinas térmicas, usamos valores absolutos para realizar todas as transferências de energia por calor positivo, e a direção da transferência é indicada com um sinal positivo ou negativo explícito. A máquina realiza trabalho $W_{máq}$ (de modo que trabalho *negativo* $W = -W_{máq}$ é realizado *sobre* a máquina) e em seguida fornece uma quantidade de energia $|Q_f|$ para o reservatório frio. Como a substância de trabalho passa por um ciclo, suas energias inicial e final são iguais: $\Delta E_{int} = 0$. Então, a partir da Primeira Lei da Termodinâmica, $\Delta E_{int} = Q + W = Q - W_{máq} = 0$, e o trabalho resultante $W_{máq}$ realizado por uma máquina térmica é igual à energia resultante Q_{tot} transferida para ele. Como pode ser visto na Figura 8.2, $Q_{tot} = |Q_q| - |Q_f|$; portanto:

$$W_{máq} = |Q_q| - |Q_f| \tag{8.1}$$

Figura 8.1 Uma locomotiva movida a vapor obtém sua energia queimando madeira ou carvão. A energia gerada vaporiza a água em vapor, que alimenta a locomotiva. Locomotivas modernas usam combustível diesel em vez de madeira ou carvão. Seja antiquada ou moderna, essas locomotivas podem ser modeladas como motores térmicos, que extraem energia de um combustível queima e convertem uma fração dele em energia mecânica.

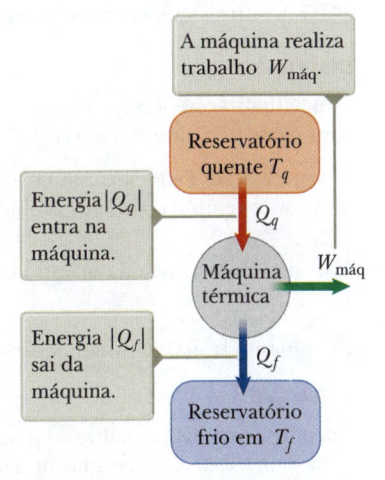

Figura 8.2 Representação esquemática de uma máquina térmica.

---

[1] Embora um processo ocorrendo no sentido inverso do tempo nunca tenha sido observado, é possível que ele ocorra. Entretanto, como veremos mais adiante neste capítulo, essa probabilidade é infinitesimalmente pequena. Desse ponto de vista, processos ocorrem com probabilidade muito maior em uma direção que na direção oposta.

[2] Usamos o calor como nosso modelo para a transferência de energia em uma máquina térmica. No entanto, outros métodos de transferência de energia são possíveis no modelo dessa máquina. Por exemplo, a atmosfera da Terra pode ser modelada como uma máquina térmica onde a entrada de transferência de energia se dá por meio da radiação eletromagnética do Sol. A saída da máquina térmica atmosférica causa a estrutura de vento na atmosfera.

Prevenção de Armadilhas 8.1

A Primeira e a Segunda Leis
Note a distinção entre a Primeira e a Segunda Leis da Termodinâmica. Se um gás passa por um *único processo isotérmico*, então, $\Delta E_{int} = Q + W = 0$ e $W = -Q$. Portanto, a Primeira Lei permite que *toda* entrada de energia por calor seja expelida pelo trabalho. Em uma máquina térmica, no entanto, onde uma substância passa por um processo *cíclico*, somente uma *porção* da entrada de energia por calor pode ser expelida pelo trabalho de acordo com a Segunda Lei.

A **eficiência térmica** de uma máquina térmica é definida como a proporção do trabalho resultante realizado pelo motor, durante um ciclo, para a energia de entrada na temperatura mais alta durante o ciclo:

Eficiência térmica de uma ▶
máquina térmica

$$e \equiv \frac{W_{máq}}{|Q_q|} = \frac{|Q_q| - |Q_f|}{|Q_q|} = 1 - \frac{|Q_f|}{|Q_q|} \quad (8.2)$$

Você pode pensar na eficiência como a proporção do que ganha (trabalho) com o que você dá (transferência de energia na temperatura mais alta). Na prática, todas as máquinas térmicas expelem somente uma fração da energia de entrada Q_q por trabalho mecânico; em consequência, sua eficiência é sempre menor que 100%. Por exemplo, um bom motor de automóvel tem eficiência de aproximadamente 20%, e os a diesel têm eficiências que variam entre 35% e 40%.

A Equação 8.2 mostra que uma máquina térmica tem 100% de eficiência ($e = 1$) somente se $|Q_f| = 0$, isto é, se a energia não é expelida para o reservatório frio. Ou seja, a máquina térmica com eficiência perfeita teria de expelir toda a energia que entrou pelo trabalho. Como as eficiências de máquinas reais são bem abaixo de 100%, a **forma Kelvin-Planck da Segunda Lei da Termodinâmica** faz a seguinte afirmação:

> É impossível construir uma máquina térmica que, operando em um ciclo, não produza efeito nenhum além da entrada de energia por calor de um reservatório e a realização de igual quantidade de trabalho.

Essa afirmação da Segunda Lei significa que, durante a operação de uma máquina térmica, $W_{máq}$ nunca pode ser igual a $|Q_q|$ ou, alternativamente, que alguma energia $|Q_f|$ *deve* ser rejeitada para o ambiente. A Figura 8.3 é um diagrama esquemático da impossível máquina térmica "perfeita".

Figura 8.3 Diagrama esquemático de uma máquina térmica que recebe energia de um reservatório quente e realiza uma quantidade equivalente de trabalho. É impossível construir um motor tão perfeito.

Teste Rápido 8.1 A entrada de energia para um motor é 4,00 vezes maior que o trabalho que ele desempenha. **(i)** Qual é sua eficiência térmica? (a) 4,00. (b) 1,00. (c) 0,250. (d) Impossível determinar. **(ii)** Que fração da entrada de energia é expelida para o reservatório frio? (a) 0,250. (b) 0,750. (c) 1,00. (d) Impossível determinar.

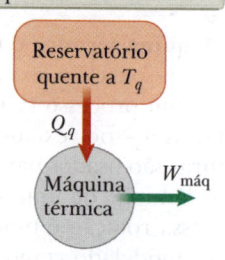

Exemplo 8.1 | A eficiência de uma máquina

Uma máquina transfere $2,00 \times 10^3$ J de energia de um reservatório quente durante um ciclo e $1,50 \times 10^3$ J como descarga para um reservatório frio.

(A) Encontre a eficiência dessa máquina.

SOLUÇÃO

Conceitualização Reveja a Figura 8.2; pense na energia entrando na máquina a partir do reservatório quente e se dividindo, com parte dela saindo pelo trabalho e parte pelo calor para dentro do reservatório frio.

Categorização Este exemplo envolve a avaliação de quantidades das equações apresentadas nesta seção; então, categorizamos este exemplo como um problema de substituição.

Encontre a eficiência da máquina a partir da Equação 8.2:

$$e = 1 - \frac{|Q_f|}{|Q_q|} = 1 - \frac{1,50 \times 10^3 \text{ J}}{2,00 \times 10^3 \text{ J}} = \boxed{0,250 \text{ ou } 25,0\%}$$

(B) Quanto trabalho essa máquina realiza em um ciclo?

SOLUÇÃO

Encontre o trabalho realizado pela máquina considerando a diferença entre as energias de saída e de entrada:

$$W_{máq} = |Q_q| - |Q_f| = 2,00 \times 10^3 \text{ J} - 1,50 \times 10^3 \text{ J}$$
$$= \boxed{5,0 \times 10^2 \text{ J}}$$

> **8.1** *cont.*
>
> **E SE?** Suponha que a potência de saída do motor dessa máquina tenha sido pedida. Você tem informações suficientes para responder a essa questão?
>
> **Resposta** Não, você não tem informações suficientes. A potência de uma máquina é a *taxa* com a qual o trabalho é realizado pela máquina. Você sabe quanto trabalho é realizado por ciclo, mas não tem informação sobre o intervalo de tempo associado a um ciclo. Porém, se lhe dissessem que a máquina opera a 2.000 rpm (revoluções por minuto), você poderia relacionar essa taxa ao período de rotação T do mecanismo da máquina. Supondo que haja um ciclo termodinâmico por revolução, a potência é:
>
> $$P = \frac{W_{\text{máq}}}{T} = \frac{5{,}0 \times 10^2 \text{ J}}{\left(\frac{1}{2.000}\text{ min}\right)}\left(\frac{1 \text{ min}}{60 \text{ s}}\right) = 1{,}7 \times 10^4 \text{ W}$$

8.2 Bombas de calor e refrigeradores

Em uma máquina térmica, a direção da transferência de energia é do reservatório quente para o frio, que é a direção natural. A função da máquina térmica é processar a energia do reservatório quente de modo a realizar trabalho útil. E se quiséssemos transferir energia do reservatório frio para o quente? Como essa não é a direção natural da transferência de energia, devemos colocar alguma energia em um aparelho para termos sucesso. Aparelhos que desempenham essa função são chamados **bombas de calor** e **refrigeradores**. Por exemplo, no verão, casas são resfriadas usando bombas de calor chamadas *ar-condicionado*, que transfere energia do cômodo frio para o ar quente fora da casa.

Em um refrigerador ou bomba de calor, o motor recebe energia $|Q_f|$ de um reservatório frio e fornece energia $|Q_q|$ para outro quente (Figura 8.4), o que pode ser feito somente se o trabalho for realizado *sobre* o motor. A partir da Primeira Lei, sabemos que a energia cedida para o reservatório quente deve ser igual à soma do trabalho realizado e da energia recebida do reservatório frio. Portanto, o refrigerador ou a bomba de calor transfere de um corpo mais frio (por exemplo, o conteúdo de um refrigerador de cozinha ou o ar de inverno fora de um edifício) para um corpo mais quente (o ar na cozinha ou uma sala no edifício). Na prática, é desejável conduzir esse processo com um mínimo de trabalho. Se o processo pudesse ser realizado sem desempenhar trabalho algum, o refrigerador ou a bomba de calor seriam "perfeitos" (Figura 8.5). Mais uma vez, a existência de tal aparelho violaria a Segunda Lei da Termodinâmica, que afirma, sob a forma do **enunciado de Clausius**,[3] que:

> É impossível construir uma máquina cilíndrica cujo único efeito seja o de transferir energia continuamente por calor de um corpo para outro a uma temperatura mais alta sem a entrada de energia por trabalho.

Em termos mais simples, a energia não é transferida espontaneamente por calor de um corpo frio para um corpo quente. É necessária a entrada de trabalho para que um refrigerador funcione.

As afirmativas de Clausius e de Kelvin-Planck sobre a Segunda Lei da Termodinâmica parecem não ter relação entre si, mas, na realidade, são equivalentes em todos os aspectos. Embora não provemos isso aqui, se uma das afirmativas é falsa, a outra também é.[4]

Na prática, uma bomba de calor inclui um fluido circulante que passa pelos dois conjuntos de espirais metálicas que podem trocar energia com o entorno. O fluido é frio e tem pressão baixa quando está nas espirais localizadas em um

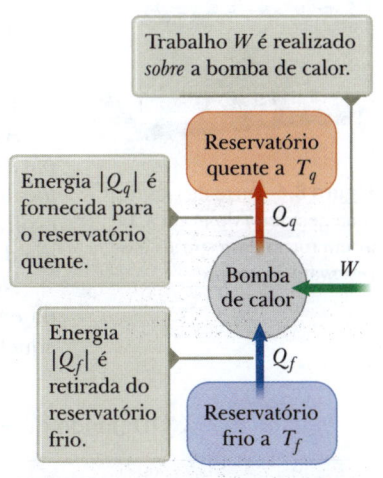

Figura 8.4 Representação esquemática de uma bomba de calor.

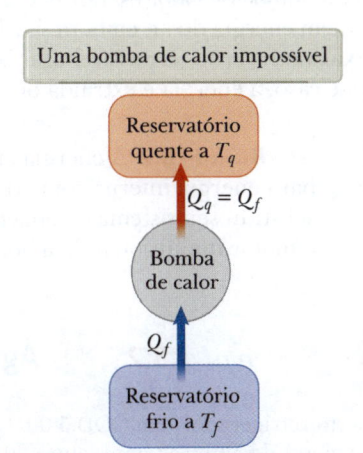

Figura 8.5 Diagrama esquemático de uma bomba de calor ou refrigerador impossíveis, ou seja, que recebe energia de um reservatório frio e fornece uma quantidade equivalente de energia para um reservatório quente sem a entrada de energia por trabalho.

---
[3] Rudolf Clausius (1822-1888), primeiro a fazer essa afirmativa.
[4] Consulte um livro avançado de Termodinâmica para essa prova.

As espirais na parte de trás de uma geladeira transferem energia pelo calor para o ar.

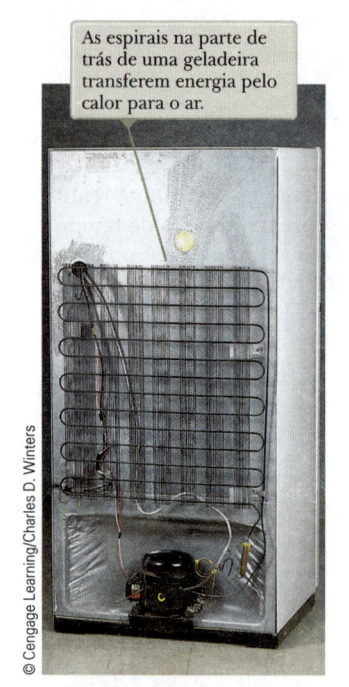

Figura 8.6 Parte de trás de uma geladeira doméstica. O ar em torno das espirais é o reservatório quente.

ambiente frio, onde absorve energia pelo calor. O fluido resultante é então comprimido e entra nas outras espirais como um fluido quente, de alta pressão. Ali, ele libera sua energia armazenada para o entorno quente. Em um ar-condicionado, a energia é absorvida pelo fluido nas espirais localizadas dentro do edifício; depois que o fluido é comprimido, a energia sai do fluido por espirais localizadas na parte externa. Em um refrigerador, as espirais externas ficam atrás ou sob a unidade (Figura 8.6). As espirais internas estão nas paredes do refrigerador e absorvem energia dos alimentos.

A eficácia de uma bomba de calor é descrita em termos de um número chamado **coeficiente de desempenho** (COD), que é semelhante à eficiência térmica para a máquina térmica por ser uma proporção do que você ganha (energia transferida para ou de um reservatório) para o que fornece (entrada de trabalho). Para uma bomba de calor operando no modo resfriar, "o que você ganha" é energia removida do reservatório frio. O refrigerador ou ar-condicionado mais eficaz é aquele que remove a maior quantidade de energia do reservatório frio em troca da menor quantidade de trabalho. Então, para esses aparelhos operando no modo de resfriamento, definimos o COD em termos de $|Q_f|$:

$$\text{COD (modo de resfriamento)} = \frac{\text{Energia transferida a baixa temperatura}}{\text{Trabalho realizado sobre a bomba de calor}} = \frac{|Q_f|}{W} \quad (8.3)$$

Um bom refrigerador deveria ter COD alto, tipicamente 5 ou 6.

Além das aplicações de resfriamento, bombas de calor estão se tornando mais populares para fins de aquecimento. As espirais que absorvem energia em uma bomba de calor estão localizadas fora de um edifício, em contato com o ar ou enterradas no solo. O outro jogo de espirais está no interior do edifício. O fluido circulante que flui pelas espirais absorve energia do exterior e libera a energia para o interior do edifício a partir das espirais internas.

No modo de aquecimento, o COD de uma bomba de calor é definido como a proporção da energia transferida para o reservatório quente pelo trabalho necessário para transferir aquela energia:

$$\text{COD (modo de aquecimento)} = \frac{\text{Energia transferida a alta temperatura}}{\text{Trabalho realizado sobre a bomba de calor}} = \frac{|Q_q|}{W} \quad (8.4)$$

Se a temperatura externa é 25 °F (–4 °C) ou mais alta, um valor típico de COD para uma bomba de calor é aproximadamente 4. Isto é, a quantidade de energia transferida para o edifício é aproximadamente quatro vezes maior que o trabalho realizado pelo motor na bomba de calor. Porém, conforme a temperatura externa diminui, fica mais difícil para a bomba de calor extrair energia suficiente do ar e, então, o COD diminui. Portanto, o uso de bombas de calor que extraem energia do ar, embora satisfatório em climas amenos, não é adequado em áreas onde as temperaturas são muito baixas no inverno. É possível usar bombas de calor em áreas mais frias enterrando fundo as espirais externas no solo. Nesse caso, a energia é extraída do solo, que tende a ser mais quente que o ar no inverno.

Teste Rápido **8.2** A energia entrando em um aquecedor elétrico por transmissão elétrica pode ser convertida para energia interna com eficiência de 100%. Por qual fator o custo para aquecer sua casa muda quando você substitui seu sistema de aquecimento elétrico por uma bomba de calor elétrica com COD de 4,00? Suponha que o motor impulsionando a bomba de calor seja 100% eficiente. **(a)** 4,00. **(b)** 2,00. **(c)** 0,500. **(d)** 0,250.

Exemplo **8.2** Água congelando

Certo refrigerador tem COD 5,00. Quando ele está funcionando, sua potência de entrada é 500 W. Uma amostra de água de massa de 500 g e temperatura 20,0 °C é colocada no compartimento do congelador. Quanto tempo demora para a água congelar e virar gelo a 0 °C? Suponha que todas as outras partes do refrigerador permaneçam na mesma temperatura e que não haja vazamento de energia para o exterior; então, a operação do refrigerador resulta somente na extração de energia da água.

SOLUÇÃO

Conceitualização A energia sai da água, reduzindo sua temperatura e, então, transformando a água em gelo. O intervalo de tempo necessário para todo esse processo é relacionado à taxa na qual a energia é retirada da água, que, por sua vez, relaciona-se à potência de entrada do refrigerador.

8.2 cont.

Categorização Categorizamos este exemplo como um que combina nossa compreensão sobre as mudanças de temperatura e de fase do Capítulo 6 e sobre as bombas de calor deste capítulo.

Análise Use a potência do refrigerador para determinar o intervalo de tempo Δt necessário para que o processo de congelamento ocorra:

$$P = \frac{W}{\Delta t} \quad \rightarrow \quad \Delta t = \frac{W}{P}$$

Use a Equação 8.3 para relacionar o trabalho W realizado sobre a bomba de calor com a energia $|Q_f|$ extraída da água:

$$\Delta t = \frac{|Q_f|}{P(\text{COD})}$$

Use as equações 6.4 e 6.7 para substituir a quantidade de energia $|Q_f|$ que deve ser extraída da água com massa m:

$$\Delta t = \frac{|mc\,\Delta T + L_f\,\Delta m|}{P(\text{COD})}$$

Admita que a quantidade de água que congela é $\Delta m = -m$ porque toda a água congela:

$$\Delta t = \frac{|m(c\,\Delta T - L_f)|}{P(\text{COD})}$$

Substitua os valores numéricos:

$$\Delta t = \frac{|(0{,}500 \text{ kg})[(4{,}186 \text{ J/kg} \cdot °\text{C})(-20{,}0\,°\text{C}) - 3{,}33 \times 10^5 \text{ J/kg}]|}{(500 \text{ W})(5{,}00)}$$

$$= \boxed{83{,}3 \text{ s}}$$

Finalização Na verdade, o intervalo de tempo para o congelamento da água em um refrigerador é muito maior que 83,3 s, o que sugere que as suposições de nosso modelo não são válidas. Somente uma pequena parte da energia extraída do interior do refrigerador, em certo intervalo de tempo, vem da água. A energia também deve ser extraída do recipiente onde está a água, e a energia que vaza continuamente para o interior, vinda do exterior, deve ser extraída.

8.3 Processos reversíveis e irreversíveis

Na seção seguinte, discutiremos uma máquina térmica teórica que é o mais eficiente possível. Para entender sua natureza, devemos primeiro examinar o significado de processos reversíveis e irreversíveis. Em um processo **reversível**, o sistema passando pelo processo pode voltar a suas condições iniciais seguindo o mesmo trajeto em um diagrama PV, e cada ponto ao longo desse trajeto é um estado de equilíbrio. Um processo que não satisfaz a essas exigências é **irreversível**.

Todos os processos naturais são irreversíveis. Vamos examinar a expansão adiabática livre de um gás, que já discutimos na Seção 6.6, e mostrar que não pode ser reversível. Considere um gás em um recipiente termicamente isolado como mostrado na Figura 8.7. Uma membrana separa o gás de um vácuo. Quando a membrana é perfurada, o gás se expande livremente no vácuo. Como resultado da perfuração, o sistema muda porque ocupa maior volume após a expansão. Como o gás não exerce uma força por um deslocamento, não realiza trabalho sobre o entorno conforme se expande. Adicionalmente, não há transferência de energia de ou para o gás por calor porque o recipiente é isolado de seu entorno. Então, nesse processo adiabático, o sistema mudou, mas o entorno não.

Para que esse processo seja reversível, devemos retornar o gás a seu volume e temperatura originais, sem mudar o entorno. Imagine tentar inverter o processo comprimindo o gás para seu volume original. Para isso, encaixamos um pistão no recipiente e usamos um motor para forçar o pistão para dentro. Durante esse processo, o entorno muda porque trabalho está sendo realizado por um agente externo sobre o sistema. Além disso, o sistema muda porque a compressão aumenta a temperatura do gás. A temperatura do gás pode ser diminuída permitindo-se que ele entre em contato com um reservatório externo de energia. Embora essa etapa deixe o gás em suas condições originais,

> **Prevenção de Armadilhas 8.2**
> **Todos os processos reais são irreversíveis**
> O processo reversível é uma idealização; todos os processos reais na Terra são irreversíveis.

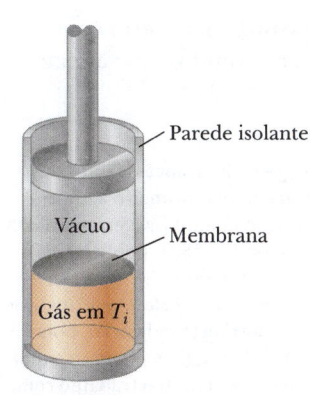

Figura 8.7 Expansão adiabática livre de um gás.

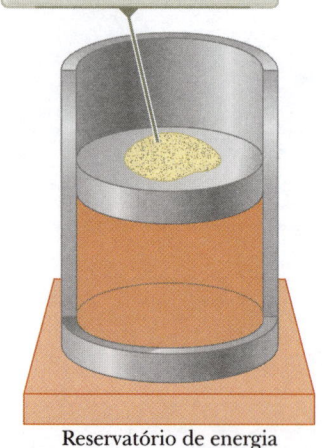

Figura 8.8 Método para comprimir um gás em processo isotérmico reversível.

O gás é comprimido lentamente conforme grãos individuais de areia caem sobre o pistão.

Reservatório de energia

o entorno é novamente afetado, porque a energia do gás está sendo adicionada ao entorno. Se essa energia pudesse ser usada para impelir o motor que comprimiu o gás, a transferência total de energia para o entorno seria zero. Dessa forma, o sistema e seu entorno poderiam voltar a suas condições iniciais e poderíamos identificar o processo como reversível. A afirmativa de Kelvin-Planck sobre a Segunda Lei, no entanto, especifica que a energia removida do gás para fazer a temperatura retornar a seu valor original não pode ser completamente convertida em energia mecânica pelo processo de trabalho realizado pela máquina na compressão do gás. Então, devemos concluir que o processo é irreversível.

Poderíamos argumentar que a expansão adiabática livre é irreversível com base na parte da definição de um processo reversível sobre os estados de equilíbrio. Por exemplo, durante a expansão repentina, variações significativas ocorrem por todo o gás. Portanto, não há valor bem definido para a pressão de todo o sistema em qualquer momento entre os estados inicial e final. Na realidade, o processo não pode sequer ser representado como um trajeto em um diagrama PV, que, para uma expansão adiabática livre, mostraria as condições inicial e final como pontos, mas esses pontos não seriam conectados por um trajeto. Então, como as condições intermediárias entre os estados inicial e final não são estados de equilíbrio, o processo é irreversível.

Embora todos os processos reais sejam irreversíveis, alguns são quase reversíveis. Se um processo real ocorre muito lentamente de forma que o sistema está sempre quase em estado de equilíbrio, o processo pode ser aproximado como sendo reversível. Suponha que um gás seja comprimido isotermicamente em um arranjo pistão-cilindro, onde o gás está em contato térmico com um reservatório de energia, e transferimos continuamente somente energia suficiente do gás para o reservatório para manter a temperatura constante. Por exemplo, imagine que o gás é comprimido muito lentamente deixando grãos de areia cair sobre um pistão sem atrito, como mostrado na Figura 8.8. Conforme cada grão pousa no pistão e comprime o gás por uma pequena quantidade, o sistema se desvia do estado de equilíbrio, mas está tão próximo dele que atinge um novo estado de equilíbrio em um intervalo de tempo relativamente curto. Cada grão acrescentado representa uma mudança para um novo estado de equilíbrio, mas as diferenças entre estados são tão pequenas que todo o processo pode ser aproximado como se ocorresse em estados de equilíbrio contínuos. O processo pode ser revertido pela retirada lenta dos grãos de cima do pistão.

Uma característica geral de um processo reversível é que efeitos não conservativos (como turbulência ou atrito) que transformam energia mecânica em energia interna não podem estar presentes. Pode ser impossível eliminar tais efeitos completamente. Consequentemente, não é surpreendente que processos reais na natureza sejam irreversíveis.

Prevenção de Armadilhas 8.3
Não compre uma máquina de Carnot
A máquina de Carnot é uma idealização; não espere que ela seja desenvolvida para usos comerciais. Exploramos essa máquina somente para considerações teóricas.

8.4 A máquina de Carnot

Em 1824, um engenheiro francês chamado Sadi Carnot descreveu um motor teórico, agora chamado **máquina de Carnot**, de grande importância prática e teórica. Ele mostrou que uma máquina térmica operando em ciclo ideal, reversível – chamado ciclo de Carnot –, entre dois reservatórios de energias é a mais eficiente possível. Tal máquina ideal estabelece um limite superior para as eficácias de todas as outras máquinas. Isto é, o trabalho total realizado por uma substância de trabalho que passa pelo ciclo de Carnot é a maior quantidade de trabalho possível para certa quantidade de energia fornecida à substância na temperatura mais alta. O **Teorema de Carnot** pode ser definido como a seguir:

Sadi Carnot
Engenheiro francês (1796-1832)
Carnot foi o primeiro a mostrar a relação quantitativa entre trabalho e calor. Em 1824, publicou seu único trabalho, *Reflections on the Motive Power of Heat*, que analisou a importância industrial, política e econômica da máquina a vapor. Nele, ele definiu o trabalho como "peso levantado através de uma altura".

> Nenhuma máquina térmica real operando entre dois reservatórios de energia pode ser mais eficiente que uma máquina de Carnot operando entre os mesmos dois reservatórios.

Nesta seção, mostraremos que a eficiência de uma máquina de Carnot depende somente das temperaturas dos reservatórios. Por sua vez, essa eficiência representa a máxima eficiência possível para motores reais. Vamos confirmar se a máquina de Carnot é a mais eficiente. Imaginemos um motor hipotético, com uma eficiência maior que a da máquina de Carnot. Considere a Figura 8.9, que mostra o motor hipotético com $e > e_C$ no lado esquerdo conectado entre os reservatórios quentes e frios. Além disso, vamos conectar uma máquina de Carnot entre os mesmos reservatórios. Uma vez que o ciclo de Carnot é reversível, a máquina de Carnot pode funcionar no sentido inverso, como uma bomba de calor de Carnot, como é mostrado à direita, na Figura 8.9. Combinamos o trabalho resultante do motor com o trabalho inicial da bomba de calor, $W = W_C$, e então, não há nenhuma troca de energia pelo trabalho entre os arredores e a combinação motor-bomba de calor.

Por causa da relação proposta entre as eficiências, devemos ter

$$e > e_C \rightarrow \frac{|W|}{|Q_q|} > \frac{|W_C|}{|Q_{qC}|}$$

Os numeradores dessas duas frações são cancelados porque os trabalhos são equivalentes. Esta expressão exige que

$$|Q_{qC}| > |Q_q| \tag{8.5}$$

A partir da Equação 8.1, a igualdade dos trabalhos nos dá

$$|W| = |W_C| \rightarrow |Q_q| - |Q_c| = |Q_{qC}| - |Q_{fC}|$$

que pode ser reescrita para colocar as energias trocadas com o reservatório frio à esquerda, e aquelas trocadas com o reservatório quente, à direita:

$$|Q_{qC}| - |Q_q| = |Q_{fC}| - |Q_f| \tag{8.6}$$

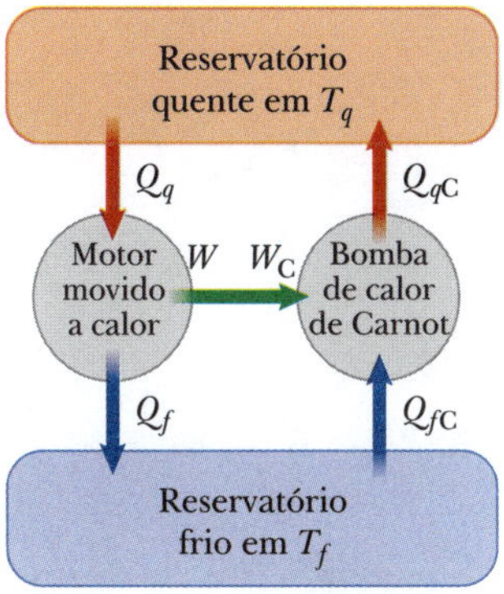

Figura 8.9 Uma máquina de Carnot operada como uma bomba de calor e outro motor com uma maior eficiência proposta opera entre dois reservatórios de energia. O trabalho resultante e o inicial são equivalentes.

Observe que o lado esquerdo da Equação 8.6 é positivo, por isso, o lado direito também deve ser positivo. Vemos que a troca de energia líquida com o reservatório quente é igual à troca de energia líquida com o reservatório frio. Como resultado, para a combinação entre motor a calor e a bomba de calor, a energia está sendo transferida do reservatório frio para o reservatório quente pelo calor, sem nenhuma entrada de energia por meio do trabalho.

Este resultado viola a afirmativa de Clausius sobre a Segunda Lei. Portanto, nossa suposição original de que $e > e_C$ deve ser incorreta, e devemos concluir que a máquina de Carnot representa a maior eficiência possível para um motor. A principal característica da máquina de Carnot que faz dela a mais eficiente é sua *reversibilidade*; ela pode operar inversamente, como uma bomba de calor. Todas as máquinas reais são menos eficientes que a máquina de Carnot porque não operam com ciclo reversível. A eficiência de uma máquina real é ainda mais reduzida por dificuldades práticas, como o atrito e as perdas de energia por condução.

Para descrever o ciclo de Carnot ocorrendo entre as temperaturas T_f e T_q, vamos supor que a substância de trabalho seja um gás ideal contido em um cilindro ajustado com um pistão móvel em uma extremidade. As paredes do cilindro e o pistão não são condutores térmicos. Quatro etapas do ciclo de Carnot são mostradas na Figura 8.10, e o diagrama *PV* para o ciclo é mostrado na Figura 8.11. O ciclo de Carnot consiste em dois processos adiabáticos e dois isotérmicos, todos reversíveis:

1. O processo $A \rightarrow B$ (Figura 8.10a) é uma expansão isotérmica à temperatura T_q. O gás é colocado em contato térmico com um reservatório de energia à temperatura T_q. Durante a expansão, o gás absorve energia $|Q_q|$ do reservatório pela base do cilindro e realiza trabalho W_{AB} para subir o pistão.
2. No processo $B \rightarrow C$ (Figura 8.10b), a base do cilindro é substituída por uma parede não condutora térmica, e o gás se expande adiabaticamente; ou seja, não entra nem sai energia por calor. Durante a expansão, a temperatura do gás diminui de T_q para T_f e o gás realiza trabalho W_{BC} para subir o pistão.
3. No processo $C \rightarrow D$ (Figura 8.10c), o gás é colocado em contato térmico com um reservatório de energia à temperatura T_f e é comprimido isotermicamente à temperatura T_f. Durante esse tempo, o gás expele energia $|Q_f|$ para o reservatório, e o trabalho realizado pelo pistão sobre o gás é W_{CD}.
4. No processo final $D \rightarrow A$ (Figura 8.10d), a base do cilindro é substituída por uma parede não condutora, e o gás é comprimido adiabaticamente. A temperatura do gás aumenta para T_q, e o trabalho realizado pelo pistão sobre o gás é W_{DA}.

A eficiência térmica da máquina é dada pela Equação 8.2:

$$e = 1 - \frac{|Q_f|}{|Q_q|}$$

No Exemplo 8.3, mostramos que para um ciclo de Carnot:

$$\frac{|Q_f|}{|Q_q|} = \frac{T_f}{T_q} \tag{8.7}$$

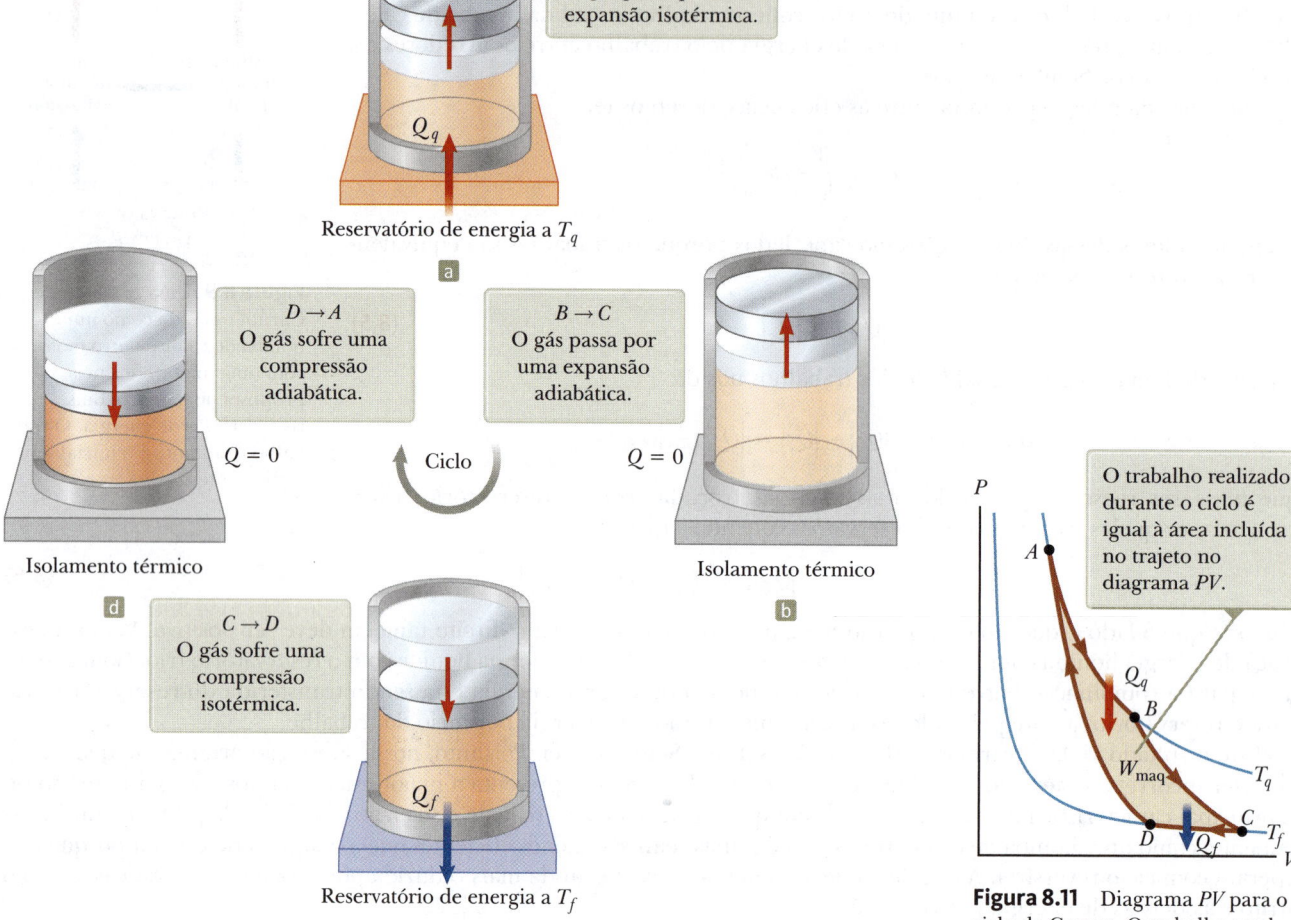

Figura 8.10 O ciclo de Carnot. As letras A, B, C e D indicam os estados do gás mostrados na Figura 8.11. As setas no pistão indicam a direção de seu movimento durante cada processo.

Figura 8.11 Diagrama PV para o ciclo de Carnot. O trabalho total realizado $W_{\text{máq}}$ é igual à energia total transferida para a máquina de Carnot em um ciclo, $|Q_q| - |Q_f|$.

Então, a eficiência térmica de uma máquina de Carnot é:

Eficiência da máquina de Carnot ▶

$$e_C = 1 - \frac{T_f}{T_q}$$ (8.8)

Esse resultado indica que todas as máquinas de Carnot operando entre duas temperaturas iguais têm a mesma eficiência.[5]

A Equação 8.8 pode ser aplicada a qualquer substância de trabalho operando em um ciclo de Carnot entre dois reservatórios de energia. De acordo com essa equação, a eficiência é zero se $T_f = T_q$, como seria esperado. A eficiência aumenta conforme T_f é diminuída e T_q é elevada. A eficiência pode ser unidade (100%), no entanto, somente se $T_f = 0$ K. Tais reservatórios não estão disponíveis; então, a eficiência máxima é sempre menos que 100%. Na maioria dos casos práticos, T_f está próxima da temperatura ambiente, que é aproximadamente 300 K. Portanto, tentamos aumentar a eficiência elevando T_q.

---

[5] Para que os processos no ciclo de Carnot sejam reversíveis, eles devem ser conduzidos infinitesimalmente devagar. Então, embora a máquina de Carnot seja a mais eficiente possível, ela tem potência de saída zero, porque demora um intervalo de tempo infinito para completar um ciclo! Para uma máquina real, o intervalo de tempo curto para cada ciclo faz que a substância de trabalho atinja uma alta temperatura, mais baixa que aquela do reservatório quente, e uma baixa temperatura, mais alta que aquela do reservatório frio. Uma máquina passando pelo ciclo de Carnot entre essa variação mais restrita de temperatura foi analisada por F. L. Curzon e B. Ahlborn ("Efficiency of a Carnot engine at maximum power output", *Am. J. Phys.* **43**(1), 22, 1975), que descobriram que a eficiência com saída de potência máxima depende somente das temperaturas do reservatório T_f e T_q e é dada por $e_{C-A} = 1 - (T_f/T_q)^{1/2}$. A eficiência de Curzon-Ahlborn e_{C-A} fornece uma aproximação melhor das eficiências de máquinas reais que da eficiência de Carnot.

Teoricamente, uma máquina térmica com ciclo de Carnot funcionando em reverso constitui a bomba de calor mais eficaz possível, e ela determina o COD máximo para certa combinação de temperaturas dos reservatórios frio e quente. Usando as equações 8.1 e 8.4, vemos que o COD máximo para uma bomba de calor em seu modo de aquecimento é:

$$\text{COD}_F \text{ (modo de aquecimento)} = \frac{|Q_q|}{W}$$

$$= \frac{|Q_q|}{|Q_q| - |Q_f|} = \frac{1}{1 - \frac{|Q_f|}{|Q_q|}} = \frac{1}{1 - \frac{T_f}{T_q}} = \frac{T_q}{T_q - T_f}$$

O COD de Carnot para uma bomba de calor no modo de resfriamento é:

$$\text{COD}_F \text{ (modo de resfriamento)} = \frac{T_f}{T_q - T_f}$$

Conforme a diferença entre as temperaturas dos dois reservatórios se aproxima de zero nessa expressão, o COD teórico se aproxima do infinito. Na prática, a baixa temperatura das espirais de resfriamento e a alta temperatura no compressor limitam os valores do COD para menos de 10.

Teste Rápido **8.3** Três máquinas operam entre reservatórios separados em temperatura por 300 K. As temperaturas dos reservatórios são as seguintes: máquina A: $T_q = 1.000$ K, $T_f = 700$ K; máquina B: $T_q = 800$ K, $T_f = 500$ K; máquina C: $T_q = 600$ K, $T_f = 300$ K. Classifique as máquinas em ordem de eficiência teórica possível do maior para o menor.

Exemplo 8.3 — Eficiência da máquina de Carnot

Mostre que a proporção das transferências de energia por calor em uma máquina de Carnot é igual à proporção das temperaturas do reservatório, como dado na Equação 8.7.

SOLUÇÃO

Conceitualização Use as figuras 8.10 e 8.11 para ajudá-lo a visualizar os processos no ciclo de Carnot.

Categorização Por causa de nosso entendimento do ciclo de Carnot, podemos categorizar os processos no ciclo como isotérmico e adiabático.

Análise Para a expansão isotérmica (processo $A \rightarrow B$ na Figura 8.10) encontre a transferência de energia por calor do reservatório quente usando a Equação 6.14 e a Primeira Lei da Termodinâmica:

$$|Q_q| = |\Delta E_{\text{int}} - W_{AB}| = |0 - W_{AB}| = nRT_q \ln \frac{V_B}{V_A}$$

Da mesma maneira, encontre a transferência de energia para o reservatório frio durante a compressão isotérmica $C \rightarrow D$:

$$|Q_f| = |\Delta E_{\text{int}} - W_{CD}| = |0 - W_{CD}| = nRT_f \ln \frac{V_C}{V_D}$$

Divida a segunda expressão pela primeira:

$$(1) \quad \frac{|Q_f|}{|Q_q|} = \frac{T_f}{T_q} \frac{\ln(V_C/V_D)}{\ln(V_B/V_A)}$$

Aplique a Equação 7.39 aos processos adiabáticos $B \rightarrow C$ e $D \rightarrow A$:

$$T_q V_B^{\gamma-1} = T_f V_C^{\gamma-1}$$
$$T_q V_A^{\gamma-1} = T_f V_D^{\gamma-1}$$

Divida a primeira equação pela segunda:

$$\left(\frac{V_B}{V_A}\right)^{\gamma-1} = \left(\frac{V_C}{V_D}\right)^{\gamma-1}$$

$$(2) \quad \frac{V_B}{V_A} = \frac{V_C}{V_D}$$

continua

8.3 cont.

Substitua a Equação (2) na Equação (1):

$$\frac{|Q_f|}{|Q_q|} = \frac{T_f}{T_q}\frac{\ln(V_C/V_D)}{\ln(V_B/V_A)} = \frac{T_f}{T_q}\frac{\ln(V_C/V_D)}{\ln(V_C/V_D)} = \frac{T_f}{T_q}$$

Finalização Essa última equação é a Equação 8.7, aquela que tínhamos de provar.

Exemplo 8.4 — A máquina a vapor

Uma máquina a vapor tem uma caldeira que opera a 500 K. A energia do combustível queimado muda a água para vapor, e este impele um pistão. A temperatura do reservatório frio é a do ar externo, aproximadamente 300 K. Qual é a eficiência térmica máxima dessa máquina a vapor?

SOLUÇÃO

Conceitualização Em uma máquina a vapor, o gás empurrando o pistão na Figura 8.10 é vapor. Uma máquina real a vapor não opera em um ciclo de Carnot, mas, para encontrar a eficiência máxima possível, imagine uma máquina de Carnot a vapor.

Categorização Calculamos uma eficiência usando a Equação 8.8, então categorizamos este exemplo como um problema de substituição.

Substitua as temperaturas do reservatório na Equação 8.8:

$$e_F = 1 - \frac{T_f}{T_q} = 1 - \frac{300 \text{ K}}{500 \text{ K}} = \boxed{0{,}400} \text{ ou } \boxed{40{,}0\%}$$

Esse resultado é a eficiência *teórica* mais alta da máquina. Na prática, a eficiência é consideravelmente mais baixa.

E SE? Suponha que quiséssemos aumentar a eficiência teórica motor dessa máquina. Esse aumento pode ser alcançado elevando T_q em ΔT ou diminuindo T_f pelo mesmo ΔT. Qual deles seria mais eficaz?

Resposta Certo ΔT teria maior efeito fracional sobre uma temperatura menor; então, você esperaria uma mudança maior na eficiência alterando T_f por ΔT. Vamos testar isso numericamente. Elevar T_q em 50 K, correspondente a $T_q = 550$ K, daria uma eficiência máxima de:

$$e_c = 1 - \frac{T_f}{T_q} = 1 - \frac{300 \text{ K}}{500 \text{ K}} = 0{,}455$$

Diminuir T_f em 50 K, correspondente a $T_f = 250$ K, daria uma eficiência máxima de:

$$e_c = 1 - \frac{T_f}{T_q} = 1 - \frac{250 \text{ K}}{500 \text{ K}} = 0{,}500$$

Embora mudar T_f seja *matematicamente* mais eficaz, frequentemente mudar T_q é *mais* prático.

8.5 Motores a gasolina e a diesel

Em um motor a gasolina ocorrem seis processos em cada ciclo, ilustrados na Figura 8.12. Nesta discussão, vamos considerar o interior do cilindro acima do pistão como sendo o sistema que passa por ciclos repetidos durante a operação do motor. Para certo ciclo, o pistão se move para cima e para baixo duas vezes, o que representa um ciclo de quatro tempos, com dois golpes para cima e dois para baixo. Os processos no ciclo podem ser aproximados pelo **ciclo de Otto** mostrado no diagrama PV na Figura 8.13. Na discussão a seguir, veja a Figura 8.12, para a representação pictórica dos tempos, e a Figura 8.13, para o significado das designações das letras a seguir no diagrama PV:

1. Durante o *curso de admissão* (Figura 8.12a e $O \to A$ na Figura 8.13), o pistão se move para baixo, e uma mistura gasosa de ar e combustível é levada para dentro do cilindro na pressão atmosférica. Essa é a parte de entrada de energia do ciclo: a energia entra no sistema (o interior do cilindro) por transferência de matéria como energia potencial armazenada no combustível. Nesse processo, o volume aumenta de V_2 para V_1. Essa numeração aparentemente de trás para a frente é baseada no curso de compressão (processo 2, a seguir), no qual a mistura ar-combustível é comprimida de V_1 para V_2.

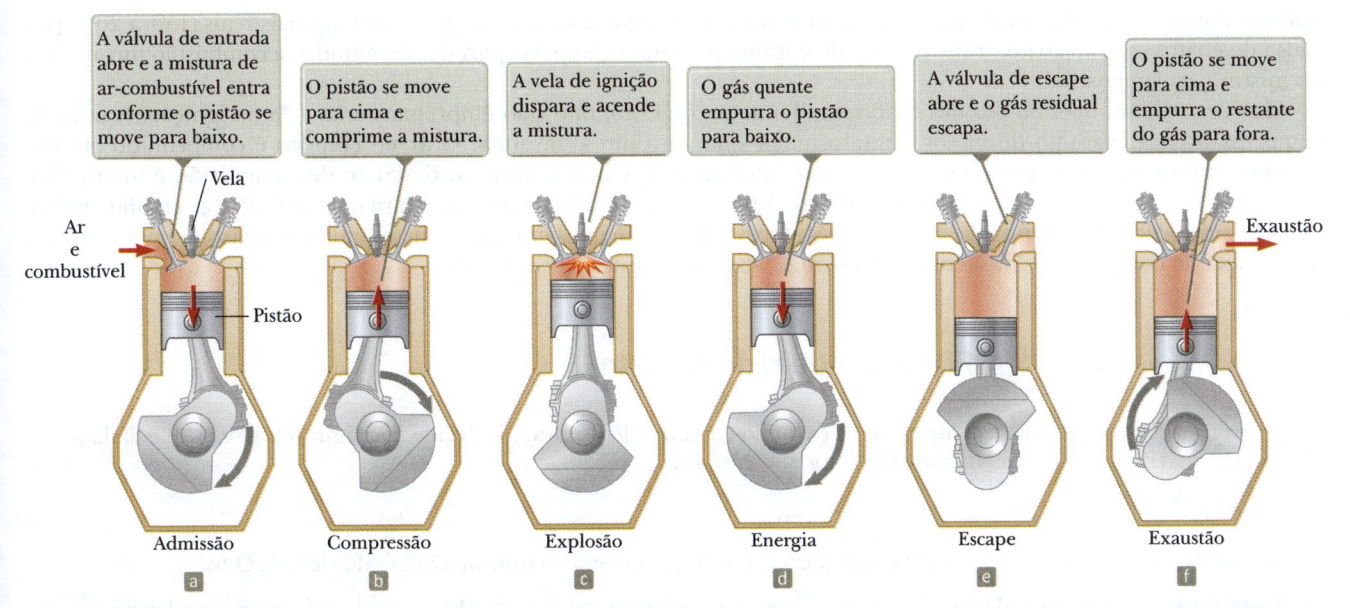

Figura 8.12 O ciclo de quatro tempos de um motor a gasolina convencional. As setas no pistão indicam a direção de seu movimento durante cada processo.

2. Durante o *curso de compressão* (Figura 8.12b e $A \to B$ na Figura 8.13), o pistão se move para cima, a mistura ar-combustível é comprimida adiabaticamente do volume V_1 para V_2, e a temperatura aumenta de T_A para T_B. O trabalho realizado sobre o gás é positivo, e seu valor é igual à negativa da área sob a curva AB na Figura 8.13.
3. A combustão ocorre quando a vela de ignição gera uma centelha (Figura 8.12c e $B \to C$ na Figura 8.13). Esse não é um dos cursos do ciclo porque ocorre em um intervalo de tempo muito curto, enquanto o pistão está em sua posição mais alta. A combustão representa uma rápida transformação de energia, da potencial armazenada em ligações químicas no combustível para a interna associada ao movimento molecular, que é relacionado com a temperatura. Durante esse intervalo de tempo, a pressão e a temperatura da mistura aumentam rapidamente, com a temperatura subindo de T_B para T_C. Entretanto, o volume fica aproximadamente constante por causa do curto intervalo de tempo. Como resultado, quase não há trabalho realizado sobre ou pelo gás. Podemos modelar esse processo no diagrama PV (Figura 8.13) como aquele no qual a energia $|Q_q|$ entra no sistema. Na realidade, esse processo é uma *transformação* da energia já no cilindro do processo $O \to A$.
4. No *curso de alimentação* (Figura 8.12d e $C \to D$ na Figura 8.13), o gás se expande adiabaticamente de V_2 para V_1. Essa expansão leva a temperatura a cair de T_C para T_D. O trabalho é realizado pelo gás para empurrar o pistão para baixo, e o valor desse trabalho é igual à área sob a curva CD.
5. A liberação dos gases residuais ocorre quando uma válvula de escape é aberta (Figura 8.12e e $D \to A$ na Figura 8.13). A pressão cai subitamente durante um curto intervalo de tempo, durante o qual o pistão fica quase estacionário, e o volume é aproximadamente constante. A energia é expelida do interior do cilindro e continua a sê-lo durante o processo seguinte.
6. No processo final, o *curso de escape* (Figura 8.12e e $A \to O$ na Figura 8.13), o pistão se move para cima, enquanto a válvula de escape permanece aberta. Gases residuais são expelidos na pressão atmosférica e o volume diminui de V_1 para V_2. O ciclo, então, é repetido.

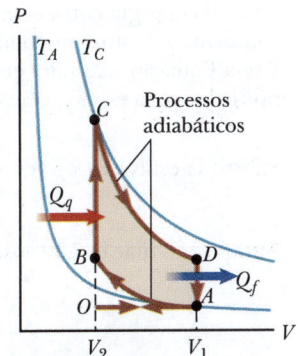

Figura 8.13 Diagrama PV para o ciclo de Otto, que representa aproximadamente os processos que ocorrem em um motor de combustão interna.

Se supusermos que a mistura ar-combustível é um gás ideal, a eficiência do ciclo de Otto é:

$$e = 1 - \frac{1}{(V_1/V_2)^{\gamma-1}} \quad \text{(ciclo de Otto)} \tag{8.9}$$

onde V_1/V_2 é a **taxa de compressão**, e γ é a razão dos calores específicos molares C_P/C_V para a mistura ar-combustível. A Equação 8.9, derivada no Exemplo 8.5, mostra que a eficiência aumenta conforme a taxa de compressão aumenta. Para uma taxa de compressão típica de 8 e com $\gamma = 1{,}4$, a Equação 8.9 prevê uma eficiência teórica de 56% para um motor operando no ciclo de Otto idealizado. Esse valor é muito maior que aquele alcançado em máquinas reais (15% a 20%) por causa de efeitos como o atrito, transferência de energia por condução pelas paredes do cilindro e combustão incompleta da mistura ar-combustível.

Motores a diesel operam em um ciclo semelhante ao de Otto, mas não empregam uma vela de ignição. A taxa de compressão para esse tipo de motor é muito maior que para um a gasolina. O ar no cilindro é comprimido até um volume muito pequeno e, em consequência, a temperatura do cilindro ao final do curso de compressão é muito alta. Nesse ponto, o combustível é injetado no cilindro. A temperatura é alta o suficiente para que a mistura ar-combustível se inflame sem o auxílio de uma vela de ignição. Motores a diesel são mais eficientes que os motores a gasolina por causa da maior taxa de compressão e das temperaturas mais altas resultantes de combustão.

Exemplo 8.5 — Eficiência do ciclo de Otto

Mostre que a eficiência térmica de um motor operando em um ciclo de Otto idealizado (ver figuras 8.12 e 8.13) é dada pela Equação 8.9. Trate a substância de trabalho como um gás ideal.

SOLUÇÃO

Conceitualização Estude as figuras 8.12 e 8.13 para garantir que entenda o funcionamento do ciclo de Otto.

Categorização Como visto na Figura 8.13, categorizamos os processos no ciclo de Otto como isovolumétrico e adiabático.

Análise Modele a entrada e saída de energia como ocorrendo por calor nos processos $B \to C$ e $D \to A$. Na realidade, a maior parte da energia entra e sai por transferência de matéria conforme a mistura ar-combustível entra e sai do cilindro. Use a Equação 7.23 para encontrar as transferências de energia por calor para esses processos, que ocorrem com volume constante:

$$B \to C \quad |Q_q| = nC_V(T_C - T_B)$$
$$D \to A \quad |Q_f| = nC_V(T_D - T_A)$$

Substitua estas expressões na Equação 8.2:

$$(1)\quad e = 1 - \frac{|Q_f|}{|Q_q|} = 1 - \frac{T_D - T_A}{T_C - T_B}$$

Aplique a Equação 7.39 aos processos adiabáticos $A \to B$ e $C \to D$:

$$A \to B \quad T_A V_A^{\gamma-1} = T_B V_B^{\gamma-1}$$
$$C \to D \quad T_C V_C^{\gamma-1} = T_D V_D^{\gamma-1}$$

Resolva essas equações para as temperaturas T_A e T_D, observando que $V_A = V_D = V_1$ e $V_B = V_C = V_2$:

$$(2)\quad T_A = T_B \left(\frac{V_B}{V_A}\right)^{\gamma-1} = T_B \left(\frac{V_2}{V_1}\right)^{\gamma-1}$$

$$(3)\quad T_D = T_C \left(\frac{V_C}{V_D}\right)^{\gamma-1} = T_C \left(\frac{V_2}{V_1}\right)^{\gamma-1}$$

Subtraia a Equação (2) da Equação (3) e rearranja:

$$(4)\quad \frac{T_D - T_A}{T_C - T_B} = \left(\frac{V_2}{V_1}\right)^{\gamma-1}$$

Substitua a Equação (4) na Equação (1):

$$e = 1 - \frac{1}{(V_1/V_2)^{\gamma-1}}$$

Finalização Essa expressão final é a Equação 8.9.

8.6 Entropia

A Lei Zero da Termodinâmica envolve o conceito de temperatura, e a Primeira Lei, o conceito de energia interna. Temperatura e energia interna são variáveis de estado; isto é, o valor de cada uma depende somente do estado termodinâmico de um sistema, não do processo que o levou àquele estado. Outra variável de estado – esta relacionada à Segunda Lei da Termodinâmica – é *a entropia*.

A entropia foi formulada originalmente como um conceito útil em Termodinâmica. Porém, sua importância aumentou conforme a Mecânica Estatística se desenvolveu, porque as técnicas analíticas dessa disciplina fornecem um meio alternativo para se interpretar entropia e um significado mais global para o conceito. Em Mecânica Estatística, o com-

Figura 8.14 (a) Um *royal flush* tem baixa probabilidade de ocorrer. (b) Uma mão sem valor no pôquer; uma em muitas.

> **Prevenção de Armadilhas 8.4**
> **A entropia é abstrata**
> Entropia é uma das noções mais abstratas da Física, então, siga a discussão nesta seção e nas subsequentes com muita atenção. Não confunda energia com entropia. Embora os nomes soem parecidos, são conceitos muito diferentes. Por outro lado, a energia e a entropia estão intimamente relacionadas, como veremos nesta discussão.

portamento de uma substância é descrito em termos do comportamento estatístico de seus átomos e moléculas. Desenvolveremos nosso entendimento sobre a entropia, primeiramente, considerando alguns sistemas não termodinâmicos, como um par de dados ou uma mão de pôquer. Em seguida, iremos expandir essas ideias e as utilizaremos para compreender o conceito de entropia aplicado a sistemas termodinâmicos.

Iniciamos este processo distinguindo *micro* e *macroestados* de um sistema. **Microestado** é uma configuração específica dos constituintes individuais do sistema. **Macroestado** é uma descrição das condições do sistema a partir de um ponto de vista macroscópico.

Para qualquer macroestado do sistema, um número de microestados é possível. Por exemplo, o macroestado de 4 em um par de dados pode ser formado dos microestados possíveis 1-3, 2-2 e 3-1. O macroestado de 2 só tem um microestado, 1-1. Supõe-se que todos os microestados são igualmente prováveis. Podemos comparar estes dois macroestados de três maneiras: (1) *Incerteza*: se soubermos que existe um de 4 macroestados, há alguma incerteza de que o microestado exista, porque há múltiplos microestados que resultarão em um 4. Em comparação, existe menor incerteza (na verdade, *zero* incerteza) para um macroestado de 2, porque existe somente um microestado. (2) *Escolha*: Existem mais escolhas de microestados para um 4 do que para um 2. (3) *Probabilidade:* o macroestado de 4 tem uma maior probabilidade do que um macroestado de 2 porque existem mais meios (microestados) de atingir um 4. As noções de incerteza, escolha e probabilidade são centrais no conceito de entropia, conforme discutiremos a seguir.

Vamos observar outro exemplo relacionado a uma mão de pôquer. Há somente um microestado associado ao macroestado de um *royal flush* com cinco espadas, em ordem do dez para o ás (Figura 8.14a). A Figura 8.14b mostra outra mão de pôquer. Nesta, o macroestado é a "mão sem valor". A *mão específica* (o microestado) na Figura 8.14b tem a mesma probabilidade. Há, no entanto, *muitas* outras mãos parecidas com aquela da Figura 8.14b; isto é, há muitos microestados que também se qualificam como mãos sem valor. Se você, como jogador de pôquer, souber que seu oponente tem um macroestado que é um *royal flush* de espadas, há *zero incerteza* de que existem cinco cartas na mão, somente *uma opção* de quais são as cinco cartas, e *pouca probabilidade* de que a mão realmente ocorreu. Por outro lado, se lhe disserem que seu oponente tem o macroestado de uma "mão sem nenhum valor", há uma *elevada incerteza* de quais são as cinco cartas, *muitas opções* de quais poderiam ser as cartas, e uma *elevada probabilidade* de que ocorreu uma mão sem nenhum valor. Outra variável no pôquer, naturalmente, é o valor da mão, relativo à probabilidade: quanto maior a probabilidade, menor o valor. O aspecto importante a eliminar desta discussão é que a incerteza, a escolha e a probabilidade estão relacionadas nestas situações: se uma delas for elevada, as outras são elevadas, e vice-versa.

Outra maneira de descrever macroestados é por meio de "informações que faltam". Para macroestados de alta probabilidade com muitos microestados, existe uma grande quantidade de informações que faltam, o que significa que temos muito poucas informações sobre qual microestado realmente existe. Para um macroestado de um 2 em um par de dados, não faltam informações; *sabemos* que o microestado é 1-1. Para um macroestado de uma mão de pôquer sem valor, temos muitas informações que faltam, relacionadas ao grande número de escolhas que poderíamos fazer quanto à verdadeira mão existente.

> **Prevenção de Armadilhas 8.5**
> **A entropia se destina a sistemas termodinâmicos**
> Não estamos aplicando a palavra *entropia* para descrever sistemas de dados ou cartas. Apenas estamos discutindo sobre dados e cartas para estabelecer as noções de microestados, macroestados, incerteza, escolha, probabilidade e informações que faltam. A entropia pode ser utilizada *somente* para descrever sistemas termodinâmicos que contêm muitas partículas, permitindo que o sistema armazene energia como energia interna.

Teste Rápido **8.4** (a) Suponha que você escolha quatro cartas aleatoriamente de um baralho padrão e fique com um macroestado de quatro valetes. Quantos microestados são associados a esse macroestado?
(b) Suponha que você pegue duas cartas e fique com um macroestado de dois ases. Quantos microestados são associados a esse macroestado?

> **Prevenção de Armadilhas 8.6**
> **Entropia e desordem**
> Algumas abordagens dadas em livros à entropia relacionam a entropia à *desordem* de um sistema. Embora esta abordagem tenha algum mérito, ela não é completamente bem-sucedida. Por exemplo, considere duas amostras de algum material sólido à mesma temperatura. Uma das amostras tem volume V e a outra tem volume $2V$. A amostra maior tem mais entropia do que a menor simplesmente porque existem mais moléculas em seu interior. Mas não existe sentido em afirmar que ela é mais desordenada do que a amostra menor. Neste livro, não utilizaremos a abordagem da desordem, mas você pode encontrá-la em outras fontes.

Para sistemas termodinâmicos, a variável **entropia** S é utilizada para representar o nível de incerteza, escolha, probabilidade ou informações que faltam no sistema. Considere uma configuração (um macroestado) na qual todas as moléculas de oxigênio em sua sala estão localizadas na metade oeste, e as moléculas de nitrogênio estão na metade leste. Compare este macroestado à configuração mais comum das moléculas de ar distribuídas uniformemente pela sala. A segunda configuração tem a maior incerteza e falta de informações sobre onde as moléculas estão localizadas, pois elas podem estar em qualquer lugar, não apenas em uma metade da sala, de acordo com o tipo de molécula. A configuração com uma distribuição uniforme também representa mais escolhas referentes a onde localizar moléculas. Ela também tem uma probabilidade muito maior de ocorrer; você já imaginou a metade de sua sala repentinamente ficando sem oxigênio? Portanto, a segunda configuração representa maior entropia.

Para sistemas de dados e mãos de pôquer, as comparações entre probabilidades para diversos macroestados envolvem números relativamente pequenos. Por exemplo, um macroestado de um 4 em um par de dados é apenas três vezes tão provável quanto o macroestado de um 2. A proporção entre as probabilidades de uma mão sem nenhum valor e de um *royal flush* é muito maior. No entanto, quando falamos de um sistema termodinâmico macroscópico contendo um número de moléculas da ordem do número de Avogadro, as proporções das probabilidades podem ser astronômicas.

Vamos explorar esse conceito considerando 100 moléculas em um recipiente. Metade das moléculas é de oxigênio, e a outra metade é de nitrogênio. A qualquer instante, a probabilidade de uma delas estar na parte esquerda do recipiente mostrado na Figura 8.15a como resultado de movimento aleatório é $\frac{1}{2}$. Se há duas moléculas como mostrado na Figura 8.15b, a probabilidade de ambas estarem na parte esquerda é $(\frac{1}{2})^2$, ou 1 em 4. Se há três moléculas (Figura 8.15c), a probabilidade de todas estarem na porção esquerda no mesmo instante é $(\frac{1}{2})^3$, ou 1 em 8. Para 100 moléculas se movendo independentemente, a probabilidade de 50 moléculas de oxigênio estarem na parte esquerda em qualquer instante é $(\frac{1}{2})^{50}$. Da mesma maneira, a probabilidade de 50 moléculas de nitrogênio ser encontradas na parte direita a qualquer instante é $(\frac{1}{2})^{50}$. Portanto, a probabilidade de encontrar essa separação oxigênio-nitrogênio como resultado de movimento aleatório é o produto $(\frac{1}{2})^{50}(\frac{1}{2})^{50} = (\frac{1}{2})^{100}$, que corresponde a aproximadamente 1 em 10^{30}. Quando esse cálculo é extrapolado de 100 moléculas para o número em 1 mole de gás ($6,02 \times 10^{23}$), vê-se que o arranjo separado é *extremamente* improvável!

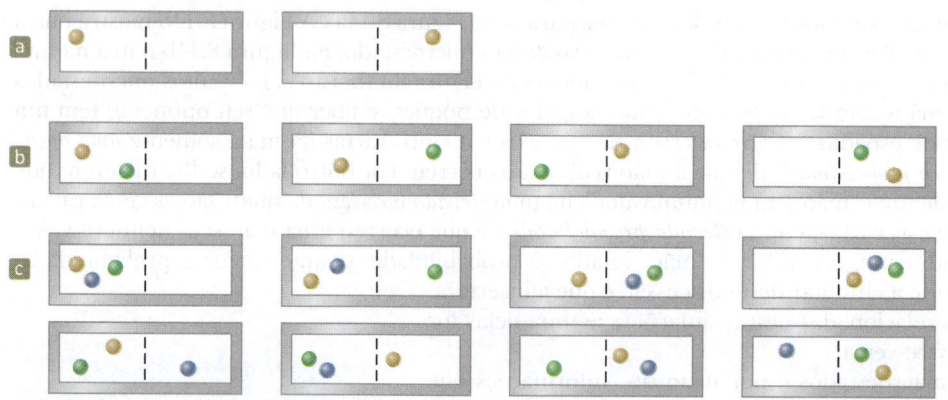

Figura 8.15 Possíveis distribuições de moléculas idênticas em um recipiente. As cores utilizadas aqui existem somente para nos permitir distinguir entre as moléculas. (a) Uma molécula em um recipiente tem 1 chance em 2 de estar no lado esquerdo. (b) Duas moléculas têm 1 chance em 4 de estar no lado esquerdo ao mesmo tempo. (c) Três moléculas têm 1 chance em 8 de estar no lado esquerdo ao mesmo tempo.

Exemplo Conceitual 8.6 — Vamos jogar bola de gude!

Suponha que você tenha uma bolsa com 100 bolas de gude, 50 vermelhas e 50 azuis. Você pode tirar quatro bolas de gude da sacola de acordo com as regras a seguir. Pegue uma, registre sua cor e a coloque de volta na sacola. Balance a sacola e pegue outra. Continue esse processo até que tenha pegado e devolvido quatro bolas de gude. Quais são os macroestados possíveis para esse conjunto de eventos? Qual é o macroestado mais provável? Qual é o macroestado menos provável?

SOLUÇÃO

Como cada bola de gude é devolvida à sacola antes que a próxima seja retirada e a sacola seja sacudida, a probabilidade de pegar uma bola vermelha sempre é igual à probabilidade de pegar uma azul. Todos os micro e macroestados possíveis são

8.6 cont.

mostrados na Tabela 8.1. Como essa tabela indica, há somente uma maneira de desenhar um macroestado das quatro bolas vermelhas, então, só há um microestado para aquele macroestado. Há, no entanto, quatro microestados possíveis que correspondem ao macroestado de uma bola azul e três vermelhas, seis microestados que correspondem às duas bolas azuis e duas vermelhas, quatro microestados que correspondem às três bolas azuis e uma vermelha, e um microestado que corresponde às quatro bolas azuis. O macroestado mais provável, duas bolas vermelhas e duas azuis – corresponde ao maior número de escolhas de microestados e, portanto, a maior incerteza trata de qual é o microestado exato. O macroestado menos provável, e mais ordenado – quatro bolas vermelhas ou quatro azuis – corresponde a uma única escolha de microestado e, desse modo, zero incerteza. Não há informações faltando para os estados menos prováveis: sabemos quais são as cores de todas as quatro bolinhas de gude.

TABELA 8.1 *Possíveis resultados de pegar quatro bolas de gude de uma bolsa*

Macroestado	Microestados possíveis	Número total de microestados
Todos V	VVVV	1
1A, 3 V	VVVA, VVAV, VAVV, AVVV	4
2A, 2V	VVAA, VAVA, AVVA, VAAV, AVAV, AAVV	6
3A, 1 V	AAAV, AAVA, AVAA, VAAA	4
Todos A	AAAA	1

Integramos as noções de incerteza, número de escolhas, probabilidade e informações que faltam para alguns sistemas não termodinâmicos e argumentamos que o conceito de entropia pode estar relacionado a estas noções para sistemas termodinâmicos. Ainda não indicamos como avaliar a entropia numericamente para um sistema termodinâmico. Esta avaliação foi feita através de meios estatísticos por Boltzmann nos anos de 1870 e aparece em sua forma aceita atualmente como

$$S = k_B \ln W \tag{8.10}$$

onde k_B é a constante de Boltzmann. Boltzmann escolheu a letra W, inicial de *Wahrscheinlichkeit*, que é a palavra alemã para probabilidade, para ser proporcional à probabilidade de que um determinado macroestado existe. Isto é equivalente a definir W como o número de microestados associados com o macroestado, por isso, podemos interpretar W como a representação do número de "modos" de se atingir o macroestado. Portanto, os macroestados com maiores números de microestados têm maior probabilidade e, de modo equivalente, maior entropia.

Na teoria cinética dos gases, as moléculas de gás são representadas como partículas se movendo aleatoriamente. Suponha que o gás está confinado em um volume V. Para uma distribuição uniforme de gás no volume, existe um grande número de microestados equivalentes, e a entropia do gás pode estar relacionada ao número de microestados correspondentes a um determinado macroestado. Vamos contar o número de estados considerando a variedade de localizações moleculares disponíveis para as moléculas. Vamos supor que cada molécula ocupa algum volume microscópico, V_m. O número total de localizações possíveis de uma única molécula em um volume macroscópico V é a proporção $w = V/V_m$, que é um número enorme. Aqui utilizamos a letra w minúscula para representar o número de modos pelos quais uma única molécula pode ser colocada no volume ou o número de microestados para uma única molécula, que é equivalente ao número de localizações disponíveis. Supomos que as probabilidades de uma molécula ocupar qualquer uma dessas localizações são iguais. À medida que mais moléculas são adicionadas ao sistema, se multiplica o número de modos possíveis como as moléculas podem ser posicionadas no volume, como vimos na Figura 8.15. Por exemplo, se você considerar duas moléculas, para cada possível colocação da primeira, todas as colocações possíveis da segunda estão disponíveis. Desse modo, existem w modos de localizar a primeira molécula, e para cada modo, existem w modos de localizar a segunda molécula. O número total de modos de localizar as duas moléculas é $W = w \times w = w^2 = (V/V_m)^2$. A letra W, em maiúscula, representa o número de modos de colocar múltiplas moléculas no volume e não é confundido com trabalho.

Agora, considere colocar N moléculas de gás no volume V. Negligenciando a probabilidade muito pequena de ter duas moléculas ocupando o mesmo local, cada molécula pode entrar em qualquer uma das localizações V/V_m, e assim, o número de modos de localizar N moléculas no volume se torna $W = w^N = (V/V_m)^N$. Portanto, a parte espacial da entropia do gás, a partir da Equação 8.10, é

$$S = k_B \ln W = k_B \ln\left(\frac{V}{V_m}\right)^N = Nk_B \ln\left(\frac{V}{V_m}\right) = nR \ln\left(\frac{V}{V_m}\right) \tag{8.11}$$

Utilizaremos esta expressão na seção a seguir enquanto investigamos as variações na entropia para processos ocorrendo em sistemas termodinâmicos.

Observe que indicamos a Equação 8.11 como representando apenas a parte *espacial* da entropia do gás. Existe também uma parte da entropia que depende da temperatura, da qual a discussão anterior não trata. Por exemplo, imagine um processo isovolumétrico no qual a temperatura do gás aumenta. A Equação 8.11, não mostra variação na parte espacial da entropia para esta situação. Contudo, *existe* uma variação na entropia associada com o aumento na temperatura. Podemos entender isto recorrendo novamente a um pouco de Física Quântica. Lembre-se, na Seção 7.3, de que as energias das moléculas de gás são quantizadas. Quando a temperatura de um gás se modifica, a distribuição de energias das moléculas de gás se altera de acordo com a lei de distribuição de Boltzmann, discutida na Seção 7.5. Desse modo, à medida que a temperatura do gás aumenta, há mais incerteza sobre o microestado particular que existe enquanto as moléculas de gás se distribuem em estados quânticos disponíveis mais elevados. Veremos a variação de entropia associada com um processo isovolumétrico no Exemplo 8.8.

8.7 Variações na entropia para sistemas termodinâmicos

Os sistemas termodinâmicos estão constantemente em fluxo, se modificando continuamente de um microestado para outro. Se o sistema estiver em equilíbrio, existe um determinado macroestado, e o sistema flutua de um microestado associado a este macroestado para outro. Esta variação não é observável porque somos capazes apenas de detectar o macroestado. Os estados em equilíbrio têm probabilidade tremendamente maior do que os estados em não equilíbrio, por isso, é altamente improvável que um estado em equilíbrio se modifique espontaneamente para um estado de não equilíbrio. Por exemplo, não observamos uma divisão espontânea na separação oxigênio-nitrogênio, discutida na Seção 8.6.

Entretanto, e se o sistema iniciar em um macroestado de pouca probabilidade? E se a sala *começar* com uma separação oxigênio-nitrogênio? Nesse caso, o sistema progredirá deste macroestado de pouca probabilidade para o estado de probabilidade muito maior: os gases se dispersarão e se misturarão por toda a sala. Uma vez que a entropia está relacionada à probabilidade, é natural haver um aumento espontâneo na entropia, como na última situação mencionada. Se inicialmente as moléculas de oxigênio e nitrogênio foram igualmente espalhadas por toda a sala, uma diminuição na entropia ocorreria se houvesse a divisão espontânea de moléculas.

Uma maneira de conceituar uma variação na entropia é relacioná-la à *dissipação de energia*. Uma tendência natural é de a energia se submeter à propagação espacial com o decorrer do tempo, representando um aumento na entropia. Se uma bola de basquete cair no solo, ela saltará várias vezes e depois entrará em repouso. A energia potencial gravitacional inicial no sistema bola de basquete-Terra se transformou em energia interna na bola e no solo. Essa energia se dissipa para fora por calor no ar e nas regiões do solo mais distantes do ponto da queda. Além disso, parte da energia se espalhou por toda a sala pelo som. Não seria natural que a energia na sala e no chão invertesse este movimento e se concentrasse na bola estacionária, de modo que ela espontaneamente começasse a saltar novamente.

Na expansão adiabática livre, na Seção 8.3, a dissipação de energia acompanha a dissipação das moléculas à medida que o gás se dissipa para a metade evacuada do recipiente. Se um objeto quente é colocado em contato térmico com um objeto frio, a energia se transfere do objeto quente para o objeto frio por calor, representando uma dissipação de energia até que ela esteja distribuída mais igualmente entre os dois objetos.

Agora, considere uma representação matemática desta dissipação de energia, ou, de modo equivalente, a variação na entropia. A formulação original da entropia em Termodinâmica envolve a transferência de energia por calor durante um processo reversível. Considere qualquer processo infinitesimal no qual um sistema muda de um estado de equilíbrio para outro. Se dQ_r é a quantidade de energia transferida por calor quando o sistema segue um caminho reversível entre os estados, a variação na entropia dS é igual a essa quantidade de energia dividida pela temperatura absoluta do sistema:

Variação na entropia para ▶
um processo infinitesimal

$$dS = \frac{dQ_r}{T}$$ (8.12)

Supusemos que a temperatura é constante porque o processo é infinitesimal. Como a entropia é uma variável de estado, a variação na entropia durante um processo depende somente dos pontos finais e é, portanto, independente do caminho seguido. Consequentemente, a variação na entropia para um processo irreversível pode ser determinada calculando-se essa variação para um processo *reversível* que conecta os mesmos estados inicial e final.

O subscrito r na quantidade dQ_r é um lembrete de que a energia transferida deve ser medida ao longo do caminho reversível, mesmo que o sistema tenha seguido algum caminho irreversível. Quando a energia é absorvida pelo sistema, dQ_r é positiva e a entropia do sistema aumenta. Quando a energia é expelida pelo sistema, dQ_r é negativa e a entropia do sistema diminui. Note que a Equação 8.12 não define entropia e, sim, a *variação* na entropia. Portanto, a quantidade significativa na descrição do processo é a *variação* na entropia.

Para calculá-la para um processo *finito*, reconheça primeiro que T geralmente não é constante durante o processo. Então, devemos integrar a Equação 8.12:

Variação na entropia para ▶
um processo finito

$$\Delta S = \int_i^f dS = \int_i^f \frac{dQ_r}{T}$$ (8.13)

Em um processo infinitesimal, a variação na entropia ΔS de um sistema passando de um estado para outro tem o mesmo valor para *todos* os caminhos conectando os dois estados. Isto é, a variação finita na entropia ΔS de um sistema depende somente das propriedades dos estados de equilíbrio inicial e final. Então, temos liberdade para escolher um caminho reversível conveniente para avaliar a entropia em vez do atual, desde que os estados inicial e final sejam os mesmos para os dois caminhos. Esse ponto será explorado mais detalhadamente nesta Seção.

A partir da Equação 8.10, vemos que a variação na entropia é representada na formulação de Boltzmann como

$$\Delta S = k_B \ln\left(\frac{W_f}{W_i}\right) \tag{8.14}$$

onde W_i e W_f representam os números inicial e final de microestados, respectivamente, para as configurações inicial e final do sistema. Se $W_f > W_i$, o estado final é mais provável do que o estado inicial (existem mais escolhas de microestados), e a entropia aumenta.

Teste Rápido **8.5** Um gás ideal é elevado de uma temperatura inicial T_i para uma mais alta T_f ao longo de dois caminhos reversíveis diferentes. O caminho A tem pressão constante, e o B, volume constante. Qual é a relação entre as variações na entropia para o gás para estes caminhos? **(a)** $\Delta S_A > \Delta S_B$. **(b)** $\Delta S_A = \Delta S_B$. **(c)** $\Delta S_A < \Delta S_B$.

Teste Rápido **8.6** Verdadeiro ou falso: a variação na entropia de um processo adiabático deve ser zero porque $Q = 0$.

Exemplo 8.7 — Variação na entropia: derretimento

Um sólido com calor latente de fusão L_f derrete a uma temperatura T_m. Calcule a variação na entropia dessa substância quando uma massa m da substância derrete.

SOLUÇÃO

Conceitualização Podemos escolher qualquer caminho reversível conveniente para seguir que conecte os estados inicial e final. Não é necessário identificar o processo ou o caminho porque, qualquer que ele seja, o efeito é o mesmo: a energia entra na substância por calor e a substância se derrete. A massa m da substância que derrete é igual a Δm, a variação em massa da substância na fase mais alta (líquida).

Categorização Como o derretimento acontece a uma temperatura fixa, categorizamos o processo como isotérmico.

Análise Use a Equação 6.7 na Equação 8.13, notando que a temperatura permanece fixa:

$$\Delta S = \int \frac{dQ_r}{T} = \frac{1}{T_m}\int dQ_r = \frac{Q_r}{T_m} = \frac{L_f \Delta m}{T_m} = \boxed{\frac{L_f m}{T_m}}$$

Finalização Observe que Δm é positivo, de modo que ΔS é positivo, representando que a energia é acrescentada à substância.

Variação na entropia em um ciclo de Carnot

Vamos considerar as variações na entropia que ocorrem em uma máquina térmica de Carnot que opera entre as temperaturas T_f e T_q. Em um ciclo, a máquina recebe energia $|Q_q|$ do reservatório quente e fornece energia $|Q_f|$ para o reservatório frio. Essas transferências de energia ocorrem somente durante as porções isotérmicas do ciclo de Carnot; portanto, a temperatura constante pode ser posta na frente do sinal integral na Equação 8.13. A integral pode então ter o valor da quantidade total da energia transferida pelo calor. Então, a variação total na entropia para um ciclo é:

$$\Delta S = \frac{|Q_q|}{T_q} - \frac{|Q_f|}{T_f} \tag{8.15}$$

onde o sinal de menos representa a energia que sai da máquina à temperatura T_f. No Exemplo 8.3, mostramos que, para uma máquina de Carnot:

$$\frac{|Q_f|}{|Q_q|} = \frac{T_f}{T_q}$$

Usando esse resultado na Equação 8.15 deste capítulo, descobrimos que a variação total na entropia para uma máquina de Carnot operando em um ciclo é *zero*:

$$\Delta S = 0$$

Considere agora um sistema que passa por um ciclo reversível arbitrário (não Carnot). Como a entropia é uma variável de estado – e, portanto, depende somente das propriedades de certo estado de equilíbrio –, concluímos que $\Delta S = 0$ para *qualquer* ciclo reversível. Em geral, podemos escrever essa condição como:

$$\oint \frac{dQ_r}{T} = 0 \quad \text{(ciclo reversível)} \tag{8.16}$$

onde o símbolo $\oint$ indica que a integração ocorre em um caminho fechado.

Variação na entropia em uma expansão livre

Vamos considerar novamente a expansão adiabática livre de um gás ocupando um volume inicial V_i (Figura 8.16). Nessa situação, uma membrana separando o gás de uma região evacuada é rompida, e o gás se expande para um volume V_f. Esse processo é irreversível; o gás não preencheria metade do volume espontaneamente após preenchê-lo todo. Qual é a variação na entropia do gás durante esse processo? O processo não é reversível nem quase estático. Como mostrado na Seção 6.6, as temperaturas inicial e final do gás são as mesmas.

Para aplicar a Equação 8.13, não podemos considerar $Q = 0$, o valor para o processo irreversível, e, sim, encontrar Q_r; isto é, devemos encontrar um caminho reversível equivalente que tenha o mesmo estado inicial e final. Uma escolha simples é uma expansão isotérmica, reversível, onde o gás empurra um pistão, enquanto entra energia no gás por calor de um reservatório para manter a temperatura constante. Como T é constante nesse processo, a Equação 8.13 resulta em:

$$\Delta S = \int_i^f \frac{dQ_r}{T} = \frac{1}{T} \int_i^f dQ_r$$

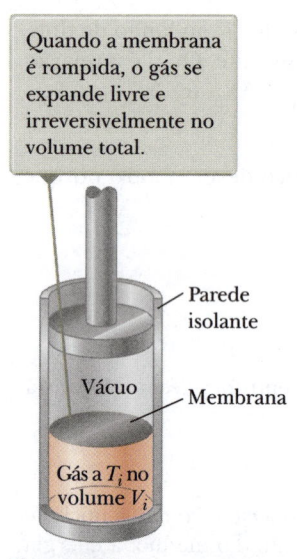

Figura 8.16 Expansão adiabática livre de um gás. O recipiente é termicamente isolado de seu entorno; portanto, $Q = 0$.

Para um processo isotérmico, a Primeira Lei da Termodinâmica especifica que $\int_i^f dQ_r$ é igual à negativa do trabalho realizado sobre o gás durante a expansão de V_i para V_f que é dada pela Equação 6.14. Usando esse resultado, vemos que a variação na entropia para o gás é:

$$\Delta S = nR \ln\left(\frac{V_f}{V_i}\right) \tag{8.17}$$

Como $V_f > V_i$, concluímos que ΔS é positivo. Esse resultado indica que a entropia do gás *aumenta* como resultado da expansão irreversível, adiabática.

É fácil ver que a energia se dissipou após a expansão. Em vez de se concentrar em um espaço relativamente pequeno, as moléculas e a energia associada a elas ficam espalhadas em uma região maior.

Variação na entropia em condução térmica

Vamos considerar um sistema consistindo de dois reservatórios, um quente e outro frio, que estão em contato térmico um com o outro e isolados do resto do Universo. Ocorre um processo durante o qual a energia Q é transferida por calor do reservatório quente à temperatura T_q para o frio à T_f. O processo conforme descrito é irreversível (a energia não fluiria espontaneamente do frio para o quente), então, devemos encontrar um processo reversível equivalente. O processo geral é uma combinação de dois processos: energia deixando o reservatório quente e energia entrando no reservatório frio. Calcularemos a variação na entropia para o reservatório em cada processo e faremos a soma para obter a variação geral na entropia.

Considere primeiramente o processo de energia entrando no reservatório frio. Embora este reservatório tenha absorvido alguma energia, a temperatura do reservatório não se modificou. A energia que entrou no reservatório é a mesma que entraria por meio de um processo isotérmico reversível. O mesmo é verdadeiro para a energia que sai do reservatório quente.

Como o reservatório frio absorve energia Q, sua entropia aumenta por Q/T_f. Ao mesmo tempo, o reservatório quente perde energia Q, então, sua variação na entropia é $-Q/T_q$. Portanto, a variação na entropia do sistema é:

$$\Delta S_U = \frac{Q}{T_f} + \frac{-Q}{T_q} = Q\left(\frac{1}{T_f} - \frac{1}{T_q}\right) > 0 \tag{8.18}$$

Este aumento é consistente com nossa interpretação de variações na entropia como representação da dissipação de energia. Na configuração inicial, o reservatório quente tem excesso de energia interna em relação ao reservatório frio. O processo que ocorre dissipa a energia em uma distribuição mais equitativa entre os dois reservatórios.

Exemplo 8.8 — Expansão adiabática livre: revisitada

Vamos verificar se as abordagens macro e microscópica ao cálculo de entropia levam à mesma conclusão para a expansão adiabática livre de um gás ideal. Suponha que o gás ideal da Figura 8.16 se expanda para quatro vezes seu volume inicial. Como já vimos para esse processo, as temperaturas inicial e final são as mesmas.

(A) Usando uma abordagem macroscópica, calcule a variação na entropia para o gás.

SOLUÇÃO

Conceitualização Olhe novamente a Figura 8.16, que é um diagrama do sistema antes da expansão adiabática livre. Imagine romper a membrana de modo que o gás se mova para a área evacuada. A expansão é irreversível.

Categorização Podemos substituir o processo irreversível por um isotérmico reversível entre os mesmos estados inicial e final. Essa abordagem é macroscópica, então, usamos uma variável termodinâmica, especificamente, o volume V.

Análise Use a Equação 8.17 para avaliar a variação na entropia:
$$\Delta S = nR \ln\left(\frac{V_f}{V_i}\right) = nR \ln\left(\frac{4V_i}{V_i}\right) = \boxed{nR \ln 4}$$

(B) Usando considerações estatísticas, calcule a variação na entropia para o gás e mostre que ela está de acordo com a resposta obtida na Parte (A).

SOLUÇÃO

Categorização Essa abordagem é microscópica; então, usamos variáveis relacionadas às moléculas individuais.

Análise Assim como na discussão que leva à Equação 8.11, o número de microestados disponíveis para uma única molécula no volume inicial V_i é $w_i = V_i/V_m$, onde V_i é o volume inicial do gás e V_m é o volume microscópico ocupado pela molécula. Use esse número para encontrar o número de microestados disponíveis para N moléculas:
$$W_i = w_i^N = \left(\frac{V_i}{V_m}\right)^N$$

Determine o número de microestados disponíveis para N moléculas no volume final $V_f = 4V_i$:
$$W_f = \left(\frac{V_f}{V_m}\right)^N = \left(\frac{4V_i}{V_m}\right)^N$$

Use a Equação 8.14 para encontrar a variação na entropia:
$$\Delta S = k_B \ln\left(\frac{W_f}{W_i}\right)$$
$$= k_B \ln\left(\frac{4V_i}{V_i}\right)^N = k_B \ln(4^N) = Nk_B \ln 4 = \boxed{nR \ln 4}$$

Finalização A resposta é a mesma que aquela para a Parte (A), que lidou com parâmetros macroscópicos.

E SE? Na Parte (A), usamos a Equação 8.17, que era baseada em um processo isotérmico reversível, conectando os estados inicial e final. Você chegaria ao mesmo resultado se escolhesse um processo reversível diferente?

Resposta Você *deve* chegar ao mesmo resultado porque a entropia é uma variável de estado. Por exemplo, considere o processo de duas etapas na Figura 8.17: uma expansão adiabática reversível de V_i para $4V_i$ ($A \to B$) durante o qual a temperatura cai de T_1 para T_2 e um processo isovolumétrico reversível ($B \to C$) que leva o gás de volta à temperatura inicial T_1. Durante o processo reversível adiabático, $\Delta S = 0$, porque $Q_r = 0$.

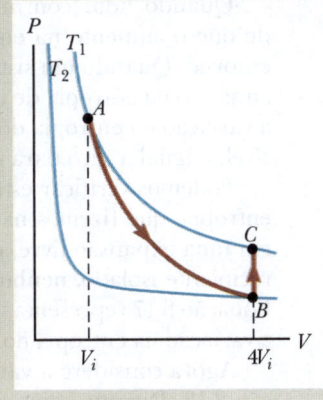

Figura 8.17 (Exemplo 8.8) Um gás expande-se para quatro vezes seu volume inicial e volta para a mesma temperatura inicial por meio de um processo em duas etapas.

continua

8.8 cont.

Para o processo isovolumétrico reversível ($B \to C$) use a Equação 8.13:

$$\Delta S = \int_i^f \frac{dQ_r}{T} = \int_{T_2}^{T_1} \frac{nC_V dT}{T} = nC_V \ln\left(\frac{T_1}{T_2}\right)$$

Encontre a relação entre as temperaturas T_1 e T_2 a partir da Equação 7.39 para o processo adiabático:

$$\frac{T_1}{T_2} = \left(\frac{4V_i}{V_i}\right)^{\gamma-1} = (4)^{\gamma-1}$$

Substitua para encontrar ΔS:

$$\Delta S = nC_V \ln(4)^{\gamma-1} = nC_V(\gamma - 1)\ln 4$$
$$= nC_V\left(\frac{C_P}{C_V} - 1\right)\ln 4 = n(C_P - C_V)\ln 4 = nR \ln 4$$

De fato obtemos exatamente o mesmo resultado para a variação na entropia.

8.8 Entropia e a Segunda Lei

Se considerarmos que um sistema e seu entorno incluem todo o Universo, este sempre se move na direção de um macroestado de maior probabilidade, correspondente à dissipação contínua de energia. Uma maneira alternativa para declarar esta afirmativa é:

Afirmativa de entropia da Segunda Lei da Termodinâmica ▶ A entropia do Universo aumenta em todos os processos reais.

Essa afirmação é mais uma maneira de expressar a Segunda Lei da Termodinâmica, que pode ser comparada às afirmativas de Kelvin-Planck e de Clausius.

Vamos primeiramente mostrar esta equivalência para o enunciado de Clausius. Observando a Figura 8.5, vemos que, se a bomba de calor opera desta maneira, a energia está fluindo espontaneamente do reservatório frio para o reservatório quente sem uma entrada de energia pelo trabalho. Como resultado, a energia no sistema não está se dissipando igualmente entre os dois reservatórios, mas está se *concentrando* no reservatório quente. Consequentemente, se o enunciado de Clausius da Segunda Lei não foi verdadeiro, então, o enunciado da entropia também não é verdadeiro, demonstrando sua equivalência.

Para a equivalência do enunciado de Kelvin–Planck, considere a Figura 8.18, que mostra o motor impossível da Figura 8.3 conectado a uma bomba de calor operando entre os mesmos reservatórios. O trabalho resultante do motor é utilizado para impulsionar a bomba de calor. O efeito líquido é que a energia sai do reservatório frio e é transportada para o reservatório quente sem a realização e trabalho. O trabalho realizado pelo motor na bomba de calor é *interno* ao sistema de ambos os dispositivos. Isto não é permitido de acordo com o enunciado de Clausius da Segunda Lei, que mostramos ser equivalente ao enunciado sobre entropia. Portanto, o enunciado de Kelvin-Planck da Segunda Lei também é equivalente ao enunciado da entropia.

Quando lidar com um sistema que não está isolado de seu entorno, lembre-se de que o aumento na entropia descrito pela Segunda Lei é aquele do sistema e seu entorno. Quando um sistema e seu entorno interagem em um processo irreversível, o aumento na entropia de um é maior que a diminuição na entropia do outro. Portanto, a variação na entropia do Universo deve ser maior que zero para um processo irreversível, e igual a zero para um processo reversível.

Podemos verificar este enunciado da Segunda Lei para os cálculos de variação na entropia, que fizemos na Seção 8.7. Considere primeiramente a variação na entropia em uma expansão livre, descrita pela Equação 8.17. Como a expansão ocorre em um recipiente isolado, nenhuma energia é transferida pelo calor do entorno. Portanto, a Equação 8.17 representa variação na entropia de todo o Universo. Uma vez que $V_f > V_i$, a variação na entropia no Universo é positiva, de modo consistente com a Segunda Lei.

Agora considere a variação de entropia na condução térmica, descrita pela Equação 8.18. Digamos que cada reservatório seja metade do Universo. Quanto maior o reservatório, melhor é a suposição de que sua temperatura permanece constante!

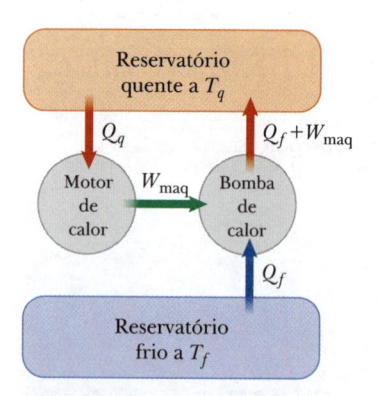

Figura 8.18 O motor impossível da Figura 8.3 transfere energia por trabalho para uma bomba de calor operando entre os dois reservatórios de energia. Esta situação não é permitida, de acordo com o enunciado de Clausius da Segunda Lei da Termodinâmica.

Então, a variação na entropia do Universo é representada pela Equação 8.18. Como $T_q > T_f$, esta variação na entropia é positiva, mais uma vez, consistente com a Segunda Lei. A variação positiva na entropia também é consistente com a noção de dissipação de energia. A parte quente do Universo tem energia interna em excesso em relação à parte fria. A condução térmica representa dissipação da energia de modo mais equitativo por todo o Universo.

Por fim, vamos observar a variação na entropia em um ciclo de Carnot, dado pela Equação 8.15. A variação de entropia do motor em si é zero. A variação na entropia dos reservatórios é

$$\Delta S = \frac{|Q_f|}{T_f} - \frac{|Q_q|}{T_q}$$

De acordo com a Equação 8.7, esta variação de entropia também é zero. Portanto, a variação na entropia do Universo é somente aquela associada com o trabalho realizado pelo motor. Uma parte desse trabalho será utilizada para modificar a energia mecânica de um sistema externo ao motor: acelerar o eixo de uma máquina, levantar um peso, e assim por diante. Não existe alteração na energia interna do sistema externo devido a esta parte do trabalho, ou, de modo equivalente, nenhuma dissipação de energia, por isso, novamente, a variação de entropia é zero. A outra parte do trabalho será utilizada para superar as várias forças de atrito ou outras forças não conservativas no sistema externo. Este processo causará um aumento na energia interna desse sistema. O mesmo aumento na energia interna poderia ter acontecido por meio de um processo termodinâmico reversível, no qual a energia Q_r é transferida pelo calor, de modo que a variação na entropia associada com essa parte do trabalho é positiva. Como resultado, a variação geral na entropia do Universo para a operação da máquina de Carnot é positiva, mais uma vez, consistente com a Segunda Lei.

Por fim, como processos reais são irreversíveis, a entropia do Universo deveria aumentar regularmente e eventualmente atinge um valor máximo. Com esse valor, supondo que a Segunda Lei da Termodinâmica, conforme formulada aqui na Terra, se aplica a todo o Universo em expansão, o Universo estará em um estado de temperatura e densidade uniformes.

Todos os processos físicos, químicos e biológicos terão cessado neste instante. Esse estado melancólico das coisas é algumas vezes chamado *morte térmica* do Universo.

Resumo

Definições

A **eficiência térmica** e de uma máquina térmica é:

$$e \equiv \frac{W_{\text{máq}}}{|Q_q|} = \frac{|Q_q| - |Q_f|}{|Q_q|} = 1 - \frac{|Q_f|}{|Q_q|} \quad \text{(8.2)}$$

O **microestado** de um sistema é a descrição de seus componentes individuais. O **macroestado** é uma descrição do sistema a partir de um ponto de vista macroscópico.

De um ponto de vista microscópico, a **entropia** de certo macroestado é definida como:

$$S \equiv k_B \ln W \quad \text{(8.10)}$$

onde k_B é a constante de Boltzmann e W é o número de microestados do sistema correspondentes ao macroestado.

Em um processo **reversível**, o sistema pode voltar a suas condições iniciais seguindo o mesmo caminho em um diagrama, e cada ponto ao longo desse caminho é um estado de equilíbrio. Um processo que não satisfaz a essas exigências é **irreversível**.

continua

Conceitos e Princípios

Máquina térmica é um aparelho que recebe energia por calor e, operando em um processo cíclico, fornece uma fração dessa energia por meio de trabalho. O trabalho total realizado por uma máquina térmica para levar a substância por um processo cíclico ($\Delta E_{int} = 0$) é:

$$W_{máq} = |Q_q| - |Q_f| \quad \text{(8.1)}$$

onde $|Q_q|$ é a energia recebida de um reservatório quente e $|Q_f|$ é a energia fornecida para um reservatório frio.

A seguir, dois modos de enunciar a **Segunda Lei da Termodinâmica**:

- É impossível construir uma máquina térmica que, operando em um ciclo, não produza efeito nenhum além da entrada de energia por calor de um reservatório e a realização de igual quantidade de trabalho (afirmativa de Kelvin-Planck).
- É impossível construir uma máquina cíclica cujo único efeito seja o de transferir energia continuamente por calor de um corpo para outro a uma temperatura mais alta sem a entrada de energia por trabalho (afirmativa de Clausius).

O **Teorema de Carnot** diz que nenhuma máquina térmica real operando (irreversivelmente) entre as temperaturas T_f e T_q pode ser mais eficiente que um motor operando reversivelmente em um ciclo de Carnot entre as mesmas duas temperaturas.

A eficiência térmica de uma máquina térmica operando no ciclo de Carnot é:

$$e_C = 1 - \frac{T_f}{T_q} \quad \text{(8.8)}$$

O estado macroscópico de um sistema que tem um grande número de microestados apresenta quatro qualidades que estão, todas elas, relacionadas: (1) *incerteza*: por causa de um grande número de microestados, existe uma grande incerteza sobre qual deles realmente existe; (2) *escolha*: mais uma vez, em razão do grande número de microestados, existe um grande número de escolhas a partir das quais seleciona aquela que existe; (3) *probabilidade*: um macroestado com um grande número de microestados é mais provável do que um macroestado com um pequeno número de microestados; (4) *informações que faltam*: por causa do grande número de microestados, existe uma grande quantidade de informações que faltam que podem ser as que realmente existem. Para um sistema termodinâmico, todas essas quatro qualidades podem estar relacionadas ao estado variável de **entropia**.

A Segunda Lei da Termodinâmica diz que, quando processos reais (irreversíveis) ocorrem, existe uma dissipação espacial de energia. Esta dissipação de energia está relacionada a um estado termodinâmico variável, chamada **entropia** S. Então, outra maneira de enunciar a segunda lei é:

- A entropia do Universo aumenta em todos os processos reais.

A **variação na entropia** dS de um sistema durante um processo entre dois estados de equilíbrio, infinitesimalmente separados, é:

$$dS = \frac{dQ_r}{T} \quad \text{(8.12)}$$

onde dQ_r é a transferência de energia por calor para o sistema para um processo reversível que conecta os estados inicial e final.

A variação na entropia de um sistema durante um processo arbitrário entre um estado inicial e um estado final é:

$$\Delta S = \int_i^f \frac{dQ_r}{T} \quad \text{(8.13)}$$

O valor de ΔS para o sistema é o mesmo para todos os caminhos conectando os estados inicial e final. A variação na entropia para um sistema passando por qualquer processo cíclico, reversível, é zero.

Perguntas Objetivas

1. A Segunda Lei da Termodinâmica sugere que o coeficiente de desempenho de um refrigerador seja: (a) menor que 1, (b) menor ou igual a 1, (c) maior ou igual a 1, (d) finito ou (e) maior que 0.

2. Suponha que uma amostra de um gás ideal esteja na temperatura ambiente. Que ação *obrigatoriamente* fará a entropia da amostra aumentar? (a) Transferir energia para ela por calor. (b) Transferir energia para ela irreversivelmente por calor.

(c) Realizar trabalho sobre ela. (d) Aumentar sua temperatura ou seu volume, sem deixar a outra variável diminuir. (e) Nenhuma das alternativas está correta.

3. Um refrigerador tem 18,0 kJ de trabalho realizado sobre ele enquanto 115 kJ de energia são transferidos de seu interior. Qual é seu coeficiente de desempenho? (a) 3,40. (b) 2,80. (c) 8,90. (d) 6,40. (e) 5,20.

4. Das alternativas seguintes, qual *não* é uma afirmação da Segunda Lei da Termodinâmica? (a) Nenhuma máquina térmica operando em um ciclo pode absorver energia de um reservatório e usá-la por completo para realizar trabalho. (b) Nenhum motor real operando entre dois reservatórios de energia pode ser mais eficiente que uma máquina de Carnot operando entre os mesmos dois reservatórios. (c) Quando um sistema passa por uma mudança de estado, a variação na energia interna do sistema é a soma da energia transferida para o sistema por calor e o trabalho realizado sobre o sistema. (d) A entropia do Universo aumenta em todos os processos naturais. (e) A energia não será espontaneamente transferida por calor de um corpo frio para outro quente.

5. Considere processos cíclicos completamente caracterizados por cada uma das entradas e saídas totais de energia. Em cada caso, as transferências de energia listadas são as *únicas* que ocorrem. Classifique cada processo como (a) possível, (b) impossível, de acordo com a Primeira Lei da Termodinâmica, (c) impossível, de acordo com a Segunda Lei da Termodinâmica, ou (d) impossível, de acordo com a Primeira e a Segunda Leis. (i) Entrada de 5 J de trabalho e saída de 4 J de trabalho. (ii) Entrada de 5 J de trabalho e saída de 5 J de energia transferida por calor. (iii) Entrada de 5 J de energia transferida por transmissão elétrica e saída de 6 J de trabalho. (iv) Entrada de 5 J de energia transferida por calor e saída de 5 J de energia transferida por calor. (v) Entrada de 5 J de energia transferida por calor e saída de 5 J de trabalho. (vi) Entrada de 5 J de energia transferida por calor e saída de 3 J de trabalho mais 2 J de energia transferida por calor.

6. Uma unidade compacta de ar-condicionado é colocada em uma mesa em um apartamento bem isolado, conectada à rede elétrica e ligada. O que acontece com a temperatura média do apartamento? (a) Aumenta. (b) Diminui. (c) Permanece constante. (d) Aumenta até que a unidade se aqueça e depois diminui. (e) A resposta depende da temperatura inicial do apartamento.

7. Uma turbina a vapor opera com temperatura de caldeira de 450 K e uma temperatura de escape de 300 K. Qual é a eficiência teórica máxima desse sistema? (a) 0,240. (b) 0,500. (c) 0,333. (d) 0,667. (e) 0,150.

8. Um processo termodinâmico ocorre onde a entropia de um sistema muda por −8 J/K. De acordo com a Segunda Lei da Termodinâmica, o que pode ser concluído sobre a variação na entropia do ambiente? (a) Deve ser +8 J/K ou menos. (b) Deve ser entre +8 J/K e 0. (c) Deve ser igual a +8 J/K. (d) Deve ser +8 J/K ou mais. (e) Deve ser zero.

9. Uma amostra de um gás ideal monoatômico está contida em um cilindro com um pistão. Seu estado é representado pela marca no diagrama *PV* mostrado na Figura PO8.9. Setas de *A* a *E* representam processos isobáricos, isotérmicos, adiabáticos e isovolumétricos pelos quais a amostra pode passar. Em cada processo, exceto *D*, o volume muda por um fator de 2. Todos os cinco processos são reversíveis. Classifique-os de acordo com a variação na entropia do gás do maior valor positivo para o maior valor negativo em módulo. Em sua classificação, mostre quaisquer casos de igualdade.

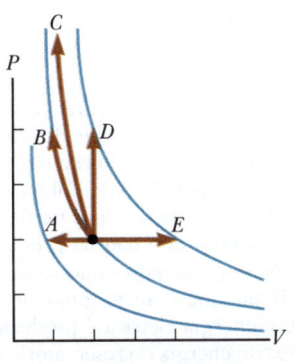

Figura PO8.9

10. Um motor realiza 15,0 kJ de trabalho para exaurir 37,0 kJ para um reservatório frio. Qual é a eficiência do motor? (a) 0,150. (b) 0,288. (c) 0,333. (d) 0,450. (e) 1,20.

11. A seta *OA* no diagrama *PV* mostrado na Figura PO8.11 representa uma expansão adiabática reversível de um gás ideal. A mesma amostra de gás, começando do mesmo estado *O*, passa agora por uma expansão adiabática livre até o mesmo volume final. Que ponto no diagrama poderia representar o estado final do gás? (a) O mesmo ponto *A* como para a expansão reversível. (b) O ponto *B*. (c) O ponto *C*. (d) Qualquer uma dessas alternativas. (e) Nenhuma dessas alternativas.

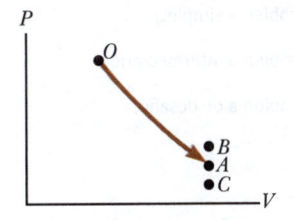

Figura PO8.11

Perguntas Conceituais

1. O escape de energia de uma estação de energia elétrica a carvão é carregado por "água resfriante" para o Lago Ontário. A água é quente do ponto de vista das coisas vivas no lago. Algumas delas se agrupam ao redor do local de saída da água, impedindo seu fluxo. (a) Use a Teoria das Máquinas Térmicas para explicar por que essa ação pode reduzir a saída de energia da estação. (b) Um engenheiro diz que a saída de eletricidade é reduzida por causa da "maior pressão de retorno nas lâminas das turbinas". Comente a precisão dessa afirmação.

2. Discuta três exemplos comuns diferentes de processos naturais que envolvem um aumento na entropia. Justifique todas as partes de cada sistema considerado.

3. A Segunda Lei da Termodinâmica contradiz ou corrige a Primeira? Justifique sua resposta.

4. "A Primeira Lei da Termodinâmica diz que você não pode realmente ganhar, e a Segunda diz que você não pode sequer empatar". Explique como essa afirmação se aplica a um aparelho ou processo específico; alternativamente, argumente contra a afirmação.

5. "A energia é a senhora do Universo, e a entropia é sua sombra." Escrevendo para um público geral, justifique essa afirmativa com pelo menos dois exemplos. Alternativamente, argumente que a entropia é como um executivo que rapidamente determina o que vai acontecer, enquanto a energia é como um contador nos dizendo quão pouco podemos gastar (Arnold Sommerfeld deu a ideia para essa questão).

6. (a) Dê um exemplo de um processo irreversível que ocorre na natureza. (b) Dê um exemplo de um processo que é quase reversível na natureza.

7. O aparelho mostrado na Figura PC8.7, chamado conversor termoelétrico, usa uma série de células semicondutoras para transformar energia interna em energia elétrica, que estudaremos no Capítulo 3 do Volume 3 desta coleção. Na fotografia da esquerda, as duas pernas do aparelho estão à mesma temperatura e não há produção de energia elétrica. No entanto, quando uma perna está a uma temperatura mais alta que a outra, como mostrado na fotografia da direita, a energia elétrica é produzida à medida que o aparelho extrai energia do reservatório quente e aciona um pequeno motor elétrico. (a) Por que é necessária uma diferença de temperatura para produzir energia elétrica nessa demonstração? (b) Em que sentido esse experimento intrigante demonstra a Segunda Lei da Termodinâmica?

Figura PC8.7

8. Uma turbina movida a vapor é um dos principais componentes de uma usina de energia. Por que é vantajoso que a temperatura do vapor seja a mais alta possível?

9. Discuta a variação na entropia de um gás que se expande (a) à temperatura constante e (b) adiabaticamente.

10. Suponha que sua colega de quarto limpe e organize o ambiente bagunçado depois de uma grande festa. Como ela está criando mais ordem, esse processo representa uma violação da Segunda Lei da Termodinâmica?

11. É possível construir uma máquina térmica que não crie poluição térmica? Explique.

12. (a) Se você sacode um jarro cheio de balas de goma de tamanhos diferentes, as maiores tendem a aparecer no topo e as pequenas a ficar no fundo. Por quê? (b) Esse processo viola a Segunda Lei da Termodinâmica?

13. Cite alguns fatores que afetam a eficiência de motores de automóveis.

Problemas

WebAssign Os problemas que se encontram neste capítulo podem ser resolvidos on-line no Enhanced WebAssign (em inglês)

1. denota problema simples;
2. denota problema intermediário;
3. denota problema de desafio;

AMT *Analysis Model Tutorial* disponível no Enhanced WebAssign (em inglês);

M denota tutorial *Master It* disponível no Enhanced WebAssign (em inglês);

PD denota problema dirigido;

W solução em vídeo *Watch It* disponível no Enhanced WebAssign (em inglês).

Seção 8.1 Máquinas térmicas e a Segunda Lei da Termodinâmica

1. **M** Certa máquina térmica tem potência mecânica de saída de 5,00 kW e eficiência de 25,0%. O motor fornece $8,00 \times 10^3$ J de energia de escape em cada ciclo. Encontre (a) a energia recebida durante cada ciclo e (b) o intervalo de tempo para cada ciclo.

2. O trabalho realizado por uma máquina térmica é igual a um quarto da energia que ela absorve de um reservatório. (a) Qual é sua eficiência térmica? (b) Que fração da energia absorvida é fornecida para o reservatório frio?

3. **W** Uma máquina térmica recebe 360 J de energia de um reservatório quente e realiza 25,0 J de trabalho em cada ciclo. Encontre (a) a eficiência da máquina e (b) a energia fornecida para o reservatório frio em cada ciclo.

4. O revólver é uma máquina térmica. Em particular, é um motor com pistão e combustão interna que não opera em um ciclo, mas se separa durante seu processo de expansão adiabática. Certo revólver consiste em 1,80 kg de ferro. Ele dispara uma bala de 2,40 g a 320 m/s com eficiência de energia de 1,10%. Suponha que o corpo do revólver absorva toda a energia de escape – os outros 98,9% – e aumente uniformemente em temperatura por um curto intervalo de tempo antes de perder qualquer energia para o ambiente por calor. Encontre seu aumento de temperatura.

5. Uma máquina térmica absorve 1,70 kJ de um reservatório quente a 277 °C e fornece 1,20 kJ para um reservatório frio a 27 °C em cada ciclo. (a) Qual é a eficiência da máquina? (b) Quanto trabalho é realizado pela máquina em cada

ciclo? (c) Qual é a potência de saída da máquina se cada ciclo dura 0,300 s?

6. Um motor a gasolina multicilindro em um avião, operando a $2,50 \times 10^3$ rev/min, recebe $7,89 \times 10^3$ J de energia e fornece $4,58 \times 10^3$ J para cada revolução do virabrequim. (a) Quantos litros de combustível ele consome em 1,00 h de operação se o calor de combustão do combustível é igual a $4,03 \times 10^7$ J/L? (b) Qual é a potência mecânica de saída do motor? Despreze o atrito e expresse a resposta em cavalo-vapor. (c) Qual é o torque exercido pelo virabrequim sobre a carga? (d) Que potência o sistema de escape e de resfriamento devem transferir para fora do motor?

7. W Suponha que uma máquina térmica seja conectada a dois reservatórios de energia, uma piscina de alumínio derretido (660 °C) e um bloco de mercúrio sólido (−38,9 °C). A máquina funciona congelando 1,00 g de alumínio e derretendo 15,0 g de mercúrio durante cada ciclo. O calor de fusão do alumínio é $3,97 \times 10^5$ J/kg, e o do mercúrio, $1,18 \times 10^4$ J/kg. Qual é a eficiência dessa máquina?

Seção 8.2 Bombas de calor e refrigeradores

8. W Um refrigerador tem coeficiente de desempenho igual a 5,00 e recebe 120 J de energia de um reservatório frio em cada ciclo. Encontre (a) o trabalho necessário em cada ciclo e (b) a energia expelida para o reservatório quente.

9. Durante cada ciclo, um refrigerador fornece 625 kJ de energia para um reservatório em alta temperatura e recebe 550 kJ de energia de outro em baixa temperatura. Determine (a) o trabalho realizado sobre o refrigerador em cada ciclo e (b) o coeficiente de desempenho do refrigerador.

10. Uma bomba de calor tem coeficiente de desempenho de 3,80 e opera com potência de consumo de $7,03 \times 10^3$ W. (a) Qual a quantidade de energia que ela deve suprir para uma residência durante 8,00 h de operação contínua? (b) Qual a quantidade de energia que ela extrai do ar externo?

11. Um refrigerador tem um coeficiente de desempenho de 3,00. O compartimento da bandeja de gelo está à temperatura de −20,0 °C, e a temperatura ambiente é de 22,0 °C. O refrigerador pode converter 30,0 g de água a −20 °C em 30,0 g de gelo a 22,0 °C a cada minuto. Quanta energia é necessária? Dê sua resposta em watts.

12. Uma bomba de calor tem coeficiente de desempenho igual a 4,20 e requer uma potência de 1,75 kW para operar. (a) Quanta energia essa bomba acrescenta a uma residência em uma hora? (b) Se a bomba de calor fosse invertida de modo a atuar como um ar-condicionado no verão, qual seria seu coeficiente de desempenho?

13. Um congelador tem coeficiente de desempenho de 6,30. Ele é anunciado como tendo consumo de eletricidade a uma taxa de 457 kWh/ano. (a) Em média, quanta energia ele usa em um dia? (b) Em média, quanta energia ele retira do refrigerador em um dia? (c) Que massa máxima de água a 20,0 °C o congelador poderia congelar em um dia? *Observação*: um kilowatt-hora (kWh) é uma quantidade de energia igual a utilizar um eletrodoméstico de 1-kW por uma hora.

Seção 8.3 Processos reversíveis e irreversíveis

Seção 8.4 A máquina de Carnot

14. Uma máquina térmica opera entre um reservatório a 25,0 °C e outro a 375 °C. Qual é a eficiência máxima possível para essa máquina?

15. M Uma das máquinas térmicas mais eficientes já construídas foi uma turbina a vapor movida a carvão no vale do rio Ohio, operando entre 1.870 °C e 430 °C. (a) Qual é sua eficiência teórica máxima? (b) A eficiência real da máquina é 42,0%. Qual a potência mecânica que o motor fornece, se absorve $1,40 \times 10^5$ J de energia de seu reservatório quente a cada segundo?

16. *Por que a seguinte situação é impossível?* Um inventor vai à agência de patentes dizendo que sua máquina térmica, que usa água como uma substância de trabalho, tem eficiência termodinâmica de 0,110. Embora essa eficiência seja baixa comparada com motores de automóveis típicos, ele explica que seu motor opera entre um reservatório de energia em temperatura ambiente e uma mistura de água-gelo à pressão atmosférica e, portanto, não exige outro combustível do que aquele para fazer gelo. A patente é aprovada e protótipos funcionais do motor provam a alegação de eficiência do inventor.

17. W Uma máquina de Carnot tem potência de saída de 150 kW e opera entre dois reservatórios a 20,0 °C e 500 °C. (a) Qual a quantidade de energia que entra na máquina por calor por hora? (b) Qual a quantidade de energia que é perdida por calor por hora?

18. Uma máquina de Carnot tem potência de saída P e opera entre dois reservatórios a temperatura T_f e T_q. (a) Qual a quantidade de energia que entra na máquina por calor em um intervalo de tempo Δt? (b) Qual a quantidade de energia que é perdida por calor no intervalo de tempo Δt?

19. Qual é o coeficiente de desempenho de um refrigerador que opera com eficiência de Carnot entre temperaturas − 3,00 °C e +27,0 °C?

20. Um refrigerador ideal ou uma bomba de calor ideal é equivalente a uma máquina de Carnot funcionando ao inverso. Isto é, energia $|Q_f|$ é recebida de um reservatório frio, e energia $|Q_q|$ é fornecida em outro quente. (a) Mostre que o trabalho que deve ser suprido para fazer o refrigerador ou a bomba de calor funcionar é:

$$W = \frac{T_q - T_f}{T_f}|Q_f|$$

(b) Mostre que o coeficiente de desempenho (COD) do refrigerador ideal é:

$$\text{COD} = \frac{T_f}{T_q - T_f}$$

21. Qual é o coeficiente de desempenho máximo possível de uma bomba de calor que traz energia de fora a −3,00 °C para dentro de uma casa a 22,0 °C? *Observação*: o trabalho realizado para fazer a bomba de calor funcionar também está disponível para aquecer a casa.

22. M De quanto trabalho um refrigerador ideal de Carnot precisa para remover 1,00 J de energia de hélio líquido a 4,00 K e expelir essa energia para um local à temperatura ambiente (293 K)?

23. Se uma máquina térmica de Carnot com 35,0% de eficiência (Figura 8.2) funciona ao inverso de modo a operar como um refrigerador (Figura 8.4), qual seria o coeficiente de desempenho desse refrigerador?

24. Uma usina de energia opera com uma eficiência de 32,0% durante o verão, quando a água do mar utilizada para resfriamento está a 20,0 °C. A usina utiliza vapor a 350 °C para impulsionar as turbinas. Se a eficiência da usina se modificar na mesma proporção que a eficiência ideal, qual será a

eficiência da usina no inverno, quando a água do mar está a 10,0 °C?

25. Uma máquina térmica está sendo projetada para ter eficiência de Carnot de 65,0% quando operar entre dois reservatórios de energia. (a) Se a temperatura do reservatório frio é 20,0 °C, qual deve ser a temperatura do reservatório quente? (b) A eficiência real da máquina pode ser igual a 65,0%? Explique.

26. Uma máquina térmica de Carnot opera entre temperaturas T_q e T_f. (a) Se $T_q = 500$ K e $T_f = 350$ K, qual é a eficiência da máquina? (b) Qual é a variação em sua eficiência para cada grau de aumento em T_q acima de 500 K? (c) Qual é a variação em sua eficiência para cada grau de variação em T_f? (d) A resposta para a parte (c) depende de T_f? Explique.

27. **M** Um gás ideal passa por um ciclo de Carnot. A expansão isotérmica ocorre a 250 °C, e a compressão isotérmica a 50,0 °C. O gás recebe $1,20 \times 10^3$ J de energia do reservatório quente durante a expansão isotérmica. Encontre (a) a energia fornecida para o reservatório frio em cada ciclo e (b) o trabalho total realizado pelo gás em cada ciclo.

28. **W** Uma usina de eletricidade que faria uso do gradiente de temperatura no oceano foi proposta. O sistema deve operar entre 20,0 °C (temperatura da água na superfície) e 5,00 °C (temperatura da água a uma profundidade de aproximadamente 1 km). (a) Qual é a eficiência máxima de tal sistema? (b) Se a potência elétrica de saída da usina é 75,0 MW, qual a quantidade de energia recebida pelo reservatório quente por hora? (c) Considerando sua resposta para a parte (a), explique se acredita que tal sistema vale a pena. Note que o "combustível" é grátis.

29. **M** Um motor a calor opera em um ciclo de Carnot entre 80,0 °C e 350 °C. Ele absorve 21.000 J de energia por ciclo a partir do reservatório quente. A duração de cada ciclo é de 1,00 s. (a) Qual é a potência mecânica de saída deste motor? (b) Quanta energia ele expele em cada ciclo por calor?

30. Suponha que você construa um aparelho com duas máquinas térmicas, no qual a energia de escape de uma máquina é a energia de entrada para a outra. Dizemos que as duas máquinas estão funcionado *em série*. Estabeleça e_1 e e_2 para representar as eficiências das duas máquinas. (a) A eficiência geral do aparelho com duas máquinas é definida como o trabalho total de saída dividido pela energia colocada na primeira máquina por calor. Mostre que a eficiência total e é dada por:

$$e = e_1 + e_2 - e_1 e_2$$

E se? Para as partes (b) até (e) a seguir, suponha que as duas máquinas sejam máquinas de Carnot. A máquina 1 opera entre as temperaturas T_q e T_i. O gás na máquina 2 varia em temperatura entre T_i e T_f. Em termos das temperaturas, (b) qual é a eficiência da máquina da combinação? (c) Há uma melhora na eficiência total do uso das duas máquinas em vez de uma? (d) Que valor de temperatura intermediária T_i resulta, em cada uma das duas máquinas em série, em realizar trabalho igual? (e) Que valor de T_i resulta em cada uma das duas máquinas em série em ter a mesma eficiência?

31. **W** Argônio entra em uma turbina a uma taxa de 80,0 kg/min, a uma temperatura de 800 °C e uma pressão de 1,50 MPa. Expande-se adiabaticamente conforme empurra as lâminas da turbina e sai à pressão 300 kPa. (a) Calcule sua temperatura na saída. (b) Calcule a (máxima) potência de saída da turbina giratória. (c) A turbina é um componente de um modelo de motor de turbina de gás com ciclo fechado. Calcule a eficiência máxima do motor.

32. No ponto A em um ciclo de Carnot, 2,34 moles de um gás ideal monoatômico têm pressão de 1.400 kPa, volume de 10,0 L e temperatura de 720 K. O gás expande-se isotermicamente até o ponto B e, então, adiabaticamente para o ponto C, onde seu volume é 24,0 L. Uma compressão isotérmica leva o gás ao ponto D, onde seu volume é 15,0 L. Um processo adiabático devolve o gás ao ponto A. (a) Determine todas as pressões, volumes e temperaturas desconhecidas para preencher a tabela a seguir:

	P	V	T
A	1.400 kPa	10,0 L	720 K
B			
C		24,0 L	
D		15,0 L	

(b) Encontre a energia acrescentada por calor, o trabalho realizado pelo motor e a variação em energia interna para cada uma das etapas $A \to B$, $B \to C$, $C \to D$ e $D \to A$. (c) Calcule a eficiência $W_{tot}/|Q_q|$. (d) Mostre que a eficiência é igual a $1 - T_C/T_A$, a eficiência de Carnot.

33. Uma usina de geração de eletricidade é planejada para ter potência elétrica de saída de 1,40 MW usando uma turbina com dois terços da eficiência de uma máquina de Carnot. A energia de escape é transferida por calor para uma torre de resfriamento a 110 °C. (a) Encontre a taxa de exaustão de energia por calor como função da temperatura do combustível de combustão da usina T_q. (b) Se a área de queima de combustível for modificada para funcionar com maior temperatura usando tecnologia de combustão mais avançada, como muda a quantidade de energia de escape? (c) Encontre a potência de escape para $T_q = 800$ °C. (d) Encontre o valor de T_q para o qual a potência de escape seria somente a metade daquela para a parte (c). (e) Encontre o valor de T_q para o qual a potência de escape seria um quarto do tamanho da parte (c).

34. Um congelador ideal (Carnot) em uma cozinha tem temperatura constante de 260 K, enquanto o ar na cozinha tem temperatura constante de 300 K. Suponha que o isolamento para o congelador não seja perfeito e que conduza energia para o congelador a uma taxa de 0,150 W. Determine a potência média necessária para o motor do congelador manter a temperatura constante no congelador.

35. Uma bomba de calor usada para aquecer, mostrada na Figura P8.35, é essencialmente um ar-condicionado instalado ao contrário. Ela extrai energia do ar externo mais frio e a deposita em um ambiente mais quente. Suponha que a proporção da energia que realmente entra no ambiente em relação ao trabalho realizado pelo motor do aparelho seja de 10,0% da proporção teórica máxima. Determine a energia que entra no ambiente por joule de trabalho realizado pelo motor, dado que a temperatura interna é 20,0 °C e a externa é 25,00 °C.

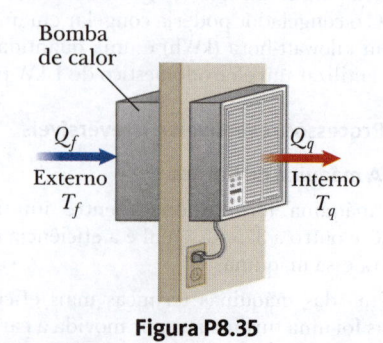

Figura P8.35

Seção 8.5 Motores a gasolina e a diesel

Observação: para os problemas desta seção, admita que o gás no motor é diatômico com $\gamma = 1{,}40$.

36. Um motor a gasolina tem razão de compressão de 6,00. (a) Qual é a eficiência do motor se ele opera em um ciclo de Otto idealizado? (b) **E se?** Se a eficiência real é 15,0%, que fração do combustível é desperdiçada como resultado do atrito e da transferência de energia por calor que poderia ser evitada em um motor reversível? Suponha a combustão completa da mistura ar-combustível.

37. **M** No cilindro de um motor de automóvel, o gás é confinado a um volume de 50,0 cm³ imediatamente após a combustão, e tem pressão inicial de $3{,}00 \times 10^6$ Pa. O pistão se move para fora até um volume final de 300 cm³, e o gás se expande sem transferência de energia por calor. (a) Qual é a pressão final do gás? (b) Quanto trabalho é realizado pelo gás na expansão?

38. Um motor a diesel idealizado opera em um ciclo conhecido como *ciclo a ar padrão diesel*, mostrado na Figura P8.38. Combustível é aspergido dentro do cilindro no ponto de compressão máxima, B. A combustão ocorre durante a expansão $B \to C$, que é modelada como um processo isobárico. Mostre que a eficiência de um motor operando nesse ciclo diesel idealizado é:

$$e = 1 - \frac{1}{\gamma}\left(\frac{T_D - T_A}{T_C - T_B}\right)$$

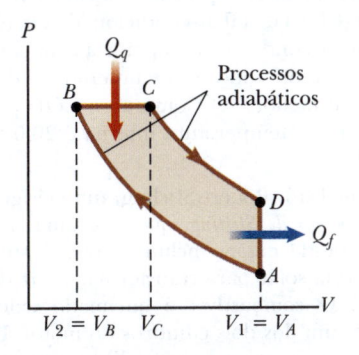

Figura P8.38

Seção 8.6 Entropia

39. Prepare uma tabela semelhante à Tabela 8.1 utilizando o mesmo procedimento (a) para o caso em que você tira três bolas de gude de sua sacola, em vez de quatro, e (b) para o caso em que você tira cinco bolas de gude, em vez de quatro.

40. (a) Prepare uma tabela semelhante à Tabela 8.1 para a seguinte ocorrência. Você lança quatro moedas para cima simultaneamente e, então, registra os resultados de seus lançamentos em termos do número de vezes em que saiu cara (Ca) e do número de vezes que saiu coroa (Co). Por exemplo, CaCaCoCa e CaCoCaCa são duas maneiras possíveis nas quais se obtém três "caras" e uma "coroa". (b) Com base em sua tabela, qual é o resultado mais provável registrado para um lançamento?

41. Se você rolar dois dados, qual é o número total de maneiras pelas quais você pode obter (a) um 12 e (b) um 7?

Seção 8.7 Variações na entropia para sistemas termodinâmicos

Seção 8.8 Entropia e a Segunda Lei

42. **W** Uma fôrma de gelo contém 500 g de água líquida a 0 °C. Calcule a variação na entropia da água enquanto ela congela lenta e completamente a 0 °C.

43. Um copo de isopor com 125 g de água quente a 100 °C esfria até a temperatura ambiente, 20,0 °C. Qual é a variação na entropia do ambiente? Despreze o calor específico do copo e qualquer variação em temperatura do ambiente.

44. Uma ferradura de ferro, pesando 1,00 kg, é tirada de uma forja a 900 °C e colocada em 4,00 kg de água a 10,0 °C. Supondo que não existe energia perdida pelo calor para o entorno, determine a variação de entropia total do sistema ferradura-água. *Sugestão*: observe que $dQ = mc\, dT$.

45. **AMT** Um carro pesando 1.500 kg está em movimento a 20,0 m/s. O motorista resolve fazer uma parada e então freia. Os freios esfriam até atingir a temperatura do ar circundante, que é aproximadamente constante, de 20,0 °C. Qual é a variação de entropia total?

46. **AMT** Dois carros de $2{,}00 \times 10^3$ kg viajando a 20,0 m/s colidem de frente e ficam juntos. Encontre a variação na entropia do ar no entorno que resulta da colisão se a temperatura do ar é 23,0 °C. Despreze a energia levada da colisão pelo som.

47. **AMT** Um tronco de 70,0 kg cai de uma altura de 25,0 m dentro de um lago. Se o tronco, o lago e o ar estão todos a 300 K, encontre a variação na entropia do ar durante esse processo.

48. Uma amostra de 1,00 mol de gás H_2 é contida do lado esquerdo do recipiente mostrado na Figura P8.48, que tem volumes iguais na esquerda e na direita. O lado direito é evacuado. Quando a válvula é aberta, o gás entra no lado direito. (a) Qual é a variação na entropia do gás? (b) A temperatura do gás muda? Suponha que o recipiente é tão grande que o hidrogênio se comporte como um gás ideal.

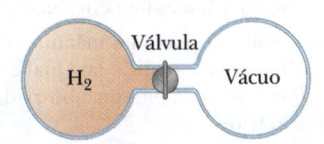

Figura P8.48

49. Um recipiente de 2,00 L tem partição central que o divide em duas partes iguais, como mostrado na Figura P8.49. O lado esquerdo contém 0,0440 mol de gás H_2 e o lado direito contém 0,0440 mol de gás O_2. Os dois gases estão em temperatura ambiente e pressão atmosférica. A partição é removida e os gases se misturam. Qual é o aumento na entropia do sistema?

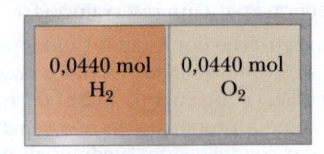

Figura P8.49

50. Que variação na entropia ocorre quando um cubo de gelo de 27,9 g a −12 °C é transformado em vapor a 115 °C?

51. Calcule variação na entropia de 250 g de água aquecida lentamente de 20,0 °C para 80,0 °C.

52. Quão rapido você, pessoalmente, está fazendo a entropia do Universo aumentar neste exato instante? Compute uma estimativa da ordem de grandeza, mencionando quais quantidades considera dados e quais valores que mede ou estima para elas.

53. Quando uma barra de alumínio é conectada entre um reservatório quente a 725 K e outro frio a 310 K, 2,50 kJ de energia são transferidas por calor do reservatório quente para o frio. Nesse processo irreversível, calcule a variação na entropia (a) do reservatório quente, (b) do reservatório frio e (c) do Universo, desprezando qualquer variação na entropia da barra de alumínio.

54. Quando uma barra de metal é conectada entre um reservatório quente a T_q e outro frio a T_f, a energia transferida por calor do reservatório quente para o frio é Q. Nesse processo irreversível, calcule a variação na entropia (a) do reservatório quente, (b) do reservatório frio e (c) do Universo, desprezando qualquer variação na entropia da barra de metal.

55. **M** **W** A temperatura na superfície do Sol é aproximadamente 5.800 K, e na superfície da Terra, aproximadamente 290 K. Que variação na entropia do Universo ocorre quando $1,00 \times 10^3$ J de energia é transferida por radiação do Sol para a Terra?

Problemas Adicionais

56. Calcule o aumento na entropia do Universo quando você acrescenta 20,0 g de creme a 5,00 °C a 200 g de café a 60,0 °C. Suponha que os calores específicos do creme e do café são, ambos, de 4,20 J/g · °C.

57. Quanto trabalho é necessário, utilizando um refrigerador ideal de Carnot, para transformar 0,500 kg de água de torneira a 10,0 °C em gelo a – 20,0 °C? Suponha que o compartimento do *freezer* seja mantido a –20,0 °C e que o refrigerador libera energia em uma sala a 20,0 °C.

58. Uma máquina a vapor é operada em um clima frio onde a temperatura de exaustão é 0 °C. (a) Calcule a eficiência teórica máxima da máquina usando a temperatura de entrada de vapor de 100 °C. (b) Se o vapor superaquecido a 200 °C for usado, encontre a máxima eficiência possível.

59. A energia absorvida por uma máquina é três vezes maior que o trabalho que ele realiza. (a) Qual é sua eficiência térmica? (b) Que fração da energia absorvida é expelida para o reservatório frio?

60. **AMT** Em Niagara Falls, a cada segundo, $5,00 \times 10^3$ m³ de água caem a uma distância de 50,0 m. Qual é o aumento na entropia do Universo por segundo devido à água que cai? Suponha que a massa do entorno seja tão grande que sua temperatura e a da água permaneçam quase constantes a 20,0 °C. Suponha também que uma quantidade desprezível de água evapore.

61. Encontre a eficiência máxima (Carnot) de uma máquina que absorve energia de um reservatório quente a 545 °C e fornece energia para um reservatório frio a 185 °C.

62. Em 1993, o governo dos Estados Unidos passou a exigir que todos os ares-condicionados vendidos no país deveriam ter taxa de eficiência de energia (TEE) de 10 ou mais. TEE é definida como a proporção entre a capacidade de resfriamento do ar-condicionado, medido em unidades térmicas britânicas por hora, ou Btu/h, e sua necessidade elétrica em watts. (a) Converta a TEE de 10,0 para uma forma sem dimensões, usando a conversão 1 Btu = 1.055 J. (b) Qual é o nome adequado para essa quantidade sem dimensão? (c) Nos anos 1970, era comum encontrar ar-condicionado com TEEs de 5 ou menos. Diga como os custos operacionais se comparam para aparelhos de ar-condicionado de 10.000 Btu/h com TEEs de 5,00 e 10,0. Suponha que cada ar-condicionado opere por 1.500 h durante o verão em uma cidade onde a eletricidade custa $ 17,00 por kWh.

63. **M** Energia é transferida por calor pelas paredes externas e telhado de uma casa a uma taxa de $5,00 \times 10^3$ J/s = 5,00 kW quando a temperatura interior é 22,0 °C, e a exterior é –5,00 °C. (a) Calcule a potência elétrica necessária para manter a temperatura interior a 22,0 °C se a potência é usada em aquecedores com resistência elétrica que convertem toda a energia transferida por transmissão elétrica em energia interna. (b) **E se?** Calcule a potência elétrica necessária para manter a temperatura interior a 22,0 °C se a potência é usada para impelir um motor elétrico que opera o compressor de uma bomba de calor com coeficiente de desempenho igual a 60,0% do valor do ciclo de Carnot.

64. **M** Um mol de gás néon é aquecido de 300 K para 420 K à pressão constante. Calcule (a) a energia Q transferida para o gás, (b) a variação na energia interna do gás, e (c) o trabalho realizado *sobre* o gás. Observe que o néon tem um calor molar específico de $C_P = 20,79$ J/mol · K para um processo em pressão constante.

65. Um congelador hermético tem n moles de ar a 25,0 °C e 1,00 atm. O ar é resfriado para –18,0 °C. (a) Qual é a variação na entropia do ar se o volume é mantido constante? (b) Qual seria a variação na entropia se a pressão fosse mantida a 1,00 atm durante o resfriamento?

66. Suponha que uma bomba de calor ideal (Carnot) pudesse ser construída para ser usada como um ar-condicionado. (a) Obtenha uma expressão para o coeficiente de desempenho (COD) de tal ar-condicionado em termos de T_q e T_f. (b) Este ar-condicionado operaria com entrada de energia menor se a diferença nas temperaturas de operação fosse maior ou menor? (c) Compute o COD para tal ar-condicionado se a temperatura interna é 20,0 °C e a externa é 40,0 °C.

67. **PD** Em 1816, Robert Stirling, um clérigo escocês, patenteou o *motor de Stirling*, que teve uma variedade de aplicações desde então, incluindo o uso atual em coletores de energia solar para transformar a luz do Sol em eletricidade. O combustível é queimado externamente para aquecer um dos dois cilindros do motor. Uma quantidade fixa de gás inerte se move ciclicamente entre os cilindros, expandindo-se no cilindro quente e se contraindo no frio. A Figura P8.67 representa um modelo para esse ciclo termodinâmico. Considere n moles de um gás ideal monoatômico passando pelo ciclo uma vez, consistindo de dois processos isotérmicos a temperaturas $3T_i$ e T_i e dois processos de volume constante. Vamos encontrar a eficiência desse motor. (a) Encontre a energia transferida por calor para o gás durante o processo isovolumétrico *AB*. (b) Encontre a energia transferida por calor para o gás durante o processo isotérmico *BC*. (c) Encontre a energia transferida por calor para o gás durante o processo isovolumétrico *CD*. (d) Encontre a energia transferida por calor para o gás durante o processo isotérmico *DA*. (e) Identifique quais dos resultados das partes (a) a (d) são positivos e avalie a entrada de energia no motor por calor. (f) A partir da Primeira Lei da Termodinâmica, encontre o trabalho realizado pelo motor. (g) A partir dos resultados das partes (e) e (f), avalie a eficiência do motor. É mais fácil construir um motor de Stirling que um de combustão interna ou uma turbina. Ele funciona com lixo queimado. E pode funcionar com energia transferida pela luz do sol e não produzir material de

escape. Motores de Stirling não são usados em automóveis atualmente por causa do longo tempo de partida e resposta pobre da aceleração.

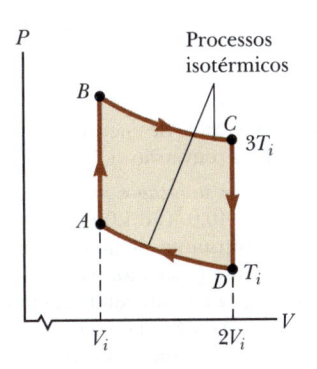

Figura P8.67

68. Uma área de queima de combustível está a 750 K e a temperatura ambiente é 300 K. A eficiência de uma máquina de Carnot realizando 150 J de trabalho enquanto transporta energia entre esses banhos à temperatura constante é 60,0%. A máquina de Carnot deve receber energia 150 J/0,600 = 250 J do reservatório quente e fornecer 100 J de energia por calor no ambiente. Para seguir a lógica de Carnot, suponha que alguma outra máquina térmica S tivesse uma eficiência de 70,0%. (a) Encontre a entrada de energia e saída de energia de escape da máquina S enquanto ela realiza 150 J de trabalho. (b) Deixe a máquina S operar como na parte (a) e funcione a máquina de Carnot em reverso entre os mesmos reservatórios. A saída de trabalho da máquina S é a entrada de trabalho para o refrigerador de Carnot. Encontre o total de energia transferida de ou para essa área e a energia total transferida de ou para o ambiente quando as duas máquinas operam juntas. (c) Explique como os resultados das partes (a) e (b) mostram que a afirmativa de Clausius sobre a Segunda Lei da Termodinâmica é violada. (d) Encontre a entrada de energia e saída de trabalho da máquina S quando ela libera energia de escape de 100 J. Deixe a máquina S operar como na parte (c) e use com 150 J de sua saída de trabalho para fazer a máquina de Carnot funcionar em reverso. Encontre (e) a energia total que a área de queima libera quando as duas máquinas operam juntas, (f) a saída de trabalho total e (g) a energia total transferida para o ambiente. (h) Explique como os resultados mostram que a afirmativa de Kelvin-Planck sobre a Segunda Lei é violada. Portanto, nossa suposição sobre a eficiência da máquina S deve ser falsa. (i) Deixe as máquinas operarem juntas por um ciclo como na parte (d). Encontre a variação na entropia do Universo. (j) Explique como o resultado da parte (i) mostra que a afirmativa sobre entropia da Segunda Lei é violada.

69. **Revisão.** Este problema complementa o de n. 88 do Capítulo 10 do Volume 1 desta coleção. Na operação de um motor de combustão interna com um único cilindro, uma carga de combustível explode para impelir o pistão para fora no *curso de alimentação*. Parte de sua saída de energia é armazenada em uma roda volante giratória. Essa energia é usada para empurrar o pistão para dentro a fim de comprimir a próxima carga de combustível e ar. Nesse processo de compressão, suponha que um volume original de 0,120 L de um gás ideal diatômico em pressão atmosférica seja comprimido adiabaticamente para um oitavo de seu volume original. (a) Encontre a entrada de trabalho necessária para comprimir o gás. (b) Suponha que a roda volante seja um disco sólido de massa 5,10 kg e raio 8,50 cm, girando livremente sem atrito entre os cursos de alimentação e de compressão. Com que velocidade a roda volante deve girar imediatamente após o curso de alimentação? Essa situação representa a velocidade angular mínima na qual o motor pode operar sem falhar. (c) Quando a operação do motor está bem acima do ponto de afogamento, suponha que a roda volante empurre 5,00% de sua energia máxima na compressão da próxima carga de combustível e ar. Encontre sua velocidade angular máxima nesse caso.

70. Um laboratório de biologia é mantido a uma temperatura constante de 7,00 °C por um ar-condicionado, com saída para o ar externo. Em um dia típico de verão nos Estados Unidos, a temperatura externa é de 27,0 °C, e a unidade de ar-condicionado emite energia para o exterior a uma taxa de 10,0 kW. Modele a unidade como tendo coeficiente de desempenho (COD) igual a 40,0% do COD de um aparelho ideal de Carnot. (a) A que taxa o ar-condicionado remove energia do laboratório? (b) Calcule a potência necessária para a entrada de trabalho. (c) Encontre a variação na entropia do Universo produzida pelo ar-condicionado em 1,00 h. (d) **E se?** A temperatura externa aumenta para 32,0 °C. Encontre a variação fracional no COD do ar-condicionado.

71. Uma usina elétrica, com eficiência de Carnot, produz 1,00 GW de potência elétrica nas turbinas que recebem vapor a 500 K e fornecem água a 300 K em um rio fluente. A corrente de água para baixo é 6,00 K mais quente devido à produção da usina elétrica. Determine a taxa de fluxo do rio.

72. Uma usina elétrica, com eficiência de Carnot, produz potência elétrica P de turbinas que recebem energia do vapor a temperatura T_q e descarregam energia a temperatura T_f por uma troca de calor em um rio fluente. A corrente de água para baixo é ΔT mais quente devido à produção da usina elétrica. Determine a taxa de fluxo do rio.

73. Uma amostra de 1,00 mol de um gás ideal monoatômico passa pelo ciclo mostrado na Figura P8.73. O processo $A \to B$ é uma expansão isotérmica reversível. Calcule (a) o trabalho total realizado pelo gás, (b) a energia acrescentada ao gás pelo calor, (c) a energia fornecida ao gás pelo calor e (d) a eficiência do ciclo. (e) Explique como a eficiência se compara com aquela de uma máquina de Carnot operando entre os mesmos extremos de temperatura.

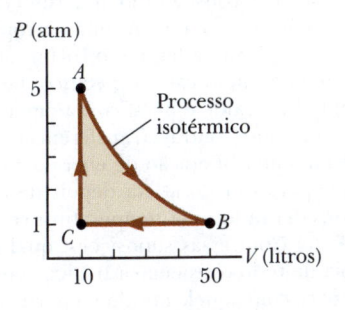

Figura P8.73

74. Um sistema consistindo de n moles de um gás ideal com calor específico molar à pressão constante C_P passa por dois processos reversíveis. Ele começa com pressão P_i e volume V_i, expande isotermicamente e, então, contrai adiabaticamente para atingir um estado final com pressão P_i e volume $3V_i$. (a) Encontre sua variação na entropia

no processo isotérmico. A entropia não muda no processo adiabático. (b) **E se?** Explique por que a resposta para a parte (a) deve ser a mesma que a do Problema 77. Você não precisa resolver o Problema 77 para responder a essa questão.

75. Uma máquina térmica opera entre dois reservatórios a $T_2 = 600$ K e $T_1 = 350$ K. Ele recebe $1,00 \times 10^3$ J de energia do reservatório de alta temperatura e desempenha 250 J de trabalho. Encontre (a) a variação na entropia do Universo ΔS_U para esse processo e (b) o trabalho W que poderia ser realizado por um motor ideal de Carnot operando entre esses dois reservatórios. (c) Mostre que a diferença entre as quantidades de trabalho realizado nas partes (a) e (b) é $T_1 \Delta S_U$.

76. Uma amostra de 1,00 mol de um gás ideal monoatômico passa pelo ciclo mostrado na Figura P8.76. No ponto A, a pressão, o volume e a temperatura são P_i, V_i e T_i, respectivamente. Em termos de R e T_i, encontre (a) a energia total entrando no sistema por calor por ciclo, (b) a energia total saindo do sistema por calor por ciclo e (c) a eficiência de um motor operando nesse ciclo. (d) Explique como a eficiência se compara com aquela de um motor operando em um ciclo de Carnot entre os mesmos extremos de temperatura.

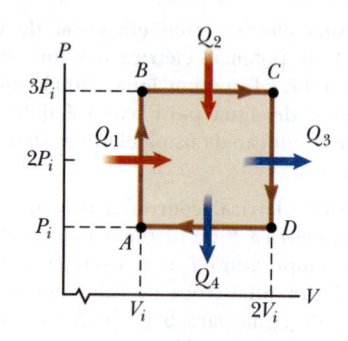

Figura P8.76

77. Uma amostra consistindo de n moles de um gás ideal passa por uma expansão isobárica reversível do volume V_i para o volume $3V_i$. Encontre a variação na entropia do gás calculando $\int_i^f dQ/T$, onde $dQ = nC_p dT$.

78. Um atleta com massa de 70,0 kg bebe 16,0 onças (454 g) de água refrigerada. A água está a uma temperatura de 35,0 °F. (a) Desprezando a variação na temperatura do corpo que resulta da ingestão de água (de modo que o corpo é considerado um reservatório sempre a 98,6 °F), encontre o aumento na entropia de todo o sistema. (b) **E se?** Suponha que o corpo todo seja resfriado pela bebida e que o calor específico médio de uma pessoa é igual ao calor específico da água líquida. Desprezando quaisquer outras transferências de energia por calor e qualquer liberação de energia metabólica, encontre a temperatura do atleta depois de ele beber a água fria, considerando uma temperatura corpórea inicial de 98,6 °F. (c) Com essas suposições, qual é o aumento na entropia de todo o sistema? (d) Diga como esse resultado se compara com aquele obtido na parte (a).

79. Uma amostra de um gás ideal expande isotermicamente, dobrando em volume. (a) Mostre que o trabalho realizado sobre o gás na expansão é $W = -nRT \ln 2$. (b) Como a energia interna E_{int} de um gás ideal depende somente de sua temperatura, a variação na energia interna é zero durante a expansão. Segue da primeira lei que a entrada de energia para o gás por calor durante a expansão é igual à saída de energia por trabalho. Esse processo tem 100% de eficiência em converter a entrada de energia por calor em produção de trabalho? (c) Essa conversão viola a segunda lei? Explique.

80. *Por que a seguinte situação é impossível?* Duas amostras de água – 1,00 kg a 10,0 °C e 1,00 kg a 30,0 °C – são misturadas à pressão constante dentro de um recipiente isolado. Como o recipiente é isolado, não há troca de energia por calor entre a água e o ambiente. Além disso, a quantidade de energia que sai da água quente por calor é igual à quantidade que entra na água fria por calor. Portanto, a variação na entropia do Universo é zero para esse processo.

Problemas de Desafio

81. Uma amostra de um gás ideal de 1,00 mol ($\gamma = 1,40$) é levada pelo ciclo de Carnot descrito na Figura 8.11. No ponto A, a pressão é 25,0 atm e a temperatura é 600 K. No ponto C, a pressão é 1,00 atm e a temperatura é 400 K. (a) Determine as pressões e volumes nos pontos A, B, C e D. (b) Calcule o trabalho total realizado por ciclo.

82. A razão da compressão de um ciclo de Otto, como mostrado na Figura 8.13, é $V_A/V_B = 8,00$. No início A do processo de compressão, 500 cm³ de gás está a 100 kPa e 20,0 °C. No início da expansão adiabática, a temperatura é $T_C = 750$ °C. Modele o fluido de trabalho como um gás ideal com $\gamma = 1,40$. (a) Preencha a tabela para seguir os estados do gás:

	T (K)	P (kPa)	V (cm³)
A	293	100	500
B			
C	1.023		
D			

(b) Preencha a tabela para seguir os processos:

	Q	W	ΔE_{int}
$A \to B$			
$B \to C$			
$C \to D$			
$D \to A$			
$ABCDA$			

(c) Identifique a entrada de energia $|Q_q|$, (d) a energia de escape $|Q_f|$ e (e) o trabalho total de saída $W_{máq}$. (f) Calcule a eficiência térmica. (g) Encontre o número de revoluções do virabrequim por minuto necessário para que um motor de um cilindro tenha uma potência de saída de 1,00 kW = 1,34 hp. *Observação*: o ciclo termodinâmico envolve quatro movimentos do pistão.

apêndice A
Tabelas

TABELA A.1 *Fatores de conversão*

	m	cm	km	pol	pé	mi
1 metro	1	10^2	10^{-3}	39,37	3,281	$6,214 \times 10^{-4}$
1 centímetro	10^{-2}	1	10^{-5}	0,3937	$3,281 \times 10^{-2}$	$6,214 \times 10^{-6}$
1 quilômetro	10^3	10^5	1	$3,937 \times 10^4$	$3,281 \times 10^3$	0,6214
1 polegada	$2,540 \times 10^{-2}$	2,540	$2,540 \times 10^{-5}$	1	$8,333 \times 10^{-2}$	$1,578 \times 10^{-5}$
1 pé	0,3048	30,48	$3,048 \times 10^{-4}$	12	1	$1,894 \times 10^{-4}$
1 milha	1.609	$1,609 \times 10^5$	1,609	$6,336 \times 10^4$	5.280	1

Massa

	kg	g	slug	u
1 quilograma	1	10^3	$6,852 \times 10^{-2}$	$6,024 \times 10^{26}$
1 grama	10^{-3}	1	$6,852 \times 10^{-5}$	$6,024 \times 10^{23}$
1 slug	14,59	$1,459 \times 10^4$	1	$8,789 \times 10^{27}$
1 unidade de massa atômica	$1,660 \times 10^{-27}$	$1,660 \times 10^{-24}$	$1,137 \times 10^{-28}$	1

Nota: 1 ton métrica = 1.000 kg.

Tempo

	s	min	h	dia	ano
1 segundo	1	$1,667 \times 10^{-2}$	$2,778 \times 10^{-4}$	$1,157 \times 10^{-5}$	$3,169 \times 10^{-8}$
1 minuto	60	1	$1,667 \times 10^{-2}$	$6,994 \times 10^{-4}$	$1,901 \times 10^{-6}$
1 hora	3.600	60	1	$4,167 \times 10^{-2}$	$1,141 \times 10^{-4}$
1 dia	$8,640 \times 10^4$	1.440	24	1	$2,738 \times 10^{-5}$
1 ano	$3,156 \times 10^7$	$5,259 \times 10^5$	$8,766 \times 10^3$	365,2	1

Velocidade

	m/s	cm/s	pé/s	mi/h
1 metro por segundo	1	10^2	3,281	2,237
1 centímetro por segundo	10^{-2}	1	$3,281 \times 10^{-2}$	$2,237 \times 10^{-2}$
1 pé por segundo	0,3048	30,48	1	0,6818
1 milha por hora	0,4470	44,70	1,467	1

Nota: 1 mi/min = 60 mi/h = 88 pé/s.

Força

	N	lb
1 newton	1	0,2248
1 libra	4,448	1

(Continua)

TABELA A.1 Fatores de conversão (continuação)

Energia, transferência de energia

	J	pé· lb	eV
1 joule	1	0,7376	$6,242 \times 10^{18}$
1 pé-libra	1,356	1	$8,464 \times 10^{18}$
1 elétron-volt	$1,602 \times 10^{-19}$	$1,182 \times 10^{-19}$	1
1 caloria	4,186	3,087	$2,613 \times 10^{19}$
1 unidade térmica inglesa	$1,055 \times 10^{3}$	$7,779 \times 10^{2}$	$6,585 \times 10^{21}$
1 quilowatt-hora	$3,600 \times 10^{6}$	$2,655 \times 10^{6}$	$2,247 \times 10^{25}$

	cal	Btu	kWh
1 joule	0,2389	$9,481 \times 10^{-4}$	$2,778 \times 10^{-7}$
1 pé-libra	0,3239	$1,285 \times 10^{-3}$	$3,766 \times 10^{-7}$
1 elétron-volt	$3,827 \times 10^{-20}$	$1,519 \times 10^{-22}$	$4,450 \times 10^{-26}$
1 caloria	1	$3,968 \times 10^{-3}$	$1,163 \times 10^{-6}$
1 unidade térmica inglesa	$2,520 \times 10^{2}$	1	$2,930 \times 10^{-4}$
1 quilowatt-hora	$8,601 \times 10^{5}$	$3,413 \times 10^{2}$	1

Pressão

	Pa	atm
1 pascal	1	$9,869 \times 10^{-6}$
1 atmosfera	$1,013 \times 10^{5}$	1
1 centímetro de mercúrio[a]	$1,333 \times 10^{3}$	$1,316 \times 10^{-2}$
1 libra por polegada quadrada	$6,895 \times 10^{3}$	$6,805 \times 10^{-2}$
1 libra por pé quadrado	47,88	$4,725 \times 10^{-4}$

	cm Hg	lb/pol^2	lb/pé^2
1 pascal	$7,501 \times 10^{-4}$	$1,450 \times 10^{-4}$	$2,089 \times 10^{-2}$
1 atmosfera	76	14,70	$2,116 \times 10^{3}$
1 centímetro de mercúrio[a]	1	0,1943	27,85
1 libra por polegada quadrada	5,171	1	144
1 libra por pé quadrado	$3,591 \times 10^{-2}$	$6,944 \times 10^{-3}$	1

[a] A 0 °C e em um local onde a aceleração da gravidade tem seu valor "padrão", 9,80665 m/s^2.

TABELA A.2 Símbolos, dimensões e unidades de quantidades físicas

Quantidade	Símbolo comum	Unidade[a]	Dimensões[b]	Unidade em termos de unidades base SI
Aceleração	$\vec{a}$	m/s^2	L/T^2	m/s^2
Quantidade de substância	n	MOL		mol
Ângulo	θ, ϕ	radiano (rad)	1	
Aceleração angular	$\vec{\alpha}$	rad/s^2	T^{-2}	s^{-2}
Frequência angular	ω	rad/s	T^{-1}	s^{-1}
Momento angular	$\vec{L}$	kg · m^2/s	ML^2/T	kg · m^2/s
Velocidade angular	$\vec{\omega}$	rad/s	T^{-1}	s^{-1}
Área	A	m^2	L^2	m^2
Número atômico	Z			
Capacitância	C	farad (F)	Q^{2}T^2/ML^2	A^2 · s^4/kg · m^2
Carga	q, Q, e	coulomb (C)	Q	A · s

(continua)

TABELA A.2 Símbolos, dimensões e unidades de quantidades físicas (continuação)

Quantidade	Símbolo comum	Unidade[a]	Dimensões[b]	Unidade em termos de unidades base SI
Densidade de carga				
Linha	λ	C/m	Q/L	A · s/m
Superfície	σ	C/m^2	Q/L^2	A · s/m^2
Volume	ρ	C/m^3	Q/L^3	A · s/m^3
Condutividade	σ	1/Ω · m	Q^{2}T/ML^3	A^2 · s^3/kg · m^3
Corrente	I	AMPÈRE	Q/T	A
Densidade de corrente	J	A/m^2	Q/TL^2	A/m^2
Densidade	ρ	kg/m^3	M/L^3	kg/m^3
Constante dielétrica	κ			
Momento de dipolo elétrico	$\vec{p}$	C · m	QL	A · s · m
Campo elétrico	$\vec{E}$	V/m	ML/QT^2	kg · m/A · s^3
Fluxo elétrico	Φ_E	V · m	ML^3/QT^2	kg · m^3/A · s^3
Força eletromotriz	ε	volt (V)	ML^2/QT^2	kg · m^2/A · s^3
Energia	E, U, K	joule (J)	ML^2/T^2	kg · m^2/s^2
Entropia	S	J/K	ML^2/T^{2}K	kg · m^2/s^2 · K
Força	$\vec{F}$	newton (N)	ML/T^2	kg · m/s^2
Frequência	f	hertz (Hz)	T^{-1}	s^{-1}
Calor	Q	joule (J)	ML^2/T^2	kg · m^2/s^2
Indutância	L	henry (H)	ML^2/Q^2	kg · m^2/A^2 · s^2
Comprimento	ℓ, L	METRO	L	m
Deslocamento	$\Delta x, \Delta \vec{r}$			
Distância	d, h			
Posição	$x, y, z, \vec{r}$			
Momento de dipolo magnético	$\vec{\mu}$	N · m/T	QL^2/T	A · m^2
Campo magnético	$\vec{B}$	tesla (T) (= Wb/m^2)	M/QT	kg/A · s^2
Fluxo magnético	Φ_B	weber (Wb)	ML^2/QT	kg · m^2/A · s^2
Massa	m, M	QUILOGRAMA	M	kg
Calor específico molar	C	J/mol · K		kg · m^2/s^2 · mol · K
Momento de inércia	I	kg · m^2	ML^2	kg · m^2
Quantidade de movimento	$\vec{p}$	kg · m/s	ML/T	kg · m/s
Período	T	s	T	s
Permeabilidade do espaço livre	μ_0	N/A^2 (= H/m)	ML/Q^2	kg · m/A^2 · s^2
Permissividade do espaço livre	ϵ_0	C^2/N · m^2 (= F/m)	Q^{2}T^2/ML^3	A^2 · s^4/kg · m^3
Potencial	V	volt (V)(= J/C)	ML^2/QT^2	kg · m^2/A · s^3
Potência	P	watt (W)(= J/s)	ML^2/T^3	kg · m^2/s^3
Pressão	P	pascal (Pa)(= N/m^2)	M/LT^2	kg/m · s^2
Resistência	R	ohm (Ω)(= V/A)	ML^2/Q^{2}T	kg · m^2/A^2 · s^3
Calor específico	c	J/kg · K	L^2/T^{2}K	m^2/s^2 · K
Velocidade	v	m/s	L/T	m/s
Temperatura	T	KELVIN	K	K
Tempo	t	SEGUNDO	T	s
Torque	$\vec{\tau}$	N · m	ML^2/T^2	kg · m^2/s^2
Velocidade	$\vec{v}$	m/s	L/T	m/s
Volume	V	m^3	L^3	m^3
Comprimento de onda	λ	m	L	m
Trabalho	W	joule (J)(= N · m)	ML^2/T^2	kg · m^2/s^2

[a] As unidades bases SI são mostradas em letras maiúsculas.
[b] Os símbolos M, L, T, K e Q denotam massa, comprimento, tempo, temperatura e carga, respectivamente.

apêndice B
Revisão matemática

Este apêndice serve como uma breve revisão de operações e métodos. Desde o começo deste curso, você deve estar completamente familiarizado com técnicas algébricas básicas, geometria analítica e trigonometria. As seções de cálculo diferencial e integral são mais detalhadas e voltadas para alunos que têm dificuldade com a aplicação dos conceitos de cálculo para situações físicas.

B.1 Notação científica

Várias quantidades utilizadas pelos cientistas geralmente têm valores muito grandes ou muito pequenos. A velocidade da luz, por exemplo, é por volta de 300.000.000 m/s, e a tinta necessária para fazer o pingo no *i* neste livro-texto tem uma massa de aproximadamente 0,000000001 kg. Obviamente, é bastante complicado ler, escrever e acompanhar esses números. Evitamos este problema utilizando um método que incorpora potências do número 10:

$$10^0 = 1$$
$$10^1 = 10$$
$$10^2 = 10 \times 10 = 100$$
$$10^3 = 10 \times 10 \times 10 = 1.000$$
$$10^4 = 10 \times 10 \times 10 \times 10 = 10.000$$
$$10^5 = 10 \times 10 \times 10 \times 10 \times 10 = 100.000$$

e assim por diante. O número de zeros corresponde à potência à qual dez é colocado, chamado **expoente** de dez. Por exemplo, a velocidade da luz, 300.000.000 m/s, pode ser expressa como $3,00 \times 10^8$ m/s.

Neste método, alguns números representativos inferiores à unidade são os seguintes:

$$10^{-1} = \frac{1}{10} = 0,1$$
$$10^{-2} = \frac{1}{10 \times 10} = 0,01$$
$$10^{-3} = \frac{1}{10 \times 10 \times 10} = 0,001$$
$$10^{-4} = \frac{1}{10 \times 10 \times 10 \times 10} = 0,0001$$
$$10^{-5} = \frac{1}{10 \times 10 \times 10 \times 10 \times 10} = 0,00001$$

Nestes casos, o número de casas que o ponto decimal está à esquerda do dígito 1 é igual ao valor do expoente (negativo). Os números expressos como uma potência de dez multiplicados por outro número entre um e dez são considerados em **notação científica**. Por exemplo, a notação científica para 5.943.000.000 é $5,943 \times 10^9$, e para 0,0000832 é $8,32 \times 10^{-5}$.

Quando os números expressos em notação científica estão sendo multiplicados, a regra geral a seguir é muito útil:

$$10^n \times 10^m = 10^{n+m} \quad \text{(B.1)}$$

onde *n* e *m* podem ser *quaisquer* números (não necessariamente inteiros). Por exemplo, $10^2 \times 10^5 = 10^7$. A regra também se aplica se um dos expoentes for negativo: $10^3 \times 10^{-8} = 10^{-5}$.

Ao dividir os números formulados em notação científica, note que

$$\frac{10^n}{10^m} = 10^n \times 10^{-m} = 10^{n-m} \qquad (B.2)$$

Exercícios

Com a ajuda das regras anteriores, verifique as respostas nas equações a seguir:

1. $86.400 = 8,64 \times 10^4$
2. $9.816.762,5 = 9,8167625 \times 10^6$
3. $0,0000000398 = 3,98 \times 10^{-8}$
4. $(4,0 \times 10^8)(9,0 \times 10^9) = 3,6 \times 10^{18}$
5. $(3,0 \times 10^7)(6,0 \times 10^{-12}) = 1,8 \times 10^{-4}$
6. $\dfrac{75 \times 10^{-11}}{5,0 \times 10^{-3}} = 1,5 \times 10^{-7}$
7. $\dfrac{(3 \times 10^6)(8 \times 10^{-2})}{(2 \times 10^{17})(6 \times 10^5)} = 2 \times 10^{-18}$

B.2 Álgebra

Algumas regras básicas

Quando operações algébricas são executadas, aplicam-se as leis da aritmética. Símbolos como x, y e z em geral são utilizados para representar quantidades não especificadas, chamadas **desconhecidas**.

Primeiro, considere a equação

$$8x = 32$$

Se desejarmos resolver x, podemos dividir (ou multiplicar) cada lado da equação pelo mesmo fator sem destruir a igualdade. Neste caso, se dividirmos ambos os lados por 8, temos

$$\frac{8x}{8} = \frac{32}{8}$$
$$x = 4$$

Em seguida, consideramos a equação

$$x + 2 = 8$$

Neste tipo de expressão, podemos adicionar ou subtrair a mesma quantidade de cada lado. Se subtrairmos 2 de cada lado, temos

$$x + 2 - 2 = 8 - 2$$
$$x = 6$$

Em geral, se $x + a = b$, então $x = b - a$.

Considere agora a equação

$$\frac{x}{5} = 9$$

Se multiplicarmos cada lado por 5, temos x à esquerda por ele mesmo e 45 à direita:

$$\left(\frac{x}{5}\right)(5) = 9 \times 5$$
$$x = 45$$

Em todos os casos, *qualquer operação que for feita no lado esquerdo da igualdade também deve sê-lo no lado direito.*

As regras a seguir para multiplicação, divisão, adição e subtração de frações devem ser lembradas, onde a, b, c e d são quatro números:

	Regra	Exemplo
Multiplicação	$\left(\dfrac{a}{b}\right)\left(\dfrac{c}{d}\right) = \dfrac{ac}{bd}$	$\left(\dfrac{2}{3}\right)\left(\dfrac{4}{5}\right) = \dfrac{8}{15}$
Divisão	$\dfrac{(a/b)}{(c/d)} = \dfrac{ad}{bc}$	$\dfrac{2/3}{4/5} = \dfrac{(2)(5)}{(4)(3)} = \dfrac{10}{12}$
Adição	$\dfrac{a}{b} \pm \dfrac{c}{d} = \dfrac{ad \pm bc}{bd}$	$\dfrac{2}{3} - \dfrac{4}{5} = \dfrac{(2)(5) - (4)(3)}{(3)(5)} = -\dfrac{2}{15}$

Exercícios

Nos exercícios a seguir, resolva para x.

Respostas

1. $a = \dfrac{1}{1 + x}$ $x = \dfrac{1 - a}{a}$
2. $3x - 5 = 13$ $x = 6$
3. $ax - 5 = bx + 2$ $x = \dfrac{7}{a - b}$
4. $\dfrac{5}{2x + 6} = \dfrac{3}{4x + 8}$ $x = -\dfrac{11}{7}$

Potências

Quando potências de determinada quantidade x são multiplicadas, a regra a seguir se aplica:

$$x^n x^m = x^{n+m} \tag{B.3}$$

Por exemplo, $x^2 x^4 = x^{2+4} = x^6$.

Ao dividir as potências de determinada quantidade, a regra é

$$\dfrac{x^n}{x^m} = x^{n-m} \tag{B.4}$$

Por exemplo, $x^8/x^2 = x^{8-2} = x^6$.

Uma potência que é uma fração, como $\tfrac{1}{3}$, corresponde a uma raiz como segue:

$$x^{1/n} = \sqrt[n]{x} \tag{B.5}$$

Por exemplo, $4^{1/3} = \sqrt[3]{4} = 1{,}5874$. (Uma calculadora científica é útil nesses cálculos.)

Finalmente, qualquer quantidade x^n elevada à m-ésima potência é

$$(x^n)^m = x^{nm} \tag{B.6}$$

A Tabela B.1 resume as regras dos expoentes.

TABELA B.1

Regras dos expoentes

$x^0 = 1$
$x^1 = x$
$x^n x^m = x^{n+m}$
$x^n / x^m = x^{n-m}$
$x^{1/n} = \sqrt[n]{x}$
$(x^n)^m = x^{nm}$

Exercícios

Verifique as equações a seguir:

1. $3^2 \times 3^3 = 243$
2. $x^5 x^{-8} = x^{-3}$
3. $x^{10}/x^{-5} = x^{15}$

4. $5^{1/3} = 1.709.976$ (use a calculadora)
5. $60^{1/4} = 2.783.158$ (use a calculadora)
6. $(x^4)^3 = x^{12}$

Fatoração

Algumas fórmulas úteis para fatorar uma equação são as seguintes:

$ax + ay + az = a(x + y + z)$ fator comum

$a^2 + 2ab + b^2 = (a + b)^2$ quadrado perfeito

$a^2 - b^2 = (a + b)(a - b)$ diferença de quadrados

Equações quadráticas

A forma geral de uma equação quadrática é

$$ax^2 + bx + c = 0 \tag{B.7}$$

onde x é a quantidade desconhecida; a, b e c são fatores numéricos chamados **coeficientes** da equação. Esta equação tem duas raízes, dadas por

$$x = \frac{-b \pm \sqrt{b^2 - 4ac}}{2a} \tag{B.8}$$

Se $b^2 \geq 4ac$, as raízes são reais.

Exemplo B.1

A equação $x^2 + 5x + 4 = 0$ tem as seguintes raízes que correspondem aos dois sinais do termo de raiz quadrada:

$$x = \frac{-5 \pm \sqrt{5^2 - (4)(1)(4)}}{2(1)} = \frac{-5 \pm \sqrt{9}}{2} = \frac{-5 \pm 3}{2}$$

$$x_+ = \frac{-5 + 3}{2} = -1 \quad x_- = \frac{-5 - 3}{2} = -4$$

onde x_+ refere-se à raiz que corresponde ao sinal positivo, e x_- à raiz que corresponde ao sinal negativo.

Exercícios

Resolva as seguintes equações quadráticas:

Respostas

1. $x^2 + 2x - 3 = 0$ $x_+ = 1$ $x_- = -3$
2. $2x^2 - 5x + 2 = 0$ $x_+ = 2$ $x_- = \frac{1}{2}$
3. $2x^2 - 4x - 9 = 0$ $x_+ = 1 + \sqrt{22}/2$ $x_- = 1 - \sqrt{22}/2$

Equações Lineares

Uma equação linear tem a forma geral

$$y = mx + b \tag{B.9}$$

onde m e b são constantes. Esta equação é chamada linear porque o gráfico de y por x é uma linha reta, como mostra a Figura B.1. A constante b, chamada **coeficiente linear**, representa o valor de y no qual a linha reta se intersecciona com o eixo y. A constante m é igual ao **coeficiente angular (inclinação)** da linha reta. Se dois pontos quaisquer na linha reta

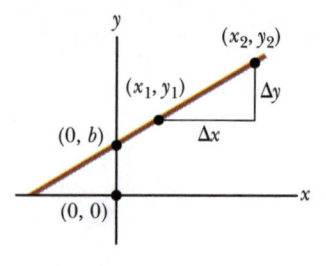

Figura B.1 Linha reta representada graficamente em um sistema de coordenadas xy. A inclinação da linha é a razão entre Δy e Δx.

forem especificados pelas coordenadas (x_1, y_1) e (x_2, y_2), como na Figura B.1, a inclinação da linha reta pode ser expressa como

$$\text{Inclinação} = \frac{y_2 - y_1}{x_2 - x_1} = \frac{\Delta y}{\Delta x} \quad \text{(B.10)}$$

Note que m e b podem ter valores positivos ou negativos. Se $m > 0$, a linha reta tem uma inclinação *positiva*, como na Figura B.1. Se $m < 0$, a linha reta tem uma inclinação *negativa*. Na Figura B.1, m e b são positivos. Três outras situações possíveis são mostradas na Figura B.2.

Exercícios

1. Desenhe os gráficos das linhas retas a seguir:
   (a) $y = 5x + 3$ (b) $y = -2x + 4$ (c) $y = -3x - 6$
2. Encontre as inclinações das linhas retas descritas no Exercício 1.

Respostas (a) 5, (b) -2, (c) -3

3. Encontre as inclinações das linhas retas que passam pelos seguintes conjuntos de pontos: (a) $(0, -4)$ e $(4, 2)$, (b) $(0, 0)$ e $(2, -5)$, (c) $(-5, 2)$ e $(4, -2)$

Respostas (a) $\frac{3}{2}$ (b) $-\frac{5}{2}$ (c) $-\frac{4}{9}$

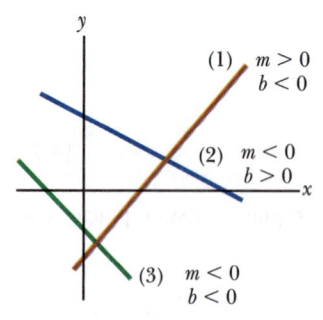

Figura B.2 A linha (1) tem uma inclinação positiva e um ponto de intersecção com y negativo. A linha (2) tem uma inclinação negativa e um ponto de intersecção com y positivo. A linha (3) tem uma inclinação negativa e um ponto de intersecção com y negativo.

Resolução de equações lineares simultâneas

Considere a equação $3x + 5y = 15$, que tem duas incógnitas, x e y. Ela não tem uma solução única. Por exemplo, $(x = 0, y = 3)$, $(x = 5, y = 0)$ e $(x = 2, y = \frac{9}{5})$ são todas soluções para esta equação.

Se um problema tem duas incógnitas, uma solução única é possível somente se tivermos *duas* informações. Na maioria dos casos, elas são equações. Em geral, se um problema tem n incógnitas, sua solução necessita de n equações. Para resolver essas duas equações simultâneas que envolvem duas incógnitas, x e y, resolvemos uma delas para x em termos de y e substituímos esta expressão na outra equação.

Em alguns casos, as duas informações podem ser (1) uma equação e (2) uma condição nas soluções. Por exemplo, suponha que tenhamos a equação $m = 3n$ e a condição que m e n devem ser os menores inteiros diferentes de zero possíveis. Então, a equação simples não permite uma solução única, mas a adição da condição resulta que $n = 1$ e $m = 3$.

Exemplo B.2

Resolva as duas equações simultâneas

$$(1) \quad 5x + y = -8$$
$$(2) \quad 2x - 2y = 4$$

Solução Da Equação (2), $x = y + 2$. A substituição desta na Equação (1) resulta

$$5(y + 2) + y = -8$$
$$6y = -18$$
$$y = \boxed{-3}$$
$$x = y + 2 = \boxed{-1}$$

Solução alternativa Multiplique cada termo na Equação (1) pelo fator 2 e adicione o resultado à Equação (2):

$$10x + 2y = -16$$
$$\underline{2x - 2y = 4}$$
$$12x \quad\quad = -12$$
$$x = \boxed{-1}$$
$$y = x - 2 = \boxed{-3}$$

Duas equações lineares com duas incógnitas também podem ser resolvidas por um método gráfico. Se as linhas retas que correspondem às duas equações forem representadas graficamente em um sistema convencional de coordenadas, a intersecção das duas linhas representa a resolução. Por exemplo, considere as duas equações

$$x - y = 2$$
$$x - 2y = -1$$

Estas estão representadas graficamente na Figura B.3. A intersecção das duas linhas tem as coordenadas $x = 5$ e $y = 3$, o que representa a resolução para as equações. Você deve conferir essa resolução pela técnica analítica discutida anteriormente.

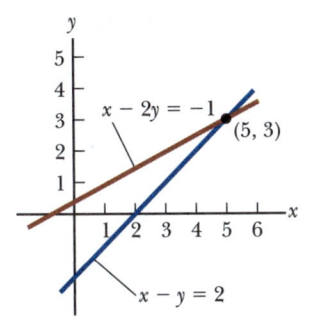

Figura B.3 Solução gráfica para duas equações lineares.

Exercícios

Resolva os pares a seguir de equações simultâneas que envolvem duas incógnitas:

Respostas

1. $x + y = 8$ $x = 5, y = 3$
   $x - y = 2$
2. $98 - T = 10a$ $T = 65, a = 3{,}27$
   $T - 49 = 5a$
3. $6x + 2y = 6$ $x = 2, y = -3$
   $8x - 4y = 28$

Logaritmos

Suponha que uma quantidade x seja expressa como uma potência de uma quantidade a:

$$x = a^y \tag{B.11}$$

O número a é chamado número **base**. O **logaritmo** de x em relação à base a é igual ao expoente para o qual a base deve ser elevada para atender à expressão $x = a^y$:

$$y = \log_a x \tag{B.12}$$

Do mesmo modo, o **antilogaritmo** de y é o número x:

$$x = \text{antilog}_a y \tag{B.13}$$

Na prática, as duas mais utilizadas são a base 10, chamada base de logaritmo *comum*, e a base $e = 2{,}718282$, chamada constante de Euler, ou base de logaritmo *natural*. Quando logaritmos comuns são utilizados,

$$y = \log_{10} x \quad (\text{ou } x = 10^y) \tag{B.14}$$

Quando logaritmos naturais são utilizados,

$$y = \ln x \quad (\text{ou } x = e^y) \tag{B.15}$$

Por exemplo, $\log_{10} 52 = 1{,}716$, então antilog$_{10}$ $1{,}716 = 10^{1,716} = 52$. Do mesmo modo, $\ln 52 = 3{,}951$, então $3{,}951 = e^{3,951} = 52$. Em geral, note que você pode converter entre a base 10 e a base e com a expressão

$$\ln x = (2{,}302\ 585) \log_{10} x \tag{B.16}$$

Finalmente, algumas propriedades úteis de logaritmos são as seguintes:

$$\left.\begin{array}{l}\log(ab) = \log a + \log b \\ \log(a/b) = \log a - \log b \\ \log(a^n) = n \log a\end{array}\right\} \text{qualquer base}$$

$$\ln e = 1$$
$$\ln e^a = a$$
$$\ln\left(\frac{1}{a}\right) = -\ln a$$

B.3 Geometria

A **distância** d entre dois pontos com coordenadas (x_1, y_1) e (x_2, y_2) é

$$d = \sqrt{(x_2 - x_1)^2 + (y_2 - y_1)^2} \tag{B.17}$$

Dois ângulos são iguais se seus lados estiverem perpendiculares, lado direito com lado direito e esquerdo com esquerdo. Por exemplo, os dois ângulos marcados θ na Figura B.4 são os mesmos devido à perpendicularidade dos lados dos ângulos. Para distinguir os lados esquerdo e direito de um ângulo, imagine-se em pé e de frente para o vértice do ângulo.

Medida do radiano: O comprimento do arco s de um arco circular (Fig. B.5) é proporcional ao raio r para um valor fixo de θ (em radianos):

$$s = r\theta$$
$$\theta = \frac{s}{r} \tag{B.18}$$

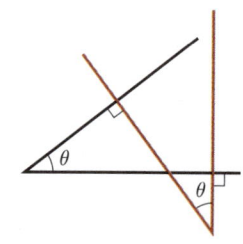

Figura B.4 Os ângulos são iguais em razão de seus lados estarem perpendiculares.

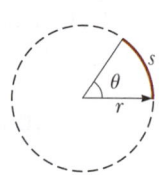

Figura B.5 O ângulo θ em radianos é a relação do comprimento do arco s com o raio r do círculo.

A Tabela B.2 mostra as **áreas** e os **volumes** de várias formas geométricas utilizadas neste texto.

TABELA B.2 *Informações úteis para geometria*

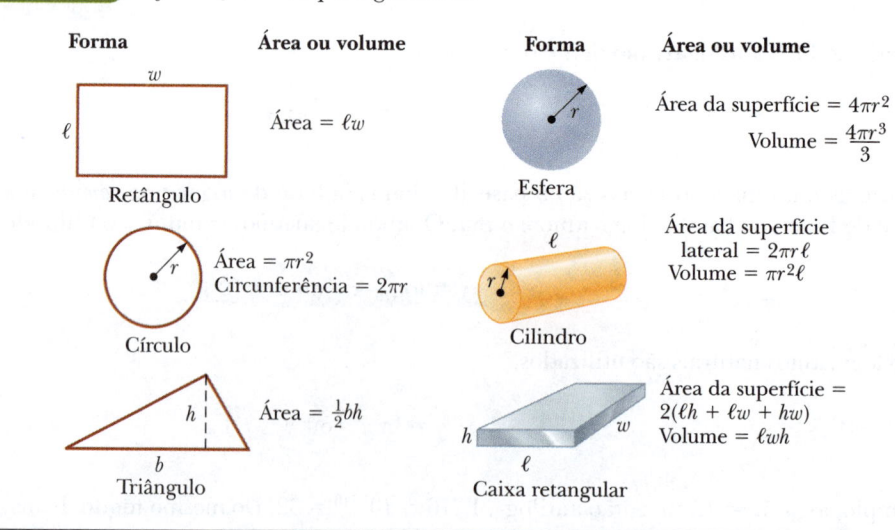

Forma	Área ou volume	Forma	Área ou volume
Retângulo	Área = ℓw	Esfera	Área da superfície = $4\pi r^2$ Volume = $\frac{4\pi r^3}{3}$
Círculo	Área = πr^2 Circunferência = $2\pi r$	Cilindro	Área da superfície lateral = $2\pi r \ell$ Volume = $\pi r^2 \ell$
Triângulo	Área = $\frac{1}{2}bh$	Caixa retangular	Área da superfície = $2(\ell h + \ell w + hw)$ Volume = $\ell w h$

A equação de uma **linha reta** (Fig. B.6) é

$$y = mx + b \tag{B.19}$$

onde b é o ponto de intersecção em y, e m é a inclinação da linha.

A equação de um **círculo** de raio R centralizado na origem é

$$x^2 + y^2 = R^2 \qquad \text{(B.20)}$$

A equação de uma **elipse** com a origem no seu centro (Fig. B.7) é

$$\frac{x^2}{a^2} + \frac{y^2}{b^2} = 1 \qquad \text{(B.21)}$$

onde a é o comprimento do semieixo principal (mais longo), e b o comprimento do semieixo secundário (mais curto).

A equação de uma **parábola**, cujo vértice está em $y = b$ (Fig. B.8), é

$$y = ax^2 + b \qquad \text{(B.22)}$$

A equação de uma **hipérbole retangular** (Fig. B.9) é

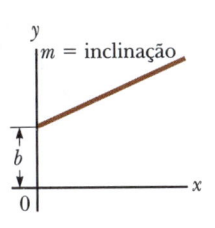

$$xy = \text{constante} \qquad \text{(B.23)}$$

Figura B.6 Linha reta com uma inclinação de m e um ponto de intersecção em y de b.

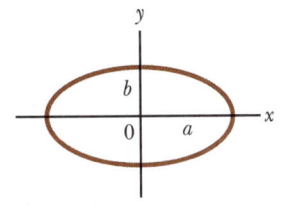

Figura B.7 Elipse com semieixos principal a e secundário b.

B.4 Trigonometria

Chama-se trigonometria a área da matemática baseada nas propriedades especiais do triângulo retângulo. Este, por definição, é um triângulo com um ângulo de 90°. Considere o triângulo retângulo mostrado na Figura B.10, onde o cateto (lado) a está oposto ao ângulo θ, o cateto b está adjacente ao ângulo θ, e o lado c é a hipotenusa do triângulo. As três funções básicas definidas por esse triângulo são o seno (sen), cosseno (cos) e tangente (tg). Em termos do ângulo θ, essas funções são assim definidas:

$$\operatorname{sen}\theta = \frac{\text{cateto oposto a }\theta}{\text{hipotenusa}} = \frac{a}{c} \qquad \text{(B.24)}$$

$$\cos\theta = \frac{\text{cateto adjacente a }\theta}{\text{hipotenusa}} = \frac{b}{c} \qquad \text{(B.25)}$$

$$\operatorname{tg}\theta = \frac{\text{cateto oposto a }\theta}{\text{cateto adjacente a }\theta} = \frac{a}{b} \qquad \text{(B.26)}$$

O teorema de Pitágoras oferece a seguinte relação entre os lados do triângulo retângulo:

$$c^2 = a^2 + b^2 \qquad \text{(B.27)}$$

A partir das definições anteriores e do teorema de Pitágoras, temos que

$$\operatorname{sen}^2\theta + \cos^2\theta = 1$$

$$\operatorname{tg}\theta = \frac{\operatorname{sen}\theta}{\cos\theta}$$

As funções cossecante, secante e cotangente são definidas por

$$\operatorname{cossec}\theta = \frac{1}{\operatorname{sen}\theta} \quad \sec\theta = \frac{1}{\cos\theta} \quad \operatorname{cotg}\theta = \frac{1}{\operatorname{tg}\theta}$$

As relações a seguir são derivadas diretamente do ângulo reto mostrado na Figura B.10:

$$\operatorname{sen}\theta = \cos(90° - \theta)$$

$$\cos\theta = \operatorname{sen}(90° - \theta)$$

$$\operatorname{cotg}\theta = \operatorname{tg}(90° - \theta)$$

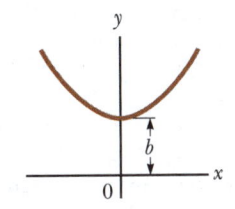

Figura B.8 Parábola com seu vértice em $y = b$.

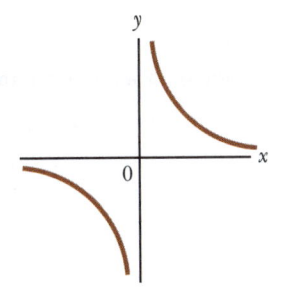

Figura B.9 Hipérbole.

a = cateto oposto a θ
b = cateto adjacente a θ
c = hipotenusa

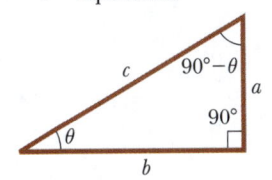

Figura B.10 Triângulo retângulo, utilizado para definir as funções básicas da trigonometria.

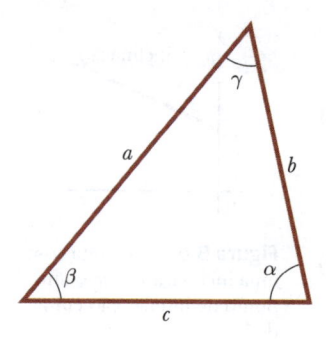

Figura B.11 Um triângulo arbitrário, não retângulo.

Algumas propriedades das funções trigonométricas são as seguintes:

$$\text{sen}(-\theta) = -\text{sen}\,\theta$$
$$\cos(-\theta) = \cos\theta$$
$$\text{tg}(-\theta) = -\text{tg}\,\theta$$

As relações a seguir aplicam-se a *qualquer* triângulo, como mostrado na Figura B.11:

$$\alpha + \beta + \gamma = 180°$$

Lei dos cossenos $\begin{cases} a^2 = b^2 + c^2 - 2bc\cos\alpha \\ b^2 = a^2 + c^2 - 2ac\cos\beta \\ c^2 = a^2 + b^2 - 2ab\cos\gamma \end{cases}$

Lei dos senos $\quad \dfrac{a}{\text{sen}\,\alpha} = \dfrac{b}{\text{sen}\,\beta} = \dfrac{c}{\text{sen}\,\gamma}$

A Tabela B.3 relaciona várias identidades trigonométricas úteis.

Exemplo B.3

Considere o triângulo retângulo na Figura B.12, no qual $a = 2{,}00$, $b = 5{,}00$ e c é incógnita. A partir do teorema de Pitágoras, temos que

$$c^2 = a^2 + b^2 = 2{,}00^2 + 5{,}00^2 = 4{,}00 + 25{,}0 = 29{,}0$$

$$c = \sqrt{29{,}0} = \boxed{5{,}39}$$

Para encontrar o ângulo θ, note que

$$\text{tg}\,\theta = \frac{a}{b} = \frac{2{,}00}{5{,}00} = 0{,}400$$

Utilizando uma calculadora, temos

$$\theta = \text{tg}^{-1}(0{,}400) = \boxed{21{,}8°}$$

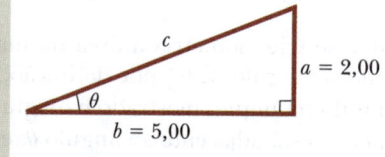

Figura B.12 (Exemplo B.3)

onde $\text{tg}^{-1}(0{,}400)$ é a representação de "ângulo cuja tangente é 0,400", expresso às vezes como arctg (0,400).

TABELA B.3 *Algumas identidades trigonométricas*

$\text{sen}^2\theta + \cos^2\theta = 1$	$\text{cossec}^2\theta = 1 + \text{cotg}^2\theta$
$\sec^2\theta = 1 + \text{tg}^2\theta$	$\text{sen}^2\dfrac{\theta}{2} = \dfrac{1}{2}(1 - \cos\theta)$
$\text{sen}\,2\theta = 2\,\text{sen}\,\theta\cos\theta$	$\cos^2\dfrac{\theta}{2} = \dfrac{1}{2}(1 + \cos\theta)$
$\cos 2\theta = \cos^2\theta - \text{sen}^2\theta$	$1 - \cos\theta = 2\,\text{sen}^2\dfrac{\theta}{2}$
$\text{tg}\,2\theta = \dfrac{2\,\text{tg}\,\theta}{1 - \text{tg}^2\theta}$	$\text{tg}\,\dfrac{\theta}{2} = \sqrt{\dfrac{1 - \cos\theta}{1 + \cos\theta}}$
$\text{sen}(A \pm B) = \text{sen}\,A\cos B \pm \cos A\,\text{sen}\,B$	
$\cos(A \pm B) = \cos A\cos B \mp \text{sen}\,A\,\text{sen}\,B$	
$\text{sen}\,A \pm \text{sen}\,B = 2\,\text{sen}\left[\tfrac{1}{2}(A \pm B)\right]\cos\left[\tfrac{1}{2}(A \mp B)\right]$	
$\cos A + \cos B = 2\cos\left[\tfrac{1}{2}(A + B)\right]\cos\left[\tfrac{1}{2}(A - B)\right]$	
$\cos A - \cos B = 2\,\text{sen}\left[\tfrac{1}{2}(A + B)\right]\text{sen}\left[\tfrac{1}{2}(B - A)\right]$	

Exercícios

1. Na Figura B.13, identifique (a) o cateto oposto a θ, (b) o cateto adjacente a ϕ e, depois, encontre (c) cos θ, (d) sen ϕ e (e) tg ϕ.

Respostas (a) 3   (b) 3   (c) $\frac{4}{5}$ (d) $\frac{4}{5}$ (e) $\frac{4}{3}$

2. Em determinado triângulo retângulo, os dois catetos que estão perpendiculares um ao outro têm 5,00 m e 7,00 m de comprimento. Qual é o comprimento da hipotenusa?

Resposta 8,60 m

3. Um triângulo retângulo tem uma hipotenusa de 3,0 m de comprimento, e um de seus ângulos é 30°. (a) Qual é o comprimento do cateto oposto ao ângulo de 30°? (b) Qual é o cateto adjacente ao ângulo de 30°?

Respostas (a) 1,5 m (b) 2,6 m

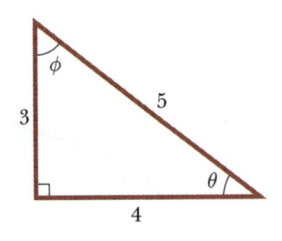

Figura B.13 (Exercício 1)

B.5 Expansões de séries

$$(a + b)^n = a^n + \frac{n}{1!} a^{n-1} b + \frac{n(n-1)}{2!} a^{n-2} b^2 + \cdots$$

$$(1 + x)^n = 1 + nx + \frac{n(n-1)}{2!} x^2 + \cdots$$

$$e^x = 1 + x + \frac{x^2}{2!} + \frac{x^3}{3!} + \cdots$$

$$\ln(1 \pm x) = \pm x - \tfrac{1}{2} x^2 \pm \tfrac{1}{3} x^3 - \cdots$$

$$\left. \begin{array}{l} \operatorname{sen} x = x - \dfrac{x^3}{3!} + \dfrac{x^5}{5!} - \cdots \\[4pt] \cos x = 1 - \dfrac{x^2}{2!} + \dfrac{x^4}{4!} - \cdots \\[4pt] \operatorname{tg} x = x + \dfrac{x^3}{3} + \dfrac{2x^5}{15} + \cdots \quad |x| < \dfrac{\pi}{2} \end{array} \right\} x \text{ em radianos}$$

Para $x \ll 1$, as aproximações a seguir podem ser utilizadas:[1]

$$(1 + x)^n \approx 1 + nx \qquad \operatorname{sen} x \approx x$$
$$e^x \approx 1 + x \qquad \cos x \approx 1$$
$$\ln(1 \pm x) \approx \pm x \qquad \operatorname{tg} x \approx x$$

B.6 Cálculo diferencial

Em várias ramificações da ciência é necessário, às vezes, utilizar as ferramentas básicas do cálculo, inventado por Newton, para descrever fenômenos físicos. O uso do cálculo é fundamental no tratamento de vários problemas da mecânica newtoniana, eletricidade e magnetismo. Nesta seção, simplesmente expomos algumas propriedades básicas e regras fundamentais que devem ser uma revisão útil para os alunos.

Primeiro, uma **função** que relaciona uma variável a outra deve ser especificada (por exemplo, uma coordenada como função do tempo). Suponha que uma das variáveis seja chamada de y (a variável dependente) e a outra de x (a variável independente). Podemos ter uma relação de funções como

$$y(x) = ax^3 + bx^2 + cx + d$$

Se a, b, c e d são constantes específicas, y pode ser calculado para qualquer valor de x. Geralmente, lidamos com funções contínuas, isto é, aquelas para as quais y varia "suavemente" com x.

---

[1] A aproximação para as funções sen x, cos x e tg x são para $x \leq 0,1$ rad.

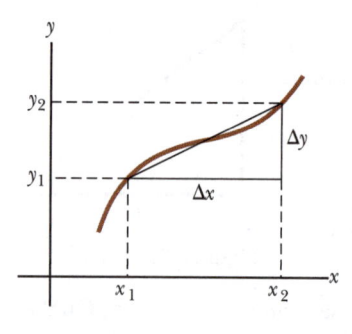

Figura B.14 Os comprimentos Δx e Δy são utilizados para definir a derivada desta função em um ponto.

A **derivada** de y com relação a x é definida como o limite conforme Δx se aproxima de zero na curva de y por x. Matematicamente, expressamos esta definição como

$$\frac{dy}{dx} = \lim_{\Delta x \to 0} \frac{\Delta y}{\Delta x} = \lim_{\Delta x \to 0} \frac{y(x + \Delta x) - y(x)}{\Delta x} \quad \text{(B.28)}$$

onde Δy e Δx são definidos como $\Delta x = x_2 - x_1$ e $\Delta y = y_2 - y_1$ (Fig. B.14). Note que dy/dx não significa dy dividido por dx, mas é simplesmente uma notação do processo limitador da derivada, como definido pela Equação B.28.

Uma expressão útil para lembrar quando $y(x) = ax^n$, onde a é uma *constante* e n é *qualquer* número positivo ou negativo (inteiro ou fração), é

$$\frac{dy}{dx} = nax^{n-1} \quad \text{(B.29)}$$

Se $y(x)$ for uma função polinomial ou algébrica de x, aplicamos a Equação B.29 para *cada* termo no polinômio e supomos d *[constante]*$/dx = 0$. Nos Exemplos B.4 a B.7, avaliamos as derivadas de várias funções.

Propriedades especiais da derivada

A. Derivada do produto de duas funções Se uma função $f(x)$ é dada pelo produto de duas funções – digamos, $g(x)$ e $h(x)$ –, a derivada de $f(x)$ é definida como

$$\frac{d}{dx}f(x) = \frac{d}{dx}[g(x)h(x)] = g\frac{dh}{dx} + h\frac{dg}{dx} \quad \text{(B.30)}$$

B. Derivada da soma de duas funções Se uma função $f(x)$ for igual à soma de duas funções, a derivada da soma é igual à soma das derivadas:

$$\frac{d}{dx}f(x) = \frac{d}{dx}[g(x) + h(x)] = \frac{dg}{dx} + \frac{dh}{dx} \quad \text{(B.31)}$$

C. Regra da cadeia do cálculo diferencial Se $y = f(x)$ e $x = g(z)$, então dy/dz pode ser formulado como o produto de duas derivadas:

$$\frac{dy}{dz} = \frac{dy}{dx}\frac{dx}{dz} \quad \text{(B.32)}$$

D. Segunda derivada A segunda derivada de y em relação a x é definida como a derivada da função dy/dx (derivada da derivada). Ela é, em geral, formulada como

$$\frac{d^2y}{dx^2} = \frac{d}{dx}\left(\frac{dy}{dx}\right) \quad \text{(B.33)}$$

Algumas das derivadas de funções utilizadas mais comumente estão listadas na Tabela B.4.

TABELA B.4 Derivada para várias funções

$\dfrac{d}{dx}(a) = 0$

$\dfrac{d}{dx}(ax^n) = nax^{n-1}$

$\dfrac{d}{dx}(e^{ax}) = ae^{ax}$

$\dfrac{d}{dx}(\operatorname{sen} ax) = a\cos ax$

$\dfrac{d}{dx}(\cos ax) = -a\operatorname{sen} ax$

$\dfrac{d}{dx}(\operatorname{tg} ax) = a\sec^2 ax$

$\dfrac{d}{dx}(\operatorname{cotg} ax) = -a\operatorname{cossec}^2 ax$

$\dfrac{d}{dx}(\sec x) = \operatorname{tg} x \sec x$

$\dfrac{d}{dx}(\operatorname{cossec} x) = -\operatorname{cotg} x \operatorname{cossec} x$

$\dfrac{d}{dx}(\ln ax) = \dfrac{1}{x}$

$\dfrac{d}{dx}(\operatorname{sen}^{-1} ax) = \dfrac{a}{\sqrt{1 - a^2x^2}}$

$\dfrac{d}{dx}(\cos^{-1} ax) = \dfrac{-a}{\sqrt{1 - a^2x^2}}$

$\dfrac{d}{dx}(\operatorname{tg}^{-1} ax) = \dfrac{a}{1 + a^2x^2}$

Nota: Os símbolos a e n representam constantes.

Exemplo B.4

Suponha que $y(x)$ (isto é, y como uma função de x) seja dado por

$$y(x) = ax^3 + bx + c$$

onde a e b são constantes. Daí, temos que

$$y(x + \Delta x) = a(x + \Delta x)^3 + b(x + \Delta x) + c$$
$$= a(x^3 + 3x^2\Delta x + 3x\Delta x^2 + \Delta x^3) + b(x + \Delta x) + c$$

B.4 cont.

Então,

$$\Delta y = y(x + \Delta x) - y(x) = a(3x^2 \Delta x + 3x \Delta x^2 + \Delta x^3) + b\Delta x$$

A substituição disto na Equação B.28 resulta em

$$\frac{dy}{dx} = \lim_{\Delta x \to 0} \frac{\Delta y}{\Delta x} = \lim_{\Delta x \to 0} [3ax^2 + 3ax\Delta x + a\Delta x^2] + b$$

$$\frac{dy}{dx} = \boxed{3ax^2 + b}$$

Exemplo B.5

Encontre a derivada de

$$y(x) = 8x^5 + 4x^3 + 2x + 7$$

Solução Ao aplicar a Equação B.29 a cada termo independentemente e lembrar que d/dx (constante) $= 0$, temos

$$\frac{dy}{dx} = 8(5)x^4 + 4(3)x^2 + 2(1)x^0 + 0$$

$$\frac{dy}{dx} = \boxed{40x^4 + 12x^2 + 2}$$

Exemplo B.6

Encontre a derivada de $y(x) = x^3/(x + 1)^2$ com relação a x.

Solução Podemos reformular essa função como $y(x) = x^3(x+1)^{-2}$ e aplicar a Equação B.30.

$$\frac{dy}{dx} = (x+1)^{-2} \frac{d}{dx}(x^3) + x^3 \frac{d}{dx}(x+1)^{-2}$$

$$= (x+1)^{-2} \, 3x^2 + x^3(-2)(x+1)^{-3}$$

$$\frac{dy}{dx} = \frac{3x^2}{(x+1)^2} - \frac{2x^3}{(x+1)^3} = \boxed{\frac{x^2(x+3)}{(x+1)^3}}$$

Exemplo B.7

Uma fórmula útil que vem da Equação B.30 é a derivada do quociente das duas funções. Mostre que

$$\frac{d}{dx}\left[\frac{g(x)}{h(x)}\right] = \frac{h\dfrac{dg}{dx} - g\dfrac{dh}{dx}}{h^2}$$

Solução Podemos formular o quociente como gh^{-1} e depois aplicar as Equações B.29 e B.30:

$$\frac{d}{dx}\left(\frac{g}{h}\right) = \frac{d}{dx}(gh^{-1}) = g\frac{d}{dx}(h^{-1}) + h^{-1}\frac{d}{dx}(g)$$

$$= -gh^{-2}\frac{dh}{dx} + h^{-1}\frac{dg}{dx}$$

$$= \frac{h\dfrac{dg}{dx} - g\dfrac{dh}{dx}}{h^2}$$

B.7 Cálculo integral

Pensamos na integração como o inverso da diferenciação. Por exemplo, considere a expressão

$$f(x) = \frac{dy}{dx} = 3ax^2 + b \tag{B.34}$$

que foi o resultado da diferenciação da função

$$y(x) = ax^3 + bx + c$$

no Exemplo B.4. Podemos expressar a Equação B.34 como $dy = f(x)dx = (3ax^2 + b)dx$ e obter $y(x)$ ao "somar" todos os valores de x. Matematicamente, expressamos esta operação inversa como

$$y(x) = \int f(x)\,dx$$

Para a função $f(x)$ dada pela Equação B.34, temos

$$y(x) = \int (3ax^2 + b)\,dx = ax^3 + bx + c$$

onde c é uma constante da integração. Este tipo de integral é chamada *integral indefinida*, porque seu valor depende da escolha de c.

Uma **integral indefinida** geral $I(x)$ é definida como

$$I(x) = \int f(x)\,dx \tag{B.35}$$

onde $f(x)$ é chamado *integrando* e $f(x) = dI(x)/dx$.

Para uma função *contínua geral* $f(x)$, a integral pode ser interpretada geometricamente como a área abaixo da curva limitada por $f(x)$ e pelo eixo x, entre dois valores específicos de x, digamos, x_1 e x_2, como na Figura B.15.

A área do elemento azul na Figura B.15 é aproximadamente $f(x_i)\,\Delta x_i$. Se somarmos todos esses elementos de área entre x_1 e x_2 e supormos o limite desta soma como $\Delta x_i \to 0$, obtemos a área *verdadeira* abaixo da curva limitada por $f(x)$ e pelo eixo x, entre os limites x_1 e x_2:

$$\text{Área} = \lim_{\Delta x_i \to 0} \sum_i f(x_i)\,\Delta x_i = \int_{x_1}^{x_2} f(x)\,dx \tag{B.36}$$

As integrais do tipo definido pela Equação B.36 são chamadas **integrais definidas.**

Uma integral comum que surge de situações práticas tem a forma

$$\int x^n\,dx = \frac{x^{n+1}}{n+1} + c \quad (n \neq -1) \tag{B.37}$$

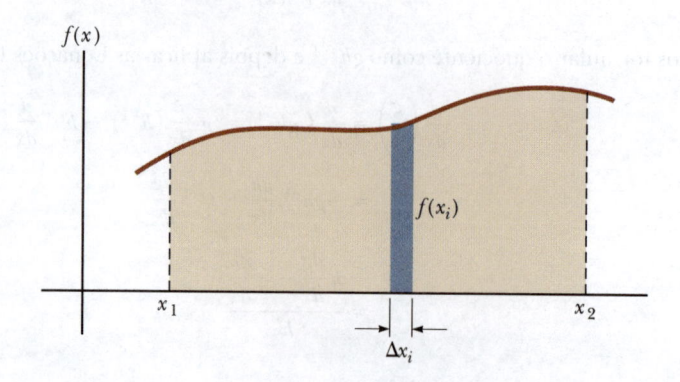

Figura B.15 A integral definida de uma função é a área abaixo da curva da função entre os limites x_1 e x_2.

Este resultado é óbvio e a diferenciação do lado direito em relação a x resulta em $f(x) = x^n$ diretamente. Se os limites da integração forem conhecidos, essa integral se torna uma *integral definida* e é assim formulada

$$\int_{x_1}^{x_2} x^n \, dx = \frac{x^{n+1}}{n+1} \bigg|_{x_1}^{x_2} = \frac{x_2^{n+1} - x_1^{n+1}}{n+1} \quad (n \neq -1) \tag{B.38}$$

Exemplos

1. $\int_0^a x^2 \, dx = \frac{x^3}{3} \bigg|_0^a = \frac{a^3}{3}$

2. $\int_0^b x^{3/2} \, dx = \frac{x^{5/2}}{5/2} \bigg|_0^b = \frac{2}{5} b^{5/2}$

3. $\int_3^5 x \, dx = \frac{x^2}{2} \bigg|_3^5 = \frac{5^2 - 3^2}{2} = 8$

Integração parcial

Às vezes, é útil aplicar o método da *integração parcial* (também chamado "integração por partes") para avaliar algumas integrais. Este método utiliza a propriedade

$$\int u \, dv = uv - \int v \, du \tag{B.39}$$

onde u e v são *cuidadosamente* escolhidos para reduzir uma integral complexa para uma mais simples. Em muitos casos, várias reduções têm que ser feitas. Considere a função

$$I(x) = \int x^2 e^x \, dx$$

que pode ser avaliada ao integrar por partes duas vezes. Primeiro, se escolhemos $u = x^2$, $v = e^x$, obtemos

$$\int x^2 e^x \, dx = \int x^2 \, d(e^x) = x^2 e^x - 2\int e^x x \, dx + c_1$$

Agora, no segundo termo, escolhemos $u = x$, $v = e^x$, que resulta

$$\int x^2 e^x \, dx = x^2 e^x - 2x e^x + 2\int e^x \, dx + c_1$$

ou

$$\int x^2 e^x \, dx = x^2 e^x - 2xe^x + 2e^x + c_2$$

A diferencial perfeita

Outro método útil para lembrar é o da *diferencial perfeita*, no qual procuramos por uma alteração da variável de tal modo que a diferencial da função seja a diferencial da variável independente que aparece na integral. Por exemplo, considere a integral

$$I(x) = \int \cos^2 x \, \text{sen} \, x \, dx$$

Essa integral se torna fácil de avaliar se reformularmos a diferencial como $d(\cos x) = -\text{sen} \, x \, dx$. A integral então se torna

$$\int \cos^2 x \, \text{sen} \, x \, dx = -\int \cos^2 x \, d(\cos x)$$

Se agora mudarmos as variáveis, com $y = \cos x$, obtemos

$$\int \cos^2 x \, \text{sen} \, x \, dx = -\int y^2 \, dy = -\frac{y^3}{3} + c = -\frac{\cos^3 x}{3} + c$$

A Tabela B.5 relaciona algumas integrais indefinidas úteis; e a Tabela B.6 apresenta a integral de probabilidade de Gauss e outras integrais definidas. Uma lista mais completa pode ser encontrada em vários manuais, como *The Handbook of Chemistry and Physics* (Boca Raton, FL: CRC Press, publicada anualmente).

TABELA B.5 Algumas integrais indefinidas (uma constante arbitrária deve ser adicionada a cada uma dessas integrais)

$$\int x^n \, dx = \frac{x^{n+1}}{n+1} \text{ (desde que } n \neq 1\text{)}$$

$$\int \ln ax \, dx = (x \ln ax) - x$$

$$\int \frac{dx}{x} = \int x^{-1} \, dx = \ln x$$

$$\int xe^{ax} \, dx = \frac{e^{ax}}{a^2}(ax - 1)$$

$$\int \frac{dx}{a + bx} = \frac{1}{b} \ln(a + bx)$$

$$\int \frac{dx}{a + be^{cx}} = \frac{x}{a} - \frac{1}{ac} \ln(a + be^{cx})$$

$$\int \frac{x \, dx}{a + bx} = \frac{x}{b} - \frac{a}{b^2} \ln(a + bx)$$

$$\int \operatorname{sen} ax \, dx = -\frac{1}{a} \cos ax$$

$$\int \frac{dx}{x(x + a)} = -\frac{1}{a} \ln \frac{x + a}{x}$$

$$\int \cos ax \, dx = \frac{1}{a} \operatorname{sen} ax$$

$$\int \frac{dx}{(a + bx)^2} = -\frac{1}{b(a + bx)}$$

$$\int \operatorname{tg} ax \, dx = -\frac{1}{a} \ln(\cos ax) = \frac{1}{a} \ln(\sec ax)$$

$$\int \frac{dx}{a^2 + x^2} = \frac{1}{a} \operatorname{tg}^{-1} \frac{x}{a}$$

$$\int \operatorname{cotg} ax \, dx = \frac{1}{a} \ln(\operatorname{sen} ax)$$

$$\int \frac{dx}{a^2 - x^2} = \frac{1}{2a} \ln \frac{a + x}{a - x} \quad (a^2 - x^2 > 0)$$

$$\int \sec ax \, dx = \frac{1}{a} \ln(\sec ax + \operatorname{tg} ax) = \frac{1}{a} \ln\left[\operatorname{tg}\left(\frac{ax}{2} + \frac{\pi}{4}\right)\right]$$

$$\int \frac{dx}{x^2 - a^2} = \frac{1}{2a} \ln \frac{x - a}{x + a} \quad (x^2 - a^2 > 0)$$

$$\int \operatorname{cossec} ax \, dx = \frac{1}{a} \ln(\operatorname{cossec} ax - \operatorname{cotg} ax) = \frac{1}{a} \ln\left(\operatorname{tg} \frac{ax}{2}\right)$$

$$\int \frac{x \, dx}{a^2 \pm x^2} = \pm \frac{1}{2} \ln(a^2 \pm x^2)$$

$$\int \operatorname{sen}^2 ax \, dx = \frac{x}{2} - \frac{\operatorname{sen} 2ax}{4a}$$

$$\int \frac{dx}{\sqrt{a^2 - x^2}} = \operatorname{sen}^{-1} \frac{x}{a} = -\cos^{-1} \frac{x}{a} \quad (a^2 - x^2 > 0)$$

$$\int \cos^2 ax \, dx = \frac{x}{2} + \frac{\operatorname{sen} 2ax}{4a}$$

$$\int \frac{dx}{\sqrt{x^2 \pm a^2}} = \ln(x + \sqrt{x^2 \pm a^2})$$

$$\int \frac{dx}{\operatorname{sen}^2 ax} = -\frac{1}{a} \operatorname{cotg} ax$$

$$\int \frac{x \, dx}{\sqrt{a^2 - x^2}} = -\sqrt{a^2 - x^2}$$

$$\int \frac{dx}{\cos^2 ax} = \frac{1}{a} \operatorname{tg} ax$$

$$\int \frac{x \, dx}{\sqrt{x^2 \pm a^2}} = \sqrt{x^2 \pm a^2}$$

$$\int \operatorname{tg}^2 ax \, dx = \frac{1}{a}(\operatorname{tg} ax) - x$$

$$\int \sqrt{a^2 - x^2} \, dx = \frac{1}{2}\left(x\sqrt{a^2 - x^2} + a^2 \operatorname{sen}^{-1} \frac{x}{|a|}\right)$$

$$\int \operatorname{cotg}^2 ax \, dx = -\frac{1}{a}(\operatorname{cotg} ax) - x$$

$$\int x\sqrt{a^2 - x^2} \, dx = -\frac{1}{3}(a^2 - x^2)^{3/2}$$

$$\int \operatorname{sen}^{-1} ax \, dx = x(\operatorname{sen}^{-1} ax) + \frac{\sqrt{1 - a^2 x^2}}{a}$$

$$\int \sqrt{x^2 \pm a^2} \, dx = \frac{1}{2}\left[x\sqrt{x^2 \pm a^2} \pm a^2 \ln(x + \sqrt{x^2 \pm a^2})\right]$$

$$\int \cos^{-1} ax \, dx = x(\cos^{-1} ax) - \frac{\sqrt{1 - a^2 x^2}}{a}$$

$$\int x(\sqrt{x^2 \pm a^2}) \, dx = \frac{1}{3}(x^2 \pm a^2)^{3/2}$$

$$\int \frac{dx}{(x^2 + a^2)^{3/2}} = \frac{x}{a^2 \sqrt{x^2 + a^2}}$$

$$\int e^{ax} \, dx = \frac{1}{a} e^{ax}$$

$$\int \frac{x \, dx}{(x^2 + a^2)^{3/2}} = -\frac{1}{\sqrt{x^2 + a^2}}$$

TABELA B.6 *Integral de probabilidade de Gauss e outras integrais definidas*

$$\int_0^\infty x^n e^{-ax} \, dx = \frac{n!}{a^{n+1}}$$

$$I_0 = \int_0^\infty e^{-ax^2} \, dx = \frac{1}{2}\sqrt{\frac{\pi}{a}} \quad \text{(Integral de probabilidade de Gauss)}$$

$$I_1 = \int_0^\infty x e^{-ax^2} \, dx = \frac{1}{2a}$$

$$I_2 = \int_0^\infty x^2 e^{-ax^2} \, dx = -\frac{dI_0}{da} = \frac{1}{4}\sqrt{\frac{\pi}{a^3}}$$

$$I_3 = \int_0^\infty x^3 e^{-ax^2} \, dx = -\frac{dI_1}{da} = \frac{1}{2a^2}$$

$$I_4 = \int_0^\infty x^4 e^{-ax^2} \, dx = \frac{d^2 I_0}{da^2} = \frac{3}{8}\sqrt{\frac{\pi}{a^5}}$$

$$I_5 = \int_0^\infty x^5 e^{-ax^2} \, dx = \frac{d^2 I_1}{da^2} = \frac{1}{a^3}$$

$$\vdots$$

$$I_{2n} = (-1)^n \frac{d^n}{da^n} I_0$$

$$I_{2n+1} = (-1)^n \frac{d^n}{da^n} I_1$$

B.8 Propagação da incerteza

Em experimentos de laboratório, uma atividade comum é utilizar medições que atuam como dados brutos. Essas medições são de vários tipos – comprimento, intervalo de tempo, temperatura, tensão e assim por diante –, feitas por vários instrumentos. Independente da medição e da qualidade da instrumentação, **há sempre incerteza associada com uma medição física**. Esta incerteza é uma combinação daquela associada ao instrumento e a relacionada com o sistema que está sendo medido.

Um exemplo da primeira incerteza é a incapacidade de determinar a posição de uma medição entre as linhas em uma régua. Um exemplo da incerteza relacionada com o sistema sendo medido é a variação de temperatura em uma amostra de água, de modo que uma única temperatura para a amostra seja difícil de determinar.

As incertezas podem ser expressas de dois modos. A **absoluta** refere-se a uma incerteza expressa nas mesmas unidades que a medição. Portanto, o comprimento de uma etiqueta pode ser expressa como $(5,5 \pm 0,1)$ cm. Entretanto, a incerteza de $\pm 0,1$ cm por si mesma não é descritiva o suficiente para alguns objetivos. Essa incerteza é grande se a medição for de 1,0 cm, mas pequena se for de 100 m. Para uma representação mais descritiva da incerteza, a **fracionária** ou **percentual** é utilizada. Neste tipo de descrição, a incerteza é dividida pela medição real. Portanto, o comprimento da etiqueta do disquete poderia ser expressa como

$$\ell = 5,5 \text{ cm} \pm \frac{0,1 \text{ cm}}{5,5 \text{ cm}} = 5,5 \text{ cm} \pm 0,018 \quad \text{(incerteza fracionária)}$$

ou como

$$\ell = 5,5 \text{ cm} \pm 1,8\% \quad \text{(incerteza percentual)}$$

Ao combinar as medições em um cálculo, a incerteza percentual no resultado final é geralmente maior que aquela nas medições individuais. Isto é chamado **propagação da incerteza**, e é um dos desafios da Física Experimental. Algumas regras simples podem oferecer uma estimativa razoável da incerteza em um resultado calculado:

Multiplicação e divisão: Quando medições com incertezas são multiplicadas ou divididas, acrescente as *percentuais* para obter a incerteza percentual no resultado.

Exemplo: a área de um prato retangular

$$A = \ell w = (5{,}5 \text{ cm} \pm 1{,}8\%) \times (6{,}4 \text{ cm} \pm 1{,}6\%) = 35 \text{ cm}^2 \pm 3{,}4\%$$
$$= (35 \pm 1) \text{ cm}^2$$

Adição e subtração: Quando medições com incertezas forem acrescentadas ou subtraídas, adicione as *absolutas* para obter a incerteza absoluta no resultado.

Exemplo: uma mudança na temperatura

$$\Delta T = T_2 - T_1 = (99{,}2 \pm 1{,}5) \,°\text{C} - (27{,}6 \pm 1{,}5) \,°\text{C} = 72{,}6 \pm 3{,}0 \,°\text{C}$$
$$= 71{,}6 \,°\text{C} \pm 4{,}4\%$$

Potências: Se uma medição for uma potência, a incerteza percentual é multiplicada por aquela potência para obter a incerteza percentual no resultado.

Exemplo: o volume de uma esfera

$$V = \tfrac{4}{3}\pi r^3 = \tfrac{4}{3}\pi (6{,}20 \text{ cm} \pm 2{,}0\%)^3 = 998 \text{ cm}^3 \pm 6{,}0\%$$
$$= (998 \pm 60) \text{ cm}^3$$

Para cálculos complexos, várias incertezas são adicionadas, o que pode fazer com que a incerteza no resultado final seja indesejavelmente grande. Devem ser desenvolvidos experimentos para que os cálculos sejam os mais simples possíveis.

Note que as incertezas em um cálculo sempre adicionam. Como resultado, um experimento que envolve uma subtração deve ser evitado, se possível, especialmente se as medições subtraídas estiverem próximas. O resultado deste cálculo é uma pequena diferença nas medições e incertezas que se adicionam. É possível que a incerteza no resultado possa ser maior que o próprio resultado!

apêndice C
Unidades do SI

TABELA C.1 *Unidades do SI*

Quantidade base	Unidade base SI	
	Nome	Símbolo
Comprimento	metro	m
Massa	quilograma	kg
Tempo	segundo	s
Corrente elétrica	ampère	A
Temperatura	kelvin	K
Quantidade de substância	mol	mol
Intensidade luminosa	candela	cd

TABELA C.2 *Algumas unidades do SI derivadas*

Quantidade	Nome	Símbolo	Expressão em termos de unidades base	Expressão em termos de outras unidades do SI
Ângulo plano	radiano	rad	m/m	
Frequência	hertz	Hz	s^{-1}	
Força	newton	N	$kg \cdot m/s^2$	J/m
Pressão	pascal	Pa	$kg/m \cdot s^2$	N/m^2
Energia	joule	J	$kg \cdot m^2/s^2$	$N \cdot m$
Potência	watt	W	$kg \cdot m^2/s^3$	J/s
Carga elétrica	coulomb	C	$A \cdot s$	
Potencial elétrico	volt	V	$kg \cdot m^2/A \cdot s^3$	W/A
Capacitância	farad	F	$A^2 \cdot s^4/kg \cdot m^2$	C/V
Resistência elétrica	ohm	Ω	$kg \cdot m^2/A^2 \cdot s^3$	V/A
Fluxo magnético	weber	Wb	$kg \cdot m^2/A \cdot s^2$	$V \cdot s$
Campo magnético	tesla	T	$kg/A \cdot s^2$	
Indutância	henry	H	$kg \cdot m^2/A^2 \cdot s^2$	$T \cdot m^2/A$

apêndice D
Tabela periódica dos elementos

Legenda do modelo de célula:
- Símbolo — **Ca**
- Número atômico — 20
- Massa atômica† — 40,078
- Configuração eletrônica — $4s^2$

Grupo I	Grupo II				Elementos de transição				
H 1 1,0079 $1s$									
Li 3 6,941 $2s^1$	**Be** 4 9,0122 $2s^2$								
Na 11 22,990 $3s^1$	**Mg** 12 24,305 $3s^2$								
K 19 39,098 $4s^1$	**Ca** 20 40,078 $4s^2$	**Sc** 21 44,956 $3d^14s^2$	**Ti** 22 47,867 $3d^24s^2$	**V** 23 50,942 $3d^34s^2$	**Cr** 24 51,996 $3d^54s^1$	**Mn** 25 54,938 $3d^54s^2$	**Fe** 26 55,845 $3d^64s^2$	**Co** 27 58,933 $3d^74s^2$	
Rb 37 85,468 $5s^1$	**Sr** 38 87,62 $5s^2$	**Y** 39 88,906 $4d^15s^2$	**Zr** 40 91,224 $4d^25s^2$	**Nb** 41 92,906 $4d^45s^1$	**Mo** 42 95,94 $4d^55s^1$	**Tc** 43 (98) $4d^55s^2$	**Ru** 44 101,07 $4d^75s^1$	**Rh** 45 102,91 $4d^85s^1$	
Cs 55 132,91 $6s^1$	**Ba** 56 137,33 $6s^2$	57–71*	**Hf** 72 178,49 $5d^26s^2$	**Ta** 73 180,95 $5d^36s^2$	**W** 74 183,84 $5d^46s^2$	**Re** 75 186,21 $5d^56s^2$	**Os** 76 190,23 $5d^66s^2$	**Ir** 77 192,2 $5d^76s^2$	
Fr 87 (223) $7s^1$	**Ra** 88 (226) $7s^2$	89–103**	**Rf** 104 (261) $6d^27s^2$	**Db** 105 (262) $6d^37s^2$	**Sg** 106 (266)	**Bh** 107 (264)	**Hs** 108 (277)	**Mt** 109 (268)	

*Série dos lantanídeos

La 57 138,91 $5d^16s^2$	**Ce** 58 140,12 $5d^14f^16s^2$	**Pr** 59 140,91 $4f^36s^2$	**Nd** 60 144,24 $4f^46s^2$	**Pm** 61 (145) $4f^56s^2$	**Sm** 62 150,36 $4f^66s^2$

**Série dos actinídeos

Ac 89 (227) $6d^17s^2$	**Th** 90 232,04 $6d^27s^2$	**Pa** 91 231,04 $5f^26d^17s^2$	**U** 92 238,03 $5f^36d^17s^2$	**Np** 93 (237) $5f^46d^17s^2$	**Pu** 94 (244) $5f^67s^2$

Nota: Os valores de massa atômica são obtidos pela média dos isótopos nas porcentagens nas quais eles existem na natureza.

† Para um elemento instável, o número de massa do isótopo conhecido mais estável é mostrado entre parênteses.

†† Os elementos 113, 115, 117 e 118 não foram oficialmente nomeados ainda. Apenas pequenos números atômicos desses elementos foram observados.

Apêndice D | Tabela periódica dos elementos

	Grupo III	Grupo IV	Grupo V	Grupo VI	Grupo VII	Grupo 0
					H 1 $\quad$ 1,007 9 $\quad$ $1s^1$	He 2 $\quad$ 4,002 6 $\quad$ $1s^2$
	B 5 $\quad$ 10,811 $\quad$ $2p^1$	C 6 $\quad$ 12,011 $\quad$ $2p^2$	N 7 $\quad$ 14,007 $\quad$ $2p^3$	O 8 $\quad$ 15,999 $\quad$ $2p^4$	F 9 $\quad$ 18,998 $\quad$ $2p^5$	Ne 10 $\quad$ 20,180 $\quad$ $2p^6$
	Al 13 $\quad$ 26,982 $\quad$ $3p^1$	Si 14 $\quad$ 28,086 $\quad$ $3p^2$	P 15 $\quad$ 30,974 $\quad$ $3p^3$	S 16 $\quad$ 32,066 $\quad$ $3p^4$	Cl 17 $\quad$ 35,453 $\quad$ $3p^5$	Ar 18 $\quad$ 39,948 $\quad$ $3p^6$

Ni 28 $\quad$ 58,693 $\quad$ $3d^8 4s^2$	Cu 29 $\quad$ 63,546 $\quad$ $3d^{10} 4s^1$	Zn 30 $\quad$ 65,41 $\quad$ $3d^{10} 4s^2$	Ga 31 $\quad$ 69,723 $\quad$ $4p^1$	Ge 32 $\quad$ 72,64 $\quad$ $4p^2$	As 33 $\quad$ 74,922 $\quad$ $4p^3$	Se 34 $\quad$ 78,96 $\quad$ $4p^4$	Br 35 $\quad$ 79,904 $\quad$ $4p^5$	Kr 36 $\quad$ 83,80 $\quad$ $4p^6$
Pd 46 $\quad$ 106,42 $\quad$ $4d^{10}$	Ag 47 $\quad$ 107,87 $\quad$ $4d^{10} 5s^1$	Cd 48 $\quad$ 112,41 $\quad$ $4d^{10} 5s^2$	In 49 $\quad$ 114,82 $\quad$ $5p^1$	Sn 50 $\quad$ 118,71 $\quad$ $5p^2$	Sb 51 $\quad$ 121,76 $\quad$ $5p^3$	Te 52 $\quad$ 127,60 $\quad$ $5p^4$	I 53 $\quad$ 126,90 $\quad$ $5p^5$	Xe 54 $\quad$ 131,29 $\quad$ $5p^6$
Pt 78 $\quad$ 195,08 $\quad$ $5d^9 6s^1$	Au 79 $\quad$ 196,97 $\quad$ $5d^{10} 6s^1$	Hg 80 $\quad$ 200,59 $\quad$ $5d^{10} 6s^2$	Tl 81 $\quad$ 204,38 $\quad$ $6p^1$	Pb 82 $\quad$ 207,2 $\quad$ $6p^2$	Bi 83 $\quad$ 208,98 $\quad$ $6p^3$	Po 84 $\quad$ (209) $\quad$ $6p^4$	At 85 $\quad$ (210) $\quad$ $6p^5$	Rn 86 $\quad$ (222) $\quad$ $6p^6$
Ds 110 $\quad$ (271)	Rg 111 $\quad$ (272)	Cn 112 $\quad$ (285)	113†† $\quad$ (284)	Fe 114 $\quad$ (289)	115†† $\quad$ (288)	Lv 116 $\quad$ (293)	117†† $\quad$ (294)	118†† $\quad$ (294)

Eu 63 $\quad$ 151,96 $\quad$ $4f^7 6s^2$	Gd 64 $\quad$ 157,25 $\quad$ $4f^7 5d^1 6s^2$	Tb 65 $\quad$ 158,93 $\quad$ $4f^8 5d^1 6s^2$	Dy 66 $\quad$ 162,50 $\quad$ $4f^{10} 6s^2$	Ho 67 $\quad$ 164,93 $\quad$ $4f^{11} 6s^2$	Er 68 $\quad$ 167,26 $\quad$ $4f^{12} 6s^2$	Tm 69 $\quad$ 168,93 $\quad$ $4f^{13} 6s^2$	Yb 70 $\quad$ 173,04 $\quad$ $4f^{14} 6s^2$	Lu 71 $\quad$ 174,97 $\quad$ $4f^{14} 5d^1 6s^2$
Am 95 $\quad$ (243) $\quad$ $5f^7 7s^2$	Cm 96 $\quad$ (247) $\quad$ $5f^7 6d^1 7s^2$	Bk 97 $\quad$ (247) $\quad$ $5f^8 6d^1 7s^2$	Cf 98 $\quad$ (251) $\quad$ $5f^{10} 7s^2$	Es 99 $\quad$ (252) $\quad$ $5f^{11} 7s^2$	Fm 100 $\quad$ (257) $\quad$ $5f^{12} 7s^2$	Md 101 $\quad$ (258) $\quad$ $5f^{13} 7s^2$	No 102 $\quad$ (259) $\quad$ $5f^{14} 7s^2$	Lr 103 $\quad$ (262) $\quad$ $5f^{14} 6d^1 7s^2$

Respostas aos testes rápidos e problemas ímpares

Capítulo 1
Respostas aos testes rápidos
1.1. (d) **1.4.** (b)
1.2. (f) **1.5.** (c)
1.3. (a) **1.6.** (i) (a) (ii) (a)

Respostas aos problemas ímpares
1. (a) 17 N para a esquerda (b) 28 m/s² para a esquerda
3. 0,63 s
5. (a) 1,50 Hz (b) 0,667 s (c) 4,00 m (d) π rad (e) 2,83 m
7. 0,628 m/s
9. 40,9 N/m
11. 12,0 Hz
13. (a) –2,34 m (b) –1,30 m/s (c) –0,0763 m (d) 0,315 m/s
15. (a) $x = 2{,}00 \cos(3{,}00\pi t - 90°)$ ou $x = 2{,}00 \sen(3{,}00\pi t)$ onde x é dado em centímetros, e t em segundos (b) 18,8 cm/s (c) 0,333 s (d) 178 cm/s² (e) 0,500 s (f) 12,0 cm
17. (a) 20 cm (b) 94,2 cm/s à medida que a partícula passa pelo equilíbrio (c) ± 17,8 m/s² no percurso máximo a partir do equilíbrio
19. (a) 40,0 cm/s (b) 160 cm/s² (c) 32,0 cm/s (d) –96,0 cm/s² (e) 0,232 s
21. 2,23 m/s
23. (a) 0,542 kg (b) 1,81 s (c) 1,20 m/s²
25. 2,60 cm e –2,60 cm
27. (a) 28,0 mJ (b) 1,02 m/s (c) 12,2 mJ (d) 15,8 mJ
29. (a) $\frac{8}{9}E$. (b) $\frac{1}{9}E$. (c) $x = \pm\sqrt{\frac{2}{3}}A$. (d) Não; a energia potencial máxima é igual à energia total do sistema. Como a energia total deve permanecer constante, a energia cinética nunca pode ser maior que a potencial máxima.
31. (a) 4,58 N (b) 0,125 J (c) 18,3 m/s² (d) 1,00 m/s (e) menor (f) o coeficiente de atrito cinético entre o bloco e a superfície (g) 0,934
33. (b) 0,628 s
35. (a) 1,50 s (b) 0,559 m
37. 0,944 kg · m²
39. 1,42 s, 0,499 m
41. (a) 0,820 m/s. (b) 2,57 rad/s². (c) 0,641 N. (d) $v_{máx} = 0{,}817$ m/s, $\alpha_{máx} = 2{,}54$ rad/s², $F_{máx} = 0{,}634$ N. (e) As respostas são próximas, mas não exatamente as mesmas. As obtidas a partir da conservação de energia e da Segunda Lei de Newton são mais precisas.
43. (a) 3,65 s (b) 6,41 s (c) 4,24 s
45. (a) $5{,}00 \times 10^{-7}$ kg × m² (b) $3{,}16 \times 10^{-4}$ N × m/rad
47. (a) 7,00 Hz (b) 2,00% (c) 10,6 s
51. 11,0 cm
53. (a) 3,16 s⁻¹ (b) 6,28 s⁻¹ (c) 5,09 cm
55. 0,641 Hz ou 1,31 Hz
57. (a) 2,09 s. (b) 0,477 Hz. (c) 36,0 cm/s. (d) $E = 0{,}0648\,m$, onde E é dado em joules, e m, em quilogramas. (e) $k = 9{,}00\,m$, onde k é dado em newtons/metro, e m, em quilogramas. (f) Período, frequência e velocidade máxima são todos independentes da massa nessa situação. A energia e a constante de força são diretamente proporcionais à massa.
59. (a) $2Mg$ (b) $Mg\left(1 + \dfrac{y}{L}\right)$ (c) $\dfrac{4\pi}{3}\sqrt{\dfrac{2L}{g}}$ (d) 2,68 s
61. $1{,}56 \times 10^{-2}$ m
63. (a) $L_{Terra} = 25$ cm (b) $L_{Marte} = 9{,}4$ cm (c) $m_{Terra} = 0{,}25$ kg (d) $m_{Marte} = 0{,}25$ kg
65. 6,62 cm
67. $\dfrac{1}{2\pi L}\sqrt{gL + \dfrac{kh^2}{M}}$
69. 7,75 s⁻¹
71. (a) 1,26 m. (b) 1,58. (c) A energia diminui por 120 J. (d) A energia mecânica é transformada em energia interna na colisão perfeitamente inelástica.
73. (a) $\omega = \sqrt{\dfrac{200}{0{,}400 + M}}$, onde ω é dado em s⁻¹, e M, em quilogramas (b) 22,4 s⁻¹ (c) 22,4 s⁻¹
75. (a) 300 s (b) 14,3 J (c) $\theta = 25{,}5°$
77. (b) 1,46 s
79. (a) $x = 2\cos\left(10t + \dfrac{\pi}{2}\right)$ (b) ±1,73 m (c) 0,105 s = 105 ms (d) 0,0980 m
81. (b) $T = \dfrac{2}{r}\sqrt{\dfrac{\pi M}{\rho g}}$
83. $9{,}12 \times 10^{-5}$ s
85. (a) 0,500 m/s (b) 8,56 cm
87. (a) $\frac{1}{2}(M + \frac{1}{3}m)v^2$ (b) $2\pi\sqrt{\dfrac{M + \frac{1}{3}m}{k}}$
89. (a) $\dfrac{2\pi}{\sqrt{g}}\sqrt{L_i + \dfrac{1}{2\rho a^2}\left(\dfrac{dM}{dt}\right)t}$ (b) $2\pi\sqrt{\dfrac{L_i}{g}}$

Capítulo 2
Respostas aos testes rápidos
2.1. (i) (b), (ii) (a) **2.4.** (f) e (h)
2.2. (i) (c), (ii) (b), (iii) (d) **2.5.** (d)
2.3. (c)

Respostas aos problemas ímpares
1. 184 km
3. $y = \dfrac{6{,}00}{(x - 4{,}50t)^2 + 3{,}00}$ onde x e y são dados em metros, e t, em segundos
5. (a) 2,00 cm (b) 2,98 m (c) 0,576 Hz (d) 1,72 m/s
7. 0,319 m
9. (a) $3{,}33\,\hat{\mathbf{i}}$ m/s (b) –5,48 cm (c) 0,667 m (d) 5,00 Hz (e) 11,0 m/s
11. (a) 31,4 rad/s (b) 1,57 rad/m (c) $y = 0{,}120\,\sen(1{,}57x - 31{,}4t)$, onde x e y são dados em metros, e t, em segundos (d) 3,77 m/s, (e) 118 m/s²
13. (a) 0,500 Hz (b) 3,14 rad/s (c) 3,14 rad/m (d) 0,100 sen ($\pi x - \pi t$) (e) 0,100 sen ($-\pi t$) (f) 0,100 sen (4,71 – πt) (g) 0,314 m/s
15. (a) –1,51 m/s (b) 0 (c) 16,0 m (d) 0,500 s (e) 32,0 m/s
17. (a) 0,250 m (b) 40,0 rad/s (c) 0,300 rad/m (d) 20,9 m (e) 133 m/s (f) direção x positiva
19. (a) $y = 0{,}0800$ sen $(2{,}5\pi x + 6\pi t)$
    (b) $y = 0{,}0800$ sen $(2{,}5\pi x + 6\pi t - 0{,}25\pi)$
21. 185 m/s
23. 13,5 N
25. 80,0 N
27. 0,329 s
29. (a) 0,0510 kg/m (b) 19,6 m/s
31. 631 N
33. (a) 1 (b) 1 (c) 1 (d) aumenta por um fator de 4
35. (a) 62,5 m/s (b) 7,85 m (c) 7,96 Hz (d) 21,1 W
37. (a) $y = 0{,}075$ sen $(4{,}19x - 314t)$, onde x e y estão em metros e t está em segundos (b) 625 W
39. (a) 15,1 W (b) 3,02 J

45. 0,456 m/s
47. 14,7 kg
49. (a) 39,2 N, (b) 0,892 m, (c) 83,6 m/s
51. (a) 21,0 ms, (b) 1,68 m
53. $\sqrt{\dfrac{mL}{Mg\,\operatorname{sen}\theta}}$
55. 0,0843 rad
57. $\dfrac{1}{\omega}\sqrt{\dfrac{m}{M}}$
59. (a) $v=\sqrt{\dfrac{T}{\rho(1,00\times 10^{-5}x+1,00\times 10^{-6})}}$, onde v é dado em metros por segundo, T, em newtons, ρ é em quilogramas por metro cúbico, e x, em metros (b) $v(0)=94,3$ m/s, $v(10,0\text{ m})=9,38$ m/s
61. (a) $\dfrac{\mu\omega^{3}}{2k}A_0^{\,2}e^{-2bx}$ (b) $\dfrac{\mu\omega^{3}}{2k}A_0^{\,2}$ (c) e^{-2bx}
63. $3{,}86\times 10^{-4}$
65. (a) $(0{,}707)(2\sqrt{L/g})$ (b) $L/4$
67. (a) $\mu v_0^{\,2}$ (b) v_0 (c) sentido horário: 4π; sentido anti-horário: 0

Capítulo 3

Respostas aos testes rápidos

3.1. (c) **3.4.** (e)
3.2. (b) **3.5.** (e)
3.3. (b) **3.6.** (b)

Respostas aos problemas ímpares

1. (a) 2,00 μm (b) 40,0 cm (c) 54,6 m/s (d) −0,433 μm (e) 1,72 mm/s
3. $\Delta P=0{,}200\,\operatorname{sen}(20\pi x-6{,}860\pi t)$, onde ΔP é dado em pascals, x, em metros, e t, em segundos
5. 0,103 Pa
7. 0,196 s
9. (a) 0,625 mm (b) 1,50 mm até 75,0 μm
11. (a) 5,56 km. (b) Não. A velocidade da luz é muito maior que a do som, então, o intervalo de tempo necessário para a luz alcançar você é desprezível comparado ao de tempo para o som.
13. 7,82 m
15. (a) 27,2 s (b) 25,7 s; o intervalo de tempo na parte (a) é maior.
17. (a) o pulso que viaja pelos trilhos (b) 23,4 ms
19. 66,0 dB
21. (a) 3,75 W/m² (b) 0,600 W/m²
23. $3{,}0\times 10^{-8}$ W/m²
25. (a) 0,691 m (b) 691 km
27. (a) $1{,}3\times 10^{2}$ W (b) 96 dB
29. (a) 2,34 m (b) 0,390 m (c) 0,161 Pa (d) 0,161 Pa (e) $4{,}25\times 10^{-7}$ m (f) $7{,}09\times 10^{-8}$ m
31. (a) $1{,}32\times 10^{-4}$ W/m² (b) 81,2 dB
33. 68,3 dB
35. (a) 30,0 m (b) $9{,}49\times 10^{5}$ m
37. (a) 475 Hz (b) 430 Hz
39. (a) 3,04 kHz (b) 2,08 kHz (c) 2,62 kHz; 2,40 kHz
41. (a) 441 Hz (b) 439 Hz (c) 54,0 dB
43. (a) 0,0217 m/s, (b) 28,9 Hz, (c) 57,8 Hz
45. 26,4 m/s
47. (a) 56,3 s (b) 56,6 km mais adiante
49. (a) 0,883 cm
51. (a) 0,515 caminhão por minuto (b) 0,614 caminhão por minuto
53. 67,0 dB
55. (a) 4,16 m (b) 0,455 μs (c) 0,157 mm
57. Não é razoável, implicando um nível sonoro de 123 dB. Quase toda a diminuição na energia mecânica se transforma em energia interna no trinco.
59. (a) $5{,}04\times 10^{3}$ m/s (b) $1{,}59\times 10^{-4}$ s (c) $1{,}90\times 10^{-3}$ m (d) $2{,}38\times 10^{-3}$ (e) $4{,}76\times 10^{8}$ N/m² (f) $\dfrac{\sigma_y}{\sqrt{\rho Y}}$
61. (a) 55,8 m/s (b) 2.500 Hz
63. (a) 3,29 m/s. (b) O morcego conseguirá pegar o inseto porque está a uma velocidade maior na mesma direção que ele.
65. (a) 0,343 m (b) 0,303 m (c) 0,383 m (d) 1,03 kHz
67. (a) 0,983° (b) 4,40°
69. $1{,}34\times 10^{4}$ N
71. (a) 531 Hz (b) 466 Hz a 539 Hz (c) 568 Hz

Capítulo 4

Respostas aos testes rápidos

4.1. (c) **4.4.** (b)
4.2. (i) (a), (ii) (d) **4.5.** (c)
4.3. (d)

Respostas aos problemas ímpares

1. 5,66 cm
3. (a) −1,65 cm (b) −6,02 cm (c) 1,15 cm
5. 91,3°
7. (a) y_1: direção x positiva; y_2: direção x negativa (b) 0,750 s (c) 1,00 m
9. (a) 9,24 m (b) 600 Hz
11. (a) 156° (b) 0,0584 cm
13. (c) Sim; a forma limitante do trajeto são duas linhas retas que passam pela origem com inclinação ±0,75.
15. (a) 15,7 m (b) 31,8 Hz (c) 500 m/s
17. (a) 4,24 cm (b) 6,00 cm (c) 6,00 cm (d) 0,500 cm, 1,50 cm, 2,50 cm
19. a 0,0891 m, 0,303 m, 0,518 m, 0,732 m, 0,947 m e 1,16 m de um alto-falante
21. 19,6 Hz
23. (a) 163 N (b) 660 Hz
25. (a) segunda harmônica (b) 74,0 cm (c) 3
27. (a) 350 Hz (b) 400 kg
29. 1,86 g
31. (a) 3,8 cm (b) 3,85%
33. (a) Três voltas (b) 16,7 Hz (c) uma volta
35. (a) 3,66 m/s (b) 0,200 Hz
37. 57,9 Hz
39. (a) 0,357 m (b) 0,715 m
41. (a) 0,656 m (b) 1,64 m
43. (a) 349 m/s (b) 1,14 m
45. (a) 0,195 m (b) 841 Hz
47. $n(0{,}252\text{ m})$ com $n=1,\,2,\,3\ldots$
49. 158 s
51. (a) 50,0 Hz (b) 1,72 m
53. (a) 21,5 m (b) sete
55. (a) 1,59 kHz (b) harmônicos ímpares (c) 1,11 kHz
57. 5,64 batimentos/s
59. (a) 1,99 batimentos/s (b) 3,38 m/s
61. Os coeficientes a seguir são aproximados: $A_1=100, A_2=156, A_3=62, A_4=104, A_5=52, A_6=29, A_7=25$.

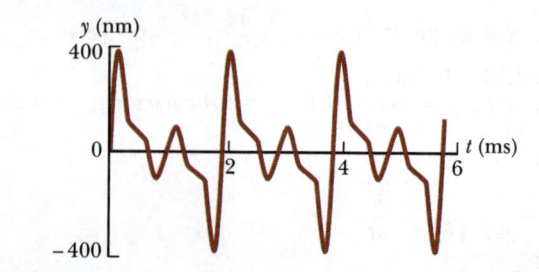

63. 31,1 N
65. 800 m
67. 1,27 cm
69. 262 kHz
71. (a) 45,0 ou 55,0 Hz (b) 162 ou 242 N
73. (a) $r = 0,0782\left(1 - \dfrac{4}{n^2}\right)^{1/3}$, (b) 3, (c) 0,0782 m, (d) a esfera flutua na água.
75. (a) 34,8 m/s (b) 0,986 m
77. 3,85 m/s longe da estação ou 3,77 m/s na direção da estação
79. 283 Hz
81. 407 ciclos
83. (b) $A = 11,2$ m, $\phi = 63,4°$
85. (a) 78,9 N (b) 211 Hz
87. $\sqrt{15}Mg$

Capítulo 5
Respostas aos testes rápidos
5.1. (c) **5.4.** (c)
5.2. (c) **5.5.** (a)
5.3. (c) **5.6.** (b)

Respostas aos problemas ímpares
1. (a) 106,7 °F. (b) Sim; a temperatura normal do corpo é 98,6 °F, então o paciente tem febre alta que requer cuidados imediatos.
3. (a) –109 °F, 195 K (b) 98,6 °F, 310 K
5. (a) –320 °F (b) 77,3 K
7. (a) –270 °C (b) 1,27 atm, 1,74 atm
9. (a) 0,176 mm (b) 8,78 μm (c) 0,0930 cm³
11. 3,27 cm
13. 1,54 km. A tubulação pode ser apoiada em roletes. Ondulações no formato de um Ω podem ser construídas entre segmentos retos. Elas se curvam à medida que o aço muda de comprimento.
15. (a) 0,109 cm² (b) aumento
17. (a) 437 °C. (b) $2,1 \times 10^3$ °C. (c) Não; o alumínio derrete a 660 °C (Tabela 6.2). Também, embora não esteja na Tabela 6.2, pesquisas na Internet mostram que latão (uma liga de cobre e zinco) derrete a aproximadamente 900 °C.
19. (a) 99,8 mL. (b) Fica abaixo da marca. A acetona reduziu em volume, e o frasco aumentou em volume.
21. (a) 99,4 mL (b) 2,01 L (c) 0,998 cm
23. (a) $11,2 \times 10^3$ kg/m³ (b) 20,0 kg
25. $1,02 \times 10^3$ galões
27. 4,28 atm
29. (a) 2,99 moles (b) $1,80 \times 10^{24}$ moléculas
31. $1,50 \times 10^{29}$ moléculas
33. (a) 41,6 moles. (b) 1,20 kg. (c) Este valor está de acordo com a densidade tabulada.
35. 3,55 L
37. (a) 3,95 atm = 400 kPa (b) 4,43 atm = 449 kPa
39. 473 K
41. 3,68 cm³
43. 1,89 MPa
45. $6,57 \times 10^6$ Pa
47. (a) 2,542 cm (b) $\Delta T = 300$ °C
49. 1,12 atm
51. 3,37 cm
53. –0,0942 Hz
55. (a) 94,97 cm (b) 95,03 cm
57. (b) À medida que a temperatura aumenta, a densidade diminui (supondo que β é positivo). (c) 5×10^{-5} (°C)$^{-1}$. (d) $-2,5 \times 10^{-5}$ (°C)$^{-1}$
59. (a) $9,5 \times 10^{-5}$ s (b) perde 57,5 s.
61. (b) Supõe-se que $\alpha \Delta T$ é muito menos que 1.
63. (a) Sim, desde que os coeficientes de expansão permaneçam constantes. (b) Os comprimentos L_C e L_A a 0 °C devem satisfazer $17L_C = 11L_A$. Então a haste de aço deve ser mais longa. Com $L_A - L_C = 5,00$ cm, a única possibilidade é $L_A = 14,2$ cm e $L_C = 9,17$ cm.
65. (a) 0,34%. (b) 0,48%. (c) Todos os momentos de inércia têm a mesma forma matemática: o produto de uma constante, a massa e o comprimento ao quadrado.
67. 2,74 m
69. (a) $\dfrac{\rho_a g P_0 V_i}{P_0 + \rho_a g h}$ (b) diminui (c) $h = \dfrac{P_0}{\rho_a g} = 10,3$ m
73. (a) $6,17 \times 10^{-3}$ kg/m (b) 632 N (c) 580 N (d) 192 Hz
75. Não; o aço precisaria ser 2,30 vezes mais forte.
77. (a) $L_f = L_i e^{\alpha \Delta T}$. (b) $(2,00 \times 10^{-4})$%. (c) 59,4%. (d) Com essa abordagem, 102 mL de turpentina vazam, 2,01 L ficam no cilindro a 80,0 °C, e o nível da turpentina a 20,0 °C está a 0,969 cm abaixo da borda do cilindro.
79. 4,54 m

Capítulo 6
Respostas aos testes rápidos
6.1. (i) Ferro, vidro, água, (ii) água, vidro, ferro
6.2. A figura mostra uma representação gráfica da energia interna do gelo como função da energia acrescentada. Note que esse gráfico é bem diferente do da Figura 6.3 por não ter as porções planas durante as mudanças de fase. Independentemente de como a temperatura varia na Figura 6.3, a energia interna do sistema simplesmente aumenta linearmente com entrada de energia; a linha no gráfico a seguir tem uma inclinação igual a 1.

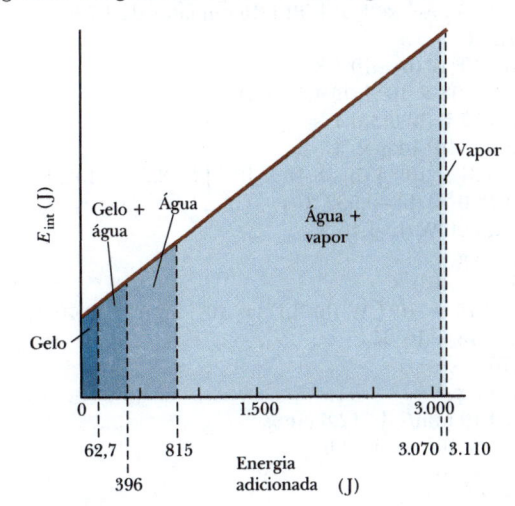

6.3.

Situação	Sistema	Q	W	ΔE_{int}
(a) Bombeando um pneu de bicicleta rapidamente	Ar na bomba	0	+	+
(b) Panela de água em temperatura ambiente em um fogão quente	Água na panela	+	0	+
(c) Ar vazando rapidamente de um balão	Ar originalmente no balão	0	–	–

6.4. Caminho A é isovolumétrico, caminho B é adiabático, caminho C é isotérmico e caminho D é isobárico.
6.5. (b)

Respostas aos problemas ímpares
1. (a) $2,26 \times 10^6$ J (b) $2,80 \times 10^4$ etapas (c) $6,99 \times 10^3$ etapas
3. 23,6 °C
5. 0,845 kg

7. $1,78 \times 10^4$ kg
9. 88,2 W
11. 29,6 °C
13. (a) 1.822 J/kg × °C. (b) Não podemos fazer uma identificação definitiva. Pode ser berílio. (c) O material pode ser uma liga desconhecida ou um material não listado na tabela.
15. (a) 380 K (b) 2,04 atm
17. 2,27 km
19. 16,3 °C
21. (a) 10,0 g de gelo derrete, $T_f = 40,4$ °C (b) 8,04 g de gelo derrete, $T_f = 0$ °C
23. (a) 0 °C (b) 114 g
25. −466 J
27. (a) $-4P_iV_i$. (b) De acordo com $T = (P_i/nRV_i)V^2$, é proporcional ao quadrado do volume.
29. −1,18 MJ
31.

Processo	Q	W	ΔE_{int}
BC	−	0	−
CA	−	+	−
AB	+	−	+

33. 720 J
35. (a) 0,0410 m³ (b) +5,48 kJ (c) −5,48 kJ
37. (a) 7,50 kJ (b) 900 K
39. (a) −0,0486 J (b) 16,2 kJ (c) 16,2 kJ
41. (a) −9,08 kJ (b) 9,08 kJ
43. (a) $6,45 \times 10^3$ W (b) $5,57 \times 10^8$ J
45. 74,8 kJ
47. $3,49 \times 10^3$ K
49. (a) 1,19 (b) um fator de 1,19.
51. 8,99 cm
53. (a) 1,85 pés² × °F × h/Btu (b) um fator de 1,78.
55. 51,2 °C
57. (a) $\sim 10^3$ W (b) $\sim 10^{-1}$ K/s
59. (a) $-6,08 \times 10^5$ J (b) $4,56 \times 10^5$ J
61. (a) 17,2 L (b) 0,351 L/s
63. $1,90 \times 10^3$ J/kg × °C
65. (a) $9,31 \times 10^{10}$ J (b) $-8,47 \times 10^{12}$ J (c) $8,38 \times 10^{12}$ J
67. (a) 13,0 °C (b) −0,532 °C/s
69. (a) 2.000 W (b) 4,46 °C
71. 2,35 kg
73. $(5,87 \times 10^4)$ °C
75. (a) $3,16 \times 10^{22}$ W (b) $3,17 \times 10^{22}$ W (c) é 0,408% maior (d) $5,78 \times 10^3$ K
77. 3,76 m/s
79. 1,44 kg
81. (a) 4,19 mm/s (b) 12,6 mm/s
83. $3,66 \times 10^4$ s = 10,2 h

Capítulo 7

Respostas aos testes rápidos

7.1. (i) (b), (ii) (a)   7.3. (d)
7.2. (i) (a), (ii) (c)   7.4. (c)

Respostas aos problemas ímpares

1. (a) $3,54 \times 10^{23}$ átomos (b) $6,07 \times 10^{-21}$ J (c) 1,35 km/s
3. (a) 0,943 N (b) 1,57 Pa
5. 3,32 moles
7. $5,05 \times 10^{-21}$ J
9. (a) 4,00 u = $6,64 \times 10^{-27}$ kg (b) 55,9 u = $9,28 \times 10^{-26}$ kg (c) 207 u = $3,44 \times 10^{-25}$ kg
11. (a) 2,28 kJ (b) $6,21 \times 10^{-21}$ J
13. 17,4 kPa
15. 13,5PV
17. (a) 3,46 kJ (b) 2,45 kJ (c) −1,01 kJ
19. 74,8 J

21. (a) $5,66 \times 10^7$ J (b) 1,12 kg
23. $2,32 \times 10^{-21}$ J
25. (a) 41,6 J/K (b) 58,2 J/K (c) 58,2 J/K, 74,8 J/K
27. (a) Um fator de 0,118 (b) um fator de 2,35 (c) 0 (d) 135 J (e) 135 J
29. 227 K
31. 25,0 kW
33. (a)

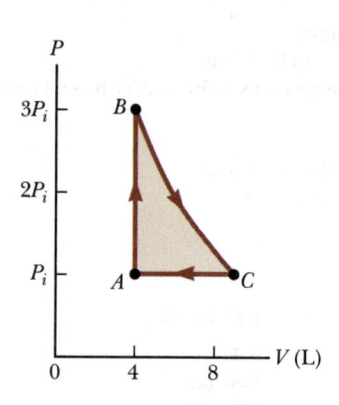

(b) 8,77 L (c) 900 K (d) 300 K (e) −336 J
35. 132 m/s
37. (a) $2,00 \times 10^{-163} \to 0$ átomos (b) $2,70 \times 10^{20}$ átomos
39. (a) $2,37 \times 10^4$ K (b) $1,06 \times 10^3$ K
41. (b) 0,278
43. (b) 8,31 km
45. (a) 1,69 h (b) 1,00
47. (a) 367 K. (b) A velocidade rms do nitrogênio seria maior porque a massa molar do nitrogênio é menor que a do oxigênio (c) 572 m/s
49. $5,74 \times 10^6$ Pa = 56,6 atm
51. (i) (a) 100 kPa (b) 66,5 L (c) 400 K (d) +5,82 kJ (e) +7,48 kJ (f) −1,66 kJ; (ii) (a) 133 kPa (b) 49,9 L (c) 400 K (d) +5,82 kJ (e) +5,82 kJ (f) 0; (iii) (a) 120 kPa (b) 41,6 L (c) 300 K (d) 0 (e) −909 J (f) +909 J; (iv) (a) 120 kPa (b) 43,3 L (c) 312 K (d) +722 J (e) 0 (f) +722 J
53. 0,623
55. (a) 0,514 m³ (b) 2,06 m³ (c) $2,38 \times 10^3$ K (d) −480 kJ (e) 2,28 MJ
57. (a) $3,65v$ (b) $3,99v$ (c) $3,00v$ (d) $\dfrac{106 m_0 v^2}{V}$ (e) $7,98 m_0 v^2$
59. (a) 300 K (b) 1,00 atm
61. (a) $v_{rms} = (18k_B T/\pi\rho d^3)^{1/2} = (4,81 \times 10^{-12})d^{-3/2}$, onde v_{rms} é dado em metros por segundo, e d, em metros (b) $t = (2,08 \times 10^{11})d^{5/2}$, onde t é dado em segundos, e d, em metros (c) 0,926 mm/s e 3,24 ms (d) $1,32 \times 10^{-11}$ m/s e $3,88 \times 10^{10}$ s
63. 0,480 °C
65. (a) 0,203 moles (b) 900 K (c) 900 K (d) 15,0 L (e) $A \to B$: prenda o pistão no lugar e coloque o cilindro em um forno a 900 K. $B \to C$: mantenha o gás no forno enquanto deixa o gás se expandir gradualmente para elevar o pistão o máximo possível. $C \to A$: tire o cilindro do forno para o ambiente a 300 K e deixe o gás esfriar e contrair.
(f, g)

	Q, kJ	W, kJ	ΔE_{int}, kJ
AB	1,52	0	1,52
BC	1,67	−1,67	0
CA	−2,53	+1,01	−1,52
ABCA	0,656	−0,656	0

67. (a) $1,09 \times 10^{-3}$ (b) $2,69 \times 10^{-2}$ (c) 0,529 (d) 1,00 (e) 0,199 (f) $1,01 \times 10^{-41}$ (g) $1,25 \times 10^{-1.082}$
71. (a) $3,34 \times 10^{26}$ moléculas (b) durante o 27º dia (c) $2,53 \times 10^6$
73. (a) 0,510 m/s (b) 20 ms
75. 510 K e 290 K

Capítulo 8
Respostas aos testes rápidos
8.1. (i) (c), (ii) (b)
8.2. (d)
8.3. C, B, A
8.4. (a) um; (b) seis
8.5. (a)
8.6. falso (o processo adiabático deve ser *reversível* para que a variação na entropia seja igual a zero).

Respostas aos problemas ímpares
1. (a) 10,7 kJ (b) 0,533 s
3. (a) 6,94% (b) 335 J
5. (a) 0,294 (ou 29,4%) (b) 5,00 J (c) 1,67 kW
7. 55,4%
9. (a) 75,0 kJ (b) 7,33
11. 77,8 W
13. (a) $4{,}51 \times 10^6$ J (b) $2{,}84 \times 10^7$ J (c) 68,1 kg
15. (a) 67,2% (b) 58,8 kW
17. (a) $8{,}70 \times 10^8$ J (b) $3{,}30 \times 10^8$ J
19. 9,00
21. 11,8
23. 1,86
25. (a) 564 °C. (b) Não; uma máquina real sempre terá uma eficiência *menor* que a de Carnot porque opera de modo irreversível.
27. (a) 741 J (b) 459 J
29. (a) 9,10 kW (b) 11,9 kJ
31. (a) 564 K (b) 212 kW (c) 47,5%
33. (a) $\dfrac{Q_f}{\Delta t} = 1{,}40\left(\dfrac{0{,}5T_q + 383}{T_q - 383}\right)$, onde $Q_f/\Delta t$ é dado em megawatts, e T, em kelvins. (b) A potência de escape diminui conforme a temperatura na área de queima aumenta, (c) 1,87 MW. (d) $3{,}84 \times 10^3$ K, (e) Não existe resposta. O escapamento de energia não pode ser tão pequeno.
35. 1,17
37. (a) 244 kPa (b) 192 J
39. (a)

Macroestados	Microestados	Número de modos de sorteio
Todos V	VVV	1
2 V, 1 A	AVV, VAV, VVA	3
1 V, 2 A	AAV, AVA, VAA	3
Todos A	AAA	1

(b)

Macroestados	Microestados	Número de modos de sorteio
Todos V	VVVV	1
4V, 1A	AVVVV, VAVVV, VVAVV, VVVAV, VVVVA	5
3V, 2A	AAVVV, AVAVV, AVVAV, AVVVA, VAAVV, VAVAV, VAVVA, VVAAV, VVAVA, VVVAA	10
2V, 3A	VVAAA, VAVAA, VAAVA, VAAAV, AVVAA, AVAVA, AVAAV, AAVVA, AAVAV, AAAVV	10
1V, 4A	VAAAA, AVAAA, AAVAA, AAAVA, AAAAV	5
Todos A	AAAAA	1

41. (a) um (b) seis
43. 143 J/K
45. 1,02 kJ/K
47. 57,2 J/K
49. 0,507 J/K
51. 195 J/K
53. (a) $-3{,}45$ J/K (b) $+8{,}06$ J/K (c) $+4{,}62$ J/K
55. 3,28 J/K
57. 32,9 kJ
59. (a) $\frac{1}{3}$ (b) $\frac{2}{3}$
61. $0{,}440 = 44{,}0\%$
63. (a) 5,00 kW (b) 763 W
65. (a) $-0{,}390nR$ (b) $-0{,}545nR$
67. (a) $3nRT_i$ (b) $3nRT_i \ln 2$ (c) $-3nRT_i$ (d) $-nRT_i \ln 2$ (e) $3nRT_i(1 + \ln 2)$ (f) $2nRT_i \ln 2$ (g) 0,273
69. (a) 39,4 J (b) 65,4 rad/s = 625 rev/min (c) 293 rad/s = $2{,}79 \times 10^3$ rev/min
71. $5{,}97 \times 10^4$ kg/s
73. (a) $4{,}10 \times 10^3$ J (b) $1{,}42 \times 10^4$ J (c) $1{,}01 \times 10^4$ J (d) 28,8% (e) como $e_C = 80{,}0\%$, a eficiência do ciclo é muito menor que aquela de uma máquina de Carnot operando entre os mesmos extremos de temperatura.
75. (a) 0,476 J/K (b) 417 J
77. $nC_P \ln 3$
79. (b) Sim. (c) Não; a Segunda Lei se refere a uma máquina operando em um ciclo, enquanto este problema envolve somente um único processo.
81. (a) $P_A = 25{,}0$ atm, $V_A = 1{,}97 \times 10^{-3}$ m^3; $P_B = 4{,}13$ atm, $V_B = 1{,}19 \times 10^{-2}$ m^3; $P_C = 1{,}00$ atm, $V_C = 3{,}28 \times 10^{-2}$ m^3; $P_D = 6{,}05$ atm, $V_D = 5{,}43 \times 10^{-3}$ m^3 (b) $2{,}99 \times 10^3$ J

Índice Remissivo

A

Absortividade, 154
Absorvedor ideal, 154
Aceleração (a)
   em movimento harmônico simples, 3, 6, 7-8, 11
   transversal (a_y), 41-42
Aceleração de queda livre
   medição de, 16
Aceleração transversal (a_y), 41-42
Aço, coeficiente de expansão médio, 118
Água
   calor específico molar, 172
   calor específico, 136-137
   calor latente de fusão e vaporização, 140
   condutividade térmica, 150
   curva de densidade vs. temperatura, 120-122
   mudança de fase em, 140-141
   ondas na, 34, 36
   ponto de solidificação da água, 114-115
   ponto de vapor, 114-115
   ponto triplo, 115
   solidificação da, 120-122
   superaquecimento, 141
   superesfriamento, 140-142
   velocidade de som, 61
Álcool
   calor específico, 136
   calor latente de fusão e vaporização, 140
   coeficiente de expansão médio, 118
   velocidade de som no, 61
Alto-falantes, interferência em, 83-84
Alumínio (Al)
   calor específico, 136
   calor latente de fusão e vaporização, 140
   coeficiente de expansão médio, 118
   condutividade térmica, 150
   velocidade do som em, 61
Amplitude (A)
   de movimento harmônico simples, 3-5, 7
   de onda, 39, 42
   de ondas estacionárias, 85
   de oscilação amortecida, 19, 20
   de oscilador forçado, 20

Amplitude de deslocamento (s_{max}), 59-61, 61-63
Amplitude de pressão (ΔP_{max}), 59-60, 61, 63
Ângulo de Mach, 70
Ângulo(s)
   aproximação de ângulo pequeno, 16
Antinodos, 85-86, 87
   deslocamento, 92, 96
   pressão, 92
Antinodos de pressão, 92
Aproximação de ângulo pequeno, 16
Aquecedores de mão, comerciais, 141
Ar
   coeficiente de expansão médio, 118
   condutividade térmica, 150
   velocidade do som, 61
Átomo(s) de hidrogênio
   modelo bohr (semiclássico) de, 166
   modelo quântico de, 166
Átomos (s)
   expansão térmica e, 117
   forças de ligação, modelagem de, 12
   modelos, 166
      Bohr (semiclássico), 166
      quânticos, 166
Audição
   dano auditivo, 64
   efeito doppler, 66-70
   frequência e, 65-66
   limiar de audição, 63, 64, 66
   limiar de dor, 63, 64-66
   música vs. ruído, 96, 98
   nível sonoro, em decibel, 64-65
   pulsação, 96-98
   ruído, 64-65
Automóveis
   motor de, 191-192
   pressão dos pneus, 169
   vibração por suspensão, 9-10
Aviões
   estrondo sônico, 71

B

Barco, curva da onda de, 70
Barras, ondas estacionárias em, 96
Batimento, 96-98
Boltzmann, Ludwig, 178, 205
Bombas de calor, 193-195, 196, 199
Borracha
   condutividade térmica, 150
   velocidade do som, 61
Brown, Robert, 111

C

Calcita, expansão térmica em, 118
Cálculo
   parcial, 42
Calor específico (c), 135-139
Calor específico molar,
   a uma pressão constante (C_P), 171, 173-175
   componentes rotacionais e vibratórios moleculares de, 173-175
   de gases complexos, 173-175
   de gases reais, 172
   de gás ideal, 170-171
   em volume constante (C_V), 172-171, 174-175
   razão de (γ), 172, 174
Caloria (cal), 133-134
Caloria (calorias alimentares), 134
Calórico, 133
Calorimetria, 137
Calorímetro, 137
Calor latente de condensação, 140
Calor latente de fusão (L_f), 140
Calor latente de solidificação, 140
Calor latente de vaporização (L_v), 140
Calor latente (L), 139-143
Calor (Q), 133
   como transferência de energia, 149
   em processos termodinâmicos, 144-145
   entropia e, 205-210
   equivalente mecânico do, 134-136
   específico (c), 135-140
   história do conceito, 132-134
   latente (L), 139-143
   unidades de, 133-134
   vs. energia interna e temperatura, 133
Capacidade calorífica (C), 135-136
Carnot, Sadi, 196
Chumbo (Pb)
   calor específico, 136
   calor latente de fusão e vaporização, 140
   coeficiente de expansão médio, 118
   condutividade térmica, 150
   velocidade do som, 61

Ciclo de Carnot, 196-200
Ciclo Otto, 200-201
Círculo de referência, 13-14
Cobre (Cu)
  calor específico, 136
  calor latente de fusão e vaporização, 140
  coeficiente de expansão médio, 118
  condutividade térmica de, 150
  velocidade do som em, 61
Coeficiente de amortecimento (b), 19
Coeficiente de expansão linear médio (α), 117, 118
Coeficiente de expansão volumétrica médio (β), 118
Coeficiente(s),
  de desempenho (COD), 194-195, 199
Colunas de ar, ondas estacionárias, 92-95
Compressão/expansão quase estática, 143-144, 147
Compressão
  onda em, 58, 59
  semiestática, 143
Comprimento
  unidades de, 17
Comprimento de onda (λ), 38, 42
  de onda sonora, 59, 62
  dos modos normais, 88
Comprimento do caminho (r), 83
Concreto
  coeficiente de expansão médio, 118
  condutividade térmica, 150
Condensação, calor latente de, 140
Condicionadores de ar, 193
Condução térmica, 150-152
  entropia, 208-210
  isolamento doméstico, 152-153
  lei de, 150
Condutividade térmica (k), 150-152
Conservação de energia,
  e Primeira Lei da Termodinâmica, 145
  história do conceito de, 132, 134
Constante de Boltzmann (k_B), 122, 205
Constante de fase (φ), 4, 7, 14, 40
Constante de mola (força constante; k), 7
Constante de torção (k), 18
Constante universal dos gases (R), 122, 172
Contato térmico, 113-114
Convecção, 153-154
convecção forçada, 154
Convecção natural, 153-154
Conversão de/para temperatura absoluta, 115
Cordas
  equação de onda linear, 48-49
  ondas estacionárias, 84-91
  ondas senoidais em, 41-42
  propagação de ondas em, 34-39
  reflexo, de ondas, 45, 46
  tensão em, 42, 89

transferência de energia por ondas, 46-48
transmissão de ondas em, 45-46
velocidade das ondas em, 42-45
Corpo negro, 154
Corpo(s) rígido(s),
  momento de inércia de, 18
  pêndulo físico, 17-18
Crista, de onda, 38
Curso da compressão, 200, 201
Curso de escape, 200, 201
Cursos de potência, 200, 201
Curtos-circuitos térmicos, 119-120

D

Dalton, John, 134
Decibéis (dB), 64-65
Densidade (ρ),
  temperatura e, 120
Densidade numérica ($n_V(E)$), 177
Derivadas parciais, 42
Derretimento e entropia, 207
Deslocamento de antinodos, 92, 96
Deslocamento de nodo, 92, 96
Diagrama de nível de energia, 175
Diagrama PV, 144, 145
Diapasão, 95, 98, 99
Diferença de caminho, 83-84
difusão, de energia e entropia, 206
Dispositivos mecânicos
  ar condicionado, 193
  bombas de calor, 193-195, 196, 199
  geladeiras, 192-194
Distribuição de energia e entropia, 206
Dor, limiar de, 63, 64-66

E

Efeito Doppler, 66-70
Eficiência térmica (e), 192
  de motor a diesel, 202
  de motor a vapor, 200
  do Ciclo de Carnot, 196-200
  do Ciclo de Otto, 201-202
Einstein, Albert
  em movimento browniano, 111
Eletron-volt (eV), 177
Em fase, 83
Emissividade (e), 154
Em processo adiabático, 145-146, 175
Energia cinética (K),
  em movimento harmônico simples, 10-11
  em ondas mecânicas, 46-47
  molecular
    e pressão, 166-169
    e temperatura, 169-171
Energia de ligação, 133
Energia (E)
  distribuição e entropia, 206
  em movimento harmônico simples, 10-1
  em movimento harmônico simples, 10-13
  em ondas mecânicas, 34, 46-48

entropia e, 206
mecanismos de transferência para, 113, 136, 145-146
  em processos térmicos, 149-155
mudança de fase e, 139-141
ondas como transferência de, 34
teorema de equipartição da, 169, 173-175
Energia interna (E_{int}), 133
  como variável de estado, 142, 145
  de gás ideal, 169, 171
  de sistema isolado, 146
  do sistema de moléculas, 173-175
  e temperatura, 136, 169, 171
  mudança de fase e, 139-141
  vs. calor e temperatura, 133
Energia mecânica (E_{mec}),
  em movimento harmônico simples, 10-13
Energia Potencial,
  Em movimento harmônico simples, 10-11
  em ondas mecânicas, 47
Energia térmica, 133
Entropia (s), 202-205
  ciclo de Carnot e, 207-208, 211
  como variável de estado, 202, 209
  condução térmica e, 208-210
  em expansão adiabática livre, 206, 208, 209-210
  em processos reversíveis e irreversíveis, 206-211
  escolha, de microstatos, 203-205
  e Segunda Lei da Termodinâmica, 210-211
  história do conceito, 202-203
  incerteza, de microstatos, 203-205
  informações faltantes, de microstatos, 203-205
  mudança na, e distribuição de energia, 206
  mudança na, para sistemas termodinâmicos, 205-211
  para sistemas termodinâmicos, 204-205
  probabilidade, de microstatos, 203
Envoltória
  de curva oscilante, 20
  de onda de choque frontal, 70
Enxofre (S), calor latente de fusão e vaporização, 140
Equação de estado para gás ideal, 121-123
Equação de onda linear, 48-49
Equação(es)
  de estado para gás ideal, 121-123
  de onda linear, 48-49
Equilíbrio térmico, 113-114
Equivalente mecânico do calor, 134-135
Escala Celsius, 114, 115
  conversão de/para, 115
Escala de Fahrenheit, 116
Escala de temperatura absoluta, 114-115
Escala Kelvin, 115
  conversão de/para, 115
Escalas de temperatura

absoluta, 114-115
Celsius, 114, 115
conversão de, 115
Fahrenheit, 116
Kelvin, 115
Escolha, de microestados, 203-205
estado fundamental, 175
Estágio de admissão, 200-201
Evaporação, 179
Expansão Adiabática livre, 146
　como processo irreversível, 195-196
　entropia em, 206, 208, 209-210
Expansão isotérmica do gás ideal, 147
Expansão linear, coeficiente médio de (α), 117, 118
Expansão térmica, 112, 117, 122, 118
Expansão volumétrica, coeficiente médio de (β), 118
Expressão de desvio por efeito de Doppler, geral, 68

F

Fase, de movimento harmônico simples, 4
Ferro (Fe)
　calor específico, 136
　condutividade térmica, 150
　velocidade de som, 61
Ferrovia
　expansão térmica dos trilhos, 119
　motor de locomotiva, 191
Física Quântica
　e calor específico molar, 175
Fonte pontual de ondas sonoras, 62, 63-64
Fora de fase, 83
Força constante (constante de mola, k), 7
Força de restauração, 3
Força(s) ($\vec{F}$)
　em movimento harmônico simples, 3
　forças de ligação, atômicas, 12
　restaurativa, 3
Forças de ligação, modelagem atômica de, 12
Forma Kelvin-Planck da Segunda Lei da Termodinâmica, 192-193, 196, 210
Frasco térmico, 154
Frentes de onda, 62
Frequência angular (ω)
　de onda, 39, 42
　de onda sonora, 59
　de pêndulo simples, 16
　em movimento harmônico simples, 4, 6, 7, 13-14
Frequência de batimento (f_b), 96-97
Frequência de ressonância (ω_0), 21, 92, 94
Frequência (f)
　angular (ω)
　　de onda, 39, 42
　　de onda sonora, 59
　　de pêndulo simples, 16
　Em movimento harmônico simples, 4, 6, 7, 13-14
　de modos normais, 88
　de movimento harmônico simples, 6, 7
　de onda, 38-39, 42
　de onda sonora, e outiva, 64-66
　fundamental (f_1), 88-89
　natural (f_0), 19, 88, 92-94
　quantificação de, 80, 87, 88, 92, 94
　ressonância (f_0), 21, 92, 94
　vs. campo, 98
Frequência fundamental (f_1), 88-89
Frequência natural (f_0), 19, 88, 92, 94
Função de distribuição de velocidade Maxwell-Boltzmann (Nv), 178-179
Função de onda, 36-37
　para onda senoidal, 39-42
Função energia potencial de Lennard-Jones, 11
Fundamental, 88-89
Fusão, calor latente de, 140

G

γ (gama), 201, 171, 172
Garrafa de champanhe, abertura de, 122
Gás(es)
　calor específico de, 136
　condução térmica de, 150
　diagramas PV de, 144
　energia interna de, 173-175
　entropia e, 206, 208, 209-210
　e Primeira Lei da Termodinâmica, 145
　expansão adiabática livre, 46
　　como processo irreversível, 195-196
　　entropia em, 206, 208, 209-210
　teoria cinética de, 166-182
　trabalho e calor em processos termodinâmicos, 142-145
　velocidade das moléculas de, 594, 177-181
Gás ideal, 121-123
　calor específico molar de, 170-171
　descrição macroscópica, 121-123
　energia interna de, 169, 171
　equação de estado para, 121-123
　expansão isotérmica de, 147
　modelo molecular de, 166-171
　processo adiabático para, 175-176
　propriedades de, 166
Gasolina, coeficiente médio de expansão, 118
Gelo
　calor específico, 136
　condutividade térmica, 150
Gradiente de temperatura, 150
Graus de liberdade da molécula e energia da molécula, 169, 173-174
Guia de ondas, 38

H

Harmônicos, 88-89, 92, 94, 98, 99

Hélio (He)
　calor específico molar, 172
　calor latente de fusão e vaporização, 140
　coeficiente de expansão médio, 118
　condutividade térmica, 150
　velocidade de som em, 61
Hertz (Hz), 6, 39
Hidrogênio (H)
　calor específico molar, 172, 174
　condutividade térmica, 150
　velocidade do som, 61
Huygens, Christian, 17

I

Incerteza, de microestados, 203-205
Informações faltantes, sobre microstatos, 203-671
Instrumentação
　calorímetros, 137
　recipientes modernos, 154
　sismógrafos, 36
Instrumentos musicais
　afinação de, 89, 98
　corda, 87-90, 94, 96-98
　órgãos de tubos, 92
　percussão, 88, 96
　sintetizadores, 100
　sons característicos de, 98, 100
　temperatura e, 94
　vento, 92-94, 98, 99
Intensidade
　de ondas sonoras, 61-66
　de referência (I_0), 64
Intensidade de referência (I_0), 64
Interferência, 81-84
　batimento, 96-98
　construtiva, 81, 82, 83
　de ondas mecânicas, 81-84, 96-98
　de ondas sonoras, 83-84
　destrutiva, 81, 82, 83
　espacial, 96
　temporal, 96
Interferência construtiva, 81, 82, 83
Interferência destrutiva, 81, 82, 83
Interferência espacial, 96
Interferência temporal, 96
Isoladores térmicos, 150
Isolamento doméstico, 152-153
Isolamento doméstico, 152-153
Isoterma, 146, 147, 171

J

Joule (J), 134
Joule, James Prescott, 132, 134
Juntas de expansão, 117
Juntas de expansão térmicas, 117

K

Kelvin (K), 115
Kelvin, William Thomson, Lord, 191

L

Latão
  calor específico, 136
  coeficiente de expansão médio, 118
Lei de Boyle, 122
Lei de Charles, 122
Lei de condução térmica, 150-151
Lei de distribuição de Boltzmann, 177
Lei de Gay-Lussac, 122
Lei de Hooke, 3, 7
Lei de Stefan, 154
Lei de Zero da Termodinâmica, 113-114
Lei do gás ideal, 12-122
Leis da termodinâmica
  primeira, 145, 190
    aplicações, 145-149
  segunda, 190-191, 210-211
    definição de entropia de, 210
    forma de kelvin-planck, 192-193, 196, 210
    proposição de Clausius, 193, 210
  zero, 113-114
Limiar de audição, 63, 64, 66
Limiar de dor, 63, 64-66
Líquido(s)
  calor específico, 136
  evaporação de, 179
Locomotiva, motor de, 191
Loop, de onda estacionária, 88
Lua
  velocidade de escape, 179

M

Macroestado, 203-205
Madeira
  calor específico, 136
  condutividade térmica, 150
Máquina de costura, sistema de transmissão de pedal, 13
Máquinas
  calor, 191-193
  Carnot, 196-200
  de locomotiva, 191
  diesel, 176-177, 192, 202
  eficiência de, 192
  entropia e, 207-208, 210-211
  gasolina, 192, 200-201
  potência de, 193
  vapor, 191, 200
Massa (m)
  molar, 121
Massa Molar (M), 121
Material de fase mais alta, 139
material isotrópico, 118
Maxwell, James Clerk, 178
Mecânica
  Estatística, 173, 178, 202-203
Mecânica Estatística, 173, 178, 202-203
Medida
  da aceleração de queda livre, 16
  de temperatura, 113-117

do coeficiente de expansão médio, 118
Membranas, ondas estacionárias, 96
Mercúrio (Hg)
  calor específico, 136
  coeficiente de expansão médio, 118
  em termômetros, 114
  velocidade do som, 61
Metal(is), condução térmica em, 150
Microestado, 203-205
Modelo da partícula em movimento harmônico simples, 3-10
Modelo de gás ideal, 121-123
Modelo de onda progressiva, 38-42
Modelo de ondas em interferência, 81-84
Modelo de ondas sob condições de contorno, 87-91
Modelos
  de forças de ligação atômica, 12
  estrutural, 166
  gás ideal, 121-123
  molecular de gás ideal, 166-171
Modelos de análise,
  interferência de ondas, 81-84
  onda propagante, 38-42
  ondas sob condições de contorno, 87-91
  partícula em movimento harmônico simples, 3-10
Modelos de ondas, 38-42
Modelos Estruturais, 166
Modos normais, 88
  em colunas de ar, 92
  em cordas, 88-89
  em hastes e membranas, 96
Módulo volumétrico (B), 59-61
Mol, 121
Mola(s)
  lei de Hooke, 3, 7
  movimento de onda em, 35
  movimento harmônico simples, 3
Molécula (s)
  movimento vibratório de, 174
  em gás, distribuição de velocidade de, 177-180
  energia cinética de
    e pressão, 166-169
    e temperatura, 169-171
  movimento de rotação de, 173-175
  quantização de energia, 174-175
  velocidade rms (v_{rms}), 169
Momento de inércia (I),
  de corpo rígido, 18
Morte do calor no universo, 211
Motor a vapor, 200
Motor de Carnot, 196-200
Motores a diesel, 176-177, 192, 201-202
Motores a gasolina, 200-201
Motores térmicos, 191-193
Movimento browniano, 111
Movimento circular uniforme,
  e movimento harmônico simples, 13-15
Movimento de rotação
  de moléculas, 173-175

Movimento harmônico simples, 3-10
Movimento harmônico simples, 3
  aplicações, 11-12
  energia em, 10-13
  movimento circular uniforme e, 13-15
  objeto preso à mola, 3
  onda estacionária, 85
  pêndulos, 15-19
Movimento oscilatório, 2-22
  amortecida, 19
  aplicações, 11-12
  corpo preso à mola, 3
  forçado, 20-21
  frequência natural, 19, 88, 92-94
  pêndulos, 15-19
  ressonância, 21-22
Movimento periódico, 2
Movimento vibracional
  de molécula, 173-175
Mudança de fase, 135, 139-141
Mudança na entropia, 207-208, 210-211
Música
  e séries harmônicas, 88-89
  vs. ruído, característicos de, 96, 98

N

Nitrogênio (N)
  calor específico molar, 172
  calor latente de fusão e vaporização, 140
  distribuição de velocidade molecular de, 179
Níveis de energia
  excitação térmica e, 177-178
  quantificação de, 174-175
Nível sonoro (β), 64-65
Nodes, 85-86, 87, 92
  deslocamento, 92, 96
  pressão, 92
Nodos de pressão, 92
Número de Avogadro (N_A), 121
Número de Mach, 70
Número de onda (k), 39, 42, 59

O

Onda progressiva, 38
Ondas de choque, 70
Ondas de som ultrassom, 57
Ondas eletromagnéticas
  exemplos de, 34
  propagação no vácuo, 34
Ondas esféricas, 62
Ondas estacionárias, 84-87
  em colunas de ar, 92-95
  em cordas, 87-89
  em hastes, 96
  em membranas, 96
  nas condições de contorno, 87-91
Onda(s) linear(es), 81
Ondas longitudinais, 35-36, 58-59
Ondas Mecânicas, 34
  batimentos, 96-98
  componentes de, 36

equação de onda linear, 48-49
interferência em, 81-84, 96
meio, 34
modelo de onda progressiva, 38-42
propagação de, 34-37
reflexo de, 45, 46
sobreposição de, 81-84
transferência de energia em, 34, 46-48
transmissão de, 45
velocidade de, 39, 42-45, 60
Ondas não lineares, 81
Ondas não senoidais, 98-99
Onda sonora periódica, 58
Ondas P, 36
Ondas quadradas, 99
Ondas S, 36
Ondas (s), 34-49
   como transferência de energia, 34
   equação de onda linear, 48-49
   esféricas, 62
   estacionárias, 85-87
      em colunas de ar, 92-95
      em cordas, 87-89
      em hastes, 96
      em membranas, 96
      nas condições de contorno, 87-91
   função de onda, 36-37
      de onda senoidal, 39-41
   interferência, 81-84, 96
   lineares, 81
   modelo de onda progressiva, 38-42
   na água, 34, 36
   não lineares, 81
   ondas longitudinais, 35-36, 58-59
   ondas não senoidais, 98-99
   potência das, 47
   propagação de, 34-37
   quadradas, 99
   reflexão de, 45, 46
   ressonância, 21, 92, 94
   tipos de, 34
   transmissão de, 45
   transversais, 34-36
   velocidade de, 39
      em cordas, 42-45
Ondas senoidais, 38-42
   em cordas, 41-42
      velocidade de, 42-45
   expressão geral para, 40
   função de onda de, 39-41
   ondas sonoras, 57
   superposição de, 83
   velocidade de, 39, 42-45
ondas sonoras, 36, 57-71
   audível, 57
   como onda longitudinal, 58-59, 92
   efeito Doppler, 66-70
   infrasônico, 57
   intensidade de, 61-64
   interferência de, 83-84
   nível de som (β), em decibéis, 64
   ondas de choque (boom sônico), 71
   ultrassônico, 57
   variações de pressão em, 58-60
   velocidade de, 60-61
Ondas sonoras audíveis, 57

Ondas sonoras infrasônicas, 57
Onda transversal, 34-36
Oscilação amortecida, 19-20
Oscilação amortecidas criticamente, 20
Oscilação forçada, 20-21
Oscilação mais do que amortecida, 20
Oscilação subdividida, 19
Oscilador amortecido, 19
Ouro (Au),
   calores latentes de fusão e vaporização, 140
   calor específico, 136
   condutividade térmica, 150
   velocidade de som em, 61
Oxigênio (O)
   calor específico molar, 136
   calor latente de fusão e vaporização, 140
   condutividade térmica, 150
   velocidade do som, 61

P

Para o gás ideal, 175-177
Pêndulo de torção, 18-19
Pêndulo físico, 17-18
Pêndulos, 15-19
   como relógio, 16
   de torção, 18-19
   físico, 17-18
   simples, 15-17
Pêndulo simples, 15-17
Período (T),
   da onda, 38-39
   do movimento harmônico simples, 5-6, 7, 13
   do pêndulo de torção, 19
   do pêndulo físico, 18
   do pêndulo simples, 16
Pich, 98
Poluição sonora, 64
Ponte de Tacoma, 21
Pontes, oscilação em, 21
Ponto de solidificação da água, 114-115
Ponto de vapor da água, 114-115
Ponto triplo da água, 115
Posição angular máxima, de pêndulo simples, 16
Posição de equilíbrio, 3
Posição (x),
   em movimento harmônico simples, 3-5, 6, 7
Potência (P),
   de motor, 193
   de onda, 47
   de ondas sonoras, 61-62
Potência solar, 154
Prata (Ag)
   calor específico, 136
   calor latente de fusão e vaporização, 140
   condutividade térmica, 150
Pressão (P),
   diagramas PV, 144

energia cinética molecular e, 166-167
ondas sonoras como variações de, 58-60
vs. temperatura e volume, em gás ideal, 121-123
Primeira Lei da Termodinâmica, 145, 190
   aplicações, 145-149
Princípio da sobreposição, 81, 84
Probabilidade, de microstatos, 203-205
Processo cíclico, 145
Processo isobárico, 146, 148-149
Processo isotérmico, 146
Processo isovolumétrico, 146
Processos
   irreversíveis, 190-191, 195-196
      entropia em, 197-203
   reversível, 195-196
      entropia em, 197-203
Processos irreversíveis, 190-191, 195-196
   entropia em, 197-203
Processos reversíveis, 195-196
   ciclo de Carnot como, 196-198
   entropia e, 197-203
Processos termodinâmicos, trabalho e calor, 142-145
Propagação
   de ondas mecânicas, 34-39
Proposição de Clausius da Segunda Lei da Termodinâmica, 193, 210
Pulso, 35, 36, 37-38

Q

Qualidade (timbre), 98
Quantização
   de frequência, 80, 88, 92, 94
   de níveis de energia, 174-175

R

Radar, polícia, 68
Radiação eletromagnética, como transferência de energia, 154
Radiação térmica, 154
Raio (s), 62
Rarefação, 58
Recipiente, 154
Reflexo, de ondas, 45, 46
Reflexões sobre a Força Motriz do Calor (Carnot), 196
Refrigeradores, 193-195
Relógios
   pêndulos e, 16
Reservatório de energia, 144-145
Ressonância, 21-22, 92, 94
Ruído, 64-65

S

Segunda Lei da Termodinâmica, 190-191, 210-211
   definição de entropia da, 210

equivalência de proposições da, 210
forma de Kelvin-Planck, 192, 193, 196, 210
proposição de Clausius, 193, 210
Série de Fourier, 99
Séries harmônicas, 88, 92
Silício (Si), calor específico de, 136
Síntese de Fourier, 99
Sismógrafos, 36
Sistema isolado
energia interna de, 145
Sistemas termodinâmicos, alterações de entropia para, 205-211
Sobreposição, de ondas mecânicas, 81-84
Sol
radiação eletromagnética do, 154
temperatura do, 115
Solidificação, calor latente de, 140
Sólido (s)
calor específico, 136
Superaquecimento, 141
Superesfriamento, 140-142

T

Taxa de compressão, 201-202
Temperatura atmosférica, cobertura de nuvens e, 154
Temperatura (T), 112-123
e calor específico, 136
e densidade, 120
e energia interna, 136, 169, 171
e entropia, 205
e frequências de instrumentos, 94
e níveis de energia atômica, 177-178
equilíbrio térmico, 113-114
e velocidade das ondas sonoras, 61
expansão térmica, 117-122
interpretação molecular de, 167-172
Lei Zero da Termodinâmica, 112, 113-114
medições de, 113-117
propriedades físicas alteradas por, 114
sensação de, 112-113
vs. energia interna e calor, 133
vs. pressão e volume, em gás ideal, 121-123
Tempestade, estimando a distância para, 61
Tensão (T), 42, 89
Teorema da equipartição da energia, 169, 173-175

Teorema de Carnot, 196
Teorema de equipartição de energia, 169, 173-175
Teorema de Fourier, 99
teorema trabalho-energia cinética
de moléculas, energia interna do, 173-175
Teoria atômica, história da, 111
Teoria cinética dos gases, 166-182
Termodinâmica, 111, 132
aplicações, 111
Lei Zero da, 113-114
Primeira Lei da, 145-146, 190
aplicações, 145-149
Segunda Lei da, 190-191, 210-211
definição de entropia, 210
equivalência de proposições, 210
forma de Kelvin-Planck, 192, 193, 196, 210
proposição de Clausius, 193, 210
Termômetros, 113, 114-116
álcool, 114
calibração de, 114
gás de volume constante, 114-115
limitações de, 114
mercúrio, 114
Termômetros de álcool, 114
Termômetros de gás de volume constante, 114-115
Termostatos mecânicos, 119
Terra
velocidade de escape, 179-180
Terremotos, 36
Thompson, Benjamin, 134
Timbre (qualidade), 98
Tira bimetálica, 119
Torque ($\bar{\tau}$),
e pêndulos de torção, 18-19
Trabalho (W),
em gases, 142-149
em processo adiabático, 145-146
em processo cíclico, 145
em processo isobábico, 146, 148-149
em processo isotérmico, 146-148
em processo isovolumétrico, 146
por motor térmico, 192-193
Transmissão, de ondas, 45-46
Tubulação e expansão térmica, 112

U

Unidade de massa atômica (u), 121
Unidades SI (Sistema Internacional)
de energia, 133

de frequência, 6
de temperatura, 115
Unidades usuais dos EUA, 152
Unidade térmica britânica (Btu), 134
Universo, entropia do, 210-211

V

valor de R, 152-153
Vapor
calor específico, 136
energia armazenada, 140-143
Vaporização, calor latente de, 140
Variáveis de estado, 142
Variáveis de transferência, 142
Variáveis termodinâmicas, de gás ideal, 123
Variável(is)
de estado, 142
de transferência, 142
Velocidade ($\bar{v}$)
em movimento harmônico simples, 6, 7-8, 11
Velocidade angular (ω)
vs. frequência angular, 13
Velocidade de escape (v_{esc}),
distribuição da velocidade molecular e, 179-180
Velocidade rms (v_{rms}), 169
Velocidade transversal (v_y), 41-42
Velocidade (v)
angular (ω)
vs. frequência angular, 13
da onda mecânica, 39, 42-45, 61
da onda na corda, 42-45
da onda senoidal, 39-40, 42-45
de moléculas em um gás, 177-180
de ondas sonoras, 60-61
transversal (v_y), 41-42
Vidro
calor específico, 136
coeficiente de expansão médio, 118
condutividade térmica, 150
Vidro Pyrex, velocidade do som, 61
Volume (V)
diagramas PV, 144
expansão térmica e, 117-118
vs. pressão e temperatura, em gás ideal, 121-123

Z

Zero absoluto, 115

Conversões

Comprimento
1 pol. = 2,54 cm (exatamente)
1 m = 39,37 pol. = 3,281 pé
1 pé = 0,3048 m
12 pol = 1 pé
3 pé = 1 yd
1 yd = 0,914.4 m
1 km = 0,621 mi
1 mi = 1,609 km
1 mi = 5.280 pé
1 μm = 10^{-6} m = 10^3 nm
1 ano-luz = 9,461 · 10^{15} m

Área
1 m^2 = 10^4 cm^2 = 10,76 $pé^2$
1 $pé^2$ = 0,0929 m^2 = 144 pol^2
1 $pol.^2$ = 6,452 cm^2

Volume
1 m^3 = 10^6 cm^3 = 6,102 · 10^4 pol^3
1 $pé^3$ = 1.728 pol^3 = 2,83 · 10^{-2} m^3
1 L = 1.000 cm^3 = 1,057.6 qt = 0,0353 $pé^3$
1 $pé^3$ = 7,481 gal = 28,32 L = 2,832 · 10^{-2} m^3
1 gal = 3,786 L = 231 pol^3

Massa
1.000 kg = 1 t (tonelada métrica)
1 slug = 14,59 kg
1 u = 1,66 · 10^{-27} kg = 931,5 MeV/c^2

Força
1 N = 0,2248 lb
1 lb = 4,448 N

Velocidade
1 mi/h = 1,47 pé/s = 0,447 m/s = 1,61 km/h
1 m/s = 100 cm/s = 3,281 pé/s
1 mi/min = 60 mi/h = 88 pé/s

Aceleração
1 m/s^2 = 3,28 $pé/s^2$ = 100 cm/s^2
1 $pé/s^2$ = 0,3048 m/s^2 = 30,48 cm/s^2

Pressão
1 bar = 10^5 N/m^2 = 14,50 lb/pol^2
1 atm = 760 mm Hg = 76,0 cm Hg
1 atm = 14,7 lb/pol^2 = 1,013 · 10^5 N/m^2
1 Pa = 1 N/m^2 = 1,45 · 10^{-4} lb/pol^2

Tempo
1 ano = 365 dias = 3,16 · 10^7 s
1 dia = 24 h = 1,44 · 10^3 min = 8,64 · 10^4 s

Energia
1 J = 0,738 pé · lb
1 cal = 4,186 J
1 Btu = 252 cal = 1,054 · 10^3 J
1 eV = 1,602 · 10^{-19} J
1 kWh = 3,60 · 10^6 J

Potência
1 hp = 550 pé · lb/s = 0,746 kW
1 W = 1 J/s = 0,738 pé · lb/s
1 Btu/h = 0,293 W

Algumas aproximações úteis para problemas de estimação

1 m ≈ 1 yd
1 kg ≈ 2 lb
1 N ≈ $\frac{1}{4}$ lb
1 L ≈ $\frac{1}{4}$ gal

1 m/s ≈ 2 mi/h
1 ano ≈ $\pi \chi$ 10^7 s
60 mi/h ≈ 100 pé/s
1 km ≈ $\frac{1}{2}$ mi

Obs.: Veja a Tabela A.1 do Apêndice A para uma lista mais completa.

O alfabeto grego

Alfa	A	α	Iota	I	ι	Rô	P	ρ
Beta	B	β	Capa	K	κ	Sigma	Σ	σ
Gama	Γ	γ	Lambda	Λ	λ	Tau	T	τ
Delta	Δ	δ	Mu	M	μ	Upsilon	Y	υ
Épsilon	E	ε	Nu	N	ν	Fi	Φ	φ
Zeta	Z	ζ	Csi	Ξ	ξ	Chi	X	χ
Eta	H	η	Omicron	O	o	Psi	Ψ	ψ
Teta	Θ	θ	Pi	Π	π	Ômega	Ω	ω

Este livro foi impresso na
LIS GRÁFICA E EDITORA LTDA.
Rua Felício Antônio Alves, 370 – Bonsucesso
CEP 07175-450 – Guarulhos – SP
Fone: (11) 3382-0777 – Fax: (11) 3382-0778
lisgrafica@lisgrafica.com.br – www.lisgrafica.com.br